国家出版基金项目
NATIONAL PUBLICATION FOUNDATION

“十四五”
国家重点出版物
出版规划项目

城镇水系统污染管控
与饮用水安全保障技术
丛书

城镇水系统新污染物筛检与控制

贾瑞宝　王明泉　宋　艳　等　编著

SCREENING AND CONTROL OF EMERGING CONTAMINANTS IN URBAN WATER SYSTEMS

化学工业出版社
·北京·

内容简介

本书以城镇水系统新污染物识别筛检与控制治理为主线，分析了我国城镇水系统新污染物特点、来源分布及赋存风险等方面的研究现状及存在的问题，主要介绍了现阶段新污染物的筛查检测方法，以及持久性有机物、内分泌干扰物、抗生素、微塑料、消毒副产物等典型新污染物的污染特征和控制去除技术。本书同时吸收了编著者在大量实际研究工作中形成的新污染物筛检与控制技术成果，旨在为城镇水务行业专业技术人员在水质检测与分析方法选择、新污染物控制与去除工艺优化等方面提供技术支持。

本书内容在我国城镇水系统新污染物控制治理领域具有较强的指导性与实用性，可供相关工程技术人员、科研工作者和行业管理者参考，也可供高等学校环境科学与工程、市政工程及相关专业师生参阅。

图书在版编目（CIP）数据

城镇水系统新污染物筛检与控制 / 贾瑞宝等编著
. -- 北京 : 化学工业出版社，2024. 9
（城镇水系统污染管控与饮用水安全保障技术丛书）
ISBN 978-7-122-45656-4

Ⅰ. ①城… Ⅱ. ①贾… Ⅲ. ①城镇-给排水系统-水污染物-污染防治-研究 Ⅳ. ①TU991. 21②X52

中国国家版本馆CIP数据核字（2024）第097734号

责任编辑：刘兴春　刘　婧　卢萌萌
文字编辑：陈　雨
责任校对：李雨晴
装帧设计：王晓宇

出版发行：化学工业出版社
（北京市东城区青年湖南街 13 号　邮政编码 100011）
印　　装：北京建宏印刷有限公司
787mm×1092mm　1/16　印张 24¼　彩插 2　字数 611 千字
2025 年 10 月北京第 1 版第 1 次印刷

购书咨询：010-64518888　　售后服务：010-64518899
网　　址：http://www.cip.com.cn
凡购买本书，如有缺损质量问题，本社销售中心负责调换。

定　　价：198.00元

“城镇水系统污染管控与饮用水安全保障技术丛书”编委会

《城镇水系统新污染物筛检与控制》编著者名单

贾瑞宝　王明泉　宋　艳　孙韶华　张天旭　逯南南
姚振兴　辛晓东　顿咪娜　姜佳慧　刘　红　冯桂学
李　昕　侯　伟　李桂芳　王永磊　许伟颖　王晓虹
何峻炜　董露露

丛书序

FOREWORD

水是生命之源，是人类社会赖以生存和发展的基础性战略资源，更是维系生态环境平衡的核心要素。饮用水安全处于水安全战略的核心地位，直接关乎广大人民群众的身体健康与生命安全，是最具基础性、普惠性的民生工程，对维护社会和谐稳定以及推动经济社会高质量发展起着至关重要的支撑作用。当前，加强城镇水环境系统治理，保障饮用水安全，是不断满足人民日益增长的美好生活需要的基本要求，更是推动国家治理体系和治理能力现代化的一项重要内容。

近年来，国家相继出台了系列关于城镇水安全的政策文件，并明确指出市政给排水系统是关系民生的重点,凸显了强化城镇水系统污染管控和保障人民饮用水安全的重要性、必要性和迫切性。同时，随着“水体污染控制与治理”国家科技重大专项的顺利收官，我们在饮用水安全保障领域取得了众多创新性强、集成度高及可推广、可复制的重大科技成果，为了更好地服务于城镇水系统安全与韧性能力建设，我们策划组织了“城镇水系统污染管控与饮用水安全保障技术丛书”的编写和出版。

本丛书立足国家“水专项”研究成果，围绕城镇水系统污染管控与饮用水安全保障两大核心主题，紧贴我国当前水污染治理的研究热点、难点和重点问题，按照“检测分析-风险评估-污染控制-支撑保障”的技术路径，聚焦城镇水环境及饮用水水质检测、新污染物筛查与检测、污染控制与治理、水处理设备材料评估及应用等行业热点研究领域，系统总结了水系统污染管控与水质保障的新技术、新发展及典型工程化应用成效，旨在落实“增强全社会生态环保意识，深入打好污染防治攻坚战”的国家战略要求，为城镇水环境保护及饮用水安全保障提供理论参考、技术支撑和案例借鉴。

“城镇水系统污染管控与饮用水安全保障技术丛书”的出版，对于推动我国城镇水污染治理与饮用水安全保障技术的创新发展，城镇水务行业的技术升级具有重要意义。本丛书的策划编写得到了生态环境部国家水专项办、住房和城乡建设部水专项办以及水专项饮用水主题专家组的大力支持，吴丰昌、邵益生、杨敏、张晓健、宋兰合等专家给予了大量指导和帮助。衷心期望广大读者能够从这套丛书中汲取知识与智慧，共同推动我国城镇水系统现代化建设和饮用水安全保障事业高质量发展。

中国工程院院士

2025 年 6 月

前言

PREFACE

随着我国工业化、城镇化进程的快速推进和经济社会的迅猛发展，水资源开发利用程度不断加大，水体污染日益严重，水源水质不断下降。近年来，水质污染事件频繁发生，饮水安全和卫生问题引起了全球的关注，饮水安全已成为全球性的重大战略性问题。特别是国内外诸多水体中频繁检出的微塑料、内分泌干扰物、药物及个人护理品等新污染物给饮用水安全保障带来了新挑战，成为国际上饮用水领域的研究热点。党中央和国务院对饮用水安全问题的重视程度越来越高，2018 年 5 月，习近平总书记在全国生态环境保护大会上要求“对新的污染物治理开展专项研究和前瞻研究”。2020 年 11 月，《中共中央关于制定国民经济和社会发展第十四个五年规划和二〇三五年远景目标的建议》提出“重视新污染物治理”。2022 年颁布了《生活饮用水卫生标准》（GB 5749—2022）并于 2023 年 4 月 1 日起实施，对生活饮用水水质提出了新的要求。2022 年 5 月 24 日，国务院办公厅印发《新污染物治理行动方案》，部署新污染物治理工作。生态环境部会同有关部门印发《重点管控新污染物清单（2023 年版）》，于 2023 年 3 月 1 日起实施。

“十一五”以来，在国家科技重大“水专项”、国家仪器专项及国家重点研发计划等重大项目支持下，我国在持久性有机物、内分泌干扰物、抗生素、微塑料、消毒副产物等多种污染物的识别、检测与控制去除技术应用研发方面发展迅速，也取得了许多实际应用成效。本书针对我国城镇水系统中新污染物筛检技术现状及研究进展，以编著者及其团队长期在水中新污染物分析与检测技术方面的主要工作成果为基础，结合国内外该领域相关的研究进展，系统地介绍了先进、成熟的城镇新污染物筛检与控制去除技术及应用案例，以期为从事水污染检测控制的技术人员、科研人员与管理人员以及高等学校相关专业师生提供参考与指导。

本书由贾瑞宝、王明泉、宋艳等编著，具体分工如下：第 1 章由宋艳、贾瑞宝、孙韶华、张天旭等编著，阐述了新污染物的定义与特点，概述了持久性有机物、内分泌干扰物、抗生素、微塑料的迁移转化、来源分布及赋存风险，分析了我国饮用水源新污染物防控面临的主要问题和挑战，并对未来技术发展提出展望与建议；第 2 章由宋艳、逯南南、姚振兴、王明泉等编著，主要从基于高分辨质谱的筛查鉴定技术、基于效应导向的特性识别技术、基于特性识别的有机物总量分析技术三方面介绍了水系统中新污染物特性识别方法学，在各类方法中综合考虑技术成熟度、应用效果和应用范围等因素筛选出系列代表性技术，对技术原理、检测流程以及应用案例等内容进行了重点介绍；第3章由王明泉、辛晓东、顿咪娜、逯南南、姜佳慧、刘红等编著，介绍了持久性有机污染物的特性及分类，重点介绍了全氟及多氟化合物、阻燃剂、二噁英等持久性有机污染物的赋存特点、筛检技术及污染去除技术；第4章由贾瑞宝、顿咪娜、宋艳、辛晓东、姚振兴等编著，主要介绍了除草剂类农药、多氯联苯类、邻苯二甲酸酯类以及环境激素类四大类别的内分泌干扰物，阐述了其来源、迁移转化以及污染特征等，同时针对以上四大类别的内分泌干扰物的代表性检测及控制技术进行重点介绍和筛选分析；第5章由孙韶华、冯桂学、李昕、侯伟等编著，主要从抗生素的来源、迁移转化、赋存与风险等的污染特征，抗生素抗性基因的筛检技术，抗生素抗性基因控制与去除方法三方面对抗生素进行了介绍，通过检测方法、控制与去除工艺等的比较，对今后的研究重点及方向提出了建议和展望；第6章由王明泉、侯伟、李桂芳、王永磊、王晓虹、何峻炜等编著，主要从微塑料的分类、危害、污染现状、迁移转化、表征与分析、控制与去除等方面展开，介绍了环境中微塑料的污染情况、生态效应、检测分析技术、在饮用水厂的控制技术；第7章由贾瑞宝、许伟颖、姚振兴、逯南南、冯桂学和董露露等编著，主要介绍了消毒副产物的污染特征、种类、毒性、前体物、生成机制、识别及检测技术和控制技术等，嗅味物质的来源及污染特征、识别检测技术控制、去除技术等，病原微生物的来源与分类、分布与污染特征、筛检技术、去除与灭活技术等。全书最后由贾瑞宝、王明泉、宋艳统稿并定稿。

本书的出版得到了国家水体污染控制与治理科技重大专项饮用水主题相关项目 / 课题、长江黄河等重点流域水资源与水环境综合治理相关项目 / 课题、山东省重点研发计划（重大科技创新工程）等科研项目的资助与支持，同时吸收了国内外许多相关学术研究成果并参考了部分文献资料，在此表示衷心感谢！

城镇水系统新污染物筛检与控制涉及面广，限于编著者的专业和文字水平，对诸多问题的认识还不够深刻，难免存在疏漏和不足之处，敬请读者批评指正。

编著者

2024年3月

目录

CONTENTS

第1章 绪论

▲ 新污染物定义及特点

▲ 新污染物的污染概况及环境风险

▲ 新污染物的防控现状与挑战

▲ 发展方向

我国政府高度重视传统水源污染带来的饮用水安全问题，从政策规划、标准制定以及关键技术研发等方面多举措并行，构建饮用水源污染防治与安全保障体系。经过持续不断的努力，我国饮用水安全现状得到了显著改善。但近年来，国内外诸多水体中频繁检出的微塑料、内分泌干扰物、药物及个人护理品等污染物给饮用水安全保障带来了新挑战，成为国际上饮用水领域的研究热点。

1.1 新污染物定义及特点

1.1.1 新污染物定义

随着生物技术和纳米技术的发展，许多新的化学物质在环境中被发现。研究人员已经发现了这类物质对生态系统、人类和其他生物体具有毒性和致癌性，甚至是生殖毒性。新污染物的概念于 2003 年由 Petrovi 等首次提出，是指那些具有生物毒性、环境持久性、生物累积性等特征，可能进入环境并导致已知或潜在的负面生态或健康效应，对生态环境或人体健康存在较大风险隐患，但由于现有的管理措施不足或尚未被纳入环境管理中的有毒有害化学物质。2020 年 11 月，《中共中央关于制定国民经济和社会发展第十四个五年规划和二〇三五年远景目标的建议》提出“重视新污染物治理”。“十四五”规划提出后，“新型污染物”和“新兴污染物”两种学术界长期并存的称呼被统称为“新污染物”。

有毒有害的在产在用化学物质都是潜在的新污染物，随着环境监测技术的发展和监测对象的扩展，以及对新污染物环境和健康危害认识的不断深化，可被识别出的新污染物还会不断增加。

1.1.2 新污染物种类与特点

新污染物种类繁多、涉及行业广泛，涵盖工业生产、生活消费、军事消防等众多领域和医药、化工、农业种植、水产养殖、纺织、建筑、塑料加工、汽车、航空航天、电子电气、消防泡沫、垃圾焚烧等众多行业。目前国际上广泛关注的新污染物有四大类：一是持久性有机污染物，二是内分泌干扰物，三是抗生素，四是微塑料，涵盖了农药、抗生素、全氟及多氟化合物、阻燃剂、多环芳烃、消毒副产物和嗅味物质等。

新污染物的特点比较突出：

① 危害比较严重。新污染物对器官、神经、生殖、发育等方面都可能有危害，其生产和使用往往与人类的生活息息相关，对生态环境和人体健康存在较大风险。

② 风险比较隐蔽。多数新污染物的短期危害并不明显，一旦发现其危害性，它们可能已经通过各种途径进入环境中。

③ 环境持久性与生物累积性。新污染物大多具有环境持久性和生物累积性的特征，在环境中难以降解并在生态系统中易于富集，可长期蓄积在环境中和生物体内。

④ 来源广泛性。我国是化学物质生产使用大国，在产在用的化学物质有数万种，每年还新增上千种新化学物质，其生产消费都可能存在环境排放。

⑤ 治理复杂。对于具有环境持久性和生物累积性的新污染物，即使以低剂量排放到环境，也可能危害环境、生物和人体健康，对其治理程度要求高。

1.1.2.1　持久性有机污染物

持久性有机污染物是一组多相化学物质，主要包括农药（有机氯农药、二氯二苯三氯乙烷、艾氏剂、狄氏剂、氯丹、七氯、灭蚁灵和毒杀芬）、工业化学品（多氯联苯、多溴二苯醚、六溴环十二烷、全氟烷基物质、短链氯化石蜡、六氯苯、六氯环己烷）、芳香烃和非故意生产的副产物（二苯并二苯二酚和二苯并呋喃）。

持久性有机污染物的性质是疏水和亲脂性的，这些特性有助于它们在沿海环境中持续存在，出现在沉积物和生物群中，被塑料吸附，或在较低程度上出现于覆盖水域持久性有机污染物（POPs），如多氯联苯（PCBs）、有机氯农药（OCPs）、三丁基锡（TBT）等有机金属物质，以及一些多氟烷基物质（PFASs）和多环芳烃（PAHs），通常在河口环境中发现，其浓度接近或超过沉积物质量指导值。

由于持久性有机污染物具有高度持久性，其能够抵抗降解过程，因此能够在环境中存在多年。大量不同类型的持久性有机污染物主要通过挥发和燃烧过程释放到空气中，与洋流和河流等其他缓慢运输相比，它们更适合于远距离运输。非目标作物的农药飘移和地面设备的使用也促进了农药在空中的远距离传播。在当前情景下所有淡水资源都受到持久性有机污染物的污染。

1.1.2.2　内分泌干扰物

内分泌干扰物（或内分泌干扰化学物质）通常被称为 EDCs（endocrine disrupting chemicals），大多是合成分子，但在少数情况下它们在环境中自然产生。这些化合物通过不同的机制作用于内分泌系统，它们模仿生物激素的活性，导致细胞在不适当的时间或不合理的范围内做出反应或者通过与细胞受体结合而产生拮抗作用，从而阻断天然激素对其的激活。EDCs 不但种类繁多，在日常使用的化学物质中，有 800 种以上具有内分泌干扰特性，而且相互之间的结构、性质差异很大，因此作用机制也很复杂，涉及众多生理生化作用。大多数的 EDCs 会干扰脂质（类固醇）或氨基酸衍生物（甲状腺激素）的作用，少量会影响肽 / 蛋白质的合成或者相关的信号通路。然而，目前研究最多的是 EDCs 通过与类固醇激素受体结合影响肽 / 蛋白质合成，进而产生不良反应。在细胞水平上，EDCs 的干扰作用主要有模拟 / 拮抗内源性激素和破坏内源性激素 / 激素受体两种途径。

具有潜在内分泌干扰作用的化学品包括：

① 污水处理厂处理过程中可能释放的人类天然激素；

② 由植物成分（植物雌激素）和特定真菌（某些真菌毒素）合成的毒素；

③ 激素活性较高的合成药物；

④ 释放到环境中的人为化学物质和副产品，包括一些农药、塑料添加剂（双酚和邻苯二甲酸酯）、工业产品（多溴联苯醚-多溴二苯醚和多氯联苯-多溴联苯）和个人护理产品，如紫外线过滤器（二苯酮）、麝香香料（佳乐麝香）和用作防腐剂的对羟基苯甲酸酯。

1.1.2.3　抗生素

抗生素是一种复杂的分子，其化学结构内具有不同的官能团，根据其抑制细胞壁合成、改变细胞膜、抑制蛋白质合成、抑制核酸合成作用机制可分为不同的类别。机体仅会代谢部分抗生素，因此大量抗生素未经改变或作为活性代谢物通过尿液和粪便排出，从而到达污水处理厂。传统的污水处理厂不是专门为去除抗生素而设计的，这些分子会被直接释放到环境中。因此，在水生态系统中作为污染物存在的不同药物中抗生素受到了相当大的关注，因为抗生素的日益使用和随之而来的多重耐药细菌的发展对人类的健康构成了严重的风险。此外，抗生素一旦进入环境就会影响自然微生物群落。微生物在基本生态过程中发挥关键作用，例如保持土壤稳态和水质平衡。事实上，由于微生物具有巨大的遗传多样性和代谢能力，它们参与了生物地球化学循环和有机污染物降解。当抗生素在环境中出现时，它们可以不同的方式阻碍微生物群落的结构和功能，并对微生物群落产生直接（短期）和间接（长期）影响。直接影响是杀菌和抑菌作用，导致一些微生物种群及其生态功能的消失。间接影响包括产生耐抗生素细菌，在某些情况下菌株能够通过代谢或共同代谢过程降解抗生素。如果一种有毒化合物被矿化，生物降解就有可能将其从环境中完全去除。

1.1.2.4 微塑料

塑料根据其尺寸（x）分为不同的类别，包括巨型（$\geqslant$ 1m）、大型（2.5cm $\leqslant x <$ 1m）、中型（5mm $\leqslant x$<2.5cm）、微型（0.1μm $\leqslant x <$ 5mm）和纳米（< 0.1μm），通过加聚或缩聚过程从煤、天然气和原油等天然和有机材料中提取。微塑料是合成的长链有机聚合物，存在于土壤、地下系统、河流、湖泊、湿地、海洋和大气等各种生态系统中。这些聚合物的颗粒大小和密度范围很广，可能对水生生态系统、动物和人类有害。微塑料通常被定义为至少一个维度低于 5mm 的塑料颗粒或任何最大尺寸 <5mm 的聚合物。微塑料可以是大的微塑料颗粒（L-MPP，1 ～ 5mm）或小的微塑料颗粒（S-MPP，<1mm），以及微珠、碎片、纤维、薄片或泡沫。

微塑料的聚合物类型是微塑料最基本的特性，目前仅水环境中就检出多达 46 种微塑料类型，包括聚丙烯（PP）、聚乙烯（PE）、聚苯乙烯（PS）、聚酰胺（俗称“尼龙”，NY）、聚对苯二甲酸乙二醇酯（PET）、聚氯乙烯（PVC）、聚氨酯（PU）、聚乙烯-醋酸乙烯酯（PEVA）、聚乙烯醇（PVA）、丙烯腈-丁二烯-苯乙烯共聚物（ABS）、聚甲基丙烯酸甲酯（PMMA）、聚碳酸酯（PC）、人造纤维（RY）、聚丙烯腈（PAN）、玻璃纸（CP）、醇酸树脂（AL）、聚甲醛（POM）、纤维素（CE）、醋酸纤维素（CA）、苯乙烯-丙烯腈共聚物（SAN）、苯氧基树脂（POR）、聚四氟乙烯（PTFE）、聚丙烯酸酯-苯乙烯（PAS）、合成橡胶（SR）等。图 1-1 展示了检出频率最高的 10 种微塑料的检出频率。

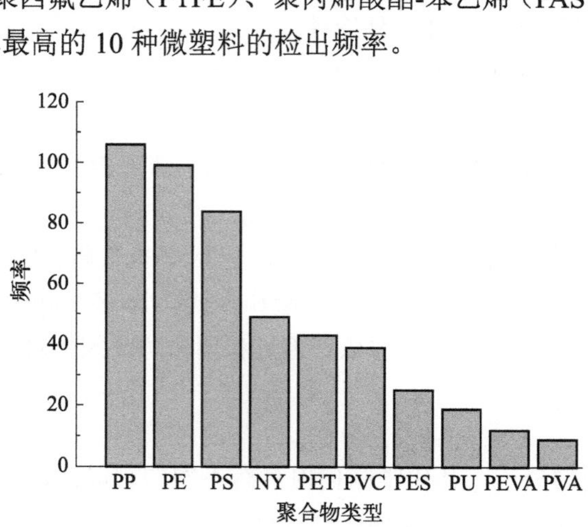

图 1-1 微塑料中水中检出频率较高的聚合物类型

由于微塑料形状多样、尺寸小、浮力大、质量轻，具有耐久性，通过风和水可以被远距离运输。塑料碎片对次生微塑料有显著贡献，并在土壤和海洋生态系统中运输微塑料。塑料碎片逐渐分解成微塑料，堆积在土壤表层。微塑料可以通过农业过程、降水、裂缝和土壤生物活动进入土壤。由于这些过程，微塑料可能会与水一起在深层土壤中浸出和渗透，最终进入地下水。此外，土壤生物，如蚯蚓、昆虫、线虫、细菌、真菌、藻类等，通过摄入、氧化还原和排泄过程影响微塑料的运输和命运。

1.2 新污染物的污染概况及环境风险

以“emerging contaminants”（新污染物）为关键词，检索分析 2003 ～ 2021 年 Web of Science 核心集收录论文涉及的研究领域和热点，发现以水体为载体的分布形式是新污染物的主要分布形式。地表水、地下水、饮用水、各类污水和废水等水环境中都有检测到新污染物的相关报道。

1.2.1 新污染物的来源与分布

新污染物在水循环系统中，通过径流、扩散、渗滤等多种途径进入地表水和地下水，造成饮用水源的污染，对水生生物、生态安全和人身健康构成了潜在威胁。其中，污水处理厂是新污染物的重要汇聚地和发散地（图 1-2），大部分新污染物具有亲水特性，在传统工艺处理过程中难以完全去除，在二级出水甚至三级出水中仍能够检测到这些新污染物，导致污水处理厂出水成为新污染物进入自然水生环境的关键节点，进一步通过环境迁移和转化扩散到其他水源中。

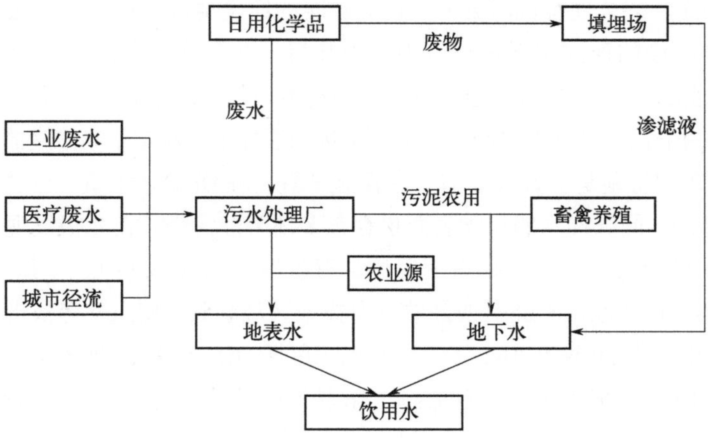

图 1-2 新污染物来源

虽然“源输入—河流—水库”的新污染物迁移与转化模式具有一定的普遍性，但是绿化等环境因素、降雨量等季节性差异和人口密度等社会经济状况也会影响新污染物的转移路径。例如，我国西部大范围的绿化面积能够有效拦截微塑料类新污染物经过地表径流进入污水处理厂。目前，饮用水源新污染物转移过程中存在的问题在于对转移路径缺乏自动监控，尚难以绘出较为准确的新污染物水环境分布与迁移路径图。

国内新污染物分布主要呈现几个特征：

① 新污染物分布区域较广，在当前研究数量有限的情况下，除西北地区外，其余地方包括西藏地区均有相关的研究成果证明新污染物的存在；

② 新污染物的分布与经济发展水平有一定相关性，新污染物的重点污染区域主要集中在长江三角洲、珠江三角洲、京津冀等经济发展发达地区，重点污染区域内新污染物的污染水平相对较高，内分泌干扰物浓度均数为 1461ng/L、全氟化合物浓度均数为 784ng/L、微塑料浓度均数为 8729items/L；

③ 不同类别的新污染物分布地域特征较为明显，内分泌干扰物和全氟化合物主要分布在工业较为发达的区域，微塑料则主要集中在沿海地区，并且越靠近沿海地区，污染水平越高。

此外，内分泌干扰物、全氟化合物和微塑料三类污染物的污染水平均呈现东高西低、下游高于中上游的分布特征。

1.2.1.1 持久性有机污染物

持久性有机污染物的重要工业来源是化学、纺织和染料、纸浆和造纸、石化、冶金、印刷、氯碱、除草剂和水泥生产等行业。具有杀虫剂性质的持久性有机污染物在运输、储存、处置和农业使用过程中向环境释放。多氯联苯通常用作变压器和电容器的绝缘体、热交换液、无碳复印纸和塑料的添加剂，通过蒸发和泄漏释放到环境中。许多环节如燃料燃烧和废物焚烧、黑色工业、焦炭和铝生产、道路运输、氯化物质的化学合成会释放出持久性有机污染物，如多环芳烃、二噁英/呋喃和六氯苯等副产品，它们直接排放到空气中。

持久性有机污染物的降解速度较低，它们可以通过空气和洋流等进入不同的大气过程，如空气-水交换和循环，通过雨、雪和干颗粒等介质长距离运输到没有污染源的地方，然后沉淀下来。持久性有机污染物在大气中传播的这个过程重复多次，这种效应被称为蚱蜢效应。通过这种方式，持久性有机污染物从地球较暖的纬度地区移动到达北极和南极较冷的纬度地区。它们以污染的形式出现在空气中，冷却后，会在陆地和水中停留，并沉积在水和土壤沉积物中。此外，它们也可以通过迁徙物种传播很长一段距离，从而在全球范围内分布。有研究在没有人为干扰、没有人类活动报道的南极洲雪样本中测定了高浓度的持久性有机污染物，包括多氯联苯，特别是多氯联苯-11、多溴联苯醚（PBDEs）、多氯二苯并对二噁英和二苯并呋喃（PCDD/Fs）。同一样本的积雪表面也存在多环芳烃污染。在北极发现了不同程度的多氯联苯和 DDT，尽管它们从未在那里使用过。有机氯农药（OCPs）、多氯联苯（PCBs）和多环芳烃（PAHs）已在欧洲和北美西部的高海拔地区观察到。Khairy 等报告称，在南极半岛西部的大气和雪中存在 29 种 PCBs、27 种 OCPs（包括 DDT）和 12 种多溴二苯醚。同样，在希腊北部检测到 19 种有机氯化合物（OCs）、26 种不同的持久性有机污染物和 7 种多氯联苯。

1.2.1.2 内分泌干扰物

根据其应用、化学和结构特征，人为将 EDCs 划分为多种类别，如增塑剂和添加剂、多环芳烃（PAHs）、农药、药物及个人护理品（PPCPs）、卤代酚类化学品（HPCs）、非卤代酚类化学品（Non-HPCs）、金属和有机金属化学品、激素、类固醇。它们经常用于杀虫剂、儿童产品、食品包装材料、电子和建筑材料、个人护理用品、医用导管、抗菌剂、织物和服装。河流、小溪、海洋和地下水等水资源很容易受到污染物的影响。EDCs 通过多种途径进入水环境，可分为点源和非点源。工业废水、市政和家庭污水、垃圾填埋场和农场废水都是 EDCs 的离散来源。EDCs 的扩散来源包括渗滤液渗入、农业径流、降雨再污染和无意泄漏。雨水径流是进入水环境的 EDCs 的主要非点源。在降雨和渗透后，地表水和地下水中发现含有 EDCs 的垃圾渗滤液、农药和粪便。

由于卤化化学衍生物能够减少藻类、细菌和水中气味的产生，常被用于处理游泳池和温泉的水。消防安全标准的执行，电力、汽车、造船等产业的扩大，以及含有卤化化合物的药物含有用于治疗肺炎和可卡因成瘾等疾病的成分，这些都是导致卤化化合物需求增加的原因。在海洋中蒸发的卤化化学物质将作为降雨的组成部分或作为干沉积降落到陆地表面。这种卤化化学物质可以沉积在高山、河流、湖泊，甚至是平原上。

高山的自然径流、工厂的污染排放 / 挥发和废水排放、农业活动中使用的化肥以及一些城市径流都是进入水文循环的卤化化学品的来源。这些有机分子将通过河流、湖泊或地下水渗入进入水循环，然后流入含水层。当河流到达终点时，河流的有机化学物质流入海洋，而含水层的卤化化合物通过海水入侵进入海洋。因此，卤代化合物的命运与自然水循环密切相关。

水的流动导致土壤对 EDCs 的吸收减少，增加了地表水 EDCs 的浓度。建筑物或路面材料和有缺陷的下水道管道产生的 EDCs 会渗出，在降水过程中进入水环境。此外，工业废物和化学品在运输过程中的意外泄漏会使 EDCs 威胁到水环境和海洋动物。气流通过将 EDCs 传送到大气中，也在 EDCs 的分布中发挥作用。空气中的 EDCs 进入到高层大气中后，再扩散到遥远的环境，这导致在使用大量能源、化学品和材料的城市检测到的 EDCs 的化学浓度更高。EDCs 的半衰期、理化性质和稳定性影响每种 EDCs 在环境中的分散程度。例如，具有半挥发性和高度持久性的 EDCs 农药可以经过长距离的大气运输。合成化学品的生产和密集使用是 EDCs 对环境健康的潜在威胁，特别是对水生生态系统。这些化学品在被用于各种用途后，大部分到达沿海地区。尽管在这些地区人为污染构成了重大威胁，但沿海地区化学污染物的测定和表征仅限于少数化合物。关于人为影响，城市、工业和农业活动产生的大量污染物对海洋环境的污染已成为一个日益受到关注的问题。

1.2.1.3　抗生素

抗生素按照化学结构可以分为：喹诺酮类抗生素、β-内酰胺类抗生素、大环内酯类抗生素、氨基糖苷类抗生素等。

抗生素的污染源相当复杂，可分为五大类：

① 医院和制药公司的废水；

② 养殖场排放的废水；

③ 未经处理的城市污水；

④ 污水处理厂排出物；

⑤ 垃圾渗滤液。

一般情况下，每种抗生素的浓度从 ng/L 到 mg/L 变化很大。很明显，由于来源类型、输入和输出流的特征、调查设施的处理技术和研究方法（例如目标化合物列表、采样策略和分析性能）的差异，不同研究之间抗生素来源的浓度水平和成分分布存在显著差异。

水中每种抗生素的平均浓度大多分布在 10 ～ 100ng/L 之间。从点源到环境水的抗生素水平下降可以通过自然修复活动来解释，如水解、光解、微生物降解。污水处理厂进水和出水中抗生素的浓度表现出显著的空间和时间变化，这是许多因素作用的结果，特别是消耗量、排泄率、废水处理过程的消除效果和天气条件。雨水是一个重要的季节性因素，它既可以稀释污水废水中抗生素的浓度，也可以在水力滞留时间减少导致去除效率降低时浓缩这些化合物。排入地表水的处理废水的流出物受到不同的自然衰减过程的影响，包括在地表水中稀释、吸附在悬浮固体和沉积物上以及化学和生物降解。另外，雨水亦会因联合下水道溢水加剧而增加污染物排放水平。河水中的抗生素含量通常在数十到数百纳克 / 升之间，通常至少比污水排放低一个数量级。据报道，与地表水相比，地下水中抗生素的污染水平较低。这些药物大多在地下水中检出浓度＜ 10ng/L。事实上，抗生素通常通过地下流动和运输到达地下水，这与上述自然衰减过程相似。

关于抗生素在中国水环境中的发生情况已有大量的研究。2005 ～ 2016 年期间，在中国水样中共监测了 5 个主要类别［即磺胺类（SFs）、喹诺酮类（FQs）、四环素类（TCs）、大环内酯类（MLs）和 β-内酰胺类（BLs）］的 >90 种抗生素，浓度范围为 0.1 ～ 1000ng/L，中位数 <100ng/L。Zhao 回顾了 2012 ～ 2015 年发表的研究论文，发现甲氧苄氨嘧啶（TMP）、磺胺甲噁唑（SMX）、红霉素（ERY）和四环素（TET）是中国地表水中最主要的抗生素（平均浓度 >50ng/L）。极高浓度的 TCs，如金霉素（CTC）（中位数 6820ng/L，最大 68900ng/L）、土霉素（OTC）（中位数 39.5ng/L，最大 361000ng/L）、TET（中位数 26.0ng/L，在海河水系地表水中检测到最高 25500ng/L）。据估算，2013 年中国 TET、OTC 和 CTC 的使用量分别为 1450t、1360t 和 262t。中国一些河流系统地表水样本中四环素含量丰富可能是由于污水、地表径流和畜牧业直接排放水的处理效率较低。在地表水中，除 TCs 外，SFs 和 FQs 相对于其他类更为丰富。尽管 BLs 在环境水中容易水解，但在长江、黄河和珠江三大河流中该类抗生素［如阿莫西林（AMO）、头孢氨苄（CEP）、头孢唑啉（CEZ）和青霉素（PEN）］占主导地位，中位浓度为 96.8 ～ 1520ng/L，最高浓度可达 3380ng/L。

抗生素在海水中的浓度比河流和湖水中的浓度低约一个数量级，这主要是由于河流运输过程中稀释、沉积和降解的影响。从地理分布上看，华北和华东地区（如京津冀地区、海河流域、长江流域、太湖和白洋湖）的河流和湖泊中抗生素浓度较高，与其他地区相比，华北和华东地区的人口规模和抗生素使用率较高。据估计，中国地表水中抗生素的主要来源是水产养殖和畜牧业废水以及处理不足的污水。由于集中和定量超痕量水平（ng/L）的分析局限性，大多数研究报告抗生素在这些基质中的浓度低于定量极限或检测极限。最大检测浓度通常不超过数十纳克 / 升。尽管抗生素的污染水平低于治疗水平，但饮用水中的抗生素标准尚未确立。因此，长期饮用含有微量抗生素的饮用水对生态和人类健康的风险仍然未知。尽管一些研究表明对消费者的风险可以忽略不计，在鉴别、量化和风险评估抗生素转化产物方面存在显著的知识空白，这些转化产物可在环境中形成，并在污水处理厂使用的处理过程中形成。还应考虑暴露于抗生素及其代谢产物和转化产物混合物所产生的潜在不良影响。

1.2.1.4 微塑料

（1）初级微塑料

初级微塑料来源主要包括工业生产单位和直接向环境中释放微塑料的家庭活动。陆地土壤和淡水系统中的初级微塑料水平因工业过程而增加，如药品生产、塑料爆破（如热切割）、轮胎磨损（如汽车、飞机）、塑料颗粒、化妆品、驱蚊剂、废水处理（医院、工业）、污水污泥等。然而，家用产品或活动，包括洗手液、指甲油、洗面奶、沐浴露、磨砂膏、剃须膏、婴儿产品、染发剂、驱虫剂和防晒霜、牙膏等，也会通过生活污水或废水处理向环境中释放微塑料。初级微塑料还会在喷涂和抛光过程中的空气喷涂或爆破过程中产生。爆破丙烯酸、三聚氰胺或聚酯微塑料洗涤器和除锈或除漆船体会向环境中释放大量微塑料。

（2）次级微塑料

次级微塑料包括由于陆地和海洋中的大型塑料变质而产生的纤维。这些材料在太阳辐射（光降解）、风波（机械）、水波（水解）、酸性和/或碱性条件（化学降解）和微生物（生物降解）的作用下不断分解并作为微塑料释放到环境中。次级微塑料的来源丰富且不均匀。气候条件（温度、阳光、降水等）、塑料性能（尺寸和密度）以及化学结构等几个因素都会影响微塑料碎片的分解过程。自然风化是主要的分解过程，它在紫外线照射下加速。紫外线照射促进聚合物结构氧化，导致塑料分子间键的破坏。风力侵蚀、波动和湍流等物理因素也有助于微塑料的产生。此外，降水化学成分、土壤和水的pH值、微生物产生的化学物质等参数都对大塑料颗粒的氧化解体有作用。微生物还通过释放一些化学物质将大塑料降解为小微塑料。在陆地生态系统中，这些过程会导致微塑料碎片化、表面磨损和氧化分解。因此，在不同的环境基质中识别微塑料的确切来源并不是一件容易的事情。微塑料在环境中是多样的，其降解是动态的。塑料薄膜广泛用于覆盖和温室，以提高堆肥质量和作物产量。这些农业地膜和堆肥形成过程有助于陆地土壤中微塑料的积累。城市生活垃圾及其填埋场也存在污染土壤和地下水系统的次生微塑料源。微塑料在水生生态系统中的存在会对水生生物造成健康问题和有毒影响。它们的持久性增强了在环境基质中的浸出、积累和吸附。

淡水体大小、气流和颗粒密度等因素会影响微塑料在淡水中的迁移或运输。一些调查研究在南极洲和北极、大西洋中部岛屿、阿拉伯湾等地区，甚至在北极深海沉积物中，都证实了微塑料的存在，尽管这些研究是有限的。

水中的主要微塑料来源是工业来源和次级微塑料，后者来自大型塑料碎片的分解。河流的不同位置存在微塑料的主要形态也不尽相同，例如，如果微塑料是碎片形状，它们很容易漂浮，主要在水面上被发现，而如果微塑料是纤维和颗粒，它们会沉淀在底部，并在沉积物中被发现。大太平洋垃圾带（也被称为太平洋垃圾漩涡）是北太平洋中部表层水域的大量塑料堆积。塑料和漂浮垃圾来自环太平洋地区，包括亚洲、北美洲和南美洲。大太平洋垃圾带含有79000t大颗粒塑料，包括钓鱼线、渔网、硬塑料和薄膜等。

一些研究人员最近记录了淡水，包括湖泊、池塘、河流和溪流以及沉积物中存在的微塑料。在亚洲，特别是中国和印度，地表水中有微塑料的报告。在中国，淡水研究主要集中在中国东部地区，包括长江口、闽江、椒江和瓯江口、福团河口、沙江口、珠江口。Yuan对中国鄱阳湖地表水和沉积物中的微塑料进行了研究，平均浓度为0.2034g/L，估计颗粒为226颗粒/L。Ding报道称，中国渭河的微塑料平均含量和估计颗粒分别为0.92g/L和1020颗粒/L，远高于中国其他湖泊或河流。同样，其他一些研究人员也在中国的湖泊和河流中检测到微塑料。例如，西藏高原沉积物0.57g/L，太湖地表水和沉积物123颗粒/L，珠江沉积物0.47g/L。一些研究报告称，微塑料也从土壤生物的消化系统（肠道）进入粪便和排泄物。研究发现，粪便颗粒中含有的微塑料可能是海洋生态系统中微塑料的间接来源。地表径流和风流将微塑料残留物从土壤带入淡水溪流和海洋生态系统。

微塑料可以在海滩、海底沉积物、地表水以及广泛的海洋生物中找到，包括海鸟、鱼类、双壳类、哺乳动物和甲壳类动物等。微塑料可以通过海洋流动和大气下降来运输。微塑料的小体积和低密度在其每个生态系统的全球分布中发挥着重要作用。因此，极地冰和海洋沉积物已成为全球微塑料的聚集地。据预测，在全球发现的2.69亿吨颗粒中约92%是微塑料。这一预测说明，大多数微塑料位于海洋沉积物中作为一个汇，而表面的微塑料数量较少。目前尚不确定自人类活动开始以来，有多少微塑料进入并保存在海洋生态系统中。

1.2.2 新污染物的环境风险

1.2.2.1 持久性有机污染物

虽然持久性有机污染物经过生物放大，在食物链上层浓度最高，但是动物也深受这些化学物质的影响。人们经常观察到，动物的各种疾病、异常和数量下降与它们接触这些有毒污染物有关。因此，持久性有机污染物的毒性作用可通过远距离运输并通过食物链累积，从而威胁到地球上所有人类和野生动物的生存。2019年，在德国，新烟碱类杀虫剂是仅次于氨基甲酸酯的第二大杀虫剂（德国联邦消费者保护和食品安全办公室，2020）。在公众知道了这种杀虫剂对蜜蜂的致命影响后，公众对它的认识急剧增加。显然，除了人类、鸟类和有益昆虫外，许多其他非目标动物也会受到杀虫剂的影响。

鱼类、鸟类和哺乳动物在持久性有机污染物存在时表现出出生缺陷和行为异常。这些动物身上的早期迹象促使科学家们研究它们对人类的影响。持久性有机污染物暴露会导致癌症、不育、免疫功能障碍、畸形生殖器、学习障碍、心血管疾病、肥胖和甲状腺功能障碍。与二噁英和二噁英类化合物有关的最常见的人类癌症包括肺癌、肝细胞癌、非霍奇金淋巴瘤和恶性黑色素瘤。持久性有机污染物的暴露也会引起胃肠病和皮肤病并发症。此外，持久性有机污染物还会改变神经递质的水平，从而对神经细胞造成氧化损伤。还有报道称，持久性有机污染物暴露的人也更容易出现几种神经系统疾病，如阿尔茨海默病、帕金森病、癫痫、中风、痴呆和多发性硬化症。

在婴儿和儿童中，某些持久性有机污染物会导致免疫缺陷、感染加剧、神经行为缺陷、癌症和肿瘤产生以及生长异常。有报告说，孕妇接触持久性有机污染物会导致母亲和婴儿的甲状腺激素异常。产前接触六氯苯（HCB）和多氯联苯会损害婴儿的生长。接触持久性有机污染物还会降低女性的生育能力。孕妇在妊娠期间接触PCB等持久性有机污染物会导致婴儿出生体重下降和婴儿头围受损。暴露于OPs和拟除虫菊酯与儿童的认知、行为、感觉和运动发育异常有关。母体血清中持久性有机污染物（如多溴联苯醚）浓度越高，后代智力和注意力得分越低。多氯联苯、毒死蜱、滴滴涕、多环芳烃、多溴二苯醚和四氯乙烯等持久性有机污染物大多在子宫内或生命早期暴露，会导致大脑和免疫系统发育受损。产前高暴露于多环芳烃等持久性有机污染物的儿童比低暴露于多环芳烃的儿童表现出更多的注意力缺陷/多动障碍（ADHD）症状。

Yuan等报告称，主要暴露于持久性有机污染物多氯联苯、多溴二苯醚、多环芳烃和二噁英会导致与衰老相关的疾病，诱发基因组DNA损伤，以及DNA端粒缩短和功能障碍。研究发现，接触持久性有机污染物与女性生殖的不良后果有关，如怀孕时间延长和自然流产率增加。

1.2.2.2 内分泌干扰物

人类接触到内分泌干扰物的途径多种多样，个人护理用品、饮食、农药是其中的一些。由于与各种疾病（如肥胖、糖尿病、甲状腺和生殖系统疾病）相关的内分泌干扰特性，关于紫外线过滤器（UV filters, UVF）和双酚（bisphenols, BPs）等内分泌干扰物在水生和海洋生态系统以及人类的生物监测等方面的研究吸引了科学界越来越多的关注。这些化合物在水生生态系统中的存在所带来的风险主要是它们会对人类健康产生负面影响，因为它们能够干扰内分泌系统的正常功能。例如，最流行的有机紫外线过滤器 2-羟基-4-甲氧基二苯甲酮（BP-3）在各种体内和体外研究中被证明具有轻微的雌激素活性。此外，这种化合物已被证明对珊瑚礁具有高度毒性。这种化合物在水生环境中的存在引起的担忧增加了，因为它们有可能转化为代谢副产物，这往往比母体化合物危险得多。例如，一些 BP-3 降解产物 2,4-二羟基二苯甲酮（BP-1）、2,2′,4,4′-四羟基二苯甲酮（BP-2）、4-羟基二苯甲酮（4-HBP）和 2,3,4-三羟基二苯甲酮（2,3,4-HBP）比母体化合物具有更强的雌激素活性。这些二苯甲酮衍生物不仅被认为是 BP-3 的（生物）降解产物，而且还被用作各种产品的活性物质。此外，在哺乳动物和鱼类中观察到另一种著名的有机紫外线过滤器——水杨酸衍生物的高雌激素活性。此外，EDCs 与慢性疾病有关，在婴儿或胎儿发育阶段暴露于 EDCs 可能使个体在以后的生活中有内分泌系统功能障碍或内分泌疾病的风险增加。

1.2.2.3 抗生素

抗生素及其降解产物在水生生态系统中的存在可对不同营养级别的非目标生物构成威胁，包括细菌、藻类、植物、无脊椎动物和鱼类。在不同营养级别的生物中，蓝藻和藻类对抗生素最敏感。抗生素残留升高可能通过对天然微生物群落（特别是有益微生物）和水生食物网的主要生产者藻类的有害影响，对水生生态系统的平衡产生负面影响。另外，有研究表明环境中的抗生素残留与抗生素耐药基因（ARG）和抗生素耐药细菌（ARB）的发展有关，这被认为是抗生素类微污染物最关键的风险。

1.2.2.4 微塑料

微塑料在环境中无处不在。当微塑料到达水生系统时，微生物生物膜、藻类、真菌和细菌等微生物通过建立菌落将它们碎片化。积累的微塑料会在生物膜中定植，成为水生生物的食物来源，最终污染食物链。

浮游动物暴露于微塑料会导致生长周期缩短、死亡率提高、摄食能力增强，甚至会干扰下一代。与大型微塑料相比，暴露于小型微塑料对各种微藻类的毒性作用更为显著。值得注意的是，较大尺寸的微塑料可以通过阻挡阳光来降低光合作用，而较小尺寸的微塑料会影响藻类的细胞壁并破坏其内部结构。

当水生生物摄入含有相关化学污染物的微塑料时，这些相关毒素会被释放到它们的组织中，构成潜在的健康风险。微塑料携带的有毒金属离子还可以通过食物链转移到其他生物，包括蜗牛、鱼类、珊瑚和两栖动物。除了微塑料的毒性和影响外，它们的转运机制可能会影响相关化学物质的生物积累。另外，对塑料碎片的研究还表明，微塑料添加剂可逐渐从废物中浸出并进一步污染水生系统，可能引起毒性、内分泌紊乱和水生生物的突变风险。

1.3 新污染物的防控现状与挑战

1.3.1 新污染物监测现状

由于新污染物种类较多，并非所有的新污染物都要进行防控。国际通行的做法是首先使用环境监测手段，系统分析新污染物的环境暴露水平，识别环境排放源，然后评估新污染物的环境风险，再对高风险的新污染物进行重点防控。因此，开展环境监测、掌握新污染物的环境暴露水平，是新污染物防控的首要步骤。

1.3.1.1 监测计划

欧盟和日本的监测计划都是基于问题导向建立的。欧盟在常规监测基础上，利用监督监测进行补充和验证，评估监测成效；对于常规监测和监督监测中发现可能存在优先物质排放或环境状况不达标风险的，开展评估监控；对于常规监测确认存在风险但尚未实施监督监测的，以及发生事故的，开展预警调查监测。日本按照《化学物质审查及制造管理法》（后简称《化审法》）要求，从对可能存在环境风险的化学物质的初期环境调查，到对优先评估化学物质的全国暴露信息详细调查，再到实施管控措施的物质的监控调查，根据对问题物质、问题区域的认识过程不断细化监测范围。美国各个监测专项则是考虑了区域尺度的新污染物整体环境赋存水平调查和局部尺度的特征排放源调查。

1.3.1.2 监测对象

欧盟和日本的监测计划分别在《水框架指令》和《化审法》框架下实施。《水框架指令》在修订案中提出建立观察清单，并在欧盟范围内监测观察清单物质环境含量。观察清单物质由欧盟委员会制定，主要针对新污染物以及缺乏监测数据而无法评估的物质，包括医药和兽药、个人护理用品、纳米材料及高关注清单物质。日本的监测对象除了《化审法》指定的化学物质或污染物排放与转移登记制度（PRTR）指定的候补物质、非有意生成物质、环境风险评估以及社会性原因需要调查的物质之外，还包括列入《关于持久性有机污染物的斯德哥尔摩公约》管控的POPs物质、拟增补POPs物质，以及列入《化审法》中的特定化学物质和需监测化学物质等。美国各个监测专项关注重点不完全相同，但总体上都属于国际上高度关注的化学物质范围。中国新污染物的监测主要集中在POPs公约履约监测，以及利用饮用水水质监测网络，在重点流域开展的抗生素、全氟化合物、微塑料等专项调查。生态环境部也在长江中下游地区开展了优先控制化学品的调查监测。2016年，中国国家海洋局将微塑料纳入海洋环境常规监测范围。

1.3.1.3 监测布点

对于观察清单物质，欧盟要求成员国至少选择1个代表性监测站进行监测。如果居民数量超过100万人，应增加1个监测站，此外，监测站点数量还需加上地理面积（以km^2为单位）除以60000km^2，人口总数除以500万，估算后为177个。美国的布点原则未有公开文件报道，但从已有监测项目布点情况来看，区域尺度和局部尺度监测布点的考虑与欧盟相似，区域尺度主要考虑代表性，局部尺度主要考虑生产加工或者使用的聚集区周边。

1.3.1.4 监测频率

欧盟根据《水框架指令》（Water Frame Directive, WFD）附件Ⅴ第 1.3.4 节，优先评估化学物质的监测频率为每月 1 次，其他污染物的监测频率为每 3 个月 1 次。在监测长期浓度变化、预估污染负荷时，或排放源受不同季节自然条件、季节性工业活动影响大（如农药生产）的情况下，可以加大取样频率。有冰期的水域需考虑冰期的影响。美国考虑季节和相关生产加工使用排放期，多数点位每年 1 ～ 2 次。

1.3.1.5 监测技术

新污染物分析方法受诸多因素影响。新污染物和相关转化产物数量众多，包含了不同极性的有机物、纳米颗粒和微塑料等，尤其某些新污染物在极低浓度下就能危害水生环境，这对方法系统性和方法检测限都有较高的要求。针对特定新污染物，可以使用传统分析方法，如气相色谱法、气质联用法、液相色谱法、液质联用法等。但对非特定新污染物的监测，可以考虑目前新污染物分离、检测、定性定量方面都出现的一些新技术，例如基于高分辨质谱法的非靶向筛选方法。与传统分析方法相比，非靶标分析法可以对样本进行快速准确的全面分析，具有检测效率高、检出物质更全面的优势。

1.3.2 新污染物防控现状

近年来，全球很多国家对饮用水源中新污染物防控与去除提出了相关政策和行动方案，以保障饮用水安全、维护人们生命安全和健康。

1.3.2.1 美国

美国自 20 世纪 90 年代中期开始关注水环境中邻苯二甲酸酯（PAEs）和多氯联苯（PCBs）等新污染物；2006—2013 年期间先后出台《地表水水质标准》《关于直接饮用再利用系统的公共卫生标准的报告》等水质标准，对地表水及直饮水回用二级出水中部分药物及个人护理用品（PPCPs）、内分泌干扰物（或内分泌干扰化学物质，EDCs）等设置浓度限值，并颁布了《饮用水安全法》，完善了饮用水中新污染物的监测指标，对多种 EDCs、全氟化合物（PFASs）、PCBs、多环芳香烃（PAHs）等设置浓度限值。2019 年，美国环境保护署出台了针对全氟辛烷基磺酸（PFOS）和全氟辛酸（PFOA）的行动方案，此项举措进一步推动了对饮用水中该类物质的有效监管。

1.3.2.2 欧盟

欧盟为改善水资源状态，在 2000 年的欧盟理事会和欧洲议会发布了欧洲《水框架指令》（WFD）。该指令开发了基于计分排序的优先评估化学物质筛选方法，为欧盟各国在水资源管理和保护领域提供了重要指导。随着对新污染物认知的深入，于 2006 年和 2011 年又对 WFD 进行修正，完善了 EDCs、PPCPs、PFOS 等的地表水质量标准。近年来，欧盟设立的“Model Key”计划对毒性评估项目进行了支持，促进了效应导向分析方法（effect-directed analysis, EDA）的发展，为新污染物监测标准的制定提供了科学基础。随着数字革命的发展，欧盟进一步启动了旨在支持水务信息化发展、实现智慧水务的一系列项目，整合科研力量成立行动组，为新污染物在线监测研究提供了支撑。

1.3.2.3 中国

我国对水环境中新污染物的防控也给予了高度关注，并采取了一系列相关措施。20 世纪 90 年代以来，以《污水综合排放标准》（1996 年）、《城镇污水处理厂污染物排放标准》（2002 年）、《地表水环境质量标准》（2002 年）、《生活饮用水卫生标准》（2006 年）等为引导，从源头到末端不断完善对新污染物的控制要求。部分新污染物在饮用水中的限值浓度已低于美国环境保护署和世界卫生组织规定的限值。“十三五”规划（2016—2020 年）期间，为顺应智慧城市的发展潮流，推进水务信息化建设，先后在上海浦东新区和深圳建立区域智慧水务平台，为新污染物的智慧监测提供平台。2020 年 11 月，《中共中央关于制定国民经济和社会发展第十四个五年规划和二〇三五年远景目标的建议》中明确提出“重视新污染物治理”；2021 年 1 月 29 ～ 30 日，以“新污染物的健康风险和防控对策”为主题的香山会议在北京召开，会议围绕新污染物定义、其环境过程和暴露组学、毒理学研究和健康效应机制、削减及风险防控等中心议题进行了深入探讨。2021 年 10 月，生态环境部组织编制了《新污染物治理行动方案（征求意见稿）》，提出了 6 个方面共 25 条具体措施。2022 年 3 月 5 日，政府工作报告明确提出要“加强固体废物和新污染物治理”。2022 年 5 月 24 日，国务院办公厅印发实施《新污染物治理行动方案》，对新污染物治理工作进行全面部署，新污染物的风险防控和污染治理将成为今后一段时期生态环境保护工作的重点。2022 年 12 月 29 日，生态环境部等印发《重点管控新污染物清单（2023 年版）》，自 2023 年 3 月 1 日起正式实施，清单明确了全氟辛基磺酸及其盐类和全氟辛基磺酰氟、全氟辛酸及其盐类和相关化合物、十溴二苯醚等 14 类重点管控新污染物及其禁止、限制、限排等环境风险管控措施。

1.3.3 新污染物防控面临的挑战

当前，我国新污染物的种类不断增加，污染空间范围不断扩展，污染物常以复杂的形态在多环境介质中迁移转化，并呈现出复合型、多样性和压缩型特征的趋势。我国新污染物风险防控和污染治理面临着来自制度体系、防控能力、监测技术和科学研究等诸多方面的挑战。

1.3.3.1 法律法规

我国是化学品生产使用大国，目前与新污染物相关的法律法规主要有《危险化学品安全管理条例》《中华人民共和国监控化学品管理条例》《新化学物质环境管理办法》《危险化学品登记管理办法》《电子废物污染环境防治管理办法》等。有关主管部门发布了《中国现有化学物质名录》《危险化学品目录（2015 版）》《高毒物品目录》《中国严格限制的有毒化学品名录》《第二批重点监管的危险化学品名录》等，基本覆盖了针对危险化学品、有毒化学品及新化学品等不同品类的管理法律体系。自 2020 年开始，对于新污染物提出了一系列规划及行动方案，但对于有潜在风险的新污染物还缺乏相应的规定，尤其是新污染物环境风险评估与管控缺乏法律依据，亟需尽快颁布化学物质环境管理专门法律法规，通过法律手段依法开展新污染物治理。

1.3.3.2 风险防控监管体系

我国非常重视化学品的安全管理，已逐步建立起较为完善的化学品安全管理体系，但对化学品的环境风险管理有待进一步完善，如 2007 年建立并不断完善的危险化学品安全生产监管部际联席会议制度，由 25 个部门或单位组成，负责协调各相关部门对危险化学品安全的管理。以加入《斯德哥尔摩公约》为契机，2005 年我国成立了“国家履行《斯德哥尔摩公约》工作协调组”，负责审议和执行国家 POPs 管理和控制的方针和政策，协调国家 POPs 管理及履约方面的重大事项，并针对《斯德哥尔摩公约》规定的 POPs 建立了完整的管理体系。这对我国在化学品环境风险管理方面的制度建设起到了积极的推动作用，也标志着我国在化学品管理方面从安全管理向环境风险管理的推进。但《斯德哥尔摩公约》所涵盖的污染物种类有限，且均为国际关注的污染物，而对于国际上不受关注但在我国环境介质中存在的新污染物鲜有涉及。新污染物风险防控需要多部门跨行业的有效协作，目前，我国尚未建立新污染物风险防控相关的监管体系和协调机制，这也成为制约我国新污染物风险防控的关键因素之一。

1.3.3.3 新污染物监测、报告和评估机制

我国新污染物种类繁多、分布广泛，环境与健康风险隐患大。我国自 2004 年正式加入《斯德哥尔摩公约》以来，在 POPs 的监测能力和监测技术标准体系方面取得了长足进步，但主要是对重点排放源的监测，尚未系统性开展 POPs 环境质量监测。国家环境监测体系中缺乏对新污染物的有效部署，目前主要还是以常规污染物指标的监测为主，近年来，虽已开展化学物质生产使用调查、环境监测、环境风险评估，先后制定发布两批《优先控制化学品名录》，但尚未建立对于已确定的典型新污染物的监测、报告和评估机制，对新污染物治理还缺乏长效机制和系统谋划。对于新污染物对人体健康的危害及环境暴露数据潜在污染源排放的动态和总量，以及重点区域和关键行业主要风险源的监测还有待进一步完善。同时，在国家发布的各类环境质量公报中，关于新污染物排放和环境污染状况的数据和信息十分匮乏，难以实现对新污染物环境污染状况的准确识别和对潜在生态和健康风险的有效防控。此外，由于难以获取新污染物排放状况的相关信息，公众的监督作用也难以有效发挥。

1.3.3.4 科学研究基础

开展新污染物环境风险管控对科技支撑要求较高。新污染物种类繁多、危害机理复杂、在环境中迁移转化和归趋过程复杂，污染控制难度大，绿色替代品研发技术要求高。目前，我国在新污染物的危害识别、暴露预测、环境风险评估、绿色替代、污染控制等方面的研究还存在明显不足，与我国日益凸显的新污染物污染治理和防控需求有巨大差距。例如，我国每年污泥的农业资源化利用量约为 300 万吨，但利用过程中更关注重金属、病原菌等物质，对微塑料、抗生素、多氟化合物等新污染物问题缺乏系统研究和有效控制策略。此外，作为化学品的生产、销售和使用大国，我国对于“高产量、高污染、高环境风险”化学物质（如氯化石蜡）产生的新污染物的环境行为、生态毒理乃至环境风险防控方面缺乏关键数据和科学研究的有力支撑，导致在相关政策制定和实施过程中由于缺乏新污染物的生态和健康效应方面的数据而难以有效发挥其应有的作用。

1.3.3.5 治理工作基础

新污染物治理是一项系统工程，涵盖有毒有害化学物质危害测试、环境风险评估、绿色

替代品研发推广、产业政策调整、落后产品和产能淘汰、污染物排放控制等多个方面，包括一般工业化学品、药品、农药、兽药等多个类别。实施新污染物治理需要相对完整的环境风险评估与管控技术方法、模型、数据库等技术工具的支撑。现阶段，我国新污染物治理的工作基础仍十分薄弱，化学物质危害信息严重缺失，化学物质环境风险评估与管控技术标准体系尚未建立，计算毒理发展缓慢，化学物质测试与环境监测方法不完善，成为新污染物治理的重要制约因素。

1.4 发展方向

目前，我国新污染物环境和健康风险形势复杂，不仅存在国际上新污染物的共性污染问题，还面临着目前社会发展阶段下特殊新污染物污染问题。《中华人民共和国国民经济和社会发展第十四个五年规划和 2035 年远景目标纲要》提出重视新污染物治理、健全有毒有害化学物质环境风险管理体制的任务要求。如何有效落实新污染物治理行动方案，做好新污染物的污染防治工作，亟待建立针对我国新污染物污染特征的风险防控体系。应坚持问题导向，加强顶层设计、健全制度体系、系统开展调查研究、完善监测与评估技术标准体系、搭建多源化动态化新污染物大数据平台，构建中国特色新污染物风险防控体系。

1.4.1 法规建设

加强新污染物风险防控法制保障，在现行的以《危险化学品安全管理条例》为主体的化学品安全管理法律体系中纳入新污染物，逐步完善新污染物治理法律法规体系。研究制定新污染物环境风险管理条例，修订《环境保护法》《大气污染防治法》《水污染防治法》《土壤污染防治法》等相关法律法规，将新污染物管理要求纳入相关法律中；做好《新污染物治理行动方案》与《大气污染防治行动计划》《水污染防治行动计划》《土壤污染防治行动计划》衔接工作。完善新污染物技术标准体系。制修订新污染物危害评估、暴露评估、风险表征、危害特性、毒理评估等标准和技术规范。加强对《环境空气质量标准》《地表水环境质量标准》等的完善和修订，将我国环境介质中已广泛存在且检测技术标准体系趋于成熟的新污染物纳入相关的环境质量标准中。

1.4.2 调研监测与评估

分层次开展重点化学物质生产、使用信息调查和危害筛查，选取存在新污染物的主要流域和重点区域，重点针对高危害、国内外高关注、高产（用）量物质，查清各类新污染源的基本情况、排放数量、污染治理情况等，开展试点摸底调查工作。在污染源普查、生态环境统计和土壤污染状况调查等调查中增加新污染物的调查，建立重点新污染物源档案和新污染物源信息数据库。

研究新污染物的监测方法与技术，建立新污染物的标准分析方法，建议开发新污染物非靶向、高通量筛查方法，建立重点管控新污染物环境监测标准，构建自主知识产权的新污染物高分辨质谱库，加强新污染物暴露预测和追踪溯源方法研究，在全国开展新污染物污染情况摸底普查，为全面掌握新污染物排放和污染状况奠定基础。利用生态环境监测网络，将重点新污染物纳入常规环境监测，定期开展重点新污染物监测。加强对新污染物检测机构认证，提高新污染物监测能力。

此外，应建立和完善新污染物生态健康风险评估体系，对各类新污染物带来的潜在生态系统和人体健康风险开展系统评估。开展新污染物的源解析、环境分布、迁移行为研究，建立新污染物风险评估方案，加强重点新污染物环境风险评估，充分利用大数据技术在海量数据管理及非结构化多源数据的快速分析等方面的优势，搭建基于全生命周期的新污染物环境行为动态监测、信息采集、数据分析、风险预警和污染防控大数据决策支持系统，动态更新重点管控新污染物清单，提升新污染物风险防控的动态化、智能化、高效化水平。

1.4.3 源头管控

持续开展新化学物质环境管理登记，严格执行《新化学物质环境管理登记办法》，加大对从事新化学物质研究、生产、进口和加工使用的企业事业单位的排查，建立重点新化学物质企业事业单位名单，对新化学物质登记的企业事业单位开展监督抽查，督促其建立新化学物质活动情况记录制度，落实环境风险控制措施和环境管理要求。严格实施淘汰或限用措施，对纳入《产业结构调整指导目录》淘汰类或者限制类的化学物质依法停止其产品登记、生产许可证核发，从源头防范具有不合理环境风险的新化学物质在我国生产或使用。严格审查涉重点新污染物行业的有关产业规划，严格审批涉新污染物建设项目准入，细化涉重点新污染物项目的准入条件，明确环境风险控制措施和环境管理要求，强化环境影响评价管理，对于不符合准入条件的建设项目依法不予审批。

1.4.4 治理与去除

加强研究和改进污染治理技术，通过技术创新提高污染物去除水平。研究开发成本可行的工业“三废”、污水处理厂排水和自来水深度处理技术，推进新污染物多介质协同治理。加强新污染物相关科研平台和基地建设，增强科技支撑能力。开展新污染物的源解析、环境分布、迁移行为及检测技术研究，提升我国新污染物风险防范和污染控制科学技术能力。在涉及新污染物排放的重点行业领域，选取重点工业园区和企业事业单位，开展新污染物环境风险防控与治理工程试点，开展淘汰、替代、废物处置和污染修复示范，形成新污染物减排以及污水和污泥、废液和废渣中新污染物治理示范技术，推动可替代材料的研发与管理，早日全面淘汰危害严重的新污染物。

1.4.5 宣传教育

积极调动企业、社会组织和公众参与新污染物治理的积极性，发展壮大环保志愿者、监督员队伍，开展多种形式的科普宣传活动，引导公众科学认识新污染物环境风险。鼓励群众开展生态环境违法行为举报，动员全社会广泛参与新污染物治污攻坚。落实限塑令要求，禁止使用一次性不可降解塑料袋、塑料餐具。深入开展绿色创建行动，扩大绿色产品生产和消费，建立并逐步完善绿色产品推广机制，拓展绿色产品消费市场。深入实施节能减碳全民行动，全面推广碳普惠制，扩展碳普惠覆盖城市及涉及领域，建立健全绿色积分、碳积分等激励制度，鼓励居民低碳出行、绿色消费。

参考文献

[1] 刘沛，黄慧敏，余涛，等. 我国新污染物污染现状、问题及治理对策 [J]. 环境监控与预警，2022, 14(5): 27-30, 70.

[2] 唐忠辉，谢莉. 浅谈新污染物的特征、防治进展及建议 [J]. 广东化工，2022, 49(23): 203-204, 207.

[3] Joshua O I, Yap P S, Kingsley O I, et al. Adsorption of persistent organic pollutants (POPs) from the aqueous environment by nano-adsorbents: A review[J]. Environmental Research, 2022, 212: 113123.

[4] Sonja S, Martin K, Andreas K, et al. Analysis of pesticide and persistent organic pollutant residues in German bats[J]. Chemosphere, 2022, 305: 135342.

[5] Santiago A B, Pemberthy M D, Ramírez Andrés, et al. Occurrence and distribution of persistent organic pollutants (POPs) in the atmosphere of the Andean City of Medellin, Colombia[J]. Chemosphere, 2022, 307:135648.

[6] Sadmani A A, Andrews R C, Bagley D M. Influence of naturally occurring dissolved organic matter, colloids, and cations on nanofiltration of pharmaceutically active and endocrine disrupting compounds[J]. Chemosphere, 2014, 117C(1): 170-177.

[7] Chen Y X, Yang J, Yao B. Endocrine-disrupting chemicals in the environment: Environmental sources, biological effects, remediation techniques, and perspective[J]. Environmental Pollution, 2022, 310: 119918.

[8] Veronika K, Martina G, Žiga J. Halogenated ingredients of household and personal care products as emerging endocrine disruptors[J]. Chemosphere, 2022, 303: 134824.

[9] Mateus H P, Dhoone M S, Ricardo F, et al. Occurrence and risk assessment of endocrine-disrupting compounds in fish muscle: The case study of the Douro River (North East Atlantic Ocean) [J]. Environmental Research, 2022, 215: 114236.

[10] Grenni P, Ancona V, Caracciolo A B. Ecological effects of antibiotics on natural ecosystems: A review[J]. Microchemical Journal, 2018, 136: 25-39.

[11] Isabel T C, Lúcia S. Antibiotics in the aquatic environments: A review of the European scenario[J]. Environment International, 2016, 94: 736-757.

[12] Nada H, Ashok J T, Cecilia S L. Antibiotic concentrations and antibiotic resistance in aquatic environments of the WHO Western Pacific and South-East Asia regions: A systematic review and probabilistic environmental hazard assessment[J]. The Lancet Planetary Health, 2023, 7 (1): e45-e54.

[13] Paula E R, Andreu R, Albert A K. Risk assessment of microplastics in freshwater sediments guided by strict quality criteria and data alignment methods[J]. Journal of Hazardous Materials, 2023, 441: 129814.

[14] Evgeniy Y, Anna G, Alexander O, et al. Microplastics distribution in the Eurasian Arctic is affected by Atlantic Waters and Siberian Rivers[J]. Communications Earth & Environment, 2021, 2 (1): S43247-021-00091-0.

[15] 蒙岱均，王超鹏，魏鑫馨，等. 饮用水中微塑料的检测与去除技术研究进展 [J]. 净水技术，2022, 41(8): 8-15, 107.

[16] Merve T, Véronique A, Bernd N, et al. Probabilistic environmental risk assessment of microplastics in soils[J]. Geoderma, 2023, 430: 116315.

[17] 张玉斌. 加强新污染物治理助力污染防治攻坚战 [J]. 环境保护与循环经济，2022, 42(9): 1-3.

[18] 苏闯，黄怡，王力明，等. 欧盟计算毒理技术政策研究及对我国新污染物治理的启示 [J]. 生态毒理学报，2022, 17(3): 129-142.

[19] 侯立安，张雅琴，张林. 饮用水源新污染物防控发展方向的思考 [J]. 给水排水，2022, 58(4): 1-5.

[20] 王燕飞，蒋京呈，胡俊杰，等. 新污染物治理国际经验与启示 [J]. 环境保护，2022, 50(20): 61-66.

[21] 国务院办公厅. 新污染物治理行动方案 [Z]. 2021.

[22] 郑明辉，谭丽，高丽荣，等. 履行《关于持久性有机污染物的斯德哥尔摩公约》成效评估监测进展 [J]. 中国环境监测，2019, 35(1): 1-7.

[23] 范玉梅，石佳颖，高李璟. 土壤中微塑料的来源及检测 [J]. 化工时刊，2019, 33(6): 28-31.

[24] 王亚韡，蔡亚岐，江桂斌. 斯德哥尔摩公约新增持久性有机污染物的一些研究进展 [J]. 中国科学：化学，2010,

40(2): 99-123.

[25] Sharpe R M, Irvine D S. How strong is the evidence of a link between environmental chemicals and adverse effects on human reproductive health? [J]. Brit Med J, 2004, 328(7437): 447-451.

[26] Wuttke W, Jarry H, Seidlova-Wuttke D. Definition, classification and mechanism of action of endocrine disrupting chemicals [J]. Horm-Int J Endocrinol Metab, 2010, 9(1): 9-15.

第2章

水系统中新污染物特性识别方法学

▲ 基于高分辨质谱的筛查鉴定技术

▲ 基于效应导向的特性识别技术

▲ 基于特性识别的有机物总量分析技术

2.1　基于高分辨质谱的筛查鉴定技术

全球范围内大量化学品的生产和使用已对水环境造成不同程度的污染，严重威胁人类健康及整个生态系统，尤其是传染病流行期间，还需加强对抗生素、止痛药、退烧药等药物的水质检测，对潜在的环境危害做预先研判。然而水中污染物来源复杂、基质干扰高，特别是当新污染物层出不穷、同分异构体存在广泛、标准样品合成不足时，水环境质量标准及监管范围内污染物检测方法出现缺失，技术人员要耗费大量时间和精力对未知物进行定性和溯源。

高分辨质谱（high resolution mass spectrometry, HRMS）是指分辨率＞ 10000 半峰宽（full width at half maxima, FWHM）、质量准确度＜ 5.0×10^{-6} 的质谱。HRMS 对质量数的测定可精确到小数点后 4 位，通过精确质量数不仅能够获得元素组成、物质结构的信息，还能够区分质量数非常接近的基质干扰物和待测物，且对色谱分离的要求显著降低。因此，HRMS 为复杂样品中广泛的、已知化合物的高通量筛查以及未知化合物的识别开辟了新的分析窗口。

水质风险与水中存在的污染物的种类、浓度水平密切相关，虽然通过 HRMS 对污染物进行目标分析可排除复杂基质影响，提供高选择性、高精准度的检测结果，但有可能会忽略其他污染物，有效性难以保障。为了解决目标分析的局限性，研究人员提出并推动了将疑似物筛查、非目标筛查用于识别检测环境中的未知污染物（图 2-1），尤其在欧洲 18 个研究所及有关科学家的推动下，基于 HRMS 的筛查识别已经开始应用于环境领域。

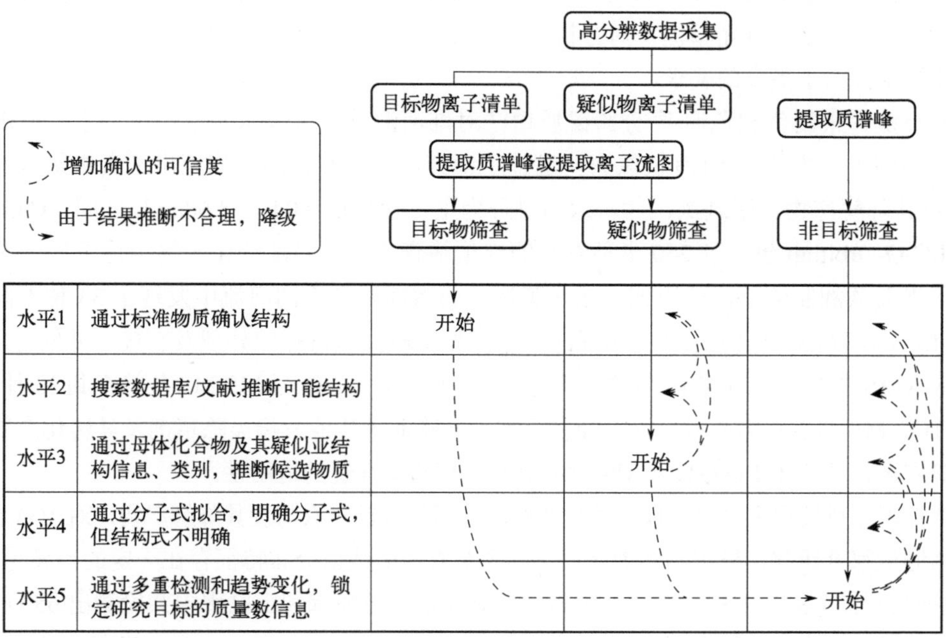

图 2-1　HRMS 筛查流程

2.1.1　靶标分析

传统的目标化合物分析方法是利用三重四极杆低分辨系统、采用多反应监测（MRM）

模式对目标物分段建立的。四极杆质谱筛查方法灵敏度高、检出限和定量限低、线性范围宽、定量准确，但在筛查方法建立过程中存在以下缺陷：需要借助标准品来优化仪器参数，分段扫描只能在特定时间段筛查有限的特定离子，筛查目标物的数量受限；受到四极杆质谱分辨率、扫描速率和扫描模式的制约，不能完全满足高通量快速筛查分析的要求。HRMS 则是采用全扫描对目标物进行精确测定，通过检索、匹配数据库中标准物质的保留时间以及母离子和碎片离子的精确质量数等信息完成目标物分析。相对于低分辨四极杆质谱，HRMS 质量范围宽、分辨率高、分析速度快，更利于快速而灵敏地筛查复杂基质样品中的多目标物。表 2-1 展示了几种 HRMS 在多目标筛查中的方法检出限和质量精度。

表 2-1　多目标筛查中 HRMS 的方法检出限和质量精度

分析物	前处理方法	高分辨分析方法	检出限（LODs）	精密度（RSD）
8 种多氯萘	固相萃取	HRGC/HRMS	0.005 ～ 0.01ng/L	<15%
41 种持久性有机污染物	固相萃取	HRGC/HRMS	0.002 ～ 0.15ng/L	4.2% ～ 19.4%
16 种痕量亚硝胺	固相萃取	GC-Orbitrap-MS	0.05 ～ 0.5ng/L	0.8% ～ 9.5%
水中 42 种违禁药物和代谢物	固相萃取	UPLC-QTOF/MS/MS	1 ～ 100ng/L	19%

2.1.1.1　农药

农药残留对生态环境造成的污染以及对饮用水安全和人类健康构成的威胁日趋严重。目前我国检测农残的方法主要是针对一种或一类多种农药残留进行检测，而数百种不同极性、不同化学性质的农药残留检测，对分析技术的灵敏度、分辨率、特异性、重现性、检测范围和快速性都提出了更高的要求。

胡小键等采用气相色谱-高分辨磁质谱法对淮河流域江苏段水源水、出厂水、河水和深井水等不同水质中的 25 种有机氯农药进行了筛查，在所有样品中均检出了有机氯农药，以 DDT 及其降解产物、甲氧氯、六六六和氯丹为主，含量在 0.04 ～ 8.68ng/L 之间。Casado 等基于 LC-Q-Orbitrap 建立了 250 多种农残的定量筛查方法，大部分化合物定量限低于 5ng/L，远低于当前欧洲监管值，使用该方法在英格兰西南部四条不同河流中发现了 33 种不同的农药。Masiá 等对 63 个地表水和污水样品采用固相萃取技术进行预处理及富集，并同时用 LC-QqQ-MS/MS 和 LC-QTOF-MS 两种方法进行目标筛查，LC-QqQ-MS/MS 共筛查到 33 种农药，LC-QTOF-MS 通过数据库目标筛查辅以标准品又确证了其他三嗪类除草剂及其转化产物、杀菌剂等农药，证明了 LC-QTOF-MS 对水中农药高通量筛查的适用性。

依托国家科技重大"水专项"项目课题，本书作者针对农药及其降解产物，对山东水体进行了高通量筛查研究，发现不同地区、不同季节农药的残留分布特征存在一定的差异［图 2-2（书后另见彩图）和图 2-3］。其中，山东地区湖库水、黄河水和山区水中共检测出 65 种农药，包括 33 种除草剂、14 种杀虫剂、15 种杀菌剂以及 3 种降解产物。10 种农药检出率＞ 50%，分别为阿特拉津、扑草净、西玛通、阿特拉通、避蚊胺、多菌灵、戊唑醇、三环唑、多效唑、脱乙基阿特拉津，浓度含量在几到几百纳克 / 升之间。研究地区内农药的污染状况受季节影响显著，从枯水期到丰水期农药总浓度有所下降，且由于 3 种不同水体受农业面源污染等因素影响，农药组成及污染情况有一定的差异。

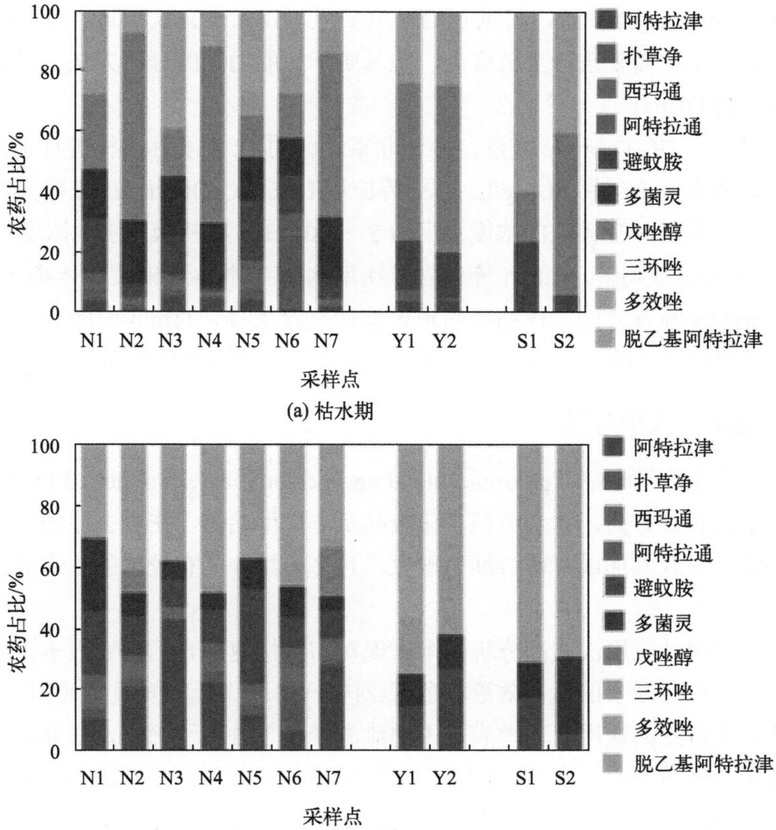

(a) 枯水期

(b) 丰水期

图 2-2　山东地区不同采样点地表水中农药的种类与占比

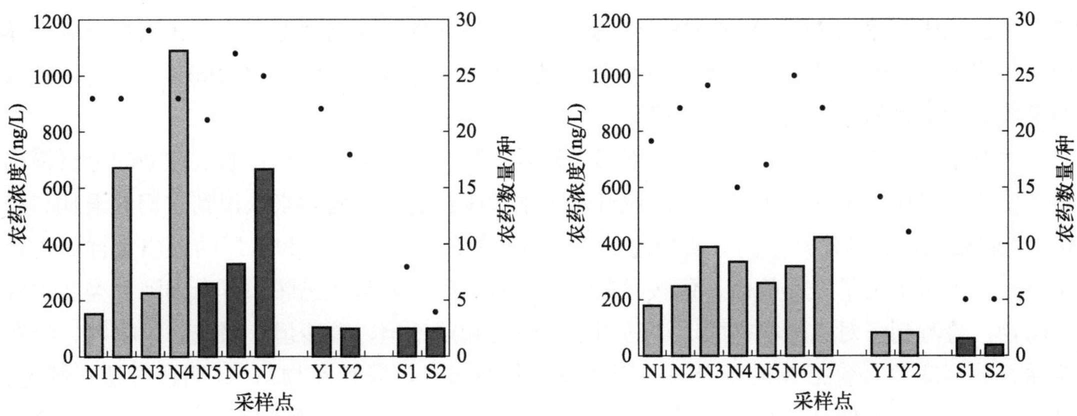

(a) 枯水期

(b) 丰水期

图 2-3　山东地区不同采样点地表水中农药的浓度及数量

2.1.1.2 消毒副产物

饮用水消毒是城市给水处理工艺的重要环节，为预防水源性流行病提供了有效保障，而水源中的天然有机物和环境污染物在消毒过程中会与消毒剂发生化学反应，生成消毒副产物

(disinfection by-products, DBPs)，目前已有 800 多种 DBPs 被文献报道。饮用水中 DBPs 含量较低，且成分复杂，需要选择灵敏度高、抗基质干扰能力强的分析方法，更好地定性和定量分析饮用水中的 DBPs。

李美萍等建立了 GC-Orbitrap 方法，并对北京地区的 12 个实际水样进行了测定，有 5 种亚硝胺被检出，含量为 0.9 ～ 20.4ng/L。Lee 等应用 HPLC-Q-Orbitrap/MS 研究污水处理过程 *N*-亚硝胺的去除，发现 *N*-亚硝胺的浓度水平为 5 ～ 20ng/L，在初级废水中浓度最大的是 *N*-亚硝基二甲胺和 *N*-亚硝基吗啉。Stuart 等建立了饮用水中 7 种 *N*-亚硝胺前体物（也称前驱物）的 HPLC-Q-Trap/MS 筛查方法，样品经简单过滤后直接上样，11min 内即可完成样品的分离和筛查，方法检出限为 0.02 ～ 5μg/L，实现了饮用水中亚硝胺前体物的快速准确筛查。

2.1.1.3 药物及个人护理品

水中的药物及个人护理品（pharmaceutical and personal care products, PPCPs）种类繁杂、来源广泛，包括各种处方药、非处方药、化妆品及洗化用品等，在被去除的同时也在源源不断地进入环境中，导致其形成“假持续”现象，且许多组分具有较强的生物活性，对环境的影响不可忽视。

近十年来，国内外应用液质高分辨技术实现对药物快速筛查的研究较多。王和兴等基于固相萃取建立了 5 种雌激素的超高效液相色谱-四极杆串联飞行时间质谱（UPLC-QTOF/MS）检测方法，并对上海生活饮用水和地表水中的雌激素水平进行了筛查，研究显示生活饮用水中未检出雌激素，而黄浦江和苏州河的各个河段的水样中均检测出雌三醇（0.8 ～ 10.5ng/L）和雌酮（1.6 ～ 5.6ng/L）。程家兴等结合 UPLC-QTOF/MS、UPLC-MS/MS 两种技术筛查了养鱼河水中的抗生素，共筛查到 4 类 15 种抗生素，其中氯霉素类和喹诺酮类的检出率更高，部分采样点的浓度接近 6μg/L，既弥补了 TOF 灵敏度不高、定量准确度差的不足，又有效避免了使用三重四极杆质谱检测抗生素的盲目性。张蓓蓓等基于 LC-QTOF 研发了质谱数据库，建立了在线固相萃取-LC-QTOF/MS 分析水中 60 种目标物的筛查确证方法，在太湖流域水体中筛查出磺胺类抗生素和氯霉素类抗生素，其中氟甲砜氯霉素检出率为 100%，并阐明了太湖流域新污染物的分布状况和污染规律。

相对于常规药物，新兴的药物滥用属于许多不同的化学类别，只有通过适当的分析筛选程序检测和量化水中这些污染物才能通过基于水和废水的流行病学来认识到它们的消耗和滥用。Andrés-Costa 等建立了高分辨快速筛查定量分析的方法对河水和水厂的进出水样品进行研究，结果识别出了安非他命、色胺、哌嗪、吡咯烷酮、芳基环己胺、可卡因阿片类和大麻类药物，检测到了对乙酰氨基酚、卡马西平、伊比利亚沙坦、缬沙坦、磺胺、甲噁唑、特布美通、敌草隆等（包括 3-羟基卡马西平或脱乙基特布津等降解产物），证明该方法在筛选、鉴定和定量分析传统和新型精神活性药物和其他水污染物方面的适用性。Iria 等采用混合固相萃取 LC-QTOF/MS 对城市污水样品中的 24 种违禁药物和代谢物进行了定量分析，发现未经处理的废水样本含有可卡因、苯甲酰爱康宁及 11-nor-9-羧基-Δ^9-四氢大麻酚。Wood 等采用 UPLC-QTOF 对南非地表水中的 99 种药物进行目标定量分析，结果发现超过 50% 的目标分析物在任何样本中都无法检测到，而通过疑似物、非目标物筛选检测到 45% 的化合物在目标筛查模式中可检测到。因此，在进行目标筛查之前先采用疑似物和非目标物筛选，可以指导选择目标筛查量化的范围。

2.1.2 疑似分析

疑似化合物筛查是根据质荷比（*m/z*）从总离子流中提取化合物的色谱及质谱峰，或经合适算法及参数设定后进行谱峰的识别与提取，再通过谱库检索或者文献资料分析预测，在无标准品参考确证时完成筛选并锁定疑似化合物，亦被称为后目标筛查策略（post-target screening method 或 post-run target screening）。

疑似化合物筛查在有机污染物的降解中间产物（transformation products, TPs）鉴定及机理分析中应用广泛，可通过相关文献和软件工具预测获得可能存在的污染物 TPs 及其结构信息和保留时间，是快速筛选和确定环境水体中降解产物的有效方法。Moschet 等将疑似化合物筛查策略应用于地表水中那些很少被评估调查的农药及其转化产物，结果在 76 个样品中发现了 2 种首次在环境样品中出现的 TPs。Deeb 等将疑似筛选策略用于评估水处理工艺对 245 个不同类别化合物的处理效果，研究发现臭氧化和生物处理后的废水中母体化合物的相对浓度水平有所下降，而臭氧化后形成的 TPs 在随后的生物处理中发生降解。

新精神活性物质（new psychoactive substance, NPS）是一类特别的痕量污染物，其分子结构不断变化，总是以高度动态的新化合物形式不断进入市场，在缺少标准物质的情况下，低分辨质谱无法及时追踪检测，对水质检测领域提出了新的分析挑战。Baz-Lomba 等基于 HRMS 建立了疑似物质筛查方法，在 HRMS 筛选平台上设置 5.0×10^{-6} 的质量准确度，通过鉴定核糖核酸对 NPS 进行疑似化合物筛选。该方法已被应用于 1000 多种药物和代谢产物的筛查，为确认水中残留 NPS 提供了可靠的工具。疑似化合物一经得到确认，便可将其加入目标化合物筛查数据库，不断扩大目标筛查的范围。

本书作者利用所建立的痕量有机物鉴定方法对高级氧化工艺去除嗅味物质污染物过程中产生的中间产物进行了鉴定研究，为有机物降解途径推断及降解机理研究提供了科学依据。UV/H_2O_2 氧化处理后的样品经超高分辨气质联用仪分析后，在色谱图上呈现出了不同于 2,3,6-TCA 的多个色谱峰，表明 2,3,6-TCA 经高级氧化处理后产生了中间化合物，并对 5 种含氯有机产物进行了预测，分别命名为 DP1 ～ DP5（图 2-4）。其中 DP1 ～ DP3 可能是 2,3,6-TCA 通过脱掉一个氯原子形成的二氯苯甲醚化合物，DP4 可能为二氯羟基苯甲醚化合物，DP5 则可能是 2,3,6-TCA 经脱甲基反应形成的氯酚化合物 2,3,6-三氯苯酚（2,3,6-TCP）。

2.1.3 非靶标分析

非目标化合物筛查与目标物筛查、疑似物筛查的区别关键在于，能够在没有参考、推测信息的情况下对物质进行筛查鉴定。将样品与空白、其他样品的采集数据进行二元比对或者多元比对，通过统计分析方法锁定目标峰，再将目标峰与数据库里已有的化合物进行保留时间、精确质量数、同位素、二级质谱图等信息检索、匹配，确证目标物结构；对于无法匹配的化合物，则通过分析二级质谱图推断碎片归属，推测目标峰的结构。

近几年，基于 HRMS 的非目标化合物筛查在污水、地表水和饮用水等不同水体中对未知物的识别应用获得了较大进展。Gago-Ferrero 等依据质量准确度、同位素模式、色谱保留时间和 MS/MS 谱图对化合物进行初步鉴定，同时补充了母体化合物与代谢物的日变化和 / 或周浓度趋势信息，在污水样品中筛查出 34 种未知化合物，并首次在废水中发现磺化表面活性剂二甘醇醚硫酸盐。Ruf 等通过高分辨质谱筛查策略首次在莱茵河水中发现了肌肉松弛

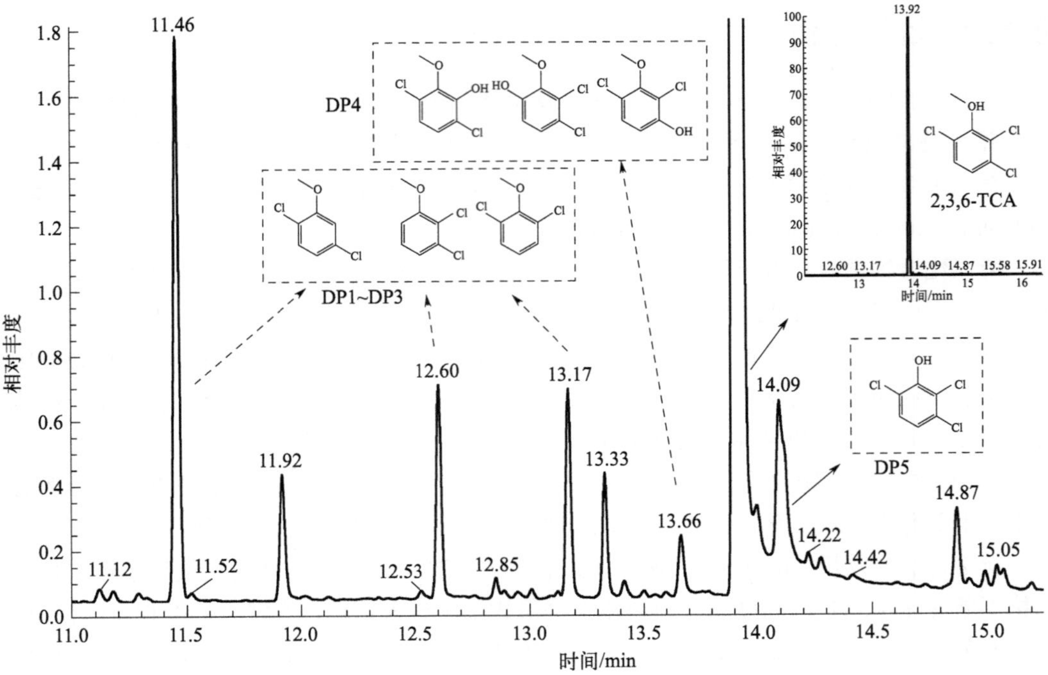

图 2-4　2,3,6-TCA 在 UV/H_2O_2 氧化体系中的降解产物色谱图

剂替扎尼定和溶剂 1,3-二甲基-2-咪唑烷酮。Zhang 等利用 FTICR/MS 在模拟消毒的自来水样品中筛查出了 659 种 Cl-DBPs、478 种 Br-DBPs 和 206 种 I-DBPs。云莉芬等建立了 LC-HRMS 未知卤代有机物筛查鉴定方法，从武汉市自来水中筛查出了 127 种卤代消毒副产物，其中 104 种在自来水中未曾见过报道。Muz 等针对环境样品中芳香胺类化合物建立了 LC-HRMS 非目标物筛查方法，在废水样品中筛查到了几种新型的芳香胺衍生物。Hug 等基于 LC-HRMS 建立了识别化合物的筛选程序，在废水样品中确定了 6 种疑似化合物、5 种非目标化合物以及 2 种在环境中尚未报道的污染物。Broecker 等建立了基于 LC-TOF/MS 的 2500 多种化合物谱库，在解析 50 份历史样品时发现了更多新的物质，证明 LC-TOF/MS 可有效用于毒理学分析，为非目标污染物的定性提供了重要的数据库支持。同时也证明了 HRMS 通过质谱全扫描数据记录水质信息具有构建水质信息档案的技术优势，在发生水体突发污染或者由于其他原因导致水质发生变化时有利于对水质污染因子进行溯源。

本书作者结合大体积固相萃取技术，利用高分辨 LC-QTOF 对饮用水厂的进水和出水进行了数据采集，借助非目标物筛查鉴定策略，通过 Progenesis QI 软件对采集的数据进行了解析，客观地评价了饮用水厂现有工艺对微污染物去除的效果。

该次专题验证性研究中进水和出水中分别识别到 4486 个和 4163 个特征离子，其中进水中有 449 个特征离子经过水厂工艺得到了有效去除的同时，出水中也新生成了 126 个特征离子，并从筛查结果中选择响应强度高的特征离子作为不同样品的标记物，分别为三苯基氧化膦、4-庚氧基苯酚、异亮氨酸、芥酰胺（图 2-5）。

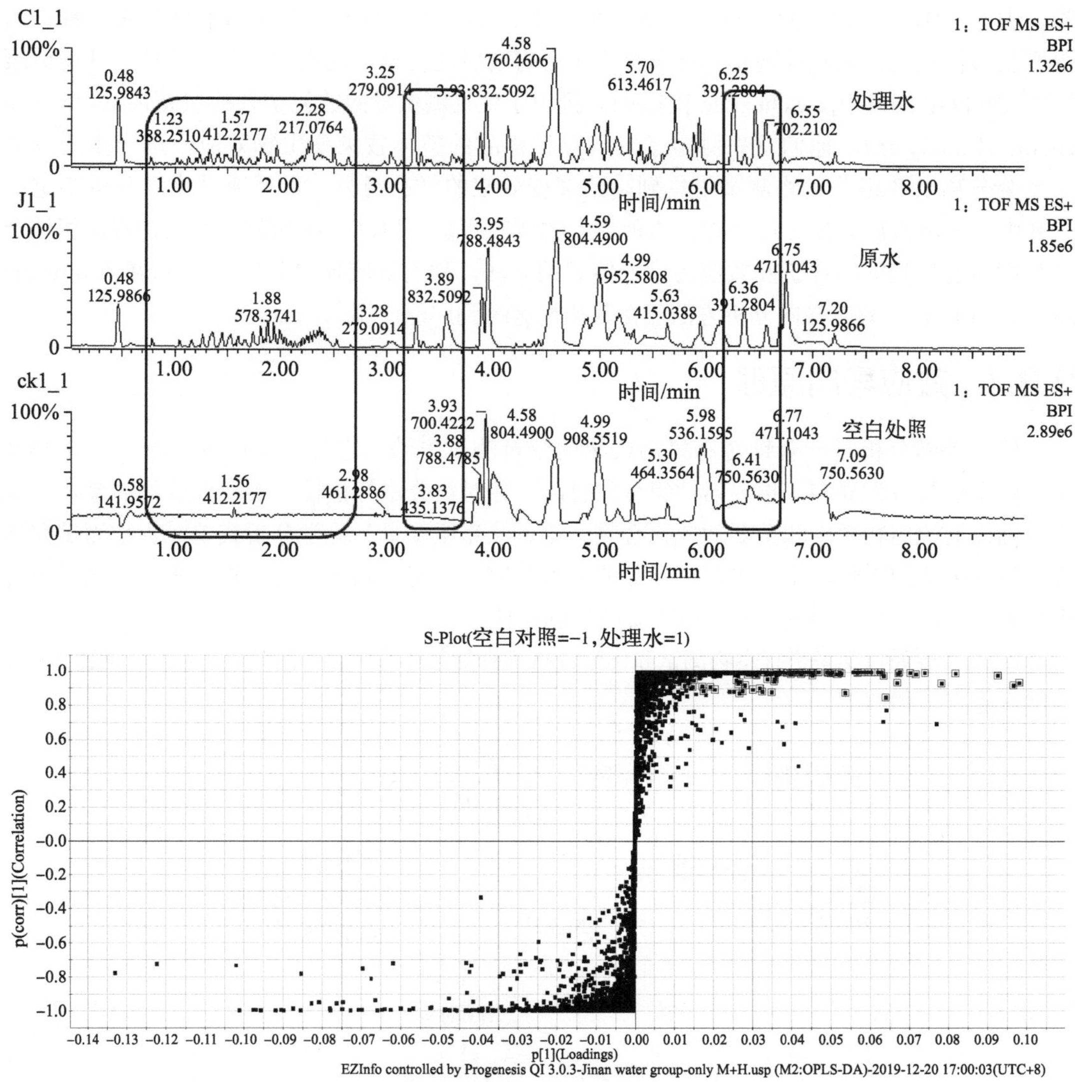

图 2-5　不同处理组间水样的差异识别

2.2 基于效应导向的特性识别技术

面对与日俱增的化学品污染，污染物的毒性鉴定、生物效应测试和健康效应评价等方面均面临着严峻挑战。为了高效地完成化合物的毒性测试及其分子机制研究，2008 年美国国立卫生研究院（National Institutes of Health, NIH）开展了 Toxicology in the 21st Century（Tox21）项目。该项目以细胞模型为基础，通过高通量筛选进行有机化合物毒性通路的系统研究，以建立可用于预测化合物毒性的构效关系模型。类似地，欧盟于 2000 年发布了《水框架指令》，要求各成员国对流域内的所有水体进行综合监测，并依据环境质量标准（environmental quality standards, EQS）对优先控制的化学污染物进行化学评估。以上化学品检测与评估项目，更多的是对纯品化合物进行毒性筛查，或者通过传统的化学分析方法监测样品中的优先控制污染物，进而限制有害物质的排放。然而，此类评价方法只能简单呈现样品中所检测化合物的浓度及毒性效应，无法体现实际环境介质中有害物质的含量，也无法评估其整体的环境健康风险。20世纪80年代，Schuetzle和Lewtas提出了生物测试导向的化学分析（bioassay-directed chemical analysis）。他们首先测定了空气颗粒样品的整体致突变生物效应，进一步通过样品组分分离及各组分生物测试收集到高致突变效应的样品组分，最后通过化学分析鉴定出了其中的多环芳烃等效应污染物。这种将生物效应测试、样品分离和效应污染物鉴定相结合进行样品的生物效应评价及效应污染物鉴定的方法，称为效应导向分析方法（effect-directed analysis, EDA）。效应导向分析方法已在欧盟地区得到广泛应用。

2.2.1 效应导向原理

效应导向分析是一套针对有机污染物的分析测试方法。它综合运用生物测试与化学分析，以生物效应为导向，指导活性组分的分离，并对组分进行定性，实现效应物的鉴定，最终明确样品的生物效应和主要效应化合物。该方法克服了单一化学分析或单一生物测试在环境样品应用中的不足，不仅可测试样品的生物效应，且能明确效应化合物，避免了化学分析中检测的盲目性和生物测试中效应物质的不确定性。

EDA主要通过交替进行生物测试和化学分析筛查复杂环境样品中的效应化合物（见图2-6），其常规操作步骤如下。

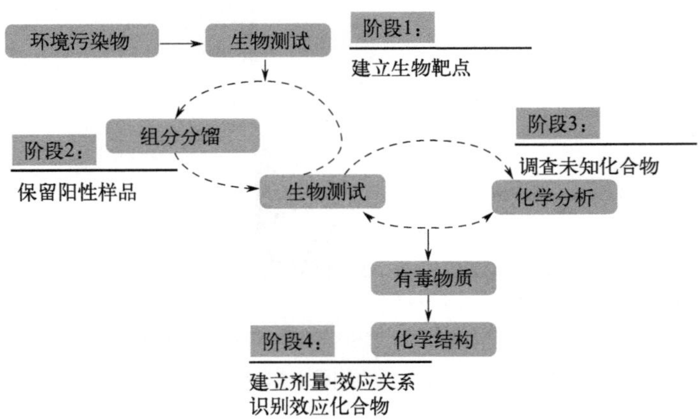

图2-6 EDA分析流程

① 污染物提取及效应测试：样品经有机溶剂提取、初步净化后转溶至生物相容性助溶剂中进行特定生物效应测试（运用一种或多种生物测试方法检测样品可能导致的生物效应）。

② 具有活性的样品随后被转入阶段2中进行组分分离，并对获得的若干子代馏分进一步进行生物效应测试以筛选活性组分。因此，EDA通过逐步排除非活性组分达到纯化和富集效应污染物的目的。样品的分离制备取决于样品的特性、候选混合物的性质（极性、分子量及官能团等）以及生物效应测试的种类等。

③ 在阶段3中，对于表现出生物活性的样品通过各种理化性质差异进行分离（如基于分子大小、极性、官能团等差异而进行的分离）。利用商业或者合成的标准品，可以最终确认所鉴定的污染物，及其与生物效应间的因果关系（阶段4）。

④ 对于组成复杂的样品可能需交替分离多次，简化样品组成，直至得到一组或多组生物

活性组分，然后进行仪器分析（如 GC/MS、LC/MS 等），鉴定主要的效应化合物。进一步通过定量污染物，可以计算该污染物对样品总生物效应的贡献百分比。通过剂量-效应关系，检验化学测定结果是否导致预期生物效应以及生物效应在多大程度上由所测定的化合物导致。

目前 EDA 已经被用于分析包括大气颗粒物、土壤、沉积物、污水、室内灰尘、地表及地下水、石油提取物和食物接触用纸等在内的各类型环境样品中。此外，在兴奋剂分析、法医毒理学和食品安全等领域，EDA 也表现出一定的应用潜力。

2.2.2 效应测试

生物效应测试终点的选择，除需考虑与相应的污染物类型匹配外，还需要考虑筛选通量、特异性、灵敏度和重复性等因素。生物效应测试方法主要包括体外（in vitro）暴露和体内（in vivo）暴露两种。在 EDA 中，应充分考虑有害结局路径（adverse outcome pathway, AOP），为效应靶点的选择和环境健康风险的评估提供指导。AOP 是在现有的毒理学、生物学和代谢组学等基础之上，结合分子起始事件（molecular initiating event, MIE）与生物学水平上的细胞效应而形成的概念性生物学框架。其中 MIE 指外源性化合物和特定的生物分子之间的反应，包括代谢、防御和修复机制以及一系列适应性应激反应。MIE 的研究，可运用计算毒理学方法将细胞毒性实验结果外推至器官、个体、群落以及生态系统，从而实现体外细胞实验逐渐取代动物实验和人类毒性评价实验的目标。AOP 对消除 EDA 实验操作技术差异、明确生物测定优先级、确定暴露组各种组分的相对贡献，以及鉴定复杂混合物中的主要风险驱动因素具有重要的帮助。

2.2.2.1 体外生物效应测试

体外生物效应测试可以实现不同基质中污染物的毒性评价，包括地表水、沉积物及沉积物孔隙水、生物组织提取液等。体外生物效应测试具有耗时短、灵敏度高和特异性强的特点。大部分体外生物效应测试适用于高通量的自动化方法开发，如美国 Tox21 项目。体外生物效应测试涵盖遗传毒性效应、芳香烃受体效应、内分泌干扰效应、神经毒性效应以及细胞应激效应等。

（1）遗传毒性效应

一些污染物（如某些多环芳烃，PAHs）及其生物转化产物可以与 DNA 结合，形成 DNA 加合物，造成点突变、链断裂或 DNA 重组，该作用可诱发癌变、畸变和 DNA 损伤等效应。Ames 波动测定法和碱性 DNA 解旋（彗星）测定法是两种广泛使用的遗传毒性评价方法。研究者通过对菌株中转入萤光素酶报告基因（pET-28-LacI/Lux）培育成 TA98Lux 和 TA100Lux 菌株，优化了 Ames 法，缩短了检测时间，有利于更快、更高通量地筛选样品中的致突变剂。随着化学诱导萤光素酶检测方法（chemically activated luciferase gene expression assay, CALUX）的广泛运用，用于检测遗传毒性的 p53-CALUX 方法也已成功建立。该方法以放线菌素 D 或环磷酰胺作为阳性对照，通过检测 p53 蛋白的激活强度来确定样品的毒性效应，能够识别多种类型的遗传毒性化合物，具有较高的灵敏度和特异性。

（2）芳香烃受体效应

环境中多种芳香类外源化合物能够和细胞内芳香烃受体（aryl hydrocarbon receptor, AhR）

发生专一性结合，诱导细胞色素 P4501A（CYP1A）依赖性激酶活性，称为芳香烃受体效应。通过与芳香烃受体结合，影响相应基因的表达或相关信号传导通道，从而引起毒性效应。芳香烃受体效应干扰物是一类在环境中广泛存在的污染物，从易降解的植物分泌物到持久性、高生物富集性的多氯代二苯并对二噁英、多氯联苯和其他一些卤代芳烃类化合物都具有芳香烃受体效应。二噁英类芳香族化合物是一类含有一个或多个苯环的有机化合物，是环境领域的优先控制污染物，也是产生芳香烃受体效应的一类重要污染物。芳香烃受体效应的筛选方法主要有活力诱导法（EROD）和萤光素酶报告基因法（DR-CALUX）两种。EROD 法的原理是以二噁英受体介导的 7-乙氧基异吩噁唑酮脱乙基酶（EROD）的活性反应外源化合物的类二噁英效应。DR-CALUX 法则是以重组有荧光合成基因的鼠肝癌细胞 H4IIE 为实验材料，通过荧光强度可定量检出芳香烃受体效应的大小。芳香烃受体蛋白是一种胞质受体蛋白，可以特异性结合二噁英类化合物，并在细胞核内转录激活细胞色素 P4501A（CYP1A）等响应基因。通过测定 EROD 活性可以测算芳香族化合物的含量。除了 EROD 测定法外，基于重组细胞的二噁英应答化学激活萤光素酶表达（DR-CALUX）测定法也可用于测定样品中的二噁英毒性当量（toxic equivalents, TEQs）。其原理是通过激活细胞内的萤光素酶报告基因测定萤光素的发光强度，进而获得样品中效应物质的二噁英毒性当量。常见的重组细胞系包括人类骨肉瘤细胞系（U2-OS）、大鼠肝癌细胞系（H4IIE-luc）和小鼠肝癌细胞系（CBG2.8D）。

Shen 等运用 EROD 法，使用鼠肝癌细胞 H4IIE 对中国台州市电子垃圾回收区的土壤进行了测试，测试样品表现出显著的芳香烃受体效应，仪器测试结果和剂量-效应曲线表明活性物质主要为多氯联苯（PCBs），其次为二噁英（PCDDs/PCDFs），而多环芳烃（PAHs）活性较低，可以忽略。Koh 等运用 DR-CALUX 法，以重组荧光基因的鼠肝癌细胞 H4IIE 对韩国浦项湾的沉积物进行了芳香烃受体效应检测，结果表明 85% 的沉积物样品表现出显著的芳香烃受体活性，同时仪器分析检测出了二噁英类物质（PCDDs/PCDFs）。Houtman 等使用 DR-CALUX 测试对荷兰一港口沉积物进行了芳香烃受体效应检测，GC-MS 分析结果表明多环芳烃是引起干扰效应的主要物质。Grung 等使用 CALUX 法对 Greenland 区域和 Oslo 港湾的海洋沉积物进行了芳香烃受体效应检测，发现 Greenland 区域主要活性物质为含 O/N 的多环芳香族化合物，Oslo 港湾的主要活性贡献者为多环芳烃。化学激活荧光蛋白表达测定法（chemically activated fluorescent gene expression assay, CAFLUX）是在 DR-CALUX 的基础上，利用水母（*Aequorea victoria*）的绿色荧光蛋白酶代替萤光素酶作为报告基因，具有较低的检测成本。Vrabie 等利用小鼠肝癌细胞系鉴定出原油中芳香烃受体效应污染物主要集中在 $\lg K_{ow}$ 为 5 ～ 8（C_{14} ～ C_{32} 烷烃范围）的中高沸点馏分当中。

（3）内分泌干扰效应

根据国际化学品安全署（International Program on Chemical Safety, IPCS）的定义，能够改变内分泌系统功能并引起个体或种群可逆性或不可逆性生物学效应的外源化合物为内分泌干扰物。EDCs 引发内分泌效应的机制主要包括核受体（NR）途径、胞浆受体途径和非受体途径等。EDA 中常见的核受体途径检测终点包括雌雄激素受体（ER/AR）、糖皮质激素受体（GR）、过氧化物酶体增殖物激活受体（PPAR）、甲状腺激素受体（TR）、孕激素受体（PR）、维甲酸受体（RAR）和维甲酸 X 受体（RXR）等。非受体途径指 EDCs 通过影响下丘脑-垂体-性腺轴（HPG 轴）、下丘脑-垂体-甲状腺轴（HPT 轴）和 / 或下丘脑-垂体-肾上腺轴（HPA 轴）

中的某些环节，从而参与或影响类固醇激素的正常合成、代谢、转化和活性。近期的一篇综述中列出了 11 种核受体的 34 种激素检测方法，涵盖了可用于 EDCs 研究的多种工具。除了常用的萤火虫萤光素酶报告基因检测法（luc, CALUX assay）和绿色荧光蛋白报告基因检测法（gfp, CAFLUX assay）外，GeneBLAzer 测定法也是常用于各类 EDCs（如激动剂和抑制剂）的检测方法。该测定法通过检测 520nm 波长下的绿色荧光或 447nm 波长下的蓝色荧光信号确定 β-内酰胺酶的表达水平。

König 等回顾了近年来 GeneBLAzer 方法在 EDCs 研究中多个受体（包括 ER-/Anti-ER、AR-/Anti-AR、PR-/Anti-PR、GR-/Anti-GR、PPAR-/Anti-PPAR、RXR-和RAR-）检测中的应用。Zwart 等通过使用 CRISPR/Cas9 基因组编辑法开发了糖皮质激素受体敲除突变体，消除雄激素和抗雄激素检测法中糖皮质激素干扰的同时提高了检测特异性。对于以非受体途径产生的内分泌干扰效应作为评价终点的研究，EDA 中也有所涉及。例如，某些咪唑类杀真菌剂和植物黄酮类物质可分别通过影响芳香化酶（CYP19）和 17β-羟基类固醇脱氢酶（17β-HSD）的活性调节激素干扰内分泌系统。定量分析类固醇及代谢基因含量、CYP19 芳香化酶活性和类固醇激素等方法也常被用来探究效应化合物对类固醇生成的影响。程飞等使用 XAD 树脂提取广州市河道沉积物样品中具有生物可及性的有机污染物，对 G 组分的样品开展雌激素受体-萤光素酶报告基因测试（ER-CALUX），并分别使用瞬时转染萤光素酶基因（luc）的 MCF-7 和稳定转染细胞株 T47D-KBluc 测试了分离后的 35 个组分对于雌激素受体的反式激活，并测定其中的类雌激素化合物。最终，对上述两种技术路线筛选出的效应组分使用 GC-MS-MS 和 LC-QTOF-MS 进行化学鉴定，确定其中的主要致毒污染物。

（4）神经毒性效应

乙酰胆碱酯酶（acetylcholinesterase, AChE）的活性是常用的神经毒性效应评价指标。乙酰胆碱（acetylcholine, ACH）是存在于神经突触间隙的神经递质，在传递神经兴奋后被 AChE 水解为乙酸和胆碱。AChE 的失活会导致 ACH 的降解受阻，后者持续与受体结合产生激动效应，会诱导神经元细胞的过度兴奋。Tufi 等采用 EDA 技术，以 AChE 的活性作为生物效应的测试终点，鉴定出地表水中的主要 AChE 活性抑制剂为吡虫啉、噻虫啉和抗蚜威 3 种杀虫剂。Ouyang 等通过使用二维液相色谱分离制备法结合高分辨飞行时间质谱（LC×LC-TOF-MS），明确了泰必利、氨磺必利和拉莫三嗪是捷克某污水处理厂废水中的主要 AChE 抑制剂。对神经元细胞的直接毒性暴露也可用于评价化合物的神经毒性。Qu 等选取新生大鼠小脑颗粒神经元（CGN）的原代培养细胞作为神经毒性的评价体系，建立了神经毒性导向的环境污染物分析方法（neurotoxicity assay-directed analysis, NADA），分析结果显示四溴双酚 A 双丙烯基醚是污染地区样品中的主要效应污染物。

（5）细胞应激效应

当细胞响应外界环境压力（如毒素暴露、活性氧损伤或机械损伤等）时会产生一系列防御或适应性变化，以增强细胞生存能力，称为细胞应激效应。细胞应激效应中的短期机制会尽可能地减少急性伤害对细胞的损伤，而长期机制则为细胞对抗不利环境因素提供一系列必要条件。EDA 中选用的细胞应激效应除前文所述的 p53 蛋白遗传毒性通路外，还有 ARE/Nrf2 通路介导的氧化应激以及启动细胞内信号通路进而调节靶蛋白活性（如促进 NF-κB 转录因子的表达）介导的炎症效应。

Wang 等将萤光素酶报告基因 ARE 转录因子整合到人乳腺癌细胞系 MCF7 中，构建了能够应答引起氧化应激化学物质的 AREc32 细胞系，该细胞系通过激活 Nrf2 介导的氧化应激反应来检测效应化合物。Escher 团队利用 AREc32 细胞系，以叔丁基氢醌作为阳性对照、苯酚作为阴性对照，检测了污水、再生水、雨水和饮用水等 9 种环境样品中 269 种化学物质的含量，然而检测到的化学物质只能解释样品氧化应激诱导中 0.1% 的贡献，其余毒性效应化合物仍需进一步鉴定。NF-κB 参与调控免疫反应的早期和炎症反应，ToxCast 数据库中 3% 的化学物质能够在 NF-κBbla 试验中产生诱导效应，该效应终点有助于识别环境介质中的致炎性有毒污染物。程飞等对广州市城市河道沉积物样品经过凝胶渗透色谱的净化以及高效液相色谱的分离，收集 35 个组分，分别以 SH-SY5Y 和 MCF-7 为模式细胞进行生物测试。S 样品不同组分在 CCK-8 测试中，10 个组分表现出显著的促进增殖作用，而且其中 6 个组分的活性氧（ROS）浓度发生显著变化，这也可用来解释 SH-SY5Y 的细胞增殖效应。

2.2.2.2 体内生物效应测试

体内生物效应测试多采用水生生物，即将模式生物暴露于环境样品中或其提取物的暴露系统中，通过评价模式生物的死亡率、孵化率、胚胎发育和个体生长等效应实现生物效应的测试。体内生物效应测试是最早应用到 EDA 中的生物评价方法，能够反映污染物的生态毒理学效应。常见的模式生物包括藻类、浮游动物及小型昆虫（水蚤、水生寡毛虫、摇蚊、跳虫）、小型动物（新西兰泥螺、淡水蜗牛、钩虾）和鱼类等。在绿藻的生长抑制测试实验中，确认了三氯苯氧氯酚等极性化合物是绿藻生长抑制效应的主要贡献物。污染诱导的群落耐受性（pollution-induced community tolerance, PICT）检测法最早由 Blanck 和 Wängberg 提出，是通过检测藻类群落功能的变化来评价毒性效应的高灵敏度方法。该方法假设，暴露期间暴露群落的敏感成分（如物种、基因型或表型性状等）会被更耐受的成分代替，从而导致群落耐受性增加。一项以 PICT 为指导方法的研究通过检测藻类群落光合作用的变化，确定了 *N*-苯基-2-萘胺（PNA）、三丁基锡（TBT）和普罗米芬 3 种主要的毒性污染物。小型昆虫和动物的体内生物效应测试也是 EDA 研究中经常采用的毒性筛选方法。

Qi 等以摇蚊（*Chironomus dilutus*）体内酶反应作为生物效应测试终点，证明了广州市珠江底泥提取物中的氯氰菊酯、烯酰吗啉、卵磷脂和噻吩氯等化合物是诱导摇蚊氧化应激反应的主要污染物。Inostroza 等选取钩虾（*Gammarus pulex*）作为模式生物，用辛醇-水分配系数（K_{ow}）和线性溶剂化能量关系（linear salvation energy relationship, LSER）等指标讨论了不同污染物的体内积累机制，结果显示亲水性新烟碱类杀虫剂（吡虫啉）在钩虾体内有明显累积。该研究在预测沉积物中的有机碳、脂质和蛋白质在水中的分配系数和活性比率方面具有很好的应用前景。在以土壤跳虫（*Folsomia candida*）为评价对象的研究中，发现吡虫啉具有明显的致死毒性。此外，较高的半数致死浓度 / 半数有效浓度（LC_{50}/EC_{50}）值表明噻虫啉对跳虫的繁殖有更显著的影响。鱼类及鱼胚胎毒性试验（fish embryo toxicity test, FET）是非常重要的体内生物效应测试方法。斑马鱼（*Danio rerio*）因具有体积小、繁殖力强、发育迅速、易饲养以及胚胎透明等优点而常作为毒性评价模型。评价指标通常有心率、水肿形成、头长、血液循环以及神经毒性等。Marić 等将斑马鱼暴露于当地入侵物种杉叶蕨藻（*Caulerpa taxifolia*）海藻的代谢产物中，观察到斑马鱼有机阴离子转运蛋白（Oatp1d1）受到显著抑制。进一步通过液相色谱串联四极杆飞行时间质谱（LC-QTOF-MS），鉴定出该代谢产物中的主要效应毒物为蕨藻炔（caulerpenyne）。Tufi 等利用亲水相互作用液相色谱偶联串联质谱（HILIC-MS/MS）研究了农药对斑马鱼胚胎和幼鱼神经递质系统的影响。

2.2.3 效应物质鉴定

EDA 研究中活性组分的化学成分确认在分析层面上主要有针对已知污染物的靶标分析（target analysis）和针对未知物的非靶标分析（nontarget analysis）两种策略。

2.2.3.1 靶标分析

得益于毒理学研究，人们对一些常见化合物的毒性效应有一定了解。因而，在进行一些特定生物效应的 EDA 研究时（如雌激素激动效应），研究者会假定效应组分中含有一些常见的已知雌激素激动污染物，借助标准品进行结构确认和浓度测定，并最终计算其在总生物效应中的贡献百分比。这类有确切的化合物信息并有标准品提供的分析称为靶标分析法。标准品可以提供物质的特征分析参数，如色谱保留时间、光谱吸收特点、精确质量数、碎片离子信息（MS/MS）和仪器响应。通过比对标准品和样品数据，可以确认效应组分中是否含有该化合物，并借助标准品曲线获得浓度数据。质谱分析，尤其是色谱-质谱联用技术，是目前目标化合物分析的最常用分析技术。气相色谱-质谱联用（GC-MS）和液相色谱-质谱联用（LC-MS）可分别用于分析非 / 低极性和中高极性的化合物。质谱中经常装备四极杆、三重四极杆和离子阱等低分辨高灵敏度的质量分析器。

2.2.3.2 非靶标分析

在实际 EDA 分析中，所测定的已知化合物往往仅能解释很小一部分的生物效应，而大部分的生物效应则是来自未知物。未知化合物的鉴定方法称为非靶标分析。区别于靶标分析，非靶标化合物分析中没有标准品，且没有化合物的相关分析参数可供对比。早期发展起来的光谱技术，如紫外（UV）、红外（IR）和核磁共振（NRM），能够提供化合物的官能团信息，可用来进行未知化合物的比对。但是较低的仪器灵敏度（mg 级别）和特异性限制了其在痕量环境分析中的应用。高灵敏和特异性的质谱分析提供化合物质量数及其碎片信息，是未知物分析中最常用的鉴定技术。

GC-MS 是 EDA 中未知物鉴定的常用方法，也是早期 EDA 的主要技术。借助电子轰击（EI）或者化学电离（CI）离子源，被分析物可以在源内形成分子碎片，提供分子离子、碎片离子的质量数和相对强度信息，这些信息可以用于反向推测被分析物的结构。经过多年发展，建立了有大量化合物的标准谱图，用于未知物鉴定中的比对分析，如 NIST 数据库和 Wiley 数据库分别含约 70 万和 80 万个谱图。但是 GC-MS 仅适合分析热稳定性强的非极性或低极性化合物，不能用来分析极性化合物（如体内代谢物）。此外，对图谱数据库的严重依赖使得其对数据库外的化合物鉴定颇为困难。但是随着近年来高分辨质谱（HRMS）的发展，GC-HRMS 联用技术为不依赖数据库进行完全的未知物鉴定提供了可能。GC 联用飞行时间质谱（TOF-MS）也已被应用于食品包装盒中多环芳烃的测定。

LC-MS 适用于分析极性化合物，弥补了 GC-MS 的不足。装配的电喷雾离子源（ESI）、大气压化学电离源（APCI）或大气压光电离源（APPI），使其可以对大范围的不同极性化合物进行分析。不同于 GC-MS, LC-MS 在未知物分析中多是完全的未知物鉴定而较少依赖数据库，这主要是由于 LC-MS（/MS）中碎片离子少，重现性差，标准谱图少。运用 LC-MS 进行未知物鉴定主要依赖高灵敏度的全扫描 HRMS，目前主要有飞行时间（TOF）质谱、轨道阱（Orbitrap）质谱和傅里叶变换离子回旋共振（FT-ICR）质谱 3 类。HRMS 的主要特点是高分辨率和高质量精度。在全扫描 LC-HRMS 分析中，所有从色谱柱流出并在质谱离子源离子化的物质都会被检测到，因而会产生大量化合物的质谱信号。HRMS 的高分辨率可以用于区分不同物质，尤其是质量数非常接近的化合物。例如，FT-ICR-MS 的超高分辨率（450000 ～ 650000，m/z=500）能够分离相差小于 3mDa 的质谱峰。高质量精度可以用于推测可能的化学分子式。TOF 和 Orbitrap 的质量精度一般在 5×10^{-6} 之内，而 FT-ICR 则达到 2×10^{-6} 之内。

在 EDA 研究中，基于 HRMS 的未知物分析鉴定已经应用于多种环境（如水、土壤）和生物样品（如北极熊血浆）中。一般分析流程如下：

① 效应组分经色谱分离后进入 HRMS 进行高分辨率和高质量精度的扫描，获得所有出峰离子的保留时间和分子离子质量信息。考虑到基质的复杂性，一般的指导性原则是分析环境样品和生物样品的质谱分辨率应该分别不低于 30000 和 100000。

② 分析全扫图谱，挑选出疑似效应物离子。HRMS 会产生庞大的数据量，因而如何从中挑选出疑似效应物离子往往是未知效应物鉴定的关键步骤。考虑到组分富集效应，一般推荐从主要的色谱峰中的高响应离子开始，然后向次要离子、次要色谱峰过渡。

③ 利用软件（如 Xcalibur）对选定的疑似效应物离子进行分子式组成分析。HRMS 的高质量精度可以帮助首先排除 2×10^{-6}（FT-ICR）或者 5×10^{-6}（TOF 和 Orbitrap）以外的大量分子式。Kind 等提出的“七项黄金准则”可被用于进一步缩小可能的分子式范围。

④ 对选出的疑似效应物离子进行 MSn 分析，通过碎片信息反向验证提出的分子式，并推断结构信息。同时，可以利用相关数据库进行分子量、分子式以及 MS/MS 谱图的搜索和比对，推测可能的化合物结构。

⑤ 通过商业或者合成标准品对比色谱保留时间和质谱行为，最终确认化合物结构。

⑥ 验证所鉴定化合物与其生物效应的因果关系并计算其在样品中的生物效应贡献百分比。

以上基本流程要求先获得疑似效应物质的分子离子质量数信息，然后对目标质量数一一进行 MSn 分析，这种针对某些目标分子离子进行裂解的分析方式称为数据依赖性采集（data-dependent acquisition, DDA）。环境 / 生物样品基质复杂，痕量的生物效应物质往往并不是全扫描图谱中的高响应离子。要在大量数据中找到正确的生物效应化合物往往需要经过步骤②～④的反复多次分析。近年发展起来的数据非依赖性采集（data-independent acquisition, DIA）则可以同时获得大量物质的分子离子和碎片离子信息，大大提高了数据采集通量，加快了分析速度。DIA 的基本原理为快速的双通道切换扫描，在全扫描的同时对全扫描中的全部或者特定离子（如高于某信号强度的离子、处于某质量范围的离子等）进行 MS/MS 裂解并扫描子离子。ABsciex QqQ-TOF 6600 的 SWATH 功能、Waters Xevo qTOF 的 MSE 功能以及 Thermo Q-Exactive MS 的 AIF 功能即为自动 DIA 分析。目前该技术已经应用于代谢组学和蛋白质组学的研究中。在 EDA 高通量筛选策略中，可以结合 DIA 技术尽可能多地提供效应组分中的化合物信息，为环境中有害化合物的识别和鉴定提供新思路。

种类逐年增多的化学品带来的潜在环境污染日益严重。因此，样品中混合污染物可能引起的环境健康效应以及对其中的效应污染物的鉴定将会是未来环境领域的一个重要研究方向，跨国间的科学研究和技术合作也将日益密切。然而，EDA 的实际应用仍然面临诸多挑战：

① 环境样品中未知的副产物和环境代谢产物大量赋存，并产生环境效应，鉴定未知效应污染物仍然是 EDA 识别中的主要瓶颈。

② 未知物鉴定主要基于 HRMS，数据量庞大，分析费时。此外，HRMS 过于昂贵，样品分析成本高，大范围推广使用比较困难。因此发展廉价、快速、易于大范围推广的未知物鉴定方法是一个重要方向。

③ EDA 涉及样品提取、组分分离、生物效应测试和化学分析等多个过程。低通量是 EDA 研究的主要瓶颈，样品准备烦琐费时，稳定性、重现性稍差。亟待发展自动化、高通量的一体化标准分析方法。目前在建的“高通量多功能成组毒理学分析系统”以期在该方面发挥重大作用，并对未来 EDA 在环境健康领域的大范围应用起到推动作用。

④ 如何有效整合体外生物评价结果、生物有效性和暴露方法，进而更加准确地预测环境污染物对生物和生态群落的风险与影响，也是未来面临的挑战之一。

2.3 基于特性识别的有机物总量分析技术

水体中的有机碳主要分为溶解性有机碳（dissolved organic carbon, DOC）和颗粒有机碳（particulate organic carbon, POC）两种。DOC 通常指能通过 0.45μm 滤膜的溶解性有机物，这是因为 0.45μm 及以上的颗粒一般无明显布朗运动，能够沉降。DOC 是混合物，包括芳香烃、腐殖质、氨基酸、碳水化合物、卤代烃等，通常采用 DOC 含量综合性地表征水体中溶解性有机物的浓度。DOC 能够直观反映人类活动对水体造成的污染程度和衡量水环境活性，通过检测 DOC 浓度的时空差异性，可以判断水环境的总体污染状况。

目前，DOC 检测大多是把不同形式的有机碳通过氧化转化为易测定的 CO_2，在通过红外线分析仪确定 CO_2 含量的基础上利用其与溶解性有机碳之间碳含量的对应关系来实现测定。根据工作原理的不同有高温氧化法、紫外辐射法、化学氧化法或这些方法的组合，其中高温氧化法流程简单、重现性好、灵敏度高，是标准的溶解性有机碳测量方法，在实际应用中较为普遍。除了这些常规检测方法之外，研究者们还提出三维荧光光谱法、液相色谱有机碳检测（LC-OCD）技术、树脂分类联合检测技术等来进行 DOC 的定性或定量分析。

2.3.1 三维荧光识别技术

2.3.1.1 技术简介

（1）荧光检测原理

荧光是分子发光的一种光学现象。分子（或大分子内的一部分）吸收和发射产生的荧光是化学结构及其环境条件所特有的，可以用于特定样品的表征。有机分子必须吸收能量（即光子）才能产生荧光，吸收能量后，电子从基态跃迁到未被占据的反键轨道，跃迁所需的能量很大程度上取决于轨道的类型和电子离域或共轭的存在，基态和激发态之间的能量差表现为吸收波长。电子在 σ 键中的激发具有最大的能隙，吸收特征表现在远紫外区域。π 键存在于电子的双键中，随着 π 键共轭程度的增加，电子离域、基态和激发态之间的能量差减小，吸收波长增加。n 表示非成键电子，激发 n 电子所需的能量通常小于 σ 或 π 键电子。由于后两个跃迁的能隙（$n \rightarrow \pi^*$ 和 $\pi \rightarrow \pi^*$）较小，出现在较长的波长处，因此在溶解性有机碳所具有的典型特征区域（紫外和可见光）中，π 键和 n 电子的跃迁占据主导地位。

分子在室温时基本上处于基态，在吸收能量后，基态分子中的电子只能跃迁到激发单重态的各个不同振动-转动能级，根据自旋禁阻选律，不能直接跃迁到激发三重态的各个振动-转动能级。由于激发态的电子是不稳定的，会以辐射跃迁和无辐射跃迁等方式释放多余的能量而返回至基态，从而发射荧光。振动弛豫是激发态各振动能级的分子通过与溶剂分子的碰撞而将部分振动能量传递给溶剂分子，其电子则返回到同一电子激发态的最低振动能级的过程。内部能量转换简称内转换，是当两个电子激发态之间的能量相差较小导致其振动能级有重叠时，受激分子由高能级以无辐射方式转移至低能级的过程。荧光发射是指分子通过内转换以及振动弛豫返回到第一激发单重态的最低振动能级，然后再以辐射形式发射光量子而返回至基态的任一振动能级，这时发射的光量子称为荧光。外部能量转换简称外转换，是指溶液中的激发态分子与溶剂或溶质分子之间相互碰撞而失去能量并释放热能的过程。体系间跨越是指处于激发态分子的电子发生自旋反转而使分子的多重性发生变化的过程。磷光发射是指经过体系间跨越的分子通过振动弛豫降至激发三重态的最低振动能级，然后返回至基态的各个振动能级并发出光辐射。

（2）三维荧光检测原理

荧光物质分子具有两个特征光谱，即激发光谱和发射光谱（简称荧光光谱）。

① 激发光谱表示不同激发波长的辐射引起物质发射某一波长荧光的相对效率。绘制激发光谱曲线时，固定发射单色器在某一波长，通过激发单色器扫描，以不同波长的入射光激发荧光物质，记录荧光强度（F）对激发波长（λ_{ex}）的关系曲线，即激发光谱，其形状与吸收光谱极为相似。

② 发射光谱表示在所发射的荧光中各种波长组分的相对强度。绘制发射光谱时，使激发光的波长和强度保持不变，通过发射单色器扫描以检测各种波长下相应的荧光强度，记录荧光强度（F）对发射波长（λ_{em}）的关系曲线，即发射光谱。

分子的荧光光谱取决于其固有的物理化学特性和与周围介质的相互作用。因此，荧光光谱对所处环境条件（例如 pH 值、温度、荧光猝灭剂的存在、溶剂性质）极为敏感，同时这些因素决定了荧光保持激发状态的时间，即荧光寿命。单个荧光光谱数据点仅在一对激发发射波长处获取荧光光谱信息，缺乏对待测物质的完整描述，未测量的光谱区域可能存在附加信息。为了覆盖更大的光谱区域并尽可能多地获取荧光信息，实际应用中往往同时扫描激发波长和发射波长，获得三维坐标表征的矩阵光谱（即三维荧光光谱）。

相比单波长扫描结果，三维荧光光谱（excitation-emission-matrix spectra, EEMs）能够提供样品的光谱“指纹”，可以提高对不同荧光团的分辨能力，使其更适合复杂混合物的分析。三维荧光光谱图可以表示为激发波长（λ_{ex}）、发射波长（λ_{em}）以及荧光发射强度构成的激发发射矩阵（excitation emission matrix, EEM），三维荧光光谱可以认为是一种光谱指纹，能够唯一地指示荧光物质及相应的环境信息，对待测物质进行实时和无损监测，并且操作简单。三维荧光光谱主要有两个特点：一是高维数据能够包含更多的信息；二是样本的特征信息往往与激发-发射峰值强度相关。

在三维荧光光谱中，容易受到的干扰包括散射干扰、噪声干扰和内滤效应。Rayleigh 和 Mie 散射是最常见的干扰。Rayleigh 和 Mie 散射都是弹性散射的主要类型（能量转移可以忽略不计），与荧光发射不同，这一过程中没有波长偏移。Rayleigh 散射是指光被具有不均匀折射率的物体散射。这个物体可以表现为胶体、粒子、气泡、液滴，甚至密度波动。除了散射干扰外，噪声干扰也是一个普遍存在的影响因素，三维荧光光谱测量过程中存在电流噪声、样品背景以及杂散光等的干扰，例如在没有输入光信号的情况下检测设备仍会产生输出，这与检测设备或系统固有的暗信号和暗噪声有关。在实际测量中还存在内滤效应，会“掩盖”并阻碍荧光光谱的定性和定量分析。内滤效应是由于荧光团或发色团吸收入射激发光子（初级内滤）以及随后的荧光团吸收荧光（次级内滤）而产生的光子辐射交换。

（3）三维荧光光谱数据分析方法

三维荧光光谱数据是一种二维矩阵形式，称为激发发射矩阵（EEM）。每个三维荧光光谱有上万个数据点，因此需要一些相应的特征提取和分析方法来获取其中蕴含的光谱信息。

最基本的方法之一是拾峰法。将 EEM 以等高线的形式绘出，则可以根据人工经验，选择主要峰的位置、荧光强度，来区分和确定不同的有机物。直接选取预定义区域中特征位置处荧光强度，该方法较为常用。根据预定义的区域的不同，拾峰法可分为两种：一种是挑选指定区域内固定激发和发射波长下的荧光强度；另一种是在指定的较小区域内机械地提取最大荧光强度，忽略样品间峰值位置所在的激发和发射波长的偏移。在上述两种方法中，第二种方法应用较为普遍，通过荧光强度的变化可以用于揭示不同荧光组分含量的变化。

荧光区域积分法（fluorescence regional integration, FRI）将三维荧光光谱按激发 / 发射波长区域划分为 5 个部分，代表 5 种不同类型的有机物，包括芳香蛋白类物质Ⅰ区、芳香蛋白类物质Ⅱ区、富里酸类物质Ⅲ区、溶解性微生物代谢产物Ⅳ区以及腐殖酸类物质Ⅴ区。作为一种半定量方法，FRI 因其表征 DOM 组成和变化的能力而被广泛应用于水体检测，其体积比和响应百分比甚至可以评估腐殖化程度并有助于提高处理效率。也有研究发现荧光量与水质指标之间存在显著相关性，例如消毒副产物，它提供了在实时监测中应用 FRI 的潜力。与单峰强度评价相比，体积反映的是一组结构相似、区别可忽略的物质，这是 FRI 最显著的优势。然而无论是拾峰法还是 FRI 方法，使用和研究中均存在物质荧光峰重叠而带来的难检测等问题。

主成分分析（principal component analysis, PCA）和平行因子分析（parallel factor analysis, PARAFAC）利用算法将数据从高维度转换为低维度或减少变量的数量。这些方法可以分解混合荧光光谱，不仅能进行更详细的定性分析，还可以进行半定量分析。PCA 是一种典型的一阶校正算法，其中心思想是使用几个不相关的变量来减少数据集的维数以替代大量相关的变量，同时尽可能多地保留数据集中存在的变化。PARAFAC 是一种处理数据最常用的算法，基于最小二乘法，PARAFAC 可以将荧光信号分解为潜在的单个荧光组分，它无需对荧光团的激发光谱和发射光谱进行额外的假设即可分离出不同的荧光团。相比于一阶校正算法，以 PARAFAC 为代表的二阶校正算法无需对样本进行预处理，也不要求校正集完全覆盖预测集的荧光组成，过去十年，PARAFAC 已经成为水质研究中的普遍做法（图 2-7，书后另见彩图）。祝鹏等以太湖水样三维荧光光谱数据为例，提出在采用 PARAFAC 处理后的荧光数据中提取荧光峰强度计算荧光峰比值进行水环境分析评价的方法，较直接在水样原始荧光谱图中获取的荧光峰强度更加准确客观。天然水体中各水样间由于受荧光团复杂多样性等因素的影响，某类荧光物质荧光峰的激发发射波长位置并不是固定不变的，就同一水样而言各类荧光峰之间的相互重叠干扰也将影响到荧光峰强度和位置的准确判断。

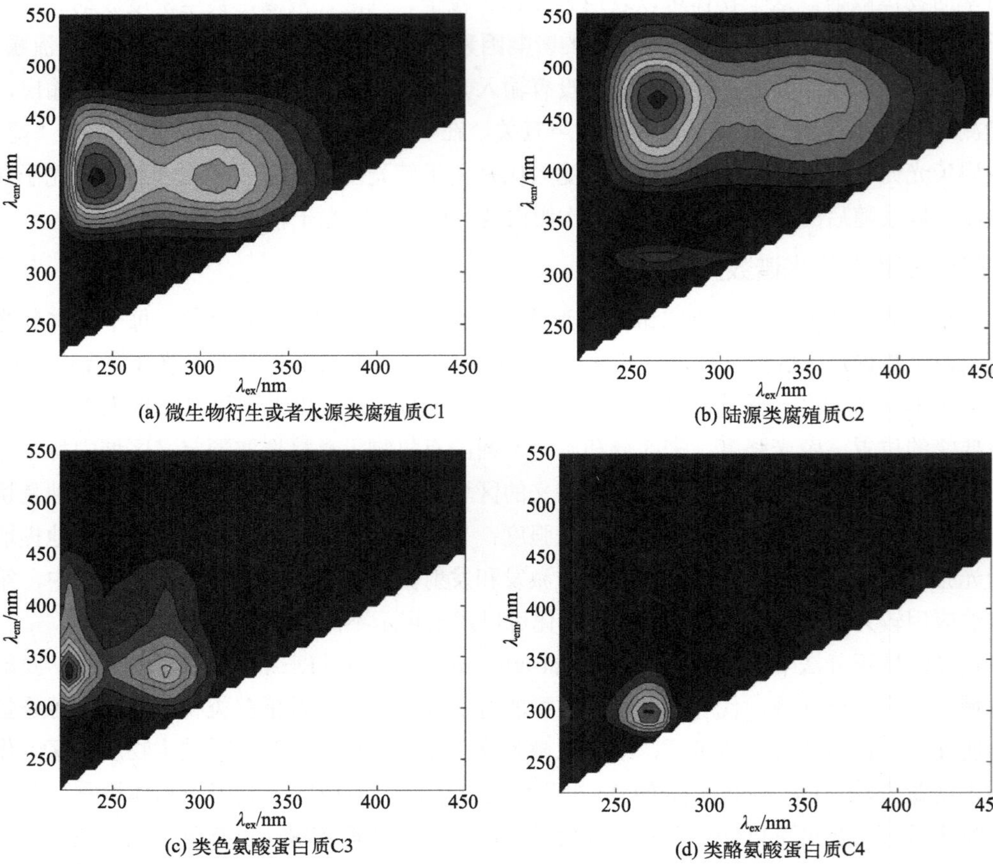

图 2-7　溶解性有机物四种荧光组分三维荧光图谱

2.3.1.2　技术应用

三维荧光光谱法是一种可用于表征和鉴别 DOC 的检测方法，可以采用荧光指数或是结合平行因子分析法评价水中有机物含量。相关研究表明，三维荧光光谱法具有较高的灵敏度，适用于水中低浓度有机物的快速原位监测需求。三维荧光光谱的峰值强度与水中的腐殖酸、氮的杂环化合物、多酚、类蛋白质等物质相关，实际应用中可以通过建立 DOC 浓度和特定峰值的相关关系，实现海洋、河流和湖泊等水体中的 DOC 监测。

针对目前常规管道检测技术在地下水入渗探查过程中存在的问题，将三维荧光光谱检测技术和水质特征因子检测技术相结合，选取上海某大型污水干线进行了地下水入渗情况的定性、定量分析，并对两种方法进行对比。结果表明三维荧光光谱检测技术能够快速、高效地定性判断地下水入渗情况，水质特征因子检测技术能够定量解析来水成分及其比例，进而聚焦重点区域。在此基础上，结合常规物探调查方法获取导致来水变化异常的原因，对解析结果进行验证。在实际应用中，对于较大范围内的来水溯源和排查具有较好的实用性，可将两种技术与常规管道检测技术结合，以充分发挥各自优势。

王书航等利用三维荧光光谱（EMMs），并结合平行因子分析法，研究了蠡湖水体中有色溶解性有机质（CDOM）的分布特征及其来源，并探讨了不同组分荧光强度与其他水质因子间的相关性。结果表明，蠡湖水体中 CDOM 主要由 2 个荧光组分组成，分别为类色氨酸荧光组分 C1（225nm、280nm/335nm）和类腐殖质荧光组分 C2（250nm、300nm/435nm），并且 C1 和 C2 对总荧光强度的贡献率分别 75.70% 和 24.30%。空间上 C1 和 C2 荧光强度自东向西依次递减，呈现东蠡湖高于西蠡湖、沿岸区高于湖心区的趋势。荧光指数（FI）、生物源指数（BIX）和腐殖化指数（HIX）都显示蠡湖水体 CDOM 来源于自生微生物、藻类等新近自生源，整体呈现弱腐殖质特征。相关性分析表明，CDOM 与 N、P 元素的迁移转化密切相关，并且对透明度有重要影响。

黄昌春等基于 2008 年 11 月太湖全湖 69 个样点的 CDOM 三维荧光光谱数据，将平行因子分析法与现有荧光基团相结合，确定 CDOM 的组成成分及其荧光光谱特征，进一步分析其动力学机制。太湖 CDOM 荧光基团主要是类腐殖质，其类蛋白质组分可能主要来源于太湖水体生物残骸；同时，类腐殖质荧光发射波长随着荧光强度的增加向长波方向移动，存在“红移”效应。利用平行因子分析法可以将三维荧光矩阵分解为 6 个主成分。275nm 处的吸收系数肩值除受陆源类腐殖质影响外，影响其大小的主要是峰 N，其次是峰 M；而影响该肩值形状的主要是峰 A 和 N，其次是峰 T 和 M。根据荧光基团的类别，太湖 CDOM 源类型可以分为陆源主导类型、偏陆源主导类型、偏海源主导类型和海源主导类型四种。

刘堰杨等开展了高原河流水体溶解性有机碳特征及其与土壤碳库关系研究，对川西高原高山峡谷区河流（岷江上游、杂谷脑河、抚边河）和高原夷平面河流（白河）水体有色 CDOM 采用三维荧光光谱及平行因子分析法（EEM-PARAFAC）进行了分析。结果表明：高原河流中 CDOM 主要有 3 种组分，即 UVC 类腐殖质荧光组分 C1（260nm/480nm）、UVA 类腐殖质荧光组分 C2［310nm/420nm（570nm）］和类色氨酸荧光组分 C3（280nm/370nm）；河流沿程变化特征显示，高山峡谷区河流总荧光强度值较低，变化范围窄，高原夷平面河流（白河）与其相反；同时白河类腐殖质（C1、C2）荧光强度远高于其他 3 条河流，表明白河中源于沿岸草甸和湿地的陆源腐殖质高，而其余高山峡谷区 3 条河流陆源腐殖质输入相对低；水体荧光特征参数（荧光指数 FI、生物源指数 BIX、腐殖化系数 HIX、新鲜度指数 $\beta:\alpha$），高山峡谷区河流 CDOM 来源具有外源兼内源双重特征，腐殖化程度低；高原夷平面河流 CDOM 腐殖化程度相对较高且降解程度低。

袁志伟通过野外采集巢湖西半湖上覆水样和沉积样，分析巢湖水体中营养盐的时间变化特征，并对蓝藻暴发后期上覆水和沉积物间隙水中 CDOM 含量、组分和腐殖化特性进行了分析。通过 EEM-PARAFAC 分析水样三维荧光光谱，上覆水和间隙水中 DOM 荧光组分均为微生物源类腐殖质（C1）和类蛋白质（C2）以及类腐殖质（C3）。三维荧光特征参数分析表明上覆水和间隙水中 DOM 均以自生源贡献为主，微生物活动对 DOM 组成和含量有较大影响。

刘利贞等利用三维荧光光谱结合平行因子分析法（EEM-PARAFAC），对鄱阳湖水样的荧光光谱进行研究，探讨了 CDOM 荧光组分与氮磷营养盐之间的关系。结果表明，鄱阳湖水体 CDOM 由两类 3 个荧光组分组成，即类腐殖质荧光组分 Cl(245nm/391nm)、C2(255nm、340nm/453nm）及类酪氨酸组分 C3（275nm/304nm）。在 CDOM 组成中，微生物源类腐殖质 C1 占 40.8%，陆源类腐殖质 C2 占 30.8%，类酪氨酸物质占 28.4%。类腐殖质和类酪氨酸物质在两个极端水文条件下表现出截然不同的规律，即类腐殖质在枯水期荧光强度和贡献都为最低，在丰水期贡献率最大，而类酪氨酸物质在丰水期荧光强度和贡献为最低，在枯水期贡献率最大。CDOM 各荧光组分强度分布因水文条件不同具有差异性。各荧光组分在同一水文条件下，荧光强度变化趋势相似。鄱阳湖水中 CDOM 呈现外源和内源的特征，其中枯水期以外源输入为主。各荧光组分都与水体中总氮和溶解性总氮呈现显著正相关，类酪氨酸组分与总磷（TP）呈现显著正相关。

辛慧宇选取西安市某水厂进水口原水为研究对象，构建三维荧光光谱的衰减与消毒副产物（DBPs）生成潜能之间的关系。研究发现，使用氯作为消毒剂时，平行因子分析组分 C1（陆源腐殖质）与大部分 DBPs 生成潜能具有更好的相关性；使用氯胺作为消毒剂时，平行因子分析组分 C2（类腐殖质）与大部分 DBPs 的生成潜能具有良好的相关性。可见不同消毒剂与不同的荧光组分的结合能力不同，生成的优势消毒副产物也不同。

靳百川等采用三维荧光光谱技术和平行因子分析法，对北方某潜流-表流复合人工湿地水体中 DOM 的光谱特征、演变过程及其来源进行研究。结果表明，人工湿地中各阶段的出水呈现相似的三维荧光特性，随强度有所不同，但均出现明显的类腐殖质尖峰和类蛋白质峰。混凝沉淀对类蛋白质和类腐殖质两种 DOM 均有一定的削减作用；潜流湿地对再生水中的类蛋白物质具有明显的降解作用，而对类腐殖质物质降解效果较弱；这些归因于潜流湿地中滤料表面生物膜对 DOM 的生物降解以及表流湿地内部活跃的微生物活动和水生植物的根系对 DOM 的吸附作用。平行因子分析结果显示，该湿地水体 DOM 中包含 5 个荧光组分，分别为类富里酸、微生物活动相关的类腐殖质、类色氨酸、微生物代谢副产物和陆源类腐殖质；5 个荧光组分具有同源性，而且与水中氮元素的迁移转化密切相关。

陈飞等采用三维荧光分光光度计对某城市自来水进行了较长时间的连续监测，结合平行因子分析法对数据和光谱图进行处理，发现自来水中类蛋白质和类腐殖质的荧光峰值基本处在一个稳定状态下。类蛋白质的荧光峰值突变和升高与原水中的某些荧光性有机污染物输入有关；类腐殖质的荧光值的变化可能主要与气候和季节有关。模拟水中乙苯输入的情况，验证三维荧光光谱法具备有效发现水的突发性污染的潜力。

李晓洁等利用 EEMs 与 PARAFAC 相结合，分析了沈阳市 5 条典型黑臭水体 DOM 的荧光组分特征，并结合常规水质指标，利用主成分分析法对影响黑臭水体 DOM 的主要因素及其贡献量进行了研究。结果表明，沈阳市典型黑臭水体 DOM 主要由类蛋白质荧光组分 C1（235nm、360nm）、类富里酸荧光组分 C2（220nm、430nm）和类腐殖酸荧光组分 C3（255nm、520nm）组成。C2 类富里酸物质与 COD_{Cr}、氨氮、S^{2-}、TP 有很强的正相关性，与 DO 和透明度呈负相关，来自陆源；C1 类色氨酸和 C3 类腐殖酸具有同源性，来自微生物内源。陆源有机质组分对黑臭水体 DOM 的贡献率高达 61.2%，微生物内源组分对黑臭水体 DOM 的贡献率为 25.5%。

张晓亮等运用三维荧光光谱联合平行因子分析法及相关性分析，以山东省平度市农村黑臭水体为研究对象，探讨其 DOM 组成、腐殖化程度及来源。结果表明：该市农村黑臭水体 DOM 包含 5 类荧光组分，分别为类色氨酸荧光组分、类腐殖质荧光组分、浮游生物活动产生荧光组分、类胡敏酸荧光组分、类富里酸荧光组分，结合相关性分析得出该市农村黑臭水体 DOM 组分来源具有多样性。

帅磊等采用三维荧光光谱与平行因子分析法和荧光区域积分法相结合，对城市生活污水处理厂各反应流程的水样进行了快速表征和分析。结果表明，污水中主要荧光物质为类蛋白质和类胡敏酸物质，其中类蛋白质的平行因子得分和荧光区域积分值均与水样化学需氧量（COD）具有较好的相关性。类蛋白质与类胡敏酸的区域积分值之比可以反映污水处理厂溶解性 COD 的去除效果。该研究提供了一种快速且不需外加试剂的评价污水厂溶解性 COD 去除效率的方法。

郑璐等基于三维荧光光谱考察了污水厂深度处理过程中 DOM 的荧光组分特征，结合平行因子分析解析出 3 个荧光组分，包括 2 个类腐殖质物质（C1、C3）和 1 个类色氨酸物质（C2）。臭氧工艺对组分 C1、C2、C3 去除率分别为 69.1%、71.5% 和 66.5%，表明臭氧对 DOM 有较好的去除效果。三维荧光光谱结合 PARAFAC 能够较好地反映水中 DOM 的去除情况，有利于污水处理效果的定性分析、定量评价，易于实时在线监测。

梁月清等以某工业园区内的污水处理厂为研究对象，使用紫外-可见光谱和三维荧光光谱对 11 个进水管道和水处理各工艺段的水样进行检测，结合平行因子分析法探究了污水厂水体中主要污染物的来源和类别，最后对水质参数和各组分进行了相关性分析。紫外-可见光谱、三维荧光光谱结合平行因子分析结果表明，污水主要有 5 种荧光组分，其中 C1、C2、C3 均属于腐殖酸类物质；C4 属于蛋白质类，近似于色氨酸类物质；C5 属于新发现的组分。相关性分析结果表明，C3 的荧光强度可以大致判断污水的芳香度，C2 的荧光强度可推断污水中的 NH_3-N 浓度，三维荧光光谱数据可以对水质参数评价进行补充。该研究可为发展高效低成本的污水厂尾水深度处理技术提供参考。

研究人员利用来自欧洲、非洲、亚洲和美国的 55 个地表水和 25 个饮用水处理厂的样品分析了全球地表水的荧光成分组成，并从 EEM 预测芳香性和可处理性。利用 PARAFAC 在数据集中鉴定了 9 个潜在的荧光组分，通过组分 H_{ii}（$\lambda_{ex}/\lambda_{em}$=395nm/521nm）、$H_{iii}$（$\lambda_{ex}/\lambda_{em}$=330nm/404nm）、$P_i$（$\lambda_{ex}/\lambda_{em}$=290nm/365nm）和 P_{ii}（$\lambda_{ex}/\lambda_{em}$=275nm/302nm）之间的比值可以预测芳香性和可处理性的差异。组分 H_{ii} 主要代表植物来源的腐殖酸，H_{iii}代表风化 / 氧化的腐殖质以及 LC-OCD 测定的腐殖质降解产物，而 P_i 和 P_{ii} 代表氨基酸，也是 LC-OCD 测定的低分子量中性组分。在混凝、粉末活性炭（PAC）、氯化、离子交换（IEX）和臭氧氧化单独和联合的标准化的小试试验中，荧光组分之间的比例预测了法国河流中 DOC 的去除。H_{ii}/H_{iii}的比例命名为“PARIX”，代表着“PARAFAC 指数”，通过以下关系式可以预测 SUVA（特征紫外吸光度）：SUVA=4.0×PARIX（RMSE p=0.55）mg • m/L。这些结果扩展了荧光光谱在水处理应用中的效用，证明了在饮用水处理的不同阶段，不同地表水中的荧光成分、芳香性和可处理性之间存在着以前未知的关系。

2.3.2 液相色谱-有机碳检测-有机氮检测技术

2.3.2.1 技术简介

液相色谱-有机碳检测（LC-OCD）作为一项表征 DOM 分子量特征的新技术，可以对水体中 DOM 和有机杂质分子进行定性和定量分析。定性分析是基于尺寸排阻色谱（SEC），将 DOM 分为疏水性有机物和亲水性有机物，亲水性有机物又按照分子量大小被分离，分成生物聚合物、腐殖质类物质、腐殖质降解产物、小分子中性物质和小分子酸性物质，利用紫外检测器（UVD）、有机碳红外检测器（OCD）和有机氮检测器（OND）对各组分进行定量检测。

另外，生物聚合物和腐殖质组分的氮含量也可以被测量。腐殖质类物质可以用 HS 图进一步分析，HS 图绘制了 HS 的芳香度与其分子量的关系，该图可以提供关于水源的信息，用连续的图谱代替腐殖酸和富里酸进行分别测定。对于生物聚合物，可以确定其结合氮的量，这代表了该部分蛋白质含量。LC-OCD 是一种稳定、灵敏的检测方法，目前国内应用尚处于起步阶段。

① 生物聚合物（BP）：该技术使用的色谱柱的分离范围为 0.1 ～ 10kDa，该组分的分子量应为 10kDa 或更高。在大多数情况下其在 UVD 中没有反应（没有不饱和结构），但在 OND 中有一些反应。这表明含氮物质（如蛋白质或氨基糖）的存在。多糖被认为是细胞外聚合物质（EPS）的主要成分，EPS 也含有蛋白质，由于 EPS 也是一个通用术语，因此选择术语生物聚合物来表征这个部分。

② 腐殖质类物质（HS）：通过腐殖酸的标准物质，测定出腐殖质在色谱柱上的保留时间和分子量的关系，再配以适合的 HS 峰拟合方法，LC-OCD 可以用于测定天然水体中腐殖质。

③ 腐殖质降解产物（BB）：这一部分在腐殖质标准物质中并不存在，常出现于天然水体中。在 HS 存在的前提下，较低的能量（如超声）会导致该组分的生成。相关研究表明，与 HS 相比，腐殖质降解产物不能被絮凝工艺去除。UVD 对这部分的响应是高度可变的。当色谱柱的分辨率增加时（例如通过串联两根色谱柱），该组分还可被分离成几个子组分。这表明该组分为 HS 的分解产物，因此，该组分定义为低分子量类似 HS 的降解产物。

④ 小分子酸性物质（LWMA）：小分子酸性物质的峰是由于离子效应形成的。流动相为缓冲溶液，固定相为弱离子交换树脂，注入的样品为非缓冲性质的。在这种情况下，样品中的非缓冲物质会导致小分子阴离子和树脂之间产生阴离子排斥力。缓冲溶液中性 pH 的环境中的小分子酸，在非缓冲性质的样品中会展现出一个压缩峰。鉴于这种离子效应，几乎所有的小分子酸都会在此处出峰。然而，少量小分子腐殖质（LMW-HS）与小分子酸性物质（LMWA）会同时流出色谱柱，经验公式允许在 LMW-HS 存在的情况下定量 LMWA。

⑤ 小分子中性物质（LMWN）：这部分最典型的性质是低分子量和低离子密度，其对于 UVD 几乎没有响应。总体性质意味着这些物质为低分子醇类、醛类、酮类和糖，也可能是氨基酸。在地表水中不同的峰会重叠，然而在分析地下水过程中几乎不出现该峰，这表明该组分具有极其复杂的组成。

⑥ 疏水性有机碳（HOC）：有时，以上组分经过色谱柱的 DOC 浓度比不经过色谱柱的 DOC 浓度低，这表明在特定的分析时间内有一部分保留在色谱柱上，这部分暂时保留在色谱柱上的组分称为疏水性有机碳。

2.3.2.2 技术应用

LC-OCD 技术可用于地表水、饮用水、污废水等水质的检测，分析不同水样的特征组分，可分析不同组分与消毒副产物生成潜能以及膜污染的关系。

袁博等应用 LC-OCD 技术研究了西安市灞河流域水体中 DOM 不同分子量组分特征，分析了其与河水水质的相关性。结果表明：河水 DOM 按照分子量分布，主要由生物聚合物、腐殖质类物质、腐殖质降解产物、低分子中性物质和低分子酸组成，各组分平均浓度分别为 0.15mg/L、1.75mg/L、0.48mg/L、0.36mg/L 和 0.002mg/L，河水中 DOM 总体含量水平由高到低的顺序为城市河段 > 城镇河段 > 源区河段。组分中分子量介于 1000 ～ 20000 之间的腐殖质类物质占 DOM 总量的 49.0%，含量及丰度从高到低依次为中游城镇段 > 污水厂出口段 > 污

水厂下游河口段 > 上游源头段；分子量 >20000 的生物聚合物约占 DOM 总量的 5.1%，丰度由高到低依次为污水厂出口段 > 污水厂下游河口段 > 上游源头段 > 中游城镇段，污水处理厂出水所产生的外生源有机质对河流 DOM 的贡献最大。DOM 不同分子量组分与水质的相关性明显，表明基于 LC-OCD 分级表征的 DOM 各分子量组分和丰度不仅可以作为水质监测的一个综合性指标，也可以用来表征河流水质的空间异质性，并能对污染物各组分进行定量化判别和来源解析。

魏永等研究了纳滤膜在饮用水处理中的膜污染问题，中试以太湖水为原水，经过超滤预处理后，再进行纳滤，其中用到 LC-OCD 对膜污染物质进行分析，结果表明，清洗液的小分子量有机物与原水相比含量提升 2.5 倍，生物聚合物的比例提高了 4.3 倍，清洗液中这两类有机物显著升高，说明小分子量有机物和生物聚合物是纳滤膜最主要的污染物，其次是腐殖质。

廖晓婷等探究 DOM 组成对工艺处理效率的影响，以不同来源的两种垃圾渗滤液膜浓缩液为对象，分别采用混凝工艺、UV 芬顿工艺和电芬顿工艺进行处理，比较和分析了不同工艺处理后两种渗滤液膜浓缩液间的 DOM 去除差异。LC-OCD 的定量检测结果表明，相比于 $2^{\#}$ 渗滤液膜浓缩液（52%），$1^{\#}$ 渗滤液膜浓缩液含有更多的混凝工艺和两种类芬顿工艺均优先去除的大分子有机物（73%），因此观察到 $1^{\#}$ 渗滤液膜浓缩液具有更高的 DOC 去除率。

侯国华等采用土壤柱试验研究了土壤渗滤对再生水中有机微污染物的去除性能。LC-OCD 检测结果表明，土壤柱对 DOC 去除主要体现在对生物聚合物的降解上，其次是有机酸类，对腐殖质有一定的去除作用，小分子量物质为进水中的生物聚合物、有机酸和腐殖质等的降解产物。

韩玉麟对 7 月、10 月、12 月渭河西安段的样品进行 LC-OCD 检测，发现上游耕地土地中低分子量中性物质和有机酸浓度较大，主要来源于农业为主的耕地外源输入，下游腐殖质和降解产物的含量最高，包含林地草地输入和中游流向下游水体携带等多种来源。人为输入更多低分子量有机质，且浓度水平与降雨量存在相反的变化趋势，较大分子量的腐殖质浓度与降雨量呈现一定正相关趋势。

姚振兴等研究了济南玉符河人工补源工程对地下水水质的影响，采集玉符河地表水及其沿岸地下水水样进行跟踪检测研究。其中采用 LC-OCD 对 DOM 及其分子量分级分布进行表征（见图 2-8，书后另见彩图），结果表明，地表水中 DOM 及其不同分子量组分均高于地下水，两者优势荧光组分存在显著差异。地表水中腐殖质（HS）和腐殖质降解产物（BB）等与 DBPFP 显著相关。腐殖质碳氮比（HS-C/N）数值指示地下水受到补源水一定程度的影响。

Baghoth 等用 LC-OCD 和 EEM-PARAFAC 检测方法对 DOM 在饮用水处理工艺中的变化进行了表征。结果表明，原水和处理水中均以腐殖质物质为主，尽管两个水厂的混凝工艺都可以用于去除大分子的 DOC，但对于去除特定的 DOM 组分却不具备同样性能。建立了 EEM 的 5 组分 PARAFAC 模型，其中 3 个为类腐殖质，2 个为类蛋白质。这两种表征手段是水处理厂去除 DOM 性能评估的有效工具。

Rutlidge 等使用 LC-OCD 技术检测并建立了地表水和地下水样品（*n*=246）DOM 的色谱数据集。数据集代表了来自澳大利亚五个不同地点的 4 个类别的水样（地表水、潜流带水、当地地下水和区域地下水）。在所有环境中，高分子量亲水性 DOM 如生物聚合物（BP）和腐殖质（HS）存在于地表水中，随着其从地表水和潜流带迁移到浅层局部地下水和深层区域地下水中而被排出地下水。这导致更深的区域地下水中小分子中性物质（LMWN）和疏水性有机碳

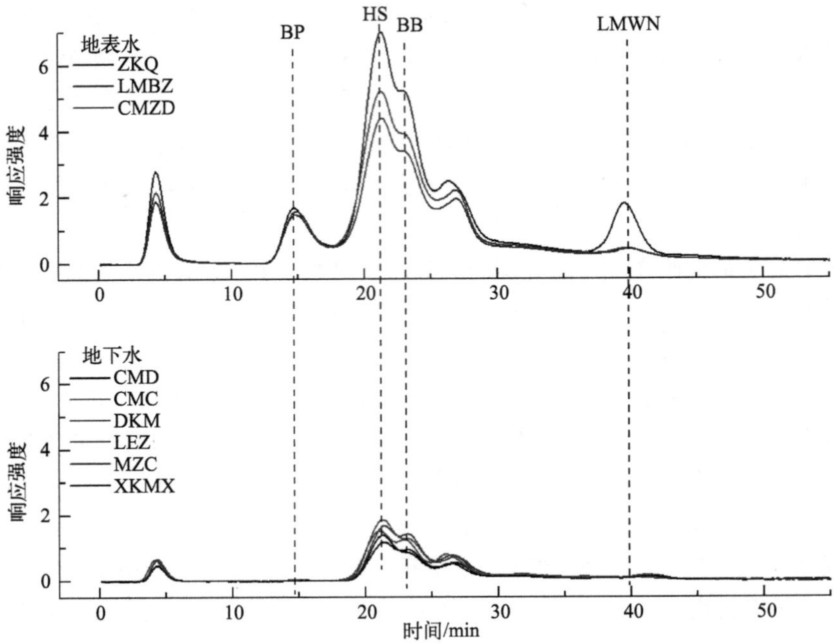

图 2-8　济南玉符河补源区地表水和地下水 LC-OCD 的色谱图

（HOC）的百分比更高。该研究结果表明，沉积有机物的存在强烈影响地表水和地下水中 DOM 的性质，导致地下水具有较高的 HS 芳香度和分子量，并降低 LMWN 的百分比。所有站点地下水中的亲水性 DOM/HOC 值变化很大，在含有沉积泥炭层的站点和非沉积泥炭层的站点分别有 9.60% 和 25.64% 的样品只含有亲水性溶解性有机碳（DOC）。在同时存在亲水性 DOC 和 HOC 的沉积泥炭层和非沉积泥炭层，平均亲水性 DOM/HOC 值分别为 4.35±3.76 和 7.53±5.32。总体而言，沉积有机碳贫瘠环境中的裂缝岩和冲积含水层可能含有更适合臭氧化生物活性炭、悬浮离子交换处理或磁性离子交换树脂处理的 DOM，因为这些 DOM 更亲水，分子量更低，芳香度更低。位于沉积有机物层附近的含水层更容易被混凝 / 絮凝、沉淀和砂滤，这些含水层对高分子量和极性化合物具有很高的去除效率。

仝坤等采用 LC-OCD 分析活性焦吸附性物降解去除稠油废水中 DOC 的过程。结果表明，稠油废水中的 DOC，除含有大量矿物油和有机表面活性剂外，还含有微量生物聚合物和少量腐殖酸及腐殖酸的降解产物；活性焦吸附性物降解工艺对稠油废水中 DOC 的去除率为 85.6%，其中 HOC 和 CDOC 分别占 40.8% 和 44.8%。HOC 和 CDOC 总去除率分别为 92.7% 和 80.0%，活性焦吸附去除 42.4%DOC，其中预吸附和后吸附分别去除 24.0% 和 18.4%，预吸附主要去除 HOC 和小分子酸性物质，后吸附主要去除小分子中性物质。生物降解去除 43.2% 的 DOC，主要是 HOC、LMWN、LMWA 和 BP。活性焦吸附-生物降解技术降解稠油废水容易去除的 DOC 是 HOC、LMWN、LMWA 和 BP，比较难去除的为 HS 和 BB。

2.3.3 树脂分类解析技术

2.3.3.1 技术简介

基于 Amberlite XAD 树脂吸附的性能，可以有效区分天然有机物（NOM）中疏水性组分和亲水性组分，这是一种最常用的方法。这种树脂是 Malcolm 等在美国丹佛地质调查局引进的一种市售合成树脂，用于从水中分离腐殖质。许多研究者开发和改良了树脂吸附法，用来进行 NOM 的分类研究。这项技术被国际腐殖质协会采纳为标准方法，用于分离腐殖酸和富里酸，通常被称作 XAD 分类法，该方法使用 XAD-4 和 XAD-8 树脂。XAD-8 用于分离大分子的、芳香度高的疏水性物质，而亲水性组分不能吸附在该树脂上。XAD-4 树脂吸附弱疏水性酸性物质，通常被称为弱亲水性物质。国际腐殖质协会标准方法基本流程为，首先水样通过 0.45μm 膜过滤，调节 pH 值到 2，然后使水样通过 XAD-8 树脂，如此富里酸就吸附在树脂上了（详见图 2-9）。亲水性组分还可以被阳离子树脂和阴离子树脂进一步分离处理。有研究者改进了以上技术，基于分子量大小和性质可以将 DOC 分为强疏水性酸、弱疏水性酸、带电亲水性物质和中性亲水性物质四个组分。强疏水性酸为大分子的腐殖酸，弱疏水性酸为富里酸组分，中性物质为不能被任何树脂吸附的组分。这种分类方法基于不同类的树脂，被广泛应用，但是它的不足仍然会影响结果。这些不足包括：由于过低的 pH 值可能会改变 NOM 的理化性质，吸附在树脂上的无法被吸附的部分受到树脂本身的污染以及尺寸排阻影响。在分类过程中不同的操作条件可能会影响分类结果。

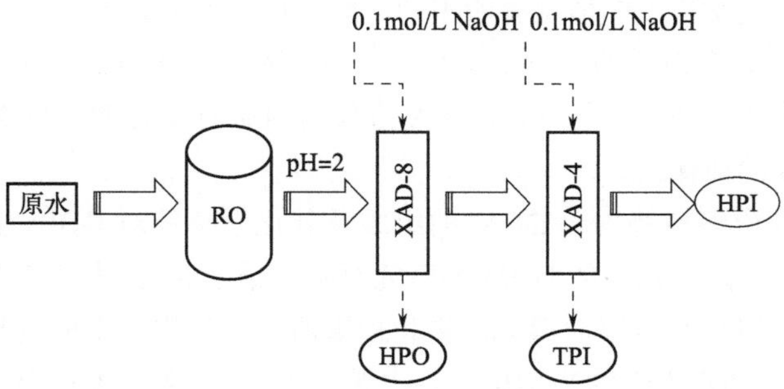

图 2-9　典型树脂分类流程

2.3.3.2 技术应用

树脂分类技术结合其他分类技术，被用于解析不同流域、不同水源中 NOM 的组成，也被用于评价处理技术的影响，如分类后各组分的消毒副产物的生成情况，各组分对膜污染的影响、对混凝的去除响应等。

Philippe Croué 采用 RO 浓缩和 XAD-8/XAD-4 树脂吸附技术相结合的方法，分离 NOM 的不同组分。利用 ^{13}C NMR 和 FT-IR 光谱以及高效液相色谱 / 尺寸排阻色谱，结合 UV 和 DOC 检测，对分离自不同地表水的 NOM 组分，即对胶体、疏水性 NOM(HPO 类腐殖物质)、弱亲水 NOM（TPI）和亲水性 NOM（HPI）组分进行表征。结果表明，该分离方法适用于 NOM 不同组分的定量分离。

郭瑾等将反渗透与 XAD 大孔树脂吸附技术相结合，对松花江水中天然有机物（NOM）进行了浓缩和分离，并采用紫外光谱、红外光谱、液相凝胶色谱、官能团滴定、^{1}H NMR 核磁共振等分析手段，对松花江水中 NOM 及其各分离组分和一种商用腐殖酸 CHA 特性进行了比较和表征。结果表明，利用反渗透进行 NOM 浓缩对水中有机物具有很高的回收率；松花江水中 NOM 组成为：富里酸 > 腐殖酸 > 亲水部分；各组分芳香度为：腐殖酸 > 憎水部分、富里酸 > 亲水部分；腐殖酸和商用腐殖酸具有较高的不饱和性，NOM 和亲水部分次之，憎水部分和富里酸中饱和烃含量较多；紫外吸收较弱的有机成分对 NOM 分子量的贡献较大；NOM 及其分离组分的总酸度为 9.84 ～ 12.15meq/g，酸含量为 CHA> 亲水部分 > 憎水部分 >NOM> 富里酸 > 腐殖酸；NOM 及其各分离组分的溶解性有机物构成以脂肪烃为主。

宋凌志等以中山市西江水源水体为研究对象，分析了原水中 DOM 的分子质量分布特征；同时，利用 XAD 型树脂逐级将 DOM 分离成强疏水性、弱疏水性和亲水性组分，考察了原水中有机物的亲疏水性分布以及各有机组分对应的 SUVA 和消毒副产物生成潜能的关系。结果表明，原水中 DOM 的分子量主要集中在 3 ～ 5ku 区间，占比在 35% 以上，最大达到了 73%，其次是分子量 <3ku 的区间；原水中的 DOM 主要为亲水性有机物；疏水性有机物是最主要的氯化消毒副产物前体物；另外，SUVA 值与消毒副产物生成潜能呈低度正相关，不能简单地用 SUVA 值来反映水体中 DOM 的消毒副产物生成能力。

何洪威等以珠江水体为研究对象，利用 XAD 树脂分离 DOC 中的腐殖质及其他有机组分，研究了各组分与三卤甲烷生成潜能（THMFP）的关系。结果表明，THMFP 同时受腐殖质和非腐殖质组分的影响。根据珠江整体数据分析，腐殖质是最主要的三卤甲烷前体物，其三卤甲烷生成潜能约为非腐殖质的 2.5 倍，产生了珠江中 64.6% 的三卤甲烷。然而，因为各支流当地生态环境和废水排放的情况有所不同，腐殖质对 THMFP 的影响会随着该流域 DOC 水平的增加而降低，非腐殖质的影响则会增加。并且在某些 DOC 质量浓度较高的地区，非腐殖质为 THMFP 的决定因素。另外，SUVA 值与腐殖质有良好的线性关系，可以用于指示珠江水中消毒副产物的前体物。

王志康等研究高原喀斯特湖库 DOM 的组成及其化学特征对 DBPs 生成路径的影响，以西南喀斯特地区贵阳市阿哈水库的 DOM 为研究对象，结合 XAD 大孔树脂分离技术，通过化学表征手段来研究各组分对含碳消毒副产物和含氮消毒副产物的生成贡献。不同组分芳香度的大小依次为 HON（憎水中性物）>HIB（亲水碱）>HOA（憎水酸）>HIN（亲水中性物）≈ HIA（亲水酸）>HOB（憎水碱）。憎水与亲水 DOM 的 DBPs 生成潜能相近。其中，HON 最高，其次为 HIB 和 HOA。HIB 和 HOA 的主要卤代反应位分别来源于藻类有机物的蛋白质和富里酸，而 HON 的 DBPs 生成潜能的贡献主要为分子中的芳香和共轭不饱和结构。HIA 和 HIN 的构成主要为脂肪烃，贡献较低的 DBPs 的生成潜能对于含碳消毒副产物，三卤甲烷（THMs）和卤乙酸（HAAs）的生成潜能总体相近，不同组分的差异明显。对于含氮消毒副产物，卤乙腈的生成潜能占 80% 以上，憎水 DOM 的贡献较高。

黄辉等研究了不同水文期条件下长江三角洲某典型河流型水源地原水有机物种类分布特性及其与消毒副产物的关系。结果表明，该水源地原水有机污染特性呈现出丰水期 > 平水期 > 枯水期的特点，水体腐殖化程度依次降低。经树脂富集分离后水样 DOM 各组分占总有机碳 DOC 的比例有所不同。丰水期：疏水性有机酸（HPO-A，38%）> 亲水性有机物（HPI，26%）> 过渡亲水性有机酸（TPI-A，16%）> 疏水性中性物质（HPO-N，12%）> 过渡亲水性中性物质（TPI-N，8%）。平水期：HPO-A（32%）>HPO-N（22%）>TPI-A（20%）>HPI（18%）>TPI-N（8%）。枯水期：HPO-A（28%）>TPI-A（24%）>HPO-N（20%）>HPI（19%）> TPI-N（9%）。DOM 中仅 HPI 组分的特征紫外吸光度（SUVA）值低于原水，其余均高于原水，其中 HPO-A 组分 SUVA 值最高，是原水的 1.77 倍。各水文期条件下，疏水性有机物（疏水性有机酸和疏水性中性物质）对三卤甲烷和卤乙酸生成的贡献分别超过全部有机物氯化后消毒副产物生成量的 60% 和 65%，表明疏水性有机物是最主要的消毒副产物前体物，应当作为水处理工艺重点去除的有机物组分。各水文期原水有机物特性与消毒副产物生成潜能的关系变化不大。

刘艳芳等采用 XAD 树脂吸附法和超滤膜技术分别将水中的天然有机物分成不同疏水性能和不同分子量的各种组分。结果表明，与疏水酸性物质和过渡亲水酸性物质相比，亲水酸性物质是水体中 NOM 的主要组成部分，约占 58%，对 DBPs 的贡献也最大。

罗锦洪等以太湖水华期原水为实验水样，初步研究水华期水体中溶解性有机质的组成及其消毒副产物生成潜能（DBPFP）。利用 XAD-8 大孔树脂，将水体中 DOM 分离为亲水性物质（HIS）、疏水碱性物质（HOB）、疏水酸性物质（HOA）和疏水中性物质（HON）。4 种 DOM 组分的 DOC 浓度分布情况为：HIS 最高为 10.2mg/L，占原水 DOC 浓度的 72.86%。不同 DOM 组分的 DBPFP 实验表明，HIS 的三卤甲烷生成潜能（THMFP）、卤乙酸生成潜能（HAAFP）分别占 4 种 DOM 消毒副产物生成潜能之和的 63% 和 31.25%，为主要的消毒副产物前体物。HIS 为水华期水体中 DOM 的主要组分，且具有 DBPFP 高、不易在水处理过程中去除的特点。

Her 等利用 XAD-4 和 XAD-8 树脂对水中的 NOM 进行分类，比较了不同组分对纳滤膜污染的贡献。结果表明，在所有的样品中，NOM 中疏水性组分（占比 71% ～ 93%）明显高于亲水性组分（占比 1.7% ～ 22.6%）和弱亲水性组分（占比 5.3% ～ 6.6%）。结果表明，DOC 浓度高且疏水性组分占比大的水样对膜通量的降低影响不明显，表明纳滤膜能有效排斥疏水性 NOM。然而，相同的试验条件下，在 DOC 浓度低但亲水性组分占比高的水样中，能够降低大约 10% 的膜通量。这说明，占比相对较高的亲水性 NOM（中性或碱性），因其非带电性性质，无法被带负电荷的膜排斥。

Kennedy 等将 Ijssel 湖原水利用 XAD-4 和 XAD-8 树脂进行分类，分为疏水性、弱亲水性和亲水性组分，分别占比 53% ～ 55%、25% 和 20% ～ 22%。使含有三种组分的水样（DOC 浓度为 1.5mg/L）分别过膜处理。结果发现，膜污染能力由高到低的顺序为：亲水性组分 > 疏水性组分 > 弱亲水性组分。受到亲水性组分污染的膜的可逆性较差，1 个循环后到 6 个循环过程中，可逆性从 50% 降低到 30%。

参考文献

[1] 覃玲 . 食品中非法添加物质筛查模式的研究 [D]. 北京：中国食品药品检定研究院，2018: 14.

[2] 孙兴权，赵禹，杨春光，等 . 液相色谱-高分辨质谱联用技术在食品欺诈检测鉴别中的应用 [J]. 色谱，2016, 34(7): 647-656.

[3] 饶钦全，徐方曦，余彬彬 . 二噁英实验室建设成本分析 [J]. 资源节约与环保，2015 (7): 179-185.

[4] 夏曦，李晓薇，丁双阳，等 . 液相色谱-高分辨质谱在兽药残留分析中的应用进展 [J]. 质谱学报，2011, 32(6): 333-340.

[5] 贺美莲，郭常川，石峰，等 . Orbitrap 高分辨质谱技术在药物分析领域中的应用进展 [J]. 药物分析杂志，2019, 39(1): 105-110.

[6] Phungsai P, Kurisu F, Kasuga I, et al. Molecular characterization of low molecular weight dissolved organic matter in water reclamation processes using Orbitrap mass spectrometry[J]. Water Res, 2016, 100: 526-536.

[7] 熊岑，李苑雯，郑彦婕，等 . 静电场轨道阱质谱分析技术在食品分析中的应用进展 [J]. 食品科学，2015, 36(13): 283-287.

[8] 宋爱华，李文，韩飞 . 傅立叶变换离子回旋共振质谱法在药学领域的应用进展 [J]. 沈阳药科大学学报，2017,

34(4): 350-356.

[9] Hug C, Ulrich N, Schulze T, et al. Identification of novel micropollutants in wastewater by a combination of suspect and nontarget screening[J]. Environmental Pollution, 2014, 184: 25-32.

[10] 王荟，穆肃，章勇，等. 气相色谱-高分辨双聚焦磁质谱测定水中超痕量多氯萘 [J]. 环境监测管理与技术，2014, 26(3): 38-40.

[11] 陆一夫，邱天，胡小键，等. 自动固相萃取-气相色谱-高分辨质谱法测定地表水中 41 种持久性有机污染物 [J]. 环境卫生学杂志，2019, 9(3): 280-286.

[12] 李美萍，李蓉，王志娟，等. 气相色谱-静电场轨道阱高分辨质谱法测定水中 16 种痕量亚硝胺 [J]. 分析化学，2019, 47(2): 288-296.

[13] Andrés-Costa M J, Andreu V, Picó Y. Analysis of psychoactive substances in water by information dependent acquisition on a hybrid quadrupole time-of-flight mass spectrometer[J]. Journal of Chromatography A, 2016, 1461: 98-106.

[14] 胡小键，许宁，张淼，等. 淮河江苏段水中有机氯农药污染特征分析 [J]. 环境与健康杂志，2016, 33(4): 332-334.

[15] Casado J, Santillo D, Johnston P. Multi-residue analysis of pesticides in surface water by liquid chromatography quadrupole-Orbitrap high resolution tandem mass spectrometry[J]. Analytica Chimica Acta, 2018, 1024: 1-17.

[16] Masiá A, Ibáñez M, Blasco C, et al. Combined use of liquid chromatography triple quadrupole mass spectrometry and liquid chromatography quadrupole time-of-flight mass spectrometry in systematic screening of pesticides and other contaminants in water samples[J]. Analytica Chimica Acta, 2013, 761: 117-127.

[17] Ding S, Chu W. Recent advances in the analysis of nitrogenous disinfection by-products[J]. Trends in Environmental Analytical Chemistry, 2017, 14: 19-27.

[18] Ji-Hyun L, Jeong-Eun O. A comprehensive survey on the occurrence and fate of nitrosamines in sewage treatment plants and water environment[J]. Science of the Total Environment, 2016, 556:330-337.

[19] Stuart W K, William A M, Daniel L M, et al. Formation, precursors, control, and occurrence of nitrosamines in drinking water: A review[J]. Water Research, 2013, 47: 4433-4450.

[20] 陈溪，吴慈，王龙祥，等. 基于超高效液相色谱-高分辨质谱技术的水中 112 种药品和个人护理用品的高通量筛查和定量方法 [J]. 色谱，2018, 36(11): 1147-1157.

[21] 王和兴，周颖，王霞，等. 超高效液相色谱-四极杆串联飞行时间质谱法筛查上海市生活饮用水和地表水中的雌激素水平 [J]. 复旦学报（医学版），2011, 38(5): 396-401, 406.

[22] 程家兴，赵起越，李令军，等. 固相萃取 / 超高效液相色谱-质谱法筛查及检测养鱼河水中抗生素 [J]. 分析测试学报，2018, 37(3): 275-281.

[23] 张蓓蓓，胡冠九，赵永刚，等. 在线固相萃取-液相色谱-四极杆 / 飞行时间质谱法快速筛查水体中 60 种有机毒物 [J]. 环境化学，2018, 37(10): 2159-2170.

[24] Wood T P, Du Preez C, Steenkamp A, et al. Database-driven screening of South African surface water and the targeted detection of pharmaceuticals using liquid chromatography - High resolution mass spectrometry[J]. Environmental Pollution, 2017, 230: 453-462.

[25] López A, Dualde P, Yusà V, et al. Retrospective analysis of pesticide metabolites in urine using liquid chromatography coupled to high-resolution mass spectrometry[J]. Talanta, 2016, 160: 547-555.

[26] Moschet C, Piazzoli A, Singer H, et al. Alleviating the reference standard dilemma using a systematic exact mass suspect screening approach with liquid chromatography-high resolution mass spectrometry[J]. Analytical Chemistry, 2013, 85(21): 10312-10320.

[27] Deeb A A, Stephan S, Schmitz O J, et al. Suspect screening of micropollutants and their transformation products in advanced wastewater treatment[J]. Science of the Total Environment, 2017, 601-602: 1247-1253.

[28] Baz-Lomba J A, Reid M J, Thomas K V. Target and suspect screening of psychoactive substances in sewage-based samples by UHPLC-QTOF[J]. Analytica Chimica Acta, 2016, 914: 81-90.

[29] Gago-Ferrero P, Schymanski E L, Bletsou A A, et al. Extended suspect and non-target strategies to characterize emerging polar organic contaminants in raw wastewater with LC-HRMS/MS[J]. Environmental Science & Technology, 2015, 49(20): 12333-12341.

[30] Ruff M, Mueller M S, Loos M, et al. Quantitative target and systematic non-target analysis of polar organic micro-pollutants along the river Rhine using high-resolution mass-spectrometry——Identification of unknown sources and compounds[J]. Water Research, 2015, 87: 145-154.

[31] Wang X, Wang J, Zhang Y, et al. Characterization of unknown iodinated disinfection byproducts during chlorination/chloramination using ultrahigh resolution mass spectrometry[J]. Science of the Total Environment, 2016, 554: 83-88.

[32] 云莉芬 . 液相色谱串联高分辨质谱筛查鉴定未知卤代有机物的策略及应用研究 [D]. 武汉：中国地质大学，2018.

[33] Muz M, Ost N, Kühne R, et al. Nontargeted detection and identification of (aromatic) amines in environmental samples based on diagnostic derivatization and LC-high resolution mass spectrometry[J]. Chemosphere, 2017, 166: 300-310.

[34] Broecker S, Herre S, Wüst B, et al. Development and practical application of a library of CID accurate mass spectra of more than 2500 toxic compounds for systematic toxicological analysis by LC-QTOF-MS with data-dependent acquisition[J]. Analytical and Bioanalytical Chemistry, 2010, 400(1): 101-117.

[35] Martínez-Domínguez G, Plaza-Bolaños P, Romero-González R, et al. Analytical approaches for the determination of pesticide residues in nutraceutical products and related matrices by chromatographic techniques coupled to mass spectrometry[J]. Talanta, 2014, 118:277-291.

[36] Wang X, Jia R, Song Y, et al. Determination of pesticides and their degradation products in water samples by solid-phase extraction coupled with liquid chromatography-mass spectrometry[J]. Microchemical Journal, 2019, 149: 104013.

[37] 林必桂，于云江，向明灯，等 . 基于气相 / 液相色谱-高分辨率质谱联用技术的非目标化合物分析方法研究进展 [J]. 环境化学，2016, 35 (3): 466-476.

[38] González-Mariño I, Quintana J B, Rodríguez I, et al. Screening and selective quantification of illicit drugs in wastewater by mixed-mode solid-phase extraction and quadrupole-time-of-flight liquid chromatography-mass spectrometry[J]. Analytical Chemistry, 2012, 84 (3): 1708-1717.

[39] 马千驰，刘艳娜，史建波，等 . 生物效应导向的污染物分析研究新进展 [J]. 中国科学：化学，2018, 48 (10): 1195-1206.

[40] 张诺，孙韶华，王明泉，等 . 萤光素酶表达基因法（CALUX）用于二噁英检测的研究进展 [J]. 生态毒理学报，2014, 9(3): 391-397.

[41] 王珂 . 基于光谱技术的水体溶解有机碳检测研究 [D]. 杭州：浙江大学，2021: 19-20.

[42] 施杰根 . 基于三维荧光光谱的城市河道特征有机污染物检测与识别研究 [D]. 杭州：浙江大学，2022: 15.

[43] 周骅，智国铮 . 基于三维荧光光谱和水质特征因子检测技术的排水管网地下水入渗分析研究 [J]. 给水排水，2022, 48 (5): 128-133.

[44] 王书航，王雯雯，姜霞，等 . 基于三维荧光光谱-平行因子分析技术的蠡湖 CDOM 分布特征 [J]. 中国环境科学，2016, 36(2): 517-524.

[45] 梁月清，刘会来，崔康平，等 . 基于三维荧光光谱-平行因子分析法的工业园区污水溶解性有机物溯源与归趋 [J]. 环境工程学报，2022, 16(4): 1238-1247.

[46] 黄昌春，李云梅，王桥，等 . 基于三维荧光和平行因子分析法的太湖水体 CDOM 组分光学特征 [J]. 湖泊科学，2010, 22(3): 375-382.

[47] 刘堰杨，秦纪洪，刘琛，等 . 基于三维荧光及平行因子分析的川西高原河流水体 CDOM 特征 [J]. 环境科学，2018, 39(2): 720-728.

[48] 袁志伟 . 蓝藻降解对湖泊水体溶解有机质赋存影响的光谱解析研究 [D]. 合肥：安徽建筑大学，2022: 38.

[49] 祝鹏，廖海清，华祖林，等 . 平行因子分析法在太湖水体三维荧光峰比值分析中的应用 [J]. 光谱学与光谱分析，2012, 32(1): 152-156.

[50] 刘丽贞，黄琪，吴永明，等 . 鄱阳湖 CDOM 三维荧光光谱的平行因子分析 [J]. 中国环境科学，2018, 38(1): 293-302.

[51] 陈诗雨，李燕，李爱民 . 溶解性有机物研究中三维荧光光谱分析的应用 [J]. 环境科学与技术，2015, 38(5): 64-68.

[52] 辛慧宇 . 三维荧光光谱多变量分析与消毒副产物生成势相关性研究 [D]. 西安：西安建筑科技大学，2021: 30, 56.

[53] 靳百川，蒋梦云，白文荣，等 . 三维荧光光谱-平行因子法解析再生水补给人工湿地 DOM 的光谱特征 [J]. 光谱学与光谱分析，2021, 41(4): 1240-1245.

[54] 帅磊，李卫华，申慧彦，等 . 三维荧光光谱评价污水处理厂 COD 去除效率 [J]. 环境工程学报，2016, 10(4): 2127-2131.

[55] 陈飞，周昀，张瑶，等 . 三维荧光结合平行因子法在城市自来水监测中的应用 [J]. 环境工程学报，2016, 10(12): 7376-7380.

[56] 李晓洁，高红杰，郭冀峰，等 . 三维荧光与平行因子研究黑臭河流 DOM[J]. 中国环境科学，2018, 38(1): 311-319.

[57] 张晓亮，王洪波，杨芳，等 . 山东省平度市农村黑臭水体 DOM 三维荧光光谱的平行因子分析 [J]. 环境工程技术学报，2022, 12(3): 651-659.

[58] 郑璐，许光明，陈俊，等 . 污水厂深度处理过程中有机物三维荧光光谱的平行因子分析研究 [J]. 环境科学与管理，2015, 40(10): 89-92.

[59] Baghoth S A, Sharma S K, Guitard M, et al. Removal of NOM-constituents as characterized by LC-OCD and F-EEM during drinking water treatment [J]. Journal of Water Supply: Research and Technology - AQUA, 2011, 60(7): 412-424.

[60] Huber S A, Balz A, Abert M, et al. Characterisation of aquatic humic and non-humic matter with size-exclusion chromatography - organic carbon detection - organic nitrogen detection (LC-OCD-OND)[J]. Water Research, 2011, 45(2): 879-885.

[61] Rutlidge H, Mcdonough L K, Oudone P, et al. Characterisation of groundwater dissolved organic matter using LC OCD: Implications for water treatment [J]. Water Research, 2021, 188: 116422.

[62] Marc Philibert, Simin Luo, Lavel Moussanas, et al. Drinking water aromaticity and treatability is predicted by dissolved organic matter fluorescence [J]. Water Research, 2022, 220: 118592.

[63] 仝坤，蔺爱国，宋启辉，等 . LC-OCD 分析活性焦吸附-生物降解去除稠油废水中 DOC 的历程 [J]. 环境工程学报，2015, 9(11): 5432-5438.

[64] 郑兴，袁博，郭梦京，等 . 灞河流域溶解性有机质分子量分级表征及其与水质的相关性 [J]. 应用生态学报，2018, 29(11): 3773-3782.

[65] 姚振兴，孙韶华，李昂臻，等 . 济南玉符河人工补源地表水和周边地下水的水质特征 [J]. 环境化学，2022, 41(9): 2908-2918.

[66] 魏永，吴宏 . 纳滤处理太湖水的膜污染中试研究 [J]. 中国给水排水，2021, 37(7): 66-70.

[67] 廖晓婷，钟全发，张众，等 . 溶解性有机物组成对混凝及类芬顿工艺处理垃圾渗滤液膜浓缩液的影响 [J]. 土木与环境工程学报（中英文），2023, 45(5): 238-248.

[68] 侯国华，范志云，甘一萍，等 . 土壤渗滤对有机微污染物去除性能研究 [J]. 环境工程学报，2009, 3(7): 1271-1273.

[69] 韩玉麟 . 渭河西安段表层水体溶解性有机质的组成、来源及分布 [D]. 西安：西安理工大学，2020: 16.

[70] Anu Matilainen, Egil T Gjessing, Tanja Lahtinen, et al. An overview of the methods used in the characterisation of natural organic matter (NOM) in relation to drinking water treatment[J]. Chemosphere, 2011, 83: 1431-1442.

[71] Her N, Amy G, Chung J, et al. Characterizing dissolved organic matter and evaluating associated nanofiltration membrane fouling[J]. Chemosphere, 2008, 70(3): 495-502.

[72] Croué J P. Isolation of humic and non-humic NOM fractions: Structural characterization[J]. Environmental Monitoring and Assessment, 2004, 92: 193-207.

[73] 王志康，韩月，苟攀，等 . 阿哈水库 DOM 的分离及其对消毒副产物的贡献 [J]. 环境科学研究，2018, 31(6): 1088-1095.

[74] 黄辉，程志鹏，林芳，等 . 河流型水源地源水有机物种类分布特性及其与消毒副产物关系 [J]. 长江流域资源与环境，2013, 22(12): 1602-1607.

[75] 刘艳芳，王启山，岳尚超，等 . 基于疏水性能及相对分子质量分析消毒副产物前体物 [J]. 给水排水，2011, 37(7): 128-132.

[76] 罗锦洪，付青，郑丙辉，等 . 水华期水体中 DOM 组成及其消毒副产物生成潜能 [J]. 应用基础与工程科学学报，2012, 20(2): 210-218.

[77] 郭瑾，马军 . 天然有机物提取及表征技术近期发展动态 [J]. 现代化工，2007, 27(2): 12-16.

[78] 宋凌志，施周，徐勇，等 . 西江原水有机物成分解析及其消毒副产物生成特性 [J]. 中国给水排水，2019, 35(21): 32-38.

[79] 何洪威，周达诚，王保强，等 . 珠江水体中有机物分布、组成及与消毒副产物生成的关系 [J]. 环境科学，2012, 33(9): 3076-3082.

第3章

持久性有机污染物

▲ 概述

▲ 全氟及多氟化合物

▲ 阻燃剂

▲ 二噁英

3.1 概述

3.1.1 定义与特性

持久性有机污染物（POPs）是指通过各种环境介质（大气、水、生物体等）能够长距离迁移并长期存在于环境，具有长期残留性、生物蓄积性、半挥发性和高毒性，对人类健康和环境具有严重危害的天然或人工合成的有机污染物质。POPs 具备高毒性、持久性、生物积累性和远距离迁移性四种特性。

（1）高毒性

POPs 物质在低浓度时也会对生物体造成伤害，例如，二噁英类物质中最毒者的毒性相当于氰化钾的 1000 倍以上，号称是世界上最毒的化合物之一，人体每日能容忍的二噁英摄入量为每千克体重 1pg，只需几十皮克二噁英中的 2,3,7,8-TCDD 就足以使豚鼠毙命，连续数天施以每千克体重皮克级的喂量就能使孕猴流产。POPs 物质还具有生物放大效应，POPs 也可以通过生物链逐渐积聚成高浓度，从而造成更大的危害。

（2）持久性

POPs 物质具有抗光解性、抗化学分解和生物降解性。例如，二噁英系列物质在气相中的半衰期为 8 ～ 400d，在水相中为 166d ～ 2119 年，在土壤和沉积物中为 17 ～ 273 年。

（3）生物积累性

POPs 具有高亲油性和高憎水性，其能在活的生物体的脂肪组织中进行生物积累，可通过食物链危害人类健康。

（4）远距离迁移性

POPs 可以通过风和水流传播很长的距离。POPs 物质一般是半挥发性物质，在室温下就能挥发进入大气层。因此，它们能从水体或土壤中以蒸气形式进入大气环境或者附在大气中的颗粒物上，由于其具有持久性，所以能在大气环境中远距离迁移而不会全部被降解，但半挥发性又使得它们不会永久停留在大气层中，它们会在一定条件下又沉降下来，然后又在某些条件下挥发。这样的挥发和沉降重复多次就可以导致 POPs 分散到地球上各个地方。因为这种性质，POPs 容易从比较暖和的地方迁移到比较冷的地方，如北极圈内这种远离污染源的地方都发现了 POPs 污染。

3.1.2 物质种类

3.1.2.1 国际 POPs 公约首批持久性有机污染物

POPs 分为有机氯杀虫剂、工业化学品和非故意生产中的副产物三类。

（1）有机氯杀虫剂

① 艾氏剂（aldrin）：施于土壤中，用于清除白蚁、蚱蜢、南瓜十二星叶甲和其他昆虫。1949 年开始生产，已被 72 个国家禁止，10 个国家限制。

② 氯丹（chlordane）：控制白蚁和火蚁，作为广谱杀虫剂用于各种作物和居民区草坪中，1945 年开始生产，已被 57 个国家禁止，17 个国家限制。

③ 滴滴涕（DDT）：曾用作农药杀虫剂，用于防治蚊蝇传播的疾病，1942 年开始生产，已被 65 个国家禁止，26 个国家限制。

④ 狄氏剂（dieldrin）：用来控制白蚁、纺织品害虫，防治热带蚊蝇传播疾病，部分用于农业，产生于 1948 年，已被 67 个国家禁止，9 个国家限制。

⑤ 异狄氏剂（endrin）：用于棉花和谷物等作物的杀虫剂，也用于控制啮齿动物，1951 年开始生产，已被 67 个国家禁止，9 个国家限制。

⑥ 七氯：用来杀灭火蚁、白蚁、蚱蜢、作物病虫害以及传播疾病的蚊蝇等带菌媒介，1948 年开始生产，已被 59 个国家禁止，11 个国家限制。

⑦ 六氯苯（HCB）：首先用于处理种子，是粮食作物的杀真菌剂，已被 59 个国家禁止，9 个国家限制。

⑧ 灭蚁灵（mirex）：用于杀灭火蚁、白蚁以及其他蚂蚁，已被 52 个国家禁止，10 个国家限制。

⑨ 毒杀芬（toxaphene）：棉花、谷类、水果、坚果和蔬菜杀虫剂，1948 年开始生产，已被 57 个国家禁止，12 个国家限制。

（2）工业化学品

包括多氯联苯（PCBs）和六氯苯（HCB）。多氯联苯用于电器设备如变压器、电容器、充液高压电缆和荧光照明整流以及油漆和塑料中，是一种热交流介质；六氯苯用作化工生产的中间体。

（3）非故意生产中的副产物

非故意生产中的副产物如二噁英和呋喃，其来源包括：不完全燃烧与热解，包括城市垃圾、医疗废物、木材及废家具的焚烧，汽车尾气，有色金属生产、铸造和炼焦、发电、水泥、石灰、砖、陶瓷、玻璃等工业及释放 PCBs 的事故；含氯化合物的使用，如氯酚、PCBs、氯代苯醚类农药和菌螨酚；氯碱工业；纸浆漂白；食物链的生物富集、纸包装材料的迁移和意外事故引起的食品污染。

3.1.2.2 地区公约中的 POPs 名单

1998 年 6 月在丹麦奥胡斯召开的泛欧环境部长会议上，美国、加拿大和欧洲 32 个国家正式签署了《关于长距离越境空气污染公约》（LRTAP）框架下的持久性有机污染物协议书。该协议书规定，禁止或削减 POPs 物质的排放并禁止和逐步淘汰某些含有 POPs 产品的生产。协议书中所提出的受控 POPs 共 16 种（类），除包括 UNEP 中提出的 12 种物质（3.1.2.1 中的三大类）之外，还包括六溴联苯、林丹、多环芳烃和开蓬（十氯酮）。

3.1.2.3 新 POPs 名单

事实上，一些机构和非政府组织已相继提出了关于新 POPs 的建议。2004 年 8 月，欧盟在一份题为“化学污染：委员会想从世界上清除更多的肮脏物质”的新闻稿中提议扩大 POPs 名单，拟在《斯德哥尔摩公约》中加入开蓬、六溴联苯、六六六（包括林丹）、多环芳烃、六氯丁二烯、八溴联苯醚、十溴联苯醚、五氯苯、多氯化萘（PCN）和短链氯化石蜡 10 种新 POPs。

另外，一些被学术界或非政府组织提名的新 POPs 物质包括毒死蜱、阿特拉津和全氟辛烷磺酸类等。

3.1.3 筛查与控制的意义

为了推动 POPs 的淘汰和削减、保护人类健康和环境免受 POPs 的危害，在联合国环境规划署（NEP）主持下，2001 年 5 月 23 日包括中国政府在内的 92 个国家和区域经济一体化组织签署了《斯德哥尔摩公约》，其全称是《关于持久性有机污染物的斯德哥尔摩公约》，又称 POPs 公约。这一公约是国际社会为保护人类免受持久性有机污染物危害而采取的共同行动，是继《蒙特利尔议定书》后第二个对发展中国家具有明确强制减排义务的环境公约，落实这一公约对人类社会的可持续发展具有重要意义。

国务院批准了《中华人民共和国履行〈关于持久性有机污染物的斯德哥尔摩公约〉国家实施计划》（以下简称《国家实施计划》）。为落实《国家实施计划》要求，2009 年 4 月 16 日，环境保护部会同国家发展改革委等 10 个相关管理部门联合发布公告（2009 年 23 号），决定自 2009 年 5 月 17 日起禁止在中国境内生产、流通、使用和进出口滴滴涕、氯丹、灭蚁灵及六氯苯（滴滴涕用于可接受用途除外），兑现了中国关于 2009 年 5 月停止特定豁免用途、全面淘汰杀虫剂 POPs 的履约承诺。环境保护部在 2009 年 5 月 18 日举行的“落实政府公告，践行绿色承诺，共筑和谐家园”暨 5·17 杀虫剂类持久性有机污染物（POPs）淘汰宣传活动中表示，中国政府如期淘汰了杀虫剂类持久性有机污染物，实现了中国履行《斯德哥尔摩公约》的阶段性目标。

研究表明，尽管大多数的 POPs 已被停止生产和使用，但是世界上已很难找到没有 POPs 存在的净土了，相应地几乎人人体内都有或多或少种类、或高或低含量的 POPs。西班牙格拉纳达大学放射医学和物理治疗系的科研人员于 2008 年 1 月公布的一项研究结果表明，在他们所检测的 387 名成年西班牙人志愿者的脂肪组织样品中，100% 都被检出有一种以上的持久性有机污染物，主要有滴滴涕的代谢物滴滴伊、多氯联苯 PCB-153、六氯苯、多氯联苯 PCB-180、多氯联苯 PCB-138、六六六等。此外，仍有一些 POPs 仍未检出或未发现，其毒害作用及控制技术更是尚未明确。因此，POPs 的筛查与控制技术的研究对于 POPs 的发现与去除具有重要意义。

3.2 全氟及多氟化合物

3.2.1 污染特征

全氟及多氟化合物（perfluorinated and polyfluoroalkyl substances, PFASs）是一种新污染物，是分子中与碳原子连接的氢原子全部或部分被氟原子取代而得的一类卤代有机化合物。近年来在各类环境介质和生物体内被陆续检出，并且对生态系统以及人体健康造成了很大的威胁，因此 PFASs 逐渐成为国内外学者的研究热点。PFASs 作为一种应用广泛的含氟有机化合物，其具有较好的疏油疏水性、较好的化学稳定性和表面活性，能够承受光照、高温以及微生物的代谢作用而不被降解，因此广泛应用于纺织、造纸、农药、皮革、灭火泡沫等工业和民用领域。近年来，随着对 PFASs 研究的深入，发现其除具有优良的化学性质以外，还具有难降解、远距离迁移和生物蓄积等特性，且表现出多种毒性效应。PFASs 污染已遍及全球各类生态系统，普遍存在于各种类型的环境介质，如大气、水、土壤、沉积物等，甚至在极地各类环境介质和动物组织中也可检出 PFASs。

PFASs 进入环境后会随着食物链逐渐被人体吸收，并在人体内富集使毒性积累。当 PFASs 在动物和人体内的蓄积达到一定浓度阈值，PFASs 能够影响人体的生殖、发育，并且具有致癌性、免疫毒性及肝毒性等多种毒性，严重影响人类身体健康，然而，因发展的需求，部分 PFASs 的生产和使用量仍与日俱增。因此，各类环境介质中 PFASs 的污染现状、降解方法以及对生物的健康风险值得关注和更深入的研究。

有关限制 PFASs 生产使用的政策也相继出台。2000 年起，全球最大的含氟产品生产商 3M 公司逐步淘汰了 PFOS 及其盐类与前驱物全氟辛基磺酰氟（perfluorooctane sulfonyl fluoride, PFOSF）的生产。2006 年，欧盟颁布《关于限制全氟辛烷磺酸销售及使用的指令》，标志着欧盟开始全面限制 PFOS 在商品中的使用。2009 年，PFOS 及其盐类和其前驱物 PFOSF 被正式列入《斯德哥尔摩公约》的 POPs 优先控制名单。2015 年，美国环境保护署提议将 PFOA 及其相关化合物列入《斯德哥尔摩公约》。2016 年，我国把 PFOS 的削减淘汰纳入《"十三五"生态环境保护规划》中，该规划计划在 2020 年基本上淘汰 PFOS 及相关化合物。我国对 PFASs 的研究起步较晚，关于国内各类环境介质中 PFASs 污染状况的研究并不全面，需要深入进行 PFASs 污染的调查研究。

3.2.1.1 全氟及多氟化合物的分类与来源

（1）分类

PFASs 包括全氟烷基羧酸（perfluoroalkyl carboxylic acids, PFCAs）、全氟烷基磺酸（perfluoroalkyl sulfonic acids, PFSAs）、全氟烷基磺酰胺、全氟烷基膦酸、全氟烷基磷酸酯、氢代或氯代多氟化合物、氟调醇类、全氟聚醚类等，其中 PFSAs 中的全氟辛烷磺酸（perfluorooctane sulfonic acid, PFOS）和 PFCAs 中的全氟辛酸（perfluorooctanoic acid, PFOA）是最典型的两种全氟化合物，在环境中的检测浓度最高，并且这两种化合物是大多数多氟化合物在环境中的最终降解产物。

不同类型的 PFASs 的详细分类见表 3-1。

（2）来源

PFASs 的污染来源可分为直接来源和间接来源，其中直接污染源主要来自这些化合物的生产、使用和废弃过程，而间接污染源指的是 PFASs 前驱物的降解。释放到环境中的 PFASs 与其前驱物可以在大气循环沉降及陆地海洋间的水分循环过程中进行迁移，使得 PFASs 在各类环境介质与众多国家和区域均被检出。因其广泛的来源与自身的迁移能力，近年来 PFASs 作为一种全球性污染物受到人们的高度关注。

1）直接来源

PFASs 的直接污染源主要存在于 PFASs 及相关产品的生产、使用与废弃过程，PFASs 产品在使用和清洗过程中的被动损失，以及污水厂排水等。这些途径以废水、废气和固体废物形式直接向环境中排放 PFASs，造成各类环境介质中普遍存在 PFASs 污染。

表 3-1　全氟及多氟化合物分类

类别	典型全氟及多氟化合物	
全氟化合物（PFCs）	全氟羧酸	全氟丁酸（PFBA）
		全氟戊酸（PFPeA）
		全氟辛酸（PFOA）
	全氟磺酸	全氟丁烷磺酸（PFBS）
		全氟己烷磺酸（PFHxS）
		全氟辛烷磺酸（PFOS）
	全氟烷基膦酸	全氟己基膦酸（PFHxPA）
		全氟辛基膦酸（PFOPA）
		全氟癸基膦酸（PFDPA）
多氟化合物	全氟烷基磺酰胺	*N*-甲基全氟辛基磺酰胺（*N*-MeFOSA）
		N-乙基全氟辛基磺酰胺（*N*-EtFOSA）
		全氟辛基磺酰胺（PFOSA）
	氯代或氢代多氟化合物	6∶2 氯代多氟醚基磺酸（6∶2 Cl-PFESA）
		8∶2 氯代多氟醚基磺酸（8∶2 Cl-PFESA）
	氟调醇类	6∶2 氟调醇（6∶2 FTOH）
		7∶1 氟调醇（7∶1 FTOH）
		8∶2 氟调醇（8∶2 FTOH）
		10∶2 氟调醇（10∶2 FTOH）
	全氟聚醚类	六氟丙烯氧化二聚酸（HFPO-DA）
	全氟烷基磷酸酯	双［2-（全氟己基）乙基］磷酸酯（6∶2 diPAP）
		2-（全氟己基）乙基-2-（全氟辛基）乙基磷酸酯（6∶2/8∶2 diPAP）
		双［2-（全氟辛基）乙基］磷酸酯

① PFASs 及相关产品的生产、使用与废弃过程。PFASs 的生产有四种合成方式，即电化学氟化法、氟调聚碘化物氧化法、氟调聚烯烃氧化法及氟调聚碘化物羧基化法。这些合成工艺生产过程复杂，会产生大量的废气、废水或废渣，其中固体形式的废料废渣产生后被埋藏于土壤中，废水污水被直接排入附近水或市政排水管道，废气直接释放到空气中，使得土壤、水和大气受到 PFASs 污染。据统计，1951 ～ 2004 年间在生产 PFCAs 过程中全球总排放量为 470 ～ 900t，1965 ～ 1974 年间水成膜泡沫灭火剂的生产使用中 PFCs 的全球总排放量为 50 ～ 100t，1960 ～ 2000 年间因民用与工业产品的生产使用向环境中排放的 PFASs 有 40 ～ 200t。3M 公司产量最大的 PFASs 中有两种用于纸张和包装行业，使用后被丢弃的纸张、包装等有 17% 被焚烧以及 83% 被当成固废填埋。

② PFASs 产品在使用和清洗过程中的被动损失。含 PFASs 产品在使用和清洗过程中被动损失的物质会随着市政排水系统最终进入到水环境，是 PFASs 进入自然环境的途径之一。例如，在地毯的使用寿命中有 95% 的 PFASs 通过蒸汽清洗和吸尘而损失，仅有 5% 残存在废弃地毯中。皮革和服装在生产过程中 10% 的 PFASs 以废水和固体废物形式排放，73% 在清洗过程中损失。

③ 污水厂排水。很多研究显示污水处理厂中均检测出不同浓度的PFASs，而且出水浓度往往高于进水浓度，有的达到进水浓度的2倍多。污水厂排水中的PFASs浓度明显高于其排入的河流海湾，可以说污水厂排水是地表水环境中PFASs污染的贡献者。因此，污水厂排水是水环境PFASs污染的一个不可忽视的来源。

2）间接来源

环境中PFASs间接来源于PFASs前驱物的降解。PFASs前驱物能通过生物和非生物途径降解成相应的PFASs，造成PFASs在环境中的累积。大气中的羟基自由基能引发挥发性前驱物质*N*-甲基全氟辛基磺酰胺乙醇（*N*-MeMOSE）的气相氧化作用，在进一步的气相脱烷基作用后逐步被降解为PFBS和短链的PFCAs。*N*-乙基全氟辛基磺酰胺（*N*-EtFOSA）是一种PreFOSs（PFOS前驱物质）的高分子代谢物，它能在鲤鱼、虹鳟鱼和大鼠等生物体内转化成PFOS。氟调醇类物质（FTOHs）在蚯蚓体内的富集情况明显，而且能在土壤-蚯蚓系统内进行生物转化降解，8∶2 FTOH和10∶2 FTOH在该系统内主要的最终降解产物分别为PFOA和PFDA。Wen等评估了*N*-乙基全氟辛基磺酰胺乙酸（*N*-EtFOSAA）在7种植物（包括紫花苜蓿、生菜、玉米、绿豆、萝卜、黑麦草和大豆）中的积累规律以及*N*-EtFOSAA在土壤-植物体系中的降解情况，结果表明*N*-EtFOSAA主要赋存在植物的根部，并在土壤和植物根、茎和叶中发现了4种降解产物，包括*N*-EtFOSA、FOSAA（全氟辛基磺酰胺乙酸酯）、FOSA和PFOS。有些PFASs前驱物能够被土壤、沉积物和活性污泥等中的微生物降解转化。如8∶2 FTOH能被土壤中的菌类降解为PFOA, *N*-乙基全氟辛基磺酰胺乙醇（*N*-EtFOSE）和di-SAmPAP能被海洋沉积物中的细菌降解，*N*-EtFOSE能被活性污泥中的微生物逐步降解为PFOS。

3.2.1.2 全氟及多氟化合物的赋存特点

当前PFASs普遍存在于水体中，尤其是地表水及沉积物、地下水、饮用水以及污水处理厂的废水中。

（1）地表水及沉积物中的全氟及多氟化合物

地表水及沉积物作为污染物质的重要载体，国内外关于PFASs方面的研究也在逐渐深入。黄家浩等对骆马湖表层水及沉积物中的PFCs进行测定，结果表明，在沉积物中检测出了14种PFCs，表层水中检测出了15种PFCs，表层水中PFCs的含量范围为46.09～120.34ng/L，沉积物中PFCs的含量范围为2.22～9.55ng/g。曾士宜等对贵州草海湖泊表层水及沉积物中的PFCs进行测定，结果表明，草海湖泊表层水受多种PFCs污染，全氟丁酸（PFBA）和全氟辛酸（PFOA）在所有的样品中均能够检出，PFBA的含量最高，平均浓度为3.14ng/L，占总PFCs的43.96%，沉积物中PFCs的含量范围为0.11～1.34ng/g，远低于沿海地区。李杰等检测了汉江在旱季和雨季水样以及沉积物中的PFCs，结果表明在雨季时水体中PFCs的浓度为0.16～19.68ng/L，沉积物中PFCs的浓度为0.99～85.07ng/g，旱季时水样中PFCs的浓度为0.3～23.04ng/L，沉积物中PFCs的浓度为0～55.1ng/g。Orata等检测了维多利亚湾及其源头河流沉积物中PFOA和PFOS的含量，河流沉积物中的PFOA和PFOS的浓度范围分别为1.4～99.1ng/g和1～57.5ng/g，高于湖泊沉积物中的浓度（PFOA浓度为1～24.1ng/g, PFOS浓度为1～4.0ng/g）。De Silva等首次在北美洲五大湖的湖水和鱼类样品中检测到了两种环状全氟烷酸（PFECHS和PFMeCHS）。PFECHS在湖水中的浓度范围为0.16～5.65ng/L，与 PFOS 浓度水平（0.16 ～ 5.51ng/L）相当。

总体而言，PFCs 的污染情况不容乐观，沉积物中 PFCs 的浓度逐渐提高，水环境受到 PFCs 的污染也逐渐加剧。

（2）地下水中的全氟及多氟化合物

研究人员对 PFASs 的研究不仅集中在污水和河流湖泊等水系，还有对地下水的研究。陈典等测定再生水灌区地下水中的 PFCs，结果表明，在水灌区的地下水中检测出了 PFCs，浓度在 1.07 ～ 24.19ng/L 范围内，其中全氟丁酸（PFBA）、全氟辛酸（PFOA）和全氟丁烷磺酸（PFBS）三类单体的检出浓度最高，平均浓度分别为 2.94ng/L±2.42ng/L、2.88ng/L±3.45ng/L 和 1.15ng/L±2.05ng/L。Lin 等分析了我国台湾省地下水中的新污染物，在所有的采样点中几乎都能检测出短链的全氟羧酸盐。Hong 等测定了泰国某城市的城市垃圾填埋场和工业垃圾处理厂周围地下水中的 PFCs 的含量，结果表明，在城市生活垃圾填埋场周围 PFCs 的浓度在 1.68 ～ 7.75ng/L 之间变化，工业垃圾处理厂周围的 PFCs 的浓度在 2.64 ～ 42.01ng/L 之间变化。Qi 等测定天津市郊区 16 口公共饮用水源采样井的地下水中 PFCs 的含量，PFCs 的浓度范围在 0.32 ～ 8.2ng/L，平均浓度为 2.4ng/L。Murakami 等对东京市市区地下水中全氟表面活性剂（PFSS）进行分析，结果表明，16 个采样点的水样中均检测出了 PFSS，其中一些采样点水样中 PFSS 的含量与废水中的含量相当，地下水中的 PFOS 的含量甚至比废水和径流中的含量更高。

当前地下水中的 PFASs 主要还是以 PFCs 为主，在不同地区的地下水中均能够检出，呈现区域性的特点。再生水灌区、公共饮用水采样井的地下水中 PFCs 的含量较低，垃圾填埋场周围的地下水中 PFCs 的含量较高，这可能是由于垃圾渗滤液中的 PFCs 向地下水迁移导致。虽然地下水中 PFCs 的检出浓度不高，但是已经有全氟化合物污染地下水的情况，地下水作为饮用水的重要来源，应当采取相应的措施对地下水进行保护。

（3）饮用水中的全氟及多氟化合物

除了地表水和海水外，饮用水中的 PFCs 污染也引起人们的关注。饮用水是人体摄入 PFCs 的一个重要途径，新版《生活饮用水卫生标准》（GB 5749—2022）中规定了 PFOA、PFOS 的限值分别为 0.00008mg/L、0.00004mg/L。

已有研究表明，饮用水中 PFOA 的含量水平和当地居民血清中 PFOA 含量呈正比关系。对德国莱茵河流域的水质进行系统性调查，发现该地区水库的水体 PFCs 污染较为严重，而饮用该水源的居民血液中 PFOA 含量比其他地区高出 5 倍。研究发现，中国居民血清中至少有 13% 的 PFOA 来源于自来水，南京部分地区居民血液中 8.2% 的 PFOS 来源于自来水，这表明自来水是中国居民接触 PFCs 的重要途径。在中国城市自来水调查中，大部分城市的自来水均含有 PFOS 和 PFOA，其中大部分城市自来水 PFCs 含量均处于较低的水平，但深圳市和广州市自来水浓度均大于 10ng/L，长期饮用会对人体健康产生一定的风险。部分传统饮用水净化工艺如混凝、沉淀、氯化等对 PFCs 的去除效率较低，因此在饮用水中仍存在一定量的 PFCs，从而导致人类暴露于 PFCs。尽管饮用水中 PFCs 含量处于较低水平，但人体每日摄入量较大，因此自来水中 PFCs 对人类的健康风险应该被进一步重视和研究。

（4）污水中的全氟及多氟化合物

污水处理厂通常被认为是 PFCs 的主要来源之一。Sinclair 等通过对纽约 6 座污水处理厂出水调查发现，污水中的PFOS和PFOA的浓度分别达到3～68ng/L和58～1050ng/L。Campo等通过调研西班牙16座污水处理厂进出水中的全氟烷基酸，发现多数污水处理厂出水的全氟烷基酸浓度高于进水，主要的污染物为PFBA、全氟戊酸、PFOS。Dong等研究了南京东部区域不同河流环境中全氟烷基酸的赋存特征，PFOA为主要成分，污水处理厂的排放通量可达到134.1g/d。Pan等发现广州的3座污水处理厂进水中的PFCs浓度为19.6～232.0ng/L，PFBS和PFOS是水相中主要的全氟烷基酸。Pan等发现北京市7座污水处理厂进出水中的全氟烷基酸浓度最高的是清河污水处理厂和酒仙桥污水处理厂，方庄污水处理厂的PFCs浓度最低。进水物中的全氟烷基酸总值范围为2.88～176ng/L，流出物中的PFCs总值为5.48～498ng/L，出水的全氟烷基酸含量大于进水的全氟烷基酸含量。一些研究表明作为C_8全氟化合物替代物的C_4全氟化合物在环境中的浓度不断升高。Zhou等在武汉汤逊湖氟化学工厂附近的水样中检测到高浓度的PFBA和PFB等短链全氟化合物，其浓度分别为3660ng/L、4770ng/L。PFOS的替代物F-53B作为雾抑制剂广泛应用于镀铬工业。Wang等在温州一个镀铬工业的废水处理厂的进水、出水中检测到了高浓度的F-53B。由于污水处理厂不能够有效去除该类物质，在污水处理厂排放的地表水中也可以检测到高浓度的F-53B。在欧洲，PFOA替代物GenX作为加工助剂广泛应用于氟聚树脂制造业，年产量高达10～100t。此外，在中国含氟乳化剂用6∶2 FTCA替代了PFOA。目前在水体、污泥等介质中均已检测到PFASs替代物的存在。

通过对国内外污水处理厂进出水中PFASs的调查不难发现，传统的水处理过程不能有效地将PFASs去除，反而还会将污水中的PFASs前体物质氧化，造成出水PFASs浓度增高，这就导致污水处理厂排放的水成为水域中PFASs主要的污染源之一。

3.2.1.3 全氟及多氟化合物的环境行为

污染物质在水环境中的主要行为有迁移、转化、吸附与解吸，以及分配作用等。环境中的PFASs在水环境中归趋主要以迁移、吸附以及分配作用为主。多氟化合物由于其独特性，开发使用的时间较短，文献中对该方面的记录较少。

近些年PFASs在水环境与沉积物中的迁移转化越发受到研究人员的关注。PFASs发生分配作用时其分配作用与碳链长度有关，宋彦敏等利用柱实验模拟地下水与沉积物中全氟己烷磺酸（PFHxS）、全氟庚烷磺酸（PFHpS）、全氟辛烷磺酸（*n*-PFOS）及其两种同分异构体的迁移规律，结果表明，不同类型的全氟磺酸类化合物的迁移模型有较大的区别。水流动1000m时，PFHxS、PFHpS、*n*-PFOS、*iso*-PFOS-1和*iso*-PFOS-2分别迁移了457.1m、84.4m、67.1m、250.8m、280.1m，迁移特性与碳链长度和分子表面结构有关。刘宝林等研究松花江水体中PFOA在不同介质中的迁移和归趋行为，利用三级逸度模型估算PFOA在水体、颗粒物以及沉积物中的迁移通量，结果表明PFOA在水体、颗粒物以及沉积物中的模拟含量分别为0.0103ng/L、15.27μg/kg、15.27μg/kg, PFOA向颗粒物和沉积物中的迁移分别占总迁移通量的84.63%和15.12%。刘建超等研究全氟化合物在河湖系统中的胶体吸附特征，结果表明，在水环境中胶体是主要的吸附载体，平均吸附贡献率在42.6%～66.1%之间，胶体对PFOA和PFOS的吸附分别能达到47%和42.6%。Zhang等调查了中国南四湖表层水和沉积物中的PFCs，结果表明沉积物中的长链PFCs的含量高于短链PFCs，可能是沉积物中的有机碳对长链PFCs有吸附作用。碳链长度为6～8的PFASs如PFOA、6∶2氟调聚磺酸、8∶2氟调聚磺酸都表现出类似的迁移特性，具有磺酸基团的污染物更容易在沉积物中吸附。

综上可知，全氟烷基磺酸类物质在水以及沉积物中的迁移吸附占主导地位。长链全氟化合物以及全氟烷基磺酸更倾向于赋存在沉积物中，短链全氟化合物以及长链全氟羧酸在颗粒物中迁移通量较大，更倾向于赋存在水相中。

3.2.1.4　全氟及多氟化合物的生物效应

PFCs 可通过各种途径（饮食、呼吸和皮肤接触等）进入生物体内，因其强稳定性和生物蓄积性而难以被生物体降解或代谢。研究表明，PFCs 属于亲蛋白的化合物，主要富集在血液、肝脏、肌肉和脾脏等器官，血液和肝脏中的浓度最高。研究结果显示，PFCs 的毒性效应主要有器官毒性、神经毒性、免疫和内分泌毒性、生殖及发育毒性、致癌性。

（1）器官毒性

使用连续染毒方法研究全氟辛烷磺酸钾（potassium perfluorooctanesulfonate, PFOS-K）对小鼠肾脏的氧化性损伤作用，实验发现，在 6 ～ 24mg/kg bw 剂量范围内，PFOS-K 使小鼠肾脏内活性氧及丙二醛含量增多，谷胱甘肽含量减少，超氧化物歧化酶、谷胱甘肽过氧化物酶和过氧化氢酶活力降低。PFOS-K 会导致小鼠肾脏肿大，肾脏中自由基的清除能力显著下降，造成肾脏的抗氧化系统遭到破坏，大量积累的脂质过氧化物造成肾功能损伤。血清 PFCs 的浓度与肾功能相关，一定浓度的 PFOA 能影响肾小球滤过率，影响人体内尿酸的排出。台湾省 225 名患有哮喘的儿童血清中 PFASs（包括 PFOA、PFOS、PFBS、PFDA、PFHxS 和 PFNA）的浓度与尿酸水平升高相关，患有尿毒症的青少年和成年人血清中的 PFUnDA 浓度比患有慢性肾衰竭的儿童高。目前关于 PFCs 对肾脏的不良影响虽尚未得出准确的致病机理以及致病阈值，但已有的研究结果为未来研究提供了基础数据和资料，如不同的肾功能标志物的选取和 PFCs 剂量范围的选择。青少年颈动脉内膜中层厚度与 PFOS 相关，血脂障碍的研究结果表明 PFASs 的暴露会对儿童心脏的代谢产生影响。对小鼠进行 PFOS-K 经口染毒实验，在雄性和雌性小鼠体内均能观察到肝细胞肿大、内质网增生和肝细胞质空泡化，嗜酸性粒细胞数量增加，可导致机体更易发生相关炎症。在 PFOS-K 浓度达到 20mg/L 时小鼠体内的肝细胞腺瘤显著增加。经过 28d PFOS 和 PFOA 的亚慢性染毒后发现，小鼠的肝脏和肺部损伤较为严重，表现为肝细胞肿大、肝细胞质空泡化、肺部充血和上皮壁增厚。研究表明，PFOS 影响肝脏的正常功能和基因表达转录，这与过氧化物酶体增殖激活受体及其下游基因表达过度上调有关。PFOS 已被证明能抑制大鼠肝细胞系和肝脏体外细胞间隙的连接通信，这种作用机制也可能参与肝癌的发生。彭思远等利用基于超高效液相色谱-质谱的代谢组学方法开展研究发现，PFOA 的肝脏毒性与胆碱代谢、三羧酸循环、嘌呤代谢和核酸代谢等多个重要通路均有关联。张红霞等采用 2-DE 蛋白质组学技术与 ProQ Diamond dye 磷酸化蛋白染色结合的方法研究 PFDoA 暴露对大鼠肝脏蛋白磷酸化水平的影响，发现经 PFDoA 处理后，30 个磷酸化蛋白表达水平发生显著变化，并成功鉴定出 18 个蛋白点。生物信息学分析发现，这 18 个蛋白点主要涉及糖脂代谢、氨基酸代谢、应激防御及电子传递等途径。鉴于细胞内代谢途径的多样性和各通路相互作用的复杂性，未来还需要从转录组学和蛋白质组学等方面对已得到的生物标志物的变化机理进行验证和更深入的研究，以期更全面阐明 PFCs 产生毒性效应的作用机制。

（2）神经毒性

动物实验研究表明，PFOS 能够通过胎盘和血脑屏障，影响动物发育期神经系统。PFCs 对神经系统的作用主要包括影响细胞的生长分化、脑发育、神经突触的形成及其可塑性、神经递质的传递、离子通道的稳定，引发神经炎症和引起神经细胞氧化应激。刘嘉颖采用 Wistar 大鼠进行不同剂量的 PFOS 口服染毒实验，24h 后发现大鼠大脑皮层、海马体和小脑中谷氨酸含量明显升高，推测谷氨酸释放过多可导致兴奋性氨基酸受体被过度激活，促使 Ca^{2+} 内流，造成细胞内 Ca^{2+} 超载，引发自由基产生、细胞膜损伤、代谢酶被破坏、线粒体呼吸链中断和神经细胞凋亡等一系列病理改变，上述反应可能在引起大鼠神经毒性的机制中起重要作用。刘晓晖等总结已有研究发现，PFOS 暴露能够显著诱导神经元 Ca^{2+} 超载，进而激活其下游分子信号；还可通过诱导谷氨酸释放激活突触后神经元，促使 Ca^{2+} 内流和超载，引起神经毒性。PFOS 暴露还能够引起脑组织神经递质的变化，改变神经的兴奋性，引起一系列神经毒性效应。部分 PFCs 对人体的神经系统具有一定的毒性效应，进而对人类的行为和认知等能力产生影响。Goudarzi 等对 6 个月和 18 个月的儿童开展研究，发现 6 个月的女童心理发育指数与 PFOA 含量呈负相关关系，但在 18 个月的儿童身上未发现此规律。研究发现母体和儿童血清 PFOA 含量均与相对应的智商、理论、注意力和神经心理功能测定结果有关。母体血清中 PFOS 含量对数与较差的行为调节、元认知和全局执行功能的出现概率呈正相关关系，其他 PFASs 则未出现这种关联性。Hyer 等研究发现，母体血清中 PFOA 含量与多动症及其他行为问题有正相关关系，PFOS 则与多动症相关。脐带血 PFNA 浓度与儿童注意力集中程度、冲动或过度活跃和对立违抗性障碍相关，PFASs 与外在行为和注意缺陷多动障碍的发生有潜在负相关关系。

（3）免疫和内分泌毒性

Yang 等早期的研究结果表明，PFOA 能够降低小鼠血清中免疫球蛋白 M 和免疫球蛋白 G 的含量，弱化 B 细胞和 T 细胞免疫功能，诱导免疫抑制，使脾细胞和胸腺细胞的数目分别减少约 90% 和 50%，导致小鼠脾脏和胸腺萎缩。研究揭示 PFOA 和 PFOS 具有雌激素协同活性、抗甲状腺激素活性和 PPAR 激活效应，这些化学物质可以干扰机体激素的正常功能，从而对生殖、内分泌系统等产生不利影响。使用 PFNA 对小鼠进行分子毒理实验，发现 PFNA 可激活 PPARα 和 PPARγ，进而对淋巴细胞产生毒性效应，小鼠的促肾上腺皮质激素和皮质醇的血清浓度上升，同时在脾脏和胸腺中观察到细胞周期阻滞和凋亡。对小鼠进行 PFCs 毒理学实验，发现 PFOS 主要作用位点位于 B 细胞，随着 PFCs 含量增加，小鼠血液中白细胞、淋巴细胞和骨髓中的巨噬细胞数量下降，肿瘤坏死因子和白细胞介素 6 轻微上升。利用美国国家健康和营养检查调查的相关数据对 12 ～ 19 岁儿童血清 PFASs 浓度和普遍免疫功能的指标进行研究，当血清 PFOS 含量增加 1 倍，儿童体内风疹病毒抗体和腮腺炎病毒抗体浓度分别下降 13.3% 和 5.9%。Huang 等的研究表明，血清 PFCs、PFOS、PFUnDA、PFDoA、PFSA 和 PFBS 的含量与心血管疾病呈现显著正相关关系，血清 PFDoA 的含量与心脏和充血性心力衰竭有显著正相关关系，PFNA 和 PFUnDA 的含量与冠心病的发生有显著正相关关系，PFNA 含量与心脏病发作存在显著正相关关系。葡萄糖平衡、血清蛋白和脂质谱是代谢综合征的指标，研究发现血清中直链 PFOA 含量的增加可导致总胆固醇和血清蛋白含量上升、β 细胞功能增强及血清球蛋白含量下降；支链 PFOS 含量与 β 细胞功能呈正相关，与血清球蛋白含量呈负相关。甲状腺激素在调节生长、发育和代谢方面是必不可少的，关于韩国婴儿的研究结果表明，与健康婴儿相比，患有先天性甲状腺功能减退症的婴儿血清中PFOA、PFNA、PFDA、PFUnDA 和总 PFASs 水平更高。虽然甲状腺激素与 PFCs 之间存在关联，但尚未有明确的致病机理和模式。Kim 等研究发现，PFOS 的暴露与胰岛素的耐受性及氧化应激反应呈正相关关系，而维生素 C 的补充则可以弥补 PFOS 对胰岛素耐受性的破坏作用。由于各方面条件限制，内分泌干扰物和个人特征之间的相互作用十分复杂，较难得出PFCs 和生化结果之间的具体作用机制。

（4）生殖及发育毒性

高浓度 PFCs 的暴露可导致男性性腺发育不良、精子数量减少、精液质量下降以及不育率上升。PFCs 的暴露会导致不育男性睾丸酮浓度比正常人低，一定浓度的 PFCs 暴露会使莱氏细胞（可产生睾固酮）发生增生。胚胎发育毒性实验结果表明，PFOA 可导致动物早期流产、生长发育迟缓和青春期发育异常。Lau 等在小鼠实验中发现，当分娩期小鼠的 PFOS 暴露浓度达到 5mg/kg 时子代小鼠表现出无力和不活跃等症状，并在 24h 内有 95% 以上的死亡率；当浓度低于 5mg/kg 时，小鼠的存活率明显升高；分别给交配前、交配期、妊娠期和哺乳期的小鼠注射一定浓度的 PFOS，当注射浓度达到 0.4mg/kg 时子代出现行动迟缓的表现。母体脐带血中 PFOA 和 PFOS 的含量与婴儿的出生大小和体重呈现负相关关系。母体受到高浓度 PFCs 的暴露会延迟婴儿的发育，母体脐带血中 PFCs 含量越高，婴儿肢体活动能力越差，暴露浓度越高，婴儿出现畸形的概率越高。PFHxS、PFOA 和 PFOS 还可以通过胎盘实现有效的转移，全氟烷基酸不仅会对直接暴露的个体产生影响，还会影响他们子代的发育和生长。Lee 等对韩国 361 名 2 岁的儿童开展研究分析，发现儿童的身高与他们血清中PFHxS、PFOS、PFOA、PFNA 和 PFDA 含量呈负相关关系，体重与 PFNA 含量呈负相关关系，PFCs 的血清浓度与 2 岁儿童的生长参数呈负相关关系。全氟烷基酸可通过妊娠和哺乳途径转移至子代，不仅会对胚胎产生毒性效应，还会对儿童后期肢体行为、学习能力和生殖发育产生影响。

（5）致癌性

PFOA 和 PFOS 会抑制谷胱甘肽过氧化物酶的活力，同时诱导过氧化氢酶，使体内自由基的产生和消除失去平衡，从而造成氧化损伤，直接或间接地损害遗传物质，引发肿瘤。Bonefeld-Jorgense 等的研究表明，血液中 PFCs 起着类激素的作用，PFCs 与激素竞争激素受体，从而导致雌性激素分泌失调而引发乳腺癌。关于 PFCs 污染的工作环境对神经损害的调查报告显示，工作环境中高浓度的 PFOS 暴露会导致膀胱癌；还有研究表明血浆中 PFOA 和PFOS 含量与膀胱癌、胰腺癌、前列腺癌或肝癌等癌症相关联；体外实验研究表明，PFCs 可对激素依赖性乳腺癌细胞 T47D 产生作用，PFOS 和 PFOA 不具有雌激素活性，但它们能增强 17β-雌二醇对雌激素应答基因表达、激活细胞外信号调节激酶 ERK1/2 以及影响激素剥夺T47 细胞的生长；基于这些关于人类和动物的实验结果，国际癌症研究机构将 PFOA 列为可能的人类致癌物，但是关于相应的生物毒性的具体浓度阈值，国内外研究尚无确定结果。

关于 PFASs 的毒性研究大多集中于动物模型或体外细胞模型，近年来部分研究把人体内PFASs 含量与人群流行病学研究结果进行大数据的结合分析，探究某类 PFASs 是否属于人群疾病发生的特异性敏感指标，发现部分流行性疾病患者体内的 PFASs 含量与正常人群具有显著性差异，但是具体致病机制仍有待进一步探索完善。目前的研究大多是针对单一化合物的毒性效应，但环境中各类 PFASs 以及其他具有各类毒性的环境化学污染物常常共存于自然界中，它们之间存在协同或拮抗作用，是否对机体产生更为复杂的毒性效应，这些都值得人们进一步研究。PFASs 替代品对人和环境是否安全？一些研究发现结构类似物的替换并不能真正解决问题，相反会出现“锁定”问题。为了解决这一问题，PFASs 替代品的信息如特性、产量、用量、排放量以及毒性需要公开。然而，目前由于新型化合物研发费用高、时间长以及各公司为了增加竞争力，PFASs 替代品信息并未完全公开。同时对 PFASs 替代品的环境行为及生态毒理效应方面的研究也尚未系统开展。

3.2.1.5 全氟及多氟化合物生态风险评估

PFASs 是一种持久性有机污染物，其性质稳定，难降解，能够在生物体内富集，并对生物产生影响。由于 PFCs 的毒性较大，当其在生物体内积累到一定程度的时候会引发高等动物的脏器受损。所以对 PFCs 的生态风险评估是非常有必要的。

生态风险评估是指利用生态学、环境化学及毒理学的知识定量确定对人类和生物产生负效应的概率及其强度的过程，也是对风险进行预测和识别并给出某一危害发生的概率及其后果的性质。生态风险评估是定量研究有毒有机污染物生态危害的重要手段。当前常用的生态风险评估的方法有风险商值法、概率法、多层次的风险评价法。风险商值法是当前评估 PFCs 应用最广泛的方法，风险商（RQ）的计算公式为 RQ=MEC/PNEC，其中 MEC 为样品中实际物质的检出浓度，PNEC 为该物质的预测无效应浓度。风险评估等级共分为四级，即较小风险（$RQ<0.01$）、低等风险（$0.01<RQ<0.1$）、中等风险（$0.1 \leqslant RQ \leqslant 1$）和高风险（$RQ>1$）。刘建超等研究河湖系统全氟化合物的生态风险并利用 RQ 法对 PFCs 进行生态风险评估，结果表明 $RQ < 0.01$，有 58% 水域中的水生生物处于 PFOS 的低风险状态，该区域主要集中于工业区和居民生活区。在采样区域的所有样本中，PFOS 的含量均高于欧盟标准，长期处于该区域会导致患病的风险增加。曾士宜等考察了贵州草海地区表层水与沉积物中的 PFCs，并利用风险商值法进行生态风险评估，在所有的采样点当中 RQ 值均远小于 1，最高 RQ 值出现在采样点 S15 的 PFOS, RQ 值也仅有 0.0078，远低于较小风险范围。武倩倩等调研了天津市主要河流和土壤中 PFCs 的含量，并进行生态风险评估，结果表明天津市四大饮用水水库中 PFOA、PFOS、PFBA 的 RQ 值小于 0.1，生态风险较小。He 等利用风险商值法对丹江口水库表层水沉积物中的 PFCs 进行生态风险评估，结果表明 PFOS 的浓度对环境不构成生态风险。当前我国大部分地区 PFCs 的生态风险较低，距离工业区较近的水域生态风险较高，容易对人体造成危害，在远离工业区的水域 PFASs 的生态风险较低。

3.2.2 筛检技术

3.2.2.1 样品制备

样品前处理在分析检测中是至关重要的一环，其占据整个过程总时间的 60% 以上，而且大部分的分析误差也是来自前处理部分。对 PFASs 进行分析时，常用的前处理方法主要有超声辅助萃取（UAE）、固相萃取（SPE）等。

① UAE 在土壤、肉类食品、玩具等固体基质样品中提取 PFASs 应用较为广泛，其利用

超声波的空化作用、机械效应和热效应等多级效应增大分子的运动频率和速度，增加溶剂的穿透力，从而加速目标成分进入溶剂，促进提取的进行。郭萌萌等使用 UAE 技术提取鱼肉中的 18 种全氟化合物（PFCs）及其 21 种前体物质，优化了提取溶剂，并采用通过式 SPE 技术对提取液进行净化，39 种目标物的基质加标回收率为 61.7% ～ 122%。对于肉类食品等含有蛋白质的基质，由于 PFASs 具有亲蛋白的特性，在萃取时可加入适量的氢氧化钠或氢氧化钾等碱性化合物破坏蛋白质结构，从而提高溶剂的萃取效率。

② SPE 是从海水、地表水、饮用水等水基质样品中提取 PFASs 的有效方法，基于液-固相色谱理论，将被检测物选择性吸附于填料上，再进行选择性洗脱的方法，主要用于样品的分离、纯化和富集。在对 PFASs 进行 SPE 时常用的萃取柱有石墨炭黑（如 Envi-Carb）柱、弱阴离子交换（WAX）柱、亲水亲脂平衡（HLB）柱等，WAX 柱对于短链 PFASs 有较高的萃取富集能力，而 HLB 柱和 Envi-Carb 柱更适合长链 PFASs 的提取。Wang 等采用 SPE 同时对污水及污水处理厂附近的长江中的水样进行提取，污水样品采用混合阴离子固相萃取（MAX）柱、混合阳离子固相萃取（MCX）柱和 HLB 柱串联使用，以尽可能多地富集未知 PFASs，而长江水则通过 WAX 柱萃取。在污水中检测出 15 类 90 种 PFASs，其中有 18 种 PFASs 在长江水中被检出。

随着环保意识的提高，对前处理技术的要求越来越高，绿色前处理方法的应用逐渐增多，如聚焦超声固液萃取（FUSLE）、固相微萃取（SPME）、超分子溶剂（SUPRAS）微萃取等。其中 FUSLE 是基于空化现象，通过将聚焦的超声微尖端直接浸泡在萃取液中进行，是一种新颖、简单、廉价、快速的萃取技术。Zabaleta 等采用 FUSLE 对爆米花袋中的 PFASs 进行提取，经 Envi-Carb 柱净化后，结合高分辨质谱成功应用于不同地区爆米花袋中 24 种 PFASs 的定量分析。SPME 是集采样、萃取、浓缩和进样于一体，无需复杂的净化步骤，可以避免使用有机溶剂的技术。Ayala-Cabrera 等基于顶空固相微萃取（HS-SPME）结合高分辨质谱分析水样中的 12 种 PFASs，并对萃取纤维、萃取温度、萃取时间等进行优化，验证了该方法的有效性。超分子溶剂微萃取是以超分子溶剂为萃取剂的新型萃取技术，Deng 等在饮用水等样品中加入十一烷醇和四氢呋喃自组装形成超分子溶剂，并加入氯化钠提高提取效率，优化加入十一烷醇和四氢呋喃的体积及氯化钠浓度，在最优条件下，4 种 PFASs 的回收率为 81.3% ～ 105.9%。在线 SPE 是在离线 SPE 的基础上发展起来的一种前处理技术，其自动化程度高、消耗样品和试剂量小，适合样品量较少的样品分析。Liu 等基于在线 SPE 并结合高分辨质谱分析废水中的 PFASs，一次进样不超过 5mL，非目标分析检出 36 种 PFASs。

3.2.2.2　全氟及多氟化合物定性筛查

常用的高分辨质谱为飞行时间质谱和轨道阱质谱，这两种高分辨质谱检测器可单独使用或与其他低分辨质谱串联组合后对相关化合物进行分析。而傅里叶变换离子回旋共振质谱由于造价和维护成本较高，使用率相对较低。在检测复杂基质中的 PFASs 时，一般会结合色谱技术对化合物进行分离，以有效提高分析的准确度。弱极性或非极性的 PFASs 如氟调聚物烯烃（FTOs）、氟调聚物醇（FTOHs）等较常见的仪器分析方法是 GC-MS，而 LC-MS 是分析离子型 PFASs 如全氟羧酸（PFCAs）、全氟磺酸（PFSAs）等的主流技术。PFASs 存在范围广泛，在环境样品、食品、消费品、人体样品等基质中均发现其踪迹。

表 3-2 显示了 2010 年至今的高分辨质谱技术在水环境 PFASs 分析中的典型应用。

表 3-2　高分辨质谱在 PFASs 分析中的典型应用

类别	化合物	前处理方法	分析方法
饮用水	15 种：包括 C_5 ～ C_{12} PFCAs, C_4、C_6、C_8、C_{10} PFSAs, C_6、C_8、C_{10} PFPAs	SPE（CUQAX256 柱）	HPLC-ESI-Q-TOF
地表水、沉积物	9 种：包括 C_4、C_6 ～ C_{11} PFCAs, C_4、C_8 PFSAs	地表水：SPE（HLB） 沉积物：UAE	UHPLC-ESI-Q-TOF
污泥	7 种：包括 C_7 ～ C_{12} PFCAs, PFOS	FUSLE	UHPLC-HESI-Q-TOF
河水	22 种：包括 PFCAs、PFSAs、PFAA 前体物	LIAE	表面辅助激光解吸电离-飞行时间质谱（SALDI-TOF）
自来水、河水、污水	6 种：包括 C_8 ～ C_{10} PFCAs, C_4、C_6、C_8 PFSAs	SPE（C_{18}）	MALDI-TOF
	12 种：包括 FTOs、FTOHs、FOSAs、FOSEs	HS-SPM	GC-APPI-Q-Orbitrap
自来水、饮用水、河水	21 种：包括 C_4 ～ C_{14} PFCAs, C_4、C_6、C_7、C_8、C_{10} PFSAs, FOSA	超分子溶剂微萃取	HPLC-HESI-Orbitrap
地下水	54 种：包括 C_3 ～ C_{17} PFCAs, C_4 ～ C_{11} PFSAs, PFPiAs, FOSAs, FOSEs, FTSs, FTCAs	SPE（HLB）	UHPLC-HESI-Q-Orbitrap
饮用水、废水	4 种：包括 C_8、C_{11} ～ C_{13} PFCAs	超分子溶剂微萃取	HPLC-ESI-Q-Orbitrap
海水	5 种：包括 PFOA、PFOS、FOSAs	涡旋辅助液液微萃取	HPLC-ESI-LTQ-Orbitrap
地表水、废水、沉积物、污泥	PFOA、PFOS	含水样品：SPE（WAX＋Envi-ro-Clean） 固体样品：UAE	HPLC-HESI-Orbitrap
河水	8 种：包括 C_4、C_6、C_8 PFSAs，6:2 Cl-PFESA, FTSs	SPE（WAX）	UHPLC-HESI-Orbitrap

注：FOSAs 为全氟辛基磺酰胺类；FOSEs 为全氟辛基磺酰胺乙醇；PFPiAs 为多氟磷酸酯；FTSs 为氟调聚物磺酸盐；PFPAs 为全氟烷基膦酸；FTCAs 为氟调聚物羧酸。

（1）靶标分析

飞行时间质谱一般和四极杆质谱串联使用，再结合液相色谱出色的分离能力，可以更加准确地对化合物进行定性、定量分析。Fagbayigbo 等通过超高效液相色谱-四极杆飞行时间质谱分析地表水中的 9 种 PFCs，采用 HLB 柱固相萃取，根据化合物的保留时间、母离子同位素丰度比和碎片离子鉴定化合物，该方法成功用于南非某一河流中 PFCs 的测定。PFASs 数量众多，且一些 PFASs 相继出现了新型的替代物，其结构复杂，存在很多同分异构体。McCord 等采用超高效液相色谱-四极杆飞行时间质谱技术非目标物分析河水中的 PFASs，采用 Poroshell 120 EC-C_8 色谱柱进行分离，通过 ProFinder 软件分析实验数据，进行特征过滤，发现了 58 个 PFASs 色谱峰，推导出 37 个分子式，其中 15 个分子式存在同分异构体现象，手动检查每个化合物的二级碎片离子，结合质量亏损以确定化合物结构。

轨道阱质谱和飞行时间质谱相比，价格相对昂贵，但分辨率更高。Guardian 等采用超高效液相色谱-四极杆轨道阱质谱技术测定菲律宾和泰国的饮用水和原水中 PFASs 的含量。使用 HLB 和 WAX 柱串联提取样品，以捕获所有的阴离子、阳离子和中性的 PFASs，并通过目标物分析和可疑物筛查对样品进行检测。结果表明，这些水样中共检出 21 种 PFASs，且以短链

PFASs 为主，原因是该类物质在环境中具有较高的迁移率。环境样品中未知有机氟化合物的存在促进了开发能够检测新型 PFASs 的非目标物分析方法。Chen 等通过超高效液相色谱-四极杆轨道阱质谱对天津地区水环境中的 PFASs 进行分析研究，不仅对河水、地下水、海水和沉积物样品中的 53 种阴离子、阳离子和两性离子的 PFASs 进行目标物分析，同时也对这些环境介质进行了 PFASs 可疑物分析，共筛查出 15 类 50 种 PFASs，表明受石油、电镀等工业生产的影响在城市水环境中存在大量的新型 PFASs。Wang 等对污水处理厂中的废水进行 PFASs 的可疑物分析，同时也采用基于同系物和特征碎片的未知物分析，共鉴定出 63 种 PFASs。

（2）非靶标分析

与靶标分析不同，非靶标分析不需购置标准物质，即可识别样品中的未知化合物。通过合适的色谱-质谱方法，前处理过程提取出来的全部化合物可被无偏差检测。PFASs 数量众多，且仍有众多未被发现的新型 PFASs，非靶标分析对研究新型 PFASs 具有重要意义。

非靶标分析的流程主要包括：

① 通过高分辨质谱进行全扫描采集，获得全部母离子信息。

② 特征鉴定，通过软件对全部化合物进行提取，获得包括分子质量、保留时间、峰强度等信息的清单；再通过质量亏损和同系物搜索［如使用 MATLAB 搜索质量差为 49.99681（CF_2）的峰］进行过滤，同时也可根据总结的特征碎片（如 C_2F_5—）或中性丢失（如 HF）搜索。

③ 分子式拟合，通过分子式生成软件计算化合物的分子式。

④ 未知 PFASs 结构确证，通过推导的分子式以及结合相应的碎片离子对未知 PFASs 的结构进行表征，同时也可通过软件对其进行碎片离子结构模拟。

⑤ 确定置信度，置信度分为 5 个水平，代表了对化合物结构确证的等级。

高分辨质谱在对 PFASs 的筛查分析方面取得飞速进展，尤其是高分辨质谱的非靶标分析使人们对当前环境和人类的 PFASs 暴露有了更深入的了解，但许多鉴定仍处于试探性阶段。高分辨质谱对 PFASs 的筛查鉴定还存在一些有待解决的问题和难题：

① PFASs 在环境和生物体等样品基质中的浓度处于痕量水平，开发高效的前处理方法尽可能提取出样品中的全部 PFASs 至关重要，同时也需要高灵敏方法对这些化合物进行准确定性、定量分析。

② 新型 PFASs 通常缺乏有效的标准品，现有研究多以定性和半定量工作为主，准确定量的数据偏少。

③ PFASs 缺乏完整全面的高分辨质谱数据库，未知 PFASs 的结构鉴定是一项艰巨而耗时的工作。

④ 非靶标分析的前处理方法和数据处理流程尚未标准化，开发一种能够定量非靶标分析的综合技术仍是未来的发展目标。

随着离子淌度质谱、原位电离质谱等新型技术的发展，其与高分辨质谱相结合，在 PFASs 同分异构体的有效分离、复杂样品中数量众多的新型 PFASs 鉴定表征、生物样品中 PFASs 的空间分布成像和无损快速分析等方面将会取得更大的进展。

3.2.2.3　全氟及多氟化合物定量检测

（1）高效液相色谱法

高效液相色谱法（HPLC）是指通过高效液相色谱仪和特定检测器的联用，实现样品组分分离和相应信号的表达。由于 PFCs 本身既无紫外活性又无荧光活性，因此必须经过一定的预处理与一些特定的检测器联用，使用较多的技术手段，包括液相色谱-紫外检测器（HPLC-UVD）、液相色谱-荧光检测器（HPLC-FLD）等。程小艳等采用 ω-溴苯乙酮作为紫外衍生剂，与 PFOA 反应生成具有较强紫外吸收的衍生产物，用 HPLC-UVD 在 246nm 下测定了水体和尿样中 PFOA 的含量，适用浓度范围为 0.007 ～ 60mg/L，回收率分别为 92.7% ～ 107.1% 和 85.3% ～ 116.0%。Ohya 等采用 3-溴乙酰基-7-甲氧基香豆素（BrMMC）作为荧光衍生剂建立了柱前处理荧光衍生的 HPLC-FLD，并应用于大鼠肝脏中 PFOA 的测定，该方法回收率为 90%。Ewa 等也效仿建立了以 BrMMC 作为荧光衍生剂的 HPLC-FLD 方法用于测定地表水中 PFOA，适用浓度范围为 43 ～ 75ng/L，回收率为 99.3%。与紫外吸收检测器相比，荧光检测器的灵敏度更高，且检测限更低。现阶段对于 HPLC 的研究主要集中在衍生剂方面。

（2）高效液相色谱-质谱联用法

高效液相色谱-质谱联用法（HPLC-MS）是分别以液相色谱和单级质谱作为分离系统和检测系统的方法。Tseng 等建立液相色谱离子阱负电喷雾质谱方法（LC-ESI ion-trap-MS）对各种水环境以及生物样品中的几种 PFCs 进行定性和定量，水样组的定量限为 0.5 ～ 6ng/L，生物组样品的定量限为 5 ～ 50ng/g。Takino 等建立了液相色谱-大气压光电离质谱法（LC-APIP-MS），利用湍流流动色谱（TFC）自动在线提取，用于测定河水中的 PFOA，可获得满意的选择性和灵敏度，检出限和定量限分别为 5.35ng/L 和 17.86ng/L。另外，毛细管液相色谱-质谱联用技术（CLC-MS）是一种新兴的技术，在水样 PFOA 的测定中已经得到了检验，检测到水样中 PFOA 浓度为 148ng/L。HPLC-MS 方法不需要对样品进行衍生处理，且检出限较低，适用的环境介质更加多样，在基质较纯净的环境水体如地表水、地下水以及饮用水中，表现出的性能比较乐观。

（3）高效液相色谱-串联质谱法

高效液相色谱-串联质谱法（HPLC-MS/MS）采用二级质谱检测，检测限一般可达到 μg/L 级，辅助以适当的富集浓缩手段，样品中分析目标物的检测限可达 ng/L 级甚至更低，是目前文献报道中使用最为广泛的 PFCs 定量检测方法。

Hu 等收集了新加坡水库、河流、湖泊、沿海水域以及污水处理厂共计 100 个样品并采用 HPLC-MS/MS 方法对其中 PFOA 进行定量分析，结果显示地表水、污水和沿海水域中 PFOA 的浓度水平分别在 5.7 ～ 91.5ng/L、7.9 ～ 1060ng/L、2.4 ～ 17.8ng/L。陈勇杰等采用 HPLC-MS/MS 方法测定污水和污泥基质中 20 种 PFASs，包括 9 种全氟羧酸（PFCAs）、3 种全氟磺酸（PFSAs）、2 种 *N*-烷基全氟辛基磺酰胺乙醇（FOSEs）、2 种 *N*-烷基全氟辛基磺酰胺（FOSAs）和 4 种氟调醇（FTOHs），水样和污泥样品中加标回收率分别为 62% ～ 130% 和 71% ～ 126%，方法定量限分别为 0.24 ～ 4.32ng/L 和 0.04 ～ 0.12ng/g。与此同时，新技术发展迅速，如超高效液相色谱技术。肖永华等建立了 UPLC-MS/MS 联合固相萃取的前处理方法检测人体血清中 7 种 PFCs，结果显示在 1 ～ 50μg/L 范围内，检出限为 0.1μg/L，将其用于随机选择的 24 位健康体检人群血清样品 PFCs 测定时，结果显示 PFOA 的检出率为 100%，且 PFOA 和 PFOS 的含量要远高于其余 4 种 PFCs。莫佳琳等运用此法结合加速溶剂萃取进行了食品包装材料 PFOA 类物质的测定。UPLC-MS/MS 方法显示出了非常好的线性度和灵敏度，且分析时间更短。与其他方法相比，HPLC-MS/MS 方法适用的环境介质更加多样，分析效率较高。

（4）气相色谱-质谱联用法

目前在建立对 PFOA 测定的 GC-MS 方法方面，主要集中在对衍生剂的研究。Liu 等使用苄基溴作为衍生剂建立 GC-MS 方法，检测到室内灰尘中 PFOA 浓度范围为 3.2 ～ 330ng/g。Scott 等采用 2,4-二氟苯胺作为衍生剂建立了 GC-MS 方法，用于检测安大略湖以及城市污水处理厂出水中 PFOA 浓度，方法检测限为 0.5ng/L。白桦等采用乙酰氯 / 无水甲醇（1∶20，体积比）作为衍生剂建立了 GC-MS 方法，对不粘锅涂层中 PFOA 进行测定，方法定量检测限为 5μg/kg，方法平均回收率为 90.9% ～ 96.2%。GC-MS 测定 PFASs 时需要衍生，操作步骤较复杂，衍生过程中更易产生有毒气体，使其在 PFASs 检测应用上受到一定程度的限制。

3.2.3 控制与去除方法

全氟及多氟化合物作为当前新污染物的代表，由于 C—F 键的高键能，导致其在水环境中较难去除。当前全氟及多氟化合物的去除技术主要有吸附法、超声降解技术、化学处理法、电化学氧化法、微生物降解技术、高级氧化法。

3.2.3.1 吸附法

由于 PFASs 化学性质比较稳定，并且具有较好的热稳定性、疏水疏油性，传统的微生物降解以及光降解都无法去除水中的 PFASs。吸附法具有低成本、高效性、易操作和再生循环的特点，可以用于吸附水中的 PFASs。吸附法主要是利用吸附剂对污染物的选择性吸附，进而将污染物与水体进行分离而达到去除的目的。当前用于吸附 PFASs 的吸附剂主要有碳材料吸附剂、矿物材料吸附剂、金属氧化物吸附剂。

（1）炭吸附

活性炭是水处理过程中常见的吸附剂，其具有发达的孔隙结构、良好的吸附性能，能够反复使用。活性炭吸附剂在经过改性后其吸附性能会大大提高，童锡真等利用改性后的活性炭对实验室配水中的 PFCs 进行吸附实验，结果表明微孔比表面积增大的改性活性炭对 PFCs 的吸附能力增强。孙博等研究 4 种不同类型的活性炭，发现基质为椰壳和木质的活性炭对全氟羧酸的吸附能力最强，褐煤的吸附能力最差，超微粉末活性炭在吸附实验开始的 5min 内即达到了吸附平衡，粒径的缩小对活性炭的吸附容量没有影响。Meng 等利用粉末活性炭与 Fe_3O_4 进行球磨制备超细磁性活性炭，在进行球磨 2h 后，Fe_3O_4 和粉末活性炭的质量比达到 1∶3 时可以得到优化超细磁性活性炭，不到 2h 的时间四种 PFCs 在水中就可以达到吸附平衡。

生物炭与活性炭性质类似，也能够对水中的 PFCs 进行吸附去除，但是其去除效率相比活性炭要低，由于生物炭取材方便、绿色经济环保，利用生物炭吸附去除 PFCs 也是值得研究的内容。饶振中利用油茶果壳制作生物炭，并利用乙醇 / 十六烷基三甲基溴化铵溶液对其进行改性，在吸附实验中溶液里 PFOS 的去除率可以达到 99.37%。Zhi 等利用煤、椰壳、木材、酚醛聚合物为基质的炭，分别经过高温处理与氨气处理去除水中的 PFOA、PFOS，发现氨气改性过后的活性炭去除效果更好且活性炭改性后吸附效果的好坏与基质有关。Chen 等利用碳纳米管和玉米秸秆制成的灰吸附水中的 PFOS，其具有较强的吸附能力，在 2h 和 48h 时达到吸附平衡。

（2）矿物材料吸附

由于矿石价格低廉、吸附性能好，常被作为吸附剂使用，利用矿物材料吸附去除 PFCs 也是一个重要的研究方向。Tang 等研究了不同溶液组分下 PFOS 在针铁矿和 SiO_2 上的吸附行为。当 H 和 Ca^{2+} 增加时，PFOS 在针铁矿上的吸附量显著增加。Zhao 等研究了赤铁矿、高岭石、蒙脱石三种典型矿物对全氟辛烷磺酸、全氟辛酸、全氟己烷磺酸、全氟己酸的吸附能力，发现全氟己烷磺酸（312 ～ 370μg/g）和全氟辛烷磺酸（294 ～ 312μg/g）的吸附量远大于 PFOA（104 ～ 112μg/g）和 PFHxA（34 ～ 59μg/g），三种典型矿物对 PFCs 的最大吸附能力从大到小依次为赤铁矿 > 高岭石 > 蒙脱石。

（3）金属氧化物吸附

一些金属氧化物表面拥有丰富的活性位点，具有一定的亲氟性，能够将水环境中的氟化物吸附，以达到去除的目的，是当前去除全氟及多氟化合物吸附剂的研究热点。郭雅丽基于复合金属氧化物的协同效应，利用共沉淀法将 Zr-La 双金属复合物负载到柚子皮颗粒表面，制备了新型生物质基复合吸附剂 Zr-La/PP，并将其对氟离子的吸附性能与单金属生物质基吸附剂进行比较。pH 值为 3.0 时该吸附剂达到最佳除氟效果，最大吸附量为 32.5mg/g。相比单金属生物质基复合材料 La/PP, Zr-La/PP 具有更强的除氟性能。陈家凯等利用大孔强碱性阴离子交换树脂负载纳米钛、锆氧化物制备复合吸附剂。结果表明，当 pH 值为 5.8、温度为 308K 时，复合材料对氟的拟合最大吸附量可以达到 35.1mg/g，并且温度越高吸附效果越好，吸附材料对竞争性离子表现出较强的抗干扰特性。Yang 等以铝金属有机物制备了高度有序的介孔结构，拟合最大吸附量可以达到 135mg/g，在最佳 pH 值为 6 的情况下 20min 内 F^-的去除率可以达到 90%。

铁氧化物通常也表现出对氟的吸附能力。Zhang 等通过湿式化学沉淀法和乙醇制备具有高吸附量的铁氧化物吸附剂，在 pH<9.0 时，拟合最大吸附量可以达到 60.8mg/g，2min 内就可达到 80% 的吸附平衡容量；pH 值在 3.5 ～ 10.3 范围内吸附剂具有较高的除氟效率。

吸附法作为一种传统的物理去除污染物的方法，去除全氟化合物时是将污染物从水中转移到另一个载体上，并不能够将其转化为没有污染的物质，并且吸附材料还会受到许多因素的影响，例如水体中的其他化学物质、pH 值、温度等，实验室研究与实际应用会产生较大的偏差，吸附后的后续处理也是值得继续研究的内容。吸附法不会引入新污染物，吸附材料的吸附效率是决定去除效率的重要因素，提高吸附材料的吸附效率是当前值得研究的问题。

3.2.3.2 超声降解技术

超声降解技术是利用超声波使液体产生空化泡，气泡在爆裂的时候会产生大量的能量，其周围会产生超高温高压的环境，空化泡中进入水分子后产生具有强氧化性的 H_2O_2 和自由基，氧化有机物，从而达到降解的目的。超声热解法在降解 PFCs 的过程中不会引入其他的化学物质，不易造成二次污染。

顾玉容等的研究表明，在碱性条件下，超声降解能够高效地去除 PFOA，当 pH>13，初始摩尔浓度为 12.07μmol/L 的 PFOA 的降解速率常数为 $0.028min^{-1}$，是单独在超声体系中的降解速率的 1.7 倍，当升高温度，并且改变反应体系的 pH 值，PFOA 的降解速率也会升高。Shende 等研究了不同功率密度（30 ～ 262W/L），有喷射氩气和无喷射氩气时 PFOS 和 PFOA

的超声降解情况。在功率密度范围内，初始 PFCs 浓度一定时间内，随着超声功率的增加，PFCs 的降解速率呈非线性增加。同时在给定的实验条件下，PFOS 和 PFOA 超声降解的最大拟合半衰期分别为 1min 和 10min，提高水样的温度有助于提高 PFOS 和 PFOA 的降解率。在超声频率为 575kHz 的氩气环境中，添加氧化剂有助于增强 PFOA 的降解。Rodriguez-Freire 等研究了利用 PFOS 初始浓度为 10 ～ 460μmol/L，施加的声频（25kHz、500kHz 以及 1MHz）对 PFOS 降解的影响，通过测定氟的释放量和总有机物的含量表明，PFOS 在 460μmol/L 的浓度下超声降解。全氟辛烷磺酸在大声频（1MHz）下的降解率更高。全氟辛烷磺酸的降解受饱和动力学控制，这表明 PFOS 降解率随着 PFOS 浓度的增加而增加，直到达到最大值。

目前超声降解技术降解全氟化合物时，PFCs 的初始浓度、体系的 pH 值、温度、超声降解频率对于降解效率影响较大，但是单独使用超声降解污染物的效率较低，所以开发超声降解技术与其他的处理技术联用是一个新的研究方向。

3.2.3.3 微生物降解技术

利用微生物降解水中的 PFCs 可以不引入其他的化学污染物，不用考虑其他化学物质的引入对水环境的影响。微生物降解是利用微生物对待降解物质的酶解、吞噬等作用将污染物质分解代谢，以达到去除的目的。当前大对数的研究人员认为 PFCs 是难降级的污染物，因为 PFCs 中含有难分解的 C—F 键，微生物的生理活动难以将 C—F 键断裂。Yu 等发现当前利用微生物的呼吸能够起到去除氟的作用，当乳酸作为电子供体时，氟成为电子受体，为微生物脱氟提供了理论依据。赵淑艳等通过对几个典型地区微生物降解 PFOA 进行研究，微生物降解前后，PFOA 并没有发生结构上的变化。王凯等利用微生物降解污水处理厂样品中的 PFCs，与对照组进行对比发现微生物降解对 PFCs 的处理效果不佳，污水中的全氟化合物主要还是依靠吸附作用来去除。汪磊等发现污水在经过缺氧厌氧池后水体中的 PFOS 和 PFOA 的含量不仅没有降低，还有少许的增多。Yu 等研究表明六氟环氧丙烷二聚酸（hexafluoropropylene oxide dimer acid, GenX）对微生物转化和脱氟都具有抗性。Yi 等研究表明 6:2 氯化聚氟醚磺酸盐（6:2 chlorinated polyfluorinated ether sulfonate, 6:2 Cl-PEESA）在快速厌氧脱氯过程中没有任何脱氟过程。

总体来说，微生物降解对 PFOS 的去除没有特别好的效果，技术手段不成熟，在降解菌种的选取和降解机理方面还需要进一步的研究。

3.2.3.4 化学处理法

(1) 光化学法

1）直接光解法

直接光解法是利用紫外光辐照全氟化合物，使其 C—F 键破裂从而达到矿化目的。由于 C—F 键较为稳定，直接使用紫外光进行辐照降解的速率较低。国外一些研究表明，波长小于 200nm 的紫外光可以将 PFOA 进行有效降解。Giri 等研究了 PFOA 的光解，当紫外光源的波长为 184nm, PFOA 初始浓度为 2.42×10^{-6}mol/L，3h 后，降解效率达到 87.3%，20.5% 的 PFOA 实现了脱氟。Cheng 等利用波长为 185nm 的真空紫外光辐照 2h 降解了 61.7% 的 PFOA，通过测定反应产物得知，PFOA 仅仅发生了断链反应，生成短链有机物，并没有进一步矿化生成无机小分子和二氧化碳。

研究者普遍认为，PFOA、PFOS 的直接光降解是一个还原过程，光生还原物质如水合电子 e_{aq}^-起主要作用。e_{aq}^-还原降解 PFOA 的降解机理如图 3-1 所示，主要包括以下两个途径。

① 脱羧-羟基化-消除反应-水解：PFOA 受末端羧酸基团的影响，CF_2 链中与羧基相连的 C 原子具有较高的电子云密度，因此易被 e_{aq}^-进攻，从而导致 PFOA 发生脱羧反应形成 C_7F_{15}；C_7F_{15} 具有很高的活性，易与·OH 或 H_2O 反应，羟基化形成 $C_7F_{15}OH$；羟基会与连接在同一 C 原子上的 F 原子竞争电子，导致 $C_7F_{15}OH$ 易发生消除反应，脱去 F 原子和 H 原子生成 $C_6F_{13}COF$；$C_6F_{13}COF$ 进一步水解生成 $C_6F_{13}COOH$；在 e_{aq}^-作用下，$C_6F_{13}COOH$ 会重复 DHEH 等一系列反应，形成碳链更短的 PFCAs，直至彻底降解为 F^- 和 CO_2。

② H/F 交换：被 e_{aq}^-进攻后，密度泛函理论计算结果显示 PFOA 中靠近羧酸基团的碳原子具有较高的电子云密度，与此 C 原子连接的 C—F 键自发延伸，从而导致 PFOA 易发生 H/F 交换行为生成 $C_7F_{14}HCOO^-$；根据键离解能（BDE），$C_7F_{14}HCOO^-$ 进一步与 e_{aq}^-反应，重复 H/F 交换过程。

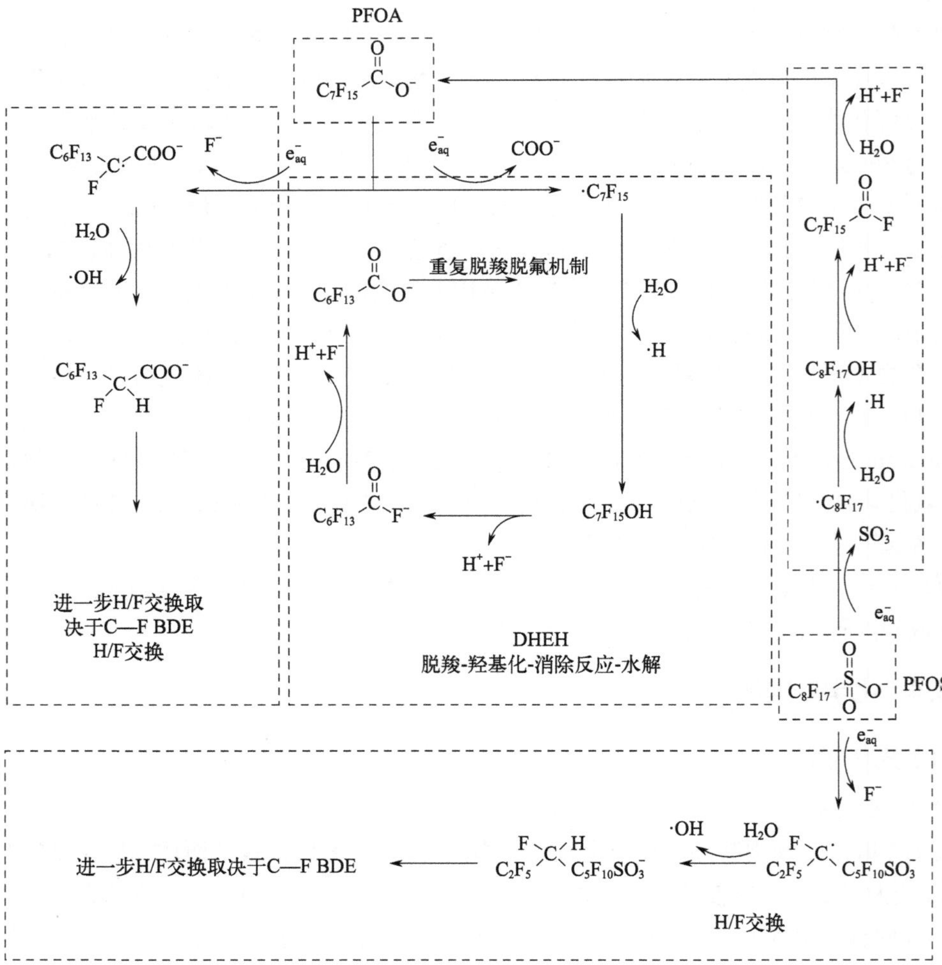

图 3-1 PFOA 和 PFOS 直接光降解主要途径

2）光催化降解法

利用光化学法处理全氟化合物时，直接光解法的效果可能不是特别好，产物可能并没有直接转化成二氧化碳等物质。在反应体系中加入光催化剂成为研究光化学法去除全氟化合物新的研究方向。

光催化氧化法是在体系中加入氧化剂，利用紫外光激发氧化剂氧化 PFASs。Kutsunas 等利用 TiO_2 作催化剂光解氟调聚物醇，结果发现其去除率能够达到 90.7%，并且产物为 CO_2。Li 等研究了以 rGO/BiOCl 纳米复合材料作为催化剂，利用光催化、臭氧氧化和电催化于一体的高效 PFOA 降解过程。PFOA 的去除率在 3h 内达到了 95.4%。

反应体系中在催化剂存在的条件下光作用于有机物，发生还原反应，叫作光催化还原反应。由于一些光催化剂在紫外光存在的条件下会生成具有一定活性和具有较强还原性的水合电子，水合电子与 PFCs 结合并将自身的电子转移给 PFCs, PFCs 将脱掉自身的两个氟，变成不稳定的全氟羧酸自由基，极易发生自由基偶合断裂反应，从而达到降解 PFCs 的目的。Zhao 等在缺氧水溶液中利用 β-Ga_2O_3 催化还原 PFOA，结果表明，长链的 PFOA 大部分被还原为短链的 PFCAs，3h 后在硫代硫酸盐和鼓泡 N_2 的存在下光催化降解效率为 98.8%，脱氟效率为 31.6%。Xu 等探讨了在 UV 和 VUV 光照下，Ga_2O_3 和 PMS 联合去除 PFOA。经不同光源照射，PFOA 分别在 90min 和 60min 时完全降解，降解路径如图 3-2 所示。

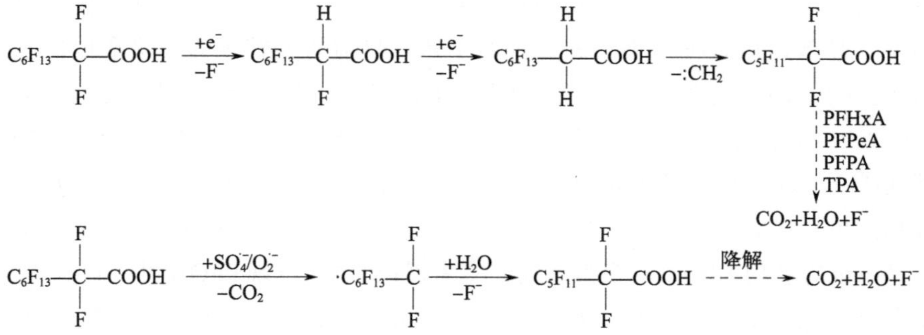

图 3-2　UV/PMS/Ga_2O_3 体系光催化降解 PFOA 的机理

3）高级氧化法

高级氧化技术（advanced oxidation processes, AOPs）又叫深度氧化处理技术，是在室温下进行水处理常用的一种工艺，其作用机理是通过产生具有强氧化性的自由基氧化污染物，达到降解或去除的目的。Devi 等报道，C—F 键电势为 3.6eV，超过了 · OH、SO_4^{-}·、Cl · 、Cl_2 · 、ClO · 的电势，这些自由基通过破坏 C—C 键来攻击 PFCs，经过一系列反应，逐步脱除 CF_2，最终 PFCs 被降解为氟离子、甲酸、CO_2 等。产生 · OH 的典型工艺包括 UV/H_2O_2 和 UV/O_3 工艺，Javed 等发现在 UV/H_2O_2 条件下，PFOA 的降解率没有增加，并且高浓度 H_2O_2 会抑制 PFOA 的光降解，这可能是由于 H_2O_2 与 PFOA 竞争紫外光，并且 PFOA 没有 C—H 键，无法进行 · OH 和氢取代反应，· OH 与 PFOA 的二级反应速率常数≤ 10^5L/（mol · s）。但是在 UV-芬顿体系中，·OH 增强了 PFOA 的降解，可能是由于·OH 加速了 Fe（Ⅲ）的再生。Bao 等利用 UV/ 过硫酸盐工艺考察了 PFOA 降解性能，光照 3h 后，PFOA 降解率为 27%，UV 活化过硫酸盐可有效裂解 PFOA 分子结构。Qian 等发现 UV/ 过硫酸盐工艺对 PFCAs 降解的二级反应速率常数随着 PFCAs 碳链数量的减少而增加，C_4 ～ C_7 PFCAs 的二级反应速率常数为 2.59×10^5 ～ 9.31×10^7L/（mol · s）。全氟乙酸、全氟丙酸和全氟丁酸在 SO_4^{-}· 引发的链式反应中能够被完全降解。UV/ 过硫酸盐工艺对 PFOS 的降解也有效，一级反应速率常

数为 $0.162h^{-1}$。

Barisci 等利用紫外高级氧化降解 PFASs 替代物氟调聚物醇类化合物，在不同的紫外光强下辐照 2h 降解率分别能够达到 93% 和 97.8%。刘泽利用 UV-TiO_2 降解水中的 PFASs，在温度 60℃、pH=4 的最佳实验室条件下 PFOA 的脱氟效率能够达到 64.21%，全氟丁三胺的脱氟效率能够达到 65.29%。Houtz 和 Sedlak 利用羟基自由基对全氟烷基磺酰胺、多氟调聚磺酸和多氟烷基膦酸二酯进行了氧化处理，发现所有的 7 种目标物均可转化为全氟羧酸类同系物。例如，全氟辛基磺酰胺（perfluorooctane sulfonamide, FOSA）可全部氧化为 PFOA；8:2 多氟调聚磺酸（8:2 fluorotelomer sulfonate，8:2 FTS）和 8:2 多氟调聚磷酸二酯（8:2 fluorotelomer phosphate diester，8:2 diPAP）可氧化为全氟壬基羧酸（perfluorononanoic acid, PFNA）、PFOA 和 PFHxA 等。上述结果说明多氟调聚化合物分子结构中的碳氢、碳氟链能在氧化处理过程中发生断裂而生成不同链长的全氟羧酸。总体来说，紫外高级氧化技术对 PFASs 的去除有效，但中间产物以短链 PFCs 为主，反应速率较低，如完全矿化则需要很高的能量，因此经济成本较高。

4）高级还原技术

高级还原技术（advanced reduction processes, ARPs）是以一定的方式活化还原剂产生还原性自由基，高效还原目标污染物的一种新工艺。目前研究较多的高级还原体系主要有紫外 / 亚硫酸盐、紫外 / 碘化物、紫外 / 吲哚等，所涉及的还原性自由基包括亚硫酸根阴离子自由基（$SO_3^{-}\cdot$）、二氧化硫阴离子自由基（$SO_2^{-}\cdot$）、二氧化碳自由基（$CO_2^{-}\cdot$）、水合电子（e_{aq}^{-}）、氢自由基（H•）。其中 e_{aq}^{-}是活性最强的自由基，标准还原电位为−2.9V，可作为亲核试剂与有机化合物发生反应。当与含卤素原子（X）的有机物反应时，可直接攻击 C—X 键，释放卤素离子。Wang 等利用 185nm 真空紫外线辐照降解 PFOA，发现 PFOA 可以有效降解和脱氟，并可实现完全矿化。Qu 等以 KI 为介质建立了 PFOA 在水相中的光还原方法，PFOA 降解符合第一动力学模型，反应速率常数为 $0.0073min^{-1}$，14h 紫外光照后脱氟率可达 98%。Sun 等还考察了腐殖酸对 UV/KI 光还原降解 PFOS 的影响，腐殖酸的加入明显提高了 PFOS 的降解效率，经过 2h 光照，PFOS 的降解率、脱氟率分别为 97.7% 和 77.0%。郭睿等研究发现 185nm 真空紫外可以激发氯离子生成 e_{aq}^{-}还原降解 PFOA，23h PFOA 的降解率和脱氟率分别可以达到 99.6% 和 65.0%。Gu 等利用高通量紫外线 / 亚硫酸盐工艺去除 PFOA，一级反应速率常数为 $0.455min^{-1}$，比其他报道的还原方法速度快 6 ～ 910 倍。Liu 等在 UV/ 亚硫酸盐的基础上添加了碘离子，PFCAs 和 PFSAs 降解速率明显加快，亚硫酸盐快速清除活性碘，从而延长了 UV/ 亚硫酸盐 /I 系统中 e_{aq}^{-}的寿命，I^{-}的加入也显著提高了亚硫酸盐的利用率。现阶段虽然 e_{aq}^{-}能够对 PFASs 有效降解和脱氟，但产生水合电子的阴离子有限，很少见于实际应用研究。

（2）电化学法

电化学氧化法是当前新兴的处理工艺，当今电化学法氧化的机理主要有以下两种：一种是利用电解产生的•OH 和 HO_2•氧化水环境中的全氟化合物；另一种是在电解槽中加入含有待降解有机物的溶液通直流电，使待降解的有机物在阳极失电子，发生氧化反应，将有机物氧化，或者使低价的金属氧化成高价金属，进而氧化溶液中的全氟化合物。

Niu 等发现一种“非活性”阳极，包括掺硼金刚石、氧化锡和二氧化铅，在废水中消除

PFCs 方面是有效的，研究人员发现适当的电位、电流密度、pH 值、极板距离、PFCs 初始浓度、电解质和其他因素就可以获得最大的消除效率。该技术还能够有效减少电极中有毒有害元素的释放，不引入二次污染物。Zhang 等的研究表明，在利用涂有纳米氧化锌的钛作阳极材料时对 PFCs 的去除效率明显高于铝、不锈钢、钛，在反应时间为 40min、电流密度为 $20mA/cm^2$、极板间距为 0.5cm 的条件下，目标 PFCs 的去除率在 39% ～ 66% 之间，涂有纳米氧化锌的钛在作阳极材料时能够在反应器中持续工作 20h。

当前用于 PFASs 降解的去除方法有很多种，针对各类去除方法的技术特点的总结对比见表 3-3。

表 3-3　各类型去除技术优缺点对比

去除方法	优点	缺点	适用范围
吸附法	吸附效率高，不会引入其他的化学物质，不造成二次污染	吸附材料的选择以及吸附材料的回收处理方法不健全	湖库静态水域以及工业废水
超声降解技术	不引入二次污染	常规的 pH 条件下去除效果不理想，单一超声体系去除效果不好	工业废水
光化学技术	去除效率高，经济成本低	需要向水体中投加氧化剂或还原剂，容易引入二次污染物	有机污染水体
电化学技术	不需额外的氧化剂，无二次污染产生，反应条件温和，操作简单	阳极材料的成本高，活性低，使用寿命短	有机污染水体
微生物降解法	不引入二次污染物	经筛选后的微生物菌种不能很好地分解 PFCs，反应的中间产物毒性未知	暂不适用于去除水中的 PFASs

3.3 阻燃剂

3.3.1 污染特征

阻燃剂是赋予易燃聚合物难燃性的功能性助剂，主要是针对高分子材料的阻燃设计的。阻燃剂是通过不同的作用机理发挥其阻燃作用的，如吸热作用、覆盖作用、抑制链反应、不燃气体的窒息作用等。多数阻燃剂是通过以上一种或多种机理共同作用达到阻燃效果。目前阻燃剂主要应用于交通运输、电子电气设备、家具以及建筑材料等领域。

3.3.1.1 阻燃剂的来源和种类

阻燃剂是阻燃技术在实际生活中的应用，它主要用于改善可燃易燃材料的燃烧性能，广泛应用于各类装修材料的阻燃加工中。经过阻燃剂加工后的材料，在受到外界火源攻击时能够有效地阻止、延缓或终止火焰的传播，从而达到阻燃的作用。

根据《中国阻燃剂行业产销需求与投资预测分析报告前瞻》分析，依据不同的划分标准将阻燃剂进行不同的分类。

（1）依据所含阻燃元素分类

按所含阻燃元素可将阻燃剂分为卤系阻燃剂、磷系阻燃剂、氮系阻燃剂、磷-卤系阻燃剂、磷-氮系阻燃剂等。卤系阻燃剂在热解过程中分解出捕获传递燃烧自由基的X·及HX，HX能稀释可燃物裂解时产生的可燃气体，隔断可燃气体与空气的接触。磷系阻燃剂在燃烧过程中产生磷酸酐或磷酸，促使可燃物脱水炭化，阻止或减少可燃气体产生。磷酸酐在热解时还形成类似玻璃状的熔融物覆盖在可燃物表面，促使其氧化生成二氧化碳，起到阻燃作用。在氮系阻燃剂中，氮的化合物和可燃物作用促进交联成炭，降低可燃物的分解温度，产生的不燃气体起到稀释可燃气体的作用。磷-卤系阻燃剂、磷-氮系阻燃剂主要是通过磷-卤、磷-氮协同效应达到阻燃目的，具有磷-卤、磷-氮的双重效应，阻燃效果比较好。

（2）按阻燃剂的组分分类

按阻燃剂组分的不同可将阻燃剂分为无机阻燃剂、有机阻燃剂和有机无机混合阻燃剂三种。无机阻燃剂是目前使用最多的一类阻燃剂，它的主要组分是无机物，应用产品主要有氢氧化铝、氢氧化镁、磷酸一铵、磷酸二铵、氯化铵、硼酸等。有机阻燃剂的主要组分为有机物，主要的产品有卤系、磷酸酯、卤代磷酸酯等。还有一部分有机阻燃剂用于纺织物的耐久性阻燃整理，如六溴水散体、十溴-三氧化二锑阻燃体系，具有较好的耐洗涤阻燃性能。有机无机混合阻燃剂是无机盐类阻燃剂的改良产品，主要用非水溶性的有机磷酸酯的水乳液部分代替无机阻燃剂。在三大类阻燃剂中，无机阻燃剂具有无毒、无害、无烟、无卤的优点，广泛应用于各类领域，占阻燃剂需求总量的1/2以上，需求增长率有增长趋势。

（3）按阻燃剂的使用方法不同分类

依据阻燃剂使用方法的不同可以将阻燃剂分为添加型阻燃剂和反应型阻燃剂两种。添加型阻燃剂主要是通过在可燃物中添加阻燃剂发挥阻燃剂的阻燃作用。反应型阻燃剂则是通过化学反应在高分子材料中引入阻燃基团，从而提高材料的抗燃性，起到阻止材料被引燃和抑制火焰传播的目的。在阻燃剂的两种类型中，添加型阻燃剂占主导地位，使用的范围比较广，约占阻燃剂的85%，而反应型阻燃剂仅占15%。

（4）根据阻燃剂添加的树脂不同分类

常见的树脂材料与所添加的阻燃剂分类如下。

① 聚烯烃PP/PE：氢氧化镁，氢氧化铝，TDCPP，聚磷酸铵，八溴醚，磷酸三苯酯，六溴环十二烷，MPP，硼酸锌，十溴二苯乙烷，包覆红磷，TBC。

② 聚氨酯PU：TCEP，TCPP，TDCPP，DMMP，聚磷酸铵，磷酸三苯酯，MPP，FB。

③ 不饱和树脂UPR：TCPP，TDCPP，DMMP，HBCD，TBC，聚磷酸铵。

④ 尼龙PA6/PA66：MCA，MPP，FB，十溴二苯乙烷，十溴二苯醚，包覆红磷。

⑤ 聚酯PBT/PET：TDCPP，磷酸三苯酯，MPP，十溴二苯乙烷，聚磷酸铵，十溴二苯醚，包覆红磷。

⑥ 聚苯乙烯PS：TCPP，TDCPP，HBCD，MCA，TBC，MPP，十溴二苯乙烷，聚磷酸铵，十溴二苯醚，硼酸锌。

⑦ 环氧树脂EP：TCPP，TDCPP，IPPP，聚磷酸铵，十溴二苯醚，DMMP，磷酸三苯酯，十溴二苯乙烷，YS-DO601。

⑧ 聚丙烯腈-丁二烯-苯乙烯ABS：八溴醚，磷酸三苯酯，十溴二苯乙烷，十溴二苯醚，TBC。

⑨ 聚碳酸酯PC：磷酸三苯酯，HBCD，MCA，聚磷酸铵。

⑩ 聚氯乙烯 PVC：TCEP，TCPP，TDCPP，IPPP，MCA，八溴醚，磷酸三苯酯，聚磷酸铵。

⑪ 酚醛树脂 PF：TCEP，TCPP，TDCPP，磷酸三苯酯，硼酸锌，聚磷酸铵。

⑫ 纸张：磷-氮系阻燃剂。

⑬ 纺织品：磷-氮系阻燃剂（耐久）。

⑭ 聚甲醛 POM：MCA。

⑮ 防火涂料：TCPP，MCA，聚磷酸铵，硼酸锌，MPP，PPO。

⑯ 聚四氟乙烯：微粉。

3.3.1.2 阻燃剂的迁移转化

20 世纪 60 年代，以多溴联苯醚为代表的溴代阻燃剂因阻燃效果好、结构稳定、耐酸碱、廉价且低毒等特点成为最重要的有机阻燃剂。溴代阻燃剂通常以物理掺杂、化学反应等方式添加到塑料、纺织、合成纤维等商业产品中。这些溴代阻燃剂产品在生产和使用过程中通过物理破损、升温或者化学反应等导致溴代阻燃剂物质进入到环境水体及土壤中。溴代阻燃剂在环境中难降解，具有持久性、长距离迁移性和生物可富集性，目前在全球大气、土壤以及水体和生物体等各种环境介质均有检出。溴代阻燃剂一旦进入水体容易沉积于底泥中。由于底泥对有机物的吸附能力和保存容量相对较大，水体的底泥中通常储存了大量的多溴联苯醚、四溴双酚 A 以及六溴环十二烷等溴代阻燃剂。

随着近年来对溴代阻燃剂环境污染及毒性效应的研究，很多种类的溴代阻燃剂被限制使用和禁用。2004 ～ 2008 年欧洲先后禁用了五溴联苯醚、八溴联苯醚和十溴联苯醚。有机磷类阻燃剂是一种具有阻燃性能的物质，与溴系阻燃剂相比，其阻燃性能更高，同时还兼有良好的增塑作用。另外，有机磷酸酯类阻燃剂价格相对低廉、耐水、热稳定性好、耐迁徙且与高分子聚合物的相容性好，同时产生更少的有毒物质，因此其作为溴代阻燃剂的替代品被广泛应用于建材、电子产品、塑料产品和纺织品等行业。目前有机磷类阻燃剂的需求量和使用量逐年增加。有机磷酸酯类阻燃剂主要以物理掺杂的方式添加至高分子材料中，是分散的而非化学键合方式加入到材料中，主要依靠分子间作用力与底物相结合，同时由于有机磷类阻燃剂大多数具有半挥发性，因此在其生产、使用、处置过程中比较容易通过挥发、产品磨损和渗漏、溶解等途径从材料中浸出，从而进入到环境中造成污染。目前，已经在大气、污水、地表水、地下水等水体、土壤、沉积物以及生物体内检测到有机磷类阻燃剂。其中地表水中有机磷酸酯的污染来源主要是污水排放，在工业和城市污水排放点附近的地表水源有机磷酸酯类阻燃剂污染水平较高。污水处理厂中极性有机磷酸酯倾向于转移至污水中，而非极性的更倾向于吸附到污泥中。污水处理厂对烷基和芳基有机磷酸酯的去除率较高，而氯代有机磷酸酯的去除率普遍较低，有的经污水处理工艺后含量反而有所增加。

3.3.1.3 阻燃剂的赋存风险

近年来研究发现，环境中溴代阻燃剂具有远距离迁移性、持久性、生物富集性和生态毒性等特点，人类暴露于溴代阻燃剂可能会导致生长发育障碍、甲状腺功能和神经系统紊乱，致使糖尿病、癌症等疾病的发病率升高，目前国际上已禁止使用。

人类若长期暴露在含有有机磷酸酯的空气中，这些污染物将通过皮肤接触和呼吸作用对人体产生毒害。同时阻燃剂的摄入还与人体的饮食有关。水体中长期存在的有机磷酸酯类阻燃剂可能被鱼类及其他水生生物摄取，进而逐步通过食物链的富集和生物积累对人体造成危害。另外，空气中的有机磷类阻燃剂还可能会随降雨、降雪等在土壤中形成残留和富集，造成土壤质量变差，影响农作物的生长，且可能进一步通过农产品食物链进行传递和累积。有机磷酸酯具有致癌性、致畸性、神经毒性、生殖紊乱和内分泌干扰等毒性，长期接触对生物体及人体健康会造成重大危害。国内外的学者研究发现，磷酸三（2-氯异丙）酯、磷酸三（2,3-二氯丙）酯和磷酸三丁酯三种阻燃剂被怀疑具有致癌性，三（2-氯乙）磷酸酯、磷酸三丁酯和磷酸三苯酯具有神经毒性效应。同时有学者研究发现磷酸三苯酯具有接触过敏效应和对生育力的不利影响，而磷酸三（2,3-二氯丙）酯则与人体内激素水平的改变有关，据报道该阻燃剂可降低男性的精液质量，影响生育能力。綦峥等研究发现异氰脲酸三（2,3-二溴丙）酯毒性作用的靶器官可能是肝、肺、肾，且可能引起贫血和高血脂等。

另外，水体中有机磷酸酯类阻燃剂若污染浓度过高，其所含有的磷元素会释放至水体中，从而增加水体富营养化风险，对水生生态系统造成不良影响。

3.3.2 筛检技术

对环境中阻燃剂的检测方法研究主要集中在两个方面：一是前处理提取富集方法的研究，如适合于不同基质的富集提取方法的选择和优化；二是使用不同的仪器设备对检测方法进行改进和优化。

3.3.2.1 阻燃剂前处理技术

由于样品基质的复杂性以及通常情况下基质中阻燃剂多为痕量，因此需要通过样品的预处理技术对阻燃剂进行富集以及消除基质的干扰。常用的阻燃剂前处理技术有超声萃取、液液萃取、固相萃取、固相微萃取及加速溶剂萃取等。

液液萃取前处理方法操作较为简单，通常通过选择合适的萃取剂和优化萃取剂的使用量以及萃取时间达到萃取富集效果。程尹雪采用 40mL 的正己烷分 3 次萃取水中 10 种新型溴代阻燃剂，振荡萃取 10min 后进行净化浓缩，加标回收率为 79.0% ～ 123.0%。固相萃取法通过选取合适的吸附剂和洗脱溶剂富集提取样品中的阻燃剂。固相萃取法自动化程度高、有机溶剂使用量较少且应用范围较广。何丽雄等比较了 4 种洗脱剂和 3 种聚合物型的固相萃取小柱对水样中 7 种有机磷类阻燃剂的萃取效果。研究表明，选取 HLB 固相萃取柱和乙酸乙酯作为洗脱溶剂，对强疏水性和强亲水性的有机磷类阻燃剂均有良好的回收效果。常晓云等采用固相萃取前处理水样，测定水体中四溴双酚 A 及其溴代代谢物的残留。其中固相萃取前处理水样中，采用 HLB 作为固相萃取小柱，甲醇作为洗脱溶剂。梁俊延采用固相萃取前处理富集污水中的磷系阻燃剂。将污水水样用玻璃纤维膜过滤后进行全自动固相萃取。选用 HLB 固相萃取柱，乙酸乙酯和二氯甲烷作为洗脱溶剂进行前处理。

固相微萃取技术是在固相萃取基础上发展起来的一种更为环保且富集倍数更高的前处理方法，主要依靠固相微萃取纤维涂层对目标物进行吸附和解析。赵佳平等制备了含铁的二氧化硅材料，以涂敷式自制了固相微萃取纤维，并优化了萃取温度、萃取时间以及添加的无机盐助剂等参数，建立了含铁二氧化硅涂层固相微萃取-气相色谱质谱法测定水中有机磷类阻燃剂的方法。萃取温度为 80℃、萃取时间为 30min、pH 值为 3、盐质量分数为 30% 条件下，磷酸三异丁酯、磷酸三正丁酯、磷酸三丙酯、磷酸三苯酯与磷酸三（1-氯-2-丙）酯 5 种有机磷阻燃剂的检出限为 2.1 ～ 32.6ng/L。应用该方法测定太湖水和某污水处理厂出水中的有机磷酸酯类阻燃剂，加标回收率达到 69.4% ～ 113.7%，精密度为 5.3% ～ 10.7%。由于固相微萃取富集目标物倍数通常较高，因此基质干扰效应明显，限制了该萃取技术的应用。

裴镜澄等采用加速溶剂萃取-同步净化 / 气相色谱-质谱法检测沉积物中 4 种新型溴代阻燃剂。冷冻干燥后的环境沉积物样品经改进后的加速溶剂萃取并净化后，浓缩液过 Florisil 固相萃取小柱，用 4mL 正己烷和二氯甲烷分步洗脱，氮吹定容后用气相色谱-质谱（GC-MS）检测。

索莉莉等采用超声辅助萃取技术对水产品中的有机磷类阻燃剂进行提取富集，分别考察了萃取溶剂、萃取体积、萃取时间对阻燃剂富集效果的影响。研究结果显示，二氯甲烷为萃取溶剂，萃取体积为 10mL，超声萃取时间为 10min 萃取效果最佳。李雨琦等建立了一种可快速提取有机磷类阻燃剂和净化生物样品杂质的 QuEChERS 方法。该方法选择 0.5% 甲酸-乙腈作为提取溶液，采用 *N*-丙基乙二胺和十八烷基硅烷作为吸附材料，优化了样品和溶剂的比例，测定了海水鱼体中的有机磷类阻燃剂，方法平均回收率为 70.1% ～ 116.9%。

3.3.2.2　阻燃剂的检测技术

目前溴代阻燃剂的检测方法主要有气相色谱法、气相色谱-质谱法、气相色谱-高分辨质谱法、液相色谱法、液相色谱-质谱法以及气相色谱-电感耦合等离子体质谱法等。

气相色谱和液相色谱法测定阻燃剂的操作较为简单，但对环境样品中的阻燃剂测定分析尤其是对基质较为复杂的样品，仅依靠保留时间进行定性，准确度不高，容易出现假阳性结果。气相色谱-质谱法和液相色谱-质谱法测定阻燃剂样品时，可通过保留时间以及特征离子两项参数进行定性，定性结果更准确。同时串联质谱的多反应监测模式可以有效降低样品基质干扰，降低检测背景，提高待测组分检测灵敏度。目前也有研究采用分辨率及灵敏度更高的高分辨质谱进行复杂水体中阻燃剂的分析测定。

韩凤婵等采用固相萃取-气相色谱质谱法测定水中 15 种新型溴代阻燃剂。研究中前处理采用二氯甲烷和正己烷混合液作为洗脱溶液，对比了 XAD-2、XAD-8、C_{18} 的吸附效果。结果显示，XAD-2 的吸附效能最佳。定量分析对比了电子轰击离子源和负化学离子源的测定效果。测定结果表明负化学离子源对 15 种新型溴代阻燃剂的仪器检出限范围为 0.001 ～ 1.0ng/mL，线性范围为 0.005 ～ 200ng/mL，决定系数（R^2）范围为 0.9954 ～ 0.9999。低、中、高质量浓度阻燃剂加标水样回收率范围分别为 62.3% ～ 112.2%、61.1% ～ 112.1%、65.4% ～ 107.0%，精密度范围分别为 1.5% ～ 20.8%、1.0% ～ 26.1%、0.7% ～ 11.5%。

由于六溴环十二烷在 160℃会发生 3 种异构体间的互相转化，因此更适合采用液相色谱-质谱法测定。程尹雪建立了水中 10 种新型溴代阻燃剂的超高效液相色谱-质谱联用分析法。对比了固相萃取和液液萃取 2 种前处理方法。通过优化分析方法，采用液液萃取结合超高效液相色谱-质谱联用方法进行溴代阻燃剂的提取和测定。10 种分析溴代阻燃剂的方法标准曲线线性范围是 2.0 ～ 20.0ng/L 或 0.2 ～ 20.0ng/L，线性相关系数均超过 0.99。方法检出限低至 0.2ng/L 或 2.0ng/L。

苏蕊等采用微波辅助离子液体分散液液微萃取的方法提取了环境水样品中的溴代阻燃剂。将动态微波辅助萃取与离子液体相结合，对溴代阻燃剂进行快速提取和富集。结合 DART 离子源和具有高选择性的静电场轨道阱高分辨质谱仪，能够获得化合物的精确质荷比信息，提高方法灵敏度的同时降低了样品的假阳性概率。

孙晶等采用气相色谱联用负化学离子源质谱法同时测定地龙中30个溴代阻燃剂的残留量。测定结果显示，30个化合物的线性关系良好，相关系数均大于0.9996，检测下限为0.1～13ng/kg，定量下限为0.3～42ng/kg，低、中、高加标平均回收率为68.9%～119.1%，RSD为2.2%～11.3%。

常用于有机磷类阻燃剂的检测技术主要有气相色谱法、气相色谱-质谱法、液相色谱法及液相色谱-质谱法等。

由于多数有机磷酸酯具有挥发性，因此多采用气相色谱或气相色谱-质谱法测定。严小菊等采用固相萃取-气相色谱-质谱法检测水体中典型有机磷酸酯类阻燃剂。采用Poly-Sery PSD固相萃取柱，用乙酸乙酯作为洗脱剂富集提取水样。以选择离子扫描方式对目标物进行定量分析。8种有机磷酸酯类阻燃剂在线性范围内线性相关系数为0.993～0.9995，检出限为0.006～0.850ng/L，定量限为0.015～2.0ng/L。除磷酸三（2-乙基己）酯外，其他有机磷酸酯的加标回收率为70.3%～114.3%。梁俊延使用气相色谱-质谱法测定污水中的磷系阻燃剂。采用电子轰击源，离子检测模式进行测定，所测阻燃剂R^2均在0.99以上。回收率指示物的回收率在污水样品中为52.4%～128.5%，均值为84.2%。对于分子量较小的有机磷酸酯类物质，气相色谱-质谱法在离子检测时对低质量端的离子分辨率容易受到基质干扰，采用气相色谱法灵敏度和准确度更高。

分析极性较强的有机磷酸酯，液相色谱及液相色谱-质谱法比气相方法测定更具有优势，液相色谱-质谱法主要采用电喷雾离子化作为离子源测定有机磷酸酯。Rodil用LC-ESI-MS/MS方法直接测定水样中的有机磷酸酯，测定检出限可达到0.1～3.6ng/L。张恒等采用在线固相萃取-超高效液相色谱法检测水中的14种有机磷酸酯。地表水经膜过滤后直接注入在线固相萃取净化装置，采用电喷雾离子源正离子多反应模式对14种有机磷酸酯进行测定，测定检出限为0.1～2.7ng/L。地表水和自来水样品的加标回收率在64.8%～113%，相对标准偏差为1.2%～9.3%。

李长于等采用固相萃取-超高效液相色谱-串联质谱法测定EAV地垫中3种有机磷酸酯类阻燃剂。样品经乙腈超声提取、离心氮吹浓缩后，再经Florisil固相萃取柱净化，采用乙腈-0.1%甲酸水溶液为流动相，在HSST3色谱柱（100mm×2.1mm×1.8μm）上梯度洗脱分离。在电喷雾正离子源（ESI$^+$）模式下，采用多反应监测（MRM）模式对目标物进行检测，外标法定量。索莉莉等采用超声辅助技术对样品进行萃取，高效液相色谱-串联质谱联用技术分离检测，正离子多反应监测（MRM）模式定量分析水产品中11种有机磷酸酯类阻燃剂。在最优化的实验条件下，11种有机磷酸酯类阻燃剂分离良好，相关系数大于0.998。加标回收率为91.2%～110.5%，相对标准偏差为0.14%～6.6%。方法定量限为0.020～5.71μg/kg。秦威振采用超声辅助提取-固相萃取-同位素稀释高效液相色谱串联质谱测定灰尘中5种有机磷酸酯类阻燃剂。

3.3.3 控制与去除方法

目前，阻燃剂的控制去除方法主要有物理法、化学法和生物法等。

① 物理法去除阻燃剂的原理主要是依靠高温热解、燃烧以及吸附作用。

② 化学法通常利用高级氧化法及零价金属还原法等。

③ 生物法是微生物将溴代阻燃剂作为唯一碳源，或与其他有机质进行共代谢的方法。

3.3.3.1 物理处理法

物理吸附法和热解法是降解溴代阻燃剂的主要物理方法。物理吸附法是利用吸附剂将溴代阻燃剂从废水中吸附去除。常用的吸附材料一般包括活性炭、蒙脱石、海泡石等。蒙脱石和海泡石等吸附材料由于具有较大的比表面积、高化学稳定性和机械稳定性以及高阳离子交换容量，而且其在废水处理中成本较低，因此在物理吸附材料中应用较广。

物理吸附技术简单易操作，该去除法存在的主要问题为高效的吸附剂成本较高且制备困难，同时如活性炭吸附材料由于其基本无极性，处理效率较低，而且其再生处理难度大，后续处理也存在很大的问题。因此对物理吸附材料的研究主要方向为材料表面改性和吸附能力的加强以及后续的再生处理等。

热解法是通过加热的方法促使阻燃剂分解。热解技术操作难度较低且热解反应比较快速。但该方法的主要问题是反应过程存在对生态环境的污染。热解过程中溴代阻燃剂分解可能产生 HBr、CO、CO_2、双酚 A 等物质。同时，此过程会伴随着多溴二苯并呋喃及多溴二苯并二噁英等有毒副产物的产生。

3.3.3.2 化学处理法

化学法去除阻燃剂成本较低，降解速度快，效率高且操作简单。高级氧化法在 20 世纪 80 年代首次提出，是近年发展起来的一种可应用于水处理工艺中一些难降解有机物的去除技术。

高级氧化技术的作用机理主要是通过结合辐照与催化剂，有时为了提高快速反应也会加入不同的氧化剂（如 H_2O_2），利用物理或化学反应中产生的高活性自由基（如 · OH），生成的活性自由基会与有机物发生各种反应（例如加成、取代、断链等），从而使分子量较大的有机化合物被氧化降解为毒性较弱的小分子量的有机化合物，甚至可以将其直接降解成二氧化碳和水，无限接近完全矿化。化学法中高级氧化技术因反应速度快、反应条件温和、处理效率高以及对有机物可实现彻底矿化的特点而被广泛应用，是目前难降解有机污染物降解领域的研究热点。近年来，国内外很多学者研究利用不同的高级氧化技术去除水中阻燃剂，包括光催化氧化、臭氧氧化、过硫酸盐氧化、Fenton 氧化和类 Fenton 氧化、超声降解和电化学氧化等。

（1）光催化氧化技术

光催化氧化的原理是利用光催化剂在吸收能量时，激发生成还原能力强的电子（e^-）和氧化能力强的空穴（h^+），O_2 被激发的 e^- 还原成 O_2^-•，当 h^+ 迁移到光催化剂表面时 H_2O 被氧化生成 · OH，然后，有机污染物可被 O_2^-•或 · OH 分解，从而达到去除有机污染物的效果。

有学者研究了选择一种典型的有机磷阻燃剂磷酸三（2-氯乙）酯（TCEP）作为目标污染物，并通过 MIL-101（Fe）材料掺杂氧化石墨烯合成 GO@MIL-101（Fe）。在金属有机框架-光催化体系中降解水中的阻燃剂，并对降解条件和有机金属框架材料的性能进行评估，讨论了阻燃剂的光催化降解动力学、降解过程中的影响因素以及降解产物的生成路径和机理。

研究结果表明，GO@MIL-101（Fe）晶体的直径比 MIL-101（Fe）更小，而且 GO@

MIL-101（Fe）对磷酸三（2-氯乙）酯的去除率高于 MIL-101（Fe），和 MIL-101（Fe）相比，GO@MIL-101（Fe）在实际水体中对磷酸三（2-氯乙）酯的去除率更稳定。同时本书作者在研究中发现在 GO@MIL-101（Fe）光催化体系降解磷酸三（2-氯乙）酯的反应过程中共检测到了 5 个主要产物，通过对这些产物的形成分析，判断其生成的主要机制包括光催化过程中 • OH 诱导磷酸三（2-氯乙）酯发生裂解、羟基化、羰基化和羧基化。

光催化氧化有很高的降解率和矿化率，耗时短，氧化性较强，使用范围广，是一种广谱高效的降解水中有机物的方法。但目前利用光催化去除水中有机污染物存在的主要问题为光源利用率低、催化剂易失活等，需进一步优化改进。可通过开发具有光催化活性且能产生自由基用于氧化有机污染物的固体光催化剂，对光催化剂改性，研究制备复合催化剂提高降解效率。

（2）臭氧氧化技术

臭氧氧化技术是利用分子态臭氧及其产生的 • OH 使溴代阻燃剂中的苯环断裂，从而将难降解有机物由大分子降解成小分子。臭氧的氧化还原电位为 2.07V，氧化反应速度快，对水中的有机物有强烈的氧化降解作用，尤其是针对水体中难降解有机物的处理效果较好。

臭氧对难降解有机物具有接触时间短、氧化效率高、操作管理方便且无二次污染等优势，在污水处理中应用较广。但臭氧氧化过程受水溶液 pH 值影响较大。主要原因为酸性水溶液氢氧根离子（OH^-）缺乏，臭氧分解缓慢；而在碱性水溶液中，OH^-作为引发剂促使臭氧迅速分解，产生具有更高氧化电位的 • OH，从而提高了有机物的降解率和去除率。另外，单独臭氧氧化通常臭氧与有机物反应具有一定的选择性，且反应效率受到限制，有机物氧化不彻底。近年来学者通过在臭氧氧化中加入不同的催化剂改变其催化体系，催化剂在氧化过程中可提高氧化反应速度，从而产生更多的自由基，提高臭氧的氧化效果。

臭氧催化剂通常有均相催化剂和非均相催化剂，非均相催化剂由于具有复杂的三维孔道结构和丰富的表面积，可提供的吸附活性位点较多。臭氧可通过附着在催化剂的表面生成羟基自由基，从而降解水中的有机物。目前，非均相催化剂臭氧氧化主要应用在工业废水的处理领域。

孙广金等研究通过沉积煅烧法制备了 MnO_2/Al_2O_3 复合催化剂，探索并得到臭氧催化氧化催化剂制备的最佳工艺参数及最优工艺条件。MnO_2/Al_2O_3 复合催化剂 MnO_2 的最佳含量为 5%，臭氧的最佳投加量为 2.5g/h，催化氧化最佳的反应 pH 值为 8.0 ～ 9.0，催化氧化塔中复合催化剂的最佳填充率为 70%。研究结果表明，该工艺条件下制备的 MnO_2/Al_2O_3 复合催化剂对废水中的高毒性双酚 A-（双二苯基磷酸酯）磷系无卤阻燃剂降解展现出较高的去除效率。

近年来，以臭氧为基础的高级氧化组合工艺逐步发展起来，分别有学者研究了 O_3/ 高铁酸盐、UV/O_3、O_3/H_2O_2 等联用技术对溴代阻燃剂的去除效果。和单一臭氧相比，以上组合去除工艺能够在降解阻燃剂的过程中生成更多的 • OH，从而加快氧化速率，提高阻燃剂的降解率。

目前有学者研究利用臭氧氧化工艺降解水体中的四溴双酚 A，虽然有一定的去除效果，但对氧化过程中的中间产物、降解机制及生物毒性等缺乏系统的研究，且利用臭氧氧化处理四溴双酚 A 存在潜在溴酸盐生成等风险。韩琦等在分别研究臭氧和高铁酸盐两种氧化工艺对四溴双酚 A 的降解效能与机制的基础上，进一步考察两者的联用工艺处理四溴双酚 A 的效能与机制，为降解水中四溴双酚 A 提供更多选择性。

研究结果表明，臭氧氧化工艺可以快速高效地降解四溴双酚 A，但该工艺处理过程也存在较高的溴酸盐生成风险。在四溴双酚 A 为 1.0mg/L，臭氧浓度为 4.0mg/L，反应 30min 后溴酸盐生成量可高达 80.5μg/L。同时，臭氧氧化工艺能显著控制四溴双酚 A 降解过程中的毒性，包括急、慢性毒性和有毒中间产物；且延长反应时间和提高臭氧浓度有利于对毒性的控制。

高铁酸盐氧化工艺也可快速、高效降解四溴双酚 A，且该工艺对溶液 pH 的适应性较强，在较宽的 pH 值范围内（3 ～ 9）对四溴双酚 A 均具有显著的降解效能。当高铁酸盐浓度为 1mg/L 时，经 30min 接触氧化，其对 1mg/L 四溴双酚 A 的平均脱溴水平为 30%，低于臭氧对四溴双酚 A 的脱溴水平；当高铁酸盐浓度增加至 5.0mg/L 时，脱溴率高达 64.65%，且整个反应过程中均无溴酸盐生成风险。

（3）其他化学法

相关研究分析了利用臭氧和高铁酸盐联用工艺的协同除污效能机理和溴酸盐控制机理。结果表明，该联用工艺在高效降解四溴双酚 A 的同时具有较高的脱溴水平，且对溴酸盐和生物毒性均有显著的控制效能。在 0.1mg/L 高铁酸盐预氧化 3min 后，投加 1.0mg/L 臭氧反应至 30min 时，1mg/L 的四溴双酚 A 可完全被降解，矿化度高达 80.5%，脱溴率为 91.3%，且无溴酸盐生成，同时与单独臭氧或高铁酸盐氧化相比，联合工艺均具有更好的毒性控制能力。

臭氧和高铁酸盐联合工艺在四溴双酚 A 的氧化去除方面具有显著的优势。首先，两者在氧化势能上具有协同和叠加效应。其次，高铁酸盐氧化过程中产生的中间产物（如水合铁离子、水合铁氧化物及羟基氧化铁等）可进一步催化臭氧分解产生更多的羟基自由基。再者，高铁酸盐的低价态铁系物可被氧化成较高价态，持续发挥作用。在溴酸盐控制方面，联合工艺对臭氧直接途径和间接途径产生的溴酸盐均有控制作用，其主要机理是通过高铁酸盐的中间产物［Fe（Ⅲ）、Fe（Ⅱ）、H_2O_2、O_2^-］对羟基自由基的损耗、对溴酸盐或其中间产物的还原、絮凝等发挥作用。

尽管臭氧氧化去除水体中的有机物具有多种优势，但由于臭氧氧化过程成本较高，因此在该项氧化技术使用过程中需要通过降低电耗、加强对气水接触方式和接触设备的研究，提高臭氧的利用率。同时采用基于臭氧的组合工艺可行性更强，在水处理领域对阻燃剂的去除效果更好，具有更好的应用前景。

冯桂学等研究了采用传统处理工艺（预絮凝、砂滤和后氯化工艺）和深度处理工艺［臭氧和活性炭、紫外线 / 过氧化氢（UV/H_2O_2）、活性炭、超滤膜、纳滤膜］对山东省济南市的两个市政工厂和一个试点工厂 9 种有机磷类阻燃剂［（2-乙基己基二苯基磷酸酯（EHDPP），磷酸三辛酯（TEHP），磷酸三异丁酯（TIBP），磷酸三丁氧乙酯（TBEP），磷酸三丁酯（TBP），磷酸三（2-氯乙）酯（TCEP），磷酸三（2-氯丙）酯（TCPP），磷酸三（1,3-二氯异丙）酯（TDCP）和磷酸三苯酯（TPP）］的去除效率（图 3-3）。研究结果表明，传统工艺对 9 种阻燃剂的移除效率为 12.0% ～ 15.4%。臭氧和活性炭以及 UV/H_2O_2 和活性炭工艺比传统的处理工艺更有效，其中臭氧和活性炭工艺去除效率为 35.6% ～ 60.3%，UV/H_2O_2 和活性炭工艺去除效率为 68.0% ～ 86.7%。超滤的去除效率为 11.2% ～ 69.8%，与阻燃剂的 $\lg K_{ow}$ 值呈正相关。以超滤膜工艺为预处理的纳滤膜工艺对阻燃剂的去除效率几乎达到 100%，是最有效的去除手段。

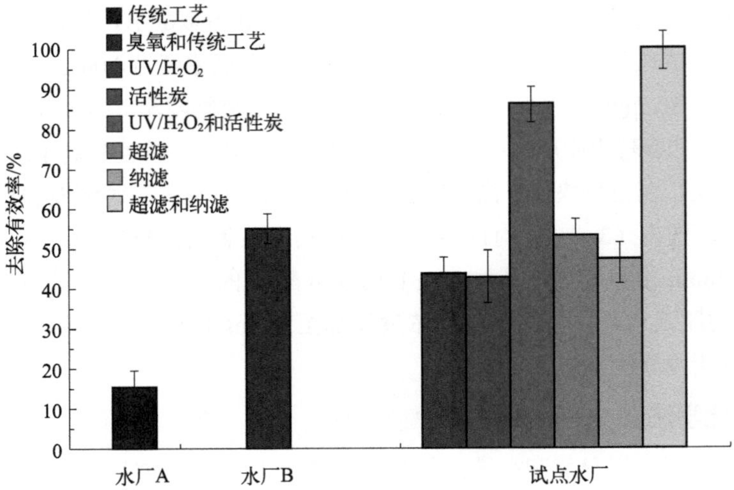

图 3-3　不同工艺对阻燃剂的处理效率

（4）过硫酸盐氧化技术

过硫酸盐是强氧化剂，对有机物的降解主要基于 $SO_4^-\cdot$反应。多硫酸盐高级氧化技术绿色环保、稳定性好、氧化反应速度快、降解效率高。与基于 · OH 进行氧化去除的高级氧化技术相比，具有高选择性、pH 值适用范围更宽，以及自由基具有更长的半衰期，这些都更有利于污染物的降解，因此具有更好的技术优势。过硫酸盐氧化是指过硫酸盐（$S_2O_8^{2-}$，PS）和单过氧硫酸氢盐（HSO_5^-，PMS）经过活化产生具有强氧化能力的 $SO_4^-\cdot$，同时 $SO_4^-\cdot$与H_2O或者 OH^-反应生成 · OH，有机物在 $SO_4^-\cdot$和 · OH 共同作用下降解，因此过硫酸盐高级氧化能力更强，可以实现对某些难降解有机物的完全去除。但是在反应有效性、低成本和及时去除污染物方面仍然存在一些挑战。

宋青云等采用基于 SO_4^{2-}的高级氧化工艺，分别研究了亚铁离子（Fe^{2+}）活化过硫酸钾（PS）和铁酸钴（$CoFe_2O_4$）活化单过氧硫酸氢钾（PMS）降解磷酸三苯酯的效能和机制，同时对不同的影响因素下的磷酸三苯酯降解进行了全面系统的研究。研究结果表明，Fe^{2+}/PS 工艺可有效降解水溶液中的磷酸三苯酯。pH 4.0 ～ 9.0 条件下磷酸三苯酯的降解率相差不大，表明磷酸三苯酯降解效果受 pH 影响不明显。腐殖酸能够提高磷酸三苯酯的降解效果，但促进效果不大，表明 Fe^{2+}/PS 工艺在针对水中磷酸三苯酯的实际降解应用中可取得较稳定的处理效果。对阴离子的研究结果则表明，阴离子 Cl^-、NO_3^-能够抑制磷酸三苯酯降解，而 HCO_3^-对磷酸三苯酯的降解效果则与其浓度水平有关。在河水、海水、市政污水和自来水水样中的降解实验效果表明，实际水中的磷酸三苯酯处理需要更高的氧化剂用量和较长的氧化时间，才可能从天然水中有效去除和高度矿化磷酸三苯酯。猝灭实验表明，Fe^{2+}/PS 降解磷酸三苯酯过程中生成的主要自由基是 $SO_4^-\cdot$。产物鉴定和推断提出磷酸三苯酯降解途径可能主要涉及羟基化和苯氧基键断裂。$CoFe_2O_4$NPs/PMS 工艺同样可有效降解水溶液中的磷酸三苯酯。在 pH 7.0 条件下，6min 内 0.25g/L 的 $CoFe_2O_4$ 和 0.5mmol/L 的 PMS 可降解 99.5% 10μmol/L 的磷酸三苯酯。在研究的 pH 值（5.0、7.0 和 9.0）条件下，pH 值对磷酸三苯酯降解影响小，降解最佳 pH 值为 7.0。水中阴离子 HA、Cl^-、NO_3^-和HCO_3^-均抑制磷酸三苯酯降解，表明实际处理中阴离子不利于其降解。此外，根据猝灭实验，$CoFe_2O_4$NPs/PMS 降解磷酸三苯酯过程中的

主要自由基是 $SO_4^{-}\cdot$ 和 · OH，但是以 $SO_4^{-}\cdot$ 为主。$CoFe_2O_4$NPs 在实验条件下具有五次循环可重复使用性。$CoFe_2O_4$ 活化 PMS 的机制是基于 ≡ Co^{2+} 和 ≡ Co^{3+} 以及 ≡ Fe^{3+} 和 ≡ Fe^{2+} 的循环。根据产物鉴定实验推断磷酸三苯酯可能的转化产物路径主要涉及苯氧基键裂解和羟基化。

王卓悦分别研究了连二亚硫酸钠体系和铁离子活化强化后的连二亚硫酸钠对四溴双酚 A 和十溴二苯醚两种溴代阻燃剂的降解能力，得出两种反应体系的最优化的反应条件，并考察典型物质对该降解过程的影响。研究结果表明，两种体系对四溴双酚 A 和十溴二苯醚两种溴系阻燃剂的降解效果存在显著差异，尤其是对十溴二苯醚的有效降解率。研究中发现未经铁离子活化强化的连二亚硫酸钠可有效降解四溴双酚 A，当四溴双酚 A 浓度为 1μmol/L、连二亚硫酸钠浓度为 200μmol/L、pH 值为 7、温度为 30℃时，四溴双酚 A 的降解率为 83.7%，脱溴率为 76.4%，矿化率为 14.4%，反应的活化能为 45.2kJ/mol。然而，连二亚硫酸钠对十溴二苯醚的降解基本无效果。铁离子活化强化后的连二亚硫酸钠体系降解结果表明，Fe^{3+} 活化连二亚硫酸钠可有效降解四溴双酚 A 和十溴二苯醚，当四溴双酚 A 浓度为 1μmol/L、连二亚硫酸钠浓度为 100μmol/L、Fe^{3+} 浓度为 25μmol/L、pH 值为 7、温度为 30℃时，四溴双酚 A 的降解率为 87.5%，脱溴率为 83.9%，矿化率为 19.8%，反应的活化能为 20.4kJ/mol。当十溴二苯醚浓度为 1μmol/L、连二亚硫酸钠浓度为 200μmol/L、Fe^{3+} 浓度为 75μmol/L、pH 值为 7、温度为 30℃时，十溴二苯醚的降解率为 81.1%，脱溴率为 6.6%，矿化率为 13.7%，反应的活化能为 43.3kJ/mol。

相关研究中根据目标物的降解中间产物 GC-MS 结果进行分析，四溴双酚 A 和十溴二苯醚的降解途径主要包括脱溴、羟基化以及甲基化。与连二亚硫酸钠降解相比，连二亚硫酸钠 /Fe^{3+} 体系降解四溴双酚 A 时，除脱溴作用外还同时存在碳碳键的断裂，因此其四溴双酚 A 最终的脱溴率、矿化率也得到进一步提高。推测两体系通过连二亚硫酸钠的分解、水解作用及 Fe^{3+} 活化产生活性物质，其中在连二亚硫酸钠 /Fe^{3+} 降解体系中氧化性活性基团的比重略大于连二亚硫酸钠体系，因此降解和脱溴效果更优。

（5）Fenton 氧化技术

高级氧化中的另一种较为常见的氧化技术为 Fenton 氧化。Fenton 氧化的原理为 H_2O_2 在亚铁盐的催化作用下发生反应生成 · OH，利用 · OH 将有机物进行氧化和矿化，从而达到去除水中有机污染物的目的。Fenton 试剂易于储存，操作简便，反应条件温和，有机物的氧化速率和矿化效率高，是去除有机污染物的有效方法之一。

研究发现，Fenton 氧化的氧化效率与 pH 值有关，通常在 pH 值为 2 ～ 4 的情况下氧化效果最好。单一的 Fenton 技术虽然有效，但需要加入大量的 H_2O_2，化学药品投入较高且去除效果与溶液 pH 值范围密切相关。同时还有一些局限性，如铁渣的过量产生造成的处置困难并有可能导致二次污染等。因此，研究人员在 Fenton 试剂的基础上引入氧化剂或紫外光等进一步提高 · OH 的生成速率，进而提高氧化效能，这种氧化方法称为类 Fenton 氧化。类 Fenton 氧化可以有效提高有机污染物的去除率和矿化率，加快有机污染物的降解反应速度，但存在费用高、能耗大等问题。

（6）超声波技术

超声波（US）技术的原理是通过高温热解效应、自由基氧化效应、超临界氧化等化学效应进行阻燃剂的降解去除。超声波降解反应条件温和且操作简单，没有二次污染，但是降解效率低。

（7）电化学氧化技术

电化学氧化是指利用外加电场，使污染物在电场中发生一系列物理化学反应，从而达到去除污染物目的的处理工艺。

（8）零价金属还原法

对溴代阻燃剂的另一种化学降解方法为零价金属还原法。该方法中使用最多的为零价铁。同时有研究表明，在零价铁反应体系中加入 Cu、Ni 等贵金属，H_2 可以更加轻易地还原溴代物，同时也可以增强 Fe^{2+} 的还原作用。

唐宝玲利用生物炭和液相还原法制备了 nZVI、nZVI-BC 以及 nZVI-BC-P，并进行表征，从而研究改性零价纳米铁对溴代阻燃剂的降解。生物炭负载零价纳米铁降解 TBBPA 酸性条件及低浓度对于 nZVI-BC-P 降解 TBBPA 更加有效。nZVI-BC-P 对 TBBPA 的降解过程符合准一级反应动力学方程，表观速率常数随着 nZVI-BC-P 投加量的增加而增大、随着溶液的 pH 值以及初始浓度的增大而逐渐减小。nZVI-BC-P 降解 TBBPA 的过程是氢原子逐步取代溴原子，使其先脱溴为 tri-BBPA 和 di-BBPA，最后溴原子被进一步取代生成 mono-BBPA 和 BPA。在温度为 25℃、pH 值为 3.0、投加量为 5g/L 时，对初始浓度为 0.5mg/L 的 BDE-209 的降解效率接近 80%。随着 nZVI-BC-P 投加量的增加，BDE-209 去除效率增加。在低浓度、酸性条件下，nZVI-BC-P 对 BDE-209 的降解效果更加优异。nZVI-BC-P 体系降解 BDE-209 是一种逐级脱溴的过程，最终 nZVI 可以将其降解为二溴二苯醚以及一溴二苯醚，并且相对于邻位和对位的溴原子而言，间位的溴原子更易被脱除。

（9）其他法

王晓寒等在研究中探讨了基于 $FeTiO_3$ 的类 Fenton 降解和紫外光协同过硫酸盐氧化降解磷酸三（2-氯丙）酯（TCPP）的效能。研究结果表明，在 $FeTiO_3$、UV 和 PS 两两组合的体系中，TCPP 在 240min 内的降解率仅在 10% ～ 30%；而在 $FeTiO_3$、UV 和 PS 三者共存的体系中，降解效果显著提升，240min 内降解率可达 80% 左右。这表明 $FeTiO_3$ 在体系中发挥了协同提高体系氧化能力的效果。同时作者采用发光菌抑制实验研究了 TCPP 降解过程溶液的急性毒性变化，发现由于含氯中间产物的存在，增强了反应液的毒性效应。

罗锦秋对纳米零价铁及硫化纳米零价铁活化过一硫酸盐降解磷酸三苯酯的性能进行了比对研究。发现硫化能提高纳米零价铁的电子转移能力与表面疏水性，从而提升了硫化纳米零价铁-过一硫酸盐体系的催化能力。

陈潇等利用甘蔗渣制备生物炭负载零价纳米铁材料，研究了其对土壤中的十溴二苯乙烷的去除效应。研究结果表明，生物炭的加入使零价纳米铁均匀分散在生物炭的表面，改善了纳米零价铁的分散程度，提高了纳米零价铁的反应活性。研究对比了生物活性炭、纳米零价铁以及生物活性炭 / 纳米零价铁三种材料对十溴二苯乙烷的去除效果。生物活性炭 / 纳米零价铁去除效率最高，当投加量为 0.10g/g、生物活性炭与纳米零价铁比例为 2∶1、十溴二苯乙烷初始浓度为 10mg/kg 时，24h 内去除率可达到 86.90%。去除机理包括吸附和降解的共同作用。

3.3.3.3 生物降解法

生物降解法是通过自然界中微生物将溴代阻燃剂作为唯一碳源，或与其他有机质进行共代谢的方法。

林小秋研究了电极和纳米钯铁强化四溴双酚 A 生物降解及作用机制。研究阐明了生物电化学系统阳极和纳米钯铁双金属两种生物激活方式对功能微生物的激活效应及作用机制，揭示了核心功能微生物生态网络互作机制，为开发高效稳定的难降解有机污染物生物修复技术提供重要依据。

研究中以底泥富集液为接种源，发现经过生物阳极驯化后的体系显著提高了四溴双酚 A 的厌氧降解转化效能（较开路对照提高了 2.4 倍），抑制了有毒副产物双酚 A 的生成。生物阳极体系四溴双酚 A 第一步反应包括还原脱溴和水解脱溴，还原脱溴终产物为双酚 A，水解脱溴产物双酚 A 进一步发生甲基化和局部开环反应，最后开环产物降解并可能发生矿化。纳米钯铁添加显著提高了四溴双酚 A 在底泥中的还原脱溴速率，有毒副产物双酚 A 进一步降解并最终可能发生矿化。当底泥体系中引入纳米钯铁（优化后的添加量 0.412g/L，Pd 负载量 0.5%）后，四溴双酚 A 降解速率常数 k 较单纯底泥条件提高了 3.7 倍。四溴双酚 A 在单纯底泥条件中只发生以双酚 A 为终产物的还原脱溴反应，而在纳米钯铁添加后完全脱溴产物双酚 A 进一步经过 β 断裂和氧化水解作用形成 4-丙烯酚和 2,2-双（4-羟基苯基）丙酸，最后中间代谢产物进一步降解，并可能发生矿化。两种生物激活方式影响下功能微生物之间相互作用更加紧密，微生物之间互利共生或者共享类似的生态位，这种共存现象对四溴双酚 A 强化降解脱毒起到重要作用。同时研究中提出通过引入电子受体（生物电化学阳极）和电子供体（纳米钯铁）两种生物激活方式能够明显优化微生物群落结构，为功能微生物提供适宜的生存环境（包括充足的电子供受体和适宜的氧化还原电位等），从而更有利于四溴双酚 A 的降解和产物的最终矿化等。

生物降解法去除阻燃剂运行成本较低，作用广，降解过程中没有二次污染，可以使环境保持其自身的自净能力。但生物降解法去除阻燃剂降解过程中由于大多数溴代阻燃剂毒性较强，会干扰微生物独有的新陈代谢机制，导致降解速率较慢，耗时较长。并且，微生物培育时间长，降解速率还会受到酶的影响，酶作为催化剂可以加快反应，但环境温度、pH 值等都会对酶的活性产生影响，导致反应速度下降。同时，在降解溴代阻燃剂时产生的一些中间产物也会导致酶的反应活性降低，污染物的降解效果也随之降低。

环境中的阻燃剂本身比较稳定难以降解，在水生态环境中被微生物厌氧降解代谢速率较慢，易于在厌氧或缺氧的底泥中高度富集和脱溴降解产物的积累等。底泥中阻燃剂的生物降解是多种微生物的共同作用，目前对可降解阻燃剂的微生物种类发现较少，且对其降解过程中的影响因素与降解机理研究尚不深入。另外，目前微生物降解的研究主要集中在厌氧微生物降解，相对好氧降解而言，厌氧降解过程周期长，多局限于还原脱溴环节，降解不彻底，因此发展好氧微生物降解技术对微生物降解技术发展具有重要的科学意义。

3.4 二噁英

二噁英（dioxin, PCDD/Fs）是一种无色无味、毒性严重的脂溶性物质。它的性质非常稳定，在强酸、强碱和氧化剂中仍能稳定存在，很难被微生物、光、化学、催化降解。熔沸点较高，超过 700℃才会分解，1000℃以上结构才能被破坏，然而温度降低时还会再次合成。蒸气压较低，挥发性小。极难溶于水，可以溶于大部分有机溶剂。它可以长期存在于生物体或者自然界中，水体中的存在周期为 100 ～ 2000d，在人体内的半衰期为 7 ～ 12 年，在土壤中的半衰期为 12 年，在自然沉积物中的半衰期超过 100 年。

二噁英是首批被列入斯德哥尔摩公约的 12 种持久性有机污染物之一，是目前发现的无意识合成的副产品中毒性最强的化合物，被世界卫生组织列为剧毒化合物。随着近代工业的飞速发展，出现了一系列二噁英污染事件，引起了人们的关注。1968 年，日本发生了米糠油事件，人们吃的食用油被多氯联苯和二噁英污染，导致出现了大量“油症”皮肤病患者。1979 年，中国台湾省再次发生米糠油中毒事件，约 2000 人受到影响。1965 年，美国在越南战争中大量使用一种名为“橙剂”的除草剂，几十万人因此死亡或致残，另有 100 万人出现各种健康问题。1976 年，意大利一家化工厂发生爆炸事故致使二噁英外泄，许多动物遭到污染后死亡，当地居民出现热疹、头痛、腹泻和呕吐等症状，多年后这些居民中生育畸形儿比例仍很高。1999 年，比利时发生了“毒鸡事件”，鸡猪牛等饲养动物吃了含高浓度二噁英的饲料，波及范围超过 1500 家养殖厂，扩散至德国、法国、荷兰等国，直接损失 3.55 亿欧元。所以进行二噁英的污染研究和防治具有重要意义。

我国一直致力于二噁英排放的管控，一系列政策不断出台。1998 年我国颁布了《国家危险废物名录》，将二噁英列入特级危险物。2000 年，我国发布了《生活垃圾焚烧污染控制标准》，对生活垃圾焚烧厂烟气中二噁英的排放标准控制为 1.0ng TEQ/m^3。2002 年颁布的《剧毒化学品名录》包括二噁英。2005 年国务院发布《促进产业结构调整暂行规定》、《产业结构调整指导目录（2005 年本）》，将削减和控制二噁英排放的技术开发与应用列为鼓励类产业。2007 年国务院批准了《中华人民共和国履行〈关于持久性有机污染物的斯德哥尔摩公约〉国家实施计划》，明确了我国二噁英控制的战略目标和行动计划。“十二五”期间发布了控制二噁英污染的纲领性文件《关于加强二噁英污染防治的指导意见》（环发〔2010〕123 号），明确提出要重点抓好铁矿石烧结、电弧炉炼钢、再生金属生产、废弃物焚烧等重点行业二噁英污染防治工作。2013 年环保部发布《二噁英污染防治技术政策（征求意见稿）》，提出了推行源头削减、过程控制、末端治理、鼓励研发的新技术和运行管理等措施。2015 年环保部发布《重点行业二噁英污染防治技术政策》，指出到 2020 年，显著降低铁矿石烧结、废物焚烧等重点行业单位产量（处理量）的二噁英排放强度，有效遏制重点行业二噁英排放总量增长的趋势。近两年，二噁英被列入《优先控制化学品名录（第二批）》，这意味着它会被采取环境风险管控措施，最大限度降低化学品的生产、使用对人类健康和环境的影响。“十四五”期间，国务院办公厅印发《新污染物治理行动方案》，将二噁英纳入 15 项国家行业污染物排放标准管控。一批重点行业的二噁英污染排放国家和地方标准陆续被修订发布以减少二噁英的排放。但我国二噁英排放总量较大，减排控制起步较晚，污染防治形势仍然非常严峻。

我国现有二噁英检测标准是《生活饮用水卫生标准》（GB 5749—2022），规定饮用水中二噁英的限值为 0.03ng/L；排放标准有《生活垃圾焚烧污染控制标准》（GB 18485—2014），规定垃圾焚烧发电烟气排放二噁英允许浓度限值为 0.1ng TEQ/m^3；《危险废物焚烧污染控制标准》（GB 18484—2020）规定二噁英排放标准是 0.5ng TEQ/m^3。还有各类地方标准，如北京市地方标准是《危险废物焚烧大气污染物排放标准》（DB 11/503—2007），二噁英排放标准是 0.1ng TEQ/m^3；上海市地方标准是《生活垃圾焚烧大气污染物排放标准》（DB31/768—2013），二噁英排放标准是 0.1ng TEQ/m^3。

3.4.1 污染特征

二噁英主要以微小颗粒的形式广泛分布于大气、土壤、水和沉积物中。地表水和污泥中的部分二噁英直接来源于排放的生产废水，间接来源是烟尘中的二噁英沉降后随地表径流进入水和污泥。水中的二噁英吸附在悬浮的颗粒物上，大部分存于底质，主要分为溶解态、溶解性有机物结合态和颗粒吸附（结合或包藏）态。

3.4.1.1 种类

二噁英是具有相似结构和理化特性的一组多氯取代的平面芳烃类化合物，环境中的二噁英主要以混合物的形式存在。由于每个苯环上可以发生 1 ～ 4 个 Cl 原子的取代反应，所以数量多达 210 种，包括 75 种多氯代二苯并对二噁英（polychlorinated dibenzo-*p*-dioxin, PCDDs）和 135 种多氯代二苯并呋喃（polychlorinated dibenzofurans, PCDFs）（如图 3-4 所示）。PCDDs 和 PCDFs 最大的区别是连接苯环的 O 原子数量。PCDDs 是 2 个被 Cl 原子取代的苯环被 2 个 O 原子连接，中间组成六元环；而 PCDFs 是 1 个 O 原子和 1 个 C—C 键连接 2 个苯环，苯环同样可被 Cl 原子取代，中间形成五元环。

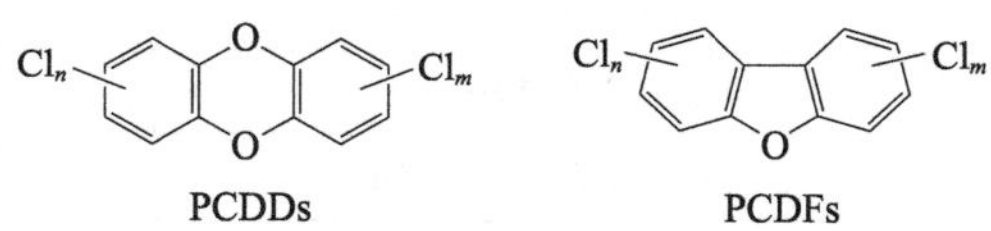

图 3-4 PCDDs 和 PCDFs 的化学结构

另外，因多氯联苯（polychlorinated biphenyls, PCBs）在分子结构、生物化学性质和毒性等方面与二噁英较为相似，所以国外一些研究人员将它称为“二噁英类 PCBs（dioxin-like PCBs）”，世界卫生组织也认为它属于二噁英类，属于 2A 类致癌物。

目前水质监控的二噁英类污染物为 2、3、7、8 四个位置同时被 Cl 原子取代的 17 种化合物（见表 3-4），包括 10 种 PCDFs 和 7 种 PCDDs，毒性也较强。这其中以 2,3,7,8-四氯代二苯并二噁英（2,3,7,8-TeCDD）毒性最大，是沙林的 10 倍、砒霜的 900 倍、氰化钾的 1000 倍，被国际癌症研究机构列为一级致癌物，其他二噁英列为三级致癌物。

二噁英的毒性因 Cl 原子的取代位置不同而有差异，在环境健康危险度评价中用它们的含量乘以毒性当量因子（toxic equivalency factors, TEF）得到等效毒性量（toxic equivalent quantity, TEQ）。TEF 是某一化合物异构体的相对毒性，以毒性最强的 2,3,7,8-TeCDD 的 TEF 为 1，将某二噁英的毒性与 2,3,7,8-TeCDD 的毒性相比得到的系数称为 TEF。毒性当量因子有 3 种版本，最常用的是 1989 年北大西洋公约组织提出的国际毒性当量因子（international toxicity equivalency factor, I-TEF）。还有世界卫生组织在 1998 年提出的 TEF 和 2005 年修订的 TEF。

3.4.1.2 来源

二噁英主要是在各个工业生产过程、废弃物燃烧中生成的副产物，还有少量是来自某些自然灾害如火山爆发和森林火灾。这些行业主要集中在冶金、废弃物焚烧、造纸、含氯化学品制造、火力发电和供热、遗体火化等 17 大类，制浆造纸和含氯化工产品的生产是我国二噁英排放的重点源，也是二噁英减排优先控制的重点行业。

表 3-4　17 种二噁英的毒性当量因子

类别	名称	I-TEF
PCDDs	2, 3, 7, 8-TeCDD	1
	1, 2, 3, 7, 8-PeCDD	0.5 ～ 1
	1, 2, 3, 4, 7, 8-HxCDD	0.1
	1, 2, 3, 4, 6, 7-HxCDD	0.1
	1, 2, 3, 7, 8, 9-HxCDD	0.1
	1, 2, 3, 4, 6, 7, 8-HpCDD	0.01
	OCDD	0.001
PCDFs	2, 3, 7, 8-TeCDF	0.1
	1, 2, 3, 7, 8-PeCDF	0.05
	2, 3, 4, 7, 8-PeCDF	0.5
	1, 2, 3, 4, 7,8-HxCDF	0.1
	1, 2, 3, 6, 7, 8-HxCDF	0.1
	2, 3, 4, 6, 7, 8-HxCDF	0.1
	1, 2, 3, 7, 8, 9-HxCDF	0.1
	1, 2, 3, 4, 6, 7, 8-HpCDF	0.01
	1, 2, 3, 4, 7, 8, 9-HpCDF	0.01
	OCDF	0.001

我国是世界上人口众多、工业源最密集的国家，是二噁英排放大国，做好统计研究二噁英排放来源的工作才能分析环境污染状况并制定有效的控制措施。2007 年我国发布了第一份以 2004 年为基准的二噁英排放清单（见表 3-5），统计得出全年共释放了 10.2kg TEQ 的二噁英，包含了 9 大类来源。金属冶炼、发电和供热、废弃物焚烧的排放量占总排放量的 81%。全年向水体共排放了 0.04kg TEQ 的二噁英，只有金属冶炼、生产和使用化学品及消费品以及废弃物处置和填埋三个来源。随着国家产业政策、工艺技术水平和生产产品数量这些因素的变化，未来二噁英的排放量和排放结构也会随之变化。我国充分借鉴和吸收了其他国家二噁英减排的成功经验，完成了大量政策法规、排查控制、监测保障等工作，取得了显著的效果。但二噁英是在燃烧等热过程或化工生产过程中无意产生的，排放源广，涉及行业多，问题复杂，所以减排工作还需要继续深入、持久推进。

在斯德哥尔摩公约网站上的国家实施计划中也列出了其他国家的二噁英排放清单，焚烧、金属冶炼、发电等热力和化学过程也是主要排放源。不同的是，许多国家的主要排放源还包括农业、森林中的明火和露天焚烧垃圾。有的国家采取了措施控制二噁英排放，效果较为明显，如美国主要通过控制发电和供热使 1987 ～ 2012 年期间的二噁英排放量减少了 95.5%（由约 14.0kg TEQ 下降至 0.6kg TEQ）。

3.4.1.3 生成机理

二噁英的生成条件有 5 个，包括含苯环的化合物如苯、酚等，含氯的化合物如氯化氢、氯气等，反应催化剂如铁、铜、锌、镍等具有催化性的金属，300 ～ 600℃的反应温度，以

表 3-5　2004 年我国二噁英排放估算清单　　单位：g TEQ/a

排放源	大气	水	产品	残余物	总量
金属冶炼	2486.20	13.50	0	2167.20	4666.90
发电和供热	1304.40	0	0	588.10	1892.50
废弃物焚烧	610.47	0	0	1147.10	1757.57
非受控焚烧	64.00	0	0	953.00	1017.00
矿物产品生产	413.61	0	0	0	413.61
生产和使用化学品及消费品	0.68	23.16	174.39	68.90	267.13
交通	119.70	0	0	0	119.70
废弃物处置和填埋	0	4.53	0	43.20	47.73
其他（主要为遗体火化）	44.20	0	0	11.00	55.20
总计	5043.26	41.19	174.39	4978.50	10237.34

及氧气。目前普遍认为的二噁英生成机理有：从头合成反应机理、前驱物合成机理、直接释放机理、高温气相反应机理 4 个。一般认为从头合成反应机理是主要的生成途径，其次是前驱物合成机理，最后是直接释放机理。高温气相反应机理只有在存在大量的前体且足够高温度的情况下，才有可能在生成二噁英中起主导作用。前两类反应在 200 ～ 400℃（低温异相催化合成反应）利用飞灰作为催化媒介，生成大量的二噁英。其中，从头合成反应机理易形成 PCDFs，而前驱物合成机理易生成 PCDDs。对于前驱物合成机理，合成二噁英的合成量主要受到前驱物的制约，在燃烧充分的情况下，前驱物的生成量大大减少，二噁英的合成受到抑制，这时从头合成反应机理占主导地位，而在燃烧不充分的情况下，前驱物大量生成，此时前驱物合成机理能迅速地大量生成二噁英，相对于从头合成反应机理，其能生成更多的二噁英，因此前驱物合成机理占据了主导地位。

（1）直接释放机理

由于二噁英具有热稳定性，所以固体废物燃烧的条件如果达不到二噁英的分解条件，它们就不会被破坏或部分分解，会通过固体残渣和烟气进入环境中。实际上，废弃物自身的二噁英含量很低，烟气中的二噁英主要是在废弃物焚烧过程中合成的。李秀莉的研究表明，废弃物焚烧产生的二噁英量比废弃物本身含有的要高，且二噁英的分子结构也不同，所以它们主要是焚烧后新生成的产物。

（2）前驱物合成机理

二噁英的前驱物有氯酚、氯苯、多氯联苯等，在燃烧温度高于 400℃，未充分完全燃烧的条件下，燃烧后区域内的飞灰表面的异相催化反应发生。具有催化作用的金属和无机盐类或氧化物等在飞灰上形成表面活化物质，吸附这些前驱物，经过一系列化学反应后生成二噁英。

（3）从头合成反应机理

从头合成反应机理又称为低温再合成反应机理，是在低温条件下（200 ～ 400℃），碳、氢、氧和氯等元素通过基元反应生成二噁英，或者由化学结构不相近的不含氯元素的有机物与氯源发生反应生成，是垃圾焚烧炉尾部低温区生成 PCDD/Fs 的重要途径之一。

（4）高温气相反应机理

高温生成主要是在垃圾炉膛高温区（500 ～ 800℃），氯苯和氯酚等氯代前驱物通过自由基缩合、脱氯等反应过程生成二噁英。在缺氧燃烧的条件下，固体废物中的所有有机氯和部分无机氯会以 HCl 的形式释放，后转化为 Cl 和 Cl_2，作为氯源与不完全燃烧产物发生氯化。燃烧过程中，不完全燃烧产物的氯化和氧化是有竞争关系的，氯源充足，就会更容易发生氯化反应而生成大量氯代不完全燃烧产物，再聚合生成二噁英。在氧气充足的条件下，高温气相生成的二噁英仅占二噁英总排放量很少的一部分。有研究认为高温气相生成机理所产生的二噁英对总二噁英的贡献量不足 10%。

焚烧产生二噁英的机理为高温气相生成、从头合成和前驱物合成；冶金产生的二噁英主要来自废弃金属冶炼和铁矿石烧结，其形成机理与废弃物中二噁英的形成机理相似，主要是从头合成反应机理和前驱物合成机理；造纸产生的二噁英主要来源于原木和添加的化学药品。造纸过程中，木质素通过取代反应、置换反应、加成反应等形成有机氯化物，有机氯化物是形成二噁英的前驱物。制造含氯化学品的过程中产生的三氯苯、多氯联苯等物质都能通过相应的化学反应生成二噁英。

3.4.1.4 迁移转化

二噁英具有长距离迁移性，可以通过空气和水等介质传播到很远的地方并沉积，蒸气压、降解和气-粒分配行为等因素会影响迁移转化过程。首先因为二噁英的半挥发性，在室温下就能挥发进入大气层或吸附在颗粒物上，如 $PM_{2.5}$、PM_{10} 等固体悬浮颗粒，都是其可吸附的对象。又因为其持久性，所以二噁英能在大气环境中长距离迁移而不被完全降解，然而半挥发性又让它们不会永久停留在大气层中，它们会在如下雨等一定条件下再次沉降，然后又在某些条件下挥发。在不停的挥发和沉降过程中，二噁英经历了一系列物理化学变化扩散到全球的各个地方，甚至南极、北极和青藏高原的环境或生物体内都检测出了二噁英。

3.4.1.5 健康风险

由于二噁英是脂溶性物质，所以非常容易在生物体内积累，可通过水生食物链逐级传递和富集，即水—浮游植物—浮游动物—鱼贝类—人，从而威胁人和动物的健康安全。二噁英进入人体后蓄积于脂肪层与肝脏中，可以积累 7 年以上且很难排出体外。它进入人体的方式主要包括皮肤、呼吸道和消化道，一般 80% ～ 90% 的二噁英来自食物和水的摄入，特别是乳制品、肉类、鱼类和贝壳类食品。少量的二噁英摄入来自呼吸含有二噁英的空气、接触被污染的水和土壤。20 世纪 60 年代，美国首次提出健康风险评价的概念。1998 年世界卫生组织规定人体每日允许摄入量为 1 ～ 4pg TEQ/kg。2008 年环境保护部规定二噁英的每日可耐受摄入量是 4pg TEQ/kg。

许多国家检测出螃蟹中含有二噁英，部分样本甚至超过了相关的食品安全标准。Clark 等发现从英国和荷兰取样的螃蟹平均总 TEQ 分别高达 22pg TEQ/g ww 和 67pg TEQ/g ww。Rao 等研究发现从长江下游采集的绒螯蟹中可检测到 17 种 PCDD/Fs，污染主要通过沉积物—蜗牛—蟹链和沉积物—蟹链转移和积累。2016 年香港食品安全中心抽查市场上的 5 只大闸蟹样本，发现其中 2 只二噁英含量超标。张建清等发现淡水养殖鱼体内二噁英污染水平约是海水养殖鱼的 2 倍，可能是因为淡水鱼养殖区距离城市更近，受到人类活动后带来的环境污染更为严重。

短期接触高剂量的二噁英或长期接触低剂量都对人体健康产生严重的影响。张志仁等概述二噁英类化合物的毒性作用机制主要是通过与机体细胞内芳香烃受体相结合，随后结合物转入细胞核，与芳香烃受体核转位子蛋白（aryl hydrocarbon receptor, AHR）结合，两者形成的复合物与胞内二噁英反应增强子作用，诱导了特异基因的表达，可将前致癌物转化为致癌物，导致毒性作用。Enan 等发现 2,3,7,8-TeCDD 可通过芳香烃受体使细胞内的 cAMP 依赖的蛋白激酶激活，增高细胞内 Ca^{2+} 水平，加强细胞分泌功能，以及影响糖原分解和合成途径及葡萄糖的摄取，这说明了二噁英是如何导致机体脂肪消耗和性衰竭的。

二噁英急性中毒可致死。短期接触高剂量二噁英，可能导致皮肤损害，如氯痤疮和皮肤色斑，还可能改变肝脏功能，并伴随有胸腺萎缩和废物综合征，即出现严重的体重下降、肌肉和脂肪组织急剧减少，直到感染几天后死亡，这可能是由于通过影响下丘脑和脑垂体以减少进食量。根据动物实验验证，不同物种之间的致死量差别很大，动物的质量均为 1000g 时，豚鼠最敏感，当暴露在 0.6μg/kg bw 的 2,3,7,8-TeCDD 环境中就会死亡，而仓鼠在大于 3000μg/kg bw 的 2,3,7,8-TeCDD 环境中死亡，它们相差 5000 倍。

受到二噁英长期低剂量的暴露对人体健康的危害主要为：损害免疫系统、改变生殖和遗传功能、具有致癌性、干扰激素四点。对人类产生的最大危害就是不可逆的致畸、致癌和致突变等。对胎儿会影响神经系统的发育，导致智力障碍、雌性化、致畸，甚至是死亡。对男性会降低血清中雄性激素浓度，生殖器大小异常，雌化激素反应，行为雌性化；女性的生育能力下降，流产，子宫内膜异味。二噁英还会影响细胞内 DNA 表达，可导致肺癌、肝癌等多种癌，其中由于肝脏较早接触二噁英，是最易受到攻击的靶器官。肝脏病变的表征是体积增大、实质细胞增生与肥大，主要表现为肝细胞变性坏死、胞浆内脂滴和滑面内质网增多、微粒体酶及转氨酶活力增强、单核细胞浸润等。对免疫功能的损害会严重影响身体的抵抗力，免疫抑制会导致传染病的易感性和发病率增加，免疫系统的失调会导致自身免疫性疾病。二噁英对体液免疫和细胞免疫都有抑制作用。

二噁英作为环境内分泌干扰物具有与人体激素相似的作用，但它不被代谢和排出，极小剂量的二噁英也可能引起激素分泌的紊乱，包括细胞分裂、组织再生、生长发育、代谢和免疫功能，导致内分泌紊乱、免疫力低下和神经系统混乱等。例如二噁英会降低甲状腺激素水平，影响甲状腺激素稳定性，可以影响机体胰岛素及其受体水平，干扰糖代谢，导致糖尿病。

3.4.2 筛检技术

环境中的二噁英分析属于超痕量、多组分分析，对分析技术的特异性、选择性和灵敏度的要求极高。与气体、固体相比，检测水样中的二噁英更加复杂和困难，因为它们的含量极低，在仪器分析之前通常需要大量的水进行富集和净化。另外，成分复杂，同分异构体、同类物特别多，毒性差别也特别大，分析时必须把它们比较明确地分开，也就要求分析方法的特异性、确认性特别高。因此，关于水中二噁英浓度和分布的数据很少，目前尚无描述我国饮用水中二噁英浓度和分布的数据。同样，在其他国家和地区，如日本、德国、美国、俄罗斯、波兰，关于饮用水中二噁英的研究也很少。

现有的水质检测方法主要分为化学检测法、生物分析法和免疫法。目前主要的化学检测法是高分辨气相色谱 / 高分辨质谱法，生物分析法有酶活力诱导法（EROD）、化学诱导萤光素酶表达基因法（CALUX），免疫法有酶免疫分析法（EIA）、荧光免疫分析法（DELFIA）等。

3.4.2.1 化学检测方法

（1）高分辨气相色谱-高分辨质谱联用法

高分辨气相色谱-高分辨质谱联用法（HRGC-HRMS）是目前化学分析的主要方法，具有极低的检测限、高灵敏度、高选择性、高特异性、定性定量准确等优点。1987 年，美国环境保护局（US EPA）最早宣布并开始使用分辨率超过10000的HRGC-HRMS方法。此后，美国、日本、欧洲等发达国家和地区都在此基础上建立了各自的检测方法，其中具有代表性的有美国 EPA 的 8290 方法、1613 方法、23 方法，欧盟 EN 1948 方法，日本 JIS K0312 工业废水和污水中的二噁英类标准分析方法和 EPA 1613 方法类似。

中国国家环境保护总局在 2008 年发布了《水质 二噁英类的测定 同位素稀释高分辨气相色谱-高分辨质谱法》（HJ 77.1—2008）。该检测方法使用 17 种以上的同位素标记二噁英作为内标物质。分析过程包括样品采集、提取、净化、分析和数据处理。其中，提取和净化属于样品前处理阶段，目的是去除其中的干扰物质，浓缩富集二噁英后使用仪器定性定量分析。

1）采样

根据不同类别的水质确定不同的采样量。

2）提取

提取是整个方法中非常关键的一步。液液萃取、固相萃取和索氏提取是经常被采用的方式。索氏提取是传统的提取方法，具有设备要求低和操作简单的特点，但是时间长达 24h 且消耗有机试剂量大。一些新方法如超声提取、微波提取、热提取、加速溶剂提取（ASE）、超临界流体萃取（SFE）等可以减少使用的试剂量，还可以缩短时间。其中，ASE 被《饲料中二噁英及二噁英类多氯联苯的测定 同位素稀释-高分辨气相色谱 / 高分辨质谱法》（GB/T 28643—2012）和《食品安全国家标准 食品中二噁英及其类似物毒性当量的测定》（GB 5009.205—2013）推荐为饲料和食品中二噁英的提取方法。Youn 等采用 ASE 法萃取水样，回收率在 61% ～ 98% 之间，能够满足 EPA 1613 和 JIS K0312 方法的要求，可以用于水样中二噁英的高通量分析，并且相比传统的抽滤水样-索氏提取-硅胶柱净化的方法，分析时间可缩短到 3d。

另外，ASE 法用于提取土壤及底泥沉积物中的二噁英效果也良好。Chuang 等提取底泥中的二噁英，将底泥与硅藻土混合置于 ASE 萃取池，用免疫化学法（ELISA）和气相色谱 / 高分辨质谱（GC/HRMS）检测分析，沉积物中的二噁英回收率可达 116%±11%。Aguial 等将沉积物样品与无水硫酸钠混合置于 100mL 的 ASE 萃取池中提取，分析表层沉积物中的二噁英，回收率为 84%。ASE 法适合用于较脏样品的提取，不仅有效节省时间，还能减少有机试剂的用量。

3）净化

使用硫酸处理-硅胶柱净化或多层硅胶柱净化，若仍需进一步净化干扰物，可以采用氧化铝柱或活性炭硅胶净化。干扰物种类较多时可以选择多种方式组合净化。

HRGC-HRMS 方法也有不可避免的缺陷：采样和处理复杂，检测周期长至 14d，投入成本高，对定性、定量用的标准样品有很高的要求，同时对实验室和操作人员也有较高要求，不适用于大批量样品的检测。用该方法检测每个样品的成本高达 1000 美元左右。

刘源等利用 HRGC-HRMS 法测定了生活饮用水中 17 种 PCDD/Fs，采用液液萃取的方法提取、净化和富集生活饮用水中二噁英，然后依次用酸性硅胶柱、中性氧化铝柱以及活性炭柱净化分离样品萃取液。检出限为 0.1pg/L，远低于标准 HJ 77.1—2008 规定的取样量为 10L 时最低检出限值为 0.5pg/L。在低、中、高的加标浓度下，17 种 PCDD/Fs 的平均加标回收率范围分别为 78.0% ～ 116.0%、86.9% ～ 114.0%、78.3% ～ 101.0%，相对标准偏差分别为 3.74% ～ 24.30%、1.48% ～ 11.20%、2.75% ～ 14.50%。

Gao 等在 2014 年分析了洞庭湖的水样和污泥，其水质在 1960 ～ 1980 年期间使用五氯酚钠受到二噁英污染，分析得出 8 个水样浓度为 36 ～ 345pg/L，平均值为 191pg/L，毒性当量为 0.17 ～ 0.37pg/L，平均值为 0.28pg/L，高于加拿大环境质量标准（0.038pg WHO-TEQ/L）和美国环境保护署水质标准（0.014pg WHO-TEQ/L），污泥中二噁英的浓度和水样相同。其中 OCDD 在每个水样中都存在，占总含量的 67% ～ 95%。

（2）色谱-低分辨质谱联用法

色谱-低分辨质谱联用法（GC-LRMS）是较早就开始用于检测二噁英的方法，具有仪器占用空间小、成本低、操作简便等优点。它简化了 HRGC-HRMS 方法中的样品采集、提取、净化及富集等操作步骤，可以选择性地使用内标物质。近年来，三重四极杆质谱（GC-MS/MS）也在部分研究中用于 PCDD/Fs 的分析。

三重四极杆质谱是一种串联质谱，采用多重反应监测模式（MRM），待测化合物在离子源作用成带电离子，经第一级质量分析器分离筛选出特征母离子，在碰撞室发生诱导解离生成子离子，在第二级质量分析器得到分离，特征子离子最终到达检测器得到二级质谱。MRM 模式实现了母离子和子离子的一一对应，有效减少了其他离子的干扰，降低本底噪声，提高了选择性和灵敏度，因此，串联质谱法特别适用于分析基质复杂、干扰因素多、待测化合物含量极低的样品。

2017 年，孙慧中等采用 GCMS-TQ8050 三重四极杆质谱仪，进样量为 20 ～ 200fg 的 17 种二噁英的信噪比均大于 50dB，色谱峰面积的 RSD ＜ 20%（n=12），方法在较宽的浓度范围内具有良好的线性，还通过比对 HRGC-HRMS 和 GC-MS/MS 分析测定土壤和污泥样品，发现 GC-MS/MS 测得土壤和污泥中 PCDD/Fs 的毒性当量（TEQ）的平均值是 0.4pg WHO-TEQ_{2005}/g 和 5.33pg WHO-TEQ_{2005}/g；而 HRGC-HRMS 测得环境样品中 PCDD/Fs 的 TEQ 是 0.54pg WHO-TEQ_{2005}/g 和 5.92pg WHO-TEQ_{2005}/g，它们的相对偏差＜ 15%，表明 GC-MS/MS 与 HRGC-HRMS 的分析结果具有良好的一致性。

徐驰等运用三重四极杆质谱多反应监测方法，建立了高灵敏度和高选择性的同位素稀释气相色谱-三重四极杆质谱法测定 17 种 2,3,7,8-氯取代二噁英同类物的痕量分析方法。该方法在浓度范围 0.5 ～ 2000.0μg/L 之间具有良好的线性，相对标准偏差 <3.0%，方法检出限为 0.008 ～ 0.080μg/L，适合环境样品中超痕量二噁英的分析。张利飞等基于 Agilent 气相色谱-三重四极杆质谱测定环境样品中二噁英，结果表明在浓度范围 0.5 ～ 2000ng/mL 之间具有良好的线性，17 种二噁英的相对响应因子在 0.96 ～ 1.21 之间，定量限范围在 0.080 ～ 2.83pg/μL 之间。

3.4.2.2　生物分析法

（1）化学诱导萤光素酶表达基因法

化学诱导萤光素酶表达基因法（CALUX）是一种体外生物测试法，通过测定重组哺乳动物细胞暴露于污染物所产生的荧光强度，结合毒性当量物质的响应值，来评价污染物的综合毒性效应。该方法将萤火虫的萤光素酶基因导入细胞内的受体结合物质，一旦该细胞暴露于特定范围的化学物质，便会产生萤光素酶而发光，发光的强度大小与化学物质浓度成正比（见图 3-5）。

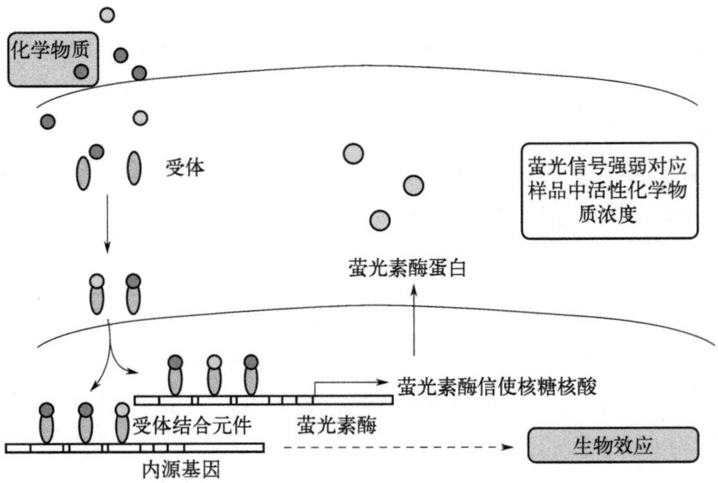

图 3-5　化学诱导萤光素酶表达基因法原理简图

CALUX 方法首先利用基因工程技术，把哺乳动物细胞的细胞色素 P_{450} 基因（CYPIAI）和萤火虫的萤光素酶合成基因重组到大鼠肝癌细胞系（H4IIE）染色体上。脂溶性二噁英类污染物透过细胞膜，与细胞内多环芳烃受体可逆性结合，形成配体-AhR 复合物，使 AhR 的构象发生改变，进入细胞核内。在细胞核内配体-AhR 复合物和核内转运蛋白（ARNT）结合，形成配体-AhR-ARNT 复合物，特异性地与染色体上二噁英应答区域结合，并激活细胞色素 P_{450} 基因和萤光素酶合成基因合成萤光素。该测试系统合成的萤光素量及荧光强度与测定系统中加入的二噁英类物质的量成正比。

与化学检测法等其他检测方法相比，CALUX 生物检测法具有以下特点：方法更可靠，是高感度分析法；价格更低，分析费用更低廉；更迅速，分析时间更短；更简单，操作程序更为简单；更准确，高性能更准确。以分析时间来说，通常机器分析的话需要 1 ～ 1.5 个月，可是 CALUX 生物检测法的话，平均 1 周，快的话 2 ～ 3d 就可获得结果。而且 HRGC-MS 1h 只能分析 1 个样品，而 CALUX 生物检测法则可同时测 16 个样品，可以说是一种划时代的技术。这是因为 CALUX 生物检测法使用高感度的细胞，加上前处理简单，拥有萃取、精制、分离等优良技术。此外，分析程序大幅度的缩短使成本大幅降低。在美国检测 1 个样品大约是 400 美元。

1）CALUX 法在二噁英检测中的应用

用于二噁英检测的 CALUX 生物检测方法，目前可用于检测土壤、水、烟气、污泥、饲料、添加剂以及生物组织中的二噁英、呋喃和多氯联苯，该方法已得到美国（FDA 和 EPA）、欧盟、智利、日本等国的广泛采用，是大量筛查二噁英的新型快速检测技术，并成为部分国家的检测标准。国内已有研究者利用 CALUX 技术对部分水环境、沉积物、食品中所含的二噁英进行检测，但缺乏 CALUX 技术在中国不同水环境、食品、大气、土壤、消费品、生物样品中的大量应用，缺乏其中所含二噁英的系统调研，缺乏实质性安全评估工作的开展。并且，当前国内二噁英检测技术与发达国家相比尚存在较大差距，CALUX技术的建立及应用可以对现有化学检测方法进行补充，同时，通过系统调研筛查及风险评价建立二噁英的相应检测标准与规范，将在一定程度上促进二噁英检测方法及相应质量评价标准体系的建立和完善。

李莹等采用利用转基因细胞的生物学特性测定样品中二噁英总毒性当量的生物学方法——CALUX。CALUX方法和国际上公认的二噁英类标准测定方法——高分辨气相色谱-质谱（HRGC-MS）法测定同一样品二噁英含量的结果之间具有很好的正相关，且具有很好的重现性。样品萃取成分DMSO溶液，加入转染P_{450}1Al基因和荧光合成酶基因的小鼠肝癌细胞培养液（96孔培养皿）中，CO_2孵箱中培养4h（37℃），加入细胞裂解液，使细胞中的萤光素释放到培养基中，用荧光光度计测定荧光强度。与HRGC-MS法相比CALUX法具有所需样品量较小、测定周期短、测定成本低等优点。CALUX法适用于对大批量样品二噁英含量的快速定量筛选，对于环境中二噁英污染调查有广阔的应用前景。

金一和等分别采用高分辨气相色谱和质谱仪联机（HRGC-MS）法和CALUX法测定同一来源的人体脂肪、血液和母乳中二噁英毒性当量，观察两种不同方法测定结果间的相关性。两种方法测定脂肪组织和母乳中二噁英毒性当量结果之间的相关系数分别为0.8675和0.9581，具有显著的正相关关系（$P<0.05$）。二噁英毒性当量>20pg/g fat的血液样品，两种方法测定结果之间也具有密切的相关关系（$P<0.05$或<0.01），CALUX生物学方法适用于一般人群的脂肪组织和乳汁样品以及二噁英类暴露人群的血液中二噁英类污染物的筛查。

Wang等采用CALUX技术，对海河沉积物中的多氯二苯并二噁英和呋喃（PCDD/Fs）、多氯联苯（DL）和二噁英类多氯联苯物质（PCBs）进行了检测，结果发现海河沉积物中的PCDD/Fs比DL和PCBs高数百倍。二噁英污染可能与邻近地区五氯苯酚（PCP）工业活动相关。

王泰等采用CALUX方法对海河天津流域底泥中的二噁英污染水平进行调研，分析了海河底泥中二噁英的分布规律和污染特征，并且使用HRGC-MS方法进行了验证。CALUX TEQ结果表明海河入海口处的污染最为严重，且CALUX得到的TEQ值与HRGC-MS得到的TEQ值之间有很好的相关性。CALUX作为一种简易价廉的生物分析方法，可以高效快速地应用于环境中沉积物样品的二噁英分析。

张婷婷等采用CALUX生物法分析北京市污水厂污泥中的二噁英类化合物，用正己烷将样品通过合适的比例进行稀释，真空浓缩后转溶至二甲基亚砜（DMSO）中，加至含有细胞（小白鼠肝癌细胞H1L1）的96孔板内。经过20～24h生物培养（CO_2，37℃）后，二噁英类物质会激活萤光素酶的活性，再利用荧光仪（Berthold Centro LB, Germany）即可测出萤光素酶的活性量，将污泥样品中二噁英类化合物激发测得的萤光素酶活性与用标准物质（2,3,7,8-TeCDD）所做成的标准曲线相比对，即可获得污泥中二噁英类化合物的毒性当量（CALUX-TEQ）浓度。CALUX生物分析法可以有效检出污泥中的二噁英类化合物的含量，北京市区现运行的九大城市污水处理厂中二噁英类化合物的含量较低，未对环境造成较大危害。

Murk等利用CALUX法检测了底泥、水体样品中的二噁英含量，获得了良好效果。CALUX作为一种简易价廉的生物分析方法，可以高效快速地应用于环境中沉积物样品的二噁英分析。Takigami H等利用CALUX技术对大阪湾沉积物样品中的二噁英类物质进行了分析检测，研究结果表明其中二噁英的含量在3.7～140pg/g。Kima等研究了日本地表水和地下水中二噁英的类型及去除效果，在原水和净化水中二噁英的平均浓度分别为 56.45pg/L 和 4.24pg/L。地下水和净化后的地下水二噁英含量水平均低于地表水。经过水处理后，二噁英的去除率为 87% 左右。

2）CALUX 法用于二噁英类物质测试的发展方向

利用 CALUX 法进行二噁英类物质的检测，当前多采用液液萃取法处理样品，但是存在着处理时间长、有机试剂消耗多、易造成二次污染的劣势，可结合更简单、便捷的固相萃取技术，从而实现液液萃取前处理的替代。当前，CALUX 法在国内的应用并不普遍，中科院环境所等少数单位采用 HRGC-HRMS 法进行二噁英的分析检测工作，所检测的二噁英物质的种类、数量和范围有限。因此，我国尚缺乏有关环境和食品中二噁英污染状况调查资料，且无法估算不同途径对 二噁英总摄入量的贡献率。未来非常有必要加快 CALUX 法的推广步伐，利用该法进行广泛的二噁英污染状况调查，并开展相应的健康危害评价。此外，与发达国家相比，我国尚未制定二噁英的国家检测标准。因此，亟需建立一套符合我国国情的低成本、快速简便的二噁英检测体系，以解决二噁英检测能力严重不足的问题，从而对我国二噁英的研究和污染防治工作起到积极作用。综上所述，二噁英的物理性质决定了仅用一种方法不能达到准确检测的目的。CALUX 技术作为一种新兴的生物检测技术，已被认为是用于快速筛选和检测食品、大气、各种生物样品、环境样品中二噁英类物质的最好方法，也是唯一可以大规模常规快速筛选二噁英类物质的方法，具有广阔的发展前景和较大优势。该法虽然不能检测二噁英的各组分含量，但它简便、快速、低廉、特异性高，并且能更准确地反映二噁英对机体的影响。由于二噁英对细胞芳香烃受体的联合作用不仅仅是单纯的相加作用，还存在协同和拮抗作用，因此，CALUX 法不但可以测定环境样品中二噁英的总含量，还可以检测所有二噁英类物质对活体细胞产生的生物效应，同时还能用于分析和发现对人体健康有害的新的污染物。实际应用中，可先用 CALUX 法对污染样品进行筛选，做初步定性检测，再将筛选出的阳性样品用 GC-MS 法和 HRGC-HRMS 法做进一步精确的定性定量分析。因此，CALUX 法是化学分析法的有效补充，可以更合理、完善地评估环境及食品样品中二噁英的影响，并大大地节约时间和分析费用。

（2）酶活力诱导法

酶活力诱导法（EROD）的原理是利用二噁英对一种特殊受体 AhR 的高度亲和力。二噁英与 AhR 结合活化后，被 AhR 的核转位因子（ARNT）转移到细胞核内，活化的核内基因是特异性 DNA 片段，即二噁英响应因子（DRE），启动发挥毒性的基因并增加其转录，从而激活 EROD 酶的活性。研究表明 EROD 酶的活性与二噁英类化合物的 TEQ 值在一定范围内成正比。由于样品中其他共存污染物的干扰，EROD 酶的分析结果往往偏高。

Schirmer 等采用 EROD 法测定受工业污染的地表水和地下水，虹鳟鱼肝细胞系 RTL-W1 中细胞色素 CYP1A 的诱导可以证明二噁英的存在，24h 就可得到结果。此方法可以快速、经济、高效地筛选全部水样，而无需提取浓缩，所以 EROD 法非常适合需要建立详细的场地调查和长期监测计划的大工厂。

3.4.2.3 免疫法

酶免疫分析法（EIA）简单、易操作，检测结果比 EROD 法准确。一般多采用 PCDD/Fs 的老鼠或兔子单克隆或复合克隆抗体（DD3）与二噁英高度结合的特点而建立的竞争抑制酶免疫方法。用不同浓度的 2,3,7,8-TeCDD 作标准曲线，通过测定 DD3 与 HRP 螯合物的荧光强度来得出二噁英的毒性当量 TEQ。

荧光免疫分析法（DELFIA）即时间分辨荧光免疫分析法，是利用生物基因技术选择合适的抗原键合铕离子与样品里的二噁英竞争单克隆抗体。反应完成后，加入荧光增强溶液，使铕离子从抗原上离解出来，进入增强溶液，形成胶束，高效发射荧光，最后通过时间分辨荧光法分析，其荧光强度与二噁英的 TEQ 值成反比，通过计算可得样品中二噁英类的 TEQ 值。DELFIA 法具有前处理操作简单、时间短（约 1d 内）、成本低、灵敏度高的优点。

综上所述，在所有方法里面，HRGC-HRMS 法和 CALUX 法是两种较为好用的方法，CALUX 法的前处理相比较于 HRGC-HRMS 法，要求的条件低，操作简单，采样量少，检测时间短，成本低，但灵敏度和精准度没有 HRGC-HRMS 高。HRGC-HRMS 等的仪器分析法应主要用于小批量样品、精度要求较高的检测。生物方法和免疫方法简捷、高效、成本低，但免疫法的抗体制备复杂，所以检测的样品数量有限，而且不能同时检测所有的同系物。它们都适用于大批量样本的快速筛选、半定量测定和常规的环境检测。仪器法、免疫法和生物法各有优势，应根据不同的情况结合使用。

3.4.3　控制与去除方法

由于工业的迅猛发展，我国产生的二噁英污染也较为严重。想要改善生态环境，保障居民的身体健康，需要预防新源、控制旧源，完善制度、强化监管，综合防治、持续减量，即控制来源、切断途径、末端去除。目前，常用的水中二噁英分解去除技术分为热技术和非热技术。

3.4.3.1　热技术

热技术是在 1000 ～ 1200℃的条件下分解处理，以热作为主要的毁毒介质，有热催化分解法、超临界水氧化分解处理法等。

（1）超临界水氧化分解处理法

超临界水氧化分解处理法（supercritical water oxidation, SCWO）是水在超临界条件下氧化处理二噁英类化合物的一种新兴、高效的废物处理技术，具有节能、高效、选择性可调等优点，十分有前景，但目前还在研究阶段。这种技术的去除率可达 99.99% 以上，且无二次污染。在水的超临界状态下，具体而言为温度 647K、压力 22.1MPa 以上，二噁英中的 C、H 元素被氧化为 CO_2、H_2O 和有机化合物，产物通过降压或冷却的方式有选择性地从溶液中分离。Kawasaki 等采用超临界水氧化法处理高浓度二噁英废水，在 350 ～ 600℃、16.5 ～ 25MPa 的条件下，通过具有容器和活塞流的反应器，可将废水浓度降低至低于 10pg TEQ/L。Zou 等以过氧化氢作为氧化剂处理城市固体废物渗滤液，去除效果良好。

（2）高温烧结技术

高温烧结技术主要指将飞灰或其处理产物与其他硅铝质组分、助熔剂混合后，通过高温使其部分熔融，冷却后形成烧结体产物。控制烧结温度和时间使二噁英类物质分解，同时烧结烟气采用急冷降温处理，以避免二噁英的再合成。李润东等研究发现烧结温度的控制对烧结过程起到关键的作用。国内有公司对飞灰采用高温烧结技术制备陶粒，固化重金属的同时将二噁英类物质在陶粒烧成的最高温度段彻底分解，实现了无害化、资源化处理，也减少了陶粒工业对天然原料的需求量。但是该技术烧结温度范围较窄，较难控制，且会产生较多的二次飞灰，吸附后活性炭再处理也面临较多的技术难题，目前没有相对应的陶粒产品标准，相关试验处于中试阶段。

3.4.3.2 非热技术

非热技术有传统处理工艺、紫外光解技术、膜生物反应器（MBR）技术、光催化氧化技术、吸附技术等。

（1）传统处理工艺

传统处理工艺主要是先用铝盐、铁盐等金属盐混凝剂混凝，再经过沉淀和气浮物理分离。水中的二噁英主要吸附在天然有机物表面，在混凝时和水中的颗粒物发生絮凝沉淀，最终被去除。然而，混凝剂类型、剂量、pH 值、颗粒粒径和天然有机物的特性会影响处理工艺。李晓明等对比了采用氯化铁、聚合氯化铝和硫酸铝三种常用混凝剂经过混凝处理对广州的水源水中二噁英的去除率，分别为 99.2%、99.1%、96.9%，证明大多数二噁英可以通过这三种混凝剂去除，氯化铁的效果最好。

（2）紫外光解技术

紫外光解技术是利用二噁英可在紫外线照射下发生分解反应的特性，机理如下：C—Cl 键断裂；分子结构重排或异位、易于原位化。研究发现在甲醇溶液中的二噁英吸收紫外线后更容易光解。这个技术有可能在工业上大规模使用，具有能耗低的优点，但反应时间长，分解效率低，不能完全分解 PCDD/Fs，而且经济效益不高。

（3）光催化氧化技术

光催化氧化技术是指二噁英吸收光能后发生分子分解反应，在紫外光或汞灯下加入催化剂如 TiO_2、ZnO 和 SnO_2 进行人为加速。在光的照射下，表面电子发生能量跃迁，在低能价带中形成相应的空穴，空穴具有很强的氧化特性，可以夺取有机污染物的电子，使其被氧化分解。研究发现在工业废水中加入 0.3% 的双氧水，光解速度可以提高 4 倍，所以在紫外线下用臭氧处理工业废水会提高分解效率。该技术具有操作简单、能耗低等优势，但是其反应速度慢，主要通过脱氯达到降解的目的，降解后的产物可能为毒性更强的二噁英同系物如 2,3,7,8-TeCDD 而达不到去除毒性的目的。

还有一类高级氧化技术可以有效处理化工废水、印染废水、制药废水、农药废水和含油废水等难降解工业有机废水，其中很重要的一个是 Fenton 氧化技术如光-Fenton，具有快速高效、可产生絮凝、设备简单、成本低、技术要求不高、绿色环保等优点。光-Fenton 技术的原理是在紫外波长和近紫外波长的光辐射下，增强了 Fenton 试剂的氧化能力，极大促进 Fenton 和类 Fenton 体系中有机物的降解速度，还节约了过氧化氢的用量。此项工艺还有需要改进的地方。加大以太阳光和可见光为光源的光-Fenton 的研究，有利于节约能源、降低处理成本，拓宽 Fenton 氧化体系的 pH 响应范围，开展 Fe^{2+}/Fe^{3+} 固定化技术研究，以处理难降解工业有机废水。

（4）膜生物反应器技术

MBR 工艺被认为是最好的可用技术之一，几乎完全去除污染物，因为它能够保留悬浮物并使生物工艺灵活运行。Bolzonella 等对比了常规活性污泥工艺（CASP）和膜生物反应器处理城市和工业混合废水中二噁英的去除率。研究发现，常规法可以有效去除，但是和膜生物反应器相比，所采用的固体滞留时间（通常少于 20d）和出水中悬浮物的含量（约 10mg/L）限制了系统的去除率。

（5）吸附技术

吸附技术是利用吸附剂的巨大表面积对二噁英的物理和化学吸着力，有效吸附水质中的二噁英，然后选择合适的后处理技术以去除二噁英。对二噁英有很好吸附选择性的有改性后的黏土、活性炭类和高硅分子筛类吸附剂，具有操作简单、高效、易于原位化和吸附剂易得的特点。Smirnov 等验证了通过颗粒吸附剂过滤自来水，去除率在 90% ～ 95%，且可以高效地去除毒性最强的 2,3,7,8-TeCDD。

（6）生物降解法

生物降解法主要指某些特定微生物能够使二噁英类化合物氧化开环，从而达到降解的目的，具有环境友好性、低能耗、污染小等优势。二噁英降解酶是生物降解法中关键物质，主要为 4 类，分别是双加氧酶、单加氧酶、木质素降解酶和脱卤素酶。生物降解法未来发展趋势是不断促成二噁英降解酶的工业化生产，采用最新的分子生物学技术，全面深入地挖掘二噁英降解酶的潜力，以高效降解二噁英类化合物。

以上控制和处理二噁英的方法对水体中二噁英含量的减少和二次污染的防治都起到了积极有效的作用，每种方法都有相应的优势。但是由于二噁英毒性的持久性和一定的经济技术原因，这些方法不能将其彻底去除，痕量的二噁英富集到一定程度同样对人类健康造成威胁。因此，目前仍然需要改进这些已有的技术或者开发新的能彻底销毁二噁英毒性的治理技术。一些技术如超临界水氧化分解处理法正在不断改进创新，具有广阔发展和应用前景，可以在未来的环境保护中发挥作用。

对于未来二噁英的治理，应提高分析检测能力，对环境和人体内的二噁英含量进行有效的常规检测；开展相关的环境风险评价和人体健康评价，建立风险评价指标体系和评价方法；调查主要污染源和建立污染数据库，在各地区之间共享信息；调查和评估本底值和排放量；制定更完善的相关环境标准和法规政策。

参考文献

[1] Voogt P D, SÁEZ M. Analytical chemistry of perfluoroalkylated substances[J]. TrAC, Trends Anal Chem, 2006, 25(4): 326-342.

[2] Buck R C, Franklin J, Berger U, et al. Perfluoroalkyl and polyfluoroalkyl substances in the environment: terminology, classification, and origins[J]. Integr Environ Assess Manage, 2011, 7(4): 513-541.

[3] Dinglasan M J A, Ye Y, Edwards E A, et al. Fluorotelomer alcohol biodegradation yields poly- and perfluorinated acids[J]. Environ Sci Technol, 2004, 38(10): 2857-2864.

[4] Parsons J R, Sáez M, Dolfing J, et al. Biodegradation of perfluorinated compounds[J]. Reviews of Environmental Contamination & Toxicology, 2008, 196: 53-71.

[5] Lindstrom A B, Strynar M J, Libelo E L. Polyfluorinated compounds: past, present, and future[J]. Environ Sci Technol, 2011, 45(19): 7954-7961.

[6] Paul A G, Jones K C, Sweetman A J. A first global production, emission, and environmental inventory for perfluorooctane sulfonate[J]. Environ Sci Technol, 2009, 43(2): 386-392.

[7] 史亚利，潘媛媛，王杰明，等 . 全氟化合物的环境问题 [J]. 化学进展，2009, 21 (Z1): 369-376.

[8] Lau C, Anitole K, Hodes C, et al. Perfluoroalkyl acids: a review of monitoring and toxicological findings[J]. Toxicol Sci, 2007, 99(2): 366-394.

[9] Liu C H, Gin K Y H, Chang V W C, et al. Novel perspectives on the bioaccumulation of PFCs-the concentration dependency[J]. Environ Sci Technol, 2011, 45(22): 9758-9764.

[10] Xu J, Guo C S, Zhang Y, et al. Bioaccumulation and trophic transfer of perfluorinated compounds in a eutrophic freshwater food web[J]. Environ Pollut, 2014, 184: 254-261.

[11] Wang T Y, Wang P, Meng J, et al. A review of sources, multimedia distribution and health risks of perfluoroalkyl acids (PFAAs) in China[J]. Chemosphere, 2015, 129: 87-99.

[12] 中华人民共和国国务院 ."十三五" 生态环境保护规划（国发〔2016〕65 号）[R]. 北京：国务院，2016.

[13] Prevedouros K, Cousins I T, Buck R C, et al. Sources, fate and transport of perfluorocarboxylates[J]. Environ Sci Technol, 2006, 40(1): 32-44.

[14] 韩同竹 . 胶州湾海水和生物体中全氟化合物的分布特征及来源解析 [D]. 青岛：国家海洋局第一海洋研究所，2018.

[15] Sinclair E, Kannan K. Mass loading and fate of perfluoroalkyl surfactants in wastewater treatment plants[J]. Environ Sci Technol, 2006, 40(5): 1408-1414.

[16] Zushi Y, Ye F, Motegi M, et al. Spatially detailed survey on pollution by multiple perfluorinated compounds in the Tokyo Bay Basin of Japan[J]. Environ Sci Technol, 2011, 45(7): 2887-2893.

[17] Wang S L, Cao X Z, Zhang H, et al. Oxidative conversion of potential perfluoroalkyl acid precursors in Jiaozhou Bay and nearby rivers and sewage treatment plant effluent in China[J]. Mar Pollut Bull, 2018, 136: 481-490.

[18] D'eon J C, Hurley M D, Wallington T J, et al. Atmospheric chemistry of *N*-methyl perfluorobutane sulfonamidoethanol, ($C_4F_9SO_2N(CH_3)CH_2CH_2OH$): kineticsand mechanism of reaction with OH[J]. Environ Sci Technol, 2006, 40(6): 1862-1868.

[19] Dang J, Ding L, Sun X, et al. Theoretical study on the OH-initiated atmospheric reaction of *N*-methyl perfluorobutane sulfonamidoethanol ($C_4F_9SO_2N(CH_3)CH_2CH_2OH$)[J]. Can J Chem, 2013, 91(12): 1161-1167.

[20] Chen M, Qiang L, Pan X, et al. In vivo and in vitro isomer-specific biotransformation of perfluorooctane sulfonamide in common carp (*Cyprinus carpio*) [J]. Environ Sci Technol, 2015, 49(23): 13817-13824.

[21] Tomy G T, Tittlemier S A, Palace V P, et al. Biotransformation of *N*-ethyl perfluorooctanesulfonamide by *Rainbow trout* (*Oncorhynchus mykiss*) liver microsomes[J]. Environ Sci Technol, 2004, 38(3): 758-762.

[22] Ross M S, Wong C S, Martin J W. Isomer-specific biotransformation of perfluorooctane sulfonamide in Sprague-Dawley Rats[J]. Environ Sci Technol, 2012, 46(6): 3196-3203.

[23] 赵淑艳，马新新，钟文珏，等 . 蚯蚓对土壤中 8:2 与 10:2 氟调醇的生物富集与转化 [J]. 中国科学：化学，2014, 44(11): 1823-1830.

[24] Wen B, Pan Y, Shi X L, et al. Behavior of *N*-ethyl perfluorooctane sulfonamido acetic acid (N-EtFOSAA) in biosolids amended soil-plant microcosms of seven plant species: accumulation and degradation[J]. Sci Total Environ, 2018, 642: 366-373.

[25] Liu J, Lee L S, Nies L F, et al. Biotransformation of 8:2 fluorotelomer alcohol in soil and by soil bacteria isolates[J]. Environ Sci Technol, 2007, 41(23): 8024-8030.

[26] Benskin J P, Ikonomou M G, Gobas F A P C, et al. Biodegradation of *N*-ethyl perfluorooctane sulfonamido ethanol (EtFOSE) and EtFOSE-based phosphate diester (SAmPAP diester) in marine sediments[J]. Environ Sci Technol, 2013, 47(3): 1381-1389.

[27] Rhoads K R, Janssen E M L, Luthy R G, et al. Aerobic biotransformation and fate of *N*-ethyl perfluorooctane sulfonamidoethanol (N-EtFOSE) in activated sludge[J]. Environ Sci Technol, 2008, 42(8): 2873-2878.

[28] Young C J, Mabury S A. Atmospheric perfluorinated acid precursors: chemistry, occurrence, and impacts[J]. Reviews of Environmental Contamination and Toxicology, 2010, 208: 1-109.

[29] Armitage J, Cousins I T, Buck R C, et al. Modeling global-scale fate and transport of perfluorooctanoate emitted from direct sources[J]. Environ Sci Technol, 2006, 40(22): 6969-6975.

[30] Casal P, González-Gaya B, Zhang Y F, et al. Accumulation of perfluoroalkylated substances in oceanic plankton[J]. Environ Sci Technol, 2017, 51(5): 2766-2775.

[31] Wang J Z, Guan Y F, Ni H G, et al. Polycyclic aromatic hydrocarbons in riverine runoff of the Pearl River Delta (China): concentrations, fluxes, an fate[J]. Environ Sci Technol, 2007, 41(16): 5614-5619.

[32] Li G C, Xia X H, Yang Z F, et al. Distribution and sources of polycyclic aromatic hydrocarbons in the middle and lower reaches of the Yellow River, China[J]. Environ Pollut, 2006, 144(3): 985-993.

[33] Chen H, Wang X, Zhang C, et al. Occurrence and inputs of perfluoroalkyl substances (PFASs) from rivers and drain outlets to the Bohai Sea, China[J]. Environ Pollut, 2017, 221: 234-243.

[34] 陈虹，韩建波，张灿，等 . 大连海域入海污染源中 PFASs 的赋存、输入通量和季节特征 [J]. 环境科学，2019, 40(5): 2115-2121.

[35] Takemine S, Matsumura C, Yamamoto K, et al. Discharge of perfluorinated compounds from rivers and their influence on the coastal seas of Hyogo prefecture, Japan[J]. Environ Pollut, 2014, 184: 397-404.

[36] 张慧 . 黄河三角洲湿地水和沉积环境中典型全氟化合物的空间分布和海陆迁徙特征 [D]. 曲阜：曲阜师范大学，2020.

[37] Wang Y W, Fu J J, Wang T, et al. Distribution of perfluorooctane sulfonate and other perfluorochemicals in the ambient environment around a manufacturing facilityin China[J]. Environ Sci Technol, 2010, 44(21): 8062-8067.

[38] Wilhelm M, Kraft M, Rauchfuss K, et al. Assessment and management of the first German case of a contamination with perfluorinated compounds (PFC) in the Region Sauerland, North Rhine-Westphalia[J]. J Toxicol Environ Health Part A, 2008, 71 (11-12): 725-733.

[39] Ahrens L, Siebert U, Ebinghaus R. Total body burden and tissue distribution of polyfluorinated compounds in harbor seals (*Phoca vitulina*) from the German Bight[J]. Mar. Pollut. Bull., 2009, 58(4): 520-525.

[40] Fair P A, Romano T, Schaefer A M, et al. Associations between perfluoroalkyl compounds and immune and clinical chemistry parameters in highly exposed bottlenose dolphins (*Tursiops truncatus*)[J]. Environ Toxicol Chem, 2013, 32(4): 736-746.

[41] Lee Y A, Kim J H, Jung H W, et al. The serum concentrations of perfluoroalkyl compounds were inversely associated with growth parameters in 2-year old children[J]. Sci Total Environ, 2018, s628-629: 226-232.

[42] Hyer B B, Ramlauhansen C H, Obel C, et al. Pregnancy serum concentrations of perfluorinated alkyl substances and offspring behaviour and motor development at age 5-9 years -a prospective study[J]. Environ mental Health, 2015, 14(1): 2-11.

[43] Lien G W, Huang C C, Shiu J S, et al. Perfluoroalkyl substances in cord blood and attention deficit /hyperactivity disorder symptoms in seven-year-old children[J]. Chemosphere, 2016, 156: 118-127.

[44] Quaak I, De C M, De B M, et al. Prenatal exposure to perfluoroalkyl substances and behavioral development in children[J]. International Journal of Environmental Research & Public Health, 2016, 13(5): 511-531.

[45] 刘小燕，屈艾，胡方方，等 . 全氟辛烷磺酸钾对小鼠肾脏的氧化性损伤 [J]. 现代生物医学进展，2017, 17(20): 3842-3845.

[46] Kataria A, Trachtman H, Malaga-Dieguez L, et al. Association between perfluoroalkyl acids and kidney function in a cross-sectional study of adolescents[J]. Environmental Health, 2015, 14(1): 89-101.

[47] Qin X D, Qian Z, Vaughn M G, et al. Positive associations of serum perfluoroalkyl substances with uric acid and hyperuricemia in children from Taiwan[J]. Environ. Pollut, 2016, 212: 519-524.

[48] Lin C Y, Wen L L, Lin L Y, et al. The associations between serum perfluorinated chemicals and thyroid function in adolescents and young adults[J]. J Hazard Mater, 2013, 244-245(2): 637-644.

[49] Rappazzo K M, Coffman E, Hines E P. Exposure to perfluorinated alkyl substances and health outcomes in children: a systematic review of the epidemiologic literature[J]. Int J Environ Res Public Health, 2017, 14(7): 691-729.

[50] Butenhoff J L, Chang S C, Olsen G W, et al. Chronic dietary toxicity and carcinogenicity study with potassium perfluorooctanesulfonate in Sprague Dawley rats[J]. Toxicol, 2012, 298 (1-3): 1-13.

[51] Cui L, Zhou Q F, Liao C Y, et al. Studies on the toxicological effects of PFOA and PFOS on rats using histological observation and chemical analysis[J]. Arch Environ Contam Toxicol, 2009, 56(2): 338-349.

[52] 彭思远，严丽娟，张洁，等 . 利用代谢组学技术研究全氟辛酸的人肝脏毒性机制 [J]. 色谱，2012, 30(2): 123-127.

[53] 张红霞，崔瑞娜，戴家银 . 全氟十二烷酸（PFDoA）慢性暴露干扰大鼠肝脏磷酸化蛋白质水平 [J]. 生态毒理学报，2016, 11(2): 266-274.

[54] 刘晓晖，胡宏，李双月，等 . 全氟辛烷磺酸神经发育毒性机制研究进展 [J]. 生态毒理学报，2013, 8(5): 643-649.

[55] 陈晓旭，姜声扬 . 全氟辛烷磺酸神经毒性研究进展 [J]. 环境与职业医学，2017, 34(9): 847-851.

[56] 刘嘉颖 . 我国居民典型全氟有机化合物人体暴露水平与暴露途径研究 [D]. 北京：中国疾病预防控制中心，2009: 1-5.

[57] Wang F, Liu W, Jin Y, et al. Transcriptional effects of prenatal and neonatal exposure to PFOS in developing rat brain[J]. Environ Sci Technol, 2010, 44(5): 1847-1853.

[58] Goudarzi H, Nakajima S, Ikeno T, et al. Prenatal exposure to perfluorinated chemicals and neurodevelopment in early infancy: the Hokkaido Study[J]. Sci Total Environ, 2015, 541: 1002-1010.

[59] Stein C R, Savitz D A, Bellinger D C. Perfluorooctanoate and neuropsychological outcomes in children[J]. Epidemiology, 2013, 24(4): 590-599.

[60] Yang Q, Abedi-Valugerdi M, Xie Y, et al. Potent suppression of the adaptive immune response in mice upon dietary exposure to the potent peroxisome proliferator, perfluorooctanoic acid[J]. Int Immunopharmacol, 2002, 2(2-3): 389-398.

[61] 杜桂珍 . 全氟化合物 PFOA、PFOS 内分泌干扰效应的研究 [D]. 南京：南京医科大学，2013: 1-4.

[62] Fang X M, Zhang L J, Feng Y X, et al. Immunotoxic effects of perfluorononanoic acid on BALB/c mice[J]. Toxicol Sci, 2008, 105(2): 312-321.

[63] Peden-Adams M M, Keller J M, Eudaly J G, et al. Suppression of humoral immunity in mice following exposure to perfluorooctane sulfonate[J]. Toxicol Sci, 2008, 104(1): 144-154.

[64] Qazi M R, Bogdanska J, Butenhoff J L. High-dose, short-term exposure of mice to perfluorooctanesulfonate (PFOS) or perfluorooctanoate (PFOA) affects the number of circulating neutrophils differently, but enhances the inflammatory responses of macrophages to lipopolysaccharide (LPS) in a simila[J]. Toxicol, 2009, 262(3): 207-214.

[65] Stein C R, Mcgovern K J, et al. Perfluoroalkyl and polyfluoroalkyl substances and indicators of immune function in children aged 12-19 years: National Health and Nutrition Examination Survey[J]. Pediatr Res, 2015, 79(2): 348-357.

[66] Huang M, Jiao J, Zhuang P, et al. Serum polyfluoroalkyl chemicals are associated with risk of cardiovascular diseases in national US population[J]. Environ Inter, 2018, 119: 37-46.

[67] Liu H S, Wen L L, Chu P L, et al. Association among total serum isomers of perfluorinated chemicals, glucose homeostasis, lipid profiles, serum protein and metabolic syndrome in adults: NHANES, 2013-2014[J]. Environ Pollut, 2017, 232: 73-79.

[68] Kim D H, Kim U J, Kim H Y, et al. Perfluoroalkyl substances in serum from South Korean infants with congenital hypothyroidism and healthy infants—its relationship with thyroid hormones[J]. Environ Res, 2016, 147: 399-404.

[69] Kim J H, Park H Y, Jeon J D, et al. The modifying effect of vitamin C on the association between perfluorinated compounds and insulin resistance in the Korean elderly: a double-blind, randomized, placebo-controlled crossover trial[J]. Eur J Nutr, 2016, 55(3): 1011-1020.

[70] Domazet S L, Grntved A, Timmermann A G, et al. Longitudinal associations of exposure to perfluoroalkylated substances in childhood and adolescence and indicators of adiposity and glucose metabolism 6 and 12 years later: The European Youth Heart Study[J]. Diabetes Care, 2016, 39(10): 1745-1751.

[71] Joensen U N, Bossi R, Leffers H, et al. Do perfluoroalkyl compounds impair human semen quality?[J]. Environ Health Perspect, 2009, 117(6): 923-927.

[72] Schiff J D, Ramacez M L, Bar-Chama N. Medical and surgical management male infertility[J]. Endocrinol Metab Clin North Am, 2007, 36(2): 313-331.

[73] Holm M, Meyts R D, Andersson A M, et al. Leydig cell micronodules are a common finding in testicular biopsies from men with impaired spermatogenesis and are associated with decreased testosterone/LH ratio[J]. J Pathol, 2003, 199(3): 378-386.

[74] Fuentes S, Colomina M T, Vicens P, et al. Influence of maternal restraint stress on the long-lasting effects induced by prenatal exposure to perfluorooctane sulfonate (PFOS) in mice[J]. Toxicol Lett, 2007, 171(3): 162-170.

[75] Wang Y, Adgent M, Su P H, et al. Prenatal exposure to perfluorocarboxylic acids (PFCAs) and fetal and postnatal growth in the Taiwan maternal and infant cohort study[J]. Environ Health Perspect, 2016, 124(11): 1794-1800.

[76] Fei C, Mclaughlin J K, Lipworth L, et al. Prenatal exposure to perfluorooctanoate (PFOA) and perfluorooctanesulfonate (PFOS) and maternally reported developmental milestones in infancy[J]. Environ Health Perspect, 2008, 116(10): 1391-1395.

[77] Guruge K S, Yeung L N, Miyazaki S, et al. Gene expression profiles in rat liver treated with perfluorooctanoic acid (PFOA)[J]. Toxicol Sci, 2006, 89(1): 93-107.

[78] Chen F, Yin S, Kelly B C, et al. Isomer-specific transplacental transfer of perfluoroalkyl acids: results from a survey of paired maternal, cord sera, and placentas[J]. Environ Sci Technol, 2017, 51(10): 5756-5763.

[79] Bonefeld-Jorgensen E C, Long M, Bossi R, et al. Perfluorinated compounds are related to breast cancer risk in greenlandic inuit: a case control study[J]. Environ Health: Global Access Sci Source, 2011, 10(1): 1-16.

[80] Alexander B H, Olsen G W, Burris J M, et al. Mortality of employees of a perfluorooctanesulphonyl fluoride manufacturing facility[J]. Occup & Environ Med, 2003, 60(10): 722-729.

[81] Eriksen K T, Srensen M, Mclaughlin J K, et al. Perfluorooctanoate and perfluorooctanesulfonate plasma levels and risk of cancer in the general Danish population[J]. J Natl Cancer Inst, 2009, 101(8): 605-609.

[82] Sonthithai P, Suriyo T, Thiantanawat A, et al. Perfluorinated chemicals, PFOS and PFOA, enhance the estrogenic effects of 17β-estradiol in T47D human breastcancer cells[J]. J Appl Toxicol, 2016, 36(6): 790-801.

[83] International Agency for Research on Cancer (IARC). Carcinogenicity of perfluorooctanoic acid, tetrafluoroeth ylene, dichloromethane, 1,2-dichloropropane, and 1,3-propane sultone[R]. Lyon: IREAC, 2015.

[84] Sinclair E, Kannan K. Mass loading and fate of perfluoroalkyl surfactants in wastewater treatment plants[J]. Environ. Sci Technol, 2006, 40(5): 1408-1414.

[85] Scott B F, Spencer C, Mabury S A, et al. Poly and perfluorinated carboxylates in North American precipitation[J]. Environ Sci Technol, 2006, 40(23): 7167-7174.

[86] Campo J, Masia A, Pico Y, et al. Distribution and fate of perfluoroalkyl substances in Mediterranean Spanish sewage treatment plants[J]. Sci Total Environ, 2014, 472: 912-922.

[87] Dong H, Lu G, Yan Z, et al. Distribution, sources and human risk of perfluoroalkyl acids (PFAAs) in a receiving riverine environment of the Nanjing urban area, East China[J]. J Hazard Mater, 2020: 381.

[88] Pan C G, Liu Y S, Ying G G. Perfluoroalkyl substances (PFASs) in wastewater treatment plants and drinking water treatment plants: removal efficiency and exposure risk[J]. Water Res, 2016, 106: 562-570.

[89] Pan Y, Shi Y, Wang J, et al. Evaluation of perfluorinated compounds in seven wastewater treatment plants in Beijing urban areas[J]. Sci China-Chem, 2011, 54(3): 552-558.

[90] 陈典，张照荷，赵微，等. 北京市再生水灌区地下水中典型全氟化合物的分布现状及生态风险 [J]. 岩矿测试，2022, 41(3): 1-12.

[91] Lin Y C, Lai W W P, Tung H H, et al. Occurrence of pharmaceuticals, hormones, and perfluorinated compounds in groundwater in Taiwan[J]. Environ Monit Assess, 2015, 187(5): 256.

[92] Hongkachok C, Boontanon S K, Boontanon N, et al. Levels of perfluorinated compounds (PFCs) in groundwater around improper municipal and industrial waste disposal sites in Thailand and health risk assessment[J]. Water Sci Technol, 2018: 457-466.

[93] Qi Y, Huo S, Hu S, et al. Identification, characterization, and human health risk assessment of perfluorinated compounds in groundwater from a suburb of Tianjin, China[J]. Environ Earth Sci, 2016, 75(5): 432.

[94] Murakami M, Kuroda K, Sato N, et al. Groundwater pollution by perfluorinated surfactants in Tokyo[J]. Environ. Sci. Technol., 2009, 43(10): 3480-3486.

[95] 黄家浩，吴玮，黄天寅，等. 骆马湖表层水和沉积物中全氟化合物赋存特征、来源及健康风险评估 [J]. 环境科学，2022, 43(7): 1-18.

[96] 曾士宜，杨鸿波，彭洁，等. 贵州草海湖泊表层水与沉积物中全氟化合物的污染特征及风险评估 [J]. 环境化学，2021, 40(4): 1193-1205.

[97] 李杰，高月，王之芬，等. 汉江水体和沉积物中全氟化合物的风险评估 [J]. 北京大学学报（自然科学版），2017, 53(5): 913-920.

[98] Orata F, Maes A, Werres F, et al. Perfluorinated compounds distribution and source identification in sediments of lake victoria gulf basin[J]. Soil & Sediment Contam, 2011, 20(2): 129-141.

[99] 宋彦敏，刘慧，Sissou Z, 等. 全氟磺酸类物质在沙质沉积物中的迁移规律 [J]. 环境化学，2016, 35(5): 850-857.

[100] 刘宝林，黄倩，姜珺卓，等. 全氟辛酸在松花江水体多介质环境中迁移、归趋和风险研究 [J]. 东北师大学报（自然科学版），2021, 53(2): 116-121.

[101] 刘建超，郑超亚，任静华，等. 平原河湖系统中典型全氟化合物的胶体吸附特征及生态风险评估 [J]. 湖泊科学，2021, 33(6): 1714-1726.

[102] Zhang G, Pan Z, Li J, et al. Bioaccumulation and ecological risk of perfluorinated compounds in aquatic plants of Nansi Lake, China[J]. Soil & Sediment Contam, 2021, 30(4): 409-422.

[103] 司圆圆，张卓婷，王林钰，等. 全氟化合物污染特征及生态风险评估 [J]. 化工管理，2020 (34): 98-99.

[104] 曹莹，张亚辉，雷昌文，等. 环境中全氟化合物污染状况及生态毒性评估 [J]. 环境与健康杂志，2012, 29(6): 561-567.

[105] 武倩倩，吴强，宋帅，等. 天津市主要河流和土壤中全氟化合物空间分布、来源及风险评价 [J]. 环境科学，2021, 42(8): 3682-3694.

[106] He X, Li A, Wang S, et al. Perfluorinated substance assessment in sediments of a large-scale reservoir in Danjiangkou, China[J]. Environ Monit Assess, 2018, 190 (2).

[107] 张美，楼巧婷，邵倩文，等. 全氟化合物污染现状及风险评估的研究进展 [J]. 生态毒理学报，2019, 14(3): 30-53.

[108] Hlzer J, Midasch O, Rauchfuss K, et al. Biomonitoring of perfluorinated compounds in children and adults exposed to perfluorooctanoate-contaminated drinking water[J]. Environ Health Perspect, 2008, 116(5): 651-657.

[109] Wilhelm M, Hlzer J, Dobler L, et al. Preliminary observations on perfluorinated compounds in plasma samples (1977-2004) of young German adults from an area with perfluorooctanoate-contaminated drinking water[J]. Inter J Hyg Environ Health, 2009, 212(2): 142-145.

[110] Mak Y L. Assessment of health risks and human exposure associated with perfluorinated compounds (PFCs) in tap water from China and other countries[D]. Hong Kong: City University of Hong Kong, 2009: 1-12.

[111] Jin Y H, Wei L, Sato I, et al. PFOS and PFOA in environmental and tap water in China[J]. Chemosphere, 2009, 77(5): 605-611.

[112] 周琴，栾萱，潘纲 . 水中典型全氟化合物的吸附行为 [J]. 科学通报，2012, 57(17): 1526-1532.
[113] 洪雷，丁倩云，亓祥坤，等 . 吸附法去除水中全氟化合物的研究进展 [J]. 环境化学，2021, 40(7): 2193-2203.
[114] 童锡臻，石宝友，解岳，等 . 改性活性炭对水中 PFOS 的吸附去除研究 [J]. 环境科学，2012, 33(9): 3132-3138.
[115] 孙博，马军 . 水中全氟化合物的活性炭吸附特性研究 [J]. 给水排水，2017, 53(2): 14-18.
[116] Meng P, Fang X, Maimaiti A, et al. Efficient removal of perfluorinated compounds from water using a regenerable magnetic activated carbon[J]. Chemosphere, 2019, 224: 187-194.
[117] 饶振中 . 改性油茶果壳对全氟辛烷磺酸盐的吸附性能研究 [J]. 广东化工，2017, 44(11): 27-29.
[118] Zhi Y, Liu J. Surface modification of activated carbon for enhanced adsorption of perfluoroalkyl acids from aqueous solutions[J]. Chemosphere, 2016, 144: 1224-1232.
[119] Chen X, Xia X, Wang X, et al. A comparative study on sorption of perfluorooctane sulfonate (PFOS) by chars, ash and carbon nanotubes[J]. Chemosphere, 2011, 83(10): 1313-1319.
[120] Tang C Y, Fu Q S, Gao D, et al. Effect of solution chemistry on the adsorption of perfluorooctane sulfonate onto mineral surfaces[J]. Water Res, 2010, 44(8): 2654-2662.
[121] Zhao L, Bian J, Zhang Y, et al. Comparison of the sorption behaviors and mechanisms of perfluorosulfonates and, perfluorocarboxylic acids on three kinds of clay minerals[J]. Chemosphere, 2014, 114: 51-58.
[122] 郭雅丽 . 金属氧化物负载生物质基载体复合材料的制备及其除氟性能研究 [D]. 济南：山东大学，2020.
[123] 陈家凯，聂广泽，刘志英，等 . 树脂基纳米钛锆氧化物复合吸附剂同步去除水中磷和氟 [J]. 环境科学，2017, 38(5): 1947-1956.
[124] Yang C, Gao L, Wang Y, et al. Fluoride removal by ordered and disordered mesoporous aluminas[J]. Microporous and Mesoporous Mater., 2014, 197: 156-163.
[125] Zhang C, Li Y, Wang T J, et al. Synthesis and properties of a high-capacity iron oxide adsorbent for fluoride removal from drinking water[J]. Appl Surf Sci, 2017, 425: 272-281.
[126] Patil M N, Pandit A B. Cavitation–a novel technique for making stable nano-suspensions[J]. Ultrason Sonochem, 2007, 14(5): 519-530.
[127] 顾玉蓉，陈鑫烨，董紫君，等 . 碱性条件下的高频超声降解全氟辛酸 [J]. 净水技术，2021, 40(12): 116-121.
[128] Shende T, Andaluri G, Suri R. Power density modulated ultrasonic degradation of perfluoroalkyl substances with and without sparging argon[J]. Ultrason Sonochem., 2021: 76: 105639.
[129] Rodriguez-Freire L, Balachandran R, Sierra-Alvarez R, et al. Effect of sound frequency and initial concentration on the sonochemical degradation of perfluorooctane sulfonate (PFOS)[J]. J Hazard Mater, 2015, 300: 662-669.
[130] Jing C, Zhang P Y, Jian L. Photodegradation of perfluorooctanoic acid by 185 nm vacuum ultraviolet light[J]. J. Environ Sci, 2007, 19(4): 387-390.
[131] Giri R R, Ozaki H, Okada T, et al. Factors influencing UV photodecomposition of perfluorooctanoic acid in water[J]. Chem Engin J, 2012, 180: 197-203.
[132] Cheng J, Vecitis C D, Park H, et al. Sonochemical degradation of perfluorooctane sulfonate (PFOS) and perfluorooctanoate (PFOA) in landfill groundwater: environmental matrix effects[J]. Environ Sci Technol, 2008, 42(21): 8057-8063.
[133] Kutsuna S, Nagaoka Y, Takeuchi K, et al. TiO_2-induced heterogeneous photodegradation of a fluorotelomer alcohol in air[J]. Environ Sci Technol, 2006, 40(21): 6824-6829.
[134] Li Z, Li S, Tang Y, et al. Highly efficient degradation of perfluorooctanoic acid: an integrated photo-electrocatalytic ozonation and mechanism study[J]. Chem Engin J, 2020, 391: 123533.
[135] 王飞，李晓明，李建勇，等 . 水中全氟化合物的污染处理研究进展 [J]. 水处理技术，2016, 42(11): 5-11.
[136] Zhao B, Lv M, Zhou L. Photocatalytic degradation of perfluorooctanoic acid with beta-Ga_2O_3 in anoxic aqueous solution[J]. J Environ Sci, 2012, 24(4): 774-780.
[137] Niu J, Li Y, Shang E, et al. Electrochemical oxidation of perfluorinated compounds in water[J]. Chemosphere, 2016,

146: 526-538.

[138] Zhang C, Tang J, Peng C, et al. Degradation of perfluorinated compounds in wastewater treatment plant effluents by electrochemical oxidation with nano-ZnO coated electrodes[J]. J Mol Liq, 2016, 221: 1145-1150.

[139] Yu Y, Zhang K, Li Z, et al. Microbial cleavage of C-F bonds in two C-6 per- and polyfluorinated compounds via reductive defluorination[J]. Environ Sci Technol, 2020, 54(22): 14393-14402.

[140] 王凯，郭昌胜，张远，等 . 不同微生物处理工艺对全氟化合物的去除效果 [J]. 环境科学研究，2015, 28(1): 110-116.

[141] 汪磊，张彰，张宪忠，等 . 污水处理厂中全氟化合物的污染研究 [J]. 环境科学学报，2011, 31(7): 1363-1368.

[142] 宋怡明，徐少伟，宋昊，等 . 高级氧化法污水处理技术综述 [J]. 山东化工，2019, 48(24): 211-213.

[143] 余韵 . UV/PS 和 UV/SO_3^{2-}工艺降解水中典型新兴污染物技术研究 [D]. 常州：常州大学，2021.

[144] 刘泽 . UV 光催化氧化体系降解几种全氟有机化合物研究 [D]. 咸阳：西北农林科技大学，2016.

[145] Houtz E F, Sedlak D L. Oxidative conversion as a means of detecting precursors to perfluoroalkyl acids in urban runoff[J]. Environ Sci Technol, 2012, 46: 9342-9349.

[146] Fagbayigbo B O, Opeolu B O, Fatoki O S, et al. Validation and determination of nine PFCS in surface water and sediment samples using UPLC-QTOF-MS[J]. Environ Monit Assess, 2018, 190(6): 346-363.

[147] Martínez-Moral M P, Tena M T. Focused ultrasound solid-liquid extraction of perfluorinated compounds from sewage sludge[J]. Talanta，2013, 109：197-202.

[148] Li C Y, Geng H C, Zhu X Q, et al. Self-assembly TiO_2 nanosheets as a SALDI-TOF-MS matrix for high-throughput identification of polyfluorinated compounds in water samples[J]. Microchem J, 2020, 152: 104294.

[149] Cao D, Wang Z D, Han C G, et al. Quantitative detection of trace perfluorinated compounds in environmental water samples by Matrix-assisted Laser Desorption/Ionization-Time of Flight Mass Spectrometry with 1,8-bis (tetramethylguanidino)-naphthalene as matrix[J]. Talanta, 2011, 85(1): 345-352.

[150] Ayala-Cabrera J F, Contreras-Llin A, Moyano E, et al. A novel methodology for the determination of neutral perfluoroalkyl and polyfluoroalkyl substances in water by gas chromatography-atmospheric pressure photoionisation-high resolution mass spectrometry[J]. Anal Chim Acta, 2020, 1100: 97-106.

[151] Liang M, Xian Y P, Wang B, et al. High throughput analysis of 21 perfluorinated compounds in drinking water, tap water, river water and plant effluent from southern China by supramolecular solvents-based microextraction coupled with HPLC-Orbitrap HRMS[J]. Environ Pollut, 2020, 263: 114389.

[152] Liu S Q, Junaid M, Zhong W, et al. A sensitive method for simultaneous determination of 12 classes of per- and polyfluoroalkyl substances (PFASs) in groundwater by ultrahigh performance liquid chromatography coupled with quadrupole orbitrap high resolution mass spectrometry[J]. Chemosphere, 2020, 251: 126327.

[153] Deng H L, Wang H B, Liang M H, et al. A novel approach based on supramolecular solvent microextraction and UPLC-Q-Orbitrap HRMS for simultaneous analysis of perfluorinated compounds and fluorine-containing pesticides in drinking and environmental water[J]. Microchem J, 2019, 151: 104250.

[154] Concha-Grana E, Fernandez-Martinez G, Lopez-Mahia P, et al. Fast and sensitive determination of per- and polyfluoroalkyl substances in seawater[J]. J Chromatogr A, 2018, 1555: 62-73.

[155] Zacs D, Bartkevics V. Trace determination of perfluorooctane sulfonate and perfluorooctanoic acid in environmental samples (surface water, wastewater, biota, sediments, and sewage sludge) using liquid chromatography-orbitrap mass spectrometry[J]. J Chromatogr A, 2016, 1473: 109-121.

[156] Lin Y F, Liu R Z, Hu F B, et al. Simultaneous qualitative and quantitative analysis of fluoroalkyl sulfonates in riverine water by liquid chromatography coupled with orbitrap high resolution mass spectrometry[J]. J Chromatogr A, 2016, 1435: 66-74.

[157] Mccord J, Strynar M. Identification of per- and polyfluoroalkyl substances in the Cape Fear River by high resolution

mass spectrometry and nontargeted screening[J]. Environ Sci Technol, 2019, 53(9): 4717-4727.

[158] Guardian M G E, Boongaling E G, Bernardo-Boongaling V R R, et al. Revalence of per- and polyfluoroalkyl substances (PFASs) in drinking and source water from two Asian countries[J]. Chemosphere, 2020, 256: 127115.

[159] Chen H, Munoz G, Duy S V, et al. Occurrence and distribution of per- and polyfluoroalkyl substances in Tianjin, China: the contribution of emerging and unknown analogues[J]. Environ Sci Technol, 2020, 54(22): 14254-14264.

[160] Wang X B, Yu N Y, Qian Y L, et al. Non-target and suspect screening of per- and polyfluoroalkyl substances in Chinese municipal wastewater treatment plants[J]. Water Res, 2020, 183: 115989.

[161] 程小艳 . 全氟辛酸测定方法及其水环境行为研究 [D]. 成都：四川大学，2006.

[162] Wang S, Huang J, Yang Y, et al. First report of a Chinese PFOS alternative overlooked for 30 years: its toxicity, persistence, and presence in the environment[J]. Environ Sci Technol, 2013, 47(18): 10163-10170.

[163] Heydebreck F, Tang J, Xie Z, et al. Alternative and legacy perfluoroalkyl substances: differences between European and Chinese river/estuary system[J]. Environ Sci Technol, 2015, 49(14): 8386-8395.

[164] 黄澄华，李训生，金广泉，等 . 电解氟化及其下游精细氟化工产品（待续）[J]. 化工生产与技术，2010, 17(5): 1-9.

[165] De S A O, Spencer C, Scott B F, et al. Detection of a cyclic perfluorinated acid, perfluoroethylcyclohexane sulfonate, in the Great Lakes of North America[J]. Environ Sci Technol, 2011, 45: 8060-8066.

[166] Ohya T, Kudo N, Suzuki E, et al. Determination of perfluorinated carboxylic acids in biological samples by high-performance liquid chromatography[J]. J Chromatogr B: Biomed Sci Appl, 1998, 720:1-7.

[167] Ewa P, Edyta K, Lena W, et al. HPLC determination of perfluorinated carboxylic acids with fluorescence detection[J]. Mikrochim Acta, 2011, 172:409-417.

[168] Tseng C L, Liu L L, Chen C M, et al. Analysis of perfluorooctanesulfonate and related fluorochemicals in water and biological tissue samples by liquid chromatography-ion trap mass spectrometry[J]. J Chromatogr A, 2006, 1105:119-126.

[169] Takino M, Daishima S, Nakahara T. Determination of perfluorooctane sulfonate in river water by liquid chromatography/atmospheric pressure photoionization mass spectrometry by automated on-line extraction using turbulent flow chromatography[J]. Rapid Commun Mass Spectrom, 2003, 17: 383-390.

[170] Hu J Y, Yu J, Tanaka S, et al. Perfluorooctane sulfonate (PFOS) and perfluorooctanoic acid (PFOA) in water environment of Singapore[J]. Water, Air and Soil Pollu, 2011, 216 (1/2/3/4) :179-191.

[171] 陈勇杰，张蓓蓓，陈国松，等 . 超高效液相色谱-串联质谱法测定污水和污泥基质中的 20 种全氟及多氟化合物 [J]. 分析化学研究报告，2019, 47(4): 533-540.

[172] 肖永华，梁高道，革丽亚，等 . 固相萃取-超高效液相色谱 / 串联质谱法测定人体血清中 7 种全氟化合物 [J]. 分析科学学报，2015, 31(5): 646-650.

[173] 莫佳琳，缪璐，干宁军 . 超高效液相色谱-串联质谱法测定食品包装材料中全氟辛酸及其盐类物质 [J]. 现代食品科技，2011, 27(4): 473-475.

[174] Liu W Y, Chen S Y, Harada K, et al. Analysis of perfluoroalkyl carboxylates in vacuum cleaner dust samples in Japan[J]. Chemosphere, 2011, 85(11): 1734-1741.

[175] 白桦，郝楠，崔艳妮，等 . 不粘锅涂层中全氟辛酸及其盐的快速溶剂萃取-气相色谱-质谱法测定 [J]. 色谱，2007, 25(2): 276-279.

[176] Javed H, Lyu C, Sun R N, et al. Discerning the inefficacy of hydroxyl radicals during perfluorooctanoic acid degradation[J]. Chemosphere, 2020, 247:125883.

[177] Yang X L, Huang J, Zhang K L, et al. Analysis of perfluoroalkyl carboxylates in vacuum cleaner dust samples in Japan[J]. Environ Sci Pollut Res, 2014, 21: 4634-4642.

[178] Bao Y X, Deng S S, Jiang X S, et al. Degradation of PFOA substitute - GenX (HFPO-DA ammonium salt): oxidation with UV/persulfate or reduction with UV/sulfite?[J]. Environ Sci Technol, 2018, 52(20): 11728-11734.

[179] Yang S W, Cheng J H, Sun J, et al. Defluorination of aqueous perfluorooctanesulfonate by activated persulfate

oxidation[J]. PLOS One, 2013, 8: e74877.

[180] Qian Y J, Guo X, Zhang Y L, et al. Perfluorooctanoic acid degradation using UV-persulfate process: modeling of the degradation and chlorate formation[J]. Environ Sci Technol, 2016, 50: 772-781.

[181] Lutze H V, Brekenfeld J, Naumov S, et al. Degradation of perfluorinated compounds by sulfate radicals - new mechanistic aspects and economical considerations[J]. Water Res, 2018, 129:509-519.

[182] Zhang C, Tang J, Peng C, et al. Degradation of perfluorinated compounds in wastewater treatment plant effluents by electrochemical oxidation with nano-ZnO coated electrodes[J]. J Mol Liq, 2016, 221: 1145-1150.

[183] Yu Y, Che S, Ren C, et al. Microbial defluorination of unsaturated per- and polyfluorinated carboxylic acids under anaerobic and aerobic conditions: a structure specificity study[J]. Environ Sci Technol, 2022, 56(8): 4894-4904.

[184] Yi S, Morson N, Edwards E A, et al. Anaerobic microbial dechlorination of 6:2 chlorinated polyfluorooctane ether sulfonate and the underlying mechanisms[J]. Environ Sci Technol, 2022, 56(2): 907-916.

[185] Wang Y, Zhang P Y. Effects of pH on photochemical decomposition of perfluorooctanoic acid in different atmospheres by 185 nm vacuum ultraviolet[J]. J Environ Sci, 2014, 26: 2207-2214.

[186] Qu Y, Zhang C J, Li F, et al. Photo-reductive defluorination of perfluorooctanoic acid in water[J]. Water Res, 2010, 44:2939-2947.

[187] Sun Z Y, Zhang C J, Chen P, et al. Impact of humic acid on the photoreductive degradation of perfluorooctane sulfonate (PFOS) by UV/iodide process[J]. Water Res, 2017, 127:50-58.

[188] 郭睿，张超杰，张庚，等 . 紫外光致氯生水合电子对全氟辛酸的降解 [J]. 高等学校学报，2016, 37(8): 1499-1508.

[189] Gu Y R, Liu T Z, Zhang Q, et al. Efficient decomposition of perfluorooctanoic acid by a high photon flux UV/sulfite process: kinetics and associated toxicity[J]. Chem Eng J, 2017, 326: 1125-1133.

[190] Liu Z K, Chen Z H, Gao J Y, et al. Accelerated degradation of perfluorosulfonates and perfluorocarboxylates by UV/ sulfite + iodide: reaction mechanisms and system efficiencies[J]. Environ Sci Technol, 2022, 56: 3699-3709.

[191] 周忻 . DOPO 阻燃剂生产企业废水特征污染物识别 [J]. 广东化工，2022, 49(2): 79-95.

[192] 孙晶，杭太俊，谭力，等 . GC-NCI-MS 法同时测定地龙中 30 个溴代阻燃剂的残留量 [J]. 药物分析杂志，2020, 40(8): 1425-1436.

[193] 常晓云 . HPLC-MS 测定水、底泥和土壤中四溴双酚 A 及其溴代代谢物 [D]. 泰安：山东农业大学，2021.

[194] 蔡蕊，王文姬，许航，等 . 四溴双酚 A 在土壤中的降解转化及残留研究进展 [J]. 环境化学，2021, 40(1): 1-9.

[195] Ahmad R, Ahmad N, Shehzad A. Solvent and temperature effects of accelerated solvent extraction (ASE) coupled with ultra-high pressure liquid chromatography (UHPLC-DAD) technique for determination of thymoquinone in commercial food samples of black seeds (*Nigella sativa*)[J]. Food Chemistry, 2020, 309: 125740.

[196] 李雨琦，李玮，张蓉蓉，等 . QuEChERS-气相色谱串联质谱法测定海水鱼体中有机磷阻燃剂 [J]. 环境化学，2021, 40(1): 1-9.

[197] 张玮庭 . 表层河流沉积物和塑料制品中新型有机阻燃剂的萃取方法及暴露风险研究 [D]. 天津：天津理工大学，2021.

[198] 马麟，陈萌，白桦，等 . 超分子溶剂萃取-超高效液相色谱-四极杆 / 静电场轨道阱质谱法测定纺织品中 15 种有机磷酸酯类阻燃剂 [J]. 质谱学报，2020, 41(6): 556-568.

[199] 应红梅，朱丽波，徐能斌，等 . 超高效液相色谱-串联质谱法同时检测溴代阻燃剂 [J]. 中国环境监测，2013, 29(4): 94-98.

[200] Federica B, Katia M, Luigi P, et al. Thermal degradation and decomposition products of electronic boards containing BFRs[J]. Ind Eng Chem Res, 2005, 44(12): 4186-4199.

[201] 周小丽，吕飞，邵秋荣，等 . 超声萃取-气相色谱法测定聚氯乙烯塑料中磷酸酯阻燃剂 [J]. 化工管理，2020 (9): 45-46.

[202] 索莉莉，朱群英，胡美华 . 超声辅助萃取-液相色谱-串联质谱法同时检测水产品中 11 种有机磷酸酯类阻燃剂

[J]. 食品工业科技，2018, 39(6): 210-216.
[203] 秦威振，毛丽莎，陈裕华，等 . 超声辅助提取-固相萃取-同位素稀释高效液相色谱串联质谱测定室内灰尘中 5 种有机磷酸酯阻燃剂 [J]. 环境卫生学杂志，2020, 10(1): 76-80.
[204] van der Veen I, de Boer J. Phosphorus flame retardants: properties, production, environmental occurrence, toxicity and analysis[J]. Chemosphere, 2012, 88(10): 1119-1153.
[205] Bradman A, Castorina R, Gaspar F, et al. Flame retardant exposures in California early childhood education environments[J]. Chemosphere, 2014, 116: 61-66.
[206] 曹美苑，兰青，许凭厘，等 . 城市生活饮用水中有机磷酸酯阻燃剂分布特征研究 [J]. 广州化工，2019, 47(5): 119-122.
[207] 程伊雪 . 典型环境水体中溴系阻燃剂的测定研究 [D]. 杭州：杭州师范大学，2021.
[208] 顾奕 . 典型氯代磷系阻燃剂与蛋白互作机制及细胞毒性研究 [D]. 杭州：浙江农林大学，2019.
[209] 汪雅雯 . 典型新兴溴系阻燃剂在水环境中富集和代谢转化机制研究 [D]. 上海：东理工大学，2020.
[210] 闫振飞，廖伟，冯承莲，等 . 典型有机磷酸酯阻燃剂分析方法研究进展 [J]. 生态毒理学报，2020, 15(1): 94-108.
[211] Schindler B K, Frster K, Angerer J. Determination of human urinary organophosphate flame retardant metabo-lites by solid-phase extraction and gas chromatography-tandem mass spectrometry[J]. Journal of Chromatography B, 2009, 877(4): 375-381.
[212] 严小菊 . 典型有机磷酸酯阻燃剂在太湖水体和底泥中存在水平和分布特征 [D]. 南京：南京大学，2013.
[213] 陈敏 . 典型有机磷阻燃剂在机体中的积累转化及其发育毒性研究 [D]. 广州：广东工业大学，2020.
[214] 陈敏 . 多溴联苯醚和甲氧基多溴联苯醚在近岸海洋环境中的污染特征及在鱼体内的富集研究 [D]. 舟山：浙江海洋大学，2021.
[215] 李长于，胡丹，廖上富，等 . 固相萃取-超高效液相色谱-串联质谱法测定 EVA 地垫中 3 种有机磷酸酯阻燃剂 [J]. 塑料科技，2019, 47(9): 110-114.
[216] 马伟娟，杨锋波 . 固相萃取-气相色谱 / 质谱联用法测定聚氨酯合成革中 12 种多溴联苯（醚）和磷酸酯阻燃剂 [J]. 西部皮革，2019, 40(7): 40-43.
[217] 严小菊，何欢，彭英，等 . 固相萃取-气相色谱质谱法检测水体中典型有机磷酸酯阻燃剂 [J]. 分析化学，2012, 40(11): 1693-1697.
[218] 赵佳平，王俊霞，刘婷婷，等 . 含铁二氧化硅涂层固相微萃取-GC/MS 法测定水中的有机磷阻燃剂 [J]. 现代化工，2021, 41(9): 235-240.
[219] 綦峥，张蕊，杨徽，等 . 环境持久性有机污染物替代产物三（2,3-二溴丙基）异氰脲酸酯的大鼠慢性毒性研究 [J]. 中国公共卫生管理，2018, 34(6): 741-745.
[220] 符元证 . 济南健康老年人有机磷酸酯阻燃剂内暴露与炎症因子水平的关联研究 [D]. 沈阳：中国医科大学，2021.
[221] 裴镜澄，吴明红，向甲甲，等 . 加速溶剂萃取-同步净化 / 气相色谱-质谱法检测沉积物中 4 种新型溴代阻燃剂 [J]. 分析测试学报，2014, 33(7): 773-779.
[222] 李智，胡煜，余恩其，等. 进出口皮革及其制品中有机磷阻燃剂的测定——气相色谱-质谱法[J]. 化学工程与装备，2020(7): 256-258.
[223] 熊昊 . 磷酸三（2-丁氧基）乙酯（TBOEP）对斑马鱼胚胎的急性发育毒性效应及其机制探讨 [D]. 武汉：华中农业大学，2021.
[224] 张龙飞 . 六溴联苯在上海地区环境中的污染状况及其对斑马鱼的毒性效应研究 [D]. 上海：上海海洋大学，2021.
[225] 唐斌 . 卤代持久性有机污染物和有机磷系阻燃剂在鱼体内的生物富集、食物链传递及生物转化 [D]. 北京：中国科学院大学，2019.
[226] 杨晨，宋善军，张玮庭，等 . 气相色谱 / 电感耦合等离子体质谱联用法测定儿童塑料玩具中多溴联苯醚及有机磷酸酯阻燃剂 [J]. 环境化学，2020, 39(10): 2683-2692.
[227] 梁俊延 . 陕西省污水处理厂中磷系阻燃剂的研究 [D]. 广州：广州大学，2019.

[228] 姚志鹏，曲芳，姜恋，等．双马来酰亚胺树脂阻燃改性研究进展 [J]. 合成技术及应用，2021, 36(4): 23-27.
[229] 范荣桂，魏来，张泽伟，等．水中典型溴系阻燃剂的降解与测定方法 [J]. 应用化工，2020, 49(8): 2116-2121.
[230] 朱孔睿．水中有机磷酸酯阻燃剂分析方法的建立及在不同饮用水处理工艺中的去除研究 [D]. 重庆：重庆大学，2017.
[231] 丁秀丽．四溴双酚 A 的人群健康风险评价 [D]. 兰州：兰州大学，2021.
[232] 谭芳．四溴双酚 A 在水中沉积物吸附降解行为及其在斑马鱼中的分布与代谢特征研究 [D]. 武汉：华中科技大学，2020.
[233] 王成云，杨左军，张伟亚．塑料中溴系阻燃剂的高效液相色谱法测定 [J]. 深圳职业技术学院学报，2006(1): 31-36.
[234] 李晓增，郑煜，叶元坚，等．塑料中溴系阻燃剂检测方法的研究进展 [J]. 安徽化工，2021, 47(4): 8-14.
[235] 苏蕊，汪亿晗，陈长宝，等．微波辅助离子液体分散液-液微萃取 DART- Orbitrap 质谱法测定环境水中的溴代阻燃剂 [J]. 高等学校化学学报，2018, 39(9): 1934-1941.
[236] 孙佳薇．污水处理厂污水和污泥中有机磷阻燃剂和增塑剂污染分布特征研究 [J]. 苏州：苏州科技大学，2018.
[237] 李成辉，张冬蕊，李胜红，等．污水处理厂中有机磷酸酯的研究进展 [J]. 生态毒理学报，2019, 14(6): 32-46.
[238] 张伟，陈杰，李陈莹，等．无卤阻燃聚烯烃电力电缆料的应用现状 [J]. 中国塑料，2022, 36(1): 184-191.
[239] 邹义龙，吴永明，邓觅，等．新型溴代阻燃剂 TBB 和 TBPH 的生态毒理研究进展 [J]. 生态毒理学报，2021, 16(2): 72-85.
[240] 童艺，程伊雪，吴冠履，等．新型溴系阻燃剂环境污染现状研究进展 [J]. 环境化学，2021, 40(1): 72-85.
[241] 余畅．新型阻燃剂及其代谢产物的内分泌干扰效应研究 [D]. 杭州：浙江工业大学，2020.
[242] 高玉娟，谢承劼，余红，等．溴代阻燃剂在土壤中的迁移转化研究进展 [J]. 环境科学研究，2021, 34(2): 479-490.
[243] 何静，叶曦雯，汤志旭，等．悬浮固化分散液液微萃取液相色谱串联质谱测定纺织废水中磷系阻燃剂 [J]. 色谱，2020, 38(6): 679-686.
[244] 刘星，万正瑞，杜伟，等．液相色谱-串联四极杆质谱法测定海水和海底泥中的有机磷酸酯类阻燃剂 [J]. 环境科学，2020, 39(10): 2947-2951.
[245] 郭佳佳，姚帮本，祝红蕾．有机磷酸酯类阻燃剂检测方法研究进展 [J]. 安徽化工，2018, 44(6): 3-10.
[246] 李闯修，赵晓丽，高立红，等．高效液相色谱-串联质谱法测定地表水样品中 5 种有机磷酸酯代谢物 [J]. 分析测试学报，2016, 35(2): 194-199.
[247] Martinez-Carballo E, Gonzalez-Barreiro C, Sitka A, et al. Determination of selected organophosphate esters in the aquatic environment of Austria[J]. Sci Total Environ, 2007, 388(1): 290-299.
[248] van den Eede N, Dirtu A C, Neels H, et al. Analytical developments and preliminary assessment of human exposure to organophosphate flame retardants from indoor dust[J]. Environ Int, 2011, 37:454-461.
[249] 王艺璇，段玉双，耿存珍．有机磷酸酯在水环境中的残留及生态风险评价 [J]. 环境与健康杂志，2015, 32(10): 935-939.
[250] 庄园．有机磷酸酯阻燃剂在太湖及其周边河流水体中的分布和源解析 [D]. 南京：南京大学，2015.
[251] 刘银娥．有机磷系阻燃剂在珠江三角洲几类典型动物中的富集与传递 [D]. 北京：中国科学院大学，2021.
[252] 张恒，郭昌胜，吕佳佩，等．在线固相萃取-超高效液相色谱法检测水中 14 种有机磷酸酯 [J]. 环境化学，2020, 39(4): 1047-1054.
[253] 杨露敏，宋晓翠，张颖，等．自来水给水系统中有机磷酸酯的污染特征及健康风险评价 [J]. 环境科学学报，2021, 41(8): 3268-3278.
[254] 孙广金，杨建伟，徐永胜，等．MnO_2/Al_2O_3 臭氧氧化催化剂制备及臭氧催化氧化法处理 BDP 废水的研究 [J]. 中国资源综合利用，2020, 38(4): 25-29.
[255] 韩琦．臭氧和高铁酸盐氧化降解水中四溴双酚 A 的效能与机制 [D]. 哈尔滨：哈尔滨工业大学，2017.
[256] 孙家宁，孙韶华，宋娜，等．高级氧化技术去除水中溴系阻燃剂的研究进展 [J]. 工业水处理，2022, 42(2): 19-25.
[257] 胡晗 .GO@MIL-101 (Fe) 对水中有机磷阻燃剂的可见光光催化降解 [D]. 广州：暨南大学，2020.

[258] Feng G X, Jia R B, Sun S H, et al. Occurrence and treatment effect assessment of organophosphorus flame retardants in source and drinking water, Jinan, China[J]. Environmental Science and Pollution Research. 2023, 30: 52830-52840.
[259] 宋青云 . 不同形态铁活化过硫酸盐降解水体中有机磷阻燃剂磷酸三苯酯的效能与机制研究 [D]. 广州：广东工业大学，2019.
[260] 王卓悦 . 连二亚硫酸盐法降解水中典型溴系阻燃剂的研究 [D]. 哈尔滨：哈尔滨工业大学，2019.
[261] 唐宝玲 . 改性零价纳米铁对溴代阻燃剂及 Cr(Ⅵ) 的降解研究 [D]. 上海：上海第二工业大学，2020.
[262] 林小秋 . 电极与纳米钯铁强化四溴双酚 A 生物降解及作用机制解析 [D]. 哈尔滨：哈尔滨工业大学，2020.
[263] 王晓寒 . 基于纳米 $FeTiO_3$ 催化作用的羟基自由基和硫酸根自由基氧化磷酸三氯丙酯 (TCPP) 研究 [D]. 南京：南京师范大学，2020.
[264] 罗锦秋 . 基于纳米铁 / 钴修饰材料催化过一硫酸盐降解水中磷酸三苯酯的研究 [D]. 南京：南京理工大学，2019.
[265] 陈宇佳 . 两种 MIL-101 (Fe) / 光 / 氧化剂体系降解三（β-氯乙基）磷酸酯的效果和机理研究 [D]. 广州：暨南大学，2020.
[266] 陈潇 . 生物炭负载零价纳米铁去除土壤中十溴二苯乙烷及机制研究 [D]. 上海：华东理工大学，2020.
[267] 邓铭俊 . 广州污水处理系统中磷系阻燃剂浓度 [D]. 广州：广州大学，2018.
[268] 杨兴凤 . 有机磷酸酯在污水处理系统中的降解与去除 [D]. 哈尔滨：黑龙江大学，2021.
[269] 赵金平，黄博珠，徐小静，等 . HRGC-HRMS 法和 CALUX 法测定造纸废水中二噁英的研究 [J]. 生态环境学报，2019, 28(9): 1829-1834.
[270] 李琳 . 日本二噁英检测及分解技术的发展 [J]. 环境与发展，2020, 32(4): 240-241.
[271] 樊小军，张道方，黄远星 . 环境中二噁英类化合物的检测方法分析与研究 [J]. 能源研究与信息，2014, 30(2): 63-67.
[272] 陈文婷，向运荣，赵金平 . 二噁英类化合物生物检测法研究进展 [J]. 能源环境保护，2018, 32(2): 3.
[273] 宋艳秋，何作顺 . 二噁英类物质的检测分析技术 [J]. 职业与健康，2010, 26(20): 2378-2379.
[274] 宋静，梅超强，计雯钰，等 . 二噁英催化分解催化剂研究进展 [J]. 能源研究与利用，2022 (2): 38-42.
[275] 徐驰，高丽荣，郑明辉 . 气相色谱-三重四极质谱法检测二噁英类方法研究 [A]//持久性有机污染物论坛 2017 暨第十二届持久性有机污染物学术研讨会论文集 [C]. 中国化学会，2017：3.
[276] HJ 77.1—2008, 水质 二噁英类的测定 同位素稀释高分辨气相色谱-高分辨质谱法 [S].
[277] 张志仁，徐顺清，周宜开，等 . 一株受二噁英类化学物质诱导表达的萤光素酶肝癌细胞系 [J]. 中国生物化学与分子生物学报，2001(6): 777-780.
[278] Abad E, Adrados M A, Caixach J, et al. Dioxin mass balance in a municipal waste incinerator[J]. Chemosphere, 2000, 40(9): 1143-1147.
[279] 孙慧中，王璞，田菲菲，等 . 气相色谱 / 三重四极杆质谱法应用于牛肉中二噁英 (PCDD/Fs) 的检测 [A]//第三届全国质谱分析学术报告会摘要集-分会场 5：有机 / 生物质谱新方法 [C]. 中国化学会质谱分析专业委员会，中国化学会，2017：1.
[280] 许鹏，周品，柏寄荣，等 . 二噁英形成机理研究进展 [J]. 中国资源综合利用，2022, 40(6): 100-111.
[281] Jia S, Wang Q, Li L, et al. Comparative study on PCDD/ F pollution in soil from the Antarctic, Arctic and Tibetan Plateau［J］. Sci Total Environ，2014, 497-498: 353-359.
[282] 陈露露 . 中国二噁英大气网格化排放清单、归趋模拟及人群暴露风险 [D]. 兰州：兰州大学，2021.
[283] 陈顺伟 . 二噁英类化合物生成及检测机理的理论研究 [D]. 济南：山东大学，2015.
[284] 贾瑞宝，孙韶华，张诺，等 . 水库型水源水中污染物综合激素效应及工艺去除特性研究 [J]. 给水排水，2016, 52(3): 26-30.
[285] 李晓明，梁德沛，牟静芳，等 . 三种混凝剂在混凝实验过程中二噁英去除效率的比较研究 [J]. 广东科技，2011, 20(18): 5.

[286] Kawasaki S I, Oe T, Anjoh N, et al. Practical supercritical water reactor for destruction of high concentration polychlorinated biphenyls (PCB) and dioxin waste streams[J]. Process Safety & Environmental Protection, 2006, 84(4): 317-324.

[287] Clark P F, Mortimer D N, Law R J, et al. Dioxin and PCB contamination in Chinese Mitten Crabs: human consumption as a control mechanism for an invasive species[J]. Environmental Science & Technology, 2009, 43(5): 1624-1629.

[288] Bolzonella D, Fatone F, Pavan P, et al. Poly-chlorinated dibenzo-*p*-dioxins, dibenzo-furans and dioxin-like poly-chlorinated biphenyls occurrence and removal in conventional and membrane activated sludge processes[J]. Bioresource Technology, 2010, 101(24): 9445-9454.

[289] Kristin S, Vivian R D, Stephanie B, et al. Applying whole water samples to cell bioassays for detecting dioxin-like compounds at contaminated sites[J]. Toxicology, 2004, 205(3): 211-221.

[290] Smirnov A D, Schecter A, Päpke O, et al. Conclusions from Ufa, Russia, drinking water dioxin cleanup experiments involving different treatment technologies[J]. Chemosphere, 1996, 32(3): 479-489.

[291] Lei R, Xu Z, Xing Y, et al. Global status of dioxin emission and China's role in reducing the emission[J]. Journal of Hazardous Materials, 2021, 418:126265.

[292] UNEP, 2007. UNEP-POPS-NIP-China-1.

[293] Alaee M. Dioxin and Related Compounds: Special volume in Honor of Otto Hutzinger[M]. The Hand book of Environmental Chemistry, 2016.

[294] Henri D, Nickolas J T, et al. Inventory of US 2012 dioxin emissions to atmosphere[J]. Waste Management, 2015, 46(12): 242-246.

[295] Zou D, Chi Y, Fu C, et al. Co-destruction of organic pollutants in municipal solid waste leachate and dioxins in fly ash under supercritical water using H_2O_2 as oxidant[J]. Journal of Hazardous Materials, 2013, s 248-249 (mar.15) :177-184.

[296] Gao L, Zhang Q, Zhang B, et al. Polychlorinated dibenzo-*p*-dioxins and dibenzofurans in water and six fish species from Dongting Lake, China[J]. Chemosphere, 2014, 114(1): 150-157.

[297] Kim H K, Masaki H, Matsumura T, et al. Removal efficiency and homologue patterns of dioxins in drinking water treatment[J]. Water Research, 2002, 36(19): 4861-4869.

[298] Rao Q, Wang X, Zhang Q, et al. New insights into the transfer and accumulation of dioxins and dioxin-like PCBs in the food web of farmed Chinese mitten crabs: a typical case from the Yangtze River area[J]. Journal of Hazardous Materials, 2022, 436: 129178.

[299] 刘源，孟文莹，林晓仕，等 . 同位素稀释-高分辨气相色谱 / 质谱联用法测定生活饮用水中二噁英类化合物 [J]. 华南预防医学，2021, 47(6): 824-827.

[300] 赵毅，张秉建，贺鹏 . 二噁英类化合物检测方法的研究现状及展望 [J]. 电力环境保护，2008, 24(6): 44-47.

[301] Mckay G. Dioxin characterisation, formation and minimisation during municipal solid waste (MSW) incineration: review[J]. Chemical Engineering Journal, 2002, 86(3): 343-368.

[302] 王承智，胡筱敏，石荣，等 . 二噁英类物质的生物检测方法 [J]. 中国安全科学学报，2006, 16(5): 6.

[303] Lu F, Jiang Y, Wu D, et al. Levels and profiles of polychlorinated dibenzo-p-dioxin and dibenzofurans in raw and treated water from water treatment plants in Shenzhen, China[J]. Environmental Pollution, 2016, 211 (Apr.): 233-240.

[304] Cui J K, Gao P P, Yang D. Destruction of per-and polyfluoroalkyl substances (PFASs) with advanced reduction processes (ARPs): a critical review[J]. Environmental Science & Technology, 2020, 54(7): 3752-3766.

[305] Qu Y, Zhang C, Li F, et al. Photoreductive defluorination of perfluorooctanoic acid in water[J]. Water Research, 2010, 44(9): 2939-2947.

[306] 杨波，李影影，余刚，等 . 物化作用氧化降解 PFOA/PFOS[J]. 化学进展，2014, 26(7): 1265-1274.

[307] Devi P, Das U, Dalai A K. In-situ chemical oxidation: principle and applications of peroxide and persulfate treatments in wastewater systems[J]. Science of the Total Environment, 2016, 571: 643-657.

[308] Cao M H, Wang B B, Yu H S, et al. Photochemical decomposition of perfluorooctanoic acid in aqueous periodate with VUV and UV light irradiation[J]. Journal of Hazardous Materials, 2010, 179: 1143-1146.

[309] Yang L, He L, Xue J, et al. Persulfatebased degradation of perfluorooctanoic acid (PFOA) and perfluorooctane sulfonate (PFOS) in aqueous solution: review on influences, mechanisms and prospective[J]. Journal of Hazardous Materials, 2020, 393: 122405.

[310] Liu C S, Shih K, Wang F. Oxidative decomposition of perfluorooctanesulfonate in water by permanganate[J]. Separation Purification Technology, 2012, 87: 95-100.

[311] Xu B T, Zhou J L, Altaee A, et al. Improved photocatalysis of perfluorooctanoic acid in water and wastewater by Ga_2O_3/UV system assisted by peroxymonosulfate[J]. Chemosphere, 2020, 239: 124722.

[312] 詹宇航，秦雅鑫，陈博磊，等 . 全氟辛酸和全氟辛基磺酸的光降解技术及机理研究进展 [J]. 环境化学，2022, 41(1): 46-56.

第4章 内分泌干扰物

▲ 概述

▲ 除草剂类农药

▲ 多氯联苯类

▲ 邻苯二甲酸酯类

▲ 环境激素类

4.1 概述

内分泌干扰物（endocrine disrupting chemicals, EDCs），是一种外源性干扰内分泌系统的化学物质，指环境中存在的能干扰人类或动物内分泌系统诸环节并导致异常效应的物质。它们通过摄入、积累等各种途径，并不直接作为有毒物质给生物体带来异常影响，而是类似雌激素对生物体起作用，即使数量极少也能让生物体的内分泌失衡，出现种种异常现象。这类物质会导致未受损伤的有机体发生逆向健康影响，或使有机体后代的内分泌功能发生改变。目前对内分泌干扰物危害的研究结果表明，内分泌干扰物对动物体和人体的内分泌干扰影响包括生殖器障碍、行为异常、生殖能力下降、幼体死亡甚至灭绝。

2022 年 3 月，内分泌干扰物被定义为新污染物。

（1）内分泌干扰物分类

内分泌干扰物多为有机污染物及重金属物质等，主要分为以下类别。

第一类：农药和除草剂类。目前使用的农药 70% ～ 80% 属于内分泌干扰物，如常用的有机氯农药、滴滴涕及其分解产物、六六六、艾氏剂、狄氏剂以及六氯苯等。

第二类：工业化合物类。主要包括多氯联苯、多溴联苯、双酚 A、邻苯二甲酸酯类、烷基酚类、硝基苯类等。日常使用的塑料，其中大部分的稳定剂和增塑剂均属于内分泌干扰物；日常人们所食用的肉类、饮料、罐头等食品中也都含有内分泌干扰物。一些有机化合物如多氯联苯类（PCB）、邻苯二甲酸酯（PAE）、烷基酚（AP）、烷基酚聚氧乙烯醚（APE）等都是内分泌干扰物。

第三类：激素类。如类固醇雌激素，如 17α-乙炔基雌二醇（EE2）、17β-雌二醇（E2）、己烷雌酚（DES）等。还包括植物和真菌雌激素，分为异黄酮和木酚素两大类。例如，三羟异黄酮（降血脂药）和香豆雌酚。

第四类：重金属类。包括镉、汞，其中有机汞更具内分泌活性。

（2）内分泌干扰物对人体的危害

内分泌干扰物对人体的危害主要包括对生殖系统的影响、恶性肿瘤、对神经系统和免疫系统的影响等方面。

① 内分泌干扰物中的环境雌激素对男性生殖系统的影响较大，主要表现为男性雌性化，引起各种形式的雄性生殖系统发展障碍，精子数目减少乃至无精，睾丸肿瘤，性欲降低和不育症等。影响女性生殖系统的环境内分泌干扰物主要是环境雌激素。具体表现为女孩青春期提前，子宫内膜异位发病率增加，月经周期改变等。

② 内分泌干扰物致畸方面主要是指人体妊娠时接触固醇样化学品会对子代产生有害效应，如服用保胎素的孕妇，其子代生殖器癌症发病率无论男女均有增加。

③ 内分泌干扰物中的工业化合物类如 PCBs 污染具有致病致肿瘤影响。1976 年意大利 Seceso 某工厂事故导致 PCBs 污染，数十年后进行受污染人群流行病学调查发现，污染与消化道癌、淋巴癌、粒细胞白血病等癌症有密切关系，相对危险高达 6.6 倍。

④ 神经系统和内分泌系统是生物体内主要调节系统，它们之间具有密切的联系，神经

系统也是内分泌干扰物作用的靶位点。神经内分泌混乱是由多种机制引起的，内分泌干扰物与内分泌腺体的直接作用会改变激素环境，从而影响神经系统而导致神经中毒。内分泌干扰物（如神经内分泌干扰物）可以先作用于中枢神经系统，然后影响内分泌系统。在神经系统的发育阶段，男性激素受化学物质影响后，生殖行为就会发生异常。许多研究表明动物和人群暴露于内分泌干扰物会影响其行为、学习和记忆、注意力、感觉功能、心理发育。

近年来过敏性和自身免疫性疾病大大增加，流行病学和实验动物研究已经证明，这与环境污染和过敏有密切关系。所得到的初步结论是环境污染物扰乱了内分泌系统，从而影响了免疫系统的功能。内分泌系统与免疫系统有双向联系。几乎所有免疫细胞上都有不同的内分泌激素受体，免疫系统也可反馈作用于内分泌系统。

4.2 除草剂类农药

除草剂是指使杂草彻底或选择性地发生枯死的药剂，也指消灭或抑制植物生长的一类物质。

除草剂以不同方式抑制杂草的光合作用和色素合成，抑制氨基酸形成和脂质合成，阻止细胞分裂，抑制植物生长，实现除草功用。

除草剂按作用机制和化学结构可分为 23 类，具体包括 ACCase 抑制剂类、ALS-咪唑啉酮类、ALS-磺酰脲类、ALS-其他类、氨基酸类、生物除草剂类、联吡啶类、氨基甲酸酯类、二硝基苯胺类、HPPD 抑制剂类、PPO-二苯醚类、PPO-苯基邻苯二甲酰亚胺类、PPO-三唑啉酮类、PPO-其他类、合成植物生长素-芳香基吡啶甲酸类、合成植物生长素-酚类、合成植物生长素-吡啶类、合成植物生长素-其他类、硫代氨基甲酸酯类、三嗪类、脲类、VLCFA 抑制剂类和其他除草剂类。

除草剂作为人工合成的有机物，在农业生产的发展中起到的作用是不言而喻的。然而除草剂在发展和促进生产的同时，作为一种有毒化合物，不可避免地带来严重的环境问题。1999 年世界自然基金会公布的《环境中被报告具有生殖和内分泌干扰作用的化学物质清单》125 种环境激素中，除草剂有 29 种，占比 23.2%。

4.2.1 污染特征

除草剂在防除杂草的同时，可以通过喷雾飘移到大气中，通过地表径流和侵蚀进入水体和土壤中，然后通过除草剂沉积进入地下水和沉积物中，并长期残留其中，对环境造成污染。随着集约化农业种植模式的大力推广，除草剂残留导致土壤、沉积物和水体污染的情况更加严重，即使处于低浓度水平也会产生生态风险，除草剂污染问题受到社会各界的广泛关注。

4.2.1.1 来源与分布

一般认为，除草剂在施用环境条件中的有效利用率仅仅达到 20% ～ 30%，其余大部分的除草剂流失于农田土壤、河流、沉积物、地下水以及挥发至空气中。由于不规范操作、除草剂在环境中的分散性和溶解性及多种自然环境因素，除草剂到达靶标体的有效量相对较低，真正有效量甚至低于施用量的 1%。而未作用于靶标体的除草剂则进入土壤造成土壤除草剂残留，或者进入地表径流和地下水造成水源水体污染。易挥发性除草剂还可通过飞机喷洒，飘逸至空气中造成大气污染。因此由除草剂造成的环境污染可归纳为大气污染、水体污染及土壤、沉积物污染三大类。

除草剂对水体污染的主要途径有近水体施药、施药设备泄漏、除草剂渗透、土壤淋溶、大气沉降等。除草剂一般是有毒化合物，进入地表水之后会引起多方面的污染，不仅影响水源质量，还会直接和间接性地对水体中生物的生长发育产生不利影响；当受到污染的河流水或者地下水被人类饮用时会产生一系列中毒症状，饮用除草剂污染的水体甚至会产生器官功能衰竭或者死亡。污水也是除草剂进入环境的主要途径之一。在城市环境中，应用于草坪、街道或路堤等景观的除草剂可能会通过污水处理厂或直接排入地表水。在常规的活性污泥污水处理厂中，除草剂往往不能完全去除。因此，城市污水成为环境中除草剂污染的主要来源之一。

国内外水环境的除草剂污染均很严重，除草剂残留量大且种类繁多。欧盟是世界上对饮用水中除草剂最大允许浓度限制要求最严格的，然而在欧洲地区河流中仍然检测到大量的除草剂残留。20 世纪 90 年代，美国通过除草剂普查发现莠灭净和二甲四氯对美国的水体造成严重污染，在地下水中检出莠灭净，在地表水中检出二甲四氯的残留。相比国外的污染情况，在我国的很多水域环境中也能检测到大量除草剂残留。除草剂阿特拉津、乙草胺、丁草胺等在黄河、长江、松花江、黄浦江等不断被检出。2-甲基-4-氯、2,4-D 和苯达松 3 种常用除草剂，除苯达松在黄河水体中未检出外，其余在黄河、海河和辽河中均有检出。2019 年白洋淀水域水样中检测出了莠去津、乙草胺、丁草胺三种除草剂的残留。山东地区的水域环境中检测到不同浓度的莠灭净、扑灭通、扑草净、戊唑醇、阿特拉津，浓度在 0.11 ～ 8.5μg/L 之间。2021 年太湖流域的水样中检测出了多种磺酰脲类除草剂，残留最高、分布最广的是甲磺隆（浓度范围 ND ～ 50.64ng/L，检出率 94.5%）和苄嘧磺隆（浓度范围 ND ～ 12.8ng/L，检出率 92.7%），氯吡嘧磺隆和烟嘧磺隆其次，浓度合计占总值的 85% 以上。王未等发现淡水环境中除草剂种类和浓度具有很强的波动性，随着季节、各地水文气候及种植特征呈现较大差异，大部分丰水期质量浓度高于枯水期，从上游到下游化合物质量浓度逐渐升高，但是影响水体除草剂残留的主要因素是各地的农业产业结构和除草剂施用方式。

在河口和沿海地区，雨季的河流及地表输入对除草剂的输运贡献非常大。对大堡礁地区 PS Ⅱ除草剂长期监测结果的分析发现，除草剂污染风险呈现典型的在雨季升高的情况，且除草剂与遥感监测的有色溶解有机物显著正相关，而这种有色溶解有机物即表征着淡水输入程度。西班牙 Mar Menor 潟湖的表层海水中秋季因空气和地面 / 地下水的输入，包括除草剂在内的大部分有机污染物浓度最高。在法国南部布列塔尼河口检出了包括阿特拉津、脱乙基阿特拉津、去乙基异丙嗪、去异丙基阿特拉津、Irgarol 1051、扑草净、西玛津、特丁津等 11 种三嗪类和包括乙草胺、甲草胺、异丙甲草胺和甲草胺 4 种酰胺类除草剂，阿鲁尔水库近码头区中的敌草隆和 Irgarol 1051 残留浓度最高，对初级生产者的风险最大。

除草剂的残留通常具有季节性，在 Scheldt 河口进行的为期两年的对除草剂西马嗪、甲草胺和异丙甲草胺的监测，研究表明除草剂存在的时间趋势与其使用期有关。但是一些除草剂具有较高的半衰期，在环境中持续时间较长。在 3 年的调查中 Scheldt 河口阿特拉津的最高浓度为 10 ～ 736ng/L，而西马嗪和特丁津检测浓度较低，为 13 ～ 313ng/L。虽然这些化合物在大多数欧洲国家已被禁止使用，但其母体化合物和代谢物仍然在许多河流被检测到。

例如，在意大利完全禁止阿特拉津使用8年后，阿特拉津仍然存在于河口和亚得里亚海的沉积物中。

4.2.1.2 生态风险

除草剂中酰胺类除草剂和三嗪类除草剂均具有内分泌干扰效应。其中，酰胺类除草剂是一类除草效率高、目前国际上大量使用的新型除草剂。近年来该类除草剂发展迅速、产量逐年增加，应用范围和使用面积仅次于有机磷除草剂，居世界第二位。我国作为水稻种植大国，酰胺类除草剂是我国稻田中的主要除草剂，甲草胺、乙草胺、丙草胺和丁草胺4种酰胺类农药是水稻上已登记的除草剂类常用农药。酰胺类除草剂在环境中的残留量逐年增加，并且在环境中具有累积性、持久性、生物毒性和“三致”效应（致畸、致癌、致突变）等。

（1）毒性效应

三嗪类除草剂作为光合系统Ⅱ抑制剂，广泛应用于玉米等大田作物。虽然三嗪类除草剂主要作用于植物，但它们仍然可以严重扰乱动物细胞的发育、性别分化和生殖过程。迄今为止，已有多篇文献报道了三嗪类除草剂对水生动物生长发育的影响，导致水生动物胚胎发育畸形、孵化率低、幼体发育异常等。美国、欧盟和日本均制定了严格的管控措施。阿特拉津会导致斑马鱼的孵化率降低，且存在剂量依赖效应，随着浓度升高，斑马鱼胚胎的畸形（脊索弯曲等）发生率和死亡率都逐渐升高。阿特拉津会扰乱雌性黑头呆鱼卵巢成熟，导致卵巢病变，进而降低产卵率和产卵量。扑草净会抑制鲫鱼的生长，1200μg/L和4000μg/L的扑草净会影响鲤鱼的早期发育，导致胚胎孵化率和胚胎存活率显著降低，个体发育迟缓，体长、体重显著降低，甚至造成肝脏的组织损伤。此外，三嗪类除草剂对水生动物的生殖功能也产生一定程度的影响。阿特拉津会导致青鳉鱼、鲫鱼和虹鳟鱼雌性化、性腺发育异常，进而导致日产卵量、性腺指数、受精率和孵化率都受到显著影响；会导致鲤鱼性激素分泌增加，促进卵巢的发育而抑制精巢的发育；会抑制雌性潮间带河蟹产卵后卵巢的再成熟，3mg/L阿特拉津对雌性河蟹的卵巢发育产生抑制作用；会干扰泥鳅性腺的功能，使其精子数减少、卵母细胞数增多。

甲草胺由于可能诱发哺乳动物癌症、干扰内分泌及降低男性精子浓度与活性等而引起研究者的广泛关注，试验表明甲草胺具有弱雌激素活性，可以诱导小鼠的甲状腺肿瘤，降低甲状腺激素水平，增加促甲状腺激素水平。乙草胺在环境中的大量残留对非靶标生物造成毒性。美国环保局已将乙草胺定为B-2类致癌物。同时研究发现，乙草胺进入到环境后，可以通过食物链致使生物体的内分泌紊乱，造成不育、不正常的性别差异，甚至可以致癌。另外，乙草胺不同对映体可能存在不同的生态效应，(*S*)-(+)-乙草胺比(*R*)-(−)-乙草胺表现出更强的甲状腺干扰效应，(*R*)-(−)-乙草胺对先天性免疫相关基因表达的影响强于(+)-乙草胺，(*R*)-构型的乙草胺对叶绿素的抑制作用更加明显。丙草胺虽然对人类和哺乳动物低毒，但对鱼类有高毒性。精异丙甲草胺是异丙甲草胺高效低危害的异构体，相较于异丙甲草胺，精异丙甲草胺对小球藻的毒性更大，但异丙甲草胺对土壤微生物量碳和氮影响要大于精异丙甲草胺。精异丙甲草胺对部分非靶标生物存在一定毒性，对蜥蜴会造成严重的肝脏病理病变，并对其生殖系统造成影响，影响蜥蜴健康；诱导藻类产生活性氧，降低其生长速度和光合色素的浓度，改变其超微结构并改变细胞的抗氧化防御能力，甚至可能会进一步影响食物链中的高级生物。此外，1.0μg/L精异丙甲草胺会影响太平洋牡蛎的受精成功率，并使幼体患病率增加。

通过对异丙甲草胺和精异丙甲草胺的手性分析发现，它们对蚯蚓纤维素酶活性、过氧化氢酶活性、体重和回避行为都造成显著差异。丁草胺通过抑制杂草体内蛋白质合成而起除草作用。丁草胺具有稳定性强、残留期长等特点，是持久性农田和水源中的污染物，通过食物链富集，对生态系统和人类健康存在潜在的风险。丁草胺暴露能够导致雌性斑马鱼血浆中的睾酮和雌二醇浓度降低、雄鱼血浆中的 VTG 水平显著升高，这显示丁草胺可能是一种弱类雌激素。

（2）毒性作用机制

由于除草剂创制初始靶标多为光合作用生物，在水生生态系统中首先影响藻类和高等水生植物，其次为水生动物。水生植物是除草剂生物毒性最直接的非靶标类群，浮游植物、大型藻类及海草等的光合作用及固碳机制受到直接影响，导致其初级生产力降低，生长速度减缓，其中对绿藻毒性影响显著。

三嗪类除草剂对水生动物的毒性作用机制包括两个方面。一方面扰乱性激素合成等途径，从而影响生殖能力。研究发现阿特拉津对鱼类具有雌激素效应，对泥鳅性腺功能有干扰作用，主要是因为阿特拉津能够增强卵巢 CYP19A 基因的表达，导致芳香化酶活性增高、雌激素水平升高。另一方面，三嗪类除草剂能与内源性雌激素竞争性结合雌激素受体，进而导致雌性化相关基因表达量的变化，从而引起激素分泌异常。研究发现阿特拉津诱导鲤鱼肝脏中 ER-α、VTG-Ⅱ基因（卵巢发育相关基因）的表达增强，这是导致性激素分泌增加、促进卵巢发育而抑制精巢发育的原因。虹鳟鱼暴露于 200μg/kg 阿特拉津时会导致雌激素受体激活增加，诱导卵黄发生，使血浆中雌性特异性蛋白——卵黄原蛋白（VTG）浓度升高，表现出雌激素效应。阿特拉津暴露鲤鱼后，肝脏中的 ER-α 和 VTG-Ⅱ mRNA 表达水平显著升高，导致血清中的 17β-雌二醇升高；暴露青鳉鱼后，会使其肝脏中 VTG-Ⅰ和 ER-α 基因表达量显著升高。

4.2.2　筛检技术

对水中除草剂类检测方法研究主要集中在两个方面：一是前处理方法的研究，如衍生方法的改进和提取方法的研究；二是使用不同的仪器设备对检测方法的改进和优化，例如解决了气相色谱法需要衍生的问题，以及液相色谱-质谱联用技术在除草剂残留检测中的广泛应用等。

4.2.2.1　除草剂前处理技术

随着现代环境监测仪器的不断更新升级，除草剂分析检测方法不断发展，样品预处理技术已经成为制约检测的重要因素。然而，由于未处理的环境介质中共存的污染物和基质的强烈干扰，痕量的除草剂难以直接检测。因此，在检测分析之前，需要对基质样品进行预处理，并进行浓缩。常用于水系统中除草剂的前处理技术有液液萃取分离法、分散液液微萃取法、固相萃取法、固相微萃取法、磁性固相萃取法、分散固相萃取法。

液液萃取是除草剂前处理方法中的经典方法，在 EPA 505、EPA 507、EPA 632.1 中都有应用。其中 EPA 505 用正己烷萃取水中的甲草胺，检出限为 0.225μg/L；EPA 507 用二氯甲烷萃取水中的甲草胺、丁草胺和异丙甲草胺，LOD 分别为 0.14μg/L、0.12μg/L 和 0.19μg/L；EPA 632.1 用二氯甲烷萃取城市和工业废水中的敌稗，LOD 为 0.85μg/L。

相对于液液萃取，固相萃取可以节省大量有机溶剂，避免过多的有机溶剂污染。EPA

525.2 和 EPA 645 都是运用液固萃取前处理进行实验，前一项用二氯甲烷萃取水中的甲草胺、丁草胺和异丙甲草胺后收集有机相，水相注入 C_{18} 固相萃取小柱进行固相萃取，洗脱溶剂仍是二氯甲烷，合并有机相后进行水浴加热和氮吹，甲草胺、异丙甲草胺与丁草胺的检出限分别为 0.069μg/L、0.085μg/L 与 0.24μg/L；后一项用二氯甲烷萃取城市和工业废水中的甲草胺和丁草胺，在 K-D 浓缩器中将溶剂替换成正己烷后注入弗罗里硅土 SPE 柱净化，甲草胺和丁草胺的检出限分别为 0.2μg/L 和 0.3μg/L。

近年来，液相微萃取技术、分子印记技术、双水相体系萃取技术等萃取技术得到了广泛研究。Khalil 等采用分散液液微萃取对水中痕量苯氧酸类除草剂进行前处理。将 pH 值调节至 1.5，加入 1mL 丙酮和 25μL 氯苯作为分散剂和萃取剂，离心分离之后测定，苯氧酸类除草剂的检出限均为 0.16μg/L，水样中加入 2.0μg/L 标准溶液的回收率为 101.8% ～ 102.9%。吴格格等以一元小分子醇 / 无机盐双水相萃取体系为基础建立了一种由两种小分子醇组成的二元小分子醇 / 无机盐双水相体系，实现了对环境水样中的三嗪类除草剂的有效分离和富集。

4.2.2.2 除草剂检测技术

当前常用的除草剂检测方法有色谱法和色谱-质谱联用法。其中，气相色谱法作为除草剂测定的方法已经得到广泛应用，但缺点是分析时间较长，样品需要复杂的衍生过程（氯代苯氧酸类除草剂）；GC-MS 法相对 GC 法具有更低的检出限，但缺点是仍需要较复杂的前处理过程，分析时间较长。HPLC 与 GC 相比，对试样的要求不受其挥发性的限制且不需要衍生。与 HPLC 常规检测器（紫外检测器、二极管阵列检测器）相比较，质谱检测器选择性好、灵敏度高、定性能力强，并且简化了实验步骤，减少了样品预处理过程。美国环保署为了检测不同水样中的酰胺类除草剂，采用的标准为 EPA 505（U.S. EPA Method 505）、EPA 507（U.S. EPA Method 507）、EPA 525.2（U.S. EPA Method 525.2）、EPA 632.1（U.S. EPA Method 632.1）和 EPA 645（U.S. EPA Method 645）。其中 EPA 507 和 EPA 645 是运用气相色谱氮磷检测器来检测，EPA 632.1 是运用高效液相色谱来检测，EPA 505 和 EPA 525.2 是运用气相色谱-质谱联用来检测。

近年来国内外学者对其他检测方法也进行了研究，例如采用离子色谱法对水中草甘膦、灭草松等除草剂进行同时测定；通过凝胶色谱-气相色谱-三重四极杆质谱联用仪（GPC-GC-MS/MS）在线净化和检测，加入外环氧七氯使用内标法定量分析，甲草胺、乙草胺、丙草胺和丁草胺 4 种化合物在 20 ～ 300ng/L 浓度范围内线性关系良好，相关系数＞ 0.99，4 种酰胺类除草剂的回收率范围为 79% ～ 102%，精密度范围为 2.5% ～ 6.1%。

液相色谱-质谱法无需衍生化处理，在满足多组分同时检测的情况下仍有较好的选择性、灵敏度和特异性，一定程度上弥补了气相色谱及气相色谱-质谱等方法的缺陷，但是其难以完全阐明化合物的结构裂解信息。高分辨质谱仪具有分辨率高、定性定量能力好的优点，不同于低分辨三重四极杆质谱用多反应监测模式通过目标化合物的碎片离子进行定量分析，高分辨质谱可以利用目标化合物母离子的精确质量数直接定量，无需对目标化合物逐个优化子离子及相关参数，对于目标物分析可以极大地缩短检测的时间，同时很好地避免低分辨质谱易受基质干扰而产生假阳性的现象。并且高分辨质谱可通过研究具有相同骨架结构化合物的裂解规律实现非靶向筛查发掘未知的新型除草剂残留（见表 4-1），近年来成为小分子化合物鉴定及分析的重要技术手段。

表 4-1　湖库水中典型除草剂及其代谢产物的分布

水的来源	采样位置		浓度 / (ng/L)				
			阿特拉津	HA	DEA	DIA	DEDIA
JNYQ 湖库	春季	表层水	27.2	48.9	15.3	10.8	<MDL
		底层水	27.0	52.3	22.7	35.6	<MDL
	夏季	表层水	25.3	32.3	14.0	26.2	0.0285
		底层水	29.0	50.2	63.5	51.2	0.0868
	秋季	表层水	25.4	11.2	9.27	3.36	<MDL
		底层水	34.5	14.3	23.2	17.3	<MDL
JNQS 水库	春季	表层水	5.57	5.25	2.62	1.84	0.0302
		底层水	3.94	5.75	4.06	2.15	0.0683
	夏季	表层水	30.5	37.2	22.8	8.80	0.3794
		底层水	30.2	45.0	25.6	10.8	0.6456
	秋季	表层水	38.7	13.2	28.1	21.1	<MDL
		底层水	36.6	13.9	28.2	23.4	<MDL

王兴宁等采用同位素内标-QuEChERS 结合 UHPLC-Q-Orbitrap HRMS 法快速检测了 84 种除草剂残留。岳宁等利用 UHPLC-Q-Orbitrap 在正离子模式对 14 种含 O、Cl 和 S 3 类亚型三嗪类除草剂质谱断裂方式进行研究，发现其主要断裂途径包括均三嗪环上氨基取代基的碳氮键断裂、均三嗪环上杂原子取代基自由基的丢失和均三嗪环的开环反应。其中西玛通等 4 种含 O 三嗪类除草剂的主要特征离子碎片为 *m/z* 142.07234 和 *m/z* 100.05060，西玛津等 5 种含 Cl 三嗪类除草剂的主要特征离子碎片为 *m/z* 104.00017，敌草净等 5 种含 S 三嗪类除草剂的主要特征离子碎片为 *m/z* 116.02769。利用该裂解特征可以实现对有相同活性结构骨架的三嗪类化合物的鉴别，为新药的开发和新型残留化合物的快速筛查提供了理论基础。

4.2.3 控制与去除方法

随着除草剂在农业中的应用越来越多，其产生的废水对环境造成的危害愈发严重，这引起了人们的广泛关注。如何快速高效地处理除草剂废水已经成为现代工业有机废水处理的重要难题。处理农药废水的方法包括生物法、物理法、化学法和高级氧化法。

4.2.3.1 生物法

生物法是利用微生物的新陈代谢过程将废水中不稳定的、可溶的有机物转化为稳定的、无害的物质，从而将废水中的有机污染物去除的方法，主要包括好氧生物处理法和厌氧生物处理法。由于农药废水成分复杂，所以对农药废水处理之前要先进行预处理，目的是去除农药废水中对微生物有害的物质，避免微生物失活。早期对农药废水的处理主要采用好氧生物法，这种技术需要在反应池中通入大量的氧气、投资成本高、废水的实际去除率低，且对于 COD 值高于 10000mg/L 的废水处理前要先进行稀释，操作烦琐。与好氧生物法相比，厌氧生物法具有投资成本低、能耗低、有机物载荷高、可进行能源回收等优点，因此常用于高浓度农药废水的处理。李培等研究表明，将高浓度的废水先在 ASBR 反应器中进行吸附，将废水中一部分物质沉淀后再进行生物降解，降解完成后，总的COD去除率可以达到96%以上。但一种高效微生物只适用于一种有机物废水，当废水中含有多种难生物降解物质时该方法的应用就会受到限制。

4.2.3.2 物理法

物理法包括吸附法、气浮法、膜分离法以及萃取法等。该方法主要用于高浓度有机废水的处理，优点是可以从废水中回收利用一些有用的物质，提高废水的COD降解率。

采用吸附法处理有机废水可以达到良好的效果，常用的吸附剂包括大孔树脂、明胶、硅藻土、活性炭等，其中大孔树脂和活性炭在农药废水处理中用得较多。王娇娇等以活性炭吸附法处理莠去津农药废水中的有机物，但这种方法存在的问题是活性炭脱附再生困难、炭利用率较低，再生后的活性炭吸附性能下降约15%，且排出的废气中含有酸性气体，会对废水处理的设备造成损害，不利于工业中的长期使用。树脂吸附法相比活性炭吸附法的优点是树脂吸附再生容易，使用寿命延长，工艺操作简单，处理时不需要高温高压，符合循环经济的理念。李俊等采用絮凝-树脂吸附组合工艺处理嗪草酮农药废水，结果表明经过处理后嗪草酮废水的COD值变小，并且可回收利用废水中的物质。

物理法的使用存在一定的局限性，比如吸附法只适合能被活性炭等物质吸附的污染物，对于很多污染物不适用；絮凝法多以亚铁盐或铝盐为材料，处理时所需要的成本太高。除此之外，采用物理法需要较大的反应池，增大了占地面积，处理过程中会产生废渣；对于高毒性、成分复杂的废水，降解不完全会造成二次污染。因此，单一的物理法在工业废水中应用较少，一般采用物理法进行预处理，然后结合其他的工艺进行废水处理。

4.2.3.3 化学法

化学法是指在农药废水中加入化学试剂，使它与水中溶解的有毒物质发生反应转化成无毒的物质，从而去除废水中的污染物。目前将常规的化学氧化法分为化学试剂氧化法和燃烧法。虽然这两种方法对废水的处理效率高，但是仍存在着一些问题。化学试剂氧化法降解污染物时会消耗大量的化学试剂，增大了降解的成本，且反应时可能会生成更难处理的中间体，造成二次污染。而燃烧法需要在高温下进行，耗能大、设备投资成本高，废液难以进行集中处理。因此，常规的化学氧化法在实际的废水处理中受到限制。本书作者在厌氧条件下研究了维生素B_{16}对阿特拉津降解效果（图4-1），主要研究了在不同pH值条件下阿特拉津的降解动力学、反应中间产物的测定以及阿特拉津的降解机理。

4.2.3.4 高级氧化法

高级氧化法指的是利用光、电、氧化剂和催化剂相结合的技术产生大量的羟基自由基，羟基自由基作为强氧化剂可氧化分解水中的有机污染物，最终将有机污染物完全氧化成二氧化碳和水。与传统处理农药废水的方法相比，高级氧化法的优点是：

① 降解完全后产物为二氧化碳和水，不会对环境造成二次污染；

② 可产生大量的羟基自由基，氧化能力强；

③ 引发链式反应；

④ 反应速度快，处理时间短；

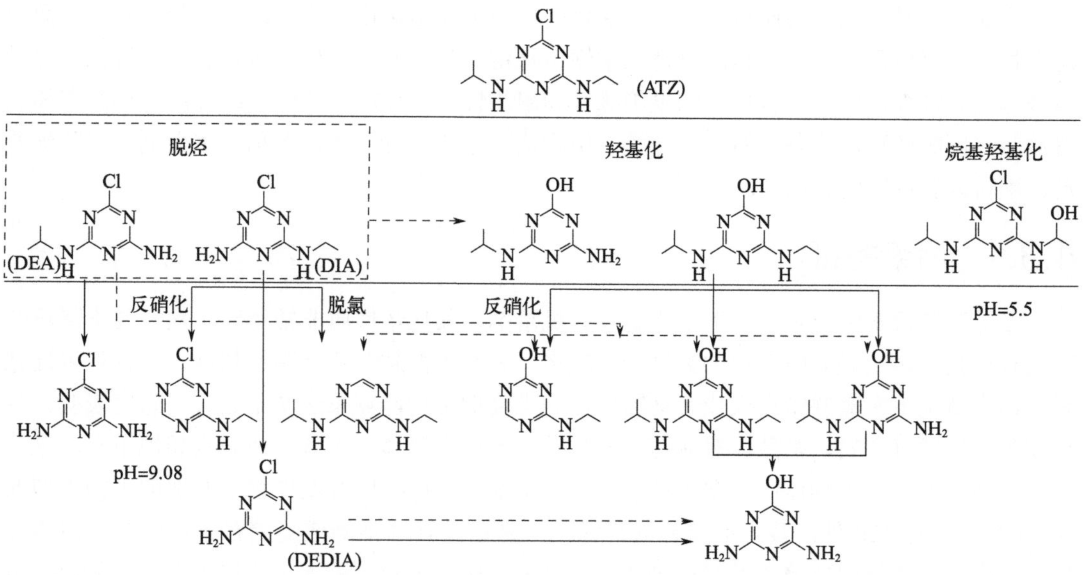

图 4-1　厌氧条件下维生素 B_{16} 对阿特拉津（ATZ）降解机制

⑤ 对有机物的选择性小，可处理不同种类的有机污染物；

⑥ 操作简单。

因此高级氧化法在有机污染物处理中的应用逐渐增多。

根据羟基自由基产生的方式不同，高级氧化技术可分为臭氧氧化法、Fenton 氧化法、光催化法、超临界水氧化法和电催化氧化法。

申元丽等采用臭氧氧化法对含氮的草甘膦除草剂废水的降解进行研究，分析了溶液的 pH 值和臭氧的添加量对降解效果的影响。结果表明，臭氧投加量越大，草甘膦初始浓度越低，臭氧氧化草甘膦的反应速度越快；碱性条件下草甘膦废水的降解速率最快，这是因为碱性条件下产生的羟基自由基多。Qu 等研究了 Cu/Al_2O_3 催化臭氧氧化降解水中污染物甲草胺，并与单独臭氧法的降解效果进行了比较。实验结果表明，Cu/Al_2O_3 是甲草胺臭氧化反应的有效催化剂。在没有加入 Cu/Al_2O_3 催化剂的情况下，臭氧氧化 180min 时总有机碳（TOC）中甲草胺的去除率仅达到 20%，而在 Cu/Al_2O_3 存在下，总有机碳（TOC）的还原率大于 60%，Cu/Al_2O_3 催化臭氧化过程中产生的无机离子较多，副产物较少。这些结果表明 Cu/Al_2O_3 的使用显著地促进了臭氧化过程中甲草胺的矿化。汪力等研究发现，提高 UV 辐射强度，去除 ATZ 的时间也相应缩短。UV-H_2O_2 联用工艺对 ATZ 的去除具有协同作用。研究发现二价铁离子和过硫酸盐（Solar/$S_2O_8^{2-}$/Fe^{2+}）在光-增强 Fenton 氧化体系中的降解动力学，氧化过程中 ATZ 及其中间体的降解程度较高，在 30min 内总有机碳含量降低 20%。

4.3 多氯联苯类

多氯联苯（PCBs），又名氯化联苯，是一种人工合成的有机化合物。多氯联苯的分子式为 $C_{12}H_{10-n}Cl_n$（n=1,2,…,10）。多氯联苯共有 209 种异构体，主要与氯原子的取代数目和取代位置有关。氯原子的取代位置和数量的不同导致多氯联苯的物理和化学性质方面存在差异。

多氯联苯是以联苯为原料，在金属催化剂作用下高温氯化合成的氯代联苯同系物与商业混合物的混合体系。多氯联苯的物理化学性质稳定，具有耐热、耐酸碱和抗氧化特性，对金属基本无腐蚀性，同时具有良好的电绝缘性和耐热性。其被广泛应用于绝缘油、热载体和润滑油等，同时还可用作各种树脂、橡胶、结合剂、涂料、复写纸、陶釉、防火剂、农药延效剂、燃料分散剂等的添加剂。

4.3.1 污染特征

多氯联苯极难溶于水，易溶于脂肪及有机溶剂，其化学性质非常稳定，是一类难降解的环境有机物。多氯联苯中取代的氯原子数越多，其亲水性越弱，亲脂性越强，生物积累性越强。通常情况下多氯联苯在人或者动物体内的半衰期平均能够长达 7 年之久。研究表明，多氯联苯可以通过挥发、扩散、对流等方式从某一污染点转移至大气、地表水和地下水，进一步进入到沉积物、生物体中。据报道在大气、土壤、水环境以及农作物中发现的不同类型的 PCBs 至少超过 120 种，其中最主要的来源之一是由于管理不当或受储存条件限制，造成部分工业废水废渣等向环境中泄漏多氯联苯，这些物质通过食物链富集传递进入生物体内，给生态环境及人身健康等带来威胁和损害。

多氯联苯易于在表层土壤中积累，目前环境中 90% 以上的 PCBs 存在于土壤中。沉积环境由于低温、缺氧的特性，微生物数量及活动频率降低，多氯联苯在沉积环境中很难降解并能够长期存在。当人为或自然的扰动导致沉积环境含氧量增加，沉积物的 pH 值及还原环境发生变化，微生物数量及生物活动频率都会增加，沉积物中多氯联苯的降解或释放过程就会加速，吸附在颗粒物上的多氯联苯在干扰作用下能够再次参与到循环过程中。水体沉积物是区域生态环境系统的重要组成部分，一旦水体沉积物的环境遭到污染，对其他环境组成部分如底栖生物群落产生影响将是不可避免的，并且影响其环境质量的过程是持续和长期的。

多氯联苯能够在生物体脂肪中大量富集，其毒性会随着食物链的富集逐渐增强。PCBs 的毒性反应主要表现为亚急性和慢性毒害作用。通常情况下，多氯联苯进入到人体的途径主要包括呼吸作用、皮肤接触以及食物的摄取等。研究表明，PCBs 的化学毒性不仅可以诱导动物和人体的皮肤、脑部及内脏的疾病，并且可能影响其神经、生殖及免疫系统，引发病变甚至癌变。同时由于多氯联苯更容易累积在脂肪组织中，因此像肝脏、脑部组织中多氯联苯的含量要高于肌肉等脂肪比例少的组织。

4.3.2 筛检技术

水体中多氯联苯检测技术的研究主要集中在两个方面：一是前处理技术的研究，主要针对多氯联苯测定过程中基质干扰的消除降低以及样品测定回收效果的提高和保证；二是使用不同的仪器设备对多氯联苯的检测技术方法进行不同的改进和优化，解决多氯联苯异构体较多，测定过程中多氯联苯异构体分离以及定性较为困难的问题。

4.3.2.1 多氯联苯前处理技术

样品预处理技术作为样品检测的重要环节，对最终检测结果的准确性和灵敏度具有显著的影响。环境中的多氯联苯多为痕量污染物，在监测和分析之前需要对基质样品进行富集、浓缩及净化等预处理。常用于多氯联苯的前处理技术有液液萃取法、固相萃取法。

（1）液液萃取法

液液萃取作为传统的有机物提取方法，方法操作简单，对设备要求较低，应用广泛。胡凤玲等采用液液萃取提取、K-D 浓缩富集，气相色谱-质谱法测定水中的多氯联苯。水质中的多氯联苯方法检出限为 0.0003 ～ 0.0020g/L，加标回收率为 79% ～ 126%，相对标准偏差为 0.37% ～ 5.53%。李玉泽、马良等采用液液萃取-气相色谱质谱法测定地表水中的 7 种工业多氯联苯。水样提取中用氢氧化钠或盐酸调节 pH 值至 5 ～ 9，加入 30g 氯化钠，加入 30mL 二氯甲烷，振荡 5min 静置分层，收集有机相。重复萃取一次，合并萃取液，萃取液经无水硫酸钠脱水，采用平行浓缩，浓缩至近干，加入 10mL 正己烷，准备净化。如果样品较为干净，无需净化，可直接定容至 1.0mL，上机测定。样品提取后需要进行样品的净化。净化过程中将浓缩后的样品转入 100mL 分液漏斗，加入 10mL 浓硫酸，振荡 1min，静置后放出硫酸层，若硫酸层有颜色，重复上述操作，直至硫酸层无色。向有机相中加入 30mL 超纯水、2g 氯化钠，振荡 5min 静置分层，收集有机相，有机相经无水硫酸钠脱水及平行浓缩后，浓缩定容至 1.0mL，上机测定。采用该前处理方法进行多氯联苯目标物和替代物的回收测定，样品的加标回收率为 84.3% ～ 105%。替代物的回收率为 87.2% ～ 112%。

杨沈丽采用乙腈涡旋振荡萃取水中的多氯联苯，振荡萃取后利用 QuEChERS 分散固相萃取进行净化处理。彭婕等将水样中的多氯联苯利用二氯甲烷有机溶剂进行萃取，萃取完成后用弗罗里硅土固相萃取柱净化处理消除基质的干扰效应。空白水样中低、中、高的 3 个添加浓度下的平均加标回收率为 66.1% ～ 109.1%。

彭婕等建立了气相色谱-串联质谱法同时测定水体和底泥中的多氯联苯。水样前处理方法中将待测水样采用滤膜过滤后置于分液漏斗中，加入 30mL 二氯甲烷进行液液萃取，静置分层，收集下层萃取液，重复提取两次，合并萃取液，旋转蒸发浓缩至近干。分 2 次加入 2mL 正己烷溶解残渣，溶解液待净化。先用 5mL 正己烷活化弗罗里硅土固相萃取柱，然后将上述溶解液转移到已活化的小柱中，收集流出液，再加入 5mL 正己烷-丙酮（9∶1，体积比）混合液洗脱，合并流出液和洗脱液，于氮吹仪上 40℃吹至近干，用 1mL 异辛烷溶解残渣，上机待测。同时选取纯净水作为空白对照样品，按照与样品处理相同的方法处理空白样品。底泥样品前处理中称取（2.00±0.01）g 风干过筛后的泥样于 50mL 具塞离心管中，加入 15mL 二氯甲烷-正己烷（1∶1，体积比）溶剂，涡旋混匀 1min，室温下超声提取 5min，以 8000r/min 冷冻离心 5min，取上清液置于鸡心瓶中，重复提取 1 次，合并上清液，于旋转蒸发仪上 35℃条件下浓缩至近干。分 2 次加入 2mL 正己烷溶解残渣，溶解液待净化处理。净化处理流程中先用 5mL 正己烷活化氨基固相萃取柱，然后将上述溶解液转移到已活化的小柱中，收集流出液，再加入 5mL 正己烷-丙酮（9∶1，体积比）混合液洗脱，合并流出液和洗脱液，于氮吹仪上 40℃吹至近干，用 1mL 异辛烷溶解残渣，上机待测。同时选取不含目标物的底泥作为空白对照样品，同法处理空白样品水样由二氯甲烷萃取，弗罗里硅土固相萃取柱净化。底泥样品经二氯甲烷-正己烷（1∶1，体积比）超声提取，氨基固相萃取柱净化。采用以上前处理方法进行水样和底泥样的处理，空白水样中低、中、高 3 个添加浓度下的平均加标回收率为 66.1% ～ 109.1%，相对标准偏差（RSD）为 2.3% ～ 10.9%，空白底泥样品中低、中、高 3 个添加浓度下的平均加标回收率为 69.8% ～ 109.9%，RSD 为 2.0% ～ 11.3%。

（2）固相萃取法

固相萃取法包括全自动固相萃取、大体积固相萃取以及固相萃取盘萃取。付善良、张帆等利用氧化石墨烯-四氧化三铁磁性吸附剂进行磁固相萃取，提取水中的 7 种指示性多氯联苯。

巩俐彤等利用大体积固相萃取技术萃取富集净化生活饮用水中 18 种多氯联苯。作者在研究中对水样进行了液液萃取法与大体积固相萃取法比较，发现大体积固相萃取法处理水样体积大，水样在 20min 内均可有效萃取，萃取速度快，样品处理效率高，能够同时进行多个样品的萃取处理。固相萃取盘吸附容积大，不易穿透，富集效率高，所需溶剂量少，仅需两种有机溶剂，且重现性优于液液萃取。因此采用大体积固相萃取法对水样进行萃取处理。同时在研究中对萃取速率以及洗脱方法进行了优化选择。考察了不同速率条件下的回收效果，结果确定水样在 20 ～ 100mL/min 萃取条件下各种多氯联苯单体的回收率无明显下降，回收率均稳定在 85% 以上。萃取速率超过 140mL/min 时，多数多氯联苯单体回收率下降，部分单体回收率将低至 65% 以下。综合实验中多氯联苯的回收率以及萃取效率等因素，笔者最终确定水样的萃取流速为 100mL/min。作者在研究中同时考察了洗脱方法对实验效果的影响。从试剂毒性和对环境的友好程度等方面考虑，将传统的二氯甲烷改为正己烷，组成正己烷和乙酸乙酯洗脱待测组分。利用该溶剂进行活化和洗脱，水中多氯联苯单体的回收率均在 90% 以上，满足水样测定的方法学要求。

张付海等采用全自动固相萃取 GC-MS/MS 法测定水中的多氯联苯。研究中进行了前处理方法的优化选择，分别考察了固相萃取柱及填料量、洗脱溶剂的种类和用量、样品的净化等。结果表明，填料质量≥ 0.5g C_{18} 柱和 0.5g HLB 柱对 7 种 PCBs 提取率分别为 68% ～ 78% 和 75% ～ 95%，且 HLB 柱净化处理后的样品提取液上机测定，不但色谱图背景噪声小，且回收率萃取效果也优于 C_{18} 柱。分别选择正己烷、二氯甲烷和正己烷-二氯甲烷混合溶液（体积比为 1∶1）作为洗脱溶剂对 50ng/L 标准溶液分别做加标回收试验。研究结果表明，对低氯代的 PCBs 二氯甲烷的萃取效率比正己烷稍高，而对于高氯代的 PCBs 三种洗脱溶剂的萃取效率差别不大，只有 PCB28 回收率低于 65%。可能是由于 PCB28 的水溶性和挥发性较其他 PCBs 高，故回收率比其他 PCBs 低。正己烷-二氯甲烷混合溶液所得回收率明显高于单独使用正己烷或二氯甲烷，各目标物回收率均高于 82%，故选择正己烷-二氯甲烷混合溶液作洗脱液。选择不同体积的正己烷-二氯甲烷混合溶液（体积比为 1∶1）作为洗脱溶剂对 HLB 柱做洗脱试验。结果表明，洗脱剂用量为 5mL 时，各目标物回收率为 48% ～ 68%。当洗脱剂用量为 10mL 时，回收率为 82% ～ 98%，萃取回收效果较好，继续增加洗脱剂用量，回收率变化不大。综合以上试验结果研究确定用 10mL 正己烷-二氯甲烷混合溶液（体积比为 1∶1）作为洗脱溶剂洗脱萃取柱。样品的净化过程结果表明，硫酸加入量对分析结果并无影响。同时研究结果表明，通过加体积分数 50% 的浓硫酸溶液能够有效消除固相萃取空白和水体中的杂质干扰且对 PCBs 的分析无影响。

4.3.2.2 多氯联苯检测技术

目前多氯联苯的分析测定方法包括气相色谱法、高效液相色谱法、气相色谱-质谱联用法（GC-MS）等。由于环境基质中多氯联苯的含量一般较低，采用传统的气相色谱以及液相色谱法测定，仪器噪声高且灵敏度低，多氯联苯的结果分析误差较大。和传统的色谱分析手段相比，气相色谱-质谱法在结果的灵敏度和特异性方面均可以较好地满足多氯联苯的测定需求。而对于更高级实验室配置的气相色谱-串联质谱仪器，虽然由于离子碎片需经过多级碰撞，相比 GC-MS 灵敏度有所降低，但对环境中多氯联苯样品测定的定性结果更为准确。

杨沈丽采用 QuEChERS-气相色谱法测定水中 7 种指示性多氯联苯。结果表明，多氯联苯在水样中具有较强的基质干扰作用，定量分析受基质影响大。方法采用气相色谱法验证了 3 个加标水平的回收率和精密度，整体回收率在 91% ～ 107%，精密度在 3.6% ～ 13.4%，在 1.0 ～ 50.0μg/L 线性范围内相关系数大于 0.9989，方法检出限在 0.03 ～ 0.07μg/L。

明佳佳等利用 GC-MS 法分析黄河郑州段水中多氯联苯浓度变化规律的研究中，水样经 C_{18} 固相萃取膜富集，以乙酸乙酯-正己烷洗脱，GC-MS 法测定，利用保留时间定性，内标法定量。测定 18 种 PCBs 的检出限在 0.12 ～ 0.42ng/L 之间，定量限在 0.36 ～ 1.26ng/L 之间。加标回收率在 90% ～ 118% 之间，精密度 RSD ＜ 7%（n=7）。黄河水中 18 种 PCBs 在枯水期（3 月份）为 0.00 ～ 5.2ng/L，丰水期（10 月份）的含量为 3.50 ～ 24.75ng/L。同时研究结果显示，黄河郑州段水中的 PCBs 含量随季节和水层以及不同分段有较大差别，丰水期的 PCBs 含量要比枯水期的 PCBs 含量高，底层水中的 PCBs 含量要高于同点位表层水中的 PCBs 含量，黄河流经郑州时由于河床变宽，水流变缓，PCBs 的自然沉降使得下游的大部分 PCBs 含量低于上游 PCBs 含量。另外在丰水期只有个别 PCBs 含量超出国家限定，其他值均低于国家规定的 20ng/L 标准限值。

付善良等利用氧化石墨烯-四氧化三铁磁性吸附剂进行磁固相萃取，结合在线热脱附-气相色谱-三重四极杆串联质谱系统建立了一种免有机溶剂的定量检测水中 7 种指示性多氯联苯的方法。优化了四氧化三铁磁性吸附剂的用量、萃取时间及溶液 pH 值等方法参数。在最优的方法条件下，7 种多氯联苯在 2 ～ 100ng/L 内呈良好线性关系，线性相关系数（R）＞ 0.98。检测限和定量限（S/N=10）分别为 0.18 ～ 0.40ng/L、0.57 ～ 1.32ng/L。平均回收率为 85.9% ～ 106.2%，相对标准偏差为 4.0% ～ 13.1%。

巩俐彤等在研究中将大体积水样经固相萃取富集浓缩后，经 SH-Rxi-5Sil MS 色谱柱分离，进入质谱检测器进行定性及定量检测。结果在 0.10mg/L、0.50mg/L、1.00mg/L、2.00mg/L、5.00mg/L 范围内 18 种多氯联苯线性良好，方法检出限在 0.02 ～ 0.05μg/L，三个加标实验的 3 个浓度范围加标回收率为 78.7% ～ 109.0%，相对标准偏差（RSD）为 1.9% ～ 7.9%。

张付海等采用全自动固相萃取-气相色谱 / 三重四极杆串联质谱法（SPE-GC-MS/MS）分析水中 7 种指示性多氯联苯，通过优化测定条件，使 PCBs 在 0.100 ～ 100μg/L 范围内线性良好，方法检出限为 0.07 ～ 0.1ng/L，标准品色谱峰见图 4-2。样品加标回收率为 72.1% ～ 102%，RSD 为 5.8% ～ 12.9%。同时将该方法用于实际水样测定。

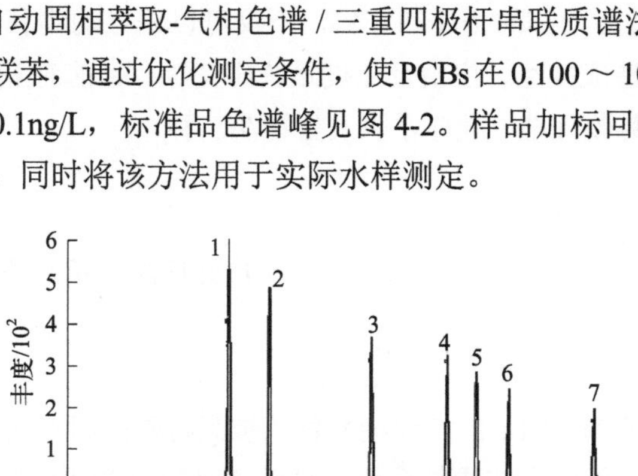

图 4-2　PCBs 混合溶液色谱峰

1—PCB28；2—PCB52；3—PCB101；4—PCB118；5—PCB153；6—PCB138；7—PCB180

林麒等采用稳定性同位素内标-全自动固相膜萃取-气相色谱质谱联用测定水中 20 种多氯联苯。方法检出限为 1.9 ～ 6.6ng/L，水样回收率为 70.9% ～ 127%，RSD 为 0.5% ～ 13%，定量内标 SS 的回收率为 40% ～ 90%。实际水样中均未检出 PCBs。水样空白和加标色谱峰见图 4-3。采用全自动固相萃取膜技术，比传统手工固相萃取柱法节省试剂，自动化程度高，同时运用稳定性同位素内标，结合 GC-MS 技术，结果更准确可靠，可运用于实际水样 PCBs 的测定。

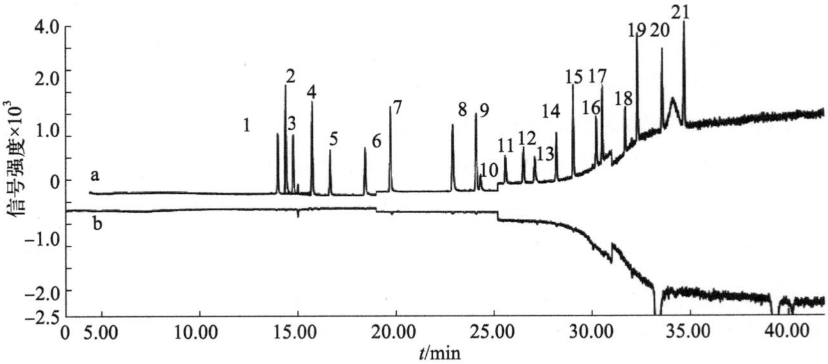

图 4-3　水样空白和加标色谱峰

1—PCB18；2—PCB28+$^{13}C_{12}$-PCB28；3—PCB33；4—PCB52+$^{13}C_{12}$-PCB52；5—PCB44；6—PCB70；7—PCB101+$^{13}C_{12}$-PCB101；8—PCB118+$^{13}C_{12}$-PCB118；9—PCB153+$^{13}C_{12}$-PCB153；10—PCB105；11—PCB138；12—PCB187；13—PCB128；14—$^{13}C_{12}$-PCB202；15—PCB180+$^{13}C_{12}$-PCB180；16—PCB170；17—PCB199；18—PCB195；19—PCB194+$^{13}C_{12}$-PCB194；20—PCB206+$^{13}C_{12}$-PCB206；21—PCB209+$^{13}C_{12}$-PCB209

a—地表水加标 20ng/L；b—地表水空白

崔君等研究了一种新型的基于荧光检测多氯联苯的快速检测方法，基于苯并[*a*]芘（BaP）与多氯联苯（PCB）之间形成的交互作用使 BaP 荧光强度随着 PCB 浓度的增大而增强，从而实现不用复杂前处理即可通过荧光检测 BaP 的强度判断 PCB 的浓度含量等级。

4.3.3 控制与去除方法

PCBs 在环境中通过食物链的传递和富集，不仅可以诱导动物和人体的皮肤、脑部及内脏等发生疾病，还可能造成神经、生殖及免疫系统病变等。目前对多氯联苯的控制去除方法按照其处理原理主要分为物理法、化学法以及生物法三种。

4.3.3.1 物理法

目前应用最为广泛的物理去除法包括填埋法、热处理法、超声波法、吸附法、萃取法及絮凝沉淀法等。

1）填埋法

填埋法主要是指将含有 PCBs 的工业废弃物等按照特殊的封存措施进行填埋处理的技术方法。填埋法处理 PCBs 虽然方法操作简便，可以暂时防止 PCBs 在封闭环境中的扩散，但是其存在的弊端主要为填埋时间越长 PCBs 泄漏到环境中的风险也越大。

2）热处理法

热处理法主要是指焚烧法。焚烧法的优点是该处理技术 PCBs 降解破坏率较高，但其主要缺点为热处理法所需费用较高，焚烧条件较为严格，且副反应危险。如反应过程中控制不当容易产生毒性更强的副产物如二噁英等，容易造成二次污染。

3）超声波法

超声波法降解 PCBs 的优点是净化效率高，且对环境较友好，是一种比较洁净的降解技术。但该技术的缺点是超声波法处理 PCBs 时，降解效果受 PCBs 本身单体结构影响较大，不同的结构即取代基的位置不同则会导致有不同的降解速率，且降解速率受多种因素影响，因此寻找最优化的降解参数是目前超声波降解技术的研究重点。

4）吸附法

吸附法是目前降解多氯联苯物理法中最为常见的一种。其吸附原理是利用吸附剂多孔作用和大比表面积对废水中的有机物进行吸附。PCBs 的吸附技术可根据吸附材料的性质不同分为物理吸附和生物吸附。吸附法相比其他物理降解处理方法具有吸附材料来源广泛、易获取、操作简单、去除效率高等优点而被广泛应用。但吸附法主要缺点是对有机污染物的处理仅是物理过程，整个去除过程中 PCBs 未实现分解消除且对吸附法处理多氯联苯吸附剂的后续处置是吸附法面临的其中一个制约因素。目前吸附法最常用的吸附剂是活性炭。低效的物理吸附材料是制约吸附法的关键核心因素，研发新型高效的 PCBs 吸附材料是吸附降解环境中 PCBs 的关键所在，目前有学者主要研究如生物炭材料、纳米零价铁对 PCBs 的吸附效果等。

5）萃取法

PCBs 的萃取法主要有溶剂萃取、固相萃取、搅拌棒吸附萃取，但是该方法耗时、效率不高，而且可能会萃取出样品中的干扰物。

6）絮凝沉淀法

絮凝沉淀尽管对 PCBs 的去除率较高，但存在去除过程中操作困难及控制较为复杂等缺点。

4.3.3.2　化学法

目前多氯联苯去除降解的主要技术方法为化学法，通常包括高级氧化法、化学氧化法、还原法以及其他方法等。

高级氧化法的机理是通过产生羟基自由基（·OH）氧化 PCBs 而达到降解去除的目的，因其具有反应迅速、效率高、反应温和、适用范围广等优点而成为化学法处理 PCBs 的主要方法。

按照氧化剂以及催化方法的不同可将高级氧化法分为化学高级氧化法、光催化氧化法、水热氧化法以及超声波氧化法、等离子体氧化法等。

常见的化学高级氧化法通常包括 Fenton 法、臭氧氧化法及过硫酸盐氧化法等。Fenton 法的主要原理为 Fe^{2+} 和 H_2O_2 结合产生·OH，自由基与污染物间产生的链反应会促使 PCBs 降解，最后生成 CO_2 和 H_2O。Fenton 降解法的优点是可氧化降解多种有机污染物，适用范围广、反应条件温和、操作简易，同时还可与其他方法联合，从而达到降解效益最大化。该项技术的缺点是反应时间长、用量难以控制、对有机污染物氧化能力有限。臭氧高级氧化技术作为一种绿色高效的水处理技术，因其可以通过臭氧分解产生强氧化活性的氧自由基（·OH、·O_2^-）而受到广泛的关注。常见的方法有单独臭氧氧化（O_3）、紫外 / 臭氧氧化（UV/

O_3）、过氧化氢/臭氧氧化（H_2O_2/O_3）、金属催化臭氧氧化。单独臭氧氧化绿色环保，但臭氧降解技术对有机物具有选择性，因此与紫外、过氧化氢、金属催化等技术联用提高·OH的含量，大大提升降解效率。其中，非均相催化臭氧化技术具有高效简便的特点，能循环利用催化剂，因此是今后臭氧高级氧化技术研究的重要方向。过硫酸盐氧化法是指能够产生硫酸根自由基的一种氧化技术。林金华采用过硫酸盐氧化法对焦化废水进行深度处理的最佳反应参数为：pH=8，$K_2S_2O_8$投加量为2mmol/L，Fe^{2+}投加量为2.5mmol/L，反应温度40℃，反应时间120min，处理后COD的降解率为54.97%，出水浓度为96.67mg/L，氨氮去除率为73.51%，废水的可生化性明显提高。过硫酸盐氧化法具有氧化性强、无二次污染、操作简易的特点，因而具有广泛的应用前景，但由于该技术中化学反应速度慢，因此研发更高效的氧化剂是主要的研究方向。

光催化氧化法主要是指用半导体为催化剂，通过光辐射产生·OH来氧化分解废水中有机污染物的方法。产生·OH常用的催化剂为过渡金属氧化物，如TiO_2、ZnO、CdS、WO_3、Fe_2O_3等。光催化氧化的优点是绿色环保、氧化能力强，能够处理多种有机污染物，但缺点是对紫外光的吸收范围窄，吸收率低，对透光度要求高，催化剂材料回收困难。

水热氧化法通常是利用水在一些特殊状态下表现出许多优良的理化性质处理PCBs等持久性有机污染物。湿式氧化法又称湿式燃烧法，它是指有机物料在有水介质存在的条件下加以适当的温度和压力所进行的快速氧化过程。催化湿式氧化法是在湿式氧化法基础上发展起来的一种先进的环保技术，是指在一定的温度、压力和催化剂的作用下，经空气氧化，使污水中的有机物氧化分解成无害物质，来达到净化的目的。催化湿式氧化法去除有机物效率高，而且降解过程中催化剂溶出量很低，表现出很好的活性和稳定性。催化湿式氧化催化剂价格低廉，氧化性强，效率高，以过渡金属代替贵金属是目前研究的重点方向。

超临界水氧化法是以超临界水为反应介质，经过均相的氧化反应，将有机物快速转化为无害小分子的过程。

高级氧化法除以上几种，还包括超声波、电磁波、等离子体、电子束氧化法等。这些方法中最典型的就是超声波氧化法。超声波氧化法是指当超过一定声强的超声波进入水体后，利用该频率的超声波辐射溶液以产生空化作用，其负压相在水体中含气泡或悬浮物的弱点引发空化泡。空化泡在超声波正压下收缩，部分空化泡收缩时表面速率超过声速而迅速破裂，其过程仅持续几微秒，从而在该点产生瞬间高温和高压，该点处的有机物可直接热解，也可能与水热解生成的羟基自由基反应，使溶液在高温高压区产生H_2O_2和·OH等活性物质，空泡非均匀破裂还产生冲击波和射流，同时使羟基自由基进入周围水体，从而通过自由基氧化、高温热解等方式达到降解去除PCBs的目的。超声波氧化法的优点是绿色环保、无污染，可以与多种氧化法联用提高去除有机污染物的效率，但使用设备成本高，限制其未能大规模使用。

低温等离子体处理技术是在气相环境中通过高直流放电、高频放电电离等方式形成高能电子或粒子，高能电子或粒子轰击气相污染物，使污染物化学键断裂，另一方面高能电子或粒子与载气产生活性·O、·OH，可将污染物直接氧化，从而实现污染物的降解。低温等离子体处理技术作为一种先进的氧化技术，广泛应用于废水、废气和固体废物处理。虽然这项先进的技术高效环保，但前期对技术要求极高，能源效益低，目前还没有完全成型，在一些安全、工艺方面需要改善。

化学氧化法是另一种常见的去除多氯联苯的化学法。其中氢化法主要是以甲酸铵为氢给予体，Pd/C 为催化剂，氢化 PCBs 使其转化为联苯，该方法条件温和、安全，反应仅需几秒，脱氯效率几乎达 98% ～ 100%，产物联苯易分离，PCBs 脱氯在常温常压下可发生，在 15min 内完全脱氯，无毒副产物。虽然氢化法的反应极快、效率高，但代价是作用于降解反应的催化剂为贵金属，成本极其昂贵，没有大规模使用。

热催化降解法通过控制热催化降解系统的温度和停留时间，使 PCBs 等有机污染物在较低温（250 ～ 400℃）下转化为无害的 H_2O 和 CO_2 等，或脱除苯环上的氯，生成低毒性的 PCBs，以达到脱毒的目的。采用 Pd/TiO_2、Pt/TiO_2、Ru/TiO_2 和 Rh/TiO_2 等贵金属催化剂对氯苯进行催化氧化，其中 Ru/TiO_2 的催化活性和 CO_2 选择性最高，氧化过程中观察到多氯化苯 $PhCl_x$（$x \geqslant 2$），Ru/TiO_2 的 $PhCl_x$ 浓度明显低于其他 3 种样品。热催化降解技术因其效率高、设备简单、能耗低而得到广泛应用，但降解过程中产生的尾气会使金属催化剂失去活性，而且常用的催化剂是 Pt、Pd 等贵金属，由于贵金属材料昂贵，从而限制该金属催化反应技术的大规模使用。

化学法中的还原法是利用纳米级零价 Fe（nZVI）或双金属体系还原脱卤。该控制去除方法由于简单易实现、效果好、二次污染小、改性方法简单等优点而被国内外许多学者研究，并取得了不错的成果。纳米级双金属催化还原含氯有机污染物脱氯的机理如下：a. 吸附作用，水中 Fe 的腐蚀以及 H 的产生；b. 第 2 种金属（以 Pb 为例）表面氢的分离，形成金属氢化物或者可供含氯有机污染物脱氯反应的氢；c. 含氯有机污染物吸附在纳米级 Pb/Fe 表面形成 Pb—RCl_n，然后一个 C—Cl 键断裂，Cl 原子被金属氢化物或者高活性氢取代，形成 $RHCl_{n-1}$，从而达到脱氯的目的。

硫化还原法降解 PCBs 是将 PCBs 与硫共热转化为联苯及硫化物，PCBs 的降解率大于 99%，如果在惰性气氛下，四甲基硫氧化物等含硫化合物、氢化钠与 PCBs 反应，也可使 PCBs 脱氯。此还原法脱氯效果好、反应条件温和，但后续处理废水工艺繁杂，难以进行工业化处理。

熔盐电化学法是通过电解的方式原位产生氧化剂和还原剂，并以碱性高温熔盐作为反应介质促进分解反应的发生。汤丁丁等通过实验分析载气流速、反应温度、电解电压、熔盐体系等对 PCBs 去除效率的影响，得到优化的 PCBs 控制去除参数。研究结果表明，载气流速的升高会提高进样浓度，电压升高、反应温度提升与处理污染物的效率成正比关系，温度升到 450℃时会达到最大值，处理效率高达 98%。熔盐电化学法拥有高效清洁的特点，也是处理多氯联苯等有机污染物的一项新型技术，缺点是难以找到最合适的熔盐组分、处理的成本过高。

在化学氧化法中，污染物的降解去除效率方面是关键，其中反应条件、反应物质的不同都会一定程度影响其降解效率，因此研发高效经济的催化剂是化学氧化法的重中之重。与物理方法相比，化学方法具有反应速度快、耗时短、效率高、对 PCBs 的降解较为彻底、可预测且适用范围广等特点，其缺点是化学反应过程包括化学试剂的成本费用较高，对反应条件要求严格，经济效益相对较低。目前化学方法中的超声氧化法和热催化降解法主要停留在实验室研究阶段，不易于工业化大量使用。过硫酸盐氧化法具有氧化性强、无二次污染、操作简易的特点，因而具有广泛的应用前景。

4.3.3.3 生物法

生物法控制去除PCBs分为普通生物法和高等生物法。生物法处理易行且高效，由于PCBs的疏水性，导致微生物重复利用率低，从而限制了其大规模使用。

普通生物法包括单独的好氧型和厌氧型有机物以及两种类型生物法结合降解去除两种方法。好氧型生物法是利用一些好氧微生物降解低氯联苯。孙桂婷等通过筛选和分离得到一株降解多氯联苯的菌株，并对其降解特性进行了研究，结果显示，pH值在7时最适合PCBs降解菌生长存活，同时当盐度是35g/L时，针对浓度是10mg/L的PCBs的降解率可达95.3%，PCBs降解菌的最大降解速率为1.9mg/（L•h）。厌氧型生物法是在厌氧条件下发生脱氯反应，主要是将高氯代物质进行还原性脱氯反应得到低氯代产物。在厌氧或缺氧的条件下，环境的氧化还原电位低，电子云密度较低的苯环在酶的作用下容易受到还原剂的亲核攻击，氯被取代。在不同环境下的微生物对PCBs脱氯效率差异明显，研究表明脱氯反应主要受温度、pH值等因素影响，因此探究影响微生物更好地作用于有机污染物脱氯效率的环境因素是生物去除法研究的重点。目前好氧微生物对PCBs的生物降解已有大量研究，但是发现好氧微生物只对低氯联苯及同系物可以有效降解，对厌氧微生物降解PCBs的研究发现厌氧微生物可以使高氯联苯在间位、对位发生还原性脱氯变为低氯联苯。结合这些原理人们设想将厌氧型与好氧型生物法进行联用结合，用厌氧型生物法将4个氯原子以上的PCBs同系物脱氯后再用好氧型生物法进一步实现脱氯，以完全降解PCBs同系物。结合厌氧型与好氧型生物法这两种方法的优点对有机污染物去除率高，同时环保无污染，缺点是对一种有机污染物选择最短的联用方法需要进行深入的各种影响因素的研究。

高等生物法主要是指动物处理法。该去除技术的原理是利用土壤动物及其肠道内的微生物对土壤中的PCBs进行破碎、分解、消化和富集，以达到降解的目的。高等生物法的缺点是生物降解周期长，结果难以预测。

生物法今后的研究方向是探究微生物更高效率地降解有机污染物的环境因素，以及寻找降解周期短的微生物。单一的物理法或化学法或生物法难以处理大量的PCBs，因此可采用两种或多种方法的联用，降解PCBs效率会得到提升。

但随着技术的发展，熔盐电化学法、低温等离子体处理技术逐渐成为未来的重点研究方向。普通生物处理方法易行且高效，但微生物重复利用率低，限制了其大规模使用，因此提高微生物的可重复利用性成为当前微生物吸附研究的重点。高等生物法降解周期长，对降解效率难于预测。处理PCBs的方法多种多样，每种方法都各有利弊，并且都在不断地发展和完善。

4.4 邻苯二甲酸酯类

4.4.1 污染特征

4.4.1.1 邻苯二甲酸酯类性质

邻苯二甲酸酯（phthalic acid esters, PAEs）（图4-4）是一类具有高毒性和脂溶性的环境激素，由醇类和邻苯二甲酸发生酯化反应制成，常温下为无色油状液体，半挥发性，属于中等极性化合物，其化学结构是由两个可塑的非线型脂肪侧链和一个刚性平面苯环连接而成。又称塑化剂，主要包括邻苯二甲酸二乙酯（DEP）、邻苯二甲酸二异壬酯（DINP）、邻苯二甲酸二辛酯（DOP）、邻苯二甲酸二甲酯（DMP）、邻苯二甲酸二（2-乙基己基）酯（DEHP）、邻苯二甲酸二丁酯（DBP）、邻苯二甲酸丁基苄基酯（BBP）等。由于 PAEs 的分子结构类似荷尔蒙，人若长时间摄入会造成人体免疫力下降及生殖系统紊乱。由于其具有内分泌干扰活性，属于美国国家环保局（EPA）确定的内分泌干扰物质之列。

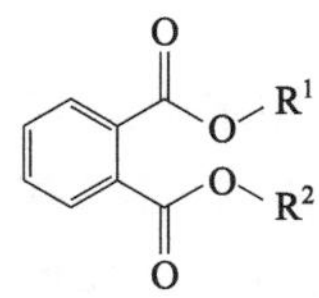

图 4-4　邻苯二甲酸酯类结构图

邻苯二甲酸酯在生活中应用广泛，具体用途与碳原子数相关，烷基链碳原子数不大于 4 的邻苯二甲酸酯可以用作粘接剂、密封胶体；碳原子数超过 5 的邻苯二甲酸酯主要用作塑料产品改性剂和增强剂，用以提高高分子聚合物材料的柔韧性与拉伸性。含有邻苯二甲酸酯的产品包括食品包装袋、化妆护理品、建筑装饰材料、医疗器械、玩具、涂料等。全球每年的邻苯二甲酸酯消耗量大于 800 万吨，在塑料制品中含有 PAEs 的制品为 30% ～ 50%，中国是世界上邻苯二甲酸酯生产及消费量最大的国家。由于邻苯二甲酸酯与产品以范德华力或氢键结合，难以形成高强度的共价结合，化学活性相对独立，在有机环境浸润下，邻苯二甲酸酯容易从产品中泄漏至环境中。PAEs 广泛存在于塑料制品中，随着时间推移会通过管道及容器材料迁移到水体、土壤及大气中，而饮用水的传输管道和存储容器主要是塑料制品，因此饮用水比较容易受到 PAEs 物质的污染。由于 PAEs 能随着食物链和食物网传递，对各生物体产生慢性的蓄积毒性，损害机体健康。PAEs 除了内分泌干扰作用以外，PAEs 中的邻苯二甲酸二（2-乙基己基）酯（DEHP）能诱发啮齿动物肝肿瘤，是可能的致癌剂（B2 类）；邻苯二甲酸丁基苄基酯（BBP）是可疑的致癌剂（C 类）。美国 EPA 已将 6 种 PAEs 即邻苯二甲酸二甲酯（DMP）、邻苯二甲酸二乙酯（DEP）、邻苯二甲酸二丁酯（DBP）、邻苯二甲酸二（2-乙基己基）酯（DEHP）、邻苯二甲酸二辛酯（DOP）、邻苯二甲酸丁基苄基酯（BBP）认定为优先控制污染物。我国也把 DMP、DBP、DOP 列入优先控制污染物。进入饮用水的 PAEs 主要包括两种途径：水源污染和用于自来水输配管材中的渗析。人们只能将这种致癌物与人类接触的剂量限制在一个可以忍受的范围内。我国《地表水环境质量标准》(GB 3838—2002）中规定了两种 PAEs 的浓度限值：DEHP 为 8μg/L，DBP 为 3μg/L。欧盟规定了地表水中 DEHP 的质量浓度应小于 1.3μg/L，美国规定其限值为 6μg/L。

4.4.1.2　邻苯二甲酸酯类水环境污染状况

环境中的 PAEs 少部分来自自然途径，例如木质素的氧化以及微生物合成，烟叶等植物组织也含有少量 PAEs；但是主要来源仍然是化工合成，即通过费歇尔反应使邻苯二甲酸与特定的醇合成目标 PAEs。由于 PAEs 在各行业的广泛使用及不当行为，使得大气圈、土壤层、水圈、沉积物质及部分生物体中均有 PAEs 检出，被认定为第 2 个全球性“PCB 污染物”。水环境中的 PAEs 主要来源于各种含有 PAEs 的工业、商业活动产生的污废水，塑料垃圾的浸润，大气颗粒沉降及雨水循环。由于大多数 PAEs 的正辛醇-水分配系数较高而蒸气压较低，因此，进入水环境的 PAEs 挥发性极低，而且容易通过各种水体途径迁移转化。目前，我国七大水系、东南沿海、华北地区部分水源地均受到了 PAEs 污染。由于夏季雨水冲刷物排入水体较多且当季的农业药剂使用量大，珠江河口 PAEs 含量夏季污染水平最高。东莞市地下水中 PAEs 检出率为 39.0%，PAEs 的浓度为 0 ～ 6.70μg/L；地表水中 PAEs 的分布特征与地下水类似，均以 DEHP 及 DBP 的污染较为突出。长江流域阳澄湖西部及太湖一带为主要 PAEs 污染区，其浓度范围为 0.061 ～ 28.55μg/L。

杨清华等调查了南通市 4 个水厂饮用水中的 17 种 PAEs 含量情况，水样中主要检出物为邻苯二甲酸二丁酯（DBP）、邻苯二甲酸二（2-乙基己基）酯（DEHP）和邻苯二甲酸二异丁酯（DIBP），其含量分别为 4.01 ～ 6.44μg/L、0.741 ～ 1.41μg/L、＜ 0.25 ～ 0.421μg/L。检出的 3 种 PAEs 第一季度和第四季度的含量略高于第二季度和第三季度。南通市地处长江下游，位于长江入海口，其中第一季度和第四季度是长江的平水期和枯水期，第二季度和第三季度是长江的丰水期，在枯水期由于水流动少而有利于 PAEs 在入海口处富集，而丰水期会随着水流的流动减少 PAEs 在水中的残留。通过对 4 家水厂的原水、出厂水和管网末梢水中 PAEs 的含量分析，发现 PAEs 的含量没有明显的差异，说明它们之间不存在特异性 PAEs 污染。另外，大部分的管网末梢水中 DBP、DEHP、DIBP 含量较出厂水有所上升，有些 PAEs 的含量甚至高于其在原水中的含量，这可能是由于水的输送管道中含有塑化剂，从而造成饮用水中 PAEs 物质的污染。

于涵等采用 SPE-GC-MS 方法对北方某水厂原水和传统工艺各处理单元水样中的 PAEs 浓度进行监测。结果表明，水样中的主要物质是 DBP 和 DEHP，其原水中最高浓度分别为 0.91μg/L、0.47μg/L，管网水中的浓度分别为 0.57μg/L、0.44μg/L；邻苯二甲酸丁基苄基酯（BBP）检出率为 20%，其最高浓度出现在 4 月前氯采样点，为 0.03μg/L；邻苯二甲酸二乙酯（DEP）仅在 4 月检出，最高浓度出现在 4 月前氯采样点，为 0.11μg/L；邻苯二甲酸二甲酯（DMP）低于检出限。由于传统工艺并不能将 PAEs 去除，所以其出厂水浓度与进水浓度相似，甚至略高。

曹龙调研了华南水源地 L 江、B 江和 M 江的 PAEs 的污染现状，所调查的水源地普遍受到 PAEs 污染且浓度具有季节性差异，以秋冬污染值最高，其中秋季水源地的 DBP 超标率达到 100%；抽检水样均测出 DMP、DEP、DBP，而 DEHP 仅在夏季的 B 江水中被检出，检出浓度范围分别为 1.74 ～ 3.10μg/L、0.20 ～ 10.81μg/L、0.15 ～ 8.12μg/L、0 ～ 18.71μg/L。水源地 PAEs 浓度峰值范围为 14.18 ～ 33.59μg/L，高于国内其他水源地的邻苯二甲酸酯的污染水平。

在一些邻海区域的沉积物中也发现有 PAEs，长江流域沉积物的 PAEs 种类多为 DMP、DBP、DCHP（邻苯二甲酸二环己酯）和 DPHP（邻苯二甲酸二苯酯），总含量为 0.79 ～ 34.8μg/kg。另外，国外学者在加利福尼亚、荷兰和西班牙水体中，加拿大 False Creek 港沉积物中均部分检测出 DEP、DBP 和 DEHP。有文献指出国内外淡水水体中的 PAEs 污染水平多在 μg/L 级，而由于海水等苦咸水所含盐分太高，故 PAEs 在这些水环境中的含量及种类分布不均匀。

4.4.1.3 邻苯二甲酸酯类环境降解行为

PAEs 在环境中存在光降解作用。水体中的 PAEs 吸收 290 ～ 400nm 的入射紫外光反应，使 2 个全酯基团同时断裂，留下完整的联羧基酸结构，然后是连接 2 个羧基的芳环上的 C—C 键断裂，降解产物有邻苯二甲酸、邻苯二甲酸酐、苯甲酸酯等。由于紫外光穿透液相时会使能量大大衰弱，对 PAEs 的完全矿化程度较低，因而 PAEs 光解更容易发生在气相环境。PAEs 在环境中存在水解作用。自然条件下烷基链越长的 PAEs 水解越缓慢，但呈弱酸或弱碱性的水环境有助于 PAEs 的水解，由于反应速率受到醇的空间阻隔影响，因而水解过程不能完全进行。PAEs 在环境中存在生物降解作用。自然条件下，PAEs 光解和水解进程缓慢，而微生物降解为 PAEs 矿化的主要途径，其降解方式主要分两种：一种是当生长基质充足时，微生物直接氧化或还原降解非生长基质的 PAEs；另一种是 PAEs 直接作为微生物的生长原料，被微生物分解后为其提供营养物质和能量。微生物类别、氧化还原条件和环境温度等均会影响微生物对 PAEs 的降解效率，通常 PAEs 的生物降解路径为：首先生成酯类、双酚类和醇类物质，最终在三羧酸循环作用下进一步降解成二氧化碳和水。

4.4.1.4 邻苯二甲酸酯类的毒性

（1）生殖毒性

某些 PAEs 及其代谢产物和降解产物具有潜在内分泌特性，对人体各个器官产生多种毒性作用，其对生殖系统产生的毒性尤其突出。尽管大多数邻苯二甲酸酯类化合物显示出非常低的急性毒性，但由于生殖系统对这些化合物特别敏感，邻苯二甲酸酯暴露会对雄性生殖系统产生影响，导致雄性生殖能力受损。围产期 PAEs 及其代谢产物暴露可导致雄性大鼠的性细胞分化异常，表现出毒性症状，如隐睾症、尿道下裂等。DBP 暴露后可降低集体雄激素水平，影响生殖结节的分化和发育、尿道管状结构的生成等。3 周龄 SD 大鼠 DEHP 染毒 5 周后，导致精母细胞凋亡和睾丸支持细胞内波形蛋白瓦解破坏。DBP 和 DOP 可以使精母、精原细胞部分内质网扩张、脱颗粒，线粒体肿胀、嵴消失、结构模糊；支持细胞肿胀、多数粗面内质网扩张呈囊泡状，细胞器数量减少，曲细精管周围组织水肿，基底膜轻度增厚，间质明显水肿。

邻苯二甲酸酯的生殖毒性主要作用于男（雄）性生殖系统，在男性生殖系统的发育阶段，邻苯二甲酸酯暴露对生殖系统的毒性表现得尤为明显。男性生殖系统在母体内胚胎期时就已经开始发育，胚胎期的邻苯二甲酸酯暴露会使胎儿不能发育出具有正常功能的睾丸间质细胞和支持细胞，导致生殖系统异常。青春期是生殖系统发育成熟的关键时期，对男性生殖能力起着至关重要的作用，邻苯二甲酸酯类物质的暴露可能会对生殖系统的功能造成直接或间接的伤害。青春期前大鼠灌胃 DEHP 使睾丸组织学恶化，睾酮水平降低，氧化应激增强，睾丸细胞的凋亡增加，表明青春期前接触 DEHP 导致睾丸损伤。

另外，DEHP 主要通过代谢产物对卵巢功能产生影响，作用靶点主要是卵巢颗粒细胞，该代谢产物还与孕酮的分泌存在剂量-效应关系。给予 DEHP 后，母马卵巢中分理出卵丘复合体，培养成熟后发现低剂量 DEHP 可显著抑制卵细胞成熟，而高剂量 DEHP 可引起卵丘细胞的 ROS 升高和凋亡，但并不影响卵细胞成熟。雄性大鼠 DEHP 灌胃染毒后雄激素受体没有发生变化，但可产生睾丸毒性，波形蛋白增加是毒性的早期表现。

（2）肝脏毒性

大量研究表明，PAEs具有明确的肝脏毒性。美国国家毒理规划署（NTP）的实验研究结果表明，大鼠和小鼠可通过食物长期吸收DEHP而引起肝癌。研究指出肝脏是机体内DEHP转化为活性代谢产物如邻苯二甲酸（2-乙基己基）单酯（MEHP）的主要器官之一。在实验研究中，通常通过观察动物肝脏过氧化物酶体体积、数量，以及过氧化物酶体增生物激活受体（PPARs）的变化来了解外源性物质是否具有肝脏毒性。PPARs可分为3类，分别是PPARα、PPARβ和PPARλ。邻苯二甲酸酯类也是一种过氧化物酶体增生物（PP），而且当大鼠暴露在其中时，可观察到大鼠体内过氧化物酶体增生物激活受体的增加。有研究者开展的一系列邻苯二甲酸酯类对小鼠和人PPARα、PPARβ和PPARλ的激活作用研究表明，小鼠的PPARα和PPARβ与人类相比，通常在较低的邻苯二甲酸单酯浓度下被激活，而小鼠和人的PPARλ对邻苯二甲酸单酯表现出相同的敏感性，邻苯二甲酸单酯侧链越长，作用越明显。

（3）内分泌干扰作用

邻苯二甲酸酯类具有内分泌干扰作用。在啮齿类动物实验中发现一些高剂量的邻苯二甲酸酯可以对雄性激素的作用产生干扰。在孕鼠分娩前对其进行PAEs暴露，其体内的睾酮含量下降，而睾酮在雄性胎鼠的发育过程是一种重要的激素，可以影响性分化及生殖器官的正常发育，主要表现为尿道下裂、隐睾、睾丸Leyding细胞增生、附睾发育不完全等。PAEs对雌性生殖内分泌干扰主要表现为排卵异常、孕酮分泌量下降，卵巢颗粒细胞是其主要作用位点。有研究发现，DEHP可显著抑制排卵前期颗粒细胞产生雌二醇，由于血中雌激素水平的降低，反馈型促使卵细胞雌激素水平的再升高，由于不能刺激黄体生成素峰的出现而产生无排卵性周期或排卵延迟。

邻苯二甲酸单酯还可通过对体内激素水平的调节对身体产生不利作用，表现为对甲状腺激素、类固醇激素尤其是对雄性激素的影响。研究者发现早熟女童血液中的DEP、DEHP、MEHP的浓度高于正常发育女童血液中含量，68%早熟女童血液样品中均检测出DEHP，这可能说明邻苯二甲酸酯对女性的正常发育有干扰作用。另有研究者发现，塑料厂女工的月经异常发病率明显高于对照组，且经期、经量和周期异常的发生率均显著高于对照组，推测塑料作业中接触的PAEs作为内分泌干扰物可对女工的月经产生不良影响。DMP和MBP在高剂量时通过改变睾丸激素合成发挥抗雄激素的作用。研究者发现低浓度的MBP在鼠睾丸间质细胞瘤细胞中通过加速类固醇合成急性调节蛋白的表达来促进类固醇激素的合成。在原代培养的未成熟和成熟鼠睾丸间质细胞中均发现MEHP在250μmol/L时抑制了由人体绒毛膜促性腺激素引起的对雄性激素产生的刺激作用，从而对激活类固醇的生成起到抑制作用。

4.4.2 筛检技术

目前，PAEs的分析检测方法主要有气相色谱法、液相色谱法、气相色谱-质谱联用法、液相色谱-质谱联用法和化学发光免疫分析法等。其中GC-MS能使用选择性特征离子进行定性和定量分析，有较好的选择能力，是目前应用最为广泛的测定PAEs的分析方法。样品中提取PAEs最多的前处理方法是液液萃取和固相萃取。液液萃取因操作步骤简单而应用广泛，而固相萃取不仅能达到液液萃取的效果，而且重复性好、操作迅速及试剂消耗少。

4.4.2.1　气相色谱-质谱联用法

杨清华等将改进的固相萃取技术应用到饮用水前处理，与气质联用仪共同用于饮用水（原水、出厂水、管网末梢水）中 PAEs 含量的测定。

检测方法中，固相萃取过程样品提取：准确量取 200mL 混合均匀的水样，加入 10mL 正己烷-甲基叔丁基醚（1∶1，体积比）的混合溶液，充分涡旋混合 2min，取上清液，再用 10mL 正己烷-甲基叔丁基醚（1∶1，体积比）重复提取 1 次，合并 2 次的上清液，于 40℃水浴氮吹至近干，用正己烷定容至 2mL，待净化。

样品净化：取 Pro ELut PSA 玻璃固相萃取柱，先用 5mL 二氯甲烷、5mL 甲醇及 5mL 超纯水依次通过固相萃取柱活化，加入 1.0g 无水硫酸钠，加入待净化液，流速控制为 1.0mL/min，再依次加入 5mL 正己烷、5mL 4% 丙酮-正己烷，取流出液，于 40℃水浴氮吹至近干，用正己烷定容至 1mL，供 GC-MS 测定，同时做试剂空白。

测定条件：考虑分析条件对组分分离和响应的影响，实验中对进样口温度、检测器温度、柱温及载气流速进行了优化，确定了最佳的实验条件，色谱柱选择用 TR-5MS（30m×0.25mm×1.0μm），初始温度 100℃保持 1min，以 15℃/min 速率升温至 220℃保持 1min，再以 2.5℃/min 速率升温至 280℃保持 2min；进样口温度 220℃；传输线温度 250℃；载气为高纯氦气（纯度≥ 99.999%），流速 1.2mL/min。样品分析时采用 SIM 扫描模式，根据特征峰和保留时间进行定性分析，根据基峰面积进行定量分析。

黎少英等建立了气相色谱-三重四极杆串联质谱同时测定饮用水中 24 种邻苯二甲酸酯类化合物的方法。250mL 水样过 C_{18} 玻璃固相萃取柱吸附，6mL 乙酸乙酯洗脱，旋蒸近干，1.0mL 正己烷溶解定容，进样体积为 1μL，HP-5MS 色谱柱（30m×0.25mm×0.25μm）分离，采用多反应监测（MRM）模式测定，外标法定量。结果 24 种化合物线性关系良好，相关系数均＞ 0.995，方法检出限为 0.014 ～ 0.50μg/L，定量限为 0.047 ～ 1.7μg/L，平均回收率为 80.2% ～ 113.7%，相对标准偏差为 2.7% ～ 10.3%（n=6）。应用该方法测定 10 份不同水质样品，结果共检出 9 种邻苯二甲酸酯。该方法准确可靠、精密度高、简便快速，适用于同时检测饮用水、水源水和瓶装水中 24 种邻苯二甲酸酯。

侯宝琴等采用气相色谱-质谱法（GC-MS）测定生活饮用水中邻苯二甲酸酯类化合物，用乙酸乙酯作为萃取剂，萃取液浓缩后以选择离子检测方式分析。该方法操作简单、快速、准确，能有效分离 4 种邻苯二甲酸酯类化合物，检出限为 0.001 ～ 0.100μg/L，平均加标回收率为 100.60% ～ 107.84%，相对标准偏差为 4.25% ～ 9.51%。

沈登辉等建立了测定水中 DMP、DEP、DIBP、DBP、BBP、DBEP 和 DEHP 7 种邻苯二甲酸酯的高通量检测方法。水样经 C_{18} 小柱萃取富集，GC-MS 检测，以 SCAN 模式定性，SIM 模式外标法定量。7 种目标化合物在 0.01 ～ 10.0mg/L 试验浓度范围内具有良好的线性关系，其相关系数均在 0.9985 以上，方法最低检测质量浓度在 1.5 ～ 9.4ng/L 范围，方法平均回收率在 84.0% ～ 114.2%，RSD 均小于 5%。该法简单、灵敏、准确，适用于实际水源及饮用水中邻苯二甲酸酯类化合物的监测。

谢恺等建立了水中 PAEs 固相萃取-气相色谱质谱法测定体系，并应用于市政末梢水中邻苯二甲酸酯的测定。从水样 pH 值、水样流量、洗脱试剂体积等方面优化固相萃取提取条件，采用气相色谱-质谱法对水中邻苯二甲酸二丁酯（DBP）、邻苯二甲酸苄基丁基酯

（BBP）、邻苯二甲酸二乙基己基酯（DEHP）、邻苯二甲酸二辛酯（DOP）、邻苯二甲酸二异壬酯（DINP）、邻苯二甲酸二异癸酯（DIDP）6 种 PAEs 进行定量分析。方法在 0 ～ 10.00μg/mL 范围内所得的回归方程线性关系良好，相关系数均 >0.997，DBP、BBP、DEHP、DOP、DINP、DIDP 检出限分别为 2.5ng/L、4.9ng/L、0.9ng/L、8.2ng/L、8.8ng/L、13.9ng/L，平均回收率为 86.0% ～ 117.4%，RSD 为 5.0% ～ 13.6%。该方法可简便、快捷、准确地测定末梢水中 PAEs 的含量。

4.4.2.2 液相色谱法

林兴桃等建立了以 HLB 固相萃取柱和反相液相色谱法测定水中 8 种邻苯二甲酸酯类环境激素的方法（色谱图见图 4-5），利用正交试验进行萃取条件的优化，确定固相萃取的优化条件为：洗脱剂组成为 *V*（甲醇）：*V*（乙醚）=1：19，洗脱速率为 1.0mL/min，洗脱体积为 9mL，清洗剂组成为 *V*（甲醇）：*V*（水）=1：19。8 种物质峰面积对浓度进行线性回归的相关系数均大于 0.999，最低检出限为 0.10 ～ 0.62μg/L，回收率为 75.1% ～ 115.5%。相对标准偏差为 0.9% ～ 2.2%。同时将该方法应用于废水中邻苯二甲酸酯类环境激素的测定，检出 DEP、BBP、DBP 和 DEHP 4 种邻苯二甲酸酯类环境激素。

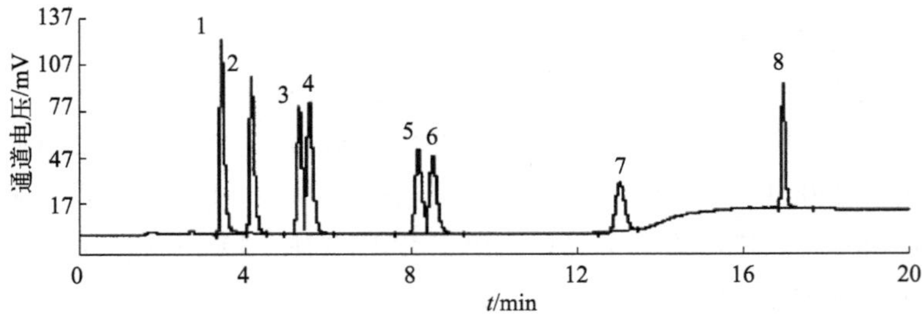

图 4-5　邻苯二甲酸酯类液相色谱图

1—DEP；2—DPrP；3—BBP；4—DBP；5—DAP；6—DCHP；7—DHP；8—DEHP

薛林科以疏水性离子液体为萃取剂，采用分散液液微萃取对样品进行前处理，结合高效液相色谱，建立水样中增塑剂的快速检测方法。对影响分散液液微萃取的各种参数，如萃取剂的种类及用量、分散剂的种类及用量、溶液 pH 值、萃取时间以及离子强度等分别进行了考察。实验发现，PAEs 在质量浓度为 1 ～ 100μg/L 时具有良好的线性关系（R^2>0.999），检出限（*S*/*N*=3）为 0.012 ～ 0.028μg/L。该方法用于环境水样中 PAEs 的分析检测，加标回收率为 92.5% ～ 108.2%，相对标准偏差为 4.59% ～ 5.81%（*n*=3）。该方法具有分析速度快、样品处理简单、对环境友好等优点，适用于水体中增塑剂的快速检测。

4.4.2.3 气相色谱法

沈斐等建立了固相萃取-气相色谱法同时测定水中 6 种邻苯二甲酸酯类有机污染物的方法（色谱图见图 4-6），并对方法进行了探索、优化和验证。对水体 pH 值在固相萃取过程中对邻苯二甲酸酯萃取回收率的影响进行了研究，解决了邻苯二甲酸二（2-乙基己基）酯和邻苯二甲酸二正辛酯回收率不高的问题。在空白水加标实验中，邻苯二甲酸酯的回收率达到 93.2% ～ 116.3%。除此之外，还对工业废水和地表水进行了加标回收实验，获得了较高的回收率及测定精度。

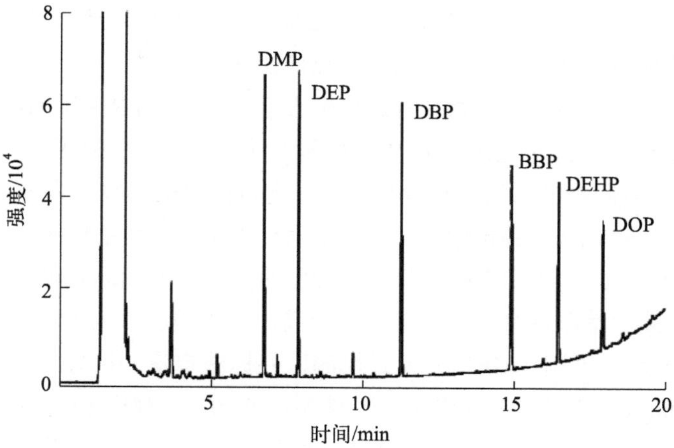

图 4-6　邻苯二甲酸酯类气相色谱图

戚文伟等建立了液液萃取-气相色谱法测定环境水样中邻苯二甲酸酯类化合物的方法。该方法能有效分离 8 种邻苯二甲酸酯类化合物，标准曲线线性回归相关系数均大于 0.9999，最小检测量可达 ng 级别，相对标准偏差为 0.47% ～ 1.83%。加标回收率为 73.5% ～ 114.6%。

贾宁等研究了使用毛细管柱（OV-1701）分离、FID 作为检测器的气相色谱法测定水中邻苯二甲酸二乙酯（DEP）、邻苯二甲酸二丁酯（DBP）、邻苯二甲酸丁基苄基酯（BBP）、邻苯二甲酸二（2-乙基己基）酯（DEHP）、邻苯二甲酸二环己酯（DCHP）5 种 PAEs 的方法。5 种 PAEs 检出限在 0.1 ～ 0.3μg/L 之间，所测 PAEs 的质量浓度在 0.5 ～ 100μg/L 范围内，RSD 在 2.2% ～ 3.3% 之间，各物质校正曲线（质量浓度与峰面积）的相关系数在 0.9970 ～ 0.9993 之间。利用固相萃取技术萃取水中 PAEs，回收率在 82.5% ～ 110.5% 之间，相对标准偏差在 1.1% ～ 4.0% 之间。

4.4.2.4　液相色谱-质谱联用法

张秋菊等建立了超高效液相色谱-串联质谱法（UPLC-MS/MS）测定生活饮用水中残留的 15 种邻苯二甲酸酯的方法。水样经玻璃纤维滤膜过滤，直接上 UPLC-MS/MS 检测（色谱条件：柱温 35℃，流动相为水 + 甲醇梯度洗脱，流速 0.25mL/min；质谱条件：在 ESI+ 离子化模式下，使信号达到最佳可调整优化毛细管电压、锥孔电压等参数），用多反应监测模式检测，外标法定量。结果显示，在 0.002 ～ 0.5mg/L 范围为，15 种邻苯二甲酸酯化合物检出浓度与峰面积相关，相关系数都大于 0.99。该方法简便、快速，适用于饮用水中残留邻苯二甲酸酯测定。系统空白干扰比较大，UPLC 流动相管路有干扰，通过实验发现，邻苯二甲酸二乙酯、邻苯二甲酸二异丁酯、邻苯二甲酸二丁酯、邻苯二甲酸二（2-乙基己基）酯 4 种物质存在比较大的系统干扰。经过反复试验，干扰控制在一定水平。仪器灵敏度有待提高，部分物质邻苯二甲酸二甲酯、邻苯二甲酸二（2-甲氧基乙）酯检出限达不到 0.002mg/L。

王晓红等利用液相色谱-三重四极杆质谱联用仪（LC-MS/MS），建立了饮用水源水中邻苯二甲酸二丁酯和邻苯二甲酸二（2-乙基己基）酯的检测方法。水样经高速离心后取上清液进样，以 C_{18} 色谱柱分离，甲醇-0.1% 甲酸水溶液为流动相梯度洗脱，正离子模式下质谱多反应监测（MRM）模式检测。实验中探索了使空白干扰得到有效控制的方法。结果表明：DBP 和 DEHP 分别在 5 ～ 100μg/L 范围内线性良好，相关系数 R 均大于 0.999，回收率为

86.3% ～ 102%，相对标准偏差分别为4.4% 和 5.2%，方法检出限分别为 0.35μg/L 和 0.28μg/L，说明该方法适合水源水中两种痕量邻苯二甲酸酯的快速准确分析。

刘卫霞等使用自制的邻苯二甲酸二（2-乙基己基）酯-D4 为内标试剂，建立了一种测定饮用水中塑化剂含量的高效液相色谱-串联质谱检测方法。样品经甲醇提取后，经 Hypersil Gold C_{18} 色谱柱分离，三重四极杆质谱进行含量分析，定量检出限回收率为 86.0% ～ 103.6%，相对标准偏差为 2.6% ～ 5.1%，稳定性好，适用于水样中塑化剂残留量的检测。

张海婧等建立了饮用水中 15 种邻苯二甲酸酯的固相萃取超高效液相色谱串联质谱测定方法。样品经 C_{18} 固相萃取柱富集，以苯基柱分离，以甲醇和水为流动相进行梯度洗脱，正离子模式下质谱多反应监测（MRM）模式检测，外标法定量。结果表明，邻苯二甲酸二丁酯在 0.63 ～ 1000μg/L，其余 14 种邻苯二甲酸酯在 0.002 ～ 500μg/L 范围内线性关系良好，相关系数均大于 0.9970。该方法对 15 种邻苯二甲酸酯的定量限为 2.2 ～ 632ng/L，回收率在 81.3% ～ 109% 之间，RSD<14%。

4.4.3 控制与去除方法

目前，PAEs 的人工降解方法主要有臭氧-活性炭法、生物降解法、光化学氧化和光催化氧化法。传统的水处理工艺并没有对 PAEs 的削减起到任何作用，在个别情况下反而有使 PAEs 增加的趋势。

4.4.3.1 臭氧-活性炭工艺

刘军等通过对臭氧-活性炭工艺和活性炭吸附等温线的研究，探讨了臭氧-活性炭工艺去除饮用水中微量 PAEs 的可行性，DMP、DEP、DBP 被选作目标物质。研究发现臭氧氧化能够去除 40% 以上的 DMP、DEP 和 DBP；活性炭对 DMP、DEP 和 DBP 有很好的去除效果，在空床停留时间（EBCT）4 ～ 12min 条件下能完全去除水中未被臭氧氧化的 DMP、DEP 和 DBP。结果证明，臭氧-活性炭工艺是去除饮用水中微量邻苯二甲酸酯的有效方法。

以嘉陵江原水的自来水厂滤后水为研究对象，在中试规模上研究了臭氧-生物活性炭工艺对饮用水中微量 PAEs 的去除效果。选择 DMP、DBP、DEHP、DOP 为目标物质。研究发现：100cm 炭柱之后对 PAEs 去除率逐渐趋于平缓，可认为有效炭层高度为 100cm，较优的工艺参数为臭氧投加量 3mg/L 左右，臭氧接触时间 15min，活性炭空床接触时间 9min；臭氧-生物活性炭工艺对不同分子量 PAEs 的去除表现出明显差异：对小分子的 PAEs 去除率高于大分子的 PAEs；从吸附柱前后两点投加的结果比较来看，不同的投加比例对于邻苯二甲酸酯的去除并未表现出较大差异。

以长江重庆段原水为研究对象，选择 DEHP、DBP 和 DMP 为 PAEs 的代表物质，通过中试研究了粉末活性炭预处理和活性炭深度处理工艺对 PAEs 的去除效果。结果表明，增加粉末活性炭投加量可有效提高对 PAEs 的去除率：单种 PAEs 进水浓度为 20μg/L 时，投炭量为 20mg/L 可使出水 DEHP 浓度达标；投炭量为 30mg/L 可使出水 DBP 浓度达标，对 DMP 的去除率为 79.37%。在活性炭深度处理工艺中，增加空床停留时间可提高对 PAEs 的去除率：单种 PAEs 进水浓度为 20 ～ 50μg/L 时，控制空床停留时间为 16min 即滤速为 6m/h，可保证出水 DEHP 和 DBP 浓度达标，对 DMP 的去除率为 79.54% ～ 89.84%。可见，粉末活性炭预处理和活性炭深度处理工艺是去除邻苯二甲酸酯的有效方法。

张朝升等研究了活性炭滤池在挂膜期间对水源水中 4 种微量 PAEs 的降解情况，以及挂膜成功后的生物活性炭滤池及改变运行条件如空床停留时间，4 种 PAEs 的进水浓度、反冲洗膨胀度对降解 4 种 PAEs 的影响。结果表明：未挂膜时，活性炭滤池对 DMP、DEP、DBP 和 DEHP 的去除率分别为 77.41%、82.40%、88.87% 和 96.17%；挂膜成功后，生物活性炭滤池对 DMP、DEP 和 DBP 的去除率分别增至 99.3%、100% 和 95.27%，而对 DEHP 的去除率降为 61.9%。当生物活性炭滤池成功启动并稳定运行后，15min 的空床停留时间下能够去除进水中 94% 以上的 DMP、DEP、DBP 以及 74% 以上的 DEHP；如果持续提高进水中 4 种 PAEs 的浓度，滤池对其去除率会相应降低；当反冲洗时，滤池膨胀度大小为 20%，生物活性炭滤池对 4 种 PAEs 的去除率不仅能快速恢复正常水平，且能维持更长时间。

4.4.3.2 高级氧化技术

芬顿（Fenton）工艺是催化湿式过氧化物氧化技术中一种重要的方法。芬顿过程是均相催化过程，传统的羟基自由基理论认为 Fe^{2+} 与 H_2O_2 之间的链式反应催化生成的·OH 等自由基降解污染物，且生成的 Fe^{3+} 在一定酸度下以 $Fe(OH)_3$ 胶体形态存在，具有凝聚、吸附性能，也可去除有机物。He 等采用 Fenton 法去除垃圾渗滤液中的 PAEs，晚期渗滤液中的 PAEs 的去除率大于 40%，而早期渗滤液中 PAEs 的去除率只有 20%。当 PAEs 质量浓度富集至 1.5mg/L 时，去除率达到 88%，表明 PAEs 的去除效率与 PAEs 的浓度有关。

Xu 等研究了 UV/TiO_2 降解水体中的 BBP 的效果和机理，UV/TiO_2 处理 BBP 的降解速率遵循拟一级动力学，BBP 及其中间产物在增加光照时间的情况下最终矿化为 CO_2 和 H_2O。Chung 等研究了 TiO_2 在 UV 辐射下最终将 DEHP 降解为 CO_2，分析了 DEHP 的降解机理，表明光催化降解 DEHP 是一种简单而快速的方法。

4.4.3.3 生物降解

孙瑞等从松花江干流下游的底泥中分离并筛选出能够在寡营养条件下降解邻苯二甲酸酯（PAEs）的超微细菌菌群，研究了该菌群对 4 种 PAEs（DMP、DBP、DEP 和 DEHP）的降解能力。结果表明，4 种 PAEs 均可作为菌群的唯一碳源，菌群对 4 种 PAEs 有不同的比生长速率和最大降解速率，比生长速率从大到小为 DMP>DBP>DEP>DEHP，最大降解速率从大到小为 DEP>DBP>DMP>DEHP。利用极度稀释法从该菌群中分离出 1 株典型寡营养超微细菌菌株，命名为 PAE-UM，根据 16S rDNA 序列系统发育分析，鉴定为丛毛单胞菌属（*Curvibacter* sp.）。

尤华丽等运用一株细菌 ZF2 对 DMP、DEP、DBP、DIBP 的生物降解性和降解动力学进行了研究。实验结果表明浓度增加对 4 种邻苯二甲酸酯的降解有抑制作用；4 种邻苯二甲酸酯生物降解的难易程度由易到难为 DMP、DEP、DBP、DIBP；运用两个动力学模型对降解的浓度随时间变化曲线模拟，结果表明不同浓度 PAEs 的降解选用不同方程表征，同时也表明其不同的降解历程。

4.4.3.4 联合工艺

为提高水厂对邻苯二甲酸酯类环境激素的处理效果，张朝升等研究了臭氧、活性炭、超滤及两种联用工艺对 PAEs（DMP、DEP、DBP、DEHP）的去除效果及降解机理。结果表明，单独的臭氧氧化、活性炭吸附、超滤过滤均能去除部分PAEs。最优工艺参数：臭氧投加量8mg/L，空床停留时间15min，超滤操作压力0.01MPa。当PAEs进水浓度分别为10μg/L、15μg/L、20μg/L、25μg/L时，臭氧-活性炭工艺的PAEs综合去除率为55.19%～66.12%，小分子的DMP、DEP检出浓度均低于3μg/L，处理效果优于大分子的DBP、DEHP。活性炭-超滤工艺对大分子PAEs的吸附截留作用明显，各PAEs物质的检出浓度介于0～3.11μg/L。对比两种联用工艺发现，在低、中、高3种PAEs进水浓度下，活性炭-超滤工艺的PAEs综合去除率及末端PAEs出水浓度均优于臭氧-活性炭工艺的处理效果，超滤作为第三代净水工艺有着良好的技术优势。

曹芳研究了强化混凝、活性炭、臭氧、超滤膜等工艺及其组合对PAEs的去除效果。结果发现，强化混凝工艺联合活性炭吸附工艺处理4种PAEs，在150r/min+3min进行搅拌、15mg/L活性炭投加量的试验条件下，PAEs的进水浓度为10～20μg/L、40～60μg/L、80～100μg/L时，PAEs的综合去除率范围为66.0%～73.9%，其去除率和稳定性优于常规净水工艺。另外，臭氧-活性炭工艺对PAEs综合去除率超过80%。对4种邻苯二甲酸酯的去除优先顺序为DMP>DEP>DEHP>DBP，对DMP和DEP等小分子物质去除效果好，PAEs分子被臭氧氧化成了各种小分子有机物，如酮和醛、邻苯二甲酸单酯及邻苯二甲酸；活性炭-超滤工艺对PAEs的综合去除率比活性炭单独运行时水质提升效果明显，对4种邻苯二甲酸酯的去除优先顺序为DEHP>DBP>DEP>DMP，对大分子的DEHP和DBP处理效果较好。臭氧-活性炭-超滤工艺比臭氧-活性炭工艺及活性炭-超滤工艺处理PAEs的效果好，在PAEs中低浓度污染下选用活性炭-超滤工艺，在高浓度风险下选用臭氧-活性炭-超滤工艺。

Medellin-Castillo等比较了传统技术（活性炭吸附和臭氧氧化）与高级氧化技术（UV/H_2O_2、O_3/H_2O_2和O_3/AC）对水中DEP的去除效果，结果表明，高级氧化技术比传统技术有更好的去除效果，其中O_3/AC对DEP的去除率最高，达85%以上，主要的降解机理是O_3分解产生的·OH与有机物反应。同时研究者还比较了UV/H_2O_2、O_3/H_2O_2和O_3/AC对不同水体中DEP的降解效果，结果表明，纯净水中DEP的降解率达100%，地表水和污水中DEP的降解率较低。这可能是由于地表水和污水中存在一些有机或无机的自由基清除剂和DEP，竞争与水体中自由基的反应，导致DEP降解率大幅下降。

4.5 环境激素类

环境激素（environmental hormones），是指由于人类的生产和活动而释放到周围环境中，在环境中持久性存在的化学物质，对人和动物的正常激素功能产生影响，从而干扰其内分泌系统，导致神经系统异常、生殖功能下降、生殖器官异常和免疫力降低等。环境激素的摄取，会引起女性的性早熟、月经失调、子宫内膜增生，男性精液中精子数量减少，男性不育症增加。随着工业的发展，在药品、塑料制品和添加剂的生产、除草剂的使用和垃圾处理等过程中产生了大量的环境激素，对人类和其他生物的生存造成严重威胁，环境激素已成为继臭氧层、地球气候变暖之后的第三大环境问题。

环境激素进入生物体内，以痕量剂量作用于生物体时，可以通过阻断或模拟天然激素，干扰生物体正常激素的合成代谢，影响内分泌系统的功能，从而破坏生物体的机体稳定性和调控作用。此类物质即使含量很低，但是由于其有激素样作用，可影响人类的生殖系统、神经系统，甚至改变机体免疫功能，导致生殖系统、发育、免疫系统的机能受到破坏，甚至引起恶性肿瘤、生物绝种等危害。环境雌激素类物质是近年来广受科学界和社会公众关注的一类新污染物。虽然其在环境中处于微量浓度水平，但由于其生物活性和极性较高，难以在环境中得到有效的生物降解，同时可通过食物链进入人体内，影响人体的内分泌功能。近年来，水环境中环境雌激素的环境行为作用及污染去除已成为领域研究热点。

4.5.1 污染特征

环境激素种类繁多，按照来源可分为天然激素、植物性雌激素、人工合成激素、真菌性雌激素等，天然激素如雌酮（E1）、雌二醇（E2）和雌三醇（E3），人工合成激素如己烯雌酚（DES）和 17α-乙炔基雌二醇（EE2）等。环境激素的化学性质有脂溶性、生物难降解性等，性质较为稳定。该类物质进入机体内具有较长的半衰期，可长期在体内存在并蓄积，并随着生物链向更高一级的生物体内富集。环境激素以微量或痕量浓度作用于生物时，通过模拟或阻断天然激素干扰损害生物体内正常的内分泌过程，破坏机体稳定性和调节作用，对机体的生殖、神经和免疫系统等造成危害。

4.5.1.1 来源

随着工业的不断发展，大量的环境激素在农药、激素类药品、添加剂和塑料制品的生产及使用和垃圾处理的过程中，被释放到环境中。

环境激素主要出现在以下环节中：

① 雌激素类药品，包括大量口服避孕药和激素辅助性治疗药物，通过人类的粪便进入到环境中；

② 农药，为了加快蔬菜水果的生长，种植者不惜施加一定浓度的“催熟剂”，如乙烯利、脱落酸等；

③ 激素饲料，在畜牧业和渔业生产中，养殖者为了使鱼虾类和家禽类快速生长，向饲料中添加“催生剂”；

④ 化妆品，市面上一些声称能让皮肤变得细腻光滑的美容保健品中，有些加入了违禁环境雌激素；

⑤ 工业生产，很多物质在生产过程中产生的“三废”都含有大量的环境激素，如含有烷基苯酚类的表面活性剂、塑料黏合剂以及润滑油等物质的生产等。

由于传统的水处理技术对 EDCs 的去除效果不好，导致 EDCs 随废水排放进入环境当中。双酚 A 作为典型的人工合成类 EDCs，其在环境中广泛存在，由于其分子结构的特点被广泛应用于建筑材料、塑料、树脂中，甚至在医疗器具和玩具中也存在。多溴联苯醚、六溴环十二烷、四溴双酚 A 阻燃剂被广泛应用于阻燃剂的生产当中，由于上述几种人工合成物质的大量使用而产生的大气问题普遍存在，多溴联苯醚、六溴环十二烷、四溴双酚 A 随干湿沉降进入地表水，被土壤和沉积物吸附解吸。药物及个人护理品的人工合成成分也逐渐在水环境中被发现，人工合成类 EDCs 跟随废水排放、动物饲养以及垃圾渗滤液进入水环境中，以 ng/L 和 mg/L 的浓度存在于地表水和地下水中。人长期暴露于这种环境中会对人体健康产生非常大的影响。

4.5.1.2 污染现状

环境雌激素广泛存在于药品、增塑剂、洗涤剂等产品中，并经工业废水和生活污水排放进入水环境，进而影响城镇供水系统。随着世界经济的快速发展，环境雌激素类物质的生产量持续增长，导致水环境雌激素污染日益严重，给城镇饮用水安全带来了极大冲击。

近年来，在全世界范围内污染情况不容乐观。在不同国家的河流、湖泊和近海海域地表水及底泥中均检测到环境雌激素，污水处理厂进出水及污泥中也发现了环境雌激素的存在，甚至在供水系统的水源水、水厂出厂水及管网水中也检出了环境雌激素，给饮用水安全带来了极大威胁。日本对全国范围内的公共水域及地下水中环境雌激素的分布进行了调查，结果显示检出频率较高的是壬基酚和双酚 A，同时对全国 25 个自来水厂中的环境雌激素物质进行了检测，检出了双酚 A 和烷基酚等。德国某地地下水和饮用水调研结果显示，壬基酚浓度为 0.001 ～ 0.002μg/L。罗马的自来水中也检出 0.061 ～ 0.12μg/L 壬基酚聚氧乙烯醚。Kuster 等通过对里约热内卢的某天然水体进行检测，发现植物性雌激素和孕激素分别为 366ng/L、47ng/L。Kolpin 等调研了美国 93 条河流，雌酮和 17β-雌二醇的平均浓度分别为 27ng/L 和 9ng/L。Cuong 等对韩国 Yeongsan 河和 Seomjin 河地表水进行监测，发现雌酮的平均浓度范围为 1.3 ～ 19.8ng/L。Peterson 等对美国阿肯色州的地下水进行调研监测，发现含水层中雌二醇含量为 6 ～ 66ng/L。Cargourt 等在巴黎污水处理厂纳污河流中检出的雌酮、雌二醇、雌三醇和乙炔基雌二醇的含量为 1.0 ～ 3.2ng/L。Ying 等对昆士兰东南部受纳水体调研发现水中雌激素含量为 1.32 ～ 11.79ng/L，而雌激素在水中鳟鱼体内也有检出，浓度达到了 2.48 ～ 21.18ng/L。

我国也在全国范围内开展了供水系统中环境雌激素污染调研，研究表明，长江、黄河支流、淮河、松花江、辽河和海河均有环境雌激素污染。在江苏部分饮用水水源地检出多氯联苯类、卤代烃和呋喃类，且污染情况非常严重；松花江哈尔滨段江水在春秋两季的雌激素活性为 528 ～ 965pg/L EEQ，其中上游水源地水中雌激素活性水平较高。同时，长江、太湖水源水也均检出雌激素活性。潍坊市 11 处水源水中枯水期均检出双酚 A，检出浓度为 0.271 ～ 0.934μg/L；丰水期时，11 处水源地中检出 9 处，检出率为 81.8%，检出浓度为 0.035 ～ 0.132μg/L。黄浦江原水中主要检出物有邻苯二甲酸二乙酯、邻苯二甲酸二丁酯、双酚 A、壬基酚、阿特拉津，其最高浓度分别为 0.71μg/L、17.70μg/L、3.52μg/L、1.38μg/L、0.54μg/L，分析某常规工艺水厂环境雌激素含量，在沉后水和出厂水中均检出了较高浓度的邻苯二甲酸酯类物质、壬基酚、双酚 A 及阿特拉津等。宁波市自来水厂原水中的双酚 A 浓度为 7.35 ～ 63.7ng/L，3 个水厂出厂水为 3.93 ～ 10.37ng/L，2 个管网水中为 0.88 ～ 8.96ng/L。淮南市平山头水厂双酚 A 和壬基酚在各个不同工艺流程均有检出，同时，出厂水经过管网输送后发现双酚 A、壬基酚含量均高于水源水。由此可见，我国多地区在饮用水供水过程存在“从源头到龙头”的 EDCs 污染，形势不容乐观。

研究表明，全球范围内的地表水、地下水和生活污水中都能发现人工合成类 EDCs 的身影。Ren 等调研了广西北海湾中的 EDCs 含量，在河流上游、入海口和海水养殖场中发现 6 种类固醇类物质，水体中雌二醇的含量在 0.13 ～ 2.51ng/L，在 19 个海水监测站中有 13 个都检测出了 5 种类固醇，甲基睾酮和雌酮的含量在 0.18 ～ 4.44ng/L 之间，沉积物中也检测出了 7 种类固醇。生态风险评估表明该地区雌酮和甲基睾酮的污染处于高风险状态。其他类固醇物质为低风险。Pang 等调研了河南省污水污泥中的双酚类化合物的潜在风险，结果表明双酚 A 的平均浓度为 140ng/g（dw），为主要的人工合成类 EDCs 类污染物。Yang 等调研了鄱阳湖湿地水体和沉积物中的酚类 EDCs，在鄱阳湖水体、沉积物中均有双酚 A、4-壬基苯酚、4-叔丁基苯酚等物质，双酚 A 为主要污染物，其在水和沉积物中的浓度分别为（40.49±18.42）ng/L 和（9.840±3.149）ng/L，并采用风险商（RQ）法对水体沉积物中的双酚 A 进行生态风险评估，结果表明水体中双酚 A 处于低风险水平，沉积物中双酚 A 处于中风险水平。鲍阳阳等对黄浦江冬季水体和悬浮颗粒物中的酚类 EDCs 进行调研，结果表明酚类化合物在黄浦江水体和悬浮颗粒物中的质量浓度范围分别为 47.25 ～ 356.43ng/L 和 2.29 ～ 48.50mg/g，平均值分别为 167.69ng/L 和 20.81mg/g，生态风险评价结果表明酚类化合物的 RQ 值均小于 1，短期内不会造成生态毒理风险。

4.5.1.3　环境行为

水中环境激素最主要的行为方式是吸附和解吸，除了溶解在水中外，部分雌激素可以被悬浮物或胶体吸附，吸附过程的重要载体和蓄积场所为沉积物。而水中溶解性有机物可以使得雌激素从吸附剂上解吸下来，重新释放到水体中。水中雌激素的溶解度受无机盐离子强度的影响，盐度越高雌激素越易吸附到沉积物上，这也可以解释一些被雌激素污染的河流在入海口或废水排放处的沉积物中雌激素含量较高的现象。

水体中环境雌激素主要通过光解作用实现转化和归趋。在光照条件下，环境雌激素本身既可以吸收光直接进行分解反应，也可在其他共存物质诱导下发生敏化光解反应以及氧化反应。

双酚 A 作为代表性人工合成类激素，物理化学性质决定了其在环境中的归趋。双酚 A 由于含有两个非极性甲基而具有中等可溶性。由于非极性基团的存在，C—C 和 C—H 键之间有相等的电子电荷分布导致水溶性降低，由于 $\lg K_{ow}$ 较高，双酚 A 更倾向于分配在土壤和胶体中。国内外研究人员也对壬基酚在环境中的迁移转化进行了研究，壬基酚在不同的环境介质中呈现不同的分布特征，壬基酚在水体中主要有两种存在形式，分别是溶于水中和吸附在悬浮性固体颗粒物中。

疏水性有机物在水中的溶解度与吸附呈负相关，在水中溶解度较小的壬基酚容易被颗粒物吸附，壬基酚在水-沉积物界面的迁移主要有吸附与解吸两种。人工合成类 EDCs 在环境中的迁移转化行为主要是以吸附解吸为主，水-沉积物界面之间还存在分配行为，研究人工合成激素类物质在水中的环境行为对水体的生态风险评估和控制消除具有重要意义。

4.5.2　筛检技术

环境雌激素现主要采用化学类检测方法，如高效液相色谱（HPLC）、气相色谱（GC）、液相色谱-质谱联用（LC-MS）、气相色谱-质谱联用（GC-MS）等仪器测定方法。同时，也有学者利用生物类检测方法进行检测，如萤光素酶法、ELISA 检测法、生物传感器检测法等。

（1）化学分析方法

环境雌激素的化学分析方法主要有高效液相色谱法、液相色谱-串联质谱法、气相色谱-质谱法、毛细管电泳法、超临界流体色谱法、胶束电动色谱法、光谱法等。传统的色谱法对其直接测定很困难，测定前需对样品进行前处理。从水中提取EDCs的前处理方法主要有液液萃取（LLE）法、单液滴微萃取（SDME）法、固相萃取（SPE）法、固相微萃取（SPME）法和搅拌棒吸附萃取（SBSE）法等。固相萃取是从水样中萃取有机化合物时使用最多的分离富集技术，常用的固体吸附剂有XAD树脂系列、活性炭（GAC）、石墨化炭黑（GCB）和十八烷基硅烷（C_{18}）小柱等。

Shin等在对水环境中双酚A进行测定时，先用二氯甲烷对水样中的双酚A进行单步骤萃取，经氰甲基化处理，用GC-NPD测定。该法对水样的检出限为0.1g/mL，平均回收率高，可用于定量检测自来水、地表水中的双酚A。Cai等使用HPLC法对水环境中痕量PAEs进行分析，其应用多微孔炭粒填充柱进行固相萃取，乙腈洗脱，经HPLC-DAD检测，检出限为0.18～0.86ng/mL，回收率为80.3%～104.5%。

马晓雁等采用固相萃取-高效液相色谱检测了水中邻苯二甲酸二甲酯（DMP）、邻苯二甲酸二丁酯（DBP）、双酚A（BPA）、壬基酚（NP）、阿特拉津（Atrazine）等，DMP、DBP、BPA、NP和Atrazine的纯水加标回收率、原水加标回收率均可达到70%以上，DMP、DBP、NP和Atrazine的检测限为17μg/L, BPA的检测限为8μg/L。赵瑞霞建立的固相萃取-超高效液相色谱-质谱联用仪测定14种环境激素的方法回收率高，在67.60%～119.27%之间。雌酮、乙烯雌酚、三氯生、四氯双酚A的检出限为0.1μg/L，双酚A、壬基酚、四溴双酚A的检出限为0.5μg/L，方法灵敏度高，重现性好。纪晓娜等利用高效液相色谱测定城市污水中的邻苯二甲酸二丁酯（DBP）和邻苯二甲酸二辛酯（DOP），该方法的加标回收率在82.5%～120%之间，检出限为0.1μg/L，能够用于城市污水中DBP和DOP的快速检测，并且检测效率高、检出限低。

孙卫玲等利用固相萃取-液相色谱-离子阱二级质谱对水环境中双酚A、17*β*-雌二醇和17*α*-乙炔基雌二醇进行了分析，离子阱二级质谱对BPA、E2和EE2三种环境雌激素的最低检出限分别为8μg/L、28μg/L和16μg/L。

王正全等建立了气相色谱法检测水中的37种农药和环境激素的方法，该方法的最低定量浓度为0.012～0.141μg/L，六种基质的加标回收率在80%～117%，平行测定结果的相对标准偏差小于20%，并且该方法操作简单，低消耗，低污染，检测速度快。王彬等利用气相色谱-质谱联用技术检测6种痕量酚类EDCs，该方法简单高效，检出限低，重现性好，相对标准偏差小于1%，能够很好地应用于酚类EDCs的定量分析测定。

各种检测方法均有优势与不足，详细情况见表4-2。

表4-2 人工合成EDCs检测技术比较

检测方法	优点	缺点
液相色谱-质谱联用	灵敏度高、选择性好，检出限低	前处理耗时，操作复杂
气相色谱-质谱联用	定量分析，抗干扰能力强	操作复杂
液相色谱	灵敏度高，效率高，低浓度也可测定	前处理较复杂
气相色谱	简单、便携快速	检出限高

（2）生物学分析方法

环境雌激素的生物学分析方法主要有免疫分析法、生物传感器检测法、基于AhR的EDCs生物检测法、动物实验法等。免疫分析法以酶联免疫吸附试验（ELISA）法最为常用。

基于 AhR 的 EDCs 生物检测法通过测定 AhR 介导的效应产物，建立了许多种体内、体外的 EDCs 检测方法，包括 EROD 生物检测法、萤光素酶检测法、AHH 检测法、CYP1A1 检测法、AhR-DNA 结合试验、AhR-配体结合试验等方法。

Andrey 等通过 Mannich 反应使 NP 与牛血清白蛋白结合，制备出了 NP 的多克隆抗体，利用该抗体通过 ELISA 方法对 NP 进行检测，检测灵敏度达到了 10ng/mL；Zhao 等建立了环境水样和生物样品中双酚 A 的 ELISA 检测方法，其检测限分别为 0.1ng/mL（水样）和 2ng/mL（血样）。Garrett 等利用特异性抗 17β-E2 抗体检测样品中 E2 的含量，结果显示半数抑制浓度 IC_{50} 为 1.8ng/mL，检出限为 0.2ng/mL；Sander 等利用雌激素类受体-CALUX 生物学分析方法分析了荷兰污水及地表水中多重污染物质的激素类活性，包括雌激素、雄激素、孕激素、肾上腺皮脂激素等，研究发现，在地表水、水厂原水和污水排水中均存在雌激素、雄激素、孕激素、肾上腺皮脂激素活性的污染物；Marchesini 等采用一种自动化、低费用的基于 Spreeta 原型的生物传感器系统检测 EDCs，该传感器可以用于免疫分析测定雌激素化合物双酚 A 的单克隆抗体作为模型，具有监测 EDCs 的潜在应用价值。目前，生物传感器主要有电化学类、光学类、压电类和微光纤类以及细胞质基因组表面共振传感器等，且已应用于酚类、农药、PCBs、二噁英等 EDCs 的分析。

杜志辉等制备了壬基酚的免疫色谱快速检测试纸条，为检测和治理环境污染物提供一种快速检测方法，检测限为（4.4±2.5）μg/mL；军事医学科学院卫生学环境医学研究所王涛等制备出的免疫芯片能够同时对壬基酚、阿特拉津和雌二醇进行检测，其中对壬基酚的检测限为 0.16 ～ 5.10μg/mL；金一和等对萤光素酶检测法在环境流行病学调查中的实用性进行了研究，结果表明此法适用于一般人群脂肪组织和乳汁样品及暴露人群血液中二噁英类污染物的筛查；查金苗等提出一套将日本青鳉胚胎和幼鱼暴露于排放污水中，通过对暴露后的胚胎损坏死亡情况、孵化率、孵化时间、幼鱼畸形、平游失败率、生长（体重、体长）、性别比率、死亡率等指标进行观察和统计，从而评价排放污水的毒性和内分泌干扰效应的方法。

4.5.3 控制与去除方法

人工合成类 EDCs 种类繁多，常规去除方法对 EDCs 的去除效果较差，光催化法、膜法、吸附法逐渐在人工合成类 EDCs 的去除中获得应用。

4.5.3.1 光催化降解

光催化法具有能耗低、无二次污染、反应条件温和等优点，是一种非常有前景的降解 EDCs 的方法。人工合成类 EDCs 在紫外光的辐照下与催化剂共同作用发生光解，最终降解成反应产物 H_2O 和 CO_2。光催化降解的反应速率主要取决于光强、波长、催化剂负载和污染物的浓度等。

Lopze 等利用微波辅助加热制备 N 杂化 BiOBr 半导体，能从水中去除 4 种 EDCs, $N_2OBiOBr$ 半导体表现出较强的光催化活性，240min 实现 EDCs 的完全降解和 53.5% 的完全矿化，同时 EDCs 的毒性也降低到了中等水平。Sambaza 等利用水热法合成聚苯胺包覆的 TiO_2（PANI/TiO_2）纳米棒去除水中的双酚 A，并且考察了在不同 pH 值和初始浓度条件下双酚 A 的去除效率，结果表明，使用 0.2g/L 的 PANI/TiO_2 光催化剂，在 pH 值为 10 的条件下，80min 内可达到 99.7% 去除率，并且随着 PANI/TiO_2 投加量的增加，双酚 A 的去除率也逐渐增加。不同

pH 值和不同催化剂投加量下双酚 A 的去除率见图 4-7。

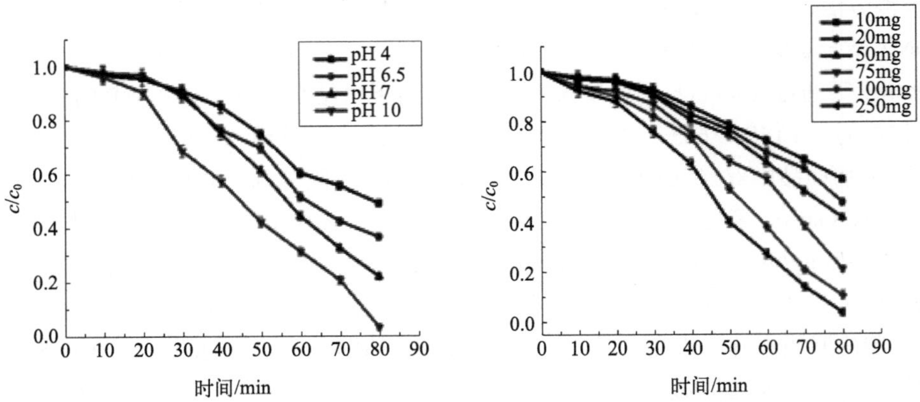

(a) 不同pH值下双酚A的去除率　(b) 不同催化剂投加量下双酚A的去除率

图 4-7　不同 pH 值和不同催化剂投加量下双酚 A 的去除率

光催化法作为去除效率较高的去除污染物的方法，去除效率高，基本不引入二次污染，但是在实际水体中应用难度较大。

4.5.3.2　膜过滤

膜技术是当前应用最广泛的去除水中盐分和微生物的物理去除方法，并且膜技术具有不引入二次污染、成本低等优点。当前对水中人工合成类 EDCs 的膜处理手段有反渗透、正渗透、膜蒸馏、超滤、纳滤等。

研究表明，膜在处理双酚 A 污染的废水中具有一定的有效性。Nasser 等制备了聚砜 / 氧化石墨烯纳米复合膜，并将其用于从污水中去除双酚 A，在标准实验条件下施加压力 1.02bar（1bar=10^5Pa），操作时间 10.6min，初始双酚 A 浓度 7.5mg/L，pH 5.5，纳米复合膜对双酚 A 的去除效率达到 93%。初始浓度、pH 值和操作时间对双酚 A 的去除效率影响较大，研究通过三维曲线展示了各参数对双酚 A 去除效率的显著交互作用。Lv 等制备了混合多孔 β-环糊精-纤维素纳米纤维膜，在最佳实验室条件下，即室温 25℃、pH 值为 7、吸附剂用量 0.1mg/L，在 15min 内双酚 A 的去除能力能够达到 50.3mg/g，吸附过程符合准二级反应动力学模型，该滤膜还表现出良好的稳定性与可重复利用性。

膜技术作为当下去除水中人工合成类 EDCs 较稳定的技术，在去除污染物方面表现出较好的性能，并且还具有一定的可重复利用性，继续探究提高膜技术与去除效率是今后值得研究的内容。

4.5.3.3　吸附法

吸附法作为传统的去除污染物的方法具有低成本、高效性、易操作、可再生循环等优点。吸附法主要是利用吸附剂对污染物的选择性吸附，进而将污染物与水体进行分离而达到去除的目的。在双酚 A 的去除过程中，吸附法已经被证明是一种有效去除双酚 A 的技术。

Pan 等利用煤基碳作为吸附剂，结合电化学方法去除水中的双酚 A，双酚 A 的初始浓度为 50mg/L，0.88min 的停留时间下双酚 A 的去除率能够达到 97%，不同电压条件下双酚 A 和 COD 的去除率情况见图 4-8。郭娜等利用凹凸石作为吸附剂，吸附水中的四环素，在 400mg/L 的初始溶液中对四环素的最大吸附量为 74.5mg/g。杜萌等利用大孔吸附树脂吸附饮用水中的酚类 EDCs，并利用动力学模型进行拟合，结果表明，在最佳吸附条件下酚类化合物的初始浓度为 5μg/mL 的模拟水样，在 pH 值为 7.24、温度为 35℃时，酚类化合物的去除率能够达到 89.7%，表现出较好的吸附性能。不同 pH 值条件下吸附树脂对不同酚类化合物的吸附容量见图 4-9。

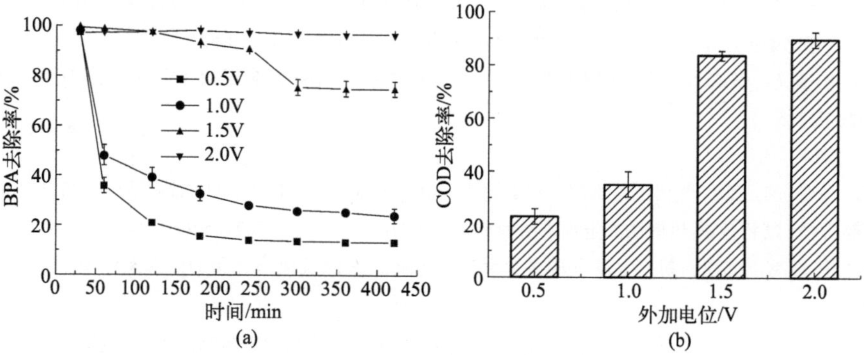

图 4-8　不同电压下双酚 A 在膜材料上的去除率曲线和不同电压条件下 COD 去除率

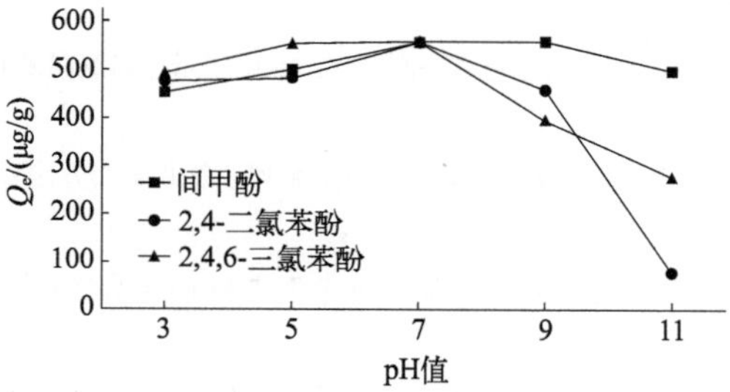

图 4-9　不同 pH 值条件下酚类化合物的吸附容量

吸附法具有良好的去除效果并且成本低，但是吸附法在去除实际水体中污染物时，吸附剂的回收再处理是需要解决的问题。

参考文献

[1] 杨沈丽 . QuEChERS-气相色谱法测定水中 7 种指示性多氯联苯 [J]. 化学工程师，2019(5): 40-43.

[2] Ruddy B A, Qadah D T, Iii H A, et al. Improving analytical confidence in the determination of PCBs in complex matrices by a sequential GC-MS/MS approach[J]. International Journal of Environmental Analytical Chemistry, 2008, 88(5): 15.

[3] 付善良，张帆，陆静，等 . 磁固相萃取-热脱附-气相色谱-串联质谱检测水中 7 种多氯联苯 [J]. 食品与机械，2020, 3(221): 75-79.

[4] 胡凤玲 . 多氯联苯的测定——气相色谱质谱法浅析 [J]. 科学技术创新，2020(11): 17-18.

[5] 巩俐彤，李倩，王海云，等 . 基于大体积固相萃取富集净化生活饮用水中 18 种多氯联苯 [J]. 首都公共卫生，2021, 15(2): 78-81.

[6] Weschler C J, Nazaroff W W. Semivolatile organic compounds in indoor environments[J]. Atmos Environ，2008, 42(40): 9018-9040.

[7] 彭婕，陈建武，甘金华，等 . 气相色谱-串联质谱法同时测定水体和底泥中多氯联苯及有机氯农药残留 [J]. 环境化学，2020, 39(8): 2307-2316.

[8] Yu Y, Li Y X, Shen Z Y, et al. Occurrence and possible sources of organochlorine pesticides (OCPs) and polychlorinated biphenyls (PCBs) along the Chao River, China[J]. Chemosphere，2014, 114: 136-143.
[9] 张泽洲，邢新丽，顾延生，等 . 舟山青浜岛水体及海产品中有机氯农药的分布和富集特征 [J]. 环境科学，2015, 36(1): 266-273.
[10] 亓学奎，马召辉，王英，等 . 有机氯农药在太湖水体-沉积物中的交换特征 [J]. 生态环境学报，2014, 23(12): 1958-1963.
[11] 张晓涛，陆愈实，杨丹 . 福建泉州湾有机氯农药的多介质迁移与归趋 [J]. 中国环境科学，2016, 36(7): 2146-2153.
[12] 王超群 . 气相色谱恒压法测定多氯联苯的含量 [J]. 供水技术，2022, 16(2): 50-52.
[13] 刘敏霞，杨玉义，李庆孝，等 . 中国近海海洋环境多氯联苯 (PCBs) 污染现状及影响因素 [J]. 环境科学，2013, 34(8): 3309-3315.
[14] HJ 715—2014.
[15] 李玉泽，马亮，王玉功 . 气相色谱质谱法测定地表水中的 7 种工业多氯联苯 [J]. 甘肃地质，2021, 30(4): 80-84.
[16] 陈晨，赵志强 . 气相色谱-质谱法测定水中两种多氯联苯 [J]. 浙江化工，2021, 52(7): 45-49.
[17] 程加德，任晓鸣，邱阳，等 . 太湖上游多氯联苯的分布、来源及风险评价 [J]. 生态环境学报，2020, 29(12): 2433-2440.
[18] 陈翊，张玉，李正，等 . 气相色谱-质谱法测定外环境水中有机氯农药及多氯联苯污染物 [J]. 中国卫生检验杂志，2021, 31(8): 922-926.
[19] 王道玮，赵世民，金伟，等 . 加速溶剂萃取-固相萃取净化-气相色谱 / 质谱法测定沉积物中多氯联苯和多环芳烃 [J]. 分析化学，2013, 41(6): 861-868.
[20] 丁立平，蔡春平，王丹红 . 双重净化 / 气相色谱法测定水产品中指示性多氯联苯 [J]. 分析测试学报，2014, 33(10): 1178-1183.
[21] 王定森，林国宝 . 气相色谱-质谱法测试水质 7 种 Aroclor 系列多氯联苯的方法验证 [J]. 广东化工，2019, 46(15): 175-176.
[22] 潘怡 . 加速溶剂萃取-气相色谱-质谱法同时测定土壤中 7 种 Aroclor 系列多氯联苯 [J]. 中国环境监测，2014, 30(2): 99-103.
[23] 段立红，张霈，齐翠翠 . 气质联用法测定地表水中 8 种多氯联苯 [J]. 质量安全与检验检测，2022, 32(2): 28-31.
[24] 范丽丽 . 松花江流域底泥沉积物中多氯联苯和多环芳烃的研究 [D]. 哈尔滨：哈尔滨工业大学，2007.
[25] 张付海，胡雅琴，田丙正，等 . 全自动固相萃取 GC-MS/MS 法测定水中多氯联苯 [J]. 环境监测管理与技术，2019, 31(4): 49-52.
[26] Jose L D, Ana B. Levels of PCDD/PCDFs and PCBs in edible marine species and human intake: a literature review[J]. Environment International, 2007, 33(3): 397-405.
[27] 赵荣飚，秦占芬，赵汝松，等 . 水和生物样品中痕量多氯联苯的分析方法研究 [J]. 分析化学，2005, 33(10): 1361-1365.
[28] 林华影，阮国洪，李一丹，等 . 三重四极杆气相色谱串联质谱法测定水中 20 种指示性多氯联苯 [J]. 中国卫生检验杂志，2019, 29(10): 1167-1171.
[29] 管玉峰，岳强，涂秀云，等 . 珠江入海口水体中多氯联苯的分布特征及其来源分析 [J]. 环境科学研究，2011, 24(8): 865-872.
[30] 史永富，蔡友琼，于慧娟，等 . 气相色谱串联质谱法用于水产品中多氯联苯二代污染物鉴别 [J]. 分析化学，2014, 42(11): 1640-1645.
[31] 林麒，刘丽菁，陈华峰，等 . 稳定性同位素内标-全自动固相膜萃取-气相色谱质谱联用测定水中多氯联苯 [J]. 卫生研究，2020, 49(1): 112-117.
[32] 王玉璠，刘菲，孙玉梅，等 . 固相膜萃取富集大体积地下水中痕量半挥发性有机污染物 [J]. 理化检验-化学分册，2008, 44(2): 127-129.
[33] 阙明学，温青，刘广民，等 . 多氯联苯在自然水体中的分布现状与处理工艺 [J]. 中国给水排水，2006, 22(24): 10-14.

[34] 崔君，顾华，刘慧青，等 . 一种新型快速筛查水中多氯联苯的方法 [J]. 化学试剂，2021, 43(5): 680-684.

[35] Wolska L, Mechlinska A, Rogowska J, et al. Sources and fate of PAHs and PCBs in the marine environment[J]. Crit Rev Env Sci Technol, 2012, 42: 1172-1189.

[36] Zhang M L, Jackson G P, Kruse N A, et al. Determination of Aroclor 1260 in soil samples by gas chromatography with mass spectrometry and solid-phase microex-traction[J]. J Sep Sci, 2014, 37(19): 2751-2756.

[37] 刘青山，申佳佳，章佳丽，等 . 环境中的多氯联苯处理技术研究进展 [J]. 山东化工，2022, 51(6): 90-93.

[38] 张光明 . 超声波处理多氯联苯微污染技术研究 [J]. 给水排水，2003(3): 30-33.

[39] 魏晋飞，赵霞，景凌云，等 . 环境中多氯联苯 (PCBs) 的污染现状、处理方法及研究展望 [J]. 应用化工，2019, 48(8): 1908-1913.

[40] Li Q, Lu Y, Wang P, et al. Distribution, source, and risk of organochlorine pesticides (OCPs) and polychlorinated biphenyls (PCBs) in urban and rural soils around the Yellow and Bohai Seas, China[J]. Environmental Pollution, 2018, 239: 233-241.

[41] Xu G, Yu Y, Wang Y, et al. Polychlorinated biphenyls invegetable soils from Changchun, northeast China: concentrations, distribution, sources and human health risks[J]. Human and Ecological Risk Assessment, 2018, 24(3): 590-601.

[42] 张永利 . 催化湿式氧化法处理印染废水的研究 [J]. 环境工程学报，2009, 3(6): 1011-1014.

[43] 苗欣宇，李潇 . 孔雀草修复重金属-多氯联苯复合污染土壤的实验研究 [J]. 科学技术与工程，2019, 19(18): 361-368.

[44] Ficko S A, Rutter A, Zeeb B A. Effect of pumpkin root exudates on ex situ polychlorinated biphenyl (PCB) phytoextraction by pumpkin and weed species[J]. Environmental Science and Pollution Research, 2011, 18: 1536-1543.

[45] Duarte B, Freitas J, Caador I. The role of organic acids in assisted phytoremediation processes of salt marsh sediments[J]. Hydrobiologia, 2011, 674: 169-177.

[46] 贠智超，樊飞跃，黄占斌，等 . 气相多氯联苯处理技术研究进展 [J]. 现代化工，2021, 41(10): 28-32.

[47] Liu J, Li X, Chen T, et al. Polychlorinated biphenyls, polychlorinated dibenzo-*p*-dioxins and dibenzofurans, and polycyclic aromatic hydrocarbons around a thermal desorption plant in China[J]. Environmental Science and Pollution Research, 2015, 22(5): 3926-3935.

[48] Dai C, Zhou Y, Peng H, et al.Current progress in remediation of chlorinated volatile organic compounds: a review[J]. Journal of Industrial and Engineering Chemistry, 2018, 62: 106-119.

[49] 张帅 . 提高我国除草剂利用率主要措施与对策 [J]. 农化市场十日讯，2014(10): 2.

[50] Vallero D. Air pollution monitoring changes to accompany the transition from a control to a systems focus[J]. Sustainability, 2016, 8 (12): 1216.

[51] Bannwarth M A, Grovermann C, Schreinemachers P, et al. Non-hazardous pesticide concentrations in surface waters: an integrated approach simulating application thresholds and resulting farm income effects[J]. Journal of Environmental Management, 2016, 165(JAN.1): 298-312.

[52] Abedullah M, Kouser S, Ali H. Pesticide or wastewater: which one is a bigger culprit for acute health symptoms among vegetable growers in Pakistan's Punjab[C]// Taylor & Francis Group. Taylor & Francis Group, 2016: 941-957.

[53] Reimer A P, Prokopy L S. Environmental attitudes and drift reduction behavior among commercial pesticide applicators in a US agricultural landscape[J]. Journal of Environmental Management, 2012, 113: 361-369.

[54] Destandau F, Imfeld G, Rozan A. Regulation of diffuse pesticide pollution: combining point source reduction and mitigation in stormwater wetland (Rouffach, France)[J]. Ecological Engineering, 2013, 60: 299-308.

[55] Gayatri S, Geetgovind S, Babita K, et al. Spatio-temporal variation of fluoride in ground water and agricultural soil and crops of Unnao district, UP[J]. Monitoring and Assessment, 2022, 210: 112927-112943.

[56] Thirumalaiandi Ramasubramanian, Mariappan Paramasivam, Ramabhadran Jayanthi. Rapid and sensitive analytical method for simultaneous determination of imidacloprid and thiamethoxam residues in soils of sugarcane ecosystem by reversed-phase HPLC[J]. Water, Air，& Soil Pollution，2012, 223(9): 6045-6050.

[57] 赵勇，昝逢刚，罗志明，等 . 除草剂在甘蔗生产中的应用研究进展 [J]. 中国糖料，2017, 39(2): 54-57, 70.

[58] Ruff M, Mueller M S, Loos M, et al. Quantitative target and systematic non-target analysis of polar organic micropollutants along the river Rhine using high-resolution mass spectrometry—Identification of unknown sources and compounds[J]. Water Research, 2015, 87: 145-154.

[59] Peng Y, Fang W, Krauss M, et al. Screening hundreds of emerging organic pollutants (EOPs) in surface water from the Yangtze River Delta (YRD): occurrence, distribution, ecological risk[J]. Environmental Pollution, 2018, 241: 484-493.

[60] Cleary J A, Tillitt D E, vom Saal F S. Atrazine induced transgenerational reproductive effects in medaka (*Oryzias latipes*)[J]. Environmental Pollution, 2019, 251: 639-650.

[61] 代倩子，徐枫，虞霖，等 . 太湖区域 13 种磺酰脲类除草剂污染特征 [J]. 科学与技术，2021, 44(9): 1-6.

[62] 齐延凯，郭楠楠，宋超，等 . 鲥鯸淀水中有机农药污染特征及生态风险评价 [J]. 环境科学与技术，2019, 42(9): 126-133.

[63] 王未，黄从建，张满成，等 . 我国区域性水体除草剂污染现状研究分析 [J]. 环境保护科学，2013, 39(5): 5-9.

[64] Stamatis N, Hela D, Konstantinou I. Occurrence and removal of fungicides in municipal sewage treatment plant[J]. Journal of Hazardous Materials, 2010, 175(1): 829-835.

[65] Meftaul I M, Venkateswarlu K, Dharmarajan R, et al. Pesticides in the urban environment: a potential threat that knocks at the door[J]. Science of the Total Environment, 2020, 711: 134612.

[66] Caquet T, Roucaute M, Mazzella N, et al. Risk assessment of herbicides and booster biocides along estuarine continuums in the Bay of Vilaine area (Brittany, France)[J]. Environmental Science and Pollution Research, 2013, 20(2): 651-666.

[67] Davis A M, Thorburn P J, Lewis S E, et al. Environmental impacts of irrigated sugarcane production: herbicide run-off dynamics from farms and associated drainage systems[J]. Agriculture, Ecosystems and Environment, 2013, 180: 123-135.

[68] Haynes D, Ralph P, Prange J, et al. The impact of the herbicide diuron on photosynthesis in three species of tropical seagrass[J]. Marine Pollution Bulletin, 2000, 41(7-12): 288-293.

[69] Kennedy K, Schroeder T, Shaw M, et al. Long term monitoring of photosystem Ⅱ herbicides-correlation with remotely sensed freshwater extent to monitor changes in the quality of water entering the Great Barrier Reef, Australia[J]. Marine Pollution Bulletin, 2012, 65(4-9): 292-305.

[70] Moreno-González R, Campillo J A, León V M. Influence of an intensive agricultural drainage basin on the seasonal distribution of organic pollutants in seawater from a mediterranean coastal lagoon (Mar Menor, SE Spain)[J]. Marine Pollution Bulletin, 2013, 77(1): 400-411.

[71] Carafa R, Wollgast J, Canuti E, et al. Seasonal variations of selected herbicides and related metabolites in water, sediment, seaweed and clams in the Sacca di Goro coastal lagoon (Northern Adriatic)[J]. Chemosphere, 2007, 69(10): 1625-1637.

[72] Noppe H, Ghekiere A, Verslycke T, et al. Distribution and ecotoxicity of chlorotriazines in the Scheldt Estuary (B-Nl)[J]. Environmental Pollution, 2007, 147(3): 668-676.

[73] 徐英江，刘慧慧，任传博，等 . 莱州湾海域表层海水中三嗪类除草剂的分布特征 [J]. 渔业科学进展，2014, 35(3): 34-39.

[74] NCWSs Proceedings. Benefits of triazine herbicides in reducing erosion and fuel use in the US corn production (Vol 61 of 2006) [EB/OL]. http://ncwss.org/proceed/2006/abstracts/117.pdf

[75] 柏亚罗，石凌波 . 三嗪类除草剂的全球市场及发展前景 [J]. 现代农药，2018, 17(3): 1-8.

[76] 孟昭璐，刘皓慈，戎奕，等 . 阿特拉津对斑马鱼影响的研究 [J]. 职业与健康，2008, 24(3): 205-208.

[77] 郝明娇，王静慧，王丰，等 . 除草剂阿特拉津对斑马鱼胚胎毒性的研究 [J]. 科技视界，2018, 244(22): 73-74.

[78] Velisek J, Stara A, Koutnik D, et al. Effects of prometryne on early life stages of common carp (*Cyprinus carpio* L.)[J]. Pesticide Biochemistry and Physiology, 2015, 118: 58-63.

[79] 杨振江，黄岁樑，孔文文，等 . 扑草净对鲫鱼（*Carassius auratus*）生长的影响及其导致的水体营养盐变化 [J]. 水资源与水工程学报，2020, 31(5): 44-52.

[80] 赛林霖 . 环境雌激素西玛津和阿特拉津对青鳉鱼发育影响的分子毒理学研究 [D]. 济南：山东师范大学，2006.

[81] Álvarez N B, Avigliano L, Loughlin C M, et al. The adverse effects of the herbicide atrazine on the reproduction in the intertidal varunid crad neohelice granulate (Dana, 1851)[J]. Regional Studies in Marine Science, 2015, 1:1-6.

[82] 邢厚娟 . 阿特拉津和毒死蜱单一及联合暴露对鲤鱼毒理作用的研究 [D]. 哈尔滨：东北农业大学，2010.

[83] Tillitt D E, Papoulias D M, Whyte J J, et al. Atrazine reduces reproduction in fathead minnow (pimephales promelas)[J]. Aquatic Toxicology, 2010, 99(2): 149-159.

[84] 陈家长，孟顺龙，胡庚东，等 . 阿特拉津对雄性鲫鱼血清雌二醇含量的影响 [J]. 生态学杂志，2007, 26(7): 1068-1073.

[85] Silveyra G R, Canosa I S, Rodiguez E M, et al. Effects of atrazine on ovarian growth, in the estuarine crab neohelice granulate[J]. Comparative Biochemistry & Physilogy Part C: Comparative Pharmacology, 2017, 192: 1-6.

[86] 王坡，王芳，张瑞华，等 . 阿特拉津对泥鳅性腺及性别分化相关基因的影响 [J]. 河南师范大学学报（自然科学版），2017, 45(3): 109-117.

[87] 韩英，郝其睿，魏菁，等 . 毒死蜱和阿特拉津对鲤肝脏的影响 [J]. 东北农业大学学报，2015 (3): 67-73.

[88] 赵荣伟 . 阿特拉津和毒死蜱对鲤生殖发育及抗氧化能力的研究 [D]. 哈尔滨：东北农业大学，2014.

[89] Salaberria I, Hansen B H, Asensio V, et al. Effects of atrazine on hepatic metabolism and endocrine homeostasis in rainbow trout (*Oncorhynchus mykiss*)[J]. Toxicol Appl Pharmacol, 2009, 234(1): 98-106.

[90] Müller G. Science Direct [M]. San Diego: Elsevier, 2008: 13.

[91]Niessen W M A. Group-specific fragmentation of pesticides and related compounds in liquid chromatography-tandem mass spectrometry[J]. J Chromatogr A, 2010, 1217(25): 4061-4070.

[92] Baglio D, Kotzias D, Larsen B R. Atmospheric pressure ionisation multiple mass spectrometric analysis of pesticides[J]. J Chromatogr A, 1999, 854(1-2): 207.

[93] 刘晓敏，许秀丽，聂雪梅，等 . 食品中化学性有害物的质谱软电离裂解规律及筛查技术研究进展 [J]. 色谱，2020, 38(7): 750-758.

[94] 郭思言，伊雄海，杨功俊，等 . 高效液相色谱-四极杆 / 静电场轨道阱高分辨质谱对水产品中未知污染物的非定向快速筛查与测定 [J]. 色谱，2019, 37(1): 15-20.

[95] 岳宁，李晓慧，王琦，等 . 基于超高效液相色谱-四极杆 / 静电场轨道离子阱高分辨质谱法非靶向筛查典型三嗪类除草剂 [J/OL]. 分析试验室 . https://kns.cnki.net/kcms/detail/11.2017.TF.20220429.1107.007.html.

[96] Bricheux G, Le Moal G, Hennequin C, et al. Characterization and evolution of natural aquatic biofilm communities exposed in vitro to herbicides[J]. Ecotoxicology and Environmental Safety, 2013, 88: 126-134.

[97] Johansson P, Eriksson K M, Axelsson L, et al. Effects of seven antifouling compounds on photosynthesis and inorganic carbon use in sugar kelp *Saccharina latissima* (Linnaeus)[J]. Archives of Environmental Contamination and Toxicology, 2012, 63(3): 365-377.

[98] Debelius B, Forja J M, Del Valls A, et al. Effect of linear alkylbenzene sulfonate (LAS) and atrazine on marine microalgae[J]. Marine Pollution Bulletin, 2008, 57(6): 559-568.

[99] Gao Y, Fang J, Zhang J, et al. The impact of the herbicide atrazine on growth and photosynthesis of seagrass, *Zostera marina* (L.) , seedlings[J]. Marine Pollution Bulletin, 2011, 62(8): 1628-1631.

[100] U.S. EPA Method 505. Analysis of organohalide pesticides and commercial polychlorinated biphenyl (PCB) products in water by microextraction and gas chromatography[S]. United States: Enivronmental Protection Agency, 1989.

[101] U.S. EPA Method 507. Determination of nitrogen- and phosphorus-containing pesticides in water by gas chromatography with a nitrogen-phosphorus detector[S]. United States: Enivronmental Protection Agency, 1995.

[102] U.S. EPA Method 525.2. Determination of organic compounds in drinking water by liquid-solid extraction and capillary column gas chromatography/mass[S]. United States: Enivronmental Protection Agency, 1995.

[103] U.S. EPA Method 632.1. The determination of carbamate and amide pesticides in municipal and industrial wastewater[S]. United States: Enivronmental Protection Agency, 1993.

[104] U.S. EPA Method 645. The determination of certain amine pesticides and lethane in municipal and industrial

wastewater[S]. United States: Enivronmental Protection Agency, 1993.

[105] U.S. EPA Method 8131. Aniline and selected derivatives by gas chromatography[S]. United States: Enivronmental Protection Agency, 1996.

[106] U.S. EPA Method 8270C. Semivolatile organic compounds by gas chromatography/mass spectrometry (GC/MS) [S]. United States: Enivronmental Protection Agency, 1996.

[107] 王兴宁，李志，唐亚峰，等．同位素内标-QuEChERS 结合 UHPLC-Q-Orbitrap HRMS 法快速检测果蔬中 84 种除草剂残留 [J]. 贵州师范大学学报（自然科学版），2022, 40(1): 68-79.

[108] 佟佳琪，李阳阳，丛月婵，等．除草剂对环境污染与风险评价的研究进展 [J]. 环境保护与循环经济，2022 (2)：52-54.

[109] 杨益军，张波．2021 年全球氨基酸类除草剂发展概况和趋势综述 [J]. 世界农药，2021, 43(4): 19-34.

[110] Vymazal J, Březinová T. The use of constructed wetlands for removal of pesticides from agricultural runoff and drainage: a review[J]. Environment International, 2015, 75:11-20.

[111] Tsaboula A, Menexes G, Papadakis E, et al. Assessment and management of pesticide pollution at a river basin level part Ⅱ: optimization of pesticide monitoring networks on surface aquatic ecosystems by data analysis methods[J]. Science of the Total Environment, 2019, 653: 1612-1622.

[112] Sun C, Chen L, Zhai L, et al. National assessment of spatiotemporal loss in agricultural pesticides and related potential exposure risks to water quality in China[J]. Science of the Total Environment, 2019, 677: 98-107.

[113] 肖佩，周利，朱佳，等．生物法处理表面活性剂废水的研究进展 [J]. 市政技术，2016, 34(5): 154-157.

[114] Audus L J. The biological detoxication of hormone herbicides in soil[J]. Plant & Soil, 1951, 3(2): 170-192.

[115] 李培．吸附-生物降解厌氧序批式反应器（AB-ASBR）处理高浓度有机废水的研究 [D]. 太原：太原理工大学，2010.

[116] 胡大波，刘福强，凌盼盼，等．农药废水的处理技术进展与展望 [J]. 环境科技，2009, 22(5): 63-66.

[117] 刘洺瑀，唐晓剑，田鑫，等．有机磷农药废水处理技术的研究进展 [J]. 时代农机，2017(1): 151-152.

[118] 王娇娇，冯咏梅，程贤阳，等．活性炭吸附处理高盐农药废水的研究 [J]. 烟台大学学报（自然科学与工程版），2014, 27(4): 308-312.

[119] 李启本，时召俊．大孔树脂在处理对硝基苯酚废水中的应用 [J]. 广东化工，2010, 37(6): 198-199.

[120] 李俊，韩永忠，程伟健，等．嗪草酮农药生产环合废水物化处理工艺研究 [J]. 环境科学与技术，2011, 34(2): 165-168.

[121] 杨沫，田鹏，黄涛．有机污染物方法处理研究 [J]. 山东化工，2017, 46(4): 159-160.

[122] Chen S, Sun D, Chung J S. Treatment of pesticide wastewater by moving-bed biofilm reactor combined with Fenton-coagulation pretreatment[J]. Journal of Hazardous Materials, 2007, 144(1): 577-584.

[123] 韩玉英，赵彬侠，张小里，等．催化湿式氧化吡虫啉农药废水的研究 [J]. 工业催化，2005, 13(2): 43-46.

[124] 周文俊，钱仁渊，金鸣林，等．催化湿式氧化法处理含酚废水 [J]. 南京工业大学学报（自然科学版），2004, 26(1): 63-67.

[125] Oller I, Malato S, Sánchezpérez J A. Combination of advanced oxidation processes and biological treatments for wastewater decontamination - a review[J]. Energy Environmental Protection, 2012, 409(20): 4141-4166.

[126] 李芳盛，韩文婧，齐云国．高级氧化法处理难降解工业废水的工艺研究 [J]. 山东冶金，2018, 40(1): 54-55.

[127] Anglada A, Urtiaga A, Ortiz I. Pilot scale performance of the electro-oxidation of landfill leachate at boron-doped diamond anodes[J]. Environmental Science & Technology, 2009, 43(6): 2035-2040.

[128] Yoon M, Amy G. Reclaimed water quality during simulated ozone-managed aquifer recharge hybrid[J]. Environmental Earth Sciences, 2014, 73(12): 1-8.

[129] 申元丽，马金锋，赵旭，等．臭氧氧化降解除草剂草甘膦的实验研究 [J]. 环境科学学报，2011, 31(8): 1647-1652.

[130] Qu J, Li H, Liu H, et al. Ozonation of alachlor catalyzed by Cu/Al_2O_3 in water[J]. Catalysis Today, 2004, 90(3-4): 291-296.

[131] 汪力，高乃云，魏宏斌，等．UV 及 UV-H_2O_2 工艺降解阿特拉津的研究 [J]. 同济大学学报（自然科学版），

2006, 34(11): 1499-1504.
[132] 杨清华，施逸岚，史玉坤，等 . 2013 年南通市饮用水中 17 种邻苯二甲酸酯类化合物含量的检测分析 [J]. 中国卫生检验杂志，2015, 25(1): 95-98.
[133] 于涵，胡建英，金晓辉，等 . 北方某水厂原水和处理过程中邻苯二甲酸酯类的监测 [J]. 给水排水，2005, 31(6): 20-23.
[134] 张秋萍，李建，王春民，等 . 超高效液相色谱-串联质谱法分析生活饮用水中 15 种邻苯二甲酸酯方法探讨 [J]. 中国卫生检验杂志，2013, 23(11): 2420-2422.
[135] 王晓红，曾芃斐，余志铨，等 . 超高效液相色谱-质谱法测定饮用水源水中邻苯二甲酸酯类化合物 [J]. 绿色科技，2016(10): 77-79.
[136] 曹龙，张朝升，陈秋丽，等 . 邻苯二甲酸酯的环境污染和生态行为及毒理效应研究进展 [J]. 生态毒理学报，2018, 13(2): 34-46.
[137] 沈斐，苏晓燕，李睿，等 . 固相萃取-气相色谱法测定水环境中邻苯二甲酸酯 [J]. 中国环境监测，2014, 30(1): 150-153.
[138] 沈登辉，汤峰，张兵，等 . 固相萃取-气相质谱法测定水中邻苯二甲酸酯类化合物 [J]. 中国卫生检验杂志，2013, 23(3): 532-534.
[139] 谢恺，郭萍，杜悠闲 . 固相萃取-气质联用测定末梢水 6 种邻苯二甲酸酯 [J]. 中国城乡企业卫生，2014(2): 51-52.
[140] 任家楠，孟祥周 . 河流水体中邻苯二甲酸酯的污染特征与毒性研究进展 [J]. 广东化工，2022, 49(16): 127-130.
[141] 宫雅雯，李圆龙，崔彤，等 . 邻苯二甲酸酯对男性（雄性）生殖毒性的研究进展 [J]. 中国计划生育学杂志，2021, 29(3): 629-637.
[142] 刘乃榕，王少鹏，杨光 . 邻苯二甲酸酯类毒性作用研究进展 [J]. 大连医科大学学报，2016, 38(5): 492-495.
[143] 黎少映，冯耀基，吴雪梅，等 . 气相色谱-三重四极杆串联质谱法同时测定饮用水中 24 种邻苯二甲酸酯 [J]. 中国食品卫生杂志，2019, 31(2): 125-131.
[144] 侯宝芹，张秋勉，任柏来 . 气相色谱-质谱法测定饮用水中邻苯二甲酸酯类化合物 [J]. 供水技术，2017, 11(5): 58-60.
[145] 戚文炜，朱培瑜，吴薇 . 液液萃取 / 气相色谱法测定环境水样中邻苯二甲酸酯类化合物 [J]. 干旱环境监测，2006, 20(4): 196-199.
[146] 贾宁，许恒智，胡亚丽，等 . 固相萃取-气相色谱法测定北京市水样中的邻苯二甲酸酯 [J]. 分析试验室，2005, 24(11): 18-21.
[147] 薛林科 . 分散液-液微萃取与高效液相色谱联用快速测定水样中的增塑剂 [J]. 沈阳大学学报（自然科学版），2020, 32(1): 24-29.
[148] 林兴桃，王小逸，陈明，等 . 固相萃取高效液相色谱法测定水中邻苯二甲酸酯类环境激素 [J]. 环境科学研究，2004, 17(5): 71-74.
[149] 刘卫霞，卢伟京，李帅，等 . 同位素内标液相色谱-串联质谱法测定饮用水中增塑剂的含量 [C]//全国稳定同位素新技术开发与应用交流研讨 . 中国核学会，中国化工学会，2011.
[150] 张海婧，胡小键，林少彬，等 . 固相萃取-超高效液相色谱串联质谱法测定饮用水中 15 种邻苯二甲酸酯 [J]. 分析化学，2014, 42(9): 1281-1287.
[151] 张朝升，曹龙，陈秋丽 . 臭氧 / 活性炭 / 超滤及联用工艺去除邻苯二甲酸酯的效能与机理 [J]. 广州大学学报（自然科学版），2017, 16(6): 69-76.
[152] 刘军，王珂，贾瑞宝，等 . 臭氧-活性炭工艺对饮用水中邻苯二甲酸酯的去除 [J]. 环境科学，2003, 24(4): 77-80.
[153] 高旭，余仲勋，郭劲松，等 . 臭氧-生物活性炭工艺对饮用水中邻苯二甲酸酯类的去除中试研究 [J]. 环境工程学报，2011, 5(8): 1773-1778.
[154] 蒋绍阶，王秉钧，仇洪建 . 活性炭工艺去除邻苯二甲酸酯的中试研究 [J]. 中国给水排水，2014, 30(3): 31-34.
[155] 祁鹏飞，郭亚兵，张婵，等 . 活性炭与高级氧化技术联用去除水中邻苯二甲酸酯的研究进展 [J]. 化学与生物工程，2017, 34(11): 1-4.

[156] 张朝升，刘宏英，陈秋丽，等．生物活性炭滤池对水源水中邻苯二甲酸酯的降解性能 [J]. 环境工程学报，2017, 11(4): 2247-2254.

[157] Medellin-Castillo N A, Ocampo-Perez R, Leyva-Ramos R, et al. Removal of diethyl phthalate from water solution by adsorption, photo-oxidation, ozonation and advanced oxidation process (UV/HO, O/HO and O/activated carbon)[J]. Science of the Total Environment, 2013, 442(1): 26-35.

[158] 孙瑞，韩东东，马丹，等．寡营养条件下超微细菌对邻苯二甲酸酯的生物降解 [J]. 安全与环境学报，2015, 15(6): 260-264.

[159] 尤华丽．四种邻苯二甲酸酯的生物降解性研究 [J]. 中山大学研究生学刊（自然科学与医学版），2004, 25(1): 81-87.

[160] Xu X, Li S X, Li X Y, et al. Degradation of *n*-butyl benzyl phthalate using TiO_2/UV[J]. Journal of Hazardous Materials, 2009, 164(2/3): 527-532.

[161] He P J, Zheng Z, Zhang H, et al. PAEs and BPA removal in landfill leachate with Fenton process and its relationship with leachate DOM composition[J]. Science of the Total Environment, 2009, 407(17): 4928-4933.

[162] Hutchinson T H, Brown R. Ecological risk assessment of endocrine disruptors[J]. Environmental Health Perspectives, 2000, 108(11): 1007-1014.

[163] 黄龙全，张剑韵．环境激素对人类健康的影响及其控制 [C]//食品安全的理论与实践——安徽食品安全博士科技论坛论文集．安徽农业大学生命科学学院，2005: 580-584.

[164] 王辉．济南地区不同水体中环境激素含量测定及生物学效应研究 [D]. 济南：山东师范大学，2010.

[165] 郑鄂湘．液质联用快速分析饮用水中环境激素方法研究 [D]. 南昌：南昌航空大学，2007.

[166] 解玮，曲卫东，朱惠刚．自来水及水源水有机提取物类雌激素活性研究 [J]. 卫生研究，2003, 32(6): 541-543.

[167] Kashiwada S, Ishikawa H, Miyamoto N, et al. Fish test for endocrine-disruption and estimation of water quality of Japanese rivers[J]. Water Research, 2002, 36(8): 2161-2166.

[168] Höhne C, Püttmann W. Occurrence and temporal variations of the xenoestrogens bisphenol A, 4-*tert*-octylphenol, and tech. 4-nonylphenol in two German wastewater treatment plants[J]. Environmental Science and Pollution Research, 2008, 15(5): 405-416.

[169] Petrović M, Gonzalez S, Barcel, et al. Analysis and removal of emerging contaminants in wastewater and drinking water[J]. Trac Trends in Analytical Chemistry, 2003, 22(10): 685-696.

[170] Kuster M, Azevedo D A, Mj L D A, et al. Analysis of phytoestrogens, progestogens and estrogens in environmental waters from Rio de Janeiro (Brazil)[J]. Environment International, 2009, 35(7): 997-1003.

[171] Kolpin D W, Furlong E T, Meyer M T, et al. Pharmaceuticals, hormones, and other organic wastewater contaminants in U.S. streams, 1999-2000: a national reconnaissance[J]. Environmental Science & Technology, 2002, 36(18): 4005.

[172] Duong C N, Jinsung R, Jaeweon C, et al. Estrogenic chemicals and estrogenicity in river waters of South Korea and seven Asian countries[J]. Chemosphere, 2010, 78(3): 286-293.

[173] Peterson E W, Davis R K, Orndorff H A. 17β-estradiol as an indicator of animal waste contamination in mantled karst aquifers[J]. Journal of Environmental Quality, 2000, 29(3): 826-834.

[174] Cargouët M, Perdiz D, Mouatassim-Souali A, et al. Assessment of river contamination by estrogenic compounds in Paris area (France)[J]. Science of the Total Environment, 2004, 324(1-3): 55.

[175] Ying G G, Kookana R S, Kumar A, et al. Occurrence and implications of estrogens and xenoestrogens in sewage effluents and receiving waters from South East Queensland[J]. Science of the Total Environment, 2009, 407(18): 5147 -5155.

[176] 龚剑，冉勇，杨余，等．珠江广州河段表层水中雌激素化合物的污染状况 [J]. 环境化学，2008, 27(2): 242-244.

[177] Gong J, Ran Y, Chen D Y, et al. Occurrence and environmental risk of endocrine-disrupting chemicals in surface waters of the Pearl River, south China[J]. Environmental Monitoring & Assessment, 2009, 156(1-4): 199.

[178] 路屏．渭河西安段干支流环境内分泌干扰物调查及分析 [D]. 西安：长安大学，2012.

[179] 马淑青，王丹，王慧．潍坊市水源水及自来水中双酚 A 污染状况调查 [J]. 中国城乡企业卫生，2015(4): 90-92.

[180] 马晓雁，高乃云，李青松，等．黄浦江原水及水处理过程中内分泌干扰物状况调查 [J]. 中国给水排水，2006,

22(19): 1-4.

[181] 魏雅，郑永红，张治国，等 . 淮南市饮用水中双酚 A 及壬基酚污染特征研究 [J]. 淮南职业技术学院学报，2015, 15(1): 14-17.

[182] 李晓静，陈桂鸾，徐远金 . 胶束电动毛细管色谱法分析性激素 [J]. 广西科学院学报，2006, 22 (z1): 463-465.

[183] Harino H, Tsunoi S, Sato T, et al. Applicability of micellar electrokinetic chromatography to the analysis of estrogens in water[J]. Analytical and Bioanalytical Chemistry, 2001, 369(6): 546-547.

[184] Moon Y J, Myung S W. Determination of estrogens in environmental aqueous samples using dispersive liquid-liquid microextraction and HPLC/UV-vis system[J]. Bulletin of the Korean Chemical Society, 2016, 37(12) 2009-2014.

[185] Liz M V D, Amaral B D, Stets S, et al. Sensitive estrogens determination in wastewater samples by HPLC and fluorescence detection[J]. Journal of the Brazilian Chemical Society, 2017, 28(8): 1453-1460.

[186] Díaz-Cruz M S, Mj L D A, López R, et al. Determination of estrogens and progestogens by mass spectrometric techniques (GC/MS, LC/MS and LC/MS/MS)[J]. Journal of Mass Spectrometry, 2003, 38(9): 917-923.

[187] Yan W, Zhao L X, Feng Q Z, et al. Simultaneous determination of ten estrogens and their metabolites in waters by improved two-step SPE followed by LC-MS[J]. Chromatographia, 2009, 69(7): 621-628.

[188] Hendricks J B. The use of molecular markers to quantify estrogens in natural waters by LC-MS/MS[J]. Dissertations & Theses - Gradworks, 2015.

[189] Goedecke C, Fettig I, Piechotta C, et al. A novel GC-MS method for the determination and quantification of metformin in surface water[J]. Analytical Methods, 2017, 9(10): 1580-1584.

[190] Mouatassim-Souali A, Tamisier-Karolak S L, Perdiz D, et al. Validation of a quantitative assay using GC/MS for trace determination of free and conjugated estrogens in environmental water samples[J]. Journal of Separation Science, 2003, 26(12): 105-111.

[191] Noppe H, De W K, Poelmans S, et al. Development and validation of an analytical method for detection of estrogens in water[J]. Analytical and Bioanalytical Chemistry, 2005, 382(1): 91-98.

[192] Sodré F F, Pescara I C, Montagner C C, et al. Assessing selected estrogens and xenoestrogens in Brazilian surface waters by liquid chromatography-tandem mass spectrometry[J]. Microchemical Journal, 2010, 96(1): 92-98.

[193] 张诺，贾瑞宝，孙韶华，等 . 壬基酚的检测及毒理学研究进展 [J]. 环境与健康杂志，2013, 30(4): 362-365.

[194] 司秀荣，徐东耀 . 环境内分泌干扰物前处理方法研究新进展 [J]. 环境科学与管理，2011, 36(8): 60-64.

[195] 田晔，郜洪文 . 固相萃取吸附剂在测定水环境中酚类污染物方面的研究进展 [J]. 四川环境，2015, 34(3): 127-130.

[196] Shin H S, Park C H, Park S J, et al. Sensitive determination of bisphenol a in environmental water by gas chromatography with nitrogen-phosphorus detection after cyanomethylation[J]. J Chromatogr A, 2001, 912(1): 119-125.

[197] Cai Y Q, Jiang G B, Liu J F, et al. Multi-walled carbon nanotubes packed cartridge for the solid-phase extraction of several phthalate esters from water samples and their determination by high performance liquid chromatography[J]. Analytica Chimica Acta, 2003, 494(12): 149-156.

[198] 马晓雁，高乃云，李青松，等 . 固相萃取-高效液相色谱检测原水中微量内分泌干扰物 [J]. 给水排水，2006, 32(1): 6-10.

[199] 孙卫玲，倪晋仁，郝鹏鹏 . 水中内分泌干扰物的固相萃取-液相色谱-离子阱二级质谱分析 [J]. 质谱学报，2005, 26(1): 22-26.

[200] 王莎莎，谭文婷，邓国宏 . 环境雌激素生物学检测方法研究进展 [J]. 中国公共卫生，2011, 27(1): 120-122.

[201] Silva C P, Otero M, Esteves V. Processes for the elimination of estrogenic steroid hormones from water: a review[J]. Environmental Pollution, 2012, 165(6): 38-58.

[202] Mart'Ianov A A, Dzantiev B B, Zherdev A V, et al. Immunoenzyme assay of nonylphenol: study of selectivity and detection of alkylphenolic non -ionic surfactants in water samples[J]. Talanta, 2005, 65(2): 367-374.

[203] Zhao M P, Li Y Z, Guo Z Q, et al. A new competitive enzyme-linked immunosorbent assay (ELISA) for determination of estrogenic bisphenols[J]. Talanta, 2002, 57(6): 1205-1210.

[204] Garrett S D, Lee H A, Morgan M R. A nonisotopic estrogen receptor-based assay to detect estrogenic compounds[J]. Nature Biotechnology, 1999, 17(12): 1219.

[205] Sc V D L, Heringa M B, Man H Y, et al. Detection of multiple hormonal activities in wastewater effluents and surface water, using a panel of steroid receptor CALUX bioassays[J]. Environmental Scienc & Technology, 2008, 42(15): 5814-5820.

[206] Marchesini G R, Koopal K, Meulenberg E, et al. Spreeta-based biosensor assays for endocrine disruptors[J]. Biosensors & Bioelectronics, 2007, 22 (9-10): 1908-1915.

[207] 杜志辉，李森林，高志贤，等．壬基酚免疫层析快速检测试纸条的研制 [J]. 解放军预防医学杂志，2007, 25(4): 238-241.

[208] 查金苗，王子健，等．利用日本青鳉早期发育阶段暴露评估排水的急、慢性毒性和内分泌干扰效应 [J]. 环境科学学报，2005, 25(12): 1682-1686.

[209] Canle M, Fernandez Perez M I, Arturo Santaballa J. Photocatalyzed degradation/abatement of endocrine disruptors[J]. Current Opinion in Green and Sustainable Chemistry, 2017, 6: 101-138.

[210] Lopez-Velazquez K, Guzman-Mar J L, Montalvo-Herrera T J, et al. Efficient photocatalytic removal of four endocrine-disrupting compounds using N-doped BiOBr catalyst under UV-Vis radiation[J]. Journal of Environmental Chemical Engineering, 2021, 9(1): 106185.

[211] Sambaza S S, Maity A, Pillay K. Polyaniline-coated TiO_2 nanorods for photocatalytic degradation of bisphenol A in water[J]. Acs Omega, 2020, 5(46): 29642-29656.

[212] Chen Z H, Liu Z, Hu J Q, et al. Beta-cyclodextrin-modified graphene oxide membranes with large adsorption capacity and high flux for efficient removal of bisphenol a from water[J]. Journal of Membrane Science, 2020, 595: 117510.

[213] Ismail N J, Othman M H D, Abu Bakar S, et al. Hydrothermal synthesis of TiO_2 nanoflower deposited on bauxite hollow fibre membrane for boosting photocatalysis of bisphenol A[J]. Journal of Water Process Engineering, 2020: 37: 101504.

[214] Zhao L, Zhang X, Liu Z, et al. Carbon nanotube-based electrocatalytic filtration membrane for continuous degradation of flow-through bisphenol A[J]. Separation and Purification Technology, 2021, 265: 118503.

[215] Nasseri S, Ebrahimi S, Abtahi M, et al. Synthesis and characterization of polysulfone/graphene oxide nano composite membranes for removal of bisphenol A from water[J]. Journal of Environmental Management, 2018, 205: 174-182.

[216] Lv Y, Ma J, Liu K, et al. Rapid elimination of trace bisphenol pollutants with porous beta-cyclodextrin modified cellulose nanofibrous membrane in water: adsorption behavior and mechanism[J]. Journal of Hazardous Materials, 2021, 403: 123666.

[217] Zare E N, Mudhoo A, Khan M A, et al. Water decontamination using bio-based, chemically functionalized, doped, and ionic liquid-enhanced adsorbents: review[J]. Environmental Chemistry Letters, 2021, 19(4): 3075-3114.

[218] Pan Z, Yu F, Li L, et al. Electrochemical microfiltration treatment of bisphenol A wastewater using coal-based carbon membrane[J]. Separation and Purification Technology, 2019, 227: 115695.

[219] 郭娜，王金生，李剑，等．2 种四环素类抗生素在凹凸棒石黏土中的吸附研究 [J]. 环境科学与技术，2015, 38(3): 81-85.

[220] 杜萌，张敏，李宗超，等．大孔吸附树脂去除饮用水中酚类环境激素的效能 [J]. 中国给水排水，2021, 37(7): 49-57.

第5章 抗生素

5.1 概述

抗生素是由放线菌、细菌、真菌等微生物生长到一定阶段产生的次级代谢物质，或直接采用化学合成或半合成法制得的相似或相同的物质，具有干扰或抑制致病微生物生存的能力。常见抗生素主要有青霉素类、头孢菌素类、氨基糖苷类、大环内酯类、四环素类、氯霉素类、林可酰胺类、磺胺类、喹诺酮类、多肽类、磷酸多糖类、聚醚类等。抗生素抗性基因是一类新型环境污染物，抗生素长期滥用很可能诱导动物体内抗生素抗性基因的产生，经排泄后将对养殖区域及其周边环境造成潜在基因污染。抗性基因还极有可能在环境中传播、扩散，对公共健康和食品、饮用水安全构成威胁。

人体或动物用药是抗生素最主要的来源。药物经人体或动物摄入后，事实上只有少部分发生代谢，大部分以原形最终通过尿液或粪便进入污水系统中。此外，一些不用和过期的药物则通过厕所丢弃等方式最终也会汇入到城市生活污水处理系统中。因此市政生活污水是抗生素重要的汇集源。由于目前的污水处理工艺无法彻底有效去除抗生素类污染物，部分未降解的药物活性成分就随处理过的污水最终排入天然水体，或者吸附于活性污泥，通过施肥等农业生产活动最终进入自然环境。未经过任何处理的农业废水、养殖废水和生活污水的直接排放也是环境中抗生素的一个重要来源。此外，进入城市固体废物的抗生素（如药物的直接丢弃）、家畜养殖场所排放的粪便和吸附于污水处理厂活性污泥中的抗生素还有可能通过填埋、施肥等方式进入到土壤环境中，最后通过地表径流与渗滤或者渔业直接使用等途径进入地表水与地下水。抗生素的污染为点源和面源排放相结合的方式进入到环境中。抗生素由于较高的亲水性和较低的挥发性，其在环境中的主要迁移途径为通过水体和食物转移。

我国水环境中抗生素浓度多在 ng/L ～ μg/L，经济发达、人口密集区附近的河流水体中抗生素检出水平较高。我国主要流域水体中典型抗生素的调查显示，长江、黄河、珠江、清河、小清河抗生素的检测种类较多，检出率与浓度较高，主要与河流沿岸人口稠密及污水处理厂较多有关；海河抗生素检出水平较低，淮河抗生素检出率与浓度均较低；清河与小清河抗生素检出率与浓度水平较高，主要与北京市和济南市人口稠密、污水处理厂数量多规模大有关；小清河红霉素（ETM）和罗红霉素（RTM）检出率为 100%，黄河、清河的氧氟沙星（OFL）、环丙沙星（CIP）、恩诺沙星（ENX）、诺氟沙星（NOR）的检出率为 100%；小清河的甲氧苄啶（TMP）浓度较高，最大浓度（3900ng/L）是大辽河的 30.71 倍；清河的磺胺类和四环素类抗生素的浓度明显高于其他河流。

由于目前的水处理技术无法彻底清除水中的抗生素，并且缺乏对目前采用的消毒技术对抗生素的影响研究，残留在饮用水中的抗生素虽然可能只有痕量水平，但是长期饮用将会影响人体免疫系统，降低机体免疫力。另外，畜禽、水产等食品动物长期低剂量摄入抗生素，导致畜禽对抗生素产生耐药性。同时，抗生素在动物体内蓄积，致使动物食品肉、蛋、奶及内脏中产生抗生素残留。抗生素通过食物链在高营养级生物体内富集的浓度可能比环境中的水平高，这对于处在食物链最高等级的人类将构成很大的健康威胁。动物食品中的抗生素沿食物链传递到人，引起人群过敏反应，严重时引起人群食物中毒；部分药物有致癌、致畸、致突变或激素类作用，严重干扰人类各项生理功能。

5.2 抗生素

5.2.1 污染特征

抗生素主要应用于人类医疗、畜禽和水产养殖三大方面，在人类健康、动植物疾病预防治疗和促进动物生长等方面发挥重要作用。然而，由于抗生素的使用和滥用、生物体对抗生素的代谢能力有限和不当的污水处理排放等原因，大量抗生素无法被生物体完全吸收利用，以代谢产物或完全体的形式排出体外，在水体、沉积物、土壤和生物体中吸附、迁移、富集、消化，造成严重的环境污染问题。在环境中常被检测到的抗生素为磺胺类（sulfonamides, SAs）、四环素类（tetracyclines, TCs）、大环内酯类（macrolides, MLs）和氟喹诺酮类（fluoroquinolones, FQs）。

抗生素污染存在污染物种类和区域分布的特异性。其主要影响因素包括区域经济，环境条件（生产活动、气候、水文、生物活性等），抗生素自身的吸附性、结构及溶解性等。现阶段关于抗生素污染来源的研究主要集中在水环境（大型流域、湖泊、海湾等）和土壤（养殖场、种植大棚、城郊周边）中。研究表明，四大典型抗生素在水环境中的污染情况为磺胺类抗生素 < 四环素类抗生素 < 氟喹诺酮类抗生素 < 大环内酯类抗生素；在土壤环境中，大环内酯类抗生素的残留水平最低，氟喹诺酮类抗生素的残留水平最高，但大环内酯类抗生素与氟喹诺酮类抗生素残留浓度的中位数相当，磺胺类抗生素的残留浓度和中位数均比四环素类抗生素小。中国内陆与沿海水体中的抗生素主要污染物不同，内陆湖泊河流以磺胺类抗生素为主，沿海地区则以氟喹诺酮类抗生素为主。

5.2.1.1 环境中抗生素的主要污染来源

现阶段环境中抗生素污染主要来源于不规范的工业废水排放，医疗废水排放，畜禽饲料、兽药和农业病虫害药物残留等。

我国部分抗生素来源分布情况见表 5-1。

表 5-1　抗生素来源

抗生素种类	抗生素来源		
	医疗	畜用及水产养殖业	制药厂
磺胺类		√	
四环素类		√	
大环内酯类	√	√	√
喹诺酮类	√	√	√
氨基糖苷类		√	
磺胺类		√	
青霉素类	√	√	√

（1）医疗废水

自青霉素应用于临床以来，已有几百种抗生素被发现、生产，在临床医学中被用作抗炎剂、抗菌剂、杀菌剂、防腐剂、麻醉剂等，对保护人类健康起到重要作用。与此同时，抗生素使用的随意性、超前性引发的耐药性及环境污染问题日益严重，不合理使用、滥用抗生素一度成为基层医疗机构普遍存在的问题。医用抗生素被认为是抗生素污染的主要来源之一。

医院是环境抗生素集中来源场所之一。医疗废水中的抗生素往往具有较高的浓度和较集中的检出种类，其主要种类包括磺胺类抗生素、大环内酯类抗生素及氟喹诺酮类抗生素。2013 年中国使用率排在前五的抗生素有头孢氨苄、阿莫西林、氧氟沙星、四环素和诺氟沙星。统计表明，中国约有 50% 的门诊患者使用抗生素，74% 患者使用一种抗生素，25.3% 的患者使用两种或更多种抗生素。直到 2011 年中国卫生部发起人体医疗体制改革，中国才开始有效控制抗生素的处方模式，自此中国医疗抗生素药物滥用得到有效改善。

（2）畜用及水产养殖业用抗生素污染

目前，抗生素在畜牧业中的使用分为治病用抗生素和促生长用抗生素。由于畜用抗生素大部分难以被动物肠胃吸收，有 30% ～ 90% 的抗生素及其代谢产物会在受药动物靶器官作用后以粪便和尿液形式排出体外。一部分抗生素随动物粪便施用于田间，经过雨水的稀释，从土壤转移至环境循环系统中；大部分抗生素随动物粪便、尿液流入污水处理厂，经过处理后排入环境水体中。一般来说，动物饲养场产生的废料是附近区域环境抗生素污染的主要来源。畜用抗生素主要有四环素类、青霉素类、大环内酯类、喹诺酮类、聚醚类、卑霉素、阿伏帕星、黄霉素、杆菌肽等。

抗生素在养殖体疾病防治、促生长和降低养殖体对某些营养成分需求上具有独特作用，被广泛应用于水产养殖业中。水产养殖中抗生素类药物种类主要有磺胺类、喹诺酮类、四环素类、β-内酰胺类以及大环内酯类。但是，抗生素在水产养殖中的大量使用和难降解性导致了抗生素在养殖场底泥中的高浓度残留，污染周边环境；部分抗生素随水体扩散迁移，对地表水造成严重污染。据估计，至少有 75% 的抗生素在水产养殖场底泥中形成蓄积性污染。

（3）污水处理厂出水

大多数城市污水处理厂的处理工艺对痕量抗生素无法达到完全去除的效果，部分抗生素随出水排放至自然水体，使城市污水处理厂出水成为水环境抗生素污染的源头之一。污水处理厂进水抗生素来源于医疗废水、生活污水、制药工业废水、人畜排泄物、养殖场废水等。

污水处理厂进出水检出的抗生素种类与浓度存在地域性差异，我国城市污水中残留的各类抗生素远高于韩国、西班牙、加拿大等，其中磺胺类抗生素浓度相比其他国家高出 3 倍。抗生素的应用水平也是影响城市污水抗生素分布差异的原因之一，如磺胺类和氟喹诺酮类抗生素因广泛应用于人类医疗健康和畜牧养殖，在城市污水抗生素检出频率上位于前列。

污水处理厂中针对抗生素的去除途径主要有物理降解、化学降解和生物降解，入厂水中的抗生素可以通过水解作用、光解作用、高级氧化技术（AOPs）、污泥吸附和活性炭吸附、膜过滤技术、生物降解法得以去除。

（4）抗生素生产废水

抗生素生产厂家排放的工业废水是污水处理厂抗生素的主要来源。制药工厂粗放的经营模式和排污随意性，造成了严重的区域性环境污染。抗生素生产的原料利用率低、废水中抗生素残留量高等原因，导致抗生素生产废水含有多种高浓度、难降解、活性强的抗生素。厂家通常配备废水处理工艺以减少抗生素等其他污染物排放，但仍有部分抗生素难以去除并排放至水环境中。

Golet 等对污水处理厂的初级和三级污水进行抗生素残留检测，其中，氟喹诺酮类抗生素的检出浓度分别为 249 ～ 405ng/L 和 45 ～ 120ng/L。因此，制药工业废料的随意丢弃和废水的违规排放也是造成环境水体中抗生素污染的主要原因之一。

（5）生活污水

生活污水中的抗生素主要来源于人们对抗生素的过度使用和过期药物非规范化处理。抗生素在人体中代谢不完全，大部分抗生素会以原药形式通过排泄物随生活污水进入城镇污水处理厂。家庭购买的抗生素药品过期后遭到随意丢弃，这些抗生素最终也会转入水环境中。现阶段节能环保、无污染的生活污水处理方法有人工湿地废水处理法、土壤渗滤法和活性污泥去除法等。

5.2.1.2 抗生素在生态环境中的迁移转化

进入环境中的抗生素及其降解产物会在一段时间内维持活性，它们通过各种途径进入环境，抑制或杀死环境中某些微生物，对环境微生态产生不良影响。抗生素进入土壤后易发生微生物转化、光降解、地表径流、淋溶、植物吸收、吸附、解吸或固存，实现在水环境至土壤环境中的迁移；在水环境中，抗生素可以通过吸附、水解、光降解、生物降解等途径进行迁移转化。下面对抗生素在生态环境中的主要迁移转化途径进行介绍。

（1）吸附

吸附是抗生素在环境中迁移和转化的重要过程，土壤和沉积物是抗生素在生态环境中迁移吸附的重要介质。

来源于农业和养殖业的抗生素在土壤和水环境中迁移、转化、累积，部分亲和力较强的抗生素可以稳定吸附在土壤颗粒表面。抗生素在土壤和沉积物中的吸附机制主要包括抗生素与土壤氧化物的表面络合作用，抗生素与黏土矿物的离子交换作用，抗生素与土壤有机物的疏水作用、离子交换作用、氢键作用和 π-π 作用等。抗生素在土壤中的吸附行为的影响因素包括抗生素的性质（分子结构、疏水性、极性、极化率和空间结构等）和土壤的基本性质（土壤类型、土壤 pH 值、共存离子、土壤有机质和金属离子等）。研究表明，四环素类抗生素在整个 pH 环境下都呈现局部带电荷的特性，可以通过离子作用与土壤中的阴离子或阳离子相互吸引，其吸附能力与土壤类型相关，吸附能力随土壤或沉积物 pH 值的增加而降低。氨基葡糖苷类抗生素的氨基末端能带正电荷，易于吸附带负电荷的黏土和土壤；β-内酰胺类抗生素极性较强并带有羧基结构，对土壤的吸附作用较弱。

亲和力较弱的抗生素无法稳定吸附于土壤颗粒，通过渗透或地表径流作用进入水环境。抗生素可以通过分子间作用力或络合作用与水体中的有机物结合，从而被吸附在水体中。一定条件下，抗生素可以在水体与水中沉积物间相互迁移。研究表明，沉积物中检出的抗生素种类与水体一致，但浓度水平存在差异：磺胺类抗生素因较难吸附在沉积物中，在水体中的检出浓度高于在沉积物中的检出浓度；喹诺酮类抗生素和四环素类抗生素易吸附在沉积物中，因而在沉积物中的检出浓度高于在水体中的检出浓度。

(2)迁移

抗生素会随着农业肥料、牲畜排泄物、生活污水等来源途径进入土壤，吸附于土壤中的抗生素一般具有极性、分子量较大、含有较多的功能性基团的特点。抗生素在土壤中的迁移主要取决于其自身的光稳定性、键合、吸附特性、淋洗和降解速率等。弱酸弱碱性和亲脂性类抗生素与土壤有较好的亲和力，在土壤中不易迁移，这类高吸附化合物借助土壤团粒的推动作用通过土壤中大孔隙向下迁移并进入地下水环境中。

(3)降解

抗生素在环境中会发生一种或多种降解反应，抗生素的降解途径主要涵盖水解、光解和微生物降解。

水解是水环境中抗生素降解的重要途径，β-内酰胺类、大环内酯类、磺胺类抗生素都能进行不同程度的水解。抗生素的水解速率可能与所处环境的pH值有关，但其降解情况取决于各类抗生素自身的特性。

光解是指由于光的作用而引起的污染物分解的现象。抗生素的光解影响因素主要包括光照、环境pH值和环境腐殖酸含量等。喹诺酮类和四环素类抗生素对光解作用较为敏感，它们在自然水环境中的浓度呈现明显的区域相关性和季节相关性。

微生物降解是抗生素在水环境中降解的重要途径。抗生素的微生物降解途径主要包括羟基化/去羟基化、取代基的氧化作用、裂合作用、取代作用、水解作用和基团转移作用。环境中氧气含量、有机和无机营养物含量、水分、pH值和温度等因素通过影响微生物活性而对抗生素的微生物降解作用产生影响。不同类别抗生素因自身结构的不同，存在不同的微生物降解途径。氨基葡糖苷、β-内酰胺类和大环内酯类抗生素比喹诺酮、磺胺和四环素类抗生素呈现出更强的生物转化趋势。

抗生素在水体中的迁移转化过程见图5-1。

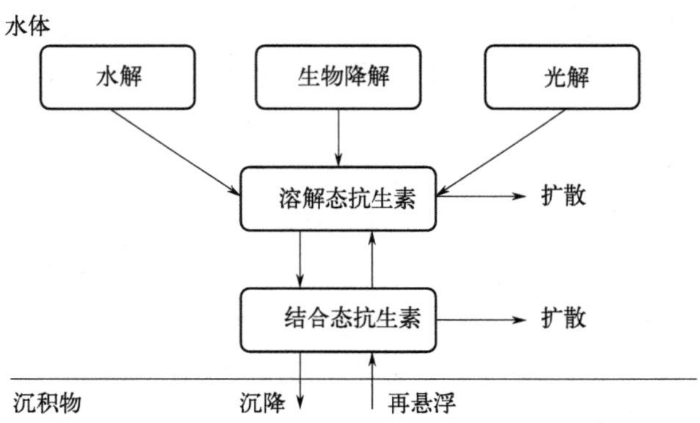

图5-1 抗生素在水体中的迁移转化过程

5.2.1.3 赋存与风险

(1)抗生素在各类介质中的赋存状况

本部分汇总了现有研究里几种典型环境介质中抗生素的赋存状况。

① 水环境中抗生素赋存状况　水体交换速度较慢的静态水环境是抗生素的重要储存场所，如湖泊水和水库水等。抗生素可以通过畜禽、水产养殖废水进入静态水环境中。有研究

指出，水产养殖业所投放的抗生素仅有 20% ～ 30% 被水生动物吸收，其余的 70% ～ 80% 进入水环境当中。磺胺类具有较高的稳定性和较弱的吸附性，相比其他抗生素更容易在水体中长期赋存。

余子贤等针对静态水环境中抗生素质量浓度进行统计研究。研究表明，静态水环境中抗生素质量浓度水平在 0.16 ～ 3242.00ng/L 之间，平均质量浓度为 93.3ng/L，磺胺类、喹诺酮类和四环素类在水体中被广泛检出。氯霉素类、磺胺类、喹诺酮类、四环素类和大环内酯类抗生素平均质量浓度分别为 7.74ng/L、37.83ng/L、73.99ng/L、131.37ng/L、34.44ng/L。土霉素检出平均质量浓度为 488.11ng/L，是所有被检出抗生素中质量浓度最高的；氯霉素检出平均质量浓度为 2.95ng/L，是所有被检出抗生素中质量浓度最低的。

② 土壤中抗生素赋存状况　一般而言，抗生素在自然水体的表层水中检出浓度为 ng/L ～ μg/L 量级，在污泥、沉积物及土壤中检出浓度为 μg/kg ～ mg/kg 量级。

目前中国土壤中抗生素残留水平处于 0.002 ～ 2260.64μg/kg 范围内。其中华东地区土壤抗生素残留浓度为 0.002 ～ 397.60μg/kg，华北地区为 0.01 ～ 127.00μg/kg，华中地区为 0.70 ～ 54.17μg/kg，华南地区为 0.11 ～ 78.31μg/kg，西南地区为 0.10 ～ 908.00μg/kg，西北地区为 1.85 ～ 75.57μg/kg，东北地区为 4.18 ～ 2260.64μg/kg。

在中国土壤中，四类抗生素（磺胺类抗生素、氟喹诺酮类抗生素、四环素类抗生素和大环内酯类抗生素）残留浓度较高，并且呈现明显的地域性差异。经济发达、城市化水平高和人口稠密的地区，如中国三大发达城市群（京津冀、长江三角洲与珠江三角洲）土壤中四类抗生素残留水平较高。中国土壤中磺胺类抗生素和四环素类抗生素浓度范围为 0.01 ～ 127.0μg/kg 和 0.405 ～ 46.34μg/kg，氟喹诺酮类抗生素和大环内酯类抗生素浓度范围为 0.003 ～ 120.0μg/kg 和 0.003 ～ 24.32μg/kg。

有学者对京津冀、长江三角洲和珠江三角洲地区土壤中四大抗生素分布及浓度情况进行统计分析，如图 5-2 所示。

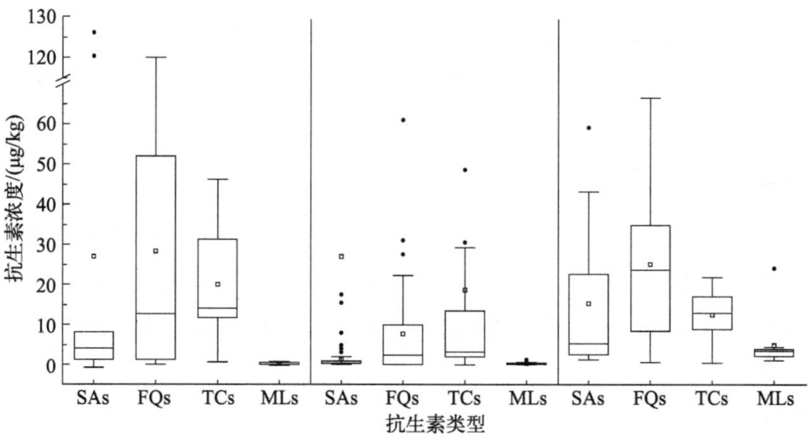

图 5-2　京津冀、长江三角洲和珠江三角洲地区土壤中四大抗生素分布

③ 生活垃圾中抗生素赋存状况　垃圾及其渗滤液中赋存多种抗生素，这些抗生素通过地表径流扩散、填埋场渗漏等形式传播扩散至土壤、地表水、地下水中，从而增加抗生素抗

性的潜在暴露风险。

邵振鲁等统计发现，垃圾填埋场及其渗滤液中的抗生素总含量一般分别维持在 <1.0mg/kg 和 1.0 ～ 10μg/L。我国华中地区某大型生活垃圾填埋场固体废物中土霉素、四环素和磺胺甲噁唑 3 种抗生素的平均检出浓度分别为（1.0±1.4）μg/kg、（6.4±3.8）μg/kg 和（4.8±8.1）μg/kg。

（2）抗生素污染风险

抗生素污染会对人体健康和动植物生长产生影响。抗生素在人类医疗领域的大量使用与滥用造成人体产生耐药性、毒副作用或严重的过敏反应。有统计显示，每年我国近 19 万人由于药品不良反应致死，其中超过 70% 是由抗生素滥用造成的。抗生素药品会在植物根茎和畜禽水产生物体内富集，最终通过食物链传递进入人体。抗生素污染会改变环境微生态，进而影响生态环境的平衡。如在池塘底泥中的抗生素会抑制环境中微生物的活性，形成厌氧环境，进而对水中浮游动植物构成威胁。

目前，评价有机污染物环境生态风险的主要方法包括毒性当量法、毒性中低值法和风险商值法 3 种。抗生素对环境潜在的风险评价常用风险商值法。有研究显示，中国香港特别行政区主要河流中氧氟沙星对藻类存在中度生态风险威胁；中国辽河 3 条主要支流中，氧氟沙星、红霉素和土霉素对水生生物构成潜在威胁；恒河中的磺胺甲噁唑对水生生物构成中度风险；中国巢湖、太湖及长江中下游湖泊沉积物中存在可能危害藻类生存的高浓度抗生素；中国洪湖水体中的四环素是其高混合生态风险的主要构成因子。

5.2.2 筛检技术

国内外对环境介质中抗生素的检测方法主要包括微生物检定法、免疫分析法和理化分析法。检测抗生素比较常用的是理化检测方法，这类方法能够对环境样品中的痕量抗生素进行检测，如高效液相色谱法（HPLC）、薄层色谱法（TLC）、气相色谱法（GC）、质谱法（MS）以及联用技术等。

传统的抑菌筛选方法成本低廉，但准确度和灵敏度相对较低。现代仪器分析技术如高效液相色谱法、高效液相色谱-质谱联用法灵敏度高、检测限低，但使用仪器成本昂贵，前处理烦琐，分析周期长。

5.2.2.1 微生物检定法

抗生素微生物检定法是通过检测抗生素对特定微生物生理机能或代谢的抑制作用，来定性定量检测抗生素活性的一种方法。其优点是费用低；缺点是检测周期长，依赖于检测人员经验判断，易产生误差。抗生素微生物检定法被广泛用于诸多抗生素类药物的含量测定，主要包括管碟法和比浊法。

（1）管碟法

管碟法是抗生素效价测定的国际通用方法，在各国药典中广泛应用。管碟法的抑菌原理是抗生素在菌层培养基中扩散时，由中心到四周形成抗生素浓度由高到低的自然梯度，当抗生素浓度达到或高于最低抑制浓度（MIC）时，试验菌的生长繁殖受到抑制并形成透明的抑菌圈。抗生素总量的对数值与抑菌圈直径的平方成线性关系，根据抑菌圈直径的大小即可计算抗生素生物活性。管碟法操作误差大，对检测环境、检测人员操作水平要求高，已逐步被精密度更高的高效液相色谱法替代。但在多组分抗生素的效价测定中，管碟法更能直观表现样品微生物活性，因此依然广泛适用于药物尤其发酵类药物的抗生素效价测定。

（2）比浊法

比浊法利用抗生素在液体培养基中对试验菌的生长抑制作用，通过比较标准品与样品抑制试验菌生长所呈现的浊度值大小来测定样品抗生素效价。比浊法耗时短、对环境与检测人员的要求较低，但是不适用于有色或浑浊样品测定。比浊法在实际应用中较少。

5.2.2.2 高效液相色谱法及其联用技术

高效液相色谱可将高压下的样品（流动相）泵入色谱柱（固定相）中，利用物质在两相中吸附或分配系数的微小差异而达到分离的目的。该方法的样品仅需制备成溶液即可，更加适用于沸点高、热稳定性差、分子量比较大的有机物的分离、鉴定与检测。高效液相色谱法相较于传统的检测方法具有灵敏度高、检测限低、分离速度快、操作自动化、线性范围良好等优点。气相、液相色谱还可以与质谱法联用，以获得更好的分离检测能力。

高效液相色谱（HPLC）和高效液相色谱-质谱联用法（HPLC-MS）是最常用的抗生素检测方法。2020 年版《中华人民共和国药典》收录的抗生素有 203 种，约占 72.5% 的抗生素采用 HPLC 法测定含量。氨基糖苷类抗生素、酰胺醇类抗生素、β-内酰胺类抗生素、四环素类抗生素和肽类抗生素盐等均可使用 HPLC 法进行测定。HPLC 可以根据抗生素种类及结构特点，搭配串联质谱（MS）、二极管阵列（DAD）、紫外（UV）、荧光（FLD）、电化学检测器等不同类型检测器。

MS 灵敏度高，可用于结构及代谢分析。HPLC 与 MS 的联用有效降低了色谱假阳性结果概率，具有良好的准确性与方法重复性。因此，HPLC-MS 被广泛应用于抗生素检测、降解转化和吸附研究中。Yang 等利用 HPLC-MS 技术检测了三种磺胺类抗生素的吸附和生物降解量；李冰等借助 HPLC-MS 技术和序批式反应器，研究了 11 种抗生素的降解转化；Kim 等利用固相萃取-液质联用技术测定环境水样中阿莫西林、氨苄西林、氯哌啶醇等多种抗生素，各类抗生素的检出限均在 0.2 ～ 11.9ng/L 范围内。

HPLC 可以搭配 UV 检测器对样品中的抗生素进行测定，磺胺类抗生素通常选取 270 ～ 280nm 吸收波长，氟喹诺酮类抗生素选取 255 ～ 275nm 吸收波长，β-内酰胺类抗生素选取 210 ～ 304nm 吸收波长。如 Drillia 等利用结合 UV 检测器（270nm 波长）的 HPLC 技术对分离纯化后的磺胺甲噁唑好氧生物降解产物进行检测。

FLD 检测器可以检测 β-内酰胺类抗生素和磺胺类抗生素，并且相对 UV 检测器检出限更低。但对于一些荧光信号低的抗生素在检测前通常采取衍生化处理，由于操作复杂、需要衍生化不被常规使用。

5.2.2.3 酶联免疫法

酶联免疫检测技术是一种标记免疫学技术，具有快速、灵敏、简单及易于自动化操作的优点，通常适用于食品中抗生素残留的检测，也有被应用到环境水体中抗生素残留的检测。例如，Shelver 等利用酶联免疫法对水环境中的 15 种磺胺类抗生素进行检测，其中磺胺甲噁唑在废水中的检出浓度在 0.6 ～ 3.1μg/L 之间，在养猪场的废水中的检出浓度为 7 ～ 30μg/L，在河水中的检出浓度低于 0.09μg/L。

由于选择性较高，酶联免疫法对多种成分同时进行检测有一定的困难，对结构相似的化合物以及一些不稳定的化合物的检测也存在一定的难度。因此，此方法的有效性更多是针对样品中残留抗生素的初步筛查。

5.2.2.4 气质联用法

气相色谱法具有较高的分离性能，但对于难挥发及热不稳定性物质不能进行直接检测。因此，此方法在抗生素的检测中应用并不广泛。李鹏等采用气相色谱-负离子化学电离源质谱对动物组织中的氟甲砜霉素、甲砜霉素及氯霉素进行同时测定。

5.2.2.5 毛细管电泳法

毛细管电泳法又叫高效毛细管电泳法，是以高压电场为驱动力，毛细管为分离通道，依据样品中各组分抗生素之间淌度（单位场强下离子的迁移速率）和分配行为上的差异而实现组分分离的技术。该方法具有操作简单、分离效率高、分析速度快、操作模式多、试验成本低等优点。

分离模式多样化是毛细管电泳的分离特征之一，常见的分离模式有毛细管区带电泳、毛细管凝胶电泳、胶束电动毛细管色谱、毛细管等电聚焦、毛细管色谱、毛细管等速电泳等。毛细管电泳法在超低流量情况下灵敏度不高，可以搭配紫外检测器（UV）、荧光检测器（FD）、激光诱导荧光检测器（LIF）或质谱检测器（MS），以提高该方法的灵敏度，降低检测限。

搭配紫外检测器（UV）的毛细管电泳通用性好、结构简单，被应用于生物样品中氟喹诺酮类、磺胺类等抗生素的分析。例如，Sun 等采用紫外-毛细管电泳技术，结合加速溶剂萃取技术（ASE）对水产品中残留抗生素进行检测，氟喹诺酮类抗生素和磺胺类抗生素的检出限水平为 mg/L，低于环境水体中痕量抗生素检测的水平。

毛细管电泳技术搭配荧光检测器能够大幅度提高检测灵敏度。但是，大多数化合物无法发射荧光，需要进行衍生。例如，激光诱导荧光-毛细管电泳技术被应用于水样及动物食品中氟喹诺酮类抗生素的分析。

毛细管电泳-质谱联用技术大大提高了分离性能和检测灵敏度，是微量样品检测的有效方法。有研究将该技术应用于肉类和地表水中磺胺类抗生素残留水平的检测。

毛细管电泳法在医药领域应用较为广泛，近年来在环境介质中抗生素的检测应用开始有所报道。Prasanta 等总结分析了不同原理毛细管电泳设备对青霉素、氟喹诺酮、大环内酯类和林可酰胺等多种抗生素的快速分析方法。龙虹等采用毛细管区带电泳法分析头孢克洛等 9 种头孢菌素类抗生素及其纯度。

5.2.2.6 紫外-可见分光光度法

紫外-可见分光光度法是基于分子内电子跃迁而建立起来的一种光谱分析方法。目前，紫外-可见分光光度法已经形成了一些比较成熟的测定方法，如普通光度法、显色光度法、褪色法、导数法、双光束法、示差法、等吸收法等。

普通光度法常以蒸馏水为参比，无需显色剂，在最大吸收下直接测定。显色光度法是利用被测物与显色剂的显色反应，以试剂空白或样品空白为参比，在显色波长下进行测定，目前使用的显色剂有杂偶氮类、荧光酮、卟啉类、三氮烯类、安替比林类、三苯甲烷碱性染料、杯芳烃等。如果测定波长选择显色剂的褪色波长，则称为褪色法。对于吸收出现肩峰的情况可先对吸收曲线进行求导处理，再选择峰值为测量点，此为导数法。临床应用中绝大多数 β-内酰胺类抗生素都有紫外吸收。氨基糖苷类抗生素易溶于水，易形成配合物，可用显色法进行测定。

2020 年版《中华人民共和国药典》中有放线菌素 D、琥珀氯霉素等 8 种抗生素采用紫外-可见分光光度法测定含量。紫外-可见分光光度法操作简便，仪器较便宜，可进行常规的抗生素类药物分析。张慧辉建立了紫外法测定恩诺沙星纳米乳的方法；Dolliver 等使用酶联免疫吸附法（ELISA）结合分光光度计法，对堆肥中莫能菌素、金霉素、磺胺以及泰乐菌素的降解产物进行定量检测。

5.2.3　控制与去除技术

抗生素废水中含有多种抗生素及其代谢产物，具有成分复杂、难去除、危害大的特点，严重危害生态环境与人体健康。如何高效环保地治理抗生素废水是关乎人类健康的重要问题，也是污水厂废水处理的热点问题。

目前抗生素降解技术大致可分为物化处理法、生物处理法和化学处理法三类。

5.2.3.1　物化处理法

物化处理法主要是通过吸附、沉淀、絮凝和过滤等方式实现对抗生素的分离去除。该类方法仅仅将抗生素进行分离，抗生素仍保留大分子状态，保持其毒性，易造成二次污染。一般来说，物化处理法主要用于预处理高浓度或可生化性差的有机废水，也可作为一种用于生化处理后进行强化处理的后续工艺。

（1）吸附法

吸附法是利用多孔型高比表面积固体材料吸附废水中的污染物，使废水得到净化的方法。该方法依靠金属、纳米材料、生物炭和碳纳米管等材料完成对抗生素的分离，具有操作简单、安全性高的优点。吸附法只能将抗生素吸附转移到另一相中，并未消除抗生素活性。该方法成本较高、材料使用寿命短。

粉末活性炭对有机物具有很好的吸附去除作用，原水系统和水厂通常采用投加粉末活性炭来削减和去除水中致嗅物质等污染物，尤其在应对突发污染事件中被作为应急处理手段大量使用。姜蕾等研究了粉末活性炭对原水中 4 类 18 种典型抗生素的去除效果，结果显示不同种类抗生素的可去除性存在差异，大环内酯类和四环素类去除效果相对较好，磺胺类去除效果一般，氯霉素类较难去除。粉末活性炭对污染物的吸附性能，不仅取决于活性炭的孔隙率、比表面积，还与污染物的极性、亲水性等性质有关。

（2）膜分离法

因样品的不同组分存在选择渗透性的差异，多组分物质进行分离时可采用膜分离法。碱性条件更有利于膜对抗生素的截留，牛血清白蛋白和腐殖酸也会促进抗生素的截留。

膜生物反应器（membrane bio-reactor, MBR）是一种高效膜分离技术与传统活性污泥法相结合的新型高效污水处理工艺。膜生物反应器的抗生素去除率达 25% ～ 95%，在废水处理中具有良好的应用前景。在工艺参数方面，延长反应器的污泥龄、外加碳源辅助微生物活动、增加反应器的生物量均有利于抗生素的去除。膜污染是膜生物反应器处理废水的关键问题之一，抗生素可以通过影响微生物群落和污泥的相关特性导致膜污染。

（3）气浮法

气浮法利用各分子的亲水性、疏水性来进行杂质的剔除，是处理抗生素废水的典型处理工艺。活性剂——起泡剂进入水中后，表面活性剂的疏水端会在气-液界面的空气端，亲水端则仍在水中。通过收集水面产生的气泡将水中杂质清除，达到净水的目的。气浮法在工艺处理上仍有其不足之处，如：设备维护和管理复杂，空压机和溶气罐的减压释放和维护难度较高，工艺整体能耗偏高，相比其他工艺耗电成本偏高等。

（4）混凝法

混凝沉淀是饮用水抗生素去除的关键阶段。投加混凝剂使原水中悬浮物、有机物与游离的抗性细菌结合形成大分子聚合物，经沉淀处理后，携带抗生素的抗性细菌得到消减，从而使饮用水中的抗生素丰度大幅降低。数据显示，饮用水厂混凝工艺对抗生素的平均去除率可达 42.5% ～ 84.2%。

5.2.3.2 生物处理法

生物处理法是依靠生物自身新陈代谢功能处理污染物的方法，可以有效分解抗生素。例如，生物膜法可通过微生物作用去除污染杂质。常见的工艺设备有曝气生物滤池、生物转盘等。

生物处理法相对于其他处理方法具有成本较低的优点。但是，生物处理法会受到污染物浓度的限制，浓度高、毒性强的有机污染物将会直接或间接导致系统内的微生物死亡，进而影响处理效果。因此，该类方法多数使用于低浓度抗生素废水处理。另外，生物处理法需要将活性生物引入水生环境，外来生物的引入却可能会破坏生物群落的生态平衡，从而威胁生态系统的稳定与可持续发展。

（1）微生物降解法

抗生素的微生物降解是指微生物通过同化作用改变抗生素残基结构分子并改变其理化性质的过程。抗生素残基中的大分子结构会在微生物的作用下降解成水、二氧化碳等小分子，从而达到降低排放的目的。

好氧微生物在氧气足够时可以将污染物氧化成小分子的无机物。因为废水中抗生素浓度过高会抑制微生物的生长，在选用好氧微生物法降解抗生素时需对废水进行预处理，以降低污染物浓度，维持好氧微生物的降解效率。一般好氧微生物法需与其他处理方法联用。生物流化床就是利用好氧微生物机理对废水进行处理，该设备中微生物种类多样且微生物浓度高，在处理水质变化大的废水时，其抗冲击能力较强。

厌氧微生物在无氧的条件下也可降解废水中污染物。厌氧法处理的废水出水的化学需氧量较高，但其优势在于沉降性能较好、能耗低、能产生沼气、可以回收能源。上流式厌氧污泥床集成了生物反应和沉淀分离的功能，废水中的有机物在反应区内被厌氧微生物降解，最终转化为甲烷和二氧化碳，形成沼气气泡。

（2）生物修复法

生物修复法是一种利用生物的作用使污染物无害的修复技术。生物修复不仅仅依赖于微生物对抗生素的降解作用，动、植物也具有一定的土壤抗生素修复影响力。目前，生物修复技术研究方向主要是土壤修复。

柳树根系发达、生长快，对重金属和多环芳烃污染土壤具有一定的修复能力，研究证实柳树对磺胺类抗生素具有去除潜力。蚯蚓依靠丰富的肠道微生物和强大的消化系统可有效地修复重金属和有机物（多环芳烃、多氯联苯、农药等）污染土壤，研究表明蚯蚓肠道和蚓粪中包含可降解四环素的微生物，蚯蚓可以中和土壤 pH、消耗土壤有机质、促进土壤微生物对四环素的降解转化。

相较于动、植物的抗生素修复，关于微生物修复技术的研究和应用更为广泛。各类抗生素降解特异性菌株被筛选分离。如可降解土霉素、四环素和金霉素的木糖氧化无色杆菌 *Achromobacter xylosoxidans* 及枯草芽孢杆菌 *Bacillus subtilis* 等。生物堆肥依靠大量活性微生物对污染物起到去除作用，目前生物堆肥已成功地应用于农药、石油和其他污染物对土壤的生物修复中。

5.2.3.3 化学处理法

抗生素的化学降解方法可以在分解抗生素的同时避免对生态系统的影响。常见的化学降解方法有臭氧氧化和氯化等。

(1) 高级氧化技术

羟基自由基（•OH）具有强氧化性作用，可将有机污染物和无机物质转化为无生物毒性、易降解的物质。这种化学氧化法操作原理简单、管理维护方便，是一种被广泛应用的水体污染物处理工艺。常用的氧化剂有臭氧（O_3）、双氧水（H_2O_2）、二氧化氯（ClO_2）、Fenton 试剂等。高级氧化技术包括臭氧法、Fenton 法、电化学法、半导体光催化法和光解法等。

(2) 臭氧法

臭氧是一种强氧化剂（E_0=2.07V），可直接氧化或催化产生高活性羟基自由基氧化有机物、病毒、细菌等污染物。但是该方法只对部分抗生素有去除效果，难以明显降低或去除抗生素污染物。臭氧氧化中常用的催化剂有金属、金属氧化物、活性炭、矿物等。

(3) Fenton 法

Fenton 法是高级氧化技术的典型代表，它是利用 Fenton 试剂在酸性介质中的相互作用，产生高活性的 • OH 与有机污染物发生反应，达到抗生素去除效果。但是，该方法实际应用中会出现 H_2O_2 利用率低的弊端，污染处理效果不明显。

(4) 电化学法

电化学法在处理毒性有机化合物的应用中，具有高效性、多样性、低成本、操作简便、环境清洁友好等特点。电化学法主要包括电氧化和电还原。Jara 等对氧氟沙星（喹诺酮类抗生素）进行降解实验，抗生素的去除效果较好，氧氟沙星的去除率达到 99.00% 以上。

(5) 光解法

光解法是利用自然光或人造光对某些化合物分解或电解，包括直接光解和间接光解。光敏类污染物可使用该方法进行去除。研究证明，土霉素仅在 pH=8.5 和 pH=11.0 时才显示出明显的发射光谱，可进行光解作用。光解法对水环境中的抗生素去除效果较差。

（6）氯化法

气态氯或次氯酸盐因为成本低廉已普遍用于水处理中。研究证明，氯化法能较好地去除有机物含量较低的基质（例如饮用水）中的抗生素。

5.3 抗生素抗性基因

抗生素是20世纪医学领域最重要的发现之一，被广泛应用于医疗、养殖、畜牧等行业，为人类社会发展做出重要贡献。但由于抗生素的长期滥用，不仅污染环境，还可能诱导产生抗生素抗性基因（antibiotic resistance genes, ARGs），这些养殖动物肠道内诱导产生的编码ARGs的菌株是环境中ARGs的最重要来源。抗生素进入人体和动物体内后并不会被全部吸收，而是随排泄物排出体外，经地表径流、动物粪便施肥、土壤渗透作用等途径进入河流、湖泊以及地下水中，成为水环境中ARGs的重要来源。水体中的微生物和细菌通过基因水平转移或突变具有某种ARGs，基因组中可移动的遗传因子（如质粒、转座子、整合子）通过转化、转导、接合等方式进而进行传播扩散。2006年，Pruden等正式提出将ARGs列为一种环境新污染物，开始受到人们的关注与重视。ARGs具有“可复制可传播”“不易消亡”等特点，在水环境中可持久性残留、迁移和传播，因此ARGs往往比抗生素本身对水环境及人类健康的危害大得多。目前，已在江河、湖库甚至地下水等不同饮用水源中检测出了多种ARGs，如常见的四环素类、大环内酯类及磺胺类等。

近年来，现代分子生物技术由于具有快速、灵敏、特异性高等优点而被广泛用于环境中ARGs的检测，如普通PCR、实时荧光定量PCR（q-PCR）、高通量PCR（HT-qPCR）等，功能宏基因组学技术是目前研究新型ARGs的有力工具。

城市供排水系统水质安全关系到居民健康，目前大多数研究集中在对营养盐、重金属、持久性有机污染物（POPs）、消毒副产物及其前体物等污染物的污染特征或去除技术的研究，但对ARGs的研究报道相对较少。因此，了解城镇水系统中ARGs的污染情况显得极为必要。本节针对城市水系统中ARGs污染水平、传播扩散、检测技术及控制去除技术，从ARGs的污染现状、检测技术、不同处理工艺对其去除效果进行综述，并对今后的研究重点及方向提出了建议和展望，有助于揭示抗生素抗性基因在城市供水系统中的分布规律，可为评价其生态风险提供理论和数据支撑。

5.3.1 污染特征

5.3.1.1 ARGs的来源

目前，地表水体、污水以及饮用水中有关抗生素抗性菌株与抗性基因的检出和污染的报道已比较普遍。例如，Goni-Urizza等发现西班牙北部潘普洛纳河流中含有耐药性的肠杆菌与气单胞菌细菌。Schwartz等在德国美因茨市地表水体、污水以及饮用水中均发现β-内酰胺抗性基因*ampC*，在饮用水供水与污水网络中发现了抗性基因*vanA*。Pruden等采用PCR定量在线实时监测方法在美国科罗拉多州北部河流、灌溉渠等地表水中发现了6种编码四环素的抗性基因*tetB*、*tetP*、*tetO*、*tetS*、*tetT*、*tetW*与4种编码磺胺类抗生素的抗性基因*sul*1、 *sul*2、*sul*3 与 *sulA*。Ram 等对印度恒河进行调查，其中 24% 的大肠杆菌对 3 种以上的抗生素具有抗性。印度恒河被邻近城市粪便高度污染，城市点源的大肠杆菌比农村非点源的大肠杆菌抗更多的抗生素。Castiglioni 等研究表明，意大利北部河流已被多药物抗性基因 *marA* 污染。以上研究都发现在受人为活动干扰的水环境中抗性基因浓度明显高于未受到人类干扰地区，表明抗生素抗性的发生与抗生素的使用以及残留的环境选择压力密切相关。

医用抗生素首先在人体内诱导出抗生素抗性菌株，这些抗性基因随粪便大肠菌群排出体外，环境中土著菌获得抗性基因，这些抗性基因进入医疗废水，形成抗生素抗性基因库。因此，医疗废水中抗生素抗性基因的检出率较高。Schwartz 等在德国美因茨市医院的废水中发现了编码耐受甲氧苯青霉素的抗性基因 *mecA*。丹麦大学医院废水中几乎所有的耐庆大霉素的大肠埃希氏菌表现多药物抗性，并携带致病基因。Heuer 等研究发现，在比利时布鲁塞尔医院废水中含有携带庆大霉素抗性基因的不动杆菌、假单胞菌、肠杆菌和编码甲氧苯青霉素抗性的基因 *mecA*。美国南卡罗来纳州医院废水中抗环丙沙星大肠杆菌可以抗 6 ～ 7 种抗生素。兽药抗生素特别是畜牧业和养殖业中抗生素的大量使用是导致细菌耐药性增加的重要原因之一，也是抗生素抗性基因在环境中的重要污染源。畜牧场废水中所含的抗生素抗性基因的种类与浓度都明显高于河流和灌溉渠。Marilyn 等用实时定量 PCR 技术在美国中南部饲养场废水中监测到 *tetO*、*tetQ* 与 *tetW* 3 种编码四环素的抗性基因。Peak 等在美国堪萨斯州养牛场废水池中发现了高水平的四环素抗性基因 *tetO*、*tetQ*、*tetW*、*tetM*、*tetB* 与 *tetL*。他们发现养牛场使用抗生素的数量不同，从而导致其废水池中抗性基因的含量也不同，大量使用抗生素（*tetR*，2.8×10^6copies/mL）显著高于混合使用（7.3×10^5copies/mL）和不使用抗生素（5.1×10^3copies/mL）情况下监测到的抗性基因含量。Pei 等在美国西部奶牛场废水中不仅监测到了编码四环素的抗性基因，而且还监测到了编码磺胺类的抗性基因 *sul*1、*sul*2 与编码大环内酯的抗性基因 *ereA* 与 *msrA*。Agerso 等在丹麦、加拿大养鱼场水中发现了大量携带四环素抗性基因 *tetE* 的运动型气单胞菌。Schmidt 等还发现丹麦虹鳟鱼场中 37% 的气单胞菌表现出抗土霉素与磺胺嘧啶 / 甲氧苄氨嘧啶基因的联合抗性。随后他们又发现了抗嗯喹酸、羟氨苄青霉素、氟苯尼考与磺胺嘧啶 / 甲氧苄氨嘧啶的致病菌鲁氏耶尔森菌、黄杆菌和杀鲑气单胞菌。虽然气单胞菌不是鱼类和人类的致病菌，但是通过水平基因转移可以把抗性基因转移到致病菌上，这对人体健康产生很大威胁。Kim 等在日本和韩国沿海水产养殖场的海水中发现了携带编码四环素抗性基因 *tetM* 与 *tetS* 的格氏乳球菌、杀鱼巴斯德氏菌、美人鱼发光杆菌和弧菌。Petersen 和 Dalsgaard 在泰国养鱼塘分离出的肠球菌中发现了编码四环素的抗性基因 *tetM*。越南北部的城市运河、养鱼池、养虾池也发现了编码磺胺类的抗性基因 *sul*1>*sul*2>*sul*3。早在 20 世纪 70 年代 Sizemore 与 Colwell 就在大西洋海水中发现了抗生素抗性细菌。Cohen 也在未受污染和受污染的大西洋水样中发现了抗性细菌。之后在江河入海口抗性细菌也被相继检出。Heuer 等在被污水污染的希腊近海中发现了耐庆大霉素的不动杆菌、假单胞菌、肠杆菌科以及系统发育关系近的细菌如变形细菌。最近在希腊赛尔迈海湾海水中也出现了低水平抗万古霉素的肠球菌。

由于抗生素在医药与动物养殖业的滥用、人类在河岸的活动、人类与动物的排泄、城市与工业废水等诸多原因，发展中国家与发达国家地表水都已成为抗性致病微生物的主要基因库。无论是医疗业还是动物养殖场来源的抗生素抗性基因都随医疗和养殖废水进入到污水处理系统，因此污水处理系统成为抗生素抗性基因库。Reinthaler 等调查了 3 个奥地利污水处理厂，发现好氧罐与厌氧消化池中的大肠杆菌抗多种药物，包括青霉素（氨苄青霉素、氧哌嗪青霉素）、头孢菌素（头孢噻吩、头孢呋辛）、喹诺酮类（萘啶酮酸）、四环素和甲氧苄啶/磺胺甲噁唑，其中抗性率最高的是四环素达到了57%。在比利时魏威尔城市污水处理厂水中，不动杆菌、假单胞菌、肠杆菌科以及系统发育关系近的细菌如变形细菌中，发现了编码耐受庆大霉素的抗性基因。Paulo 等通过对污水处理厂的入水、出水中耐药性肠球菌的研究发现，城市污水处理厂紫外消毒处理可以大大减少出水中抗性细菌的数量。但是，Auerbach 等研究发现，污水处理厂入水、出水与活性污泥中存在高水平的编码耐受四环素的抗性基因 *tetA* ～ *tetE*、*tetG*、*tetM*、*tetO*、*tetQ* 与 *tetS*。虽然研究表明出水中 *tetQ* 与 *tetG* 的浓度（10^5 ～ 10^6copies/mL）均低于入水与污泥中的浓度（10^7 ～ 10^9copies/mL），但是实行紫外消毒与没有实行紫外消毒的出水所含 *tetQ* 与 *tetG* 的浓度相当，这表明紫外消毒处理不能减少抗性基因的含量。污水处理厂是抗生素抗性基因在水生细菌之间发生水平基因转移的高发区。因为废水与生物膜具有非常高的微生物量和丰富的营养，土著水生细菌可以在废水与生物膜中获得编码抗性基因的质粒和其他基因元件。以上研究表明污水处理厂的环境适于抗性基因的传播与转移。

在美国40%地下水用于提供公共水源，97%为农村提供饮用水并很可能将抗性基因通过饮水与食物带入食物链，在各个环境介质中传播转化，可能导致抗生素抗性基因的全球性污染。虽然地下水中抗生素的含量很低，但由于抗性基因仍可以从施用动物粪便的农田渗漏下来或随沉积物进入地下水，因此在地下水中也已检测到抗生素抗性基因的存在。McKeo 等在农村地下水中发现抗药性大肠杆菌出现频率很高，从农村地下水分离的嗜水气单胞菌100%抗至少2种抗生素。化粪池中的土霉素可以下渗污染地下水，同时在250m处的地下水中都能检测到抗性基因。Koike 等在2000 ～ 2003年连续4年对养猪场附近地下水中四环素抗性基因进行监测，每年每个采样点均发现四环素抗性基因 *tetM*、*tetO*、*tetQ*、*tetW*、*tetC*、*tetH* 和 *tetZ*，并且在养猪场废水池下坡地段采样点的抗性基因浓度偏高。这间接表明抗生素抗性基因的主要来源是动物养殖业带来的畜禽粪便污染，地下水是抗生素抗性基因的潜在基因库。

5.3.1.2 ARGs 在不同水系统中的分布

随着社会不断发展，人类活动对江河、湖库以及地下水等饮用水源的污染日益严重。近年来，在亚洲、欧洲等地区饮用水源中均检测出了ARGs。水环境中抗生素抗性基因的重要来源是医药及兽药抗生素，特别是畜牧业和养殖业中抗生素的大量使用，并引发细菌耐药性增加。江河、湖库和地下水作为城市供水系统主要的水源，ARGs的污染程度及其引发的环境健康风险应引起学者和环境管理者的高度重视。表5-2概述了饮用水源及污水中抗生素抗性基因的种类及检出情况。

（1）江河水

我国江河中总体抗生素浓度较高，最高可达7560ng/L，平均为303ng/L。由于抗生素滥用而产生的ARGs污染情况也愈发严重。受人类活动影响，目前我国的主要江河，如珠江、北江、黄浦江以及海河均检测出多种ARGs。Yang 等对天津海河中的磺胺类ARGs丰度进行了检测，其中 *sul*1 最大丰度达 8.5×10^5copies/mL，*sul*2 最大丰度达 1.4×10^7copies/mL。Xu 等在北京7条河流中检出2种磺胺类ARGs和6种四环素类ARGs，其中丰度较高的是

表 5-2　饮用水源及污水中抗生素抗性基因的种类及检出情况

类型	地点	主要种类	丰度
江河	九龙江	*tetA*、*tetG*、*ermB*、*vanA*	$10^3 \sim 10^6$copies/mL
	珠江口	*tetB*、*tetC*、*tetM*、*tetO*、*tetW*、*qnrS*、*ermB*、*sul*1、*sul*2、*int*1	$1.0\times10^2 \sim 6.0\times10^7$copies/mL
	莱茵河、布里斯班河、多瑙河	*tetA*、*tetB*、*tetC*、*dfrA*1、*dfrA*12、*ermB*、*cat*Ⅱ、*cat*Ⅰ、*floR*	<71 ～（103134±15344）copies/10^6 copies of 16S rRNA
	波兰皮利察河	*blaTEM*、*tetA*、*tetB*、*tetC*、*tetE*、*ermF*、*intl*1、*linA*、*sul*1	—
湖库	长江中下游 15 湖泊群	*sul*1、*sul*2、*sul*3、*tetA*、*tetB*、*tetC*、*tetM*、*tetW*、*tetQ*、*tetO*、*tetG*、*qnrA*、*qnrB*、*qnrD*、*qnrS*、*ermA*、*ermB*、*ermC*	$1.27\times10^{-4} \sim 2.11\times10^{-1}$copies/16S rRNA copy
地下水	深圳茅洲河流域	127 种 ARGs、10 种可移动遗传元件（8 种转座子及 2 种整合子基因）	$8.50\times10^2 \sim 8.89\times10^6$copies/mL
污水	江苏某污水处理厂	*tetA, tetC*	$1.37\times10^6 \sim 6.16\times10^7$copies/mL
	香港某污水处理厂	*tetC, tetA*	$1.33\times10^4 \sim 2.27\times10^8$copies/mL

*sul*1、*tetA* 和 *tetE*，所检出的 8 种 ARGs 丰度在 $7.0\times10^1 \sim 2.3\times10^6$copies/mL 之间。Jiang 等在黄浦江中检测到 2 种磺胺类 ARGs、8 种四环素类 ARGs 和 1 种 β-内酰胺类 ARGs，丰度为 $3.66\times10^1 \sim 1.62\times10^5$copies/mL。Zheng 等还发现浙江张溪河中 ARGs 丰度受温度影响明显，夏季时丰度最高为 2.81×10^6copies/mL。Stoll 等在德国莱茵河中检测出 20 多种 ARGs，其中磺胺类 ARGs 检出率高达 77% ～ 100%；Pruden 等在美国科罗拉多州多条河流中检测出四环素类和磺胺类 ARGs，并发现南普拉特河由上游至下游 *sul*1 的丰度呈逐渐增加的趋势。以上研究表明，江河水已成为环境中 ARGs 的一个主要储库。

（2）湖库水

湖泊和水库由于兼具饮用水源、观光、灌溉等多种功能，容易受到人类活动的影响，因此更利于 ARGs 的积累和传播。Yang 等对长江中下游地区的洞庭湖、阳澄湖等 15 个代表性湖泊进行了研究，发现所有湖泊均受到不同程度 ARGs 污染，且磺胺类和四环素类 ARGs 分布广泛，*tetG* 平均丰度最高，为 4.74×10^{-3}copies/16S rRNA。我国中部城市武汉的沙湖、南湖和紫阳湖中 ARGs 丰度也较高，磺胺类 ARGs 在 $10^{-4} \sim 10^{-2}$copies/16S rRNA 之间，四环素类 ARGs 丰度则在 $10^{-5} \sim 10^{-4}$copies/16S rRNA 之间。Zhang 等对我国京津冀地区水质指标均符合《地表水环境质量标准》(GB 3838—2002) Ⅱ类的供水水库进行研究发现，潘家口和官厅水库检出的 ARGs 丰度最高，*sul*1、*tetM* 和 *ermB* 三种 ARGs 检出率均为 100%，丰度在 $10^6 \sim 10^8$copies/mL 之间。由此可见，湖库水体中即使常规理化、生物指标符合相关标准，ARGs 也可能会有较高的检出率及丰度，给水生生态系统及人体健康带来潜在的风险。Czekalski 等发现瑞士日内瓦湖中四环素类、磺胺类和大环内酯类 ARGs 均有不同程度的检出。Graham 等在古巴的水库中检出了 3 种 β-内酰胺类、2 种红霉素类和 5 种四环素类 ARGs。据调查显示美国的 24 座大型城市供水水库中均发现含有 ARGs，至少 4000 万人受到影响。上述研究结果表明，世界各地的湖库水体已不同程度受到 ARGs 的威胁。

（3）地下水

地下水作为饮用水源虽有水质好、富含矿物质等优点，但由于 ARGs 可随土壤渗透作用或随沉积物等方式进入地下水，使得地下水中也频繁检测到 ARGs。Koike 等连续 3 年对美国多个养猪场周围的地下水进行检测，检出 *tetM*、*tetQ*、*tetW* 等 7 种四环素类 ARGs，丰度在 1.0×10^5 ～ 2.71×10^6copies/mL，说明养殖场中抗生素的大量使用已导致周围地下水源受到 ARGs 严重污染。Knapp 等研究发现在光照和高温条件下可加速降解 ARGs，但由于地下水大部分为低温黑暗条件，更不利于 ARGs 的衰减，因此地下水环境很可能成为 ARGs 的又一重要潜在储库。但是目前有关地下水体中 ARGs 研究相对较少，为了全面地评价 ARGs 对饮用水源的污染现状，应加强地下水的有关研究。

（4）污水系统

污水处理厂集结了医院废水、病人排泄物废水、居民使用的生活污水、动物排泄物和宠物医院废水等，相比自然环境，污水处理厂这一人工环境中 ARGs 的检出率和检出水平都要高，有研究报道 ARGs 和整合基因在不同环境介质中的检出率大小顺序为活性污泥＞沉积物＞水体。

污水处理厂接收医院、工厂、农业和城镇用水等混合污水，再次将多种类型的抗性基因混合、转移和传播，使抗性基因在污水和污泥中广泛分布。Pruden 等研究了河流流经的家畜养殖场、污水处理厂和鱼类孵化场以及河流监测点的四环素类抗性基因（*tetW*）和磺胺类抗性基因（*sul*1）的分布情况，通过一般线性回归模型对上游人类活动与河流中的抗性基因做了相关性分析。结果表明，河流中磺胺类抗性基因（*sul*1）与家畜养殖场和污水处理厂的相关性分别为 R^2=0.35、P<0.001 和 R^2=0.34、P<0.001。沿着输送途径（包括坡面流、沟渠和河段）反向加权的线性回归模型加强了河流中磺胺类抗性基因与家畜养殖场的相关性（R^2=0.60 ～ 0.64，P<0.001），这表明输送途径对抗性基因的传播起重要作用。与 *sul*1 相反，*tetW* 的分布特征却不那么明显，其主要分布于水源地，且在家畜养殖场比较普遍，这为人类对水体环境中抗性基因来源的认识提供重要参考。Czekalski 等研究了医院废水、污水处理厂出水、湖泊中水体抗性细菌和抗性基因的污染水平，发现医院废水中抗性细菌和抗性基因浓度最高。污水处理厂可降低总细菌数量达 78%，但多重抗性细菌比例增加。这表明污水处理厂可能成为又一个抗性基因的重要污染源，许多研究者认为不同种类的抗性基因在污水中的分布不同。Auerbach 等研究了不同污水处理厂中 10 种四环素抗性基因的分布，发现 10 种抗性基因均可在进水中检出，出水和活性污泥中也可检出多种抗性基因。其中，*tetQ* 在进水中浓度最高，而 *tetG* 在活性污泥中浓度最高。相比之下，在邻近的湖中只有 *tetA* 被检出。这表明污水处理厂对抗性基因具有明显的去除效果，且污水处理厂中抗性基因的分布与抗性基因的种类相关。He 等研究厦门污水处理厂中抗性基因（*tetA*、*tetC*、*tetE*、*tetM*、*tetO*、*tetW* 和 *sul*1）的污染水平，结果表明抗性基因在活性污泥中检出频率最高（0.86），其次为沉积物（0.57），污水中最低（0.24），这预示污水处理厂污泥是抗性基因存在的重要场所。

有研究表明抗性基因在不同国家的分布也有差异。Yang 等分析了不同国家 15 个污水处理厂中 β-内酰胺抗性基因分布水平，β-内酰胺抗性基因在大多数污水厂中检出，OXA-1 浓度水平最高；很显然的是，TEM-1 在中国污水处理厂中比在其他国家高，而 OXA-2 和 IMP 在北美洲污水处理厂中比在东南亚高。抗性基因在各国的不同分布可能与各个国家使用抗生素的种类和数量相关。同样，抗性基因的分布也可能与抗生素浓度有关。Gao 等分析了城镇污水处理厂中四环素类和磺胺类抗生素与对应的抗性基因和耐药性细菌的相关性。在进水和出水中，抗性细菌的数量与抗生素浓度显著相关（R^2=0.75 ～ 0.83，P<0.05），而四环素类抗性基因与四环素浓度并无显著相关性（R^2=0.15，P>0.05），但磺胺类抗性基因与磺胺类抗生素显著相关（R^2=0.97，P<0.05），但在污泥中，抗性细菌和抗性基因与抗生素浓度相关性不明显（R^2=0.003 ～ 0.07），抗生素和抗性细菌没有显著的相关性可能是由于携带抗性基因的遗传因子（整合子、质粒）的作用。这些结果表明从污染来源到接受环境等多种因素均会对抗生素和抗性细菌产生影响。

由此可见，污水处理系统是抗性基因存在的重要场所，抗性基因在时间和空间上的分布均十分广泛，且各抗性基因表现出不同的分布特征。总体来说，污水及其污水处理厂中抗生素抗性基因分布在不同国家、地区的不同，与抗生素浓度、种类和处理工艺密切相关。

5.3.1.3 ARGs 在水环境中的传播扩散

从上述不同抗性基因的基因库来看，不难发现各个基因库之间各有联系，人类、动物与生态环境之间形成了一个循环，使得抗生素抗性基因在其中不断循环、积累。人类在广泛使用大量抗生素治疗疾病时，由于抗生素的选择性压力，使其在人的肠胃及尿道中诱导出含有抗性基因的细菌。此外，肠胃细菌之间、肠胃细菌与经过肠胃的细菌之间，抗性基因都能够进行水平转移，又进一步增加了人体内抗性基因的含量。相似的情况，为了提高家禽养殖业、牛羊畜牧业以及水产养殖业的出产率，人们在饲料中大量加入抗生素，这在各种动物体内同样会诱导出相应的抗生素抗性基因。体内含有抗性基因的动物被加工成肉类食品或者奶制品后，其中的抗性基因通过食物链又可进入人类体内。研究发现，一些养殖场内的空气中也含有抗性基因或抗性细菌，当养殖场工作人员吸入养殖场内的空气时，抗性基因或抗性细菌就会随空气一起进入人体。此外，如果人与动物直接接触，动物体内的抗性基因或抗性细菌也能直接进入人体。

随后，人与动物体内的抗性细菌与抗性基因随着排泄物一起进入自然环境中。一部分排泄物进入污水处理厂（同时进入污水处理厂的还有医疗废水），污水处理厂是抗性基因传播的重要中转地，污水处理厂中的处理工艺只能去除一部分抗性细菌与抗性基因，但是大部分抗性细菌和抗性基因不能被去除，甚至某些污水厂出水中抗性基因含量高于污水厂进水，这些抗性基因都随污水厂出水排入自然水体中，增加了污水处理厂下游水体的抗性基因含量。另一部分排泄物被用作肥料进入土壤生态系统，使排泄物中抗性基因转移到土壤菌株之中。而污水厂出水部分回用灌溉农田以及污泥堆积施肥更增加了土壤生态系统中的抗性细菌与抗性基因的含量，土壤中的抗性基因能够水平转移到庄稼等农作物中，这些农作物被加工成为农产品后又通过食物链进入人类体内。由于降雨等原因产生的地表径流会使土壤中的抗性细菌和抗性基因进入到地表水体中，而土壤系统的渗透作用使得地下水中也含有数量“可观”的抗性基因。如果这些地表水体或者地下水体被用来作为饮用水水源，虽然给水处理工艺能灭活部分抗性细菌和抗性基因，但仍有大部分抗性基因会随饮用水进入人类体内。

从抗性基因在环境中的循环传播过程不难看出，抗性基因会在人体内积少成多，增加了人体细胞的耐药性，对人体健康和生态安全构成巨大威胁。在美国，由耐甲氧西林金黄色葡萄球菌引起的感染病每年的致死人数比艾滋病、帕金森症以及杀人犯的总和还要多。当致病菌获得多重抗性基因后，就既具有致病性又具有多重耐药性，对人体具有极大的危害。最典型的就是含有 NDM-1 的超级细菌，曾引起世界范围内的恐慌。因此，加紧研究去除环境中抗生素抗性基因的处理方法成为了当务之急。

许多研究表明，养殖场化粪池系统内的抗性细菌及抗生素抗性基因能够通过渗透、泄漏等途径进入地下水和地表水等水环境。Chee&Sanford 等在养猪场附近的化粪池内监测到 8 种编码核糖体保护蛋白的四环素抗性基因，即 *tetO*、*tetQ*、*tetW*、*tetM*、*tetBP*、*tetS*、*tetT* 和 *otrA*。这些抗性基因可渗滤到地下水中，在化粪池下游 250m 处的地下水中仍能检测到。Koike 等在此研究的基础上，于 2000 ～ 2003 年连续对化粪池及地下水中的四环素抗性基因进行监测。结果显示，所有采样点均含有 RPP 基因 *tetM*、*tetO*、*tetQ*、*tetW* 和外排泵基因 *tetC*、*tetH*、*tetZ*。Peak 等对美国中西部 8 个化粪池（分属于 5 个养牛场）内的 6 种四环素抗性基因进行了连续 6 个月的在线监测，结果表明，抗生素抗性基因的丰富度与抗生素的使用量有关，大量使用与混合使用抗生素的抗性基因含量显著高于不使用抗生素，而大量四环素抗性基因会对水质产生影响。由此可见，化粪池是抗生素抗性基因向水环境转移的重要储存库。

水产养殖是抗生素抗性基因进入水环境最直接的途径。水产养殖区的鱼体内、水体和底泥中均监测到抗生素抗性基因，表明抗生素在水产养殖业的大量使用可能使水产养殖区成为抗生素抗性基因的暂时储存库。抗生素不仅可直接投加到水体中，还可通过作为饲料的动物粪便（残留抗生素及抗性基因）间接进入水体。从 35 条人工养殖的淡水鱼罗非鱼（*Tilapia mossambica*）溃疡皮肤细胞中分离出 21 个嗜水气单胞菌，测定其对 10 种抗生素的敏感性，结果表明，所有细菌均对氨比西林具有抗性，大部分对链霉素、四环素及红霉素具有抗性。这些抗性基因很可能通过食物链进行垂直传递，最终进入动物或人的肠道中，也可能通过基因水平转移扩散到其他微生物体内。

污水处理系统是抗性基因进入水环境的重要途径。抗生素抗性基因随医疗废水、制药业废水和动物养殖场污水等进入污水处理系统后，由于现有的水处理技术对许多抗生素类物质没有明显的去除效果，污水出水中仍有相当浓度的抗性基因存在。大量研究均表明，污水处理厂的进水、出水及底泥中均含有相当浓度的耐药抗性细菌或抗生素抗性基因。而且生物处理和紫外消耗都无法有效去除高水平的四环素抗性基因。由此可见，污水处理系统是抗生素抗性基因的重要储存库。

由于污水经污水处理厂处理后直接排入河流或用于农业灌溉，故河流中耐药细菌和抗性基因报道日益增多。Pei 等采用定量 PCR 法对 Cache La Poudre 河 5 个采样点（分别为无污染区、农业活动轻度污染区、城市污水排放区、农业活动严重污染区、城市和农业混合污染区）的抗生素抗性表型及抗性基因进行了研究，结果表明，受人类干扰区域的四环素类及磺胺类抗性基因水平明显高于未受干扰区域。胡建英等对北京温榆河流域的耐药大肠杆菌表现型和基因型进行了研究，表明大肠杆菌对 9 种抗生素中的一种或多种产生抗性，其中对磺胺类、四环素及氨比西林的抗性最为明显；经抗性基因检测发现，*tetM* 基因首次出现在河流中，表明抗性基因可以通过水平基因转移在微生物间传播。

目前，海滩娱乐水域的抗生素抗性问题越来越受到人们的关注，研究表明，海滩娱乐水域可能成为携带抗生素抗性基因的微生物传播扩散的又一媒介。

5.3.2 筛检技术

要正确地评估 ARGs 对生态环境的危害、在水体中的分布情况及传播途径，需对水体中的 ARGs 进行定性和定量分析研究。目前 ARGs 的检测技术主要有荧光定量 PCR 技术、高通量测序技术等（见表 5-3）。

表 5-3　几种 ARGs 检测技术优缺点比较

检测技术	检测原理	优点	缺点
传统细菌培养	基于微生物培养，通过抗生素耐药表型来评价其耐药性，以细菌药敏试验最为常用	可获得该菌株抗生素耐药基因的全部信息以及耐药机制	环境中可培养微生物仅占环境中微生物总数的 0.5% ～ 1.0%，会遗漏大量耐药微生物和耐药基因
荧光定量 PCR 技术	随着 PCR 反应的进行，其产物不断累积，荧光信号强度也等比例增加。每经过一个循环，采集一个荧光强度信号，可通过荧光强度变化监测产物量的变化，从而得到荧光扩增曲线图	实时监测、易观察、特异性强、准确度高	只能检测环境耐药基因是否存在，且结果会出现假阳性，难以实现基因的定量分析
高通量测序技术	通过对环境样品提取总 DNA 测全序，与已知的抗生素耐药基因数据库进行序列比对，从而鉴定耐药基因	定量，高效率，适用于大规模测序，节省时间	数据量大，难以分析，只能用于检测已知序列的抗性基因
基因芯片技术	将数以万计、百万计的 DNA 探针固定于固相载体上形成 DNA 微阵列，将样品核酸用荧光或同位素等方法标记，并通过与芯片探针杂交来检测样本内的多种特定 DNA 序列，通过计算机分析得到样品中大量基因序列特征和基因表达信息	可获得样品中大量序列信息，且灵敏、准确、多参数同步分析、快速自动分析，多用于样品中大量抗性基因的检测，较少在水系统应用	存在假阳性、假阴性、芯片质量问题等；分析前需要进行数据精简和标准化，并对结果进行检验和生物学分析
宏基因组学	将环境中所有微生物的遗传信息看作一个整体，通过直接提取和克隆来自微生物组合的 DNA 来对微生物基因组分析，研究微生物与自然环境或生物体之间的关系	跨越了微生物无法在实验室条件下分离培养的瓶颈，极大地拓展了微生物学的研究思路和研究方法，特异性强，灵敏度高，不依赖于微生物培养及筛选	存在宿主偏好性和异源表达缺陷；某些耐药基因并不存在于染色体 DNA 上，利用宏基因组文库进行筛选可能会遗失部分耐药基因；成本较高

（1）荧光定量 PCR 技术

荧光定量 PCR 技术（quantitative real-time PCR, qPCR）是指在 PCR 扩增过程中，加入荧光基团作为荧光信号，通过荧光积累对 PCR 过程进行实时监测。常用的基团有荧光染料（SYBR Green）和水解探针（taqman）两种，荧光基团与扩增产物结合时，被激发的荧光强度与扩增产物量成正比，从而对 ARGs 进行精确检测，可用于检测样本中 ARGs 的种类、丰度以及与样本的相关性。传统 qPCR 仪以 96 孔、384 孔为主，仅适合反应数量较少、DNA 量较高的样本，反应体系为 μL 级别。由于 ARGs 种类丰富，常需要上百个基因同时进行检测，使用传统 qPCR 仪成本则相对较高，操作流程复杂，易产生人为操作误差。WaferGen SmartChip 超高通量 qPCR 平台可同时进行 5184 个 qPCR 反应，采用全自动化加样系统，反应体系为 100nL，很好地解决了这一问题。qPCR 技术由于具有高效性、特异性、实时性和易观察等优点，在实际中得到了广泛的应用。但缺点是有时结果会出现假阳性，需进行多次重复检测。Huang 等采用 qPCR 技术对水稻土进行检测，在未施用猪粪和施用过猪粪的水稻土中分别检测出 66 种和 107 种 ARGs，并且施用猪粪的水稻土中喹诺酮类 ARGs 丰度比未施用猪粪的高 1791 倍。Lamori 等采用 qPCR 技术对美国亚利桑那州的一处人工湿地出水进行了 8 个月的检测，结果显示 79.2% 的湿地样本中检测到红霉素类 ARGs，丰度在 2.27 ～ 2.75lgGC/100mL。

（2）高通量测序技术

高通量测序技术（high-throughput sequencing）可以对上百万个 DNA 分子同时测序，实现了对物种的转录组和基因组进行深入、细致、全面的分析，是基因测序技术发展历程中革命性的进步。可实现对样本中微生物的物种组成、物种丰度、基因预测、基因丰度进行检测，并利用数据库进行注释，得到样本中 ARGs 的种类和丰度与样本的相关性。目前高通量测序技术主要有 454 焦磷酸测序技术、Solexa 技术以及 SOLi D 技术，这三种技术的测序原理类似，其中 454 焦磷酸测序技术有利于提高重复序列的对比比例，SOLi D 技术运用双碱基纠正策略，提高了结果的准确度。高通量测序技术与传统测序方法相比，优势是：第一，运用芯片可以对上百万个点同时测序；第二，不需要进行电泳，操作方便，节省了成本和时间。基于以上优点，高通量测序技术不仅被广泛应用于基因测序中，还应用于功能基因组学等方面的研究中。Jiang 等运用高通量测序技术对长江下游水体进行研究，在水库水体中检测出 118 种 ARGs，在沉积物中检测出 124 种 ARGs，并发现水样中的整合子与 ARGs 丰度之间存在显著相关性。高通量测序技术在应用过程中也存在一些缺点，测序速度虽然有了提高，但数据量大、难以分析，不适用于小规模测序。总体上，将来随着微生物物种数据库不断完善和测序技术的不断改进，高通量测序技术将会成为 ARGs 检测的重要手段之一。

（3）宏基因组学

宏基因组学（metagenomics）是通过将环境中所有微生物的遗传信息看作一个整体，来研究微生物与自然环境或生物体之间关系的一门应用科学。与传统的微生物研究相比，该方法不依赖于微生物培养技术，跨越了微生物无法在实验室条件下分离培养的瓶颈，不受纯培养和形态鉴定的约束，通过与生物信息学的结合，可解释微生物之间、微生物与环境之间的相互作用及规律。该技术的基本策略是，采用原位裂解法或间接提取法，尽可能完全地提取环境样品中的总 DNA；通过核实的载体将宏基因组 DNA 克隆到模式微生物中，以构建宏基因组文库。然后通过外源基因赋予宿主细胞的新性状或基于某些已知的 DNA 序列筛选，来寻找新的生物活性物质或基因；当然，环境样品存在诸多因素可能会影响 DNA 的提取效果，导致克隆过程中基因（簇）断裂甚至基因无法表达；此外，环境中具有核酸酶活性物质的存在也可能会给完整 DNA 的提取带来很大难度。Chen 等采用宏基因组学技术在西藏地区的土壤、动物粪便及沉积物中发现了高达 200 余种 ARGs，其耐药性主要是通过与现代 ARGs 完全不同的外排机制发现的，在细菌间水平转移的可能性较小。Seungdae 等比较了一种随机全基因组方法与宏基因组学的研究结果，从而发现美国东南部的拉尼尔湖与另外一个淡水湖和海洋表层水中的基因组成要比土壤更加相关。总体来说，宏基因组学技术跨越了微生物研究的瓶颈，极大地拓展了微生物学的研究思路与方法，是获得新型耐药基因的重要手段。胡万超等利用宏基因组学技术获得饮用水滤池中微生物群落的结构组成及功能信息，发现氨氧化细菌 *Nitrospira* 和 *Nitrosomonas* 是影响饮用水水质的重要菌属，而 *Bradyrhizobium*、*Sphingomonas*、*Methyloglobulus* 等 5 种细菌是饮用水快速砂滤池中降解痕量有机污染物的关键菌，从而完善了滤池微生物群落结构及功能的认识。

5.3.3 控制与去除技术

研究表明，水源中含有的 ARGs 经自来水厂处理后并不能完全去除，且不同饮用水处理工艺对 ARGs 去除效果差异较大，其中的移动基因如转座子、整合子等可能会对 ARGs 的形成、水平转移及扩增起到积极作用，某些种类的 ARGs 在经过水处理工艺处理后含量甚至出现升高的现象，由此引发的水环境健康问题不断增加，因此需加强饮用水处理工艺对 ARGs 去除效果的研究，以最大限度地控制 ARGs 对人类生命健康的影响。

5.3.3.1 常规处理工艺

混凝、沉淀、砂滤等是饮用水的常规处理工艺，其中混凝、沉淀是 ARGs 去除的关键阶段。投加混凝剂使原水中悬浮物、有机物等与游离的抗性细菌（antibiotic resistance bacteria, ARB）结合形成大分子聚合物，经沉淀池处理后，携带 ARGs 片段的 ARB 得到消减，从而 ARGs 丰度大幅降低。相关数据显示，饮用水处理厂混凝工艺对水中 ARGs 平均去除率可达到 42.53% ～ 74.71%；浙江某饮用水处理厂经混凝、沉淀工艺后，对 ARGs 平均去除率可达 84.23%。张启伟等以聚合氯化铝（PAC）和聚合硫酸铁（PFS）作为混凝剂，投加量分别为 0.85mmol/L、0.50mmol/L 时，对水中各类 ARGs 的去除量在 2 ～ 3 个数量级。Li 等向水中投加 $FeCl_3$ 或聚氯化铁，对各种 ARGs 的去除率达 1.15 ～ 2.46lg 单位，效果甚至优于人工湿地、曝气生物滤池和紫外消毒。王青等发现九龙江下游饮用水厂中原水经过混凝处理后，*ermB* 丰度从 7.02×10^4copies/mL 下降到 5.24×10^3copies/mL，但经砂滤处理后，部分 ARGs 丰度却有所升高，这可能是由于滤料表面附着的生物膜因老化脱落进入水中，导致出水中微生物含量增加，从而使 ARGs 丰度有一定程度增加。以上结果表明，饮用水厂的混凝、沉淀等常规工艺可对 ARGs 进行有效去除，但去除率差异较大，甚至会有升高的趋势。但是，近年关于饮用水厂中絮凝、沉淀工艺对 ARGs 或 ARB 的去除效果及机制研究仍较少，可能是未来该领域的发展方向之一。

5.3.3.2 消毒处理工艺

消毒工艺主要是通过降低供体细菌的存活率来抑制相关转移基因的表达，从而去除水中 ARGs。目前，饮用水厂多采用后臭氧消毒、加氯或紫外消毒工艺，以去除水中的活性微生物及其他污染物。研究表明，臭氧接触单元主要以消除水中的有机物、病毒和细菌为主，对水厂出水中部分 ARGs 含量有一定去除效果，但易受到细菌携带抗性类型、消毒剂量及方法组合使用等因素影响，难以明显降低或彻底清除 ARGs。Rivera-Utrilla 等发现水中磺甲硝咪唑与臭氧接触进入活性炭柱后，磺甲硝咪唑含量有明显下降，从而减少诱导产生 ARGs。但 Xu 等报道了钱塘江饮用水处理厂的臭氧处理工艺使四环素类 ARGs 稍有降低，去除率仅为 20.57%，而其他种类的 ARGs 则均有所增加，增长率为 38.28%。加氯消毒是饮用水厂普遍采用的消毒方式，由于余氯对膜外蛋白基因和 DNA 转移相关的基因表达会产生抑制作用，可有效降低 ARGs 可移动遗传元件，通过降低基因转移率从而降低 ARGs 丰度。Xi 等发现美国密歇根州和俄亥俄州水厂进行加氯消毒后，磺胺类 ARGs 有大幅度减少。但也有研究发现消毒工艺对 ARGs 具有选择富集作用，如 Shi 等发现加氯消毒后 *empC*、*ermA*、*ermB* 等 7 种 ARGs 含量升高。以上结果表明消毒工艺虽然可去除一定量的 ARGs 或可移动遗传元件，但对部分 ARGs 种类也可能起到促进作用。

（1）氯消毒工艺

随着城市污水厂出水要求的提高，二级出水之后加设消毒环节越来越普遍。氯消毒是最普遍的水和废水的消毒工艺。氯消毒产生的次氯酸具有强氧化性，能迅速氧化细胞成分，包括核碱基的嘌呤和嘧啶基团等，其中与游离性的碱基反应性很强，但因氢键的原因与双链 DNA 的反应活性较弱。

采用氯消毒去除抗性基因的过程中，次氯酸首先氧化细胞壁，然后进入细胞内部与 DNA 反应，因此只有较高的加氯量才能保证次氯酸进入到细胞内与 DNA 反应，而污水厂常规氯消毒剂量通常难以有效去除抗性基因。Huang 等采用 10mg/L（Cl_2）的次氯酸钠对二沉池出水进行消毒，接触时间 10min，发现青霉素、氨苄西林、四环素和利福平的抗性细菌减少了 4 个数量级，但是对氯霉素抗性细菌无明显去除效果。Yuan 等研究了氯消毒对污水中 9 种抗生素抗性细菌和抗性基因的去除作用，加氯量范围为 15 ～ 300mg/（L • min），发现除磺胺嘧啶和红霉素的抗性细菌之外的其他抗性菌都能被 15mg/（L • min）的氯完全灭活，而磺胺嘧啶和红霉素的抗性细菌需要施加大于 60mg/（L • min）的氯才能完全灭活；最高剂量的氯消毒对红霉素抗性基因和四环素抗性基因的去除率仅分别为 60% 和 20%。Zhang 等研究表明，氯消毒对抗性基因的去除效果跟加氯剂量和接触时间密切相关，加氯量越大，接触时间越长，抗性基因的去除率越高；施加 30mg/（L • min）的氯可去除 1.3 ～ 1.49lg 单位的磺胺类和四环素抗性基因；溶液中的铵态氮则对抗性基因的去除产生明显的抑制作用。然而，Huang 等研究则指出，氯消毒虽然可以有效去除抗性细菌，但是残留的微生物群落发生了很大的变化，其中抗氯霉素、氨苄西林和青霉素的细菌比例增加。Shi 等研究也发现，经氯消毒后的饮用水中四环素、红霉素等数种抗性基因的比例增加。可见，氯消毒很可能对微生物产生选择压力，从而加速了抗性基因的传播，增加了出水的环境风险。

（2）紫外消毒工艺

紫外消毒（UV）的原理是细菌的 RNA 和 DNA 结构被所吸收的紫外线光能破坏。采用 UV 去除抗性基因的过程中，紫外线直接破坏细胞内携带抗性基因的 DNA 片段，而对细胞其他组分不产生影响。Auerbach 等和 Lee 等的研究均表明，污水处理厂的常规紫外消毒剂量对四环素类、磺胺类、红霉素类等多种抗性基因均无明显的去除效果。Mckinney 等发现紫外消毒可以去除 1 个数量级的甲氧西林抗性基因，但是对万可霉素抗性基因无明显去除效果。通常认为紫外辐射的强度越大，抗性基因的去除效率越高。但 Mckinney 等采用紫外消毒处理 *mecA*、*vanA*、*tetA* 和 *ampC* 4 种抗性基因，发现 10 ～ 20mJ/cm^2 的紫外剂量能灭活 4 ～ 5 个数量级的抗性菌，而高达 200 ～ 400mJ/cm^2 的紫外剂量仅能去除 3 ～ 4 个数量级的抗性基因；且革兰氏阳性菌比革兰氏阴性菌对紫外消毒有更强的耐受性，表明紫外消毒工艺对 ARGs 的去除效果与细菌种类有关。Chang 等采用紫外消毒工艺对含有氨苄西林和四环素抗性基因的质粒进行降解研究，发现转导效率每降低一个 lg 单位，紫外辐照的剂量需增加 20 ～ 25mJ/cm^2。可见，采用紫外消毒工艺有效去除抗性基因需要很高的紫外辐照剂量，远远超出常规的紫外消毒剂量。

（3）臭氧消毒工艺

臭氧消毒的原理是利用臭氧及臭氧分解产生的羟基自由基（• OH）的强氧化性破坏细

胞的结构。臭氧与细胞壁和细胞膜的肽聚糖、蛋白质及脂类具有很强的反应性，所以除非施加较高的浓度，通常臭氧难以渗透到细胞内与 DNA 反应。与次氯酸相似，臭氧与游离性的碱基反应活性较高，但是与双链 DNA 的反应活性则较低。臭氧及其分解产生的羟基自由基首先氧化破坏细胞壁组分，然后渗入细胞内部，氧化降解携带抗性基因的 DNA 片段，因此有效去除抗性基因所需的臭氧剂量比常规消毒剂量高。Öncü 等发现臭氧能有效去除含抗性基因的质粒，0.9mg/L 的臭氧就能使质粒的双螺旋结构解开，当臭氧剂量为 4.2mg/L 时，质粒 DNA 浓度最低。Oh 等研究发现，臭氧消毒可使含抗性基因的质粒的转导性能降低 1 个数量级，同时加入过氧化氢或过硫酸盐可以显著提高去除效率。Czekalaki 等从实验室和工程应用角度分别研究了臭氧消毒对污水中磺胺类 *sul*1 抗性细菌和抗性基因的去除作用，实验室的研究指出预絮凝和高的臭氧浓度（O_3 与 DOC 浓度比大于 0.55）均有利于抗性细菌和胞内抗性基因的有效去除，而污水厂的工程实践研究则表明虽然臭氧消毒能杀灭抗性细菌，但是部分灭活的抗性细菌之后会复活，且臭氧消毒对胞内抗性基因没有显著的去除效果。

5.3.3.3 深度处理工艺

饮用水深度处理工艺是将高级氧化、臭氧消毒、活性炭的吸附作用和微生物的降解作用联合起来，对 ARGs 进行消减。活性炭由于其发达的空隙结构，具有良好的吸附作用，是一种稳定高效去除部分污染物的水处理工艺，但对 ARGs 的去除效果并不明显。研究表明，磺胺类 ARGs（如 *sul*1、*sul*2）和四环素类 ARGs（如 *tetA*、*tetG* 等）以及万古霉素类、*β*-内酰胺类、氯霉素类和大环内酯类 ARGs 经活性炭吸附后丰度甚至有所升高，出现这种情况的原因可能是因为吸附在活性炭表面生物膜上的微生物转移和诱导了 ARGs 的产生。除活性炭生物吸附外，目前研究较多的饮用水深度处理工艺主要有膜过滤、高级氧化等。汪清等研究了纳滤膜和反渗透膜对水中四环素类 ARGs 去除效果，发现纳滤膜和反渗透膜对四环素及其抗性基因的去除效果均较为理想。Böckelmann 等认为超滤膜工艺对某些种类的 ARGs 去除也有一定效果，经超滤膜工艺处理后的水中磺胺类和四环素类 ARGs 丰度有所减少，但其他 ARGs 丰度却会有所增加。Cengiz 等将 Fenton 和臭氧氧化工艺应用于受人工污染的养牛场污水处理中，以去除 *tetM* 基因及其宿主大肠杆菌，结果表明，50mmol/L H_2O_2 和 5mol/L Fe^{2+} 的 Fenton 试剂剂量可实现 56.6% 的细菌灭活，且不会酸化粪肥；施用剂量为 3.125mg O_3/g 粪便浆液可实现 98.5% 的细菌灭活。

通过对比不同饮用水处理厂对 ARGs 的去除效果发现，常规处理工艺和深度处理工艺对 ARGs 均有一定的去除效果，但并不能彻底消除，这主要与各饮用水处理厂的来水水质、工艺组合等实际情况相关，导致同一处理工艺对 ARGs 的去除效果也不一致，由此可见 ARGs 的去除是一个复杂的过程。因此要不断对饮用水处理工艺进行改进，最大限度去除水中含有的抗生素及 ARGs，达到遏制其传播和扩散的目的，从而降低其对水体的污染以及对人体的危害。

5.3.3.4 生物处理法

（1）活性污泥及相关工艺

活性污泥及相关工艺是城市污水厂最常用的处理系统。研究表明，活性污泥工艺对进水中的抗性细菌和抗性基因有显著的削减作用。Zhang 等研究了中国和美国五大城市的活性污泥工艺对四环素抗性基因的去除，发现出水中的四环素抗性基因 *tetC* 和 *tetA* 均比进水降低了3个数量级。

Börjesson 等研究发现，传统活性污泥工艺可使污水中的四环素抗性基因 *tetA* 浓度减少0.4～1.5lg 单位，*tetB* 减少 0.5～1.6lg 单位。Gao 等也发现经活性污泥工艺处理后出水中的四环素和磺胺类抗生素的抗性细菌及抗性基因浓度显著降低。但是，这些减少的抗性细菌和抗性基因主要被污泥吸附，并未得到真正去除，会随着污泥的再利用而进入土壤环境，威胁人类健康。因此，活性污泥工艺中污泥的后续处理非常重要，其中高温厌氧条件下的污泥消化对抗性细菌和抗性基因具有明显的去除作用。活性污泥相关工艺，如缺氧/好氧工艺（A/O）、厌氧/缺氧/好氧工艺（A_2/O）及序批式活性污泥反应器（SBR）等，因其增加了污水与污泥的有效接触而取得了较好的处理效果，被广泛应用于城市污水处理。但是污水停留时间的延长有利于细菌的变异与增殖，加速抗性基因的水平转移，造成出水中抗性基因的种类显著增加。如 Zhang 等研究发现 A/O 处理工艺的出水中不动杆菌对多种抗生素的抗性比进水增加10% 左右。此外在 A_2/O 工艺中也出现大肠杆菌和肠球菌对抗生素的抗性增强的现象。Fan 等发现序批式活性污泥反应器（SBR）中微量的红霉素对细菌产生选择压力，促进抗性基因的形成与传播，出水中检测到了进水中未检测到的红霉素抗性基因。

可见，虽然活性污泥及相关工艺对污水中抗性细菌和抗性基因有一定的去除效果，但是去除率不高，且生化池中高的抗生素浓度和高的微生物量加快了抗性基因的传播，导致二级出水中依然含有较高浓度的抗性细菌和抗性基因。此外，富集了抗性细菌和抗性基因的污泥可能成为二次污染源，也需要进一步处理。

（2）膜生物处理法

膜生物处理工艺在城市污水的处理中也有广泛的应用。Börjesson 等对比了活性污泥工艺和滴滤池对四环素抗性基因的去除，发现后者的处理效果更好。由于膜生物处理工艺中的微生物附着在载体上生长，残留在出水中的生物质含量较少，因此出水中的抗性细菌和抗性基因比活性污泥工艺更低。Novo 等则对比了淹没式的曝气生物滤池和滴滤池对抗性菌的去除，发现曝气生物滤池能使抗性细菌的数量降低 2 个数量级，而滴滤池的去除率低于 50%，并指出生物处理工艺、水力停留时间及进水水量等是影响膜生物处理去除抗性细菌效果的重要因素。Munir 等对比研究了膜生物反应器（MBR）、活性污泥工艺、氧化工艺、旋转式生物接触反应器等对四环素类和磺胺类的抗性细菌和抗性基因的去除效果，发现 MBR 对抗性细菌和抗性基因的去除率达到 2.57～7.06lg 单位，明显优于其他工艺（2.37～4.56lg 单位），并认为不同处理工艺之间的差异是由环境中的多重选择压力造成的。Sui 等构建了序批式膜生物反应器（SMBR）来去除养猪废水中的抗性基因，发现当固体停留时间较长时（30d），膜的分离作用明显，ARG 的去除率达 1.18lg 单位；在固体停留时间较短时（12d），生物处理占主导作用，ARG 的去除率最大，为 2.91lg 单位。Zhu 等研究了 MBR 反应器中膜污垢在抗性基因去除过程中的作用，发现膜污垢中的可溶性微生物产物（SMP）及其胞外多聚物（EPS）的含量与抗性基因的丰度显著相关，说明膜污垢在 MBR 反应器去除抗性基因的过程中发挥着重要的作用。在膜生物处理工艺中，水中的抗性细菌和抗性基因是通过富集到生物膜中而得以去除的，因此跟活性污泥类似，膜生物处理工艺如滴滤池的生物膜中同样富集了大量的抗性细菌和抗性基因，若后续没有得到有效处理，将会成为环境中抗性细菌和抗性基因的二次污染源。通常膜生物处理工艺对水中抗性细菌和抗性基因的去除效果普遍高于活性污泥工艺；此外污水停留时间短，污泥量少，造成二次污染的风险也比活性污泥工艺低。

5.3.3.5 人工湿地处理系统

人工湿地由于其工艺简单、成本低及高效等优点而被广泛应用于人口较少的城镇或农村生活污水的处理。人工湿地不仅对污水中的有机物、氮磷、抗生素、药物等均具有较好的处理效果，对抗性基因也具有一定的去除效果。Chen 等发现人工湿地能有效地去除城市污水中四环素和磺胺类的抗性基因，在厌氧生物过滤后加设人工湿地处理系统可以使农村生活污水中四环素和磺胺类的抗性基因的去除量提高 2 个数量级。Liu 等研究发现，自由表面流人工湿地出水中的四环素和磺胺类的抗性基因水平明显低于进水，而垂直潜流人工湿地及水平潜流人工湿地对抗性基因的去除效果不明显，因此提出表层水中的氧化作用是抗性基因被去除的主要机理。然而，Huang 等研究则表明，垂直上升流的人工湿地对养猪废水中的四环素抗性基因的去除率达 45% ～ 99%。此外，垂直潜流人工湿地的填料对抗性基因的去除也有显著的影响。Liu 等研究指出，以沸石作为填料的垂直潜流人工湿地对抗性基因的去除效果比以火山岩作为填料的垂直潜流人工湿地好，更小的填料粒径有利于抗性基因的去除，因此填料对抗性基因的吸附也是其去除抗性基因的机制之一。然而，杨芳等在研究不同类型的人工湿地去除抗性大肠杆菌及抗性基因中发现，水中的抗性基因转移到了基质生物膜上，随着生物膜的脱落，出水中的抗性基因的含量依然较高。He 等研究比较了不同类型的人工湿地对污水厂二级出水中抗性细菌和抗性基因的去除作用，发现所有类型的人工湿地出水中抗性细菌的数量均显著增加，原因是细菌出现再生长；垂直潜流人工湿地和其中的一种表面流人工湿地对抗性基因有显著的去除作用，去除率分别为 14% ～ 95% 以及 57% ～ 100%，而另外一种表面流人工湿地出水中抗性基因的浓度反而增加，其原因可能是污水中低浓度的抗生素、重金属等对抗性细菌产生了选择压力，促进了抗性基因的传播，此外人工湿地适宜的条件有利于微生物的再生长。

可见，人工湿地处理系统对抗性细菌和抗性基因的去除效果与湿地的类型、植物种类、水力负荷及填料种类等有关，在实际应用中需针对污水的性质设计相应的人工湿地处理系统。

5.3.3.6 高级氧化技术

近年来有不少研究者开始将高级氧化技术应用于污水中抗性细菌和抗性基因的去除，且获得了非常高的去除效率。高级氧化技术对抗性基因的去除主要归因于体系中产生的羟基自由基对抗性基因的氧化破坏。Karaolia 等研究发现，太阳光 Fenton 体系可以使抗磺胺甲噁唑和克拉霉素的肠球菌减少 5lg 单位。Fiorentino 等对比了太阳光 /H_2O_2、太阳光 /TiO_2、太阳光 /H_2O_2/TiO_2 和太阳光 Fenton 对多种抗生素抗性细菌的灭活作用，发现太阳光 /TiO_2 和太阳光 Fenton 的灭活效果最佳。Zhang 等采用 Fenton 和 UV/H_2O_2 技术处理污水厂的二级出水，发现两者均对污水中磺胺类和四环素类抗性基因有显著的去除作用，在最佳的配比条件下，去除效果分别达 2.26 ～ 3.35lg 单位和 1.55 ～ 2.32lg 单位。

Yoon 等研究发现 UV/H_2O_2 对胞外抗性基因（质粒）有很好的去除效果，但是对胞内抗性基因的去除效果一般。Guo 等发现 UV/TiO_2 对 *mecA* 和 *ampC* 两种抗生素的抗性细菌和胞内及胞外抗性基因均有显著的去除作用，其基因的长度越长，对 UV 的耐性也越强；H_2O_2 的加入会进一步促进抗性基因的降解，其原因是增加了羟基自由基的生成量。虽然与生物处理法和消毒工艺相比高级氧化技术具有更高的去除效率和较低的基因转移风险，但是处理成本相对较高，TiO_2 光催化工艺中 TiO_2 的固定以及 Fenton 体系中污泥的产生等问题限制了其大范围的工程应用。此外，还有研究者提出微滤 / 超滤和混凝处理有助于污水中抗性基因的去除，将其与污水厂原有的工艺相结合有望降低出水中的抗性基因水平。

有研究通过定性和定量研究南水北调山东受水区湖库水源中抗生素抗性基因（ARGs）的时空分布规律及其与目前热点的水体富营养化、蓝藻水华等水质问题的关联性，探讨东线湖库水源中 ARGs 的污染风险及其在水体富营养进程中与蓝藻水华的关联性，揭示以 ARGs 为代表的新污染物在水环境中的污染过程及其生态风险，为保障饮用水安全提供理论指导。

选取 9 座不同营养状态的湖库水体，表 5-4 为所调研湖库水源的地理位置及湖沼学特征。野外开展水中种类及丰度的时空分布研究，包括：a. 抗生素抗性基因种类和丰度的时空分布特征；b. 环境因子对 ARGs 传播扩散的影响；c. ARGs 的主要抗性机制。通过湖库水环境中系统的 ARGs 检出及分布情况，发现南水北调东线受水区湖库水源中环境因子对 ARGs 时空分布及其主要抗性机制的影响，阐明 ARGs 的来源、含量、分布特征之间的关系。

表 5-4　所调研湖库水源的地理位置及湖沼学特征

水库代码	经纬度	建库年份	库容 /10^6 m^3	水面面积 /km^2	降雨量 /（mm/a）
MS	121° 56′ E, 37° 10′ N	1960	107	22.3	628
DPH	116° 27′ E, 35° 56′ N	—	4000	124	766
JHT	120° 13′ E, 36° 21′ N	1989	146	14.4	583
YQ	116° 59′ E, 36° 40′ N	2000	48.5	4.9	706
NYH	118° 26′ E, 36° 40′ N	—	16.1	1266	493
XS	119° 30′ E, 36° 28′ N	1960	5.0	144	632
DT	116° 12′ E, 37° 15′ N	2013	5.2		512
WHS	116° 58′ E, 36° 29′ N	1958	117		694
JXC	117° 09′ E, 36° 30′ N	1970	30		642

通过对南水北调东线受水区湖库水源抗生素抗性基因与蓝藻水华关联性的深入和系统研究，项目的研究进展及取得的重要结果如下：

调研结果显示，共有 9 大类 213 ～ 242 种 ARGs 被检出，包括四环素类（22 ～ 26 种亚型）、大环内酯类（2 ～ 3 种亚型）、青霉素类（7 ～ 10 种亚型）、氯霉素类（14 ～ 17 种亚型）、喹诺酮类（9 ～ 11 种亚型）、万古霉素类（19 ～ 21 种亚型）、多种耐药类（75 ～ 87 种亚型）、头孢菌素类（7 ～ 10 种亚型）以及其他 ARGs。在空间上，以 WHS、JHT 等水库检出种类数最多（图 5-3，书后另见彩图）。上述 9 种检出率较高的 ARGs 的相对丰度占总 ARG 序列的 80%。其中，*macB*、*bcrA*、*carA* 及 *etW* 是主要的 ARGs，相对丰度在 50 种 ARGs 中占 1.3% ～ 2.0%（图 5-4，书后另见彩图）。

通过分层聚类分析，根据 ARGs 分布的相似性将上述水体分布划分为四类，第一类为 NYH 和 DPH，为两个富营养化湖泊，围栏养殖和制药厂对水质产生较大影响；第二类为 DT，

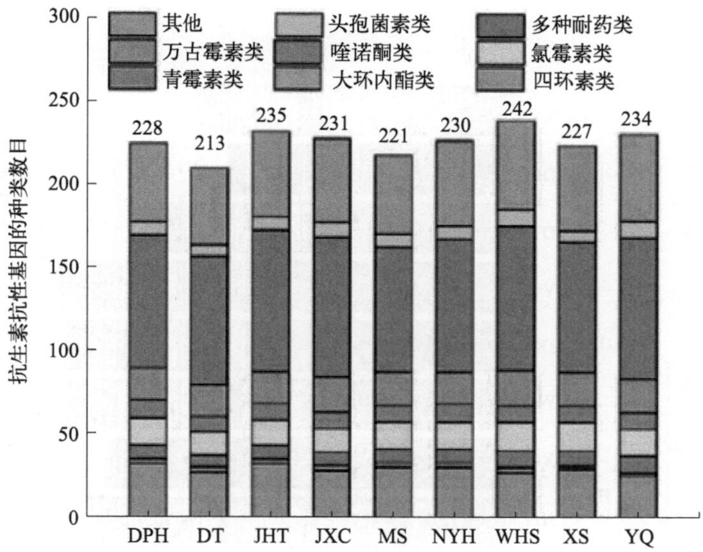

图 5-3　9 座湖库 ARGs 种类和亚种的检出及组成情况

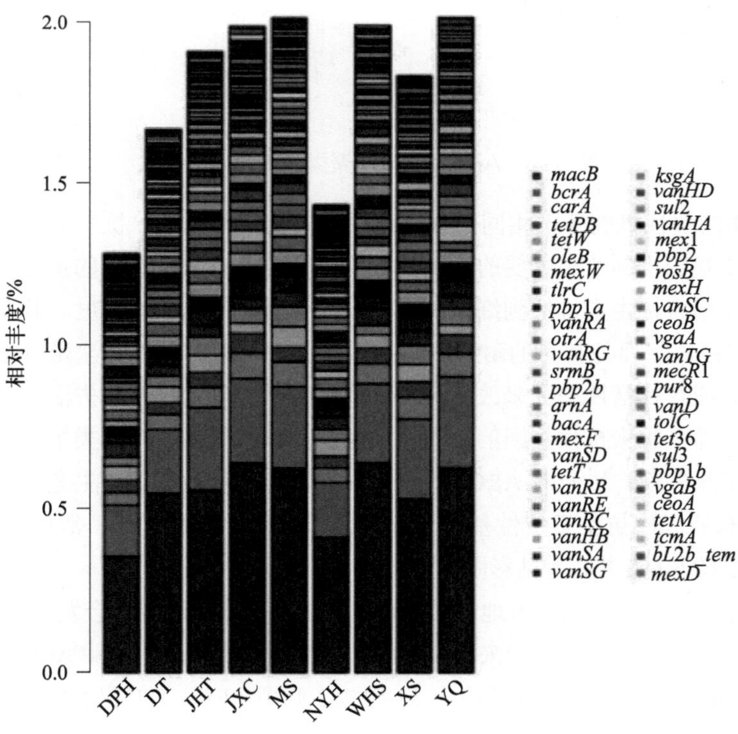

图 5-4　9 座湖库中基于亚种的 ARGs 组成及相对丰度

位于山东省西北地区，其土地利用类型以农业（小麦、玉米种植）为主；第三类为 YQ、JXC 和 WHS，这些水库位于某市城乡交接地区，中营养水体，生活污水和农业活动是影响水体 ARGs 的主要原因；第四类包括 XS、JHT 和 MS（图 5-5，书后另见彩图）。以上结果表明 ARGs 的污染具有显著的区域差异，独特的生物地理格局和富营养化特征对 ARGs 组成的空间分布产生显著影响。

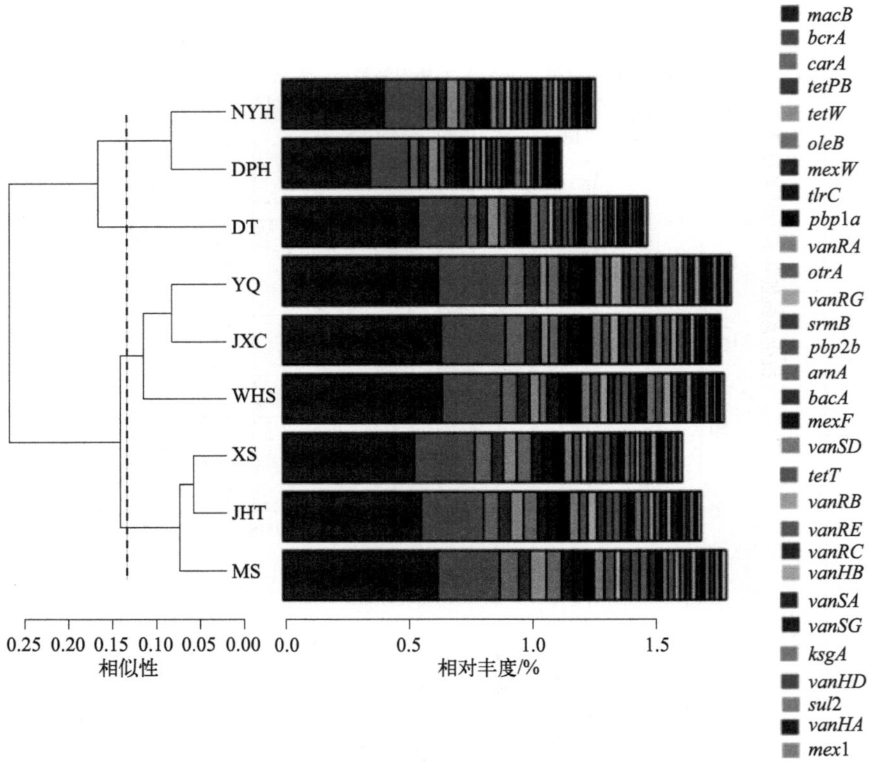

图 5-5 ARGs 的分层聚类分析直方图结果

ARGs 潜在的抗性机制各不相同，该研究中主要包括外排泵、抗生素失活、操纵子、转座子和其他或未知的机制 5 类主要的抗药性机制。其中外排泵是主要的抗药性机制，通过特异性或通用外排泵将抗生素排泄到细胞外，以降低细胞中的抗生素浓度。其次是操纵子机制（16.0% ～ 16.4%），主要与常见的耐糖肽抗生素的万古霉素有关。再次是抗生素失活，主要通过降解抗生素或替换活性基因来改变抗生素结构，从而导致抗生素失活。该项目通过解析南水北调东线湖库抗生素抗性基因的分布特征及主要抗性机制、磺胺类抗生素污染过程中与浮游植物生长的相关性，以及对 ARGs 的诱导效应，从环境毒理学、生态学和生物学三方面阐明南水北调东线湖库抗生素抗性基因与环境因子、浮游植物生长、消长的环境-生物调控过程和机制，见图 5-6（书后另见彩图）。

南水北调东线工程是我国北方地区缓解水资源短缺、促进经济社会发展的重大战略工程。在这里，首次采用宏基因组学分析来深入了解项目受水区湖泊和水库中 ARGs 的发生和分布。WHS 和 JHT 亚型最多的 9 个水体共检出 33 种 242 亚型 ARGs, DT 和 MS 亚型较少。前 9 种 ARG 类型占已识别 ARG 序列的 80% 以上。其中，*macB*、*bcrA*、*carA* 和 *tetW* 是这些样本中的主要 ARG。进行常规聚类分析检测到的四组采样点，提示 ARGs 在 4 组水体中的分布特征不同，表明 ARGs 污染存在区域差异。就亚型数量（49.2%）和丰度（70.4%）而言，外排泵的挤出是所有水体的主要耐药机制，其次是操纵子、抗生素失活等。总体而言，研究结果清楚地表明中国北方饮用水源中的 ARGs 存在很大差异，表明 ARGs 的发生、积累和传播已威胁到公众健康和自然生态系统健康。未来，研究需要针对影响 ARGs 分布和多样性的环境因素（如水文特征、富营养化）。

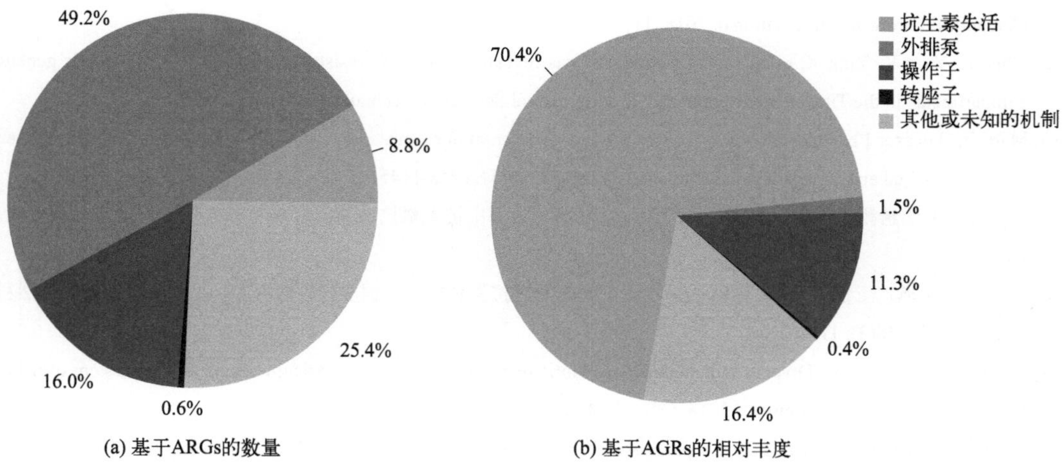

图 5-6　9 座湖库水源中 AGRs 的主要抗性机制

参考文献

[1] 秦丽婷，童蕾，刘慧，等 . 环境中磺胺类抗生素的生物降解及其抗性基因污染现状 [J]. 环境化学，2016, 35(5): 875-883.

[2] 徐冰洁，罗义，周启星，等 . 抗生素抗性基因在环境中的来源、传播扩散及生态风险 [J]. 环境化学，2010, 29(2): 169-178.

[3] 林文芳 . 饮用水中细菌抗生素抗性的共选择、水平基因转移及稳定性研究 [D]. 北京：中国科学院大学，2016.

[4] 翟文超，罗义，赵静，等 . 抗生素抗性基因在典型行业和市政污水中的污染特征及消减研究进展 [J]. 环境化学，2014, 33(2): 206-216.

[5] Pruden A, Pei R, Storteboom H, et al. Antibiotic resistance genes as emerging contaminants: studies in Northern Colorado[J]. Environmental Science & Technology, 2006, 40(23): 7445-7450.

[6] 汪涛，杨再福，陈勇航，等 . 磺胺类抗性基因的产生及演变研究进展 [J]. 环境污染与防治，2017, 39(11): 1251-1255.

[7] Liang Z, Soranno P A, Wagner T. The role of phosphorus and nitrogen on chlorophyll a:evidence from hundreds of lakes[J]. Water Research, 2020, 185: 116236.

[8] Dang C, Xia Y, Zheng M, et al. Effects of water impoundment and water-level manipulation on the bioaccumulation pattern, trophic transfer and health risk of heavy metals in the food web of Three Gorges Reservoir (China)[J]. Environment International, 2020, 136: 105449.

[9] Choo G, Wang W, Cho H S, et al. Legacy and emerging persistent organic pollutants in the freshwater system: relative distribution, contamination trends, and bioaccumulation[J]. Environment International, 2019, 135: 105377.

[10] 张瑞华，纪桂霞，楚文海 . 微生物对饮用水典型消毒副产物前体物的降解效能及其群落特征 [J]. 环境科学研究，2019, 32(4): 700-708.

[11] Wang Z, Chen Q, Zhang J, et al. Critical roles of cyanobacteria as reservoir and source for antibiotic resistance genes[J]. Environment International, 2020, 144: 106034.

[12] Yang Y, Li Z, Song W, et al. Metagenomic insights into the abundance and composition of resistance genes in aquatic environments: influence of stratification and geography[J]. Environment International, 2019, 127: 371-380.

[13] Vandeweyer D, Milanović V, Garofalo C, et al. Real-time PCR detection and quantification of selected transferable antibiotic resistance genes in fresh edible insects from Belgium and the Netherlands[J]. International Journal of Food Microbiology, 2019, 290: 288-295.

[14] Liu L, Su J Q, Guo Y, et al. Large-scale biogeographical patterns of bacterial antibiotic resistome in the waterbodies of

China[J]. Environment International, 2018, 117: 292-299.

[15] Chen B, Yuan K, Ying X, et al. Metagenomic analysis revealing antibiotic resistance genes (ARGs) and their genetic compartments in the Tibetan environment[J]. Environmental Science & Technology, 2016, 50: 6670-6679.

[16] Marti E, Balcázar J L. Real-time PCR assays for quantification of qnr genes in environmental water samples and chicken feces[J]. Applied and Environmental Microbiology, 2013, 79(5): 1743-1745.

[17] 母全华 . 高通量测序技术研究离子液体和纳米材料对淡水中抗生素抗性基因增殖的影响 [D]. 天津：南开大学，2016.

[18] 潘瑞，刘树枫，王佳文，等 . 南水北调中线工程水源区抗生素抗性基因多样性研究 [J]. 北京大学学报（自然科学版），2020, 56(3): 119-127.

[19] Gao Q, Li Y, Qi Z, et al. Diverse and abundant antibiotic resistance genes from mariculture sites of China's coastline[J]. Science of the Total Environment, 2018, 630: 117-125.

[20] 胡海燕，刘慧敏，孟璐，等 . 宏基因组学在微生物抗生素抗性基因检测中的应用 [J]. 微生物学通报，2019, 46(11): 3110-3123.

[21] 苏建强，黄福义，朱永官 . 环境抗生素抗性基因研究进展 [J]. 生物多样性，2013, 21(4): 481-487.

[22] Aylor G R. PCR: A Practical Approach[M]. Oxford: Oxford University Press, 1991.

[23] 陈静，陆敏燕，苏静静，等 . 现代分子生物学技术在抗生素污水处理应用中的研究进展 [J]. 黑龙江农业科学，2016(12): 141-144.

[24] 王玉倩，薛秀花 . 实时荧光定量 PCR 技术研究进展及其应用 [J]. 生物学通报，2016, 51(2): 1-6.

[25] Sultan M, Schulz M H, Richard H, et al. A global view of gene activity and alternative splicing by deep sequencing of the human transcriptome[J]. Science, 2008, 321(5891): 956-960.

[26] Lamori J G, Xue J, Rachmadi A T, et al. Removal of fecal indicator bacteria and antibiotic resistant genes in constructed wetlands[J]. Environmental Science and Pollution Research, 2019, 26: 10188-10197.

[27] Schuster S C. Next-generation sequencing transforms today's biology[J]. Nature Methods, 2008, 5(1): 16-18.

[28] 李妍，徐兴祥 . 高通量测序技术的研究进展 [J]. 中国医学工程，2019, 27(3): 36-41.

[29] 江月，陈奕涵，何义亮 . 长江下游某水源型水库抗生素抗性基因污染研究 [J]. 环境科学学报，2018, 38(3): 884-891.

[30] 罗建桦，陶晔，邢鹏，等 . 湖泊微生物宏基因组学研究进展 [J]. 湖泊科学，2020, 32(1): 271-280.

[31] 周丹燕，戴世鲲，王广华，等 . 宏基因组学技术的研究与挑战 [J]. 微生物学通报，2011, 38(4): 591-600.

[32] Seungdae O H, Alejandro C, Despina T, et al. Metagenomic insights into the evolution, function, and complexity of the planktonic microbial community of Lake Lanier, a temperate freshwater ecosystem[J]. Applied and Environmental Microbiology, 2011, 77(17): 6000-6011.

[33] Yan Q Y, Yu Y H. Metagenome-based analysis: a promising direction for plankton ecological studies[J]. Science China (Life Science), 2011, 54(1): 75-81.

[34] 胡万超，赵琛，王巧娟，等 . 饮用水快速砂滤池优势微生物群落的代谢功能解析 [J]. 环境科学，2019, 40(8): 3604-3611.

[35] 赵小慧，苏洁，樊景凤，等 . 海洋环境中细菌耐药性研究进展 [J]. 中国抗生素杂志，2019, 44(7): 406-412.

[36] 张慧，郭文建，朱晨，等 . 山东省主要河流中抗生素污染组成及空间分布特征 [J]. 中国环境监测，2019, 35(1): 94-99.

[37] 杨继平，邱志刚，袁兆康，等 . 天津海河流域抗生素抗性基因分布特征及与指示微生物的关系 [J]. 环境与健康杂志，2017, 34(4): 313-316.

[38] Jiang L, Hu X, Xu T, et al. Prevalence of antibiotic resistance genes and their relationship with antibiotics in the Huangpu River and the drinking water sources, Shanghai, China[J]. Science of the Total Environment, 2013, 458-460: 267-272.

[39] Zheng J, Zhou Z, Wei Y, et al. High-throughput profiling of seasonal variations of antibiotic resistance gene transport in

a peri-urban river[J]. Environment International, 2018, 114: 87-94.

[40] Stoll C, Sidhu J P S, Tiehm A, et al. Prevalence of clinically relevant antibiotic resistance genes in surface water samples collected from Germany and Australia[J]. Environmental Science & Technology, 2012, 46(17): 9716-9726.

[41] Pruden A, Arabi M, Stortboom H N. Correlation between upstream human activities and riverine antibiotic resistance genes[J]. Environmental Science & Technology, 2012, 46(21): 11541-11549.

[42] Yang Y Y, Liu W Z, Xu C, et al. Antibiotic resistance genes in lakes from middle and lower reaches of the Yangtze River, China: effect of land use and sediment characteristics[J]. Chemosphere, 2017, 178: 19-25.

[43] Zhang K, Niu Z G, Lv Z, et al. Occurrence and distribution of antibiotic resistance genes in water supply reservoirs in Jingjinji area, China[J]. Ecotoxicology, 2017, 26: 1284-1292.

[44] Graham D W, Olivares-Rieumont S, Knapp C W, et al. Antibiotic resistance gene abundances associated with waste discharges to the Almendares River near Havana, Cuba[J]. Environmental Science & Technology, 2011, 45(2): 418-424.

[45] Xi C, Zhang Y, Marrs C F, et al. Prevalence of antibiotic resistance in drinking water treatment and distribution systems[J]. Applied & Environmental Microbiology, 2009, 75(17): 5714-5718.

[46] 马业萍 . 再生水入渗过程抗生素及抗性基因的分布及关联性分析 [D]. 北京：清华大学，2015.

[47] Koike S, Krapac I G, Oliver H D, et al. Monitoring and source tracking of tetracycline resistance genes in lagoons and groundwater adjacent to swine production facilities over a 3-year period[J]. Applied and Environmental Microbiology, 2007, 73: 4813-4823.

[48] Knapp C W, Zhang W, Sturn B S M, et al. Differential fate of erythromycin and beta-lactam resistance genes from swine lagoon waste under different aquatic conditions[J]. Environmental Pollution, 2010, 158(5): 1506-1512.

[49] 王青，林惠荣，张舒婷，等 . 九龙江下游水源水中新发病原微生物和抗生素抗性基因的定量 PCR 检测 [J]. 环境科学，2012, 33(8): 2685-2690.

[50] 梁惜梅 . 珠江口及其沿岸典型水产养殖区水和沉积物中抗生素及抗生素抗性基因的研究 [D]. 广州：中国科学院南海海洋研究所，2013.

[51] Izabela K, Ewa K, Monika H, et al. The occurrence of antibiotic-resistance genes in the Pilica River, Poland[J]. Ecohydrology & Hydrobiology, 2020, 20(1): 1-11.

[52] Wu D L, Zhang M, He LX, et al. Contamination profile of antibiotic resistance genes in ground water in comparison with surface water[J]. Science of the Total Environment, 2020, 715: 136975.

[53] Tan Q, Li W, Zhang J, et al. Presence, dissemination and removal of antibiotic resistant bacteria and antibiotic resistance genes in urban drinking water system: a review[J]. Frontiers of Environmental Science & Engineering, 2019, 13(3): 1-15.

[54] Guo X, Li J, Yang F, et al. Prevalence of sulfonamide and tetracycline resistance genes in drinking water treatment plants in the Yangtze River Delta, China[J]. Science of the Total Environment, 2014, 493: 626-631.

[55] 张启伟，孙丽华，史鹏飞，等 . 混凝沉淀-UF 工艺去除二级出水中 ARGs 效能研究 [J]. 环境科学研究，2019, 32(4): 718-724.

[56] Li J, Chen H, Bond P L, et al. Metagenomic analysis reveals wastewater treatment plants as hotspots of antibiotic resistance genes and mobile genetic elements[J]. Water Research, 2017, 123: 468-478.

[57] Rivera-Utrilla J, Sanchez-Polo M, Prados-Joya G, et al. Removal of tinidazole from waters by using ozone and activated carbon in dynamic regime[J]. Journal of Hazardous Materials, 2010, 174(1-3): 880-886.

[58] Xu Y, Guo C, Luo Y, et al. Occurrence and distribution of antibiotics, antibiotic resistance genes in the urban rivers in Beijing, China[J]. Environmental Pollution, 2016, 213: 833-840.

[59] Lin W, Li S, Zhang S, et al. Reduction in horizontal transfer of conjugative plasmid by UV irradiation and low-level chlorination[J]. Water Research, 2016, 91: 331-338.

[60] Shi P, Jia S, Zhang X X, et al. Metagenomic insights into chlorination effects on microbial antibiotic resistance in drinking water[J]. Water Research, 2013, 47(1): 111-120.

[61] 汪清，李伟英，杨佩颖，等．水环境中抗生素物质研究 [J]. 科学，2009, 61(3): 44-46.

[62] Böckelmann U, Dorries H H, Ayuso-Gabella M N, et al. Quantitative PCR monitoring of antibiotic resistance genes and bacterial pathogens in three European artificial groundwater recharge systems[J]. Applied & Environmental Microbiology, 2009, 75(1): 154-163.

第6章 微塑料

▲ 概述

▲ 微塑料的迁移转化

▲ 微塑料的表征与分析

▲ 微塑料的控制与去除

6.1 概述

6.1.1 定义

2004 年，微塑料（microplastics）一词首次被提出，指环境中粒径＜ 5mm 的高聚物微粒，有碎片、纤维、球形、薄膜等不同形态。之后，研究人员发现了粒径更小的塑料颗粒，有研究者将粒径＜ 100nm 的塑料颗粒定义为纳米塑料（nanoplastics），但大部分研究者将粒径＜ 1μm 的塑料颗粒定义为纳米塑料。环境中微 / 纳米塑料主要分为原始微 / 纳米塑料和次生微 / 纳米塑料。前者是指添加到洗护用品、生物医学用品、防水涂料、纳米药物中的纳米塑料；后者是指塑料垃圾在光照、机械作用、化学及生物降解等外界作用下形成的塑料颗粒。

6.1.2 分类

根据来源不同可将微塑料分为初级微塑料和次级微塑料。其中初级微塑料主要指人造粒径 <5mm 的塑料，是工业生产过程之初就被制备成为微米级的小粒径微塑料，例如日常生活使用的洗涤剂、护肤品、牙膏中添加的塑料微珠。次级微塑料主要是较大尺寸的塑料颗粒经过一系列物理、生物、化学过程分裂或降解而形成的微小塑料碎片，如捕鱼丢弃的塑料渔网在紫外线长期照射下易氧化形成微塑料。微塑料根据形状可分为纤维状、球状、碎片状、薄膜状和泡沫状等。

国内外的研究都表明，城市污水处理厂中检测的微塑料以纤维微塑料为主。研究微塑料成分有利于量化和分析微塑料的环境毒性。例如，将涤纶和聚酰胺在紫外线下照射，表面形态会发生明显的碎片化，聚酰胺的表面化学性质也会发生改变。使用淡水和海水浸泡微塑料纤维，在其中发现双酚 A 化学物质，双酚 A 作为典型的环境内分泌干扰物，能够引发癌症，还可能造成跨代毒效应，导致染色体畸变。另外，作为化妆品中广泛添加的增稠剂、乳化剂，聚乙烯微塑料对幼苗生长表现出明显的毒性效应，能够显著降低干重、鲜重、根长和芽长。同时发现，小粒径高浓度的微塑料显著降低了幼苗的含水率。微塑料具有疏水性且密度小，粒径变小时比表面积会增大，更容易附着于绿豆种子的根部或种子表面，抑制水分吸收，同时影响绿豆的呼吸作用，进而影响根、芽的生长发育。这也是微塑料的一个毒性机制。由于微塑料化学性质稳定，自然降解周期长，能够在环境中长期存在，微塑料所具有的生物毒性能够引起大量低营养级生物的死亡，在食物网中转移，对整个生态系统产生大规模的影响。若某些物种较易受到微小塑料污染的影响，或依赖受影响物种作为食物来源，则可能会出现物种数量改变甚至灭绝的情况，研究微塑料的成分特征有助于进行毒性评价和治理。

此外，还可根据聚合物类型对微塑料进行分类。其中位于检出频率前十且最主要的聚合物类型为聚乙烯（PE）、聚丙烯（PP）、聚苯乙烯（PS）、聚对苯二甲酸乙二醇酯（PET）、尼龙（NY）、聚酯纤维（PES）、聚氯乙烯（PVC）。

（1）聚乙烯

聚乙烯（polyethylene, PE）是乙烯经聚合制得的一种热塑性树脂。在工业上，也包括乙烯与少量 α-烯烃的共聚物。聚乙烯无臭，无毒，手感似蜡，具有优良的耐低温性能（最低使用温度可达−100 ～ −70℃），化学稳定性好，能耐大多数酸碱的侵蚀（不耐具有氧化性质的酸）。常温下不溶于一般溶剂，吸水性小，电绝缘性优良。

（2）聚丙烯

聚丙烯是丙烯通过加聚反应而成的聚合物。系白色蜡状材料，外观透明而轻。化学式为 $(C_3H_6)_n$，密度为 0.89 ～ 0.91g/cm^3，易燃，熔点 189℃，在 155℃左右软化，使用温度范围为−30 ～ 140℃。聚丙烯简称 PP，是一种无色、无臭、无毒、半透明固体物质。聚丙烯是一种性能优良的热塑性合成树脂，为无色半透明的热塑性轻质通用塑料。具有耐化学性、耐热性、电绝缘性、高强度机械性能和良好的高耐磨加工性能等，这使得聚丙烯自问世以来，便迅速在机械、汽车、电子电器、建筑、纺织、包装、农林渔业和食品工业等众多领域得到广泛的开发应用。

近年来，随着我国包装、电子、汽车等工业的快速发展，极大地促进了我国工业的发展。而且因为聚丙烯材料具有可塑性，其正逐步替代木制产品，高强度韧性和高耐磨性能已逐步取代金属的机械功能。另外，聚丙烯具有良好的接枝和复合功能，在混凝土、纺织、包装和农林渔业方面具有巨大的应用空间。

（3）聚苯乙烯

聚苯乙烯（polystyrene, PS）是指由苯乙烯单体经自由基加聚反应合成的聚合物，化学式是 $(C_8H_8)_n$。它是一种无色透明的热塑性塑料，具有高于 100℃的玻璃转化温度，因此经常被用来制作各种需要承受开水温度的一次性容器，以及一次性泡沫饭盒等。聚苯乙烯耐腐蚀性较好，耐溶剂性、耐氧化性较差，其耐各种碱、盐及水溶液，对低级醇类和某些酸类（如硫酸、磷酸、硼酸、质量分数为 10% ～ 30% 的盐酸、质量分数为 1% ～ 25% 的乙酸、质量分数为 1% ～ 90% 的甲酸）也是稳定的，但是浓硝酸和其他氧化剂能使之破坏。

聚苯乙烯（PS）包括普通聚苯乙烯、发泡聚苯乙烯（EPS）、高抗冲聚苯乙烯（HIPS）及间规聚苯乙烯（SPS）。

1）普通聚苯乙烯

普通聚苯乙烯树脂为无毒、无臭、无色的透明颗粒，似玻璃状脆性材料，其制品具有极高的透明度，透光率可达 90% 以上，电绝缘性能好，易着色，加工流动性好，刚性好及耐化学腐蚀性好等。普通聚苯乙烯的不足之处在于性脆，冲击强度低，易出现应力开裂，耐热性差及不耐沸水等。

2）发泡聚苯乙烯

发泡聚苯乙烯，又称可发性聚苯乙烯（expandable polystyrene, EPS），具有密度小（1.05g/cm^3）、热导率低、吸水性小、耐冲击振动、隔热、隔声、防潮、减振、介电性能优良等优点，广泛地用于机械设备、仪器仪表、家用电器、工艺品和其他易损坏贵重产品的防震包装材料以及快餐食品的包装。随着全球经济飞速发展，聚苯乙烯泡沫塑料的废弃量与日俱增。这些废旧的聚苯乙烯泡沫塑料质量轻、体积大，本身又具有耐老化、难腐蚀等特点，成为垃圾处理的一大难题，近年发泡聚苯乙烯的再生利用成为产业界最关注的问题之一。

3）高抗冲聚苯乙烯

高抗冲聚苯乙烯是通过在聚苯乙烯中添加聚丁基橡胶颗粒的办法生产的一种抗冲击的聚苯乙烯产品。这种聚苯乙烯产品会添加微米级橡胶颗粒并通过接枝的办法把聚苯乙烯和橡胶颗粒连接在一起。当受到冲击时，裂纹扩展的尖端应力会被相对柔软的橡胶颗粒释放掉。因此裂纹的扩展受到阻碍，抗冲击性得到了提高。

4）间规聚苯乙烯

间规聚苯乙烯，又称间同立构聚苯乙烯，是随着茂金属催化剂的开发和应用实现商业化生产的。虽然间规聚苯乙烯的问世比通用聚苯乙烯晚了半个多世纪，但间规聚苯乙烯不仅继承了通用聚苯乙烯的密度低、电性能优良、水解稳定性好、价廉等优良特性；而且间规聚苯乙烯属半结晶聚合物，结晶使其具有了优良的力学性能以及耐热性、耐溶剂性和尺寸稳定性，而其结晶速率又比等规聚苯乙烯快得多，使得模塑加工得以进行，因此，间规聚苯乙烯作为一种新型工程塑料正在得到普遍应用。

（4）聚对苯二甲酸乙二醇酯

聚对苯二甲酸乙二醇酯（PET），化学式为 $(C_{10}H_8O_4)_n$，是由对苯二甲酸二甲酯与乙二醇酯交换或以对苯二甲酸与乙二醇酯化先合成对苯二甲酸双羟乙酯，然后再进行缩聚反应制得。PET 属结晶型饱和聚酯，为乳白色或浅黄色、高度结晶的聚合物，表面平滑有光泽，是生活中常见的一种树脂。在较宽的温度范围内具有优良的物理机械性能，长期使用温度可达 120℃，电绝缘性优良，甚至在高温高频下其电性能仍较好，但耐电晕性较差，抗蠕变性、耐疲劳性、耐摩擦性、尺寸稳定性都很好。PET 有酯键，在强酸、强碱和水蒸气作用下会发生分解，耐有机溶剂、耐候性好。缺点是结晶速度慢，成型加工困难，模塑温度高，生产周期长，冲击性能差。

（5）聚酰胺（俗称尼龙）

聚酰胺（NY）主要用于合成纤维，其最突出的优点是耐磨性高于其他所有纤维，比棉花耐磨性高 10 倍，比羊毛高 20 倍，在混纺织物中稍加入一些聚酰胺纤维，可大大提高其耐磨性；当拉伸至 3% ～ 6% 时，弹性回复率可达 100%；能经受上万次折挠而不断裂。该类产品用途广，是以塑代钢、铁、铜等金属的好材料，是重要的工程塑料。

（6）聚酯纤维

聚酯纤维（PES）是由大分子链中的各链节通过酯基连成成纤聚合物纺制的合成纤维。我国将聚对苯二甲酸乙二醇酯含量＞ 85% 的纤维简称为涤纶。聚酯纤维具有一系列优良性能，如断裂强度和弹性模量高，回弹性适中，热定型效果优异，耐热和耐光性好。石油工业的飞速发展，也为聚酯纤维的生产提供了更加丰富而廉价的原料，加之近年化工、机械、电子自控技术等技术的发展，使其原料生产、纤维成型和加工等过程逐步实现短程化、连续化、自动化和高速化，聚酯纤维已成为发展速度最快、产量最高的合成纤维品种。2010 年，全球聚酯纤维的产量达到 3730 万吨，占到世界合成纤维总量的 74%。

（7）聚氯乙烯

聚氯乙烯（polyvinyl chloride, PVC），是氯乙烯单体（VCM）在过氧化物、偶氮化合物等引发剂或在光、热作用下按自由基聚合反应机理聚合而成的聚合物。氯乙烯均聚物和氯乙烯共聚物统称为氯乙烯树脂。PVC 为无定形结构的白色粉末，支化度较小，玻璃化温度 77 ～ 90℃，170℃左右开始分解，对光和热的稳定性差，在实际应用中必须加入稳定剂以提高对热和光的稳定性。

6.1.3 危害及生态效应

塑料微粒的整体粒径较小、比表面积较大，具有较强的疏水性，其表面会吸附微生物、持久性有机污染物、重金属等污染物并在水中迁移扩散，造成水环境污染，对食入它们的水生生物产生更强的毒副作用。微塑料污染的生态效应主要包括生物摄入的影响、微塑料及其复合污染物的毒性效应、微塑料作为入侵物种载体的影响。

微塑料体积小，可长时间存在于水体中，易扩散，易被水生生物吞食，并沿食物链逐渐积累。为改善塑料性能或赋予所需的功能，微塑料中常会掺杂各种添加剂，包括增塑剂、阻燃剂、抗氧化剂、染色剂等，这些添加剂在稳定的塑料基质内扩散缓慢，释放通量很低，理论上不会对环境与生态系统造成重大威胁，但是当塑料或微塑料在环境中发生老化时，基质稳定性降低甚至裂解，此时添加剂更容易释放进入环境中。刘瑀等在辽宁双台河口湿地表层的沉积物中发现了含有添加剂马来酸酐接枝的聚乙烯微塑料，此添加剂具有毒性，能够对人体肺部的通气功能产生影响。Liu 等研究发现天然水体内含有镉系颜料的有色微塑料会逐渐释放并发生光溶解，释放出镉离子。

塑料为有机高分子聚合物，疏水性能较强，密度随生产原材料变化，微塑料因其在环境中老化、破碎而变得形状各异，并且其粒径小、比表面积大、对有机污染物的吸附位点多，所以对有机污染物的吸附能力强。Zhu 等研究发现在与 PE、PS 或 PVC 微塑料共存时，水中 TCS（有毒化学物质）对藻类的毒性明显降低，因为 TCS 易被微塑料吸附，导致自由溶解态的 TCS 浓度明显下降。微塑料的渗滤液能损害贻贝胚胎的生长发育，其原因应为吸附在微塑料上的添加剂与污染物。

有研究发现，微塑料可作为有机污染物进入生物体内组织、器官的载体。微塑料在从环境中吸附污染物的同时，也可能因某些条件变化而再度释放出所吸附的污染物或微塑料本身的成分，例如压力、温度、pH 值的变化以及生物体内的消化作用等。低剂量的 PS 可使沙蠋体内 PCBs（多氯联苯）的积蓄量提高到对照组的 1.1 ～ 3.6 倍。Rainieri 等在微塑料与化学污染物对斑马鱼的联合毒性研究中发现，相比单独使用化学污染物进行实验，使微塑料吸附化学污染物进行实验毒性更强。Browne 等研究发现，PVC 和壬基酚的联合作用可以使上结肠细胞对病原菌的去除能力降低 60% 以上。

目前，表征微塑料生物毒性的指标包括摄食率、生长情况、死亡率、产卵量、内分泌干扰等。浮游生物在缺乏食物的情况下，均有能力吞食聚苯乙烯颗粒，但由于不同生物之间的捕食习惯存在差异、微塑料表面具有静电作用和聚集效应，生物体内的微塑料分布、累积和滞留时间有所区别。贻贝（*Mytilus edulis* L.）摄入 0 ～ 80μm 的高密度聚乙烯（HDPE）颗粒之后会出现严重的炎症反应，这些颗粒主要集中在鳃部和消化腺中，最终形成粒细胞瘤并导致溶酶体膜不稳定。在 0.001 ～ 10mg/L 的 0.1μm、1.0μm、5.0μm 的 PS 和 70μm 的 PE、PP、PVC 和 PA 中暴露 10d 后，斑马鱼（*Danio rerio*）出现明显肠道损伤；1μm 的 PS 对底栖生物秀丽隐杆线虫（*Caenorhabditis elegans*）有很高的致死率，并且减少体长和胚胎数量。

土壤微生物群落对保持土壤生态系统动态平衡发挥着关键调节功能。动植物健康生长和土壤养分良性循环均离不开微生物调节，尤其在动植物残体及其他废弃物分解过程中微生物扮演着重要角色。微塑料具有强烈的吸附特性，通过各种方式排入到土壤环境中的微塑料可能携带某些有害物质或病毒，对土壤环境中动、植物及微生物群落产生危害。研究发现，不同微塑料成分和浓度对微生物产生不同程度的影响，尤其是对微生物丰富度和多样性影响显著。通常条件下，高浓度微塑料对微生物及其群落活性产生明显的抑制作用。费禹凡等研究表明聚氯乙烯（5%）和低密度聚乙烯（1% 或 5%）明显降低细菌群落丰富度和多样性，但可增加 β-变形菌丰度和种类。经污水排放和地表径流带到土壤环境中的微塑料表面可能携带某些重金属、化学污染物及病原体，会对土壤微生物区和土壤理化性质均产生不利影响，抑制微塑料降解过程中酶活性，导致微塑料不能被完全降解，继续留在土壤环境中。Huang 等研究发现，微塑料可明显提高土壤过氧化氢酶和脲酶活性，改变土壤细菌群落组成。胡晓婧等研究表明，添加微塑料可能加速土壤微生物群落演替速度，改变土壤细菌群落结构。

目前，对微塑料和微生物之间相互影响的研究主要聚焦于微塑料对土壤微生物生长的影响以及微生物群落降解微塑料两个方面。未来应关注微塑料在影响土壤微生物群落定植机制、室外微塑料降解的基本条件和微生物群落对微塑料降解机制方面的研究。

（1）生物摄入的影响

生物是生态系统的重要组成部分，微塑料对海洋生物生存造成的负面影响会威胁海洋生态系统的健康与稳定。

微塑料进入生物体内的重要途径是通过生物体的吞噬或摄食行为。由于微塑料粒径较小，水生生物尤其是幼小生物在摄食过程中很难将其与其他食物颗粒区分开来，容易造成微塑料的误食。研究表明，在水生生态系统的各个生态位上均存在生物“摄食”微塑料的现象，包括海洋浮游动物、底栖动物、鱼类、鸟类乃至大型哺乳动物等。此外，微塑料还可通过黏附或呼吸等行为进入生物体内。根据室内暴露实验，摄入体内的微塑料对部分水生生物造成毒性效应，主要包括生长发育不良、繁殖能力降低、行为活动异常、基因表达异常和存活率降低等。当粒径进一步减小，微塑料可经由生物消化道转移到循环系统、免疫系统乃至组织细胞中，引发机体免疫系统的炎症反应等。此外，除了对生物个体产生影响外，摄入或黏附的微塑料也可通过食物链传递过程从低营养级生物转移到高营养级生物甚至人体中，对水生生物及人体健康构成潜在的威胁。

纳米塑料自身对生物体的影响主要是引起组织氧化应激、炎症反应、神经毒性和行为障碍等。由于纳米塑料尺寸更小，可通过循环系统，影响肝脏、肾脏和胰腺，甚至透过血脑屏障进入大脑。

而且，纳米塑料可能改变脂类双层膜和细胞膜的生物学特性，有研究通过分子动力学模拟纳米聚苯乙烯塑料在疏水性的脂质双分子层的核内形成一个解缠的单聚合链网络，由此引起细胞膜双层结构动态改变，从而影响细胞膜的正常功能，如果缺乏分解聚合物链的机制可能导致细胞死亡。有研究发现蛋白质与纳米塑料之间可能存在相互作用，利用纳米塑料和一系列氨基酸作用，发现非极性侧链的氨基酸容易吸附在纳米塑料的表面，然后又通过生物效应模拟揭示分子水平上纳米塑料可能直接与生物物质的关键分子结构结合，从而干扰蛋白质折叠。研究人员将牡蛎（*Crassostrea gigas*）暴露于含有 50nm 塑料颗粒中，发现纳米塑料降低了受精成功率，且影响胚胎和幼体的发育，导致部分幼体发育完全停止。研究人员将线虫（*Caenorhabditis elegans*）暴露于 5 种尺寸（100nm、500nm、1μm、2μm、5μm）的塑料颗粒，发现微 / 纳米塑料加速了线虫的身体弯曲和头部跳动的频率，以及增加了爬行速度，这表明微 / 纳米塑料使线虫的运动行为有所改变。还有研究发现，磷虾（*Euphausia superba*）在捕食时并不能区分藻类和聚乙烯（PE），PE 可在磷虾体内积累，但并未造成急性毒性影响，这可能是因为磷虾不断排泄降低了 PE 的毒性。

通过绒毛膜、皮肤、口腔 3 种暴露途径研究纳米聚苯乙烯颗粒（25nm、50nm、250nm、700nm）对斑马鱼（*Danio rerio*）的毒性效应，发现斑马鱼体内的颗粒吸收仅限于口腔暴露，而皮肤暴露只能导致聚苯乙烯颗粒吸附在其表皮和鳃。经口摄入后，粒径为 25nm 和 50nm 的颗粒在体内扩散，最终积聚在特定的器官和组织中，如眼睛和肠组织；粒径＞ 50nm 的颗粒主要吸附在斑马鱼胚胎的肠道和外表皮上。还有研究发现，纳米聚苯乙烯塑料对斑马鱼生长发育的影响较大，纳米聚苯乙烯塑料首先在卵黄中积累，然后向胃肠道、胆囊、肝脏、心脏和大脑迁移，接着通过机体逐渐净化，但并没有引起明显的死亡率、畸形或线粒体生物能变化，但是心率有所下降。

纳米塑料对不同生物体的毒性效应见表 6-1。

表 6-1 纳米塑料对不同生物体的毒性效应

实验对象	粒径 /μm	毒性作用
斑马鱼	平均 398±54	磨砂膏中提取的 NPs 从体外进入斑马鱼胚胎积累并扩散，导致其 54% 的细胞死亡
牡蛎	50	NPs 显著降低了受精的成功率和胚胎、幼体的发育，可能导致发育完全停止。其中 NH_2-50 对胚子和胚胎的毒性最强，并表现出功能依赖性，这对牡蛎繁殖造成了严重后果
斑马鱼	25	暴露在（Cu）NPs 溶液中可引起与炎症相关的基因转录变化，也可增加尾部中心粒细胞的迁移
斑马鱼幼体	25	暴露在 NPs 中，导致 NPs 在斑马鱼胰腺中积累并导致糖皮质激素受体对葡萄糖稳态破坏，最终导致斑马鱼幼体异常的运动活动
秀丽隐杆线虫	1000	1000nm 下线虫存活率最低，体长减少最多，平均寿命最短，并且发现其下调了 unc-17 和 unc-47 的表达，并导致明显的胆碱能和 γ-氨基丁酸能神经元损伤
斑马鱼胚胎	50、200、500	较小的 NPs 能够渗透到脉络膜和发育中的胚胎，并在全身积累，主要集中在脂质丰富的区域。NPs 与 Au 离子联合作用增加活性氧的产生及炎症反应，NPs 的毒性作用可能不大，很可能是环境中其他污染物的协同作用增加了毒性
卤虾幼体	40、50	发现 NPs 在卤虾体内积累，并且可能损害其摄食能力、行为能力以及生理情况
鱼类细胞系	100	暴露 24h 细胞致死率比较低，但是可以改变 SOD、GSTs 的活力和活性影响，当与药物同时作用时可能改变药物的毒性
硅藻	50	在指数阶段阳性 PS 降低了硅藻叶绿素含量、酯酶活性、细胞生长以及光合效率，这影响硅藻的生命周期和整个食物网水平，而在平稳阶段由于透明外聚物颗粒较高，导致纳米塑料聚化，减小塑料的作用，两个阶段都有 ROS 的产生
小鼠肝细胞	50	纳米塑料对小鼠肝细胞的暴露诱导了细胞的氧化应激，并增加了 SOD 和 MAD 的含量，其中 NPs 诱导 SOD 荧光淬灭，可能是因为荧光团 SOD 与 NPs 之间产生共振能量转移
轮虫	0.05、0.5、6	在 NPs 的暴露下轮虫体内积累更强，并抑制 P-糖蛋白和多药耐药蛋白产生的多种耐药性，从而导致毒性增强，引起氧化应激损伤膜脂

1）鱼类

当前，国内外已开展了微塑料对海洋中少数鱼类毒理效应的研究，包括对精卵发生、存活、生长发育、行为、组织病变、炎症反应、代谢、生殖、基因表达等的影响。

在生殖系统方面，微塑料对鱼类精卵发生过程产生影响。例如，青鳉雄鱼在 8g/L 聚乙烯（<1mm）微粒中暴露两个月，雄鱼 *chgH* 基因，雌鱼 *vtgI*、*chgH* 和 *era* 基因（鱼类生殖相关基因）表达均显著下调。表明塑料碎片形成的复合体具有雌激素抗性，或是雌激素受体的内源性雌激素抑制结合物。此外，精原细胞和精母细胞出现异常增殖，并发现少量卵细胞。尽管存在随机变异的可能性，但鉴于青鳉是雌雄异体鱼种，自然性逆转发生概率极低，因此很有可能是微塑料暴露导致。

另外，微塑料暴露会导致鱼类的存活率降低。例如，挪威舌齿鲈（*Dicentrarchus labrax*）仔鱼随聚乙烯微粒（10 ～ 45nm）暴露剂量（10 ～ 100 个 /mg）升高，其死亡率显著增加。微塑料摄入会对鱼类生长、发育产生影响。例如，斑马鱼仔鱼（受精后 5d，5dpf）暴露于 1.5×10^{13} 个 /L 聚苯乙烯微粒［(24.7±0.2）nm］后其体长显著下降 6.1%。Critchell 等发现，在急性暴露 1 周后，多刺棘光鳃鲷（*Acanthochromis polyacanthus*）稚鱼（3.5cm）的生长随着 PET（1 ～ 2mm）暴露浓度（0 ～ 0.86mg/L）的升高而降低。黑鲫（*Carassius carassius*）仔鱼间接摄食（食物链）聚苯乙烯微粒［(24.7±0.2）nm］后，表现出活动能力低下、进食时间延长、摄食期间集群行为更明显、空间占比更小等变化；而活动能力下降意味着能量储备减少，Mattsson 等认为其行为能力下降可能是微塑料影响其代谢和脑所致。

斑马鱼是研究水环境污染的理想生物模型之一，无论是胚胎阶段还是成鱼阶段，微塑料的粒径、浓度或微塑料与其他污染物形成的复合体系均会对其产生毒害作用，特别是对内分泌系统和繁殖系统。研究发现，微塑料可以进入胚胎中，并可以在幼鱼的肠道、肝脏等部位大量累积，且微塑料粒径越小，对生物体的毒害作用越大；微塑料与污染物联合后会干扰斑马鱼成鱼的内分泌系统，影响其生长发育、性激素、肝脏指数等。赵佳等也证实了微塑料的粒径与浓度是影响微塑料对生物体毒性的重要因素之一，提出暴露于低浓度微塑料下的斑马鱼胚胎正常发育，而暴露于高浓度、小粒径的微塑料下会导致胚胎孵化率明显降低；小粒径微塑料的生物可利用性及对斑马鱼幼鱼的毒性作用更高，且小粒径、高浓度的微塑料更易在肠道等部位累积，不易排出。

2）浮游植物

浮游植物位于食物链的最底层，是水环境中重要的初级生产者，因其个体小，生命周期短，繁殖力强，对环境的变化感知十分敏感，可作为监测水环境质量的指标。微塑料的聚合物类型、浓度、粒径等因素均会影响浮游植物的生长发育及生理特征，毒性效应主要体现在光合作用减弱、呼吸作用效率降低，从而影响其生长发育。不同聚合物类型对藻类的影响具有明显差异，如 PE（聚乙烯）和 PVC（聚氯乙烯）微塑料通过黏附在藻类细胞表面影响其光合作用，从而抑制斜生栅藻（*Scenedesmus obliquus*）的生长，PE 对斜生栅藻的生长抑制毒性略大于 PVC。Wang 等证实了老化 PVC 比原始 PVC 对莱茵衣藻（*Chlamydomonas reinhardtii*）的生长抑制作用更大。微塑料的浓度增加，毒性效应也会随之增加。Wu 等研究发现，PVC 和 PP 对蛋白核小球藻和水华微囊藻的光合作用均有负面影响，较高浓度的 PVC 和 PP 抑制作用更加明显，且 PVC 抑制作用高于 PP。Schiavo 等研究微塑料对特氏杜氏藻（*Dunaliella tertiolecta*）的生长抑制作用及 DNA 损伤，发现低浓度的 PS、PP、PE 均抑制藻类生长，抑制作用为 PP>PS>PE，并且高浓度的 PP 具有遗传毒性效应。另外，微塑料粒径较小时，可穿过植物细胞壁，影响植物体营养及水分的吸收，导致气体交换受阻并增强光衰减，从而影响生长发育。

微塑料在海洋环境中漂浮，容易吸附细菌病毒等生物体，成为这些微生物的载体，迁移至海域各处，倘若微塑料吸附的微生物是有毒性的细菌，该细菌随着微塑料迁移到新栖息地，并对该栖息地带来生物感染风险，以至于打破生态平衡。由于塑料的疏水性，可吸附大量有益于浮游植物生长发育的氮、磷等营养盐，当有害藻类摄取这些营养盐，并在适宜的环境下大量繁殖时，在这些区域就会产生赤潮现象，从而耗尽水体中的溶解氧，威胁到其他海洋生物的正常生长发育，危害海洋环境。

3）浮游动物

浮游动物是指悬浮于水中的水生动物，体型一般较小，种类组成复杂，在养殖业和水生态系统功能、结构中占有重要地位，且浮游动物对水体污染物较为敏感，常被用于毒理学研究，因此微塑料对浮游动物的毒性效应可作为评价微塑料水生态风险的重要依据。

微塑料主要影响浮游动物的生长发育、繁殖能力、摄食能力等。PS、PVC 的存在对大型溞的生长发育带来负面影响，造成产卵数、母溞体长等指标降低，且随着微塑料暴露浓度及暴露时间的增加，对大型溞的心率、摄食率、活动抑制率的影响更加显著。有研究发现，粒径越小的微塑料在生物体内的累积量越大，停留时间越长，则生物的摄食率就越低，并且会损伤生物的抗氧化防御系统。在浓度为 5 ～ 80mg/L 时，随着暴露浓度及暴露时间的增加，2μm 的 PE 对大型溞毒性效应具有剂量反应关系，活动抑制率增加；20μm、50μm 的 PE 对大型溞抑制率先增加后降低。淡水湖泊中的轮虫、枝角类和桡足类浮游动物能够摄取 0.1μm、1.0μm 和 9.9μm 的 PS，但无法摄入粒径＞ 100μm 的 PS，大型溞对粒径为 0.1μm 和 1.0μm 的 PS 的摄食率高于粒径为 9.9μm 的 PS。虽然浮游动物摄入微塑料后，一部分微塑料会通过代谢排出体外，但粒径较小的微塑料可富集在生物的组织器官中。有研究证实，微塑料被摄入后大量富集在消化道，影响生物的摄食能力及消化能力，对生物的生长发育产生危害。浮游动物与渔业发展密切相关，研究浮游动物体内微塑料富集水平对保护人体健康具有重要意义。

4）底栖生物

底栖生物是指生活史的全部或大部分时间生活于水体底部的水生动物群。底栖生物是淡水生态系统的重要组成部分之一，是鱼类等水生生物的天然食料，可作为环境检测的指标，对于了解生态系统的结构与功能有着重要意义。

微塑料在底栖生物体内不同组织、器官中富集，对底栖动物摄食能力、消化能力、生长发育产生影响。微塑料在贻贝的多个器官均会富集，富集浓度在不同器官之间表现出显著差异，其中在肠道的富集浓度最高。另外，有研究发现微塑料富集在贻贝软组织中，破坏贻贝体内平衡，导致应激和免疫相关蛋白的产生，使分配给生长的能量减少，从而影响其生长发育。Balbi 等的研究发现，PS 影响紫贻贝幼体的正常发育，在 PS 浓度较高时会导致其胚胎发育停止，并影响壳的发育。微塑料可以在食物链中传递，大型无脊椎动物可通过摄食贻贝等生物而间接摄入微塑料，对自身产生不利影响，并且影响淡水底栖生物群落的组成。目前有关微塑料对底栖生物的危害研究主要集中在贝类及无脊椎动物方面。近年来贝类养殖业发展迅速，贝类产品为渔业发展带来的经济效益越来越高，人们对贝类食品的消费量逐年增加，因此微塑料对贝类生物的危害直接关系到消费者的健康。

5）人体

因为人类与宠物共享环境，所以宠物是人类接触环境的一个映射。在美国的一项研究中发现，狗粮和猫粮中有微塑料的存在，并在狗和猫的粪便中检测到高于食物摄入 1 ～ 2 个数量级的微塑料，这说明宠物体内的微塑料不仅来源于食物，还可能来源于其他途径。微 / 纳米塑料可以通过食物链和食物网的传递到达顶级消费者，最终到达人类体内。鱼和一些海产品是人类通过饮食接触的最重要的途径之一。其中软体动物是整个食用的，这也是人类通过食入海产品接触微/纳米塑料的最重要的来源，据估计每人每年摄入的微塑料颗粒为39000～52000粒，其中约1000粒来自海盐，11000粒来自贝类。除此以外，食用蜂蜜、啤酒等食物也会是人类饮食接触的其他途径。维也纳医科大学科学家和奥地利科学家首次在人类粪便中发现微塑料，通过对来自8个不同国家的参与者粪便进行检测，发现粪便样品中有9种塑料，并且每10g中含有20个微塑料。这表明微塑料已经存在于人类体内，并可能对人类健康造成一定影响。微/纳米塑料还可能通过吸入进入人体，引发一些慢性疾病，如哮喘、气胸、肺泡炎、慢性支气管炎和肺炎等。吸入的微/纳米塑料不容易被人类肺清除干净，由于清除机制受损，使得微/纳米塑料留在肺部进入人体呼吸系统，这可能造成肺部的炎症反应和DNA损伤，也是诱导癌症的因素之一。吸入的一部分微/纳米塑料可能被上呼吸道黏液纤毛清除至胃肠道，影响胃肠道健康。比较不同的年龄、性别和不同的时间暴露后肠道对微塑料的吸收，发现年龄更能决定微塑料的吸收程度，青年人比老年人和儿童更容易吸收微塑料。通过使用含有微/纳米塑料的洗护用品和清洁产品，微/纳米塑料可能通过皮肤屏障进入人体。但目前对通过皮肤暴露引起的毒性实验大多数在鱼类模型上，还没有足够的证据表明微/纳米塑料能够通过人体皮肤对人类健康造成损害。

综上所述，微/纳米塑料进入人体的方式主要有经口进入、吸入以及皮肤接触，然后到达人体多个器官。通过体内外模型实验证明微/纳米塑料可能对人类健康造成威胁，这需要引起人们的重视，并加大研究力度。

(2) 微塑料及其复合污染物的毒性效应

除微塑料自身毒性外，塑料中可溶出化学添加物如邻苯二甲酸酯、多溴联苯醚（PBDE）、双酚A等，以及微塑料作为载体表面吸附结合的环境污染物如多氯联苯（PCBs）、滴滴伊（DDE）、全氟辛酸（PFOA）等与其联合毒性可能对水环境资源和生态系统造成危害，其生态效应也应引起重视。研究表明，船舶的防锈和防污涂料含有大量重金属，当水中的重金属离子与微塑料相遇时，后者表现出很强的亲和力，可快速从防污涂层中吸收重金属。研究表明聚乙烯和聚丙烯微塑料表面会吸附Cu^{2+}、Cr^{3+}、Cr^{6+}等重金属离子，吸附过程受微塑料特性和环境介质因素的影响，在相同溶液条件下Cr^{6+}的吸附率比Cu^{2+}高。抗生素具有生物毒性，会诱导生物产生抗药基因，大量进入水体时会威胁饮用水安全。Li等研究表明聚乙烯（PE）、聚苯乙烯（PS）、聚丙烯（PP）、聚酰胺（PA）、聚氯乙烯（PVC）微塑料表面均会吸附磺胺嘧啶（SDZ）、阿莫西林（AMX）、四环素（TC）、环丙沙星（CIP）和甲氧苄啶（TMP）等抗生素。其中PA在淡水系统中对抗生素的吸附能力最强，说明不同微塑料对抗生素有不同的吸附能力，可能与其多孔结构和所含氢键有关。吸附多环芳烃（PAHs）的微塑料可能通过食物链进入人体，产生致癌风险。

微塑料具有颗粒小、比表面积大和疏水性强等特点，易与环境污染物特别是有机污染物相互作用，这些作用主要包括吸收、吸附和释放3个方面。微塑料对污染物的吸收源自微塑料表面-液体界面存在污染物浓度差，污染物可扩散穿过微塑料表层进入内部。有研究认为，微塑料吸附污染物属于物理过程，吸附能力的大小更多取决于微塑料表面的物理化学性质，如疏水性和平滑度等；非极性单体聚合而成的微塑料（如聚乙烯、聚丙烯、聚苯乙烯）能从周围受污染的海洋环境中吸附有机污染物，并在表面富集高达百万倍于环境的浓度。长时间暴露在海洋环境中的微塑料经海洋生物摄入体内，在一定条件下会从消化道中释放出之前吸收和吸附的污染物，并且在生物肠道条件下微塑料吸附的污染物解吸速度比在单独的海水中高 30 多倍，解吸的污染物转而会被生物组织吸收，从而引发毒性效应。不仅如此，塑料生产过程中为了提高其特种性能而添加的化学试剂，在经过海水浸泡和风化作用后会重新释放到环境中，造成污染区域的污染物浓度显著高于原环境背景浓度，进而对水生生物的健康产生不利影响。由此可见，海洋环境中微塑料与污染物的复合污染将对海洋生物造成更为复杂的影响，相关的生物毒理效应和作用机理亟待进一步研究。

除了微 / 纳米塑料本身对生物体带来的不利影响外，吸附在微 / 纳米塑料表面的其他污染物可能随着微 / 纳米塑料一同进入生物体内，造成联合毒性（表 6-2）。有研究分别将防污漆中滤出的两种重金属铜（Cu）和锌（Zn）与聚苯乙烯（PS）初凝珠和老化聚氯乙烯（PVC）混合，发现两种重金属均能吸附在两种微塑料上，且老化聚氯乙烯（PVC）的吸附作用明显大于初凝珠。吸附在微塑料上的污染物可以每天以 10% ～ 100% 的速率被解吸到周围的环境中。带正电荷的纳米聚苯乙烯塑料（nPS-NH_2）对草甘膦表现出很强的吸附能力，草甘膦的存在增强了纳米塑料分散体系的稳定性，使更多纳米塑料吸附在铜绿微囊藻（*Microcystic aeruginosa*）表面，对铜绿微囊藻的生长具有一定的抑制作用，最终可能增强食物链中纳米塑料富集。聚乙烯（PE）和聚苯乙烯（PS）微塑料能够吸附芘，当它们联合作用于贻贝（*Mytilus galloprovincialis*）时，吸附在微塑料上的芘转移到贻贝体内，并在血淋巴、鳃以及消化组织中积累，诱发生物体的免疫反应，造成溶酶体间室、过氧化物酶体、抗氧化系统改变，引起神经毒性效应。然而，研究人员发现，微塑料不太可能作为 PCBs 的载体，并且高浓度的微塑料可能稀释沉积物中获得的 PCBs 的浓度，微塑料和 PCBs 的联合作用对沙蚕（*Arenicola marina* L.）的影响较小。同样，当铜离子和带负电的聚苯乙烯纳米塑料（PS-COOH NPs）共同作用时，发现吸附铜离子效率较低，且对淡水藻（*Raphidocelis subcapitata*）的毒性作用不是很明显。

表 6-2 微塑料负载污染物的复合毒性评价

实验对象	负载污染物	毒性评价
水藻	铜	铜离子不太会吸附到带有—COOH 的纳米塑料上，故对藻类的毒性作用不是很大，而 PSNPs 在实验中干扰藻类复制过程
斑马鱼胚胎和幼体	多环芳烃（PAHs）	团聚作用降低 PAHs 吸收，PSNPs 单独或与 PAHs 联合作用降低线粒体偶联效率，增加 NADH 产生，对能量代谢可能产生负面影响
斑马鱼	双酚 A（BPA）	纳米塑料和 BPA 共同暴露可以使头部、内脏吸收显著增加 2.2 倍和 2.6 倍，并且导致髓鞘和微管蛋白 / 基因表达、多巴胺含量和中脑星形胶质细胞源性神经营养因子 mRNA 表达的生物标记物上调，导致成年斑马鱼神经毒性
秀丽隐杆线虫	二氧化钛（TiO_2）	长期接触纳米塑料粒子后可能进一步提高 TiO_2 的毒性，这可能与氧化应激的激活相关
贻贝	芘	吸附在微塑料上的芘转移到贻贝体内并在各组织中积累，造成生物体的免疫反应、溶酶体间室、过氧化物酶体、抗氧化系统、神经毒性效应等的改变
铜绿微囊藻	草甘膦	纳米塑料和草甘膦联合作用对藻类的生长具有抑制作用，草甘膦的存在增强了分散体系的稳定性，使更多纳米塑料吸附在铜绿微囊藻表面，可能导致食物链中纳米塑料的富集

（3）作为入侵物种载体的影响

当微塑料进入海洋环境后，环境中的微生物会迅速附着到微塑料表面，1 周左右即可形成较为稳定的生物膜。由于微塑料数量庞大，科学家曾预估海洋中微塑料表面的微生物量高达 1000 ～ 15000t。在洋流和潮汐等作用下，一方面，微生物可通过这些“浮筏”进行长距离跨海区的迁移，从而增加了海洋微生物迁移与传播的机会，造成外来物种入侵；另一方面，病原体也可通过微塑料这一载体被生物摄入或直接接触而引发生物毒理效应，甚至危害人体健康。最新研究表明，海洋微塑料携带而来的有害物质能引起珊瑚礁疾病的增加，如骨骼侵蚀带病增加 24%，白化病上升 17%，黑带病上升 5%。

6.1.4 主要来源

塑料进入水环境的主要途径包括陆源的输入、运输业、养殖和捕捞业等。陆源塑料垃圾输入主要是人类丢弃的塑料废弃物和冲刷到海洋中的陆地掩埋的塑料垃圾等；此外，游客往水环境中丢弃的塑料制品，水体养殖中大量使用的聚苯乙烯漂浮装置老化、破损等也是海洋塑料的重要来源。

海洋环境中微纳米塑料的来源主要包括陆源的输入、滨海旅游业、船舶运输业、海上养殖捕捞业以及大气沉降等。陆源的输入是海洋环境中微纳米塑料的最主要的来源，目前对全球海洋中塑料垃圾的来源进行估计，普遍认为陆源大约占 80%。由于微纳米塑料颗粒尺寸较小，进入污水处理系统的不同来源的微纳米塑料（日化制品、工业生产以及纺织纤维脱落）很难有效过滤去除，最终导致大量的微塑料颗粒被排放到海洋环境中。另外一个陆源的输入途径就是含有微纳米塑料的土壤通过侵蚀或流失进入海洋环境之中。滨海旅游业和船舶运输业导致大量的塑料产品和废弃物进入海滩或海洋中，这也是海洋塑料污染增加的另一主要原因。根据联合国环境规划署（UNEP）2005 年估算，全球船舶运输中输入到海洋的塑料垃圾在 5.0×10^6t 左右，塑料包装废弃物、大气沉降是土壤中微塑料的主要来源。微塑料可吸附土壤中的重金属和有机物，作为其他污染物的载体危害生态环境健康，并会随着食物链逐渐富集，从而影响人类健康。

（1）塑料包装

塑料制品在人们的日常生活中非常常见，从 1977 年聚乙烯被用于食品包装袋开始，塑料在包装中的应用就得到了迅速发展，由此而来的塑料污染问题也愈发严重。2020 年的研究结果表明，在过去的 40 年里，约 29% 的塑料垃圾被回收制成了再生材料，12%（8000 万吨）被焚烧处置，42%（2.84 亿吨）被填埋处置，剩下的 17%（1.15 亿吨）未被适当处置而随意丢弃，塑料的年消耗量从 1978 年的 100 万吨 / 年剧增至 2017 年的 6300 万吨 / 年。数据显示，每年有超过 900 亿个脆弱的包装袋最终成为不可回收的废物。

大多数来自污水处理系统的微塑料直接排放到河流和湖泊中，而陆地环境中的微塑料多经地表径流进入水体，一般，小而轻的塑料颗粒悬浮在水面，大而重的塑料颗粒则沉积在水底，然而，微塑料会与自然环境中存在的大量天然无机 / 有机颗粒和微生物聚集（非均相聚集）或自身聚集（均相聚集），从而改变微塑料的原始密度，进而影响微塑料的沉降和停留时间。此外，地表径流、气流、洪水以及河流或湖泊的水文特征（如水位、流速、总流量和地理位置等）都可导致河流中微塑料的迁移。

（2）污水处理厂排入

居民生活产生的微塑料（多指初生微塑料）一般都会通过城市污水系统流入污水厂中，经污水处理厂处理后流入自然水体，在废物经过污废水处理过程的同时，水中的微塑料也在不断地降解改性。

生活污水中的微塑料主要来自洗衣污水和洗护产品的使用。衣服和其他织物在清洗过程中会有部分织物纤维进入水中，成为洗衣污水中的微塑料污染物，家用洗衣机每升洗衣污水中含有的合成纤维超过 100 根。研究发现，丙烯酸织物进行清洗时，平均每 6kg 的丙烯酸织物可以产生超过 70 万根纤维到水中。而且微塑料纤维的数量也和衣服的新旧程度有关，此外在清洗中，老旧夹克比新夹克多产生 25% 的微塑料纤维。衣服与织物之所以成为环境微塑料污染物的重要源头，主要是因为纺织纤维能在紫外辐射、机械磨损和生物分解等作用下碎解。

一般而言，洗衣污水是城市污水处理厂中微塑料最主要的来源，所含的纤维微塑料占到了污水处理厂中微塑料的 50%。同时，这种来自衣物清洗的纤维微塑料也是环境中微塑料的主要来源，据挪威环境署报道，挪威每年大约有 100t 和 600t 纤维分别通过洗衣和家庭其他织物清洗排放到环境中。

已有研究表明，微塑料可在水处理阶段结合化学物质，对水处理微生物造成毒害作用，降低其水处理效果。虽然随着污水处理技术的不断提高，污水处理厂对微塑料的截留率高达 98%，但由于其污水排放量巨大，这也导致通过污水处理厂排入水体中的微塑料总量巨大，并不断攀升。

（3）农业生产

污水处理厂中 98% 的微塑料都会截留在污泥中，在对污泥的处理处置中，一般通过填埋、焚烧、制肥等手段处置，出于对环境的保护以及废物再回收的政策及观念，污泥大多数被改性后制成肥料，进入农田。这就为微塑料进入水体提供了第二次机会，农田里面的微塑料通过径流、风传播等方式进入水体。

（4）渔业活动

发达的渔业加速了塑料渔具的消耗，渔具磨损所产生的微塑料可以直接进入水环境中，特别是在湖泊中，渔业活动与微塑料的丰度存在很强的相关性，渔业中的微塑料会随着地表径流重新进入人体环境中，对人体健康造成很大的危害。

在我国雨污分流的建设起步较晚，尤其是格局确定的老城区，存在老城区改造难、改造成本高等问题，因此，造成许多城市雨污分流、合流并存的局面。在雨污合流的城市，地表径流会携带大量塑料垃圾，在径流运输过程中摩擦分解为微塑料。使用 SWMM 模型模拟和研究截流式合流制城市降雨径流时，溢流口的水量和污染负荷随着降雨量的增大而增大。雨季洛杉矶地区的 3 条河流中微塑料的平均丰度在 33 ～ 4330 个 /m^3，雨季样品中微塑料的平均数量比旱季每天的数量高出 66 ～ 300 倍。Cheung 等对中国香港一条经过 3d 降雨后的河流进行采样研究，发现微塑料丰度几乎是同一地区沿海海面的 2 倍。此外，他们发现微塑料丰度在雨后 2h 内减少了 90% 以上，这意味着雨水形成的地表径流中含有大量的微塑料。非连续性和爆发性的地表径流输送的微塑料污染物在降雨期间会成倍升高，甚至超过点源对城市水体造成的冲击性影响，因此，地表径流也是城市污水处理厂中微塑料不可忽视的来源之一。

6.1.5 污染现状

21世纪开始，随着经济的发展，塑料行业逐渐成为医疗保健、包装和纺织等领域产品和技术创新的关键推动者。全球塑料的生产和使用量已经从1950年的1.5×10^6t增至2019年的3.68×10^8t，我国作为最大的塑料制品生产地与消费国，2020年塑料制品全年产量已达到7603.22万吨，再生利用率仅为17.6%，全球范围内均有大量塑料固体废物没有得到合理处置的问题。微塑料的原料大部分来源于石油和天然气，因此有耐腐蚀、低密度和高可塑性的特点。由于具备出色的耐用性能，塑料在短时间内不易降解，能够在环境中长期赋存。据报道60%的塑料产品和零部件的使用年限在1年到50年之间，甚至更长。同时，低密度特点又导致微塑料容易伴随着降雨、径流和风力等进行远距离迁移。

全球大部分土壤均已受到微塑料不同程度的污染，且这种污染现状呈时区性差异。西班牙不同地区土壤中微塑料丰度和分布均存在差异性。中国新疆石河子覆膜农田中，覆膜年限越长则微塑料丰度相应越高。在中国内蒙古河套灌区，随污泥灌溉年限增长土壤中微塑料丰度也越高。土壤中微塑料形态以纤维、碎片和薄膜为主，其组成聚合物以PP、PE为主。全球受微塑料污染的土壤类型以农田土壤、污泥灌溉土壤、薄膜种植土壤等为主，其中施用污泥和温室种植土壤微塑料的丰度较高且尺寸较小。工业区土壤中微塑料丰度较高，这是由生产塑料或塑料加工过程中释放小粒径颗粒及碎片沉降而导致的。Fuller报道澳大利亚悉尼工业用地土壤中微塑料丰度范围为300～67500mg/kg。Kim等研究指出，韩国温室种植土壤均已检测到PS、PE两种组成聚合物，形态包括碎片、薄膜和纤维，丰度为（1880±1563）个/kg。在土壤中，浅层土壤微塑料丰度高于深层土壤，这是因为大部分塑料碎片或颗粒均被截流在浅层土壤中，而粒径较小的塑料颗粒及碎片被运输到深层土壤中。此外，通过耕作轮翻和土壤动物扰动，粒径较小的微塑料从表层土壤被带入深层土壤中，提高不同深度土壤中微塑料丰度和分布范围，加剧土壤微塑料污染，给土壤微塑料污染研究、治理及修复带来困难。Huerta等对墨西哥郊区花园土壤研究指出，检测到花园土壤中微塑料平均丰度为870个/kg，粒径为0.01～1mm，且粒径随土壤深度增加而变小；丰度随土壤深度增加而越来越低，且并非简单线性增加或减少的关系，随环境条件改变而改变。

淡水环境中的微塑料丰度可以从水面漂浮的微塑料、水中悬浮的微塑料和沉积物中的微塑料三个方面来调查。

近年来，微塑料颗粒在世界各地的地表水、沉积物、海洋甚至饮用水中被广泛检出。监测数据显示，意大利和葡萄牙海岸、夏威夷海滩、赤道西大西洋岛屿以及德国和希腊岛屿海岸均受到微塑料污染，欧洲莱茵河、多瑙河等多条大型河流中同样存在大量微塑料。与此同时，微塑料对我国淡水及海洋系统的污染不容小觑。据报道，我国渤海水域表层海水平均微塑料丰度、黄海北部水域表层海水微塑料丰度都较高。河流及湖泊淡水系统中的微塑料污染有不均匀性，人类活动频繁水域的微塑料丰度更高。我国椒江、瓯江和闽江河口以及太湖都不同程度地受到微塑料污染。

大量的研究及调查表明，地表河流、湖泊、水库及靠近居民区的水体均能够发现不同浓度的微塑料。我国淡水水体中，黄海、长江三峡、太湖、鄱阳湖等水体中均能够检测到微塑料。不同水期、不同样地均存在不同程度的微塑料污染问题，警示人们应当重视塑料垃圾的排放及其污染问题，以减少对湖泊、河流等湿地生态环境的影响。可见，我国淡水环境中的微塑料污染问题较为严重，污染程度因水体情况而有所不同，污染情况与人类活动密切相关。

国际上关于淡水微塑料污染的报道，最早出现在 1972 年北美洲的康涅狄格河岸和奇科皮河岸。在中国，淡水中塑料丰度的研究主要集中在长江三角洲、珠江三角洲、华中地区。这些研究探究了淡水中微塑料的来源，评估了河流中微塑料可能对水生生态系统产生的威胁。海洋环境是塑料废弃物最主要的汇流地，而淡水水体的河流则被认为是塑料废弃物最重要的来源。有研究表明，武汉地区地表水体中微塑料含量为（1660.0±639.1）～（8925±1591）个 /m^3，到长江河口微塑料含量降低至（4137.3±2461.5）个 /m^3，最终入海口处水体的微塑料含量为（0.167±0.138）个 /m^3，呈现出由内陆淡水水体地表水到入河口、海洋微塑料含量逐步降低的趋势，这种趋势说明了微塑料通过河流向河口和近海输送，具有陆源性。

淡水水体中微塑料的来源主要包括市政污水处理厂的排放、水中塑料垃圾的破碎碎片、地表径流的输入以及大气沉降。淡水中的微塑料丰度取决于周边人口密度和城市废物管理模式以及盛行风向。Steve 等调查了多个南加州污水处理厂各级的出水微塑料含量，发现出水中有疑似牙膏中的颗粒微塑料，其浓度为 0.877 个 /m^3。如果淡水水体周围有塑料制品的制造工厂，则该区域淡水水体中微塑料浓度将明显高于其他水域。在偏远的青藏高原湖泊和蒙古的库苏古尔湖中也发现了微塑料污染，这可能是河流地表径流或者大气远距离传输和沉降带来的微塑料。地表径流和大气沉降对淡水微塑料丰度的贡献值与降雨量和降雨时间有正相关关系。经过 3 天降雨，香港河流表层水的微塑料丰度是同区域海水的 2 倍。根据城郊站点的平均大气总纤维通量和成分分析，计算出每年从巴黎大气中沉降 3.5×10^{10} ～ 7.6×10^{10} 个微塑料，塑料纤维的质量可能在 6 ～ 17t 之间。淡水资源与人类的生活息息相关，未来还需要更多的研究来完善我们对国内淡水环境中微塑料污染分布的认知。

（1）海洋

塑料垃圾已经遍布海洋。这些塑料碎片由洋流、风、河流流出和漂流驱动，可以被运送到更为遥远且原始的地方，包括大洋中的岛屿和南北两极，并在这一过程中逐渐风化破碎成微塑料。微塑料在全球海域中分布广泛且不均匀。微塑料在近海海域中的分布相对集中，主要分布在表层海水、近海沉积物以及海滩。Thompson 等曾对英国 Plymouth 附近的 30 个河口、海滩和潮汐沉积物进行采集，发现了 9 种不同类型的微塑料，基本来自衣物、包装和绳索掉落的纤维及碎片。

与其他地区相比，南极海洋系统往往被认为是最原始的。然而，近期的研究和科学报告显示南极海域的深海沉积物和表层海水中有微塑料检出。Waller 等在一项研究中指出，南极海域的微塑料污染主要来源于其他海域，而非当地船舶和科学研究站的排放。根据其成分、密度和形状不同，微塑料可以存在于海洋中的各个深度，包括漂浮在海面、浸泡在海中乃至下沉至海底。低密度微塑料主要存在于表层海水，而生物体附着则会导致漂浮的微塑料下沉，高密度微塑料以及对有机污染物吸附作用较强的微塑料则多被底栖生物摄入。由于密度较大，这部分微塑料会在重力作用下沉至海底，并被深海生物误食，对深海生物及深海食物链产生严重危害，破坏生态系统。

海洋环境中常见微塑料的化学组成有丙烯腈-丁二烯-苯乙烯（ABS）、聚对苯二甲酸乙二醇酯（PET）、聚苯乙烯（PS）、聚碳酸酯（PC）、聚丙烯（PP）、聚乙烯（PE）和聚氯乙烯（PVC）等，研究显示，PE（LDPE 和 HDPE）、PP 和 PVC 分别占塑料总产量的 38%（21% 和 17%）、24% 和 19%。

有学者研究了天津近岸海域微塑料的分布特征，天津近岸海域海滩沉积物中采集的27个样方共获取微塑料样品2446个，各采样点位微塑料丰度变化范围为44.3～132.3pieces/kg，平均丰度为90.6pieces/kg。通过显微镜鉴定，微塑料样品按形态特征分为2类，包括纤维状和碎片状，所占比例分别为14.0%和86.0%。微塑料样品按颜色分为5类，包括红色、蓝色、白色、黑色、透明，所占比例分别为0.6%、35.7%、12.8%、11.9%、38.9%, 微塑料粒径介于19～1739μm之间，其中粒径＜500μm、500～1000μm、＞1000μm的微塑料所占比例分别为72.0%、18.2%、9.8%。使用傅里叶显微红外光谱仪对样品成分进行分析，结果显示，天津近岸海域大神堂海滩沉积物中微塑料化学组成包括聚对苯二甲酸乙二醇酯（PET）、聚甲基丙烯酸甲酯（PMMA）、聚碳酸酯（PC）、聚丙烯酰胺（PAM）、纤维素塑料（CE），所占比例分别为9.9%、29.8%、51.6%、8.5%、0.2%。同时，结果显示，东海微塑料分布密度要低于北太平洋、美国西海岸的部分区域，而高于地中海地区。与国外的一些同样人口密集、城市较多的沿海地区，东海微塑料分布密度远低于美国西海岸水域，尤其是加利福尼亚沿海。与世界其他地区相比，东海微塑料分布密度低于法国和比利时沿海、意大利沿海，而高于澳大利亚沿海、西太平洋、南极洲罗斯海等海域。与国内相比，东海微塑料分布密度低于多个城市附近的河流入海口以及中国香港岛沿海水域。所以东海微塑料分布密度与世界其他地区相比处于中等水平。海水中微塑料的成分多是常见的聚乙烯、聚丙烯、聚苯乙烯、聚对苯二甲酸乙二酯、聚氯乙烯等类型。其中，泡沫的主要成分包括聚苯乙烯和聚乙烯，块状多为聚丙烯、聚氯乙烯等，薄膜状多为聚乙烯、聚苯乙烯等。这些都是生活中常用的塑料类型，聚乙烯多用于制造塑料袋和包装材料，聚丙烯多用于家用电器和塑料管道，聚苯乙烯常用于制造泡沫塑料板，聚对苯二甲酸乙二醇酯多用于制造电子器件和涤纶等。成分多样性表明微塑料来源的广泛性。另外，在微塑料样品中检出了二十二醇、三硫代亚磷酸三月桂醇酯、十八烷基三甲基氯化铵等成分。这些物质并不是塑料的组成成分，其中，二十二醇是一种常见的润肤剂，常出现在洗涤用品中；而三硫代亚磷酸三月桂醇酯是一种合成洗涤剂，也常出现在洗涤用品中，或作为工业印染的匀染剂、矿物的浮选剂；十八烷基三甲基氯化铵一般用作织物柔软剂和护发素的成分。这些成分最有可能出现在生活污水和工业废水中。这表明微塑料吸附了这些物质，并且陆源污水是微塑料进入海洋环境的一个重要途径。

有学者对珠江三角洲水域8种野生淡水鱼的鳃部和肠道中微塑料的丰度、粒径、形态、颜色和组成成分进行分析，结果表明：在所有鱼体中共检测出60个微塑料，平均每条鱼摄入了1.6个微塑料，鳃部的平均丰度为（0.638±1.276）items/g，肠道的平均丰度为（0.256±0.326）items/g，鳃部的平均丰度大于肠道的平均丰度。在滤食性鱼体内，鳃部微塑料丰度占总体微塑料丰度百分比大于杂食性鱼类。分析原因，主要是由于滤食性鱼类利用鳃部滤食器官进食时，水体和食物中的微塑料被鳃耙截留，导致鳃部微塑料丰度较高。水域鱼类摄入的微塑料大部分是碎片状，其次是颗粒状。碎片的形态各有不同，有类似于条状的碎片，也有片状和块状的碎片，碎片的来源可能是被遗弃后的质地坚硬的塑料制品，如瓶盖、食物容器、生活用品等，但是由于这些物品硬度较大，不易破碎，但在长时间风化和光解作用下能破碎成微小的塑料碎片颗粒。

（2）河流

山东黄河三角洲国家自然保护区是地球暖温带地区最为广阔、最完整、最年轻的湿地生态系统，是以保护新生湿地生态系统和珍稀濒危鸟类为主的湿地类型自然保护区。其微塑料污染状况将潜移默化地改变当地生境、生态系统结构和功能等，进而影响到其为人类所能提供的基础性服务。2020 年对黄河三角洲湿地中微塑料调查发现，以表层土壤的干重计，发现当地土壤中微塑料的丰度为 80 ～ 4640items/kg，平均丰度为 1142items/kg，颗粒大小范围为 5.78μm ～ 3mm，在土壤中的含量约为 182mg/kg。存在纤维、碎片、泡沫、薄膜这 4 种类型，分析其材质后发现，原材料为聚苯乙烯（PS）的微塑料偏高，占比约 58.8%。

有学者对黄河沉积物和表层水中微塑料的类型进行调研，结果显示，地表水的微塑料丰度随着距离的增加而线性下降，并且有相当高的相关系数。推测是因为河道的坡度变缓，且流速变慢，一些停留在沉积物中的微塑料也会逐渐上浮至表层水中。黄河流域不同河段微塑料的空间分布具有不同的特征，收集整理黄河流域微塑料污染的大数据对于生态保护非常有必要。与国内外其他河流表层水污染程度相比，黄河流域水体微塑料污染处于中等偏低的水平。与国内其他河流相比，黄河中下游水体表层水污染情况处于中等偏下水平。在国外知名河流中，加拿大渥太华河道微塑料污染较少，这可能与当地人口数量少有关联，其他知名河流的微塑料污染水平较黄河流域而言更高，如奥地利多瑙河微塑料丰度是黄河中下游的 17 ～ 44 倍，说明一定时期内经济发达国家的塑料使用量较多，也说明微塑料降解难度高。

同时，沉积物中微塑料的类型与表层水中完全不同。在沉积物中，微塑料主要以碎片类和发泡类存在（分别占比 46% 和 35%），而表层水中绝大多数的微塑料都是纤维状（占比 89%）。上述分布特征除了与不同区域的塑料输入类型有关外，还与塑料的材质有关。不同溶解性和密度的微塑料在沉积物和表层水中积累的趋势不一样，受多种物理和生物作用的影响。例如，在黄河沉积物中发现的微塑料成分聚氯乙烯、聚对苯二甲酸乙二醇酯等塑料的密度＞ $1.0g/cm^3$，自然会沉积到水底，而低密度的聚丙烯、聚苯乙烯在表层水中的丰度较高。除此之外，微塑料受到雨水冲刷、碰撞等因素影响，表层凹凸不平，水体中微生物和藻类会贴附在其表面，从而增大了微塑料的下沉概率；细小的塑料也会被水生动物摄食，进而伴随其尸体沉积在河道底部。近年来，生物可降解塑料聚乳酸、聚乙醇酸、聚羟基脂肪酸酯、聚己内酯等逐渐推广，产能不断上升，将在未来的人类活动中替代部分不可降解塑料。同时，一些新的降解技术，如国内外多家研究人员对生物酶进行改造，使得它可以高效地断开聚对苯二甲酸乙二醇酯的构成单元即 PET 单体连接在一起的化学键，从而减少环境塑料，甚至有望降低微塑料的产生和侵害。

在沿黄流域，水产养殖是各地的支柱产业，在黄河滩区养殖的经济鱼类有 60 余种，其中黄河鲤鱼为四大淡水名鱼之一。然而微塑料的污染对水产品品质造成不良影响，尽管各种水产品加工标准和养殖投入品相关标准中尚未对微塑料污染进行规定，但是微塑料经过鱼类摄食后进一步在生态链中上位，最终将影响人体健康。除此之外，微塑料加剧了鱼类病害发生，使得鱼药投入量增加，亩产减少。已有文献证实聚氯乙烯（PVC）微塑料抑制了黄河鲤幼鱼的正常生长，通过暴露风险评估，显示微塑料能够扰乱性腺发育相关基因的表达和组织机构的正常形成。Limonta 等研究了高密度聚乙烯和聚苯乙烯微塑料对模式生物斑马鱼的影响，结果表明，在养殖水体中暴露 20d 后，实验组斑马鱼的免疫系统基因表达发生变化，且与脂类代谢相关的基因表达也下调。

（3）湖泊

有学者对特拉什湖沉积物中微塑料进行检测，根据微塑料的形状特征，沉积物样品中微塑料可分为纤维、碎片、薄膜和颗粒 4 种类型，特拉什湖沉积物中微塑料的主要形状为纤维，占比 79.49%，其次分别为薄膜（7.69%）、碎片（7.69%）和颗粒（5.13%）；纤维微塑料形状多为长线状，也有部分以弯曲或缠绕的形态存在；薄膜微塑料质地较为柔软，外观轻薄。利用傅里叶变换红外光谱仪进一步鉴定了样品的聚合物类型，特拉什湖沉积物中共检出 7 种不同化学成分的微塑料，分别为聚酯（polyester, PES）、聚乙烯亚胺（polyethylenimine, PEI）、PA、PP、PS、PESTUR 和聚丙烯-聚乙烯共聚物（polypropylene-polyethylene copolymer, PP-PE），特拉什湖最主要的微塑料类型是 PES，占比 51.28%，其余聚合物类型分别为 PEI（15.38%）、PA（12.82%）、PP（10.26%）、PESTUR（5.13%）、PS（2.56%）和 PP-PE（2.56%）。

特拉什湖各采样点沉积物中微塑料污染负荷指数（PLI）均低于 3，研究区整体污染负荷指数较低（PLIzone=1.52），污染等级为 Ⅰ类。与污染负荷指数模型结果不同，特拉什湖沉积物微塑料风险指数为 92.30，风险级别为Ⅱ类；不同采样点存在不同等级的微塑料污染风险。大部分采样点位的风险等级为Ⅰ类和Ⅱ类，说明微塑料对偏远湖泊的生态影响较弱，同时对特拉什湖沉积物中检出的微塑料进行来源分析，聚乙烯（polyethylene, PE）是世界上生产量最大的聚合物之一，环境中质地较硬的 PE 碎片可能来源于外卖餐盒、塑料瓶等大块垃圾的分解，而薄膜状的 PE 则主要来源于塑料包装材料，PE 在青海湖的微塑料样品中占主导地位，主要来源于游客带来的食品用品包装。

纤维（79.49%）是特拉什湖沉积物中微塑料的主要形态。环境中的纤维状微塑料大致有两种来源，其中以 PES、PA 等为主要成分的细纤维最可能来源于纺织纤维，而较粗的 PP 和 PE 纤维则可能源自渔业使用的绳索和渔网，检出的纤维微塑料多以 PES 和 PA 为主，与纺织品来源的微塑料特征相符；这些纤维可通过洗衣废水排放、衣物穿着释放等途径进入环境，考虑到特拉什湖周边环境不存在污水排放源和渔业活动，因此推测特拉什湖中的塑料纤维最可能来源于纺织品的磨损脱落。

（4）水库

水库中的微塑料污染同样不容小觑，在丰水期调查丹江口水库及其 15 条入库支流共计 29 个表层水样，微塑料检出率 100%，微塑料的检出个数在 457 ～ 32466 个 /m^3。比较各采样点微塑料的检出丰度，汉库下游农业与人类活动偏少的区域支流或库湾微塑料含量不高，曲远河、远河以及泗河水体每立方米微塑料均不足 1000 个，但汉江、将军河、堵河以及神定河等支流位于汉库上游，周边人类活动频繁，工农业污染排放量大，丰水期微塑料检出丰度均超过了 8000 个 /m^3，天河达到了 27734 个 /m^3，许多研究指出农业生产、人类活动是河流塑料废弃物的主要来源，微塑料的暴露丰度与当地经济发展现状密切相关，汉库微塑料主要来自周边 12 条入库支流，调查 6 个库区采样点丰水期的微塑料平均丰度为（3283±1675）个 /m^3，低于我国三峡水库表层水体丰水期微塑料调查结果［平均丰度（4703±2816）个 /m^3］，对比我国人类活动更为频繁的长江河口与内城湖泊，汉库的微塑料丰度则更低，如位于武汉市中心的北湖（8925±1591）个 /m^3 和鲩子湖（8550±990）个 /m^3。

采样点的微塑料粒径大小主要在 75 ～ 4703μm 之间。将微塑料按粒径大小的不同划分成 75 ～ 500μm、500 ～ 1000μm 以及 1000 ～ 5000μm 3 类，结果显示采样点的表层水体样品中约 73.4% 的微塑料粒径不足 500μm，17.7% 的微塑料粒径在 500 ～ 1000μm 之间，丹江口水库入库支流表层水体中粒径超过 1000μm 的不足 10%，流域内丹江口水库微塑料的丰度随其粒径的增加而下降。微塑料的调查研究中，粒径不足 500μm 的微塑料往往在水环境中最为丰富。微塑料中，尼龙（PA）的检出频率最高，占比为 36.5%，其次是聚乙烯（PE），占比

18.2%，聚丙烯（PP）占比 11.8%，聚偏二氟乙烯（PVDF）占比 10% 等，检出的微塑料类型繁多，除聚苯乙烯（PS）、聚芳醚（PAE）和聚氯乙烯（PVC）外，还包括聚四氟乙烯（PTFE）、聚碳酸酯（PC）和聚丙烯腈（PAN）等，水库中的微塑料主要来源于工业生产排放。

（5）饮用水

现有研究表明，微塑料广泛存在于饮用水体中。科学家利用傅里叶变换红外光谱（FTIR）检测自来水、瓶装水、饮用水、地下水，均含有微塑料。其中，瓶装水每升水中含有几十至几百个微塑料颗粒。最新研究表明，茶叶包中有大量微 / 纳米塑料颗粒，一袋塑料茶叶包在 95℃水中浸泡可以释放约 116 亿个微塑料颗粒以及 31 亿个纳米塑料颗粒。根据现有研究资料发现，对饮用水中微塑料的研究报道较少，饮用水中微塑料的含量较低，使用直接目视法及显微镜视觉观察法难以发现微塑料微粒。随着检测技术的发展，有报道显示，在 10 余个国家收集的末梢水样品中，83% 的末梢水存在微塑料污染，人体年均微塑料摄入量超过 5800 个，其中来自自来水中的微塑料约占 88%。可见，自来水中的微塑料污染已十分普遍。饮用水中的微塑料大多粒径在 10μm 以下，使用不同的包装材料会影响瓶装饮用水中的微塑料含量水平，包装材料为可回收塑料瓶的饮用水，其微塑料含量显著高于一次性塑料瓶。

检测环境中的微塑料需进行一定程度的前处理，欧盟于 2013 ～ 2015 年制定了《欧洲海域海洋垃圾监测指南》，其中推荐使用高密度饱和 NaCl 溶液，将微塑料从较高密度的基质中浮选出来，此法适用于分离部分密度较小的微塑料目标物。同时有进一步研究显示，可以使用饱和 $ZnCl_2$ 或 NaI 溶液作为密度浮选液，回收率可达 80% ～ 100%。

（6）污水厂

根据污水处理厂中微塑料的形貌观察，按其形状不同，其类型主要呈现为微纤维、微型塑料碎片、塑料颗粒、薄膜、塑料小球，其多属于初生微塑料，纤维是水体、沉积物和生物体中检出的最普遍的微塑料类型，在污水处理厂检出的微塑料中纤维仍占最大比例。污水处理厂中微塑料的种类主要有聚乙烯（PE）、聚苯乙烯（PS）、聚丙烯（PP）、聚酯（PES）、聚酰胺（PA）、聚对苯二甲酸乙二醇酯（PET）、尼龙、丙烯腈-苯乙烯共聚物（SAN）、聚氨酯（PU）、聚氯乙烯（PVC）、聚丙烯酸乙酯（PEA）、醇酸树脂（ALK）、聚苯醚（PPO）、醋酸纤维素（CA）和丙烯酰胺等。对芬兰 4 个城市污水处理厂 3 个样品的研究发现聚酯占主导地位，约占样品的 60%，其次是聚乙烯（14%）、聚丙烯酸乙酯（7%）、聚氯乙烯（5%）、聚苯乙烯（4%）和聚丙烯（3%）。同时对污水处理厂的纤维进行了检测，发现 66% 属于天然纤维（棉、亚麻、羊毛），聚酯类和丙烯酸纤维分别占 33% 和 1%。

6.2 微塑料的迁移转化

环境中的塑料残体可以在风力、河流、洋流等外力作用下进行远距离迁移，从高山湖泊到深海沉积物到处都有微塑料的存在，因此研究微塑料在陆地自然水体中的迁移机制是应对微塑料污染问题的关键一步。微塑料本身含有毒性，其由危险单体和化学添加剂组成，后者大部分没有生物降解性，在水环境中被释放，会被生物摄入。实验表明，水环境中无脊椎动物、双壳类、多毛类、棘皮动物和桡足类动物在生命阶段中会摄食微塑料。有实验室用含有聚乙烯微珠的惰性饲料喂食欧洲鲈鱼幼体，结果显示在所有鱼的肠道中均检测到塑料微珠。微塑料被生物摄入后，多数都会在肠道中滞留，最后被排出体外，但微塑料粒径越小，越难被生物排出，对生物体的影响范围越广，对生物体的毒性效应也越强。

6.2.1 淡水系统

淡水环境被视为陆地环境和海洋环境微塑料迁移的桥梁，研究表明，70% ～ 80% 的海洋微塑料都是通过淡水径流引入的，因此淡水环境中的微塑料较陆地环境更加受到重视。微塑料经过废弃塑料碎块降解、排水系统、大气沉降、土壤微塑料污染下渗和农田径流等来源进入陆地水体后，大致有 3 个去向：

① 沉积在江河、湖泊底部，与河湖底部淤泥掺和在一起，或者随着水流迁移并最终进入海洋；

② 在陆地水环境中降解与转化；

③ 被生物摄取吸收累积，从而进入食物链，在不同食物链环节中累积与传递。

一部分陆地环境中的微塑料会在重力作用和生物活动的影响下沉积到地下，另一部分留在地表。地表上较轻的微塑料在风力的作用下进入淡水水体甚至海洋，较重的微塑料随着地表径流冲刷或水土流失进入淡水系统，例如农业灌溉的排水沟、雨水冲刷等，继而进入海洋环境。同样，沉积到地下的微塑料也可能通过地下径流流入淡水系统。微塑料的迁移不仅仅是陆地到海洋的单一方向，在涨潮或洪水事件发生时，也会产生微塑料从海洋向陆地的迁移。微塑料的整体沉积、保留和运输的程度取决于许多因素，包括人类行为（如乱抛垃圾或回收）、颗粒特征（如密度、形状和尺寸）、天气（包括风、降雨和淹水）以及环境地形和水文等，这些因素增加了预测迁移行为的困难。微塑料在淡水河流运输的过程，一方面受到河流流速和深度的影响，较慢的流速和较深的深度会引起微塑料的沉积，而较快的流速和较浅的深度会引起已沉积的微塑料的运动；另一方面，微塑料粒径的影响也不可忽略。研究表明，由于微塑料的聚集沉积和斯托克斯沉降作用，中等粒径的微塑料更易运输，而较小或较大粒径的微塑料却易被保留下来。

受纳水体的水文特征可能会影响微塑料的迁移方向。由于湖泊是一个相对比较封闭的环境系统，其水文条件比较稳定，微塑料进入湖泊后，密度大的就容易沉积在湖底或漂浮在深层水体，密度较小的就会漂浮在水体表层。沉积在湖底的微塑料受到的水流扰动比较小，与湖底的淤泥掺和之后不会轻易上浮到表层水体。而河流的水文条件则比较复杂，在水流湍急处，密度较大的微塑料往往不能沉积在河床底部，而是随着水流向下迁移，等到河流行进到比较平缓的地方，水流裹挟的大密度微塑料则会沉积在河床底部而不再向下游迁移。对太湖中微塑料含量的研究表明，沉积物中微塑料含量为 11.0 ～ 234.6items/kg，表层水体中微塑料含量为 3.4 ～ 25.8items/L，尽管所使用的单位不同，但仍可看出沉积物中微塑料含量大于表层水体微塑料含量，大部分微塑料的迁移方向为沉积在湖泊底部。

在自然环境中，聚合物容易通过紫外线照射或生物作用而缓慢分解或降解。不管微塑料是沉积在河湖底部，还是随着水流迁移，其不可避免地会受到外界环境的作用，逐渐分解为更小粒径的微塑料甚至是纳米微塑料，或最终降解转化为二氧化碳、水或甲烷。光作用降解被认为是最有效的非生物降解方法之一，尤其是漂浮在水体表面的微塑料，和海滨沙滩上的微塑料一样，其长时间暴露在阳光下，在紫外线和空气中氧气的作用下会逐渐老化分解。水流的作用、微塑料与河床河岸的摩擦、磨损等机械作用也会导致微塑料的进一步老化并快速破碎分解。而在微塑料粒径不断变小的过程中，微塑料也可以被微生物利用，从而实现完全降解。微生物降解被认为是塑料降解的最理想途径，微生物对聚合物的降解效率几乎能达到100%。微生物在降解过程中将以有机物形式存在的碳转化为无机态的碳，主要为二氧化碳，所以微生物的降解作用又称为生物矿化作用。在有氧情况下，需氧微生物将塑料降解为二氧化碳和水；在无氧环境下，厌氧微生物将塑料降解为二氧化碳、水和甲烷。塑料在微生物作用下的降解可以分为两个阶段，首先是在生物或非生物作用下将聚合物转化为单体、低聚物或二聚物，然后是单体、低聚物或二聚物进入微生物细胞充当碳源和能源，转化为二氧化碳、水或甲烷。微塑料的特性缩短了塑料聚合物转化为单体的时间。在生物或非生物作用下聚合链断裂后，塑料原来的结构发生变化，聚合物与聚合物之间、聚合物与塑料添加剂之间失去连接作用，塑料添加剂从塑料中溶出或流失，使塑料的特性发生改变，加上微小化之后的聚合物暴露在外界环境中的比表面积加大，促进了微生物的附着繁殖和物理化学反应的发生，使聚合物进一步降解，分解成更小的微塑料或单体，进而被微生物利用矿化，转化为二氧化碳、水或甲烷。

最后，在微塑料整个迁移转化过程，其粒径在不断缩小，当微塑料小到一定的粒径时，就有可能被浮游生物等水生生物吸收而进入食物链。

6.2.2 海洋系统

淡水中的微塑料最终会聚集在海洋中，并再次迁移，洋流运动作为海洋中微塑料水平输送的主要输送方式，对微塑料在公海中的迁移、分布和聚集起着重要的作用，微塑料进入深海后，重力将引导其继续沉入更深的海洋领域，但各种洋流使塑料的运输和分布更加复杂。

到目前为止，对于微塑料的分布研究主要集中在海洋环境。由于海洋的流动性，微塑料已经渗透了整个海洋环境，甚至在南北两极、海岛和深海地区也发现了微塑料的存在。尽管微塑料在海洋中普遍存在，但空间分布却非常不均匀。虽然海洋中的微塑料有聚集于海洋环流的趋势，但微塑料占海洋的范围和总量还不得而知。一些研究已经建立了模拟微塑料在海洋中分布的三维（3D）模型，但已有的 3D 模型都没有考虑微塑料的粒径、形状、密度等因素的动态变化，例如微塑料会风化、与黏土结合或形成生物膜。海洋中微塑料的归宿主要有 2 个：a. 密度大于海水的微塑料会在重力作用下不断下沉，并在海洋沉积物中聚集；b. 密度小于海水的微塑料会漂浮在水面上，并在波浪的作用下向海岸线迁移，或者在生物污染的作用下密度增大，最终密度大于海水而沉入海底。海洋沉积物有积累微塑料的潜力，研究发现，部分沉积物中微塑料的浓度很高，甚至能达到沉积物重量的 3.3%。因此，深海地区、海峡谷以及海岸线浅滩地区都是微塑料的聚集处。

Wang 等研究了中国中部最大城市武汉的淡水环境微塑料分布，发现人为因素对其分布的影响最大。Zhang 等在中国西藏北部西陵盆地四湖的湖岸沉积物中也发现了微塑料的存在，这说明微塑料已经影响到人类活动非常有限的偏远地区。考虑到海洋及大气的长距离运输，微塑料污染可能是一个全球性问题。早期在对海洋中微塑料污染问题的研究中已经发现浮游动物、无脊椎动物、幼棘皮动物能够摄取微塑料。生物的摄取，使微塑料由海洋表层或底部迁移到生物体内。研究发现食用鱼类也能摄取塑料微粒。研究者在对巴西东海岸食用鱼类微塑料摄取情况的调查中，发现大西洋马鲛鱼摄取塑料的概率达到了 62.5%，而巴西斜锯牙鲨摄取塑料的概率也有 33%。在陆地水环境中，微塑料同样能被水生生物摄取，说明在陆地淡水环境下微塑料也可以向生物体内迁移。研究表明微塑料能够长时间存留在摄取者的消化道中，甚至可以通过消化道壁进入各器官组织。然而，在对鲫鱼、多毛虫的研究中发现，微塑料虽然能被摄取进入生物体，但是只有极少数能在生物体内滞留或通过消化器官进入其他组织，微塑料会和排泄物一起被排出体外，重新回到水环境中。可以说鱼类、鸟类等生物对微塑料的摄取，也间接帮助了微塑料进行远距离的迁移。

从微塑料在天津近岸海域的分布特征来看，表层海水微塑料平均丰度为 0.016pieces/m^3，低于渤海中部海区（0.082pieces/m^3），且汉沽和大港毗邻海域沿岸点位丰度也低于离岸较远点位，与刘涛等对东海微塑料的部分调查结果相似，其发现离宁波较远的东海中部海域微塑料丰度高于其近岸海域点位。这说明尽管陆源输入（入海河口、入海排污口、海岸带人类活动）是海洋微塑料的主要来源，往往河口丰度较高，但沿岸的丰度并不一定高于远海，微塑料会随着海水的运动而迁移，河流的推动和稀释作用也会影响微塑料的分布。同时，天津近岸海域位于渤海湾“盆底”，形态是扇形（半圆形），这也导致了沿岸点位可能仅受邻近的河流影响，而离岸较远点位和区域可能受多条河流共同影响，而且沿岸浅海存在较多的沉积物悬浮颗粒，也会携带一部分微塑料下沉进入海底。同时，局部海域微塑料还可能会受河流与洋流、季风、潮汐等的相互作用，进行迁移，造成局部海域丰度高、局部海域丰度低。

据已有研究表明，海洋环境中存在的微塑料密度大都在 0.8 ～ 1.4g/cm^3 之间。一般情况下，大部分微塑料都漂浮或悬浮在浅层海水中，容易随表层海水运动而迁移。另外，信风、风暴、河流入海口的冲淡水都会通过影响海水的流动而间接影响微塑料在海水中的分布。所以，陆源输入主要影响沿岸和近岸的海域内微塑料的分布，距海岸稍远之后，微塑料的分布主要受海水运动影响，特别是表层海水的运动。另外，进入海洋的一部分密度大的微塑料会下沉，还有一部分会被海洋动物摄食，其中一些会随浮游动物的粪便颗粒而下沉，另一些会留在海洋动物体内。这些情况也会对微塑料的分布产生一定影响。

6.3 微塑料的表征与分析

6.3.1 样品制备

6.3.1.1 样品采集

微塑料采集方法的研究十分重要，优良的采集方法可降低粒径取样下限。采集水源地样本时，上层水样可采用曼塔网，中层水样选择 Bongo 网，靠近水底层可用底栖拖网等，可根据需要改变网孔大小，获得粒径在 100 ～ 500μm 的微塑料。由于微塑料在自来水管网及供水设施中的分布很大程度上受水处理工艺、管网材质、环境迁移因素的影响，导致结果的重现性不佳。因此，样本的采集方法与数量应兼顾代表性。针对这种情况，可以采集过滤一定体积的龙头水，以减少因体积偏小导致未检出或误差较大的情况。但并未对采样体积做出明确的规定，影响结果的可靠性。李珊等考察了 6 种膜材质对微塑料的采集效果，评价得出不锈钢滤膜对聚氯乙烯材质的微塑料具有良好的采集和洗脱效果。但这类膜的筛孔易堵、会遗漏不合尺寸的微塑料颗粒，难以获得较全的丰度数据，样品处理耗时长。考虑到微塑料大多数都是疏水剂，采用表面活性剂将微塑料与水分开，提出浮选和密度分离结合的方法，以减少微塑料丰度的遗漏量。Wang 等采用溶解空气浮选去除了水中 3 种常见的微塑料，指出浮选法对于不具疏水性或疏水性较弱的微塑料去除效果不佳，在预处理过程中损失掉其他种类微塑料，造成结果不准确。密度分离法则采用氯化钠饱和溶液，对微塑料进行分离。氯化钠饱和溶液易获取、价格低廉且无毒，是常用的分离溶液。对于一些密度接近的微塑料，可用多钨酸盐、碘化钠分离，无毒且效果较好，价格相对较高。氯化锌分离效果同样较好，但相对其他几种溶液对环境具有危害性，在使用过程要注意安全防护。通过在水样中加入氯化锌和尼罗红染料，分离浮选采集微塑料。该法步骤烦琐、耗时较长、只能收集 6 ～ 50μm 的微塑料，难以获得较全的丰度数据。通过对微塑料采集方法和结果的综合考虑，不锈钢滤膜用得较多，浮选法和密度分离法次之。

目前用于水环境中 MPs 样品采集的装置主要有 Neuston 网、Manta 网、表面拖网和浮游生物网等，使用采样网可以过滤大量的水，但无法收集小于网孔直径的微塑料。使用梅森罐采集微塑料，与常规筛分相比，该方法将污染和降解损失降至较低水平，同时提高了回收率和产量，操作简便，但能收集的样品体积有限。污水厂可通过污水泵将水泵送至过滤装置截留微塑料，在水上取样时可通过船舶自吸泵进行，根据水质特性和过滤装置孔径的不同，采样体积可达数百立方米甚至更高。

为防止样品被污染，在采样收集和随后实验中，研究人员需穿着棉质服装，佩戴乳胶手套，如实验过程必须使用塑料制品，可在使用前用乙醇冲洗几次，为防止细菌和藻类生长，可向每个样品瓶中添加质量分数为 70% 的异丙醇，添加量约为瓶中液体的 10%；采样完成后用去离子水将样品冲洗到玻璃或钢制取样瓶中，用金属勺或镊子提取残留在采样网上的顽固物质，每次取样后都要清洗采样网，避免采样网残留样品影响取样结果。此外，采样过程中的空白对照对于更好地检测微塑料污染和验证数据具有重要意义。

目前，自来水中微塑料采集方法缺乏统一标准，缺少具有针对不同粒径采样方法的研究，不同报道的结果缺乏可比性。由于微塑料的采集方法影响测定结果，应综合考量制约采样的多种因素，建立统一的样品采集标准。这方面的研究工作还需要进一步开展。

6.3.1.2 样品预处理

预处理可对样品进行纯化，用以去除微塑料表面的有机物和粉尘等干扰物，减少对检测仪器的干扰，以便更准确地识别微塑料的类型。预处理方法主要采用化学降解和酶降解。化学降解主要使用浓度 30% 的双氧水溶液，因其价格低廉、成分简单、对有机质去除效率高，常用于自来水的微塑料检测。Di 等用双氧水溶液消化后使用 0.45μm 的玻璃纤维滤纸过滤水样，干燥后再用显微镜观察。由于所用试剂对降解敏感的微塑料有强烈作用，造成后期微塑料的检测结果不准确，降低微塑料的检出率，因此常用酶降解法补充。酶降解常用脂肪酶、淀粉酶、蛋白酶等。Löder 等使用基酶纯化方案来预处理微塑料，减少了 98.3% 的杂质，此方法具有较高的回收率。

水环境中的微塑料样品表面通常覆有过多有机物（如藻类、浮游生物和天然碎片）或无机颗粒（如砂子和淤泥），会覆盖 MPs 的光谱信号，影响检测结果。实验室样品预处理和样品分类可有效去除或减少非微塑料物质，提高微塑料定性定量分析的准确性。目前微塑料的预处理方法有目视提取法、密度浮选法、过滤筛分法、化学消解法等。

（1）目视提取法

目视提取是指通过人眼直接观察或借助显微镜等工具观察生物器官中微塑料呈现的大小、外观、形状和颜色等物理特征，或将微塑料与样本组织分离，并根据观察得到的微塑料形态与结构特点对其进行分类。对于尺寸在 1 ～ 5mm 的微塑料，观察者可以直接通过肉眼进行区分，Dekiff 等尝试令 3 个独立的观察者通过肉眼将测试的微塑料从其他碎片中分离，并获得了 3 种不同的测试结果。为了提高目视鉴别法的准确率，Devries 等提出了一种“热探针法”，该方法将烧热的探针与样品接触，利用塑料与样品的熔点不同，根据受热发生的形变来判断样品成分。当塑料接触到高温度（80℃以上）的探针时，会发生熔融或卷曲的现象，而生物组织或其他材料则不会出现上述现象。这种方法可能会对微塑料样本改性，对后续微塑料分析产生潜在的误差影响。对于尺寸在几百微米级别的微塑料则需要利用显微镜和类似物加以区分。

显微镜通过放大微塑料的细节特征，在区分微塑料及微塑料类似物的过程中将起到非常关键的作用。Martins 等使用双目镜观察微塑料及微塑料类似物的形状信息，并通过测微尺对所有颗粒进行了尺寸分类与计数。但由于微塑料尺寸小、种类多，常存在于生物体组织内部，杂质多，背景复杂，并且显微镜下微塑料颗粒的物理特征较为相似，因此直接通过目检法往往不能提取 / 区分全部的微塑料，并可能发生错判、漏判现象。

（2）密度浮选法

不考虑添加剂的情况下，塑料的密度范围在 0.8 ～ 1.4g/cm^3，其中聚丙烯在 0.85 ～ 0.94g/cm^3，聚乙烯在 0.92 ～ 0.97g/cm^3，聚苯乙烯在 1.03 ～ 1.07g/cm^3。密度浮选法是在含有 MPs 的样品中加入高密度饱和溶液以提升 MPs 与混合液的密度差，使 MPs 悬浮于混合液表面，以实现对 MPs 的直接提取。该方法操作简单方便、费用低，无需复杂设备，适用于尺寸较大的微塑料样品处理。最常用的是无毒且低成本的饱和 NaCl 溶液（1.2g/mL），适于提取低密度 MPs；一般来说，饱和溶液的密度越大，回收率越高，误差越小。对于废水和污泥样品中的微塑料，建议使用 NaI 和 $ZnCl_2$ 等密度较大的盐溶液。

（3）过滤筛分法

过滤筛分是用不同孔径的滤膜或筛网从水中分离塑料微粒的方法，适用于分析 MPs 尺寸分布和颗粒级配，对粒径 >5mm 的非 MPs 物质可直接去除。过滤通常使用 0.7μm、1.0μm、5μm 孔径的滤膜，主要膜材料有醋酸纤维、玻璃纤维、硝酸纤维、尼龙膜、聚四氟乙烯和聚碳酸酯膜等。Desforges 等采用 3 个孔径递减的铜筛（250μm、125μm、62.5μm）进行样品筛分，使用完毕用原水冲洗至玻璃瓶中，加入质量分数为 5% ～ 10% 的盐酸于 4℃下冷藏。Grigorakis 等将水样搅拌均匀后倒入 500μm、250μm、63μm 的堆叠筛中进行筛分，研究地下水中微塑料的分布。

（4）化学消解法

为了提高微塑料的提取率，当样品无法直接采用目视提取时，通常需要对取样组织进行酸、氧化、碱或基于酶的消解处理，进而从消解沉淀物中分离提取出微塑料。化学消解法是应用于生物样品微塑料提取的常用手段。对于酸性消解，最常用的酸性溶液是 69% HNO_3，其他酸性溶液包括 65% $HClO_4$、65% HNO_3 和 68% $HClO_4$ 的混合酸（4∶1，体积比）、盐酸以及氢氟酸。对于氧化消解，最常用的溶液为 30% H_2O_2、0.27mol/L $K_2S_2O_8$。Li 等采用 30%

H_2O_2 溶液对贻贝软组织进行了消解处理，取得了理想的效果。Dehaut 等比较了 10% KOH、0.063mol/L HCl、65% HNO_3、65% $HClO_4$，10mol/L NaOH 以及 0.27mol/L $K_2S_2O_8$ 对于贻贝和黑鲷的消解效率，在上述消解方法中碱性消解的效率较酸性消解高，KOH 的消解率为 99.6%，NaOH 的消解率为 99.8%，而 2 种酸性消解破坏了微塑料样品的完整性，不作为推荐方案。

化学消解法中可选的消解溶液种类多，不同的样品所需的最佳消解溶液的种类不同，在消解过程中会影响微塑料的形态。除此之外，该方法处理时间长，消解过程中会有其他化学物质生成。

(5) 超声波提取法

为了弥补目视提取法和化学消解法的不足，Wagner 等提出了一种利用脉冲超声波技术（pulsed ultrasonic extraction, PUE）提取微塑料的方法。该方法将样品放置于 PUE 水槽内，利用发射频率在 39 ～ 41kHz 的方波脉冲信号击打鱼体以分裂肝脏组织，从而提取出鱼肝脏组织内的微塑料颗粒。与化学消解法相比，该方法不会破坏样本组织成分，不会产生其他化学反应残留物，且经过该方法处理后的鱼类肝脏组织可以用于精确的傅里叶红外光谱分析。Wagner 等还发现，超声波提取法的处理周期短（约 1h）、安全系数高、不会发生化学危险事故。虽然超声波提取法成功地从鱼肝脏组织中提取出了微塑料，但关于微塑料的回收率并没有相关报道；另外需要注意的是，该方法可能会使已经风化的微塑料破解成更细微的碎片。

目视提取法、化学消解法和超声波提取法在操作难度、检测成功率、安全性、检测费用、检测时长上各具优势，具体参见表 6-3。目前的提取方法在提取成功率方面仍具有进步的空间，根据微塑料尺寸微小的特点，采用机器视觉等方法实现机器辅助人工提取微塑料是未来研究的重点。

表 6-3　几种微塑料鉴定方法的优缺点

鉴定方法	优点	缺点
目视提取法	安全、操作简单、适用范围广、硬件成本低	提取时间长、提取准确率低、人工成本高
化学消解法	操作简单、材料费用较低	提取时间长（约 24h 以上）、有一定化学危险性、可能溶解部分微塑料、会有反应后的沉淀物残留
超声波提取法	安全、操作简单、费用相对较低、提取速度快	适用性与提取成功率有待进一步研究

6.3.2 表征

微塑料的表观特征主要表现在尺寸、形状、类型、颜色、腐蚀风化程度等方面，对微塑料的表观特征进行分析，是对微塑料进行定量分析的重要步骤（表 6-4）。

表 6-4　微塑料表征指数

参数	常用描述
尺寸	毫米级、微米级
形状	细长形、圆形、片状、球形、不规则形
类型	塑料纤维、塑料薄膜、塑料碎片、塑料颗粒
颜色	透明、半透明、蓝色、白色、黑色、红色、粉色、绿色、棕色等
腐蚀风化程度	轻度腐蚀、严重腐蚀、裂痕、未被风化、被风化

微塑料的尺寸直接关系着微塑料进入生物体内的难易程度，尺寸小的微塑料与浮游植物外形相似或附着于浮游植物上，因此更容易被生物体当作食物摄入体内。微塑料的主要类型有塑料纤维、塑料碎片和塑料薄膜等。塑料纤维主要来自纺织业排放的废水、日常洗衣机排放的废水以及捕捞业使用的渔网，塑料碎片和塑料薄膜主要来自倾倒于海洋内的塑料垃圾。海洋海水腐蚀、太阳辐射、生物降解、化学风化等造成微塑料的腐蚀风化。腐蚀风化会将塑料分裂成更多更细小的微塑料碎片。Lusher 等从搁浅的喙鲸尸体的胃组织切片中提取了 29 个微塑料，其中 58% 为塑料纤维，42% 为塑料碎片。在肠道切片中共提取了 59 个微塑料，89% 为塑料纤维。88 个微塑料的平均尺寸约为 2.16mm（范围为 0.3 ～ 7mm）。Li 等调查了 2015 年 7 ～ 10 月 12400 海里（1 海里 =1.852km）的中国海岸线范围内 22 个取样地点的贻贝微塑料污染情况，调查范围占中国大陆海岸线总长度的约 65%。

国际上还未建立土壤中微塑料检测方法标准，EPA、ISO 等也未建立相关方法标准。我国已开展国家和地方层面海水、地表水等环境介质中微塑料的方法标准的制修订工作，海洋中微塑料的监测方法研究起步较早。国家海洋环境监测中心研发了《海洋微塑料监测技术规程（试行）》，于 2021 年通过国家生态环境标准绿色通道立项开展标准制定。辽宁和山东已发布海水中微塑料监测的地方标准，包括《海水中微塑料的测定傅立叶变换显微红外光谱法》（DB 21/T 2751—2017）和《海水增养殖区环境微塑料监测技术规范》（DB 37/T 4323—2021）。

我国也开展了一些水体中微塑料测定方法团体标准的制修订工作，如中国材料与试验团体标准委员会基础与共性技术领域委员会归口制定发布了《景观环境用水中微塑料的测定 傅里叶变换显微红外光谱法》（T/CSTM 00217—2022）团体标准，中国水利企业协会正在制定《地表水中微塑料的测定》团体标准。

水中的微塑料的分析检测方法一般需经过过滤、杂质去除和识别定量等过程，一定程度上适用于土壤中微塑料的分析检测，但从土壤中分离和鉴定微塑料的难度更大。因为土壤质地及团聚体结构一定程度上会影响浮选和分离的效果，而且土壤中含有有机质、难熔态化合物以及不完全燃烧产生的黑炭等，对微塑料的识别定量产生严重干扰，为其定性和定量带来不便。因此，为了有效分离和去除杂质，土壤中微塑料的检测前处理环节更多、操作更为复杂，识别鉴定更为耗时耗力，对仪器设备灵敏度和准确度的要求更高。

按照由美国塑料工业协会发布的被世界范围内广泛应用的塑料分类标志标准，塑料产品按其组成分子的不同分为聚对苯二甲酸乙二醇酯（PET）、高密度聚乙烯（HDPE）、聚氯乙烯（PVC）、聚乙烯（PE）、聚丙烯（PP）、聚苯乙烯（PS）、聚碳酸酯（PC）7 个大类。微塑料的成分分析方法包括目视鉴定法、傅里叶变换红外光谱分析法（FT-IR）、拉曼光谱法、扫描电镜及能谱仪法（如扫描电镜-能量色散 X 射线联用）、环境扫描电子显微镜-能量色散 X 射线联用等。有损鉴定方法包括热解吸-气相色谱-质谱联用技术、碳氢氖分析法等。微塑料的成分检测是一项较为复杂的工作，使用单一的破坏性方法得到的检测结果并非完全可靠，而无损检测方法可重复多次对样本进行检测，是目前研究的重点。

6.3.2.1 傅里叶变换红外光谱分析法

FT-IR 是目前应用最为广泛的化学组分鉴定法，具有不破坏样品、鉴定准确率高、鉴定方法简便等优点。将 FT-IR 光谱仪与显微镜结合的 Micro-FT-IR 光谱仪可以更好地提高空间分辨率，适合小尺寸样品如微塑料的成分分析工作。本书作者采用 FT-IR 检测技术分析了

MPs 在老化破碎过程释放出溶解性有机物的内部构成，发现了芳香酰卤 C—C（O）（865cm^{-1} 位置）和酯 σ_{C-O}（1164cm^{-1}、1083cm^{-1} 位置）的新特征吸收峰，见图 6-1。

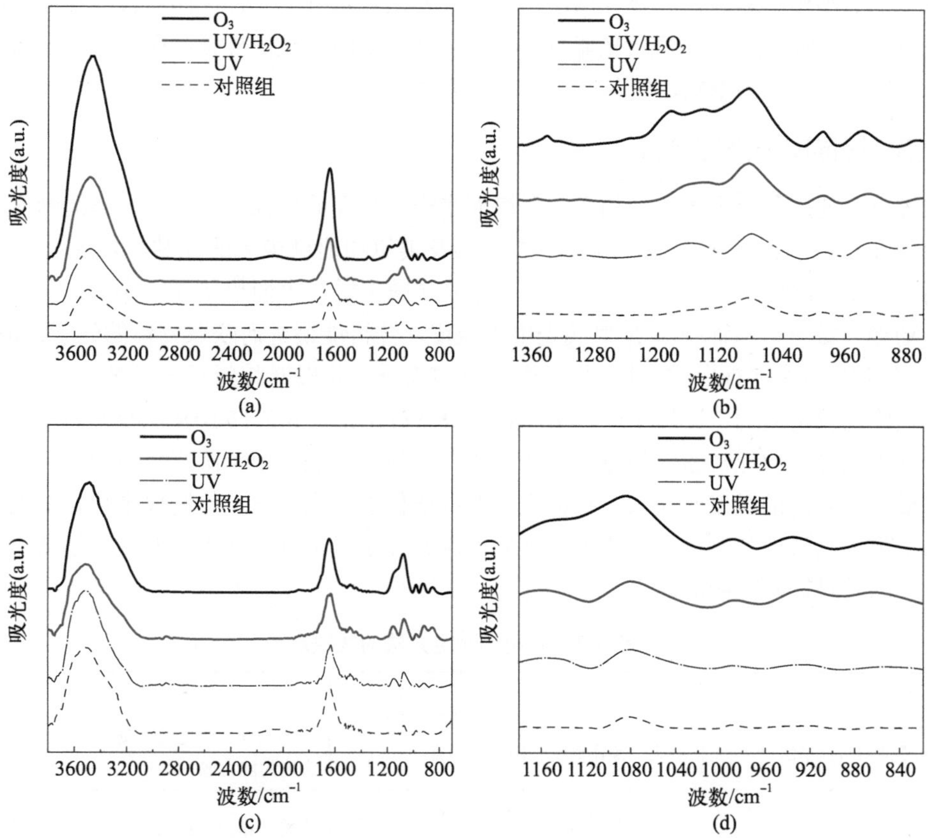

图 6-1　聚酰胺 66、聚对苯二甲酸乙二醇酯的 FT-IR 吸收光谱图［(a)、(c)］；部分放大的 FT-IR 吸收光谱图［(b)、(d)］

目前，Micro-FT-IR 的衰减全反射（attenuatedtotal reflection, ATR）、漫反射与透射模式都已应用于微塑料的分析鉴定研究工作中，根据不同的应用场景可以选择不同的模式。ATR 适用于透射测量时常常会产生强烈峰值的强吸收或厚样品，由于衰减波的强度与 ATR 晶体表面的距离呈指数级衰减，使得该技术通常对样品厚度不敏感，因此 ATR 模式适用于厚度不均匀的微塑料成分鉴定。漫反射适用于不透明、具有一定厚度的微塑料成分分析。透射模式适用于透明、轻薄的塑料薄膜，鉴定时需要确保能被红外线穿透，该方法能够提供高分辨率的图谱，便于分析。常规显微 FT-IR 只能获取经过压制等制备样本的光谱曲线，而不能对塑料样本进行多点光谱曲线分析，这对于样本量少的微塑料检测有所限制。随着对光谱检测技术研究的不断深入，已有研究开展了基于焦平面阵列（focal plane array, FPA）的显微 FT-IR 法微塑料鉴定工作。Micro-FT-IR 法可以采集视场范围内的待测样品的红外图像，图像中的每个像素点都包含该点的红外光谱信息。

6.3.2.2　拉曼光谱法

拉曼光谱法通过使用不同波长的激光照射样品，可选的激发光波段范围通常在 500 ～ 800nm 之间。在激发光的作用下，激光与样品的官能团相互作用向外发出与激发光不同频率的非弹性散射光，这种现象被称为拉曼偏移。通过比较样品的拉曼图谱与标准库中的图谱，可以快速准确地确定样品的组分。通过与显微镜的结合，显微拉曼光谱可用于鉴定尺寸在1μm以下的微型塑料颗粒。拉曼光谱法的一个主要缺点是有荧光特性的非目标样品会对测量结果产生干扰。通常波长小的激光能量级高，激发产生的荧光信号强，而波长大的激光能量级低，可以降低荧光的影响，但其产生的散射信号弱。

6.3.2.3 扫描电镜及能谱仪法

扫描电镜使用聚焦电子束扫描微塑料表面来产生表面的图像，可以获得高清晰度和高放大倍数的微塑料表面特征图像，为区分微塑料及类似物提供极大的便利。再通过X射线微区分析，用X射线照射所要分析的材料，同时测量从材料表面以下1～10nm范围内逸出电子的动能和数量，从而得到X射线光电子能谱，分析能谱进而获取物体的元素组成信息。Eriksen等使用SEM-EDS法定性分析了微塑料的成分，并根据此判断出了微塑料的污染源。作为无损鉴定应用最为广泛的3种方法，其优缺点对比见表6-5。FT-IR法在鉴定单一组分的物质时表现优异，但无法鉴定组分复杂的物质。拉曼光谱法应用范围广，但当物质有荧光反应时需要选择合适的激发光波长。扫描电镜及能谱仪法优点突出，检测成本也是最高的。综上，为了更为高效地检测微塑料成本，需要使用新技术对现有方法进行改进与创新，在降低检测成本的同时提高检测准确率。

表6-5 微塑料测定方法的优缺点

鉴定方法	优点	缺点
傅里叶变换红外光谱法	无损鉴定、操作简便、图谱库丰富	需制样、待鉴定物质组分须单一、鉴定混合物的能力弱
拉曼光谱法	无损鉴定、操作简便、样品无需特殊处理、可鉴定组分复杂的样品	检测结果受激发光波段选择的影响
扫描电镜及能谱仪法	样品无需特殊处理、可实现分析元素分布并表征样品的表面形态	成本高

基于目前微塑料污染状况和检测技术现状，提出以下几个重点研究方向：

① 加强我国农田中微塑料污染水平和污染特征研究，摸清污染底数，开展污染溯源，评估土壤中微塑料污染对农产品质量安全、农作物生长或土壤生态环境的污染风险，为土壤中微塑料污染防治和风险管控提供科学依据。

② 加快研究土壤中微塑料的标准样品，研究粒径可控、形态可控、高度均质化的土壤中微塑料标准样品制备方法，破解土壤中微塑料分析方法标准化的技术瓶颈。

③ 针对当前检测技术局限，重点向简单快速、自动化、满足大批量测试需求的方向发展微塑料分析检测技术，研究适合于微塑料检测特点的质量控制方法，加快新方法对土壤检测适用性的验证，尽快建立土壤中微塑料检测方法标准。

④ 加强微塑料与增塑剂、阻燃剂、抗氧化剂、光热稳定剂等化学添加剂以及土壤中重金属和有机污染物的复合污染效应研究，为土壤复合污染风险管控提供科学依据。

⑤ 进一步落实控制塑料垃圾和微塑料污染相关法律法规及标准规范。加强废弃农用地膜回收和塑料垃圾的控制和处理，通过制定科学、合理的管理措施，从源头上控制微塑料污染的产生。

6.4 微塑料的控制与去除

目前，国内外对饮用水处理系统中原水和处理水中 MPs 浓度的研究相对于污水处理厂的研究较少。表 6-6 总结了一些饮用水处理厂中原水和处理水中 MPs 的丰度及总去除率。Wang 等对中国某先进饮用水处理厂的研究结果表明，混凝结合沉淀和颗粒活性炭（GAC）过滤在去除 MPs 方面表现良好，前者的去除率约为 40.5% ～ 54.5%，主要用于纤维的去除，GAC 过滤的存在使微塑料丰度降低了 56.8% ～ 60.9%，主要用于小尺寸 MPs。当前国外研究主要集中在捷克，Pivokonský 等调查了同一流域内两个不同饮用水处理厂中 MPs 的发生和归趋，无论 MPs 的大小或形状如何，混凝-絮凝沉降对 MPs 的去除都非常有效，通过黏土基材料（对 250μm 的 MPs 去除效果更好）和 GAC（对 210μm 的 MPs 去除效果更好）过滤可以获得额外的 MPs 去除。

表 6-6　饮用水处理厂对 MPs 的去除率

国家	单元操作和流程	原水 MPs 浓度 /（个 /L）	出水 MPs 浓度 /（个 /L）	去除率 /%
中国	混凝—澄清—砂滤—GAC 过滤—臭氧氧化	6614.0	930.0	85.9%
捷克	混凝—沉淀—预氧化—砂滤—臭氧氧化—GAC 过滤—UV 氧化—氯消毒	1296.0	151.0	88.3%
	混凝—砂滤	1473.0	443.0	69.9%
	混凝—澄清—砂滤—GAC 过滤	1812.0	338.0	81.3%
	混凝—气浮—砂滤—GAC 过滤	3605.0	628.0	82.6%

整体来看，原水中 MPs 浓度在 <1 ～ 6614 个 /L 之间，出水的浓度在 <1 ～ 930 个 /L 之间变化，总去除率为 69.9% ～ 85.9%。给水处理工艺对粒径为 1 ～ 5000μm 的 MPs 颗粒的去除率可以达到 80% 左右，自来水厂出水中以粒径为 1 ～ 5μm 的 MPs 为主，粒径 >50μm 的 MPs 几乎没有。且 MPs 的存在受到物理和化学处理的极大影响，由于水流剪切及氧化等作用，水处理单元中 MPs 平均粒径递减。尽管饮用水处理系统中 MPs 去除率相对较高，但出水中 MPs 的浓度仍相对较高，这意味着 MPs 贯穿于水处理全过程。

常规污水处理工艺包括一级处理、二级处理和三级处理：一级处理是用于拦截水中较为明显的悬浮物；二级处理是生物处理阶段，一般在曝气池和二沉池中由活性污泥工艺来运作；三级处理是深度处理阶段，进一步去除水中污染物并使用氯气、臭氧、紫外线等进行消毒过程。45 ～ 400μm 粒径范围内的 MPs 已在城市污水处理厂采用传统的一级、二级和三级处理有效去除。在经过一级处理后，35% ～ 59% 的 MPs 可以被去除；在经过二级处理后，出水中 MPs 的平均粒径降至小于 500μm。事实上污水处理厂对 MPs 的去除十分有限，这是由于进水来源复杂、日排放量大等特点，废水处理后仍有大量 MPs 颗粒被排入河流、湖泊、海洋中去，因此研究污水中 MPs 的高效去除技术是十分必要的。

目前已有研究者提出了一些能有效去除污水中微塑料的技术。

6.4.1 膜处理技术

膜处理技术可以提高水体中微塑料和纳米塑料的去除率，而将膜技术与生物工艺（即MBR）结合，可以将污水处理厂的一级出水中微塑料去除率提高至99.9%。膜处理技术一般分为超滤膜（UF）、反渗透膜（RO）和动态膜（DM）。

UF是一种在低工作压力下启动的膜工艺，可以从进水中分离出分子量在几千以上的溶解大分子和微小悬浮颗粒。Sun等研究指出，聚乙烯（PE）是MPs中最常见的聚合物类型，由于其粒径较大，因此PE颗粒可以通过UF完全去除，但是由于MPs的形状不规则，会导致UF的磨损，降低过滤性能。

RO是较为常见的废水处理工艺，一般在高压下对污水进行处理，虽然处理效率因此得到提升，但是微塑料可能会在高压下被分解成更小的纳米塑料颗粒。Ziajahromi等对澳大利亚悉尼污水处理厂利用RO工艺去除MPs的性能进行研究，发现废水在经过UF后微塑料浓度从2.2个/L减少到了0.28个/L，最终经RO处理后达到了0.21个/L。因此RO工艺对MPs的去除率并不是特别高，但是与UF联用可以提高MPs的去除率。

DM也被称为次生膜，是废水中的颗粒和其他污染物在支撑膜表面形成的，可以提高对废水中小分子污染物的截留能力。Li等在90μm的支撑膜上形成了DM，发现过滤后废水中的MPs含量减少了90%，在过滤废水20min后出水浊度降至1NTU以下。

6.4.2 过滤

过滤是污水处理厂中去除污染物的常见工艺，其常见的形式有颗粒活性炭（GAC）过滤、快速砂滤（RSF）和盘式过滤（DF）。其中，GAC在污水处理厂中常与混凝工艺结合去除MPs，某饮用水处理厂在经过砂滤、沉淀、臭氧氧化和GAC过滤后，废水中MPs的含量减少了82.1%～88.6%，但是GAC过滤去除的MPs占56.8%～60.9%，且多数MPs粒径较小；Zhang认为GAC对10～20μm MPs的去除率在82.0%～91.8%之间，对106～125μm的MPs去除率在99.8%～100%；Wang等研究表明GAC对粒径在1～5μm的MPs的去除率为73.7%～98.5%，同时发现GAC对纤维微塑料的去除率在38%～52.1%，对球状微塑料的去除率在76.8%～86.3%，对片状微塑料的去除率为60.3%～69.1%。

RSF主要是通过无烟煤颗粒、硅砂和砾石三层物理过滤层去除悬浮固体颗粒，在芬兰图库尔市污水处理厂的一次包含RSF的三级处理中试中发现，RSF工艺可以去除97%的包含不同形状和大小的MPs。Lee等研究发现，RSF对水中的MPs去除率为73.8%，而在与混凝工艺相结合后，RSF对MPs的去除率可达98.9%，因此将RSF工艺与混凝工艺相结合可以提高水中MPs的去除率。但是Enfrin等发现MPs会与RSF中的硅砂层产生亲水相互作用，从而黏附在硅砂的表面，造成堵塞，且MPs在风化后会产生羟基，常规的反冲洗难以进行清洁，降低了RSF工艺的性能。

DF在许多国家的污水处理厂中常设置于污水处理的最后阶段，用以对废水进行微筛过滤。Lee等对具备DF工艺的污水处理厂进行研究后发现，在水厂最终的出水中MPs的去除率达到了99.1%，而在DF阶段MPs的去除率为79.4%；Talvitie等在研究后发现DF对各类MPs的去除率为40%～98.5%，当DF孔径为10μm时MPs浓度从0.5个/L降至0.3个/L，当DF孔径为20μm时MPs浓度从2.0个/L降至0.03个/L。综上来看，DF对MPs的去除率较低，且频繁的高压反冲洗会对 DF 造成破坏，难以对 MPs 产生截留效果。

过滤具有能耗低、分离率高等优点，是污水处理领域中一类较为成熟的工艺。本质上是用较小的细孔将微塑料截流下来，理论上串联不同孔径的筛网可以实现对微塑料颗粒的分类。

Ziajahrmo 等在实验室中研究发现，使用 25 ～ 500 目的筛网可以捕获 92% ～ 99% 的聚苯乙烯微塑料，废水处理厂最终出水检测微塑料含量较低。研究使用废水样本来自澳大利亚悉尼的污水处理厂，通过三级处理工艺后将处理水排入河道。三级处理包括筛分、沉淀、生物处理、絮凝、消毒、超滤、反渗透和脱碳，经三级处理和反渗透处理后，微塑料的浓度由 2.2 个 /L 降到 0.21 个 /L。

Hidayaturrahman 等对韩国污水处理厂去除微塑料的能力进行研究，原水经除砂初沉池一级处理后进行筛选，再经活性污泥生物反应器二级处理，三级处理在混凝、膜盘式过滤器、快速砂滤下进行，处理后的废水排入河道。一级、二级处理后去除率在 75% ～ 91.9% 之间，三级处理后去除率进一步提高至 98% 以上。经过一级处理后，三个实验污水处理厂微塑料去除率分别为 62.7%、56.8%、64.4%。在快速砂滤等作用下，去除率能得到进一步的提高。

6.4.3 混凝

水厂常用的絮凝剂是铁盐［$Fe_2(SO_4)_3$］或铝盐［$Al_2(SO_4)_3 \cdot 18H_2O$］。Ma 等在中性条件下使用铝盐和铁盐研究混凝对聚乙烯的去除效果，通过研究发现铝基混凝剂对 PE 的去除率较铁基混凝剂好，粒径越小，去除率越高。其他影响因子如离子强度、膨胀率水平，几乎不影响去除率。铁盐和铝盐对微塑料的去除率分别为 15%、25%，阴离子型聚丙烯酰胺的添加可将铝盐去除聚乙烯颗粒的百分比提高到 60% 以上。在模拟实验中，加入 2mmol/L 的铁盐（$FeCl_3 \cdot 6H_2O$）时，由于一些微塑料颗粒没有被絮体牢固地捕获而未得到有效沉淀，直径＜0.5mm 的微塑料其去除率仅为（13.27±2.19）%。当加入 15mg/L 的阴离子型聚丙烯酰胺时，由于阴离子型聚丙烯酰胺与铁基絮体带有相反的电荷，絮体的稳定性和密度在静电相互作用下得到了提高。此时，微塑料去除率被显著地提高到了（90.91±1.01）%。混凝法的缺陷就是在混凝后超滤过程中会引起轻微膜污染，对于粒径较大的微塑料颗粒，随着混凝剂的投加会形成较厚的滤饼层，膜污染加重。

除铝盐和铁盐外，明矾也是惯用的混凝剂。Dorothy 等研究以明矾作为絮凝剂对含 5mg/L 微球、初始浊度为 16NTU 的溶液的去除效果。发现使用浓度为 5 ～ 10mg/L 的明矾可以混凝出浊度＜ 1.0NTU 的废水，饮用水原水的微塑料去除率可达到 90% ～ 100%。

Zhang 等模拟底特律饮用水处理厂混凝沉淀对微塑料的去除过程，实验微塑料为 PE（10 ～ 20μm、45 ～ 53μm 和 106 ～ 125μm）和 PS（180nm 和 1.2μm），使用 $Al_2(SO_4)_3$ 混凝剂，体积分数为 20×10^{-6} 时，对微塑料的去除率 <2%，添加了聚二甲基硅氧烷助凝剂后仅粒径为 45 ～ 53μm 的去除率提高到 13.6%±6.8%，其余尺寸均没有提高。粒径 >100μm 的颗粒通常难以絮凝，因为碰撞速率小，且粗絮体容易破碎，而粒径 <45μm 的颗粒可能不是最佳沉降粒径。因此需要进一步研究不同混凝剂剂量对塑料颗粒的絮凝作用。研究微塑料上的生物膜对其去除影响时，表明生物膜的形成会显著提高混凝沉淀的去除率，从 0.3%±0.3% 增加到 16.5%±7.3%。但从结果来看，去除率仍不高。$AlCl_3 \cdot 6H_2O$ 对聚乙烯颗粒的去除效果比 $FeCl_3 \cdot 6H_2O$ 好，且聚乙烯的粒径越小去除率越高。当阴离子型聚丙烯酰胺与 $AlCl_3 \cdot 6H_2O$

结合时，去除率更高，因为阴离子型聚丙烯酰胺在中性条件下与铝基絮体电荷相反，形成的絮体更大。当聚合氯化铝（PAC）的用量为90mg/L时，PS和PE的去除率最高，分别为77.83%和29.70%。当三氯化铁用量达到60mg/L或90mg/L时，对PS和PE的去除率最高，分别为64%和13%。因此聚合氯化铝对PS和PE的去除效果比三氯化铁好。在相同混凝剂条件下，PS去除率远高于PE，主要是由于PS密度更大，更易下沉。对于实际的饮用水处理，混凝剂需低于20mg/L，分别为0.74mmol/L Al和0.36mmol/L Fe，而实验所用的15mmol/L Al（为405mg/L铝盐）远远超出了实际的用量，不能反映实际运行情况。因此应寻找出符合剂量的更高效的混凝剂，使在混凝沉淀阶段对微塑料有更大的去除率。

6.4.4 电絮凝

电絮凝法原理是通过电解将牺牲电极上的金属离子释放到水流中来实现电解功能的过程。最常用的金属离子是Fe^{2+}或Al^{3+}，这些离子形成凝聚剂，与电解形成的OH^-反应生成金属氢氧化物。除此之外，电凝产生的混凝剂使悬浮固体的表面电荷不稳定，破坏胶体或乳状液，从而范德华力发挥作用使它们相互靠近。与此同时，混凝剂会形成一个污泥毯，将悬浮的固体颗粒困住。电解过程中释放出的H_2气体将产生的污泥提到水面。

据目前研究调查电凝法对染料、重金属、黏土颗粒等都有较好的去除效果，具有环境可靠性好、经济成本低、能源效率高等优点。对某些液体有机物的有效去除也已被证实，适用于对污水处理厂中微塑料的去除。Perrin等首次探索电解法去除聚乙烯微珠等微塑料的可能性，使用含有不同浓度的聚乙烯微球的人工废水进行研究，采用铝电极，利用双极性、并联结构的间歇式化学反应器对废水进行测试。

研究中考虑废水性质如酸碱度、NaCl浓度、电流密度对去除效率的影响。在所有实验中观察到微珠去除效率超过90%，表明电凝聚法是从废水中去除微塑料污染物的有效方法。研究了在pH值为3～10的范围内电凝聚的去除率超过90%是有效的；pH值为7.5时，最佳去除率为99.24%。最优实验条件：pH=5、钠离子质量浓度=2g/L、电流密度=11A/m^2。Perrin的研究对微塑料去除技术的研究提供了新的方向，但在研究中可以发现NaCl浓度和电流密度对所需能量有影响，需进一步降低运行成本。

6.4.5 密度分离技术

密度分离技术在实验室规模上已被广泛应用，但在文献研究中还没有关于放大方法的报道。Lares等用城市废水和消化污泥样品进行了6种方法的回收率研究，包括过滤、湿式过氧化物氧化、氢氧化钾降解、石油提取、密度分离和一种仅对污泥样本处理的干燥及后续方法。在样品中加入7种不同的微塑料研究不同方法的效率，常用的聚合物包括PP、PE、PVC、PET、PS和PA，研究中也有对H_2O_2、H_2SO_4等腐蚀性或酸性处理最为敏感的聚合物如PA和PET，对其回收率、时间消耗、优缺点进行研究。发现对废水和污泥样品来说，粒度分级过滤是最好的方法，实验中微塑料在废水和污泥中的回收率分别在91.4%和92.9%左右。

从沉积物和土壤中提取和定量纳米塑料和微塑料是一项艰巨的任务。虽然到目前为止还没有建立标准的方法，但浮选通常用于分离塑料和矿物材料。Wang等研究了从沉积物和土壤中分离提取纳米塑料和微塑料，分别在生物固体沉积物和土壤样品中加入直径为0.05μm、1.0μm、2.6μm、4.8μm和100μm的PS纳米微球。通过在氯化锌（$ZnCl_2$）溶液中浮选将塑料颗粒从矿物颗粒中分离出来，对沉积物来说，大颗粒（100μm）在两种样品中的提取效率类似于 100%，小颗粒的提取效率较低，5% ～ 80%，平均 20%。对于土壤，微珠粒径＞ 1μm，萃取效率在 75% 以上，但对于粒径在 0.05 ～ 1μm 的微珠，萃取效率较低，在 30% 以下。

6.4.6 生物捕食

由于微塑料在自然界中完全矿化需要时间较长，如果把塑料作为生物生长的碳源，可以利用生物制剂提高降解速率。Scherer 等研究了淡水无脊椎动物对微塑料的摄食。研究人员将不同的无脊椎动物如大型水溞（*Daphnia magna*）、河岸摇蚊（*Chironomus riparius*）、枝角螺（*Physella acuta*）、蚤状钩虾（*Gammarus pulex*）和斑纹蚓（*Lumbriculus variegatus*）暴露在 1μm、10μm 和 90μm 荧光聚苯乙烯球（3 ～ 3000 个 /mL）中。所有物种均以浓度依赖的方式摄入微塑料，吸收数量取决于它们的进食类型和体型以及微塑料的可用性。塑料颗粒的浓度、密度和大小会影响水生生物的暴露，从而影响水生生物的吸收。研究表示大型水溞每小时摄食 6180 个颗粒，河岸摇蚊每小时摄食 226 个颗粒，枝角螺每小时摄食 118 个颗粒，蚤状钩虾每小时摄食 10 个颗粒，斑纹蚓每小时摄食 8 个颗粒。

研究结果表明，淡水无脊椎动物有能力摄入微塑料，摄取的数量取决于它们的摄食类型和形态以及微塑料的可用性。大型水蚤不摄入 90μm 的微塑料，当微塑料粒径＜ 10μm 时，其去除效果最佳。而其他无脊椎动物则更喜欢粒径＞ 90μm 的 MPs。但在这一技术下尚无系统的方法或者对不同类型微塑料去除的详细流程。尽管 Scherer 的研究测试了不同的非生物和生物因素（例如，温度、天然颗粒的存在）对去除过程的影响，但没有包括关于扩大生物去除潜力的信息，未来还有待进一步研究。

6.4.7 臭氧-活性炭

活性炭具有发达的空隙结构和巨大的比表面积，有很强的吸附能力，研究表明其对微塑料有较好的去除能力。Wang 等研究的饮用水处理经臭氧氧化后微塑料的数量有所增加，主要是由于小颗粒和纤维状微塑料的去除率为负导致。其原因可能是微塑料在水流剪切力的作用下破裂，以及附着在微塑料表面的有机物在臭氧氧化过程中被氧化，导致微塑料重新暴露在水中。经过活性炭处理后，对微塑料的去除率为 56.8% ～ 60.9%，去除尺寸主要为 1 ～ 5μm，占 73.7% ～ 98.5%，去除形状主要是球体，占 76.8% ～ 86.3%，对纤维和碎片的去除率分别为 38.0% ～ 52.1% 和 60.3% ～ 69.1%。许龙等研究臭氧-活性炭进水中微塑料浓度为 3346 个 /L，粒径 >50μm 的几乎没有，臭氧-活性炭对微塑料的去除率为 54.8%。同样对于粒径为 1 ～ 5μm 的微塑料去除率较高，约为 65.2%，此外，对纤维、球体和碎片的去除率分别为 50.3%、72.9% 和 46.2%。从以上结果来看，臭氧-活性炭更容易去除小粒径和球体的微塑料。

6.4.8 消毒

消毒是饮用水处理过程中的最后一个处理步骤，是杀灭水中病原微生物、防止疾病传播的有效方法。常见的消毒技术为氯消毒、臭氧消毒和紫外线照射消毒。水中微塑料的存在会影响消毒的效果。氯消毒是通过抑制细菌酶的活性导致细菌死亡，然而水中微塑料的存在会阻碍氯对微生物的作用，氯会被悬浮的微塑料利用，影响消毒效果。臭氧消毒可以破坏细菌细胞结构和基因片段，杀灭耐氯微生物，但是微塑料（如聚乙烯和聚苯乙烯）可以被臭氧氧化，与臭氧相互作用，不但减少了可用于与细菌作用的臭氧分子的数量，使消毒效果降低，还会导致微塑料释放溶解性有机物（图 6-2）。

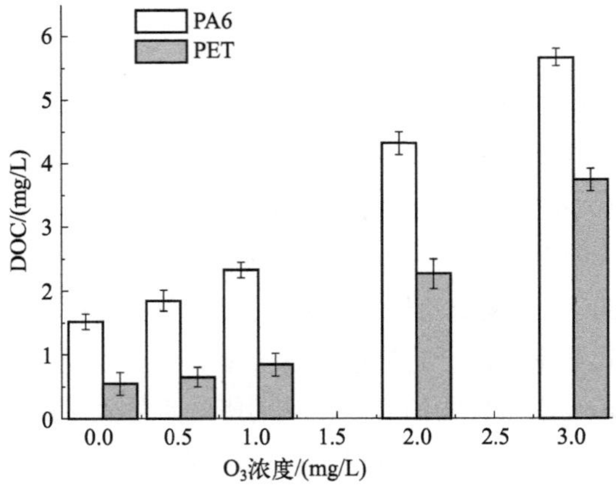

图 6-2 O_3 体系下 DOC 生成量的波动情况

紫外线辐射可以破坏细菌 DNA 和灭活病原微生物，然而微米大小悬浮颗粒的存在会保护微生物免受紫外线照射，既降低了紫外消毒的性能也能致使微塑料释放溶解性有机物（图 6-3）。因此，微塑料可以作为微生物的保护基质，使各消毒方法的效果减弱。出厂水水质与人体健康密切相关，经过水厂的处理流程，水中仍含有小尺寸的微塑料和纳米塑料，应进一步定量研究微塑料和纳米塑料与消毒过程的相互作用，从而研究其对处理水水质的影响。

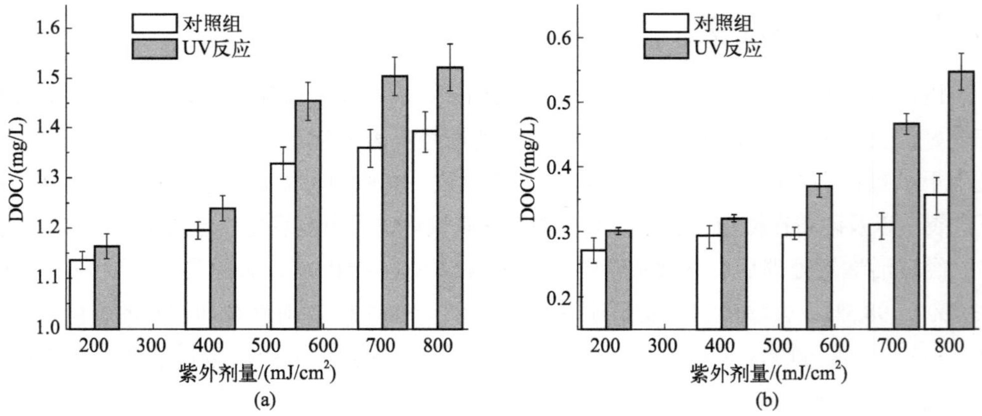

图 6-3 UV 体系析出 DOM 的 DOC 波动情况

参考文献

[1] Sait S T L, Sørensen L, Kubowicz S, et al. Microplastic fibres from synthetic textiles: environmental degradation and additive chemical content[J]. Environmental Pollution, 2021, 268: 115745.

[2] 刘錾錾，张旗，崔文智，等 . 聚乙烯微塑料对绿豆发芽的毒性研究 [J]. 环境与发展，2019, 31(5): 123-125.

[3] 周刚，徐晨烨，沈忱思，等 . 微塑料在淀山湖水环境的污染分布、组成特征和生态风险 [J]. 环境科学学报，2022, 42(4): 214-224.

[4] 左林子，侯婉儿，王飞，等 . 微塑料的光老化过程及其携带内源污染物释放的研究进展 [J]. 环境化学，2022, 41(7): 2245-2255.

[5] 刘瑀，邢晨，王国光，等 . 辽宁双台河口湿地沉积物中微塑料污染分布特征 [J]. 海洋环境科学，2022, 41(3): 341-347.

[6] Liu H, Liu K, Fu H, et al. Sunlight mediated cadmium release from colored microplastics containing cadmium pigment in aqueous phase[J]. Environmental Pollution, 2020, 263: 114484.

[7] 李明媛，陈启晴，刘学敏，等 . 微塑料吸附有机污染物的研究进展 [J]. 环境化学，2022, 41(4): 1101-1113.

[8] Lin Z Z, Chun W S, Fei Z F. Joint toxicity of microplastics with triclosan to marine microalgae *Skeletonema costatum*[J]. Environmental Pollution, 2018, 246: 509-517.

[9] Rainieri S, Conlledo N, Larsen B K, et al. Combined effects of microplastics and chemical contaminants on the organ toxicity of zebrafish (*Danio rerio*)[J]. Environmental Research, 2018, 162: 135-143.

[10] Browne M A, Niven S J, Galloway T S, et al. Microplastic moves pollutants and additives to worms, reducing functions linked to health and biodiversity[J]. Current Biology, 2013, 23(23): 2388-2392.

[11] 费禹凡，黄顺寅，王佳青，等 . 设施农业土壤微塑料污染及其对细菌群落多样性的影响 [J]. 科学通报，2021, 66(13): 1592-1601.

[12] Huang Y, Zhao Y, Wang J, et al. LDPE microplastic films alter microbial community composition and enzymatic activities in soil[J]. Environmental Pollution, 2019, 254: 112983.

[13] Rochman C M, Kurobe T, Flores I, et al. Early warning signs of endocrine disruption in adult fish from the ingestion of polyethylene with and without sorbed chemical pollutants from the marine environment[J]. Science of the Total Environment, 2014, 493: 656-661.

[14] Chen Q, Gundlach M, Yang S, et al. Quantitative investigation of the mechanisms of microplastics and nanoplastics toward zebrafish larvae locomotor activity[J]. Science of the Total Environment, 2017, 584-585: 1022-1031.

[15] Critchell K, Hoogenboom M O. Effects of microplastic exposure on the body condition and behaviour of planktivorous reef fish (*Acanthochromis polyacanthus*)[J]. PLOS ONE, 2018, 13(3): e193308.

[16] Mattsson K, Ekvall M T, Hansson l, et al. Altered behavior, physiology, and metabolism in fish exposed to polystyrene nanoparticles[J]. Environmental Science & Technology, 2015, 49(1): 553-561.

[17] Zhang C, Wang J, Zhou A, et al. Species-specific effect of microplastics on fish embryos and observation of toxicity kinetics in larvae[J]. Journal of Hazardous Materials, 2021, 403: 123948.

[18] 赵佳，饶本强，郭秀梅，等 . 微塑料对斑马鱼胚胎孵化影响及其在幼鱼肠道中的积累 [J]. 环境科学，2021, 42(1): 485-491.

[19] Wang Q, Wangjin X, Zhang Y, et al. The toxicity of virgin and UV-aged PVC microplastics on the growth of freshwater algae *Chlamydomonas reinhardtii*[J]. Science of the Total Environment, 2020, 749: 141603.

[20] Wu Y, Guo P, Zhang X, et al. Effect of microplastics exposure on the photosynthesis system of freshwater algae[J]. Journal of Hazardous Materials, 2019, 374: 219-227.

[21] Schiavo S, Oliviero M, Chiavarini S, et al. Polyethylene, polystyrene, and polypropylene leachate impact upon marine microalgae *Dunaliella tertiolecta*[J]. J Toxicol Environ Health A, 2021, 84(6): 249-260.

[22] 徐擎擎，张哿，邹亚丹，等 . 微塑料与有机污染物的相互作用研究进展 [J]. 生态毒理学报，2018, 13(1): 40-49.

[23] 何蕾，黄芳娟，殷克东 . 海洋微塑料作为生物载体的生态效应 [J]. 热带海洋学报，2018, 37(4): 1-8.

[24] 高嘉蔚，赵莎莎，李富云，等 . 微塑料对大型溞摄食和抗氧化防御系统的影响 [J]. 环境科学研究，2021, 34(5): 1205-1212.

[25] 巩宁，韩旭，李佳璠，等 . 不同粒径聚乙烯微粒对大型溞的生物毒性效应 [J]. 海洋环境科学，2020, 39(2): 169-176.

[26] 涂烨楠，凌海波，吴辰熙，等 . 淡水浮游动物摄食微塑料过程及影响研究 [J]. 环境科学与技术，2018, 41(11): 1-8.

[27] Dawson A L, Kawaguchi S, King C K, et al. Turning microplastics into nanoplastics through digestive fragmentation by Antarctic krill[J]. Nature Communications, 2018, 9(1): 1001.

[28] Kolandhasamy P, Su L, Li J, et al. Adherence of microplastics to soft tissue of mussels: a novel way to uptake microplastics beyond ingestion[J]. Science of the Total Environment, 2018, 610-611: 635-640.

[29] Detree C, Gallardo-Escarate C. Single and repetitive microplastics exposures induce immune system modulation and homeostasis alteration in the edible mussel *Mytilus galloprovincialis*[J]. Fish Shellfish Immunol, 2018, 83: 52-60.

[30] Balbi T, Camisassi G, Montagna M, et al. Impact of cationic polystyrene nanoparticles (PS-NH_2) on early embryo development of *Mytilus galloprovincialis*: effects on shell formation[J]. Chemosphere, 2017, 186: 1-9.

[31] Redondo-Hasselerharm P E, Gort G, Peeters E, et al. Nano- and microplastics affect the composition of freshwater benthic communities in the long term[J]. Sci Adv, 2020, 6(5): y4054.

[32] Li J, Zhang K, Zhang H. Adsorption of antibiotics on microplastics[J]. Environmental Pollution, 2018, 237: 460-467.

[33] Jambeck J R, Geyer R, Wilcox C, et al. Plastic waste inputs from land into the ocean[J]. Science, 2015, 347(6223): 768-771.

[34] Zou L, Liu Y, Wang Y, et al. Assessment and analysis of agricultural non-point source pollution loads in China: 1978-2017[J]. Journal of Environmental Management, 2020, 263: 110400.

[35] Gianico A, Braguglia C, Gallipoli A, et al. Land application of biosolids in Europe: possibilities, con-straints and future perspectives[J]. Water, 2021, 13(1): 103.

[36] Kumar R, Sharma P, Manna C, et al. Abundance, interaction, ingestion, ecological concerns, and mitigation policies of microplastic pollution in riverine ecosystem: a review[J]. Science of the Total Environment, 2021, 782: 146695.

[37] Enfrin M, Dumée L F, Lee J. Nano/microplastics in water and wastewater treatment processes-origin, impact and potential solutions[J]. Water Research, 2019, 161: 621-638.

[38] Xue B, Zhang L, Li R, et al. Underestimated microplastic pollution derived from fishery activities and “hidden” in deep sediment[J]. Environmental Science & Technology, 2020, 54(4): 2210-2217.

[39] Cheung P K, Hung P L, Fok L. River microplastic contamination and dynamics upon a rainfall event in Hong Kong, China[J]. Environmental Processes, 2019, 6(1): 253-264.

[40] 马占峰，姜宛君 . 中国塑料加工工业 (2020)[J]. 中国塑料，2021, 35(5): 119-125.

[41] 王志超，孟青，于玲红，等 . 内蒙古河套灌区农田土壤中微塑料的赋存特征 [J]. 农业工程学报，2020, 36(3): 204-209.

[42] Wang Z, Qin Y, Li W, et al. Microplastic contamination in freshwater: first observation in Lake Ulansuhai, Yellow River Basin, China[J]. Environmental Chemistry Letters, 2019, 17(4): 1821-1830.

[43] Zhao S, Zhu L, Wang T, et al. Suspended microplastics in the surface water of the Yangtze Estuary System, China: first observations on occurrence, distribution[J]. Marine Pollution Bulletin, 2014, 86 (1-2): 562-568.

[44] Carr S A, Liu J, Tesoro A G. Transport and fate of microplastic particles in wastewater treatment plants[J]. Water Research, 2016, 91: 174-182.

[45] Balthazar-Silva D, Turra A, Moreira F T, et al. Rainfall and tidal cycle regulate seasonal inputs of microplastic pellets to sandy beaches[J]. Frontiers in Environmental Science, 2020, 8: 00123.

[46] Waller C L, Griffiths H J, Waluda C M, et al. Microplastics in the Antarctic marine system: an emerging area of research[J]. Science of the Total Environment, 2017, 598: 220-227.

[47] 刘恢弘，陈卫，陶辉，等 . 水中微塑料污染研究进展与热点分析 [J]. 净水技术，2022, 41(4): 14-22.

[48] 李爱峰，李方晓，邱江兵，等 . 水环境中微塑料的污染现状、生物毒性及控制对策 [J]. 中国海洋大学学报（自然科学版），2019, 49(10): 88-100.

[49] Limonta G, Mancia A, Benkhalqui A, et al. Microplastics induce transcriptional changes, immune response and behavioral alterations in adult zebrafish[J]. Scientific Reports, 2019, 9(1): 15775.

[50] Talvitie J, Mikola A, Koistinen A, et al. Solutions to microplastic pollution-removal of microplastics from wastewater effluent with advanced wastewater treatment technologies[J]. Water Research, 2017, 123: 401-407.

[51] Liu X, Yuan W, Di M, et al. Transfer and fate of microplastics during the conventional activated sludge process in one

wastewater treatment plant of China[J]. Chemical Engineering Journal, 2019, 362: 176-182.

[52] Hou L, Griswold N, Ji J, et al. Specific affinity and relative abundance of methanogens in acclimated anaerobic sludge treating low-strength wastewater[J]. Applied Microbiology and Biotechnology, 2020, 104(1): 291-302.

[53] Mazurais d, Ernande B, Quazuguel P, et al. Evaluation of the impact of polyethylene microbeads ingestion in European sea bass (*Dicentrarchus labrax*) larvae[J]. Marine Environmental Research, 2015, 112: 78-85.

[54] 鲁娅梅，张万筠，刘娜，等 . 微塑料对海洋环境影响的研究现状 [J]. 辽宁化工，2022, 51(12): 1775-1777.

[55] De Leo A, Cutroneo L, Sous D, et al. Settling velocity of microplastics exposed to wave action[J]. Journal of Marine Science and Engineering, 2021, 9(2): 142.

[56] 刘涛，孙晓霞，朱明亮，等 . 东海表层海水中微塑料分布与组成 [J]. 海洋与湖沼，2018, 49(1): 8.

[57] 李珊，邢方潇，王瑜，等 . 饮用水微塑料检测中滤膜的适用性 [J]. 净水技术，2020, 39(5): 14-20.

[58] Wang Y, Li Y, Tian L, et al. The removal efficiency and mechanism of microplastic enhancement by positive modification dissolved air flotation[J]. Water Environment Research, 2021, 93(5): 693-702.

[59] Di M, Liu X, Wang W, et al. Manuscript prepared for submission to environmental toxicology and pharmacology pollution in drinking water source areas: microplastics in the Danjiangkou Reservoir, China[J]. Environmental Toxicology and Pharmacology, 2019, 65: 82-89.

[60] Löder M G J, Imhof H K, Ladehoff M, et al. Enzymatic purification of microplastics in environmental samples[J]. Environmental Science & Technology, 2017, 51(24): 14283-14292.

[61] 王志超，孟青，李卫平，等 . 不同消解方法对微塑料质量及其表面特征的影响 [J]. 环境工程学报，2020, 14(5): 1385-1393.

[62] Hidalgo-Ruz V, Gutow L, Thompson R C, et al. Microplastics in the marine environment: a review of the methods used for identification and quantification[J]. Environmental Science & Technology, 2012, 46(6): 3060-3075.

[63] Wang Z, Lin T, Chen W. Occurrence and removal of microplastics in an advanced drinking water treatment plant (ADWTP)[J]. Science of the Total Environment, 2020, 700: 134520.

[64] Desforges J W, Galbraith M, Dangerfield N, et al. Widespread distribution of microplastics in subsurface seawater in the NE Pacific Ocean[J]. Marine Pollution Bulletin, 2014, 79 (1-2): 94-99.

[65] Grigorakis S, Mason S A, Drouillard K G. Determination of the gut retention of plastic microbeads and microfibers in goldfish (*Carassius auratus*)[J]. Chemosphere, 2017, 169: 233-238.

[66] Dekiff J H, Remy D, Klasmeier J, et al. Occurrence and spatial distribution of microplastics in sediments from Norderney[J]. Environmental Pollution, 2014, 186: 248-256.

[67] Devriese L I, van der Meulen M D, Maes T, et al. Microplastic contamination in brown shrimp (*Crangon crangon*, Linnaeus 1758) from coastal waters of the Southern North Sea and Channel area[J]. Marine Pollution Bulletin, 2015, 98 (1-2): 179-187.

[68] Martins J, Sobral P. Plastic marine debris on the Portuguese coastline: a matter of size?[J]. Mar Pollut Bull, 2011, 62(12): 2649-2653.

[69] Dehaut A, Cassone A, Frère L, et al. Microplastics in seafood: benchmark protocol for their extraction and characterization[J]. Environmental Pollution, 2016, 215: 223-233.

[70] Li J, Qu X, Su L, et al. Microplastics in mussels along the coastal waters of China[J]. Environmental Pollution, 2016, 214: 177-184.

[71] Catarino A I, Thompson R, Sanderson W, et al. Development and optimization of a standard method for extraction of microplastics in mussels by enzyme digestion of soft tissues[J]. Environmental Toxicology and Chemistry, 2017, 36(4): 947-951.

[72] Lusher A L, Mchugh M, Thompson R C. Occurrence of microplastics in the gastrointestinal tract of pelagic and demersal fish from the English Channel[J]. Marine Pollution Bulletin, 2013, 67 (1-2): 94-99.

[73] Moret-Ferguson S, Law K L, Proskurowski G, et al. The size, mass, and composition of plastic debris in the western North Atlantic Ocean[J]. Mar Pollut Bull, 2010, 60(10): 1873-1878.

[74] Tagg A S, Sapp M, Harrison J P, et al. Identification and quantification of microplastics in wastewater using focal plane array-based reflectance Micro-FT-IR imaging[J]. Analytical Chemistry, 2015, 87(12): 6032-6040.

[75] Cole M, Lindeque P, Fileman E, et al. Microplastic ingestion by zooplankton[J]. Environmental Science & Technology, 2013, 47(12): 6646-6655.

[76] Ubelaker D H, Ward D C, Braz V S, et al. The use of SEM/EDS analysis to distinguish dental and osseus tissue from other materials[J]. J Forensic Sci, 2002, 47(5): 940-943.

[77] Eriksen M, Mason S, Wilson S, et al. Microplastic pollution in the surface waters of the Laurentian Great Lakes[J]. Marine Pollution Bulletin, 2013, 77 (1-2): 177-182.

[78] Ding L, Mao R F, Guo X, et al. Microplastics in surface waters and sediments of the Wei River, in the northwest of China[J]. Science of the Total Environment, 2019, 667: 427-434.

[79] Ziajahromi S, Neale P A, Telles Silveira I, et al. An audit of microplastic abundance throughout three Australian wastewater treatment plants[J]. Chemosphere, 2021, 263: 128294.

[80] Li L, Xu G, Yu H, et al. Dynamic membrane for micro-particle removal in wastewater treatment: performance and influencing factors[J]. Science of the Total Environment, 2018, 627: 332-340.

[81] Zhang Y, Diehl A, Lewandowski A, et al. Removal efficiency of micro- and nanoplastics (180 nm-125 μm) during drinking water treatment[J]. Science of the Total Environment, 2020, 720: 137383.

[82] Hidayaturrahman H, Lee T. A study on characteristics of microplastic in wastewater of South Korea: identification, quantification, and fate of microplastics during treatment process[J]. Marine Pollution Bulletin, 2019, 146: 696-702.

[83] Talvitie J, Mikola A, Setälä O, et al. How well is microlitter purified from wastewater? - a detailed study on the stepwise removal of microlitter in a tertiary level wastewater treatment plant[J]. Water Research, 2017, 109: 164-172.

[84] Ma B, Xue W, Hu C, et al. Corrigendum to "characteristics of microplastic removal via coagulation and ultrafiltration during drinking water treatment"[J]. Chemical Engineering Journal, 2021, 405: 126983.

[85] Skaf D W, Punzi V L, Rolle J T, et al. Removal of micron-sized microplastic particles from simulated drinking water via alum coagulation[J]. Chemical Engineering Journal, 2020, 386: 123807.

[86] 黄雷，刘康乐，林子增，等 . 碳纳米管在电容去离子技术中的应用研究进展 [J]. 应用化工，2021, 50(11): 3146-3152.

[87] Perren W, Wojtasik A, Cai Q. Removal of microbeads from wastewater using electrocoagulation[J]. ACS Omega, 2018, 3(3): 3357-3364.

[88] Lares M, Ncibi M C, Sillanpää M, et al. Intercomparison study on commonly used methods to determine microplastics in wastewater and sludge samples[J]. Environmental Science and Pollution Research, 2019, 26(12): 12109-12122.

[89] Wang Z, Taylor S E, Sharma P, et al. Poor extraction efficiencies of polystyrene nano- and microplastics from biosolids and soil[J]. PLOS ONE, 2018, 13(11): e208009.

[90] 扈瀚文，杨萍萍，薛含含，等 . 环境微塑料污染的研究进展 [J]. 合成材料老化与应用，2020, 49(1): 97-102.

[91] 许龙，王志峰 . 某水厂中微塑料的赋存及去除特性 [J]. 净水技术，2020, 39(7): 109-113.

[92] Carré E, Pérot J, Jauzein V, et al. Impact of suspended particles on UV disinfection of activated-sludge effluent with the aim of reclamation[J]. Journal of Water Process Engineering, 2018, 22: 87-93.

[93] Pivokonsky M, Pivokonska L, Novotna K, et al. Occurrence and fate of microplastics at two different drinking water treatment plants within a river catchment[J]. Sci Total Environ, 2020, 741:140236.

[94] Pivokonsky M, Cermakova L, Novotna K, et al. Occurrence of microplastics in raw and treated drinking water[J]. Science of the Total Environment, 2018, 643:1644-1651.

第7章
饮用水典型新污染物

▲ 概述

▲ 消毒副产物

▲ 嗅味物质

▲ 病原微生物

7.1 概述

消毒副产物、嗅味物质和病原微生物等典型污染物，为现行国内外标准中严格控制的关键指标，其危害性和重要性同样不容忽视。饮用水消毒产生的各类含碳和含氮消毒副产物具有细胞毒性、基因毒性和致癌性等危害；嗅味物质主要来源于藻类，是人体的感觉器官（鼻、口和舌）所感知的令人讨厌或异常的气味，嗅味物质不但大大降低了饮用水的感官品质，对人的身体健康也产生一定的影响；饮用水中的病原微生物主要包括细菌、病毒、原生动物和寄生虫四大类，病原微生物能够引起人类各种疾病。消毒副产物、嗅味物质和病原微生物等各自有其污染特点，适用的筛查和控制手段也不相同，本章着重介绍三类污染物的污染特征、种类、来源、毒性、生成机制、识别及检测技术和控制技术等。

7.2 消毒副产物

7.2.1 污染特征

7.2.1.1 消毒剂及其副产物

消毒副产物（DBPs）是消毒过程中消毒剂与水中存在的天然有机物（NOM）、人为污染物及卤素离子等物质发生反应生成的一类次生污染物，其浓度水平一般在 ng/L ～ μg/L 级别。由于消毒过程涉及多种因素，所以产生的 DBPs 也多种多样。消毒所采用的化学消毒法和物理消毒法包括氯化消毒、氯胺消毒、二氧化氯消毒、臭氧和紫外消毒等。通常不同消毒方式将产生不同类别的 DBPs。

（1）氯化消毒

氯化消毒已有百余年的历史。目前，我国采用氯消毒剂的水厂占 99.5% 以上，美国等发达国家的氯消毒剂利用率也多在 90% 以上。氯化消毒具有杀菌能力强、持续时间长、技术成熟和价格低廉等优点，但是消毒后会有氯嗅味残留。在消毒过程中，消毒剂在水体中与无机物或有机物发生一系列化学反应产生相应的 DBPs，主要副产物包括三卤甲烷（THMs）、卤乙酸（HAAs）和卤代硝基甲烷（HNMs）。在特定前体物存在下，氯化消毒可形成亚硝胺（NAs）、卤乙腈（HANs）、卤代醛（HALs）和一些芳香族 DBPs。此外，氯气预氧化可导致氯酸盐的形成。

（2）氯胺消毒

氯胺消毒是重要的氯化消毒替代方法。美国约有 25% 的市政供水水厂采用氯胺消毒，近 15 年来，我国许多大中城市的供水厂也开始采用氯胺消毒工艺。氯胺虽穿透力好、杀毒效果好、稳定性好、在管网中持续时间长，且无氯嗅味，但消毒较慢，需与其他方式联合，且不易操作管理。与氯化消毒相比，氯胺通常会产生较低浓度的常规 DBPs。氯胺消毒可导致毒性更高的含氮消毒副产物（N-DBPs）的生成，如 HANs 和 HNMs，以及 *N*, *N*-二甲基亚硝胺

（NDMA，一种 NAs）。此外，溴代 DBPs（Br-DBPs）的比例在氯胺化过程中通常比氯化过程中更高。因此，在用氯胺代替氯消毒时应考虑新的 DBP 的生产。

（3）二氧化氯消毒

ClO_2 是一种产生较少 DBPs 的有效消毒剂。ClO_2 对隐孢菌素的灭活力强，且受 pH 的影响较小，但其不稳定，易挥发。与氯相比，ClO_2 消毒会产生更多的无机 DBPs（如亚氯酸盐和氯酸盐）。ClO_2 通常与氯消毒相结合，氯化前的 ClO_2 氧化可减少 THM 和 TOX 的形成。但在溴的存在下，ClO_2/ 氯预氧化后 Br-DBPs 的比例增加。ClO_2 的比例在 DBPs 的形成中起着重要作用。随着混合氧化剂中氯含量的增加，亚氯酸盐的生成减少，而氯酸盐的形成更多。此外，结果表明，存在最佳的 ClO_2/Cl_2 比，其产生最低浓度的 HAN 和 TCNM（三氯硝基甲烷）。因此，有必要根据水质调整该比例，以控制 DBPs 的形成。

（4）臭氧消毒

与氯化和二氧化氯消毒相比，臭氧消毒的效果更佳。但臭氧在水中的半衰期约为 20min，且消毒成本高，要与其他的消毒方式联合使用，才能达到利益最大化，目前也仅在少数国家的一些水厂中有应用。相对而言，臭氧消毒不产生卤代 DBPs，产生副产物的总量也较少。与氯化消毒相比，臭氧消毒通常会形成毒性更高的 DBPs。据观察，臭氧氧化通常会产生含羰基的副产物，包括醛和短链羧酸。此外，当水中含有较高浓度的溴离子或碘化物时，易形成溴酸盐，溴代、碘代以及混合型卤代乙酸。

总之，随着消毒剂氧化剂的增加，常规 DBPs 的形成减少，但会出现更多有毒的 DBPs。在选择消毒方法时应结合具体水质来确定是否可能产生新的 DBPs。

7.2.1.2　消毒副产物种类

1974 年，荷兰化学家 Rook 在氯消毒饮用水中首次发现 THMs，饮用水中的 DBPs 逐渐开始被人们重视，目前已识别出 800 余种 DBPs，仍有众多 DBPs 仍然处于未被发现或研究的状态。DBPs 可以由不同的分类标准进行归类，根据是否为有机物可以分为有机 DBPs 和无机 DBPs。无机 DBPs 主要包括亚氯酸盐、氯酸盐和溴酸盐等。有机 DBPs 根据分子结构可分为脂肪族 DBPs、脂环族 DBPs 和芳香族 DBPs（如图 7-1 所示）；根据分子结构中是否含有氮元素可分为含氮消毒副产物（N-DBPs）和含碳消毒副产物（C-DBPs）；根据分子结构中卤素原子可分为氯代消毒副产物（Cl-DBPs）、溴代消毒副产物（Br-DBPs）和碘代消毒副产物（I-DBPs）。

脂肪族 DBPs 包括 C-DBPs 中的 THMs、HAAs、HALs、卤代酮（HKs）和 N-DBPs 中的 HANs、HNMs、卤代乙酰胺（HAMs）和 NAs 等。THMs 是 DBPs 中最常见的一类，表示为 CHX_3，主要包括三氯甲烷（TCM）、一溴二氯甲烷（BDCM）、二溴一氯甲烷（DBCM）、三溴甲烷（TBM）和氯仿（CF）等。HAAs 包括一氯乙酸（MCAA）、二氯乙酸（DCAA）、三氯乙酸（TCAA）、一溴乙酸（MBAA）、二溴乙酸（DBAA）、三溴乙酸（TBAA）、溴氯乙酸（BCAA）、溴二氯乙酸（BDCAA）和二溴氯乙酸（DBCAA）。HALs 中最常见的是三氯乙醛（TCAL）。HKs 中最常见的为三氯丙酮（TCP）。常见的 HANs 主要有二氯乙腈（DCAN）、三氯乙腈（TCAN）、溴氯乙腈（BCAN）和二溴乙腈（DBAN）。HNMs 中最常见的是三氯硝基甲烷（TCNM）。HAMs 主要包括二氯乙酰胺（DCAM）、三氯乙酰胺（TCAM）、溴氯乙酰胺（BCAM）、二溴乙酰胺（DBAM）等。NAs 中常见的是 *N*, *N*-二甲基亚硝胺（NDMA）。HANs、HNMs、HAMs、HKs 和 HALs 是不稳定的 DBPs。它们几乎在所有氯化水中形成，但时间很短。它们也被称为中间 DBPs，因为它们在较高的 pH 值和温度下水解。

脂环族 DBPs 主要有 2,6-二氯-1,4-苯醌、2,6-二溴-1,4-苯醌和 2,3,6-三氯-1,4-苯醌等。

芳香族 DBPs 可分为苯基 DBPs 和杂环 DBPs。苯基 DBPs 包含 C-DBPs 中卤代羟基苯甲醛（HBADs）、卤代羟基苯甲酸（HBACs）、卤代苯酚（HPs）、卤代苯醌（HBQs）、卤代肽、卤代苯磺酸和 N-DBPs 中卤代苯乙腈（HPANs）、卤代硝基酚（HNPs）等。杂环 DBPs 包括 C-DBPs 中卤代呋喃酮（MXs）和 N-DBPs 中卤代吡咯等。苯基 DBPs 的稳定性取决于官能团的存在。含氮官能团相对更稳定，溴化苯基 DBPs 在氯的存在下分解。而杂环 DBPs 高度不稳定，在碱性条件下和在过量氯的存在下会分解。

有机 DBPs 的分类及代表物质结构式见图 7-1。

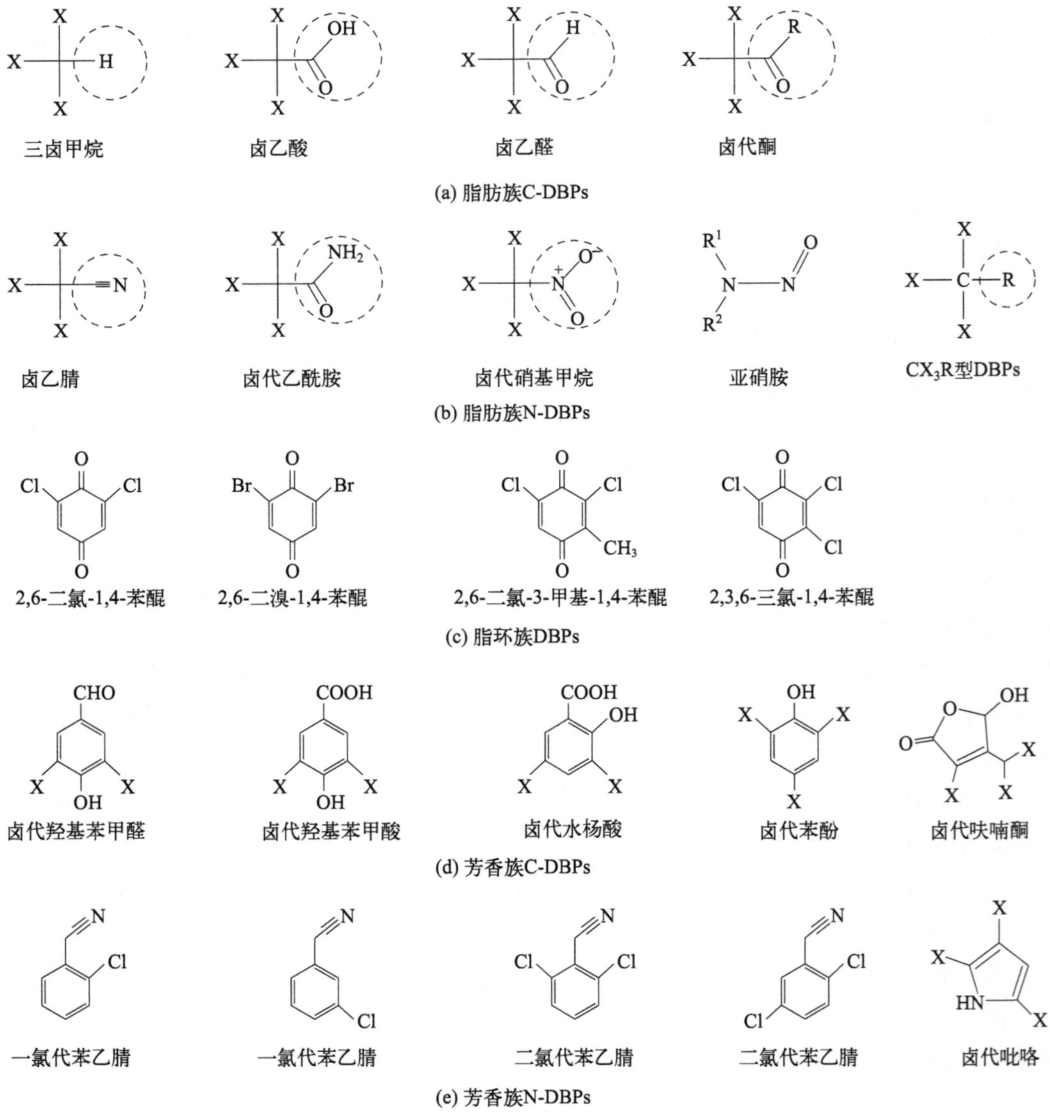

图 7-1　有机 DBPs 的分类及代表物质结构式

由于 DBPs 会产生一定的健康风险，各个国家、地区或机构对于饮用水 DBPs 中相关物质的含量明确了限值（见表 7-1）。这些具有强制阈值限制的 DBPs 被称为监管 DBPs（R-DBPs）。R-DBPs 主要包括 THMs 和 HAAs 两大类 DBPs。然而，随着替代消毒剂的引入，一些新的 DBPs 产生，“新认定或之前未确认”“未受法规规范”“对人体健康及生态环境具有潜在或实质威胁”的 DBPs 被称为新兴或未受管制的 DBPs（UR-DBPs）。UR-DBPs 主要包括 N-DBPs（如 HANs、HNMs、HAMs 等）。

表 7-1　不同国家机构对消毒副产物的限值

WHO		中国《生活饮用水卫生标准》		U.S. EPA		欧盟标准	
DBP	限值 /（mg/L）	DBP	限值 /（mg/L）	DBP	限值 /（mg/L）	DBP	限值 /（mg/L）
三氯甲烷	0.2	三氯甲烷	0.06	三卤甲烷	0.08	三卤甲烷	0.1
二氯一溴甲烷	0.06	二氯一溴甲烷	0.06	卤乙酸	0.06	溴酸盐	0.01
一氯二溴甲烷	0.1	一氯二溴甲烷	0.1	溴酸盐	0.01		
三溴甲烷	0.1	三溴甲烷	0.02	亚氯酸盐	1.0		
二氯乙酸	0.05	二氯甲烷	0.002				
三氯乙酸	0.2	四氯化碳	0.03				
溴酸盐	0.01	1,2-二氯乙烷	0.03				
亚氯酸盐	0.7	二氯乙酸	0.05				
三氯乙醛	0.01	三氯乙酸	0.1				
二氯乙腈	0.02	溴酸盐	0.01				
二溴乙腈	0.07						
氯化氰	0.07						
2,4,6-三氯苯酚	0.2						
甲醛	0.9						

7.2.1.3　毒性

自 1976 年，美国国家癌症研究所在实验室啮齿动物实验中发现 TCM 与肾脏上皮肿瘤相关，人们对 DBPs 的毒性效应引起广泛关注。在过去几十年中，中国和其他国家的科学家研究了 DBPs 的细胞毒性、遗传毒性、诱变性、致畸性、致癌性、内分泌干扰效应和其他一些毒理学效应。

（1）细胞毒性

细胞毒性是由细胞或化学物质引起的单纯的细胞杀伤事件，不依赖于凋亡或坏死的细胞死亡机理。它被广泛用于评估 DBPs 的不良生物效应，用 DBPs 处理的细胞可能发生坏死，失去膜完整性，并因细胞裂解而迅速死亡。这些细胞命运的过程可以通过染色法、发光法等检测。例如，使用 MTT 法测定 DBPs 的细胞毒性，即利用线粒体内部酶的活性，将特定的四唑盐类进行转化，然后通过酶标仪进行检测。Zhou 等采用 MTT［3-(4,5-二甲基-2-噻唑基)-2,5-二苯基-2*H*-四唑溴化铵］法测定了一种新型的 DBPs 吩嗪的细胞毒性，发现吩嗪对 T24［抑制浓度50（IC_{50}）=0.50mmol/L］和 HepG2（IC_{50}=2.04mmol/L）细胞系具有显著的细胞特异性毒性。此外，采用乳酸脱氢酶（LDH）法也可以评估 DBPs 的细胞毒性，LDH 是一种稳定的蛋白质，存在于正常细胞的胞质内，一旦细胞膜受损，LDH 释放到细胞外，LDH 催化乳酸形成丙酮酸盐，和 INT（四唑盐类）反应形成紫色结晶物质，通过检测细胞培养上清液中 LDH 的活性判断细胞受损程度。Lu 等将神经-2a 细胞在氯乙酸（CA）暴露处理 24h 后，观察到 LDH 的释放显著增加，致死剂量 50（LD_{50}）确定为 1.5mmol/L，这表明 CA 暴露于神经元细胞可导致细胞凋亡。

此外，还选择了一些生物活性分子作为生物标志物，以反映 DBPs 的不良生物效应。Zong 等采用比色蛋白磷酸酶抑制试验用于评估微囊藻毒素 LR（MCLR）消毒后形成的 DBPs 的不良影响。结果表明，MCLR DBPs 的毒性（IC_{50}=0.8μg/L）高于其母体 MCLR（IC_{50}=2.6μg/L），这意味着饮用水消毒中 MCLR 引起二次污染。Plewa 等首次对中国仓鼠卵巢（CHO）细胞使用微孔板细胞毒性测定法评估了 HNMs 的细胞毒性，结果显示 HNMs 对 CHO 细胞毒性的等级顺序为 DBNM>DBCNM>BNM>TBNM>BDCNM>BCNM>DCNM>CNM>TCNM，且溴代硝基甲烷比氯代硝基甲烷细胞毒性更高。Plewa 等通过 CHO 细胞试验发现 13 种 HAMs 均具有细胞毒性，其中细胞毒性从高到低为：二碘乙酰胺＞一碘乙酰胺＞一溴乙酰胺＞三溴乙酰胺＞一溴一碘乙酰胺＞二溴一氯乙酰胺＞一氯一碘乙酰胺＞一溴二氯乙酰胺＞二溴乙酰胺＞一溴一氯乙酰胺＞一氯乙酰胺＞二氯乙酰胺＞三氯乙酰胺。

（2）基因毒性及致癌性

遗传毒性是指由物理或化学因素引起的 DNA 损伤。常见的遗传毒性试验可分为 DNA 损伤 / 修复试验［主要包括鼠伤寒沙门氏菌 / 哺乳动物微粒体酶试验（Ames 试验）、彗星试验（Comet/SCGE）和 SOS/umu 试验］和染色体损伤试验（微核试验）两大类。

Ames 试验是一种简便快捷的沙门氏菌 / 微粒体回复试验，即有基因毒性的化学物质能使测试菌株回复突变成野生型的概率随剂量-效应关系而增加。沙门氏菌品系多样，包括 TA97、TA98、TA100 和 TA102 等，不同品系对 DBPs 有着不同敏感性。SOS/umu 试验是基于 DNA 损伤物诱导 SOS 反应而表达 *umuC* 基因的基础上建立起来的一套快速、敏感、廉价的判断化合物基因毒性的试验方法。Zhang 等利用 umu 试验较为系统地比较了 13 种消毒副产物的基因毒性，所得结论为 MX> 二溴乙腈＞碘乙酸＞溴氯乙腈＞溴乙酸＞三氯乙腈＞二溴乙酸＞二氯乙酸＞氯乙酸、三氯乙酸、二氯乙腈＞氯乙腈、水合氯醛。其中 MX 大约是二氯乙酸基因毒性的 370000 倍。彗星试验是从单细胞水平上检验 DNA 链损伤的常规检测方法，DNA 损伤后在电场力的作用下离开 DNA 核，在凝胶分子筛中向阳极移动，形成彗星状图像。彗星试验常会选择如 CHO 细胞、人肺原上皮细胞、人小肠上皮细胞、外周血淋巴细胞等细胞。Wagner 等应用相同的生物分析平台和终点对 103 种 DBPs 基因毒性进行定量比较分析，结果发现 N-DBPs 比 C-DBPs 具有更强的毒性，另外 I-DBPs 比 Br-DBPs 和 Cl-DBPs 的毒性更大。微核试验是一种常规的基因毒性检测方法，原理是致突变物造成基因组的不稳定与 DNA 损伤进而形成微核，常采用外周血淋巴细胞、蚕豆根尖、蝾螈细胞、CHO 细胞等作为载体。夏影等研究了 HBQs 暴露于 CHO 细胞造成的微核率、核芽率和核桥率变化，结果显示遗传毒性依次为 2,5-二氯苯醌 >2,6-二溴苯醌 >2,6-二碘苯醌 >2,6-二氯苯醌；同时发现 HBQs 的遗传毒性效能与其细胞毒性具有相关性。DBPs 的基因毒性研究方法有很多，不同的试验方法会使得 DBPs 的基因毒性结果存在一定差异，但大量前人毒理学数据表明被监管消毒副产物毒性小于未被监管的消毒副产物；I-DBPs>Br-DBPs>Cl-DBPs，且基因毒性随卤原子的增加而下降；N-DBPs 毒性大于 C-DBPs。

DBPs 的致突变性和致癌性可能与破坏基因组、促进细胞转化、干扰细胞周期和基因表达或破坏细胞代谢有关。已有研究结果显示，DBPs 暴露可以导致实验动物产生多种不同类型的癌症，例如肾癌、肠癌、肝细胞瘤、间皮瘤和甲状腺滤泡细胞瘤等。

（3）流行病学调查

流行病学调查是将 DBPs 与人类疾病联系起来的有效工具。自从 THMs 被检出以来，一些流行病学研究表明长期接触消毒的饮用水会增加患癌症的风险，尤其是膀胱癌和结肠直肠癌。在 1987 年，Cantor 等对美国 10 个不同地区 5258 位个人，其中包括 2805 位膀胱癌患者进行了病例对照研究，结果显示膀胱癌患病风险随经氯化消毒的自来水摄入量的增加而增加。随后，在美国、欧洲等地都进行了病例对照研究，得出了类似结论，认为 DBPs 与膀胱癌发生风险相关。在过去的几十年中，中国进行了数十次流行病学调查，以了解 DBPs 与新生儿健康、生殖能力和癌症发病率之间的关系。2011 ～ 2013 年，Cao 等对湖北省 1184 名孕妇进行了调查。研究发现，妊娠晚期母体血液中的 TTHM（TCM、BDCM、DBCM 和 TBM 的总和）与较低的平均出生体重略有关联，BDCM 和 DBCM 暴露与较短的出生长度弱相关。

（4）其他毒性

除了细胞毒性和遗传毒性外，最近还发现了 DBPs 的一些其他毒性作用。例如，Wu 等以含酵母的大鼠雌激素受体为基础，通过体外抗雌激素活性试验，评价溴化物对氯化消毒二级出水中抗雌激素活性的影响。结果显示，氯化消毒后，加入溴化物的样品的抗雌激素活性是未加入溴化物样品的 1.75 倍，表明溴化物增加了氯化消毒过程中二级流出物的抗雌激素活性。DBPs 可能会影响发育过程，导致器官或形态结构或功能发生改变。Yang 等以海洋多毛纲圆叶藻和海洋绿藻四角藻的胚胎为研究对象评估 DBPs 对其发育的影响，研究发现，氯化盐水废水流出物［有效浓度50（EC_{50}）为 51.7%］比氯化淡水废水流出液（EC_{50} 为 36.5%）毒性更小。

7.2.1.4　前体物

DBPs 的前体物主要包括有机化合物和无机化合物，其主要来源于水源水中、水处理工艺以及配水管网中。水源水中有天然有机物（NOM）、藻源有机物（AOM）、溶解性微生物产物（SMPs）以及卤素离子等；水厂处理工艺在去除水中悬浮颗粒及溶解性有机物同时也会引入一些工程材料，这在一定程度上可增加饮用水中 DBPs 的生成量；出厂水中通常存在一定量的剩余消毒剂，以抑制管网中微生物对水质的负面影响，则 DBPs 的种类与浓度在配水管网中也会发生变化。

（1）天然有机物

天然有机物（NOM）是大多数水体中 DBPs 的主要前体，它包含几个具有不同功能的基团的有机物，如腐殖质、羧酸、氨基酸、蛋白质和碳水化合物。20 世纪 80 年代初期，HAAs、HANs 和 HALs 类 DBPs 先后在前体物消毒试验中发现，腐殖酸、富里酸和氨基酸是 DBPs 的重要前体物。NOM 的分子量、结构和亲疏水性会不同程度影响 DBPs 的形成。疏水性 NOM 通常由高分子量有机物质组成，如腐殖质，而亲水性 NOM 由低分子量有机物组成，即氨基酸、羧酸、碳水化合物等。研究发现，高分子量疏水性 NOM 馏分与氯的反应性更强，而低分子量亲水性 NOM 馏分与溴和碘的反应性更高，在氯化过程中，溴化物和碘化物被氧化成 HOBr 和 HOI，进而形成 Br-DBPs 和 I-DBPs。疏水性 NOM 对 THMs 的形成潜力是亲水性

NOM 的 2 倍，这是因为 THMs 的形成是由 HOCl/OCl 与类腐殖质物质的反应而发生的。疏水性和高分子量 NOM 中含有更多的酚基，在消毒过程中增加了芳香族 DBPs 的形成。Gha 等研究发现，NOM 的氯化导致通过芳香分子上的氧化和氯取代增加生物可同化有机碳（AOC）的形成。AOC 有利于微生物生长，对饮用水的生物安全构成威胁。Pan 等研究表明，NOM 可形成高水平的有毒芳香族 DBPs，随后通过氯化 / 氯胺化转化为脂肪族 DBPs。

（2）藻源有机物

除 NOM 外，残留藻源有机物（AOM）也是 DBPs 的重要前体物，其特征与 NOM 显著不同，具有低芳香性、高亲水性和高有机氮含量，如氨基酸和蛋白质。藻类增加了水中的 DON，并导致产生 N-DBPs 和其他 TOX 的潜力增加。AOM 通常分为细胞外有机物（EOM）和细胞内有机物（IOM）。EOM 是藻细胞直接向水环境释放的代谢产物，IOM 是藻细胞由于自然死亡或工艺处理导致细胞破裂后释放的物质。Bond 等研究发现，在氯化过程中，EOM 和 IOM 导致 N-DBPs 和卤代醛的生成量大于 NOM，而 EOM 和 IOM 的氯胺化生成的 N-DBPs 和 C-DBPs 的量远小于 NOM。与 EOM 相比，IOM 具有更高的总有机氮分数、更大比例的高分子量化合物、更疏水的含量，以及更高的游离氨基酸分数，但脂肪胺分数更低。IOM 对 C-DBPs 和 N-DBPs 的生成潜能高于 EOM。除了富含有机氮的藻类细胞外，游离氨基酸包括 1-天冬氨酸、1-色氨酸、甘氨酸、1-丝氨酸和苏氨酸已被强调为形成各种 N-DBPs（HANs、HAMs、CNX 和 HNMs）的关键前体。研究人员从 AOM 的亲疏水性、分子量分布入手探讨其对 DBPs 生成潜能的影响。Zhou 等研究发现 AOM 中不同组分的 C-DBPs（THMs、HAAs 和 HKs）的生成潜力大致为：疏水性有机物 > 弱疏水性有机物 > 亲水性有机物。Hua 等研究发现铜绿微囊藻和小球藻的 IOM 中高分子量（$>1.0\times10^5$）物质产生的 THMs 和 HAAs 最多。Li 等将 EOM 分为＜ 3000、3000 ～ 10000 和＞ 1.0×10^5 三部分进行加氯消毒后，发现分子量 $>1.0\times10^5$ 物质生成更多的 THMs 和 HAAs。AOM 促进 N-DBPs 的生成潜能，因此若不能在进行最终的消毒过程前有效地去除藻细胞以及 AOM，将大大影响最终的出水水质。

（3）溶解性微生物产物

污水排放有机物（EfOM）含有微生物以及可溶解性微生物产物（SMPs）。其中 SMPs 是污水生成物处理中的有机物质的主要成分，由各种高分子量及低分子量化合物组成，如蛋白质、糖和氨基酸等。Liu 等在对小球藻的研究中发现，随着藻类在废水中培养时间的增加，其积累 SMPs 促进 DBPs 的形成，DBPs 的形成趋势为 CF>DCAA>TCAA。

（4）卤素离子

卤素离子（溴、碘离子）在消毒过程中发生反应主要可分为两类：一是卤素离子直接与消毒剂反应产生无机 DBPs；二是卤素离子先与消毒剂反应生成次卤酸，随即再发生次卤酸与有机物的反应，产物为毒性更高的 Br-DBPs 及 I-DBPs。而就前体物来源而言，溴离子进入饮用水水源的途径主要可分为自然过程及人为活动两类，其中自然过程包括海水入侵以及地质溶解，而人为活动则包括海水淡化、尾矿生产、化工生产以及市政污水和工业废水的排放等。另外，碘离子的来源与溴离子相似，包括海水入侵、地质溶解以及海水淡化等，但一些微生物以及海洋里的海藻生物可通过特定的代谢作用去除水源水中的碘离子。Mao 等研究发现，溴在臭氧氧化过程中可转化为溴酸盐，在氯化和氯胺化过程中，溴化反应促进 Br-DBPs，其致癌性和细胞毒性比 Cl-DBPs 更强。结果表明，溴对低分子量（LMW）的反应性高于对高分子量（HMW）的反应性。Kitis 等研究表明，溴在非芳香低分子量亲水性 NOM 组分中的掺入量更高，HPI 馏分在 THMs 和 HAAs 中也含有较高浓度的溴化物种。I-DBPs 是用含氯化合物对含碘水进行消毒的结果。该过程包括碘化物被 HOCl/OCl^-氧化生成 HOI/OI^-，并进一步通过 pH 值调节生成碘酸盐。HOI/OI^-与NOM 反应形成 I-DBPs，这一过程受有机物特性和碘源的影响。

（5）其他化学有机物

一些微污染物通过工业废水排放、市政污水排放以及农业径流等方式进入到水源水中，在饮用水厂的处理工艺中，部分微污染物质在消毒过程中可能形成DBPs，包括化工原料（如双酚 S）、药物及个人护理品（如扑热息痛、氯霉素和四环素）、微塑料（如聚乙烯、聚丙烯、聚酰胺、聚氯乙烯等）和农药（如敌草隆）等物质被证明均是 DBPs 的前体物质。Ye 等发现四环素氯化后生成 TCM、DCAN 和 DCAM。Miao 等发现微塑料氯化后生成 HANs 和 TCNM。Ateia 等研究了不同塑料颗粒（包括聚乙烯、聚丙烯、聚酰胺等六种微塑料）紫外线照射以及暗氯化条件下 HANs 的生成量，结果发现这些塑料颗粒能够形成 HANs（2.5 ～ 5.8μg HANs/L），其中主要是 DCAN。在混凝工艺中，常用的聚合高分子电解质助凝剂包括聚丙烯酰胺、阴 / 阳离子型聚丙烯酰胺等高分子化合物及其单体上的酰胺基团、季铵基团以及伯胺基团，可与多种消毒剂反应产生 DBPs。另外，消毒剂在配水管网中与管道材料也可能反应生成一些 DBPs。DBPs 的生成种类及生成量因配水管道中使用的管道材料类型而有所差异。一般来说，供水系统中使用的管道材料有胶凝型、塑料型和金属型 3 种。其中，高密度聚乙烯（HDPE）、聚丙烯（PP）、聚氯乙烯（PVC）、球墨铸铁管（DI）、不锈钢管（SS）、镀锌钢管（GS）和聚乙烯（PE）管应用广泛。Zhong 等研究发现，在相同的初始氯浓度下，不同管材中 DBPs 的生成潜能依次为 PVC>SS>DI。

7.2.1.5　生成机制

消毒剂与有机物主要通过取代反应、氧化还原反应、水解等化学反应生成 DBPs，归纳如下。

（1）取代反应

取代反应是氯化消毒过程中最常见的化学反应。消毒剂次氯酸很容易极化为 $Cl^{\oplus}$—$OH^{\ominus}$，部分带正电荷的氯原子很容易攻击部分带负电荷的碳原子，并形成氯化产物。在氯化消毒过程中，间苯二酚通过取代反应转化为一氯间苯二酚、二氯间苯二酚和三氯间苯二酚（图 7-2）。由于苯环 1 位和 3 位上的羟基具有强的给电子效应，因此其 *o*-和*p*-位（苯环的 2 位、4 位和 6 位）上的碳原子具有更多的负电荷，这将很容易被 $Cl^{\oplus}$攻击而形成氯化产物。三氯间苯二酚可以快速转化为 TCM。当溴或碘离子存在于水中氯化时，水中的氯易将卤化物氧化为次溴酸或次碘酸，并形成一些溴化或碘化产物。氯胺是另一种广泛使用的消毒剂，在氯胺化中也很容易发生取代反应。在含碘水的氯胺化过程中，NOM 中有机物与 I 通过取代反应生成碘仿（CHI_3）、碘乙腈（IAN）、二碘乙腈（DIAN）、碘乙酰胺（IAcAm）、二碘乙酰胺（DIAcAm）、碘乙酸（IAA）和 TIAA。如图 7-3 所示，碘将取代中间体 R—CH_2—CN 的两个氢原子，形成 R—CI_2—CN，其将进一步水解为 DIAN。

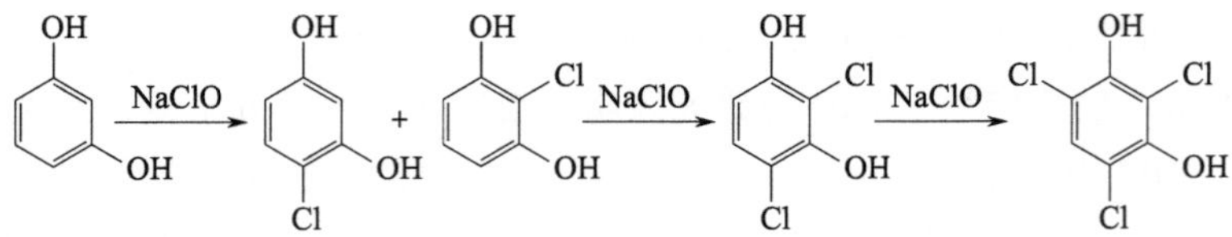

图 7-2　氯化取代反应和三氯间苯二酚的形成

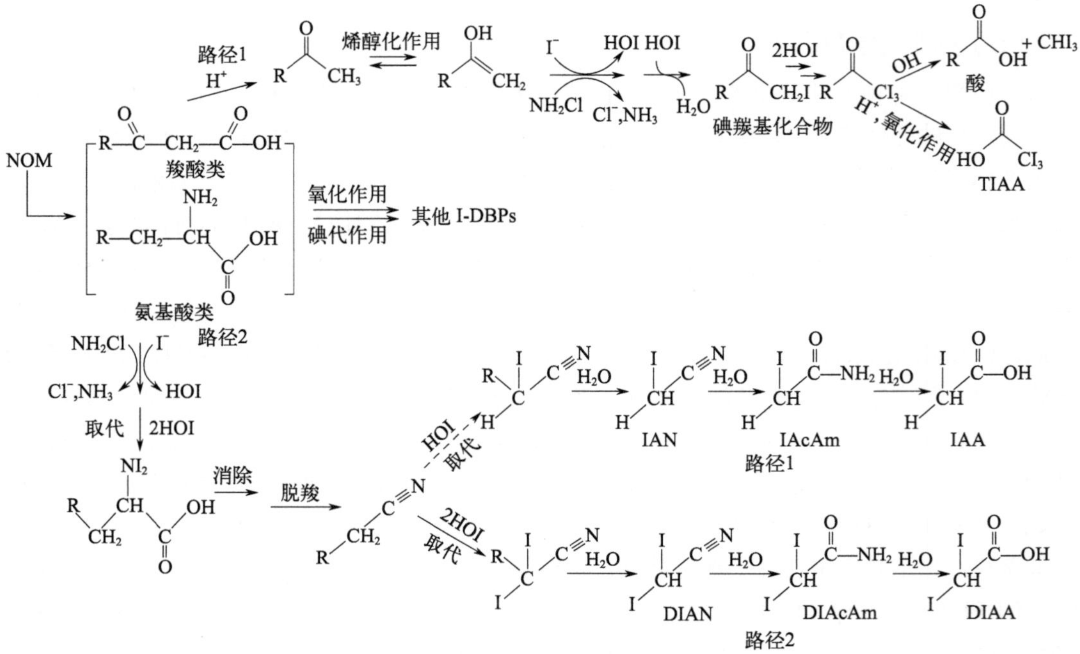

图 7-3　NOM 转化为 DBPs 的转化途径

（2）氧化还原反应

氧化还原反应是一种原子氧化态发生变化的化学反应，包括还原过程和氧化过程，涉及电子转移过程。通常，氧化还原反应涉及电子在化学物质之间的转移。氧化还原反应通常发生在消毒过程中，因为大多数化学消毒剂都是氧化剂。NOM 含有各种官能团，如羧基、芳基、氨基和羟基，它们很容易与消毒剂发生氧化反应。酚类化学品通常存在于水中，它们在消毒过程中会被氧化为氢醌中间体，并进一步形成具有高毒性的苯醌。一些还原性阴离子，如水中的碘离子，很容易被氧化成 HOI，HOI 可以与天然有机物（NOM）反应形成各种 I-DBP。如图 7-4 所示，如果 R—是可氧化基团，三碘羰基化合物（RCO—CI_3）可以水解为 CHI_3 和相应的酸（R—COOH），也可以氧化为 TIAA。除常规氧化还原反应外，Xiao 等发现了 Baeyer-Villiger 氧化反应。在氯化消毒系统中（图 7-5），紫外线过滤器二苯甲酮-2-羟基-4-甲氧基-5-磺酸转化为苯基酯衍生物。

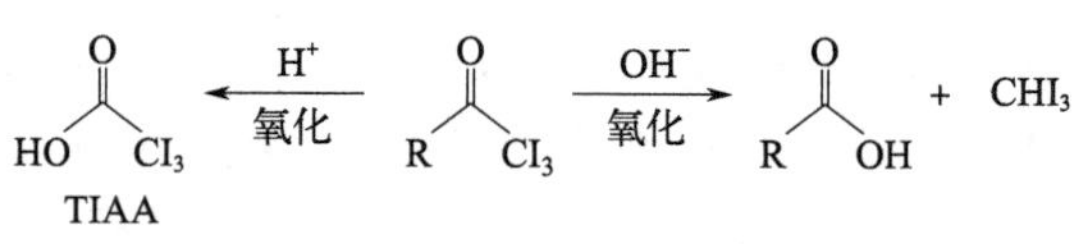

图 7-4　NOM 上的氧化反应以及 CHI_3 和相应酸（R—COOH）或 TIAA 的形成

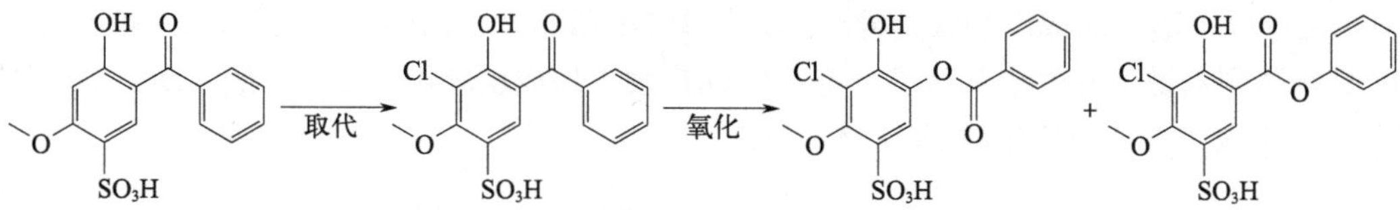

图 7-5　氯化消毒过程中的 Baeyer-Villiger 氧化反应

（3）水解反应

水解反应在有机化学中是指水与另一化合物反应，该化合物分解为两部分，水中的 H^+ 加到其中的一部分，而羟基（OH^-）加到另一部分，因而得到两种或两种以上新的化合物的反应过程；无机化学概念是弱酸根或弱碱离子与水反应，生成弱酸和氢氧根离子（OH^-）［或者弱碱和氢离子（H^+）］。在酸性或碱性条件下水解反应常发生。以酰胺和酯为例，当亲核试剂（一种寻核剂，如水或氢氧根离子）攻击羰基的碳时，它们就会发生水解。在碱性体系中，OH^-比水等极性分子具有更强的亲核性。在酸体系中，羰基被质子化，因此更容易发生亲核攻击。最终水解产物含有羧酸基团。如图 7-6 所示，氯化胞嘧啶［图 7-6（a）］很容易水解形成（1-氨基-1,2-二氯-2-羟基-3-亚氨基丙基）氯氨基甲酸［图 7-6（b）］。图 7-6（b）进一步水解生成氯甲烷胺，水解后形成 1-氯-2-亚氨基乙醇和氯氨基甲酸。在 Tyr-Tyr-Tyr 的氯化转化中，检测到两种产物 DCAcAm 和二氯乙腈（DCAN）。DCAN 可以通过水解转化为 DCAcAm，进而水解为 DCAA。另一份报告显示，HANs 和一些其他三卤代 DBPs（例如，水合氯醛）将发生水解并形成 THMs（图 7-7）。

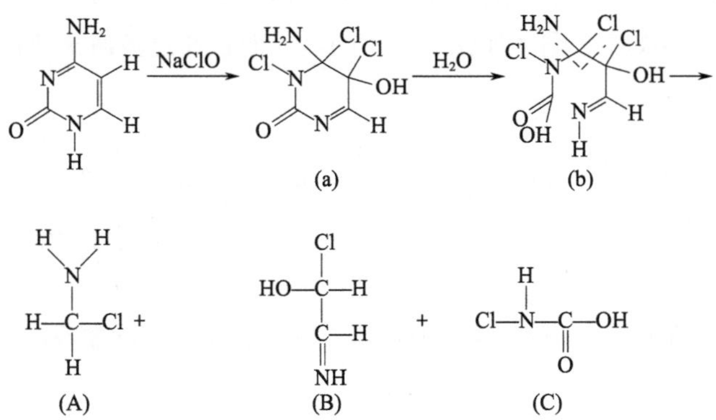

图 7-6　胞嘧啶氯化处理中的水解反应

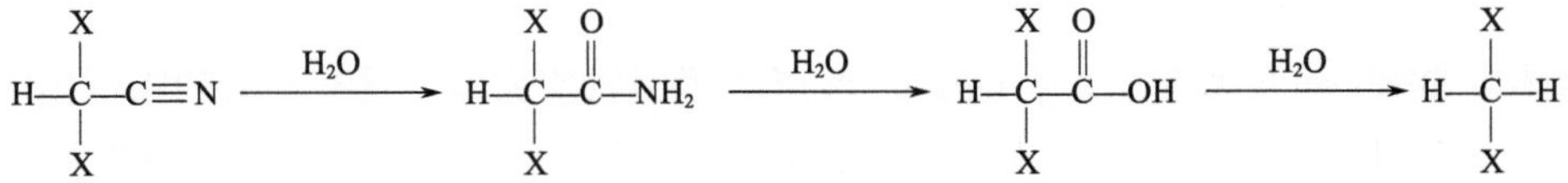

图 7-7　HANs 的水解反应和 THMs 的形成

（4）其他反应

取代反应、氧化还原反应和水解反应是消毒处理过程中最主要的反应。此外，NOM 及其他化合物中存在多种不饱和化学键，如烯烃（C═C）、炔烃（C≡C）、酮（C═O）、亚胺（C═N）、腈（C≡N）等。这些化合物容易与消毒剂 HClO 或 NH_2Cl 发生加成反应，并在氯

（胺）化过程中形成加成产物或其异构体。如图 7-8 所示，在丙烯酰胺的氯化过程中，最初的 $Cl^{\oplus}$转移到双键上并生成氯离子，随后与 $OH^{\ominus}$发生加成反应，在二氯乙酸（DCAN）水解过程中也会发生加成反应生成 DCAcAm。

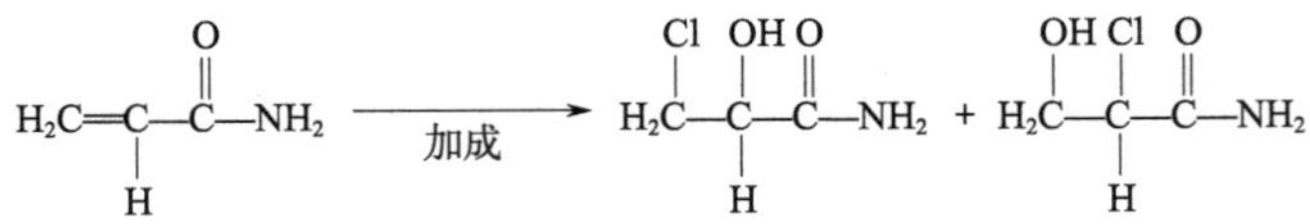

图 7-8　氯化过程中丙烯酰胺的加成反应

随着取代反应的进行，一些官能团如羧基、氨基、烷烃和磺酸基团将很容易被消除。脱羧反应是一种去除羧基并释放二氧化碳（CO_2）的化学反应。Chu 等对二肽 Tyr-Ala 的氯化研究表明，Tyr-Ala 氯化产物中的羧基被去除并形成 DCAN（如图 7-9 所示）。

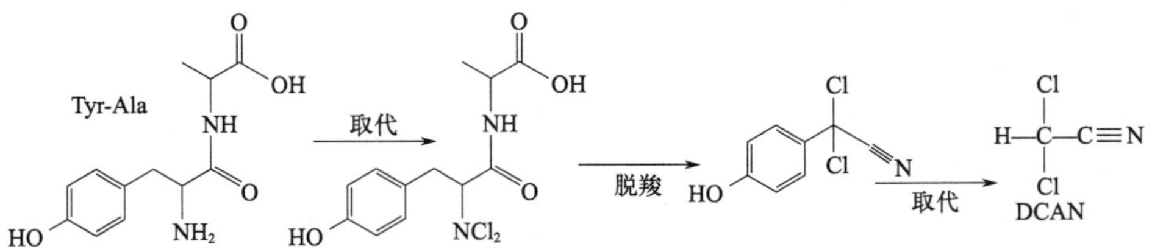

图 7-9　二肽 Tyr-Ala 氯化过程可能发生的反应

事实上，消毒过程中所涉及的化学反应非常复杂，其中许多反应都是同时发生的。Pan 等发现，在溴离子存在下，间苯三酚氯化过程通过溴在苯环上的取代、氧化、加成和脱羧等反应生成三卤代羟基环戊烯二酮（如图 7-10 所示），而且在过量游离氯的存在下，它很容易分解为 THMs 和 HAAs。

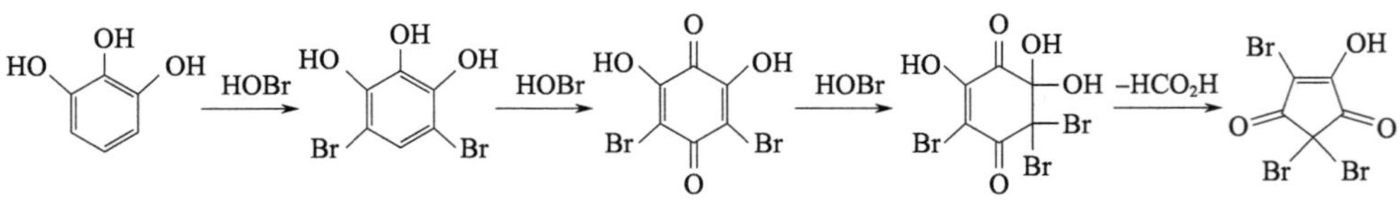

图 7-10　三卤代羟基环戊烯二酮形成过程中的多重反应

7.2.2 筛检技术

7.2.2.1 样品制备

水体中 DBPs 的浓度通常处于 ng/L ～ mg/L，而且种类繁多，具有不同的物理化学性质，因此对水中 DBPs 进行识别测定时需要先进行样品制备。样品制备主要包括取样和前处理，过滤以去除水中存在的大颗粒，避免在萃取或分离步骤中造成堵塞，前处理技术将水中目标物浓缩、富集或转化为易被检测的物质以达到仪器分析要求，主要包括气相萃取（GE）、液液萃取（LLE）、液相微萃取（LPME）、固相萃取（SPE）、固相微萃取（SPME）、衍生化技术等。

GE 适用于挥发性大、极性弱的 DBPs 的富集，包括吹扫捕集法（P&T）和顶空法（HS）。P&T 是使用惰性气体组分连续通过样品，将其中的挥发性组分吹扫出来，再利用吸附剂或者冷阱捕集，然后进行脱附分析，具有富集效果好、灵敏度高、易实现自动化等优点，但成本较高。美国环保署（US EPA）方法 524.2 中，使用 P&T 结合气相色谱-质谱法（GC-MS）检测饮用水中 4 种三卤甲烷。HS 是将样品置于密闭容器中，气液平衡后从气相中吸取气体，适用于从液体或固体样品中萃取挥发性有机物，现多与 SPME 联合使用，实现萃取浓缩同时完成，扩大使用范围。

LLE 是最常用的 DBPs 前处理方法，利用 DBPs 在萃取溶剂和水相中的分配比不同而分离，常用的萃取溶剂是甲基叔丁基醚（MtBE）、正戊烷、正己烷、环己烷、乙酸乙酯等弱极性有机溶剂，LLE 主要可以富集极性较弱的、挥发或者半挥发的 DBPs，但是有机溶剂用量大。

LPME 是在 LLE 基础上发展起来的微型化 LLE 技术，主要包括单滴液相微萃取（SDME）、中空纤维液相微萃取（HF-LPME）和分散液液相微萃取（DLLME）。SDME 是将液滴悬挂在注射器针头，直接浸入样品中（或置于顶部空间）进行萃取，具有有机溶剂消耗少、成本低、环境友好等优点，但萃取液滴容易脱落。HF-LPME 以疏水性多孔中空纤维萃取来保护萃取液滴，在多孔的中空纤维腔中进行萃取。相比 SDME, HF-LPME 抗干扰能力强，且不会发生液滴的脱落，适合从复杂样品基质中萃取分析物。DLLME 是使用分散剂将萃取溶剂分散于样品溶液中，形成萃取剂-分散剂-样品溶液三相混合的状态，萃取完成后利用离心技术将萃取剂和样品分离。

SPE 也是较为常用的 DBPs 前处理方法，是利用 DBPs 和基质与固定相填料的作用力不同而分离，然后用洗脱液或热解吸法脱附 DBPs。SPE 具有富集效率高、重现性好、吸附剂材料种类广泛等优点，但成本较高。SPE 的关键是萃取柱的选取，针对水样中不同 DBPs 的物理化学性质（如亲疏水性）和离子特性（阳离子或阴离子）而选取不同的吸附材料。SPE 吸附剂种类很多，如 C_{18}、亲水-亲脂平衡（HLB）型、阳离子交换型、阴离子交换型等，最常用的固相萃取吸附剂是亲水-亲脂平衡型。

SPME 的萃取头由表面涂布一层聚合物吸附剂的纤维组成，萃取时把萃取头伸进水样或者顶空进样等，对水样或者蒸汽中的 DBPs 同时进行采样、萃取、浓缩。SPME 使得前处理过程大为简化，无需使用有机溶剂，分析时间大大缩短，且较容易实现自动化，但该方法的成本较高，微萃取吸附剂也难以重复使用。该方法已被很好地用于 THMs、HAAs、HANs 和 HNMs 的萃取。

衍生化技术则主要针对极性强、挥发性小、高沸点的 DBPs，有些 DBPs 的极性基团可能造成色谱峰的拖尾和变宽，如 HAAs。通过衍生化试剂降低其极性，使得 DBPs 更容易和水基质分离，而提高其检测的灵敏度。常用的衍生化试剂有硫酸甲醇、丙醇、2,3,4,5,6-五氟苯甲基羟基胺、2,4-二硝基苯肼等。在 US EPA 552. 3 中，使用 MtBE 作为萃取溶剂，经过酸化甲醇衍生化后结合 GC-ECD 技术检测卤乙酸。

7.2.2.2 消毒副产物的识别

DBPs 的检测主要包括靶标分析和非靶标分析。靶标分析基于已知 DBPs 的特性，常用气相色谱（GC）、气相色谱-质谱联用（GC-MS）、高效液相色谱（HPLC）、高效液相色谱-质谱联用（HPLC-MS）、毛细管电泳（CE）等识别分析。对于无机 DBPs 如卤酸盐，可用离子色谱（IC）、分光光度法等检测。当化合物成分未知时，常用非靶向技术筛查样品中的化合物种类，常用高分辨质谱仪（HRMS）主要包括飞行时间质谱（TOFMS）和四极杆-飞行时间质谱（QTOFMS）等，超高分辨质谱（UPMS）主要包括傅里叶变换离子回旋共振质谱（FT-ICR-MS）和轨道阱质谱（Orbitrap-MS）等。

（1）气相色谱

气相色谱（GC）常与电子捕获检测器（ECD）和质谱（MS）联用用于识别分析挥发性、半挥法性、分子量较小且具有热稳定性的DBPs。因ECD灵敏度高、成本低，常用于目标DBPs的定量分析，在US EPA 551.1和552.3中推荐使用GC-ECD测定THMs、HAAs、HANs、TCNM等多种DBPs。尽管ECD对DBPs具有高灵敏度，但未知DBPs或其他化合物可能会干扰目标分析物，可能出现假阳性。

因此，现在多用选择性更好的MS与GC联用识别DBPs。在DBPs的研究中，常用GC-MS包括气相色谱-四极杆质谱（GC-qMS）、气相色谱-飞行时间质谱（GC-TOFMS）等。不同的GC-MS会配有不同的离子源，针对DBPs分析主要有电子轰击离子源（EI）、化学离子源（CI）、大气压化学离子源（APCI）等，GC-MS分析中最常用的是EI，常使用标准化电离能（70eV），在该能量下电离效率高且离子碎片较为固定，便于与图书馆数据库（如NIST）进行比较，可快速与待测物质相匹配，对其进行鉴定。Carter等利用GC-EI-MS，采用选择离子扫描（SIM）模式，建立了同时针对9种HANs、9种HAMs和7种HNMs的靶标分析方法。在某些情况下，EI的电离能量强，导致大部分待测物分子形成质谱中不存在的分子离子，这使得很难完全识别这些未知分子。而CI是一种比EI更软的电离技术，通常以最小的碎片提供（伪）分子离子。Charrois等采用GC-CI-MS对8种常见NAs实现了ng/L水平的检测，方法具有良好的灵敏度和选择性。EI和CI适用于非极性、低极性、挥发性的DBPs，如THMs或HALs。APCI也属于一种软电离方式，APCI在大气压下工作，离子停留时间更长，电离更为充分，检测灵敏度更高。相比EI和CI，APCI更适合于极性更强、挥发性小的DBPs，如HNMs、HAAs或NDMA。

GC和高分辨质量分析仪相结合可以对大量的DBPs进行靶向或非靶向的分析，准确的质量能力可以增强对未知物质的结构分析。Kimura等利用GC-TOFMS建立了一种同时检测包括HANs、HNMs、I-THMs、HAMs、HALs和HKs六大类39种DBPs的定量分析方法，并通过TOFMS对待测物分子量的准确测定发现了2类新型DBPs。Nihemaiti等采用GC-QTOFMS的全扫描模式研究了间苯二酚氯胺化后产生的新型含氮DBPs，基于高分辨MS检测到的精确分子质量首次鉴定了几种新的含氮杂环DBPs。

（2）液相色谱

与GC相关方法相比，液相色谱（LC）方法非常适合分析极性、高分子量和热不稳定的DBPs。基于LC的分析通常与MS（或MS/MS）检测器联合使用。常用的色谱柱为反向色谱柱，包括C_4、C_8和C_{18}，可有效地分离非极性或低极性DBPs，如HAAs、HAMs和NDMAs。LC-MS配置的离子源主要有电喷雾离子源（ESI）和APCI，常用的离子源为ESI，ESI可以安装在qMS、TOFMS等多种质谱仪中，在DBPs研究中的应用十分广泛。ESI是一种软电离技术，适用于极性小分子，但对电离较大或非极性较大的化合物效果较差。Zhao等使用HPLC-ESI-tqMS，结合多重反应检测（MRM），对8种HBQs进行了定量测定。相较于ESI，APCI对于中等或者弱极性的物质有更好的效果，是ESI的补充。Chu等利用HPLC-APCI-tqMS建立了同时对13种HAMs的检测方法，APCI方法对于13种HAMs具有更高的选择性。

当 HPLC 和高分辨质谱仪结合，可以精确测量分子离子与碎片离子的分子质量、元素组成、卤素同位素的分布情况等，对于推测未知 DBPs 的非靶标分析很有帮助。Lu 等使用 HPLC-Orbitrap-UPMS 对酪氨酸和色氨酸在氯化过程中产生的未知 DBPs 进行分析，精确测定了碎片离子的分子质量，鉴定了多达 27 种可能生成的 DBPs 分子，推测了反应路径。Tang 等开发了一种使用 HPLC-QTOFMS 识别肽衍生 DBPs 及其前体物的高通量方法，基于前体离子排除和数据库的检索识别了数百种肽，并推测反应路径。

（3）离子色谱

IC 适用于一些极性更强甚至可以解离的 DBPs，或者一些无机 DBPs。Huang 等利用 IC-tq-Orbitrap-MS 定量分析了 9 种 HAAs，无需样品的浓缩和衍生化，并且可以进行极为灵敏的检测和非靶标分析，如卤代羧酸、氯代丙酸等物质。Roehl 等采用 IC-ESI-MS 测定了市政废水中的痕量高氯酸盐（ClO_4^-），进行准确定性定量。

（4）超高分辨质谱

HRMS 和 UPMS 能够准确测定分析物的质量，因此广泛应用于未知 DBPs 化学结构的识别中。在未知复杂的样品中，HRMS 如 TOFMS、QTOFMS 等尽管分辨率较高，但是灵敏度相对较低，这限制了其识别痕量污染物的能力。然而 UPMS 如 FT-ICR-MS、Orbitrap-MS 可以精确地分离待测物以及测量待测物的分子量，同时也兼备高灵敏度。

FT-ICR-MS 是功能最强大的 HRMS，比其他质谱仪有更高的分辨率和质量精度，分辨率可达 1000000（质荷比为 400），而一般的 TOFMS 分辨率为 60000。Zhang 等利用 FT-ICR-MS 探究了在氯气消毒过程中 NOM 的变化和相应的 DBPs 的生成，发现氧化性较低的 NOM 分子更倾向于和氯气发生反应，并且鉴定了 659 种一氯化物和 348 种二氯化物分子，这些新物质中只有 1/7 在过去曾被发现。

Orbitrap-MS 可以实现很高的质量分辨率和准确度，分辨率可达到 150000 ～ 240000，并且成本相较于 FT-ICR-MS 要低，随着离子的质荷比变大，分辨率下降也更慢。Noelia 利用 Orbitrap-MS 鉴定了几种抗癌药物的氯化产物，测到 65 种 DBPs 分子，尽管由于缺少标准物质，许多 DBPs 尚不能完全识别，但是这些分子的化学式以及碎片离子等可以扩充现有数据库。

7.2.2.3　消毒副产物的测定

（1）气相色谱法及气相色谱-质谱联用法

气相色谱已被广泛用于 THMs、HANs、HNMs、HAcAms 等挥发性和半挥发性 DBPs 的定性和定量，电子捕获检测器（ECD）和质谱检测器（MS）是 DBPs 分析的主要检测器。US EPA 551 采用 LLE-GC-ECD 检测 THMs、HANs、TCNM 等 12 种氯代 DBPs。US EPA 551.1 推荐采用 LLE-GC-MS 检测 12 种常见 DBPs。我国饮用水中 MDAA、DCAA 和 TCAA 的标准检测方法是液液萃取衍生-GC-ECD 法。US EPA 552.1、US EPA 552.2 和 US EPA 6251B 三种方法都是采用 MtBE 作萃取剂，以叠氮甲烷或酸化甲醇为酯化剂，基于溶解萃取、衍生化以及 GC/ECD 分析技术检测 HAAs。US EPA 552.3 采用甲基叔丁基醚液液萃取，加入 1,2-二溴丙烷作为内标物，酸化甲醇或叠氮甲烷衍生化后 GC-ECD 测定 HAAs。姚建花等建立顶空加盐-GC-ECD 法快速测定饮用水中 TCM、TCAN 等 11 种挥发性卤代消毒副产物，方法检出限为 0.005 ～ 0.200μg/L，回收率为 65.58% ～ 118.53%。裴赛峰等建立 LLE-GC-ECD

测定饮用水中25种消毒副产物（7种HACLs、7种HANs、7种HNMs及4种HAMs），方法线性相关系数大于0.999，方法检出限为0.008～0.088μg/L。

GC-MS将饮用水中消毒副产物通过色谱柱分离成单个组分，然后用质谱仪进行检测。通过这种方式可以发挥GC的分离能力高、定量准确以及质谱可对复杂样品中多组分定性、灵敏度高的优势。Cuthbertson等建立LLE-GC-MS法同时检测饮用水中包括4种THMs、6种I-THMs、4种HALs、9种HKs、8种HANs、7种HNMs和13种HAMs共51种DBPs，方法检出限为30～5000ng/L。汤庆会等建立SPE-GC-MS/MS法检测饮用水中9种NAs，最低检出限为0.3ng/L，回收率为72.1%～126%。裴赛峰等建立SPME-GC-MS法测定饮用水中6种卤乙腈、7种卤代硝基甲烷、5种碘代三卤甲烷，方法检出限为0.14～18.00ng/L，线性相关系数大于0.99，加标回收率为70%～121%，相对标准偏差为1%～15%。

（2）液相色谱法及液相色谱-质谱联用法

液相色谱常用于HAAs、NAs、HBQs以及部分I-DBPs等极性、高分子量、热不稳定的DBPs的定性和定量。刘艳等采用SPE-UPLC方法测定饮用水中9种痕量HAAs，结果MCAA的检出限为10.85μg/L，其他8种化合物的检出限为0.25～0.70μg/L。Chu等采用SPE-LC-tqMS法对饮用水中13种HAMs同时测定分析，该方法检测时间仅需9min，检出限为7.6～19.7ng/L。孙铭等建立SPE-UPLC-MS/MS法检测饮用水中9种*N*-亚硝胺类消毒副产物，优化条件下9种*N*-亚硝胺在一定质量浓度范围内线性关系良好，相关系数大于0.996，方法检出限为0.10～0.33ng/L，方法的回收率为62.1%～118.2%，相对标准偏差为2.2%～10.0%，分析时间为6min。张晓艺等采用将水样经尼龙滤膜针式过滤头过滤后，再经UPLC-MS/MS检测饮用水中13种NAs，方法检出限为0.003～0.010μg/L，定量限为0.01～0.03μg/L，平均加标回收率为60.0%～115.0%，相对标准偏差为1.1%～9.5%。Huang等建立超高效液相色谱-电喷雾-质谱联用技术（UPLC-CI-MS）分析饮用水中4种HBQs，用C_{18}柱在50℃条件下进行分离，方法检出限为10～20ng/L，加标回收率为46%～102%。Hu等建立SPE-HPLC-MS/MS法检测饮用水中6种I-DBPs，方法检出限为0.15～0.06μg/L，回收率为70%～110%。

（3）离子色谱法

离子色谱法主要用于HAAs和无机DBPs的测定。刘丽菁等采用IC法测定饮用水中消毒副产物二氯乙酸和三氯乙酸，其中二氯乙酸的回收率在90.5%～99.4%之间，检出限为1.22μg/L；三氯乙酸的回收率在86.5%～97.0%之间，检出限为1.90μg/L。张彦鲁等采用IonPac AS23型阴离子分离柱，以$NaHCO_3$、Na_2CO_3为淋洗液等度洗脱，建立了电导检测离子色谱法同时测定饮用水中消毒副产物氯酸盐、亚氯酸盐、溴酸盐、二氯乙酸盐和三氯乙酸盐的方法，氯酸盐、亚氯酸盐、溴酸盐、二氯乙酸盐和三氯乙酸盐的检出限分别为0.005mg/L、0.002mg/L、0.005mg/L、0.016mg/L、0.054mg/L。

7.2.3 控制方法

7.2.3.1 源头控制

源头控制是指在消毒剂投加之前通过水源保护或饮用水厂处理工艺削减水中DBPs前体物的浓度。

(1) 水源保护

水源保护主要包括三方面，分别为水源地的保护、水源地的修复以及原水预处理。水源地的保护：一是需要限制人为污染物在工业、农业以及生活中的使用，进而从根本上降低其在水环境中的含量；二是需要改善污废水厂相关工艺的处理效果，科学提高水质排放要求，并在核算饮用水水源地纳污能力的基础上采取立法措施及建设监管机制以限制人为污染物的排放（包括点源污染和面源污染）。水源地的修复主要利用前置功能区技术、生态浮岛（床）技术、人工湿地技术等技术进行生态修复，改善水源地微污染以及富营养化问题。原水预处理主要通过河岸过滤和含水层储存及回收（ASR）进行净化。河岸过滤是地表水进入地下水系统或抽水井时，河床及其周边含水层通过物理截渗和化学生物转化，减少水中污染物，改善水质的过程。ASR 是使用注水井在雨季将处理后的饮用水储存到合适的地下含水层中，然后根据需要将水抽出并重新消毒。Singer 等的研究表明，ASR 不仅可以去除饮用水中已生成的 THMs 和 HAAs，还可去除水中剩余的 THMs 和 HAAs 前体物。

(2) 前体物的去除

天然有机物（NOM）是水体中大多数 DBPs 的主要前体物，含有腐殖质、羧酸、氨基酸、蛋白质和碳水化合物等。除 NOM 外，藻类有机物（AOM）和微污染物在消毒过程中促进 DBPs 的形成。因此，为了最大限度地减少 DBPs 的形成，加强 DBPs 前体物的去除十分重要。目前，对于 DBPs 前体物的去除主要有常规工艺、强化常规工艺以及预处理和深度处理工艺。

常规工艺混凝-沉淀-砂滤对溶解性有机碳（DOC）的去除率高于对溶解性有机氮（DON）的去除率，对于 C-DBPs 前体物的去除效果优于 N-DBPs。这主要是因为不同的 DBPs 对应前体物的性质不一样，对于 C-DBPs，其前体物一般为疏水性、具有芳香结构的大分子物质；对于 N-DBPs，其前体物则一般为亲水性、富含氮元素的小分子物质，主要为水体中的溶解性有机氮（DON）。有研究显示，常规工艺对 DOC 和 DON 的平均去除率分别为 47% 和 31%，因此常规工艺对于 DBPs 的控制很有限。

强化混凝工艺可有效提高 DOC 和 DON 的去除率以及对 DBPs 前体物的控制效果。Tongchang 等考察了粉末活性炭强化混凝（聚合氯化铝）对 DOC 和 DON 去除率的影响，结果表明，粉末活性炭强化混凝过程对 DOC 和 DON 的去除率分别可达 85% 和 71%，其中 DOC 去除率相较于非强化混凝工艺平均提升了 30%。为克服天然和无机混凝剂的局限性，越来越多新的无机混凝剂被应用于水处理，常用的有机混凝剂有聚丙烯酰胺（阴离子型和阳离子型）、二甲胺和聚二烯丙基二甲基氯化铵等。然而，研究发现，聚丙烯酰胺的存在促进了 THMs、HAcAms 和 HANs 的形成。

吸附是去除多种污染物的有效技术之一，常用吸附剂为活性炭，分为颗粒活性炭（GAC）和粉末活性炭（PAC）。GAC 通常用于水处理厂过滤 / 沉淀和消毒单元之间，PAC 用于应急时投加。GAC 可以有效去除 THMs 和 HAAs 的前体物，但不能有效控制 N-DBPs 的前体物和 DON。另外研究显示，GAC 不能吸附水中溴离子，这会导致高毒性的溴代 DBPs 增多。

预氧化是降解水中一些还原性大分子化合物的常用技术。高级氧化工艺（AOPs），由于其具有反应速度快、氧化能力强且无选择性等优点近几年来在控制 DBPs 前体物方面受到了广泛关注。AOPs 会改变 DBPs 前体物的性质，当水中原有的 DOM 与消毒剂的反应活性较低时，高级氧化工艺可能会导致后续消毒过程中生成的 DBPs 增多；而当水中原有的溶解性有机物与消毒剂的反应活性较高时，其与自由基的反应产物可能在消毒时生成更少的DBPs。高铁酸铁（Ⅵ）、臭氧（O_3）、过硫酸盐、高锰酸盐和高级氧化工艺（如UV/H_2O_2、UV/过硫酸盐）等通常用于水处理过程中，以去除DBPs的前体物。Jiang等考察了臭氧和高铁酸盐处理对后续氯/氯胺消毒生成DBPs的影响，结果表明，在该实验条件下两种预氧化处理均可控制THMs、HAAs以及HANs的生成，但预臭氧会导致HKs和HNMs的浓度增加，而高铁酸盐预氧化则可能会导致碘代DBPs的浓度升高。臭氧作为一种强氧化剂，可以将NOM中大分子物质转换为小分子物质，进而实现部分DBPs前体物的去除，降低DBPs的形成潜力。另外，臭氧可以与多种强氧化剂组合（ClO_2、Cl_2、H_2O_2、UV等）以控制DBPs的生成。研究显示，相比单独的臭氧，O_3/H_2O_2、O_3/UV、UV/O_3等组合工艺可更有效地氧化NOM，减少DBPs的生成。而当自由基的投加量足够致使体系发生矿化反应时，此时原有溶解性有机物的性质不会影响实验结果，AOPs工艺可实现对有机DBPs的控制效果，但会导致产生更多无机DBPs。Ding等研究了UV/H_2O_2氧化后不同消毒方法对DBPs生成的影响，经UV/H_2O_2处理后水中DON浓度可降低70%左右，经氯或氯胺消毒后HANs、HNMs去除率最高可达83.6%和87.3%。

由于环境水体中的污染情况相当复杂，通常单一的技术难以完全去除DBPs前体物，需要多种工艺组合。Wang等研究发现，混凝和超滤（UF）组合对DOC的去除率从20%提高到59%，与单独的UF和混凝相比，DBPs形成潜力分别降低了30.8%、16.9%。Chu等在混凝-沉淀-过滤之前添加高锰酸盐预氧化和粉末活性炭吸附处理工艺，结果发现DOC的去除率从52.9%提高到69.5%，DON的去除率从31.6%提高到61.3%，NH_3-N的去除率从71.3%提高到92.5%，藻类的去除率从83.6%提高到97.5%，有效控制了DBPs的前体物。

7.2.3.2 过程控制

过程控制是通过改变消毒方式及优化消毒工艺等方式来减少DBPs的生成或改变DBPs的生成种类。在实际应用中，应根据原水水质、主要前驱物、处理效果等条件选择合适的消毒方式以及合适的消毒组合工艺，保证饮用水水质安全。

（1）改变消毒方式

氯消毒是目前使用最广泛的饮用水消毒技术，但为满足水质标准，越来越多水厂开始使用其他消毒方式，包括使用氯胺、紫外光（UV）、O_3或ClO_2等替代消毒剂，或采用组合消毒方式，如O_3/氯、O_3/氯胺、UV/氯和UV/氯胺等。氯胺的反应性比氯低，因此氯胺化过程中产生的DBPs更少。Ding等对比了乙酰氨基酚氯化过程和氯胺化过程中DBPs的生成情况，研究发现在氯胺化过程中TCM、DCAN、DCAM、TCAM的产率分别为0.004%、0.005%、0.39%、0.035%，低于氯化过程的2.25%、0.54%、0.63%、0.2%。Krasner等研究发现，当O_3与氯或氯胺联合使用时，尽管预臭氧可去除一些DBPs的前体物（如NDMA前体物及碘离子等），但会导致后续氯/氯胺消毒时生成更高浓度的HALs及HNMs。在通过改变消毒方式以控制DBPs时，消毒剂的消毒效果也是应纳入考虑的关键因素。在各类替代消毒剂中，氯胺的氧化消毒能力较弱，而UV和O_3不能在管网中产生持续消毒效果。

（2）优化消毒工艺

优化消毒工艺是指根据水源和出厂水的实际情况，在保证消毒杀菌的前提下，通过优化消毒条件（如 pH 值和温度）及消毒剂的投加位置和投加方式等降低 DBPs 的生成种类和生成浓度。

有研究显示，通过调控水质 pH 值可以改变 DBPs 的生成潜能。在氯化过程中，pH 值的增加会促进 THMs 的生成，但三卤代 HAAs 浓度会随 pH 值的增加而降低；在碱性条件下有利于 HALs、HANs 和 HAMs 等 DBPs 进行水解反应。另外，在通过调节 pH 值和水温以控制 DBPs 的同时，需关注人为调控 pH 值或水温带来的能耗问题，此外出厂水的 pH 值及水温还会影响管网中的管材腐蚀及微生物生长情况。

就消毒剂的投加位置而言，Li 等发现在总氯量使用相同的情况下，污水出水消毒中的两步氯化和三步氯化后 DBPs 生成量较常规一步氯化后 DBPs 的生成量分别减少了 16.7% 和 23.4%。考虑到 GAC 对芳香型卤代有机物的吸附效果优于其对 NOM 的吸附效果，Jiang 等提出了一种新型的 DBPs 控制方法，通过置换 GAC 工艺与消毒工艺的位置，利用 GAC 的吸附作用去除一些氯化产生的芳香型卤代 DBPs，从而控制出水中 DBPs 浓度。考虑到该新型方法里 GAC 可将余氯耗尽，研究者在 GAC 出水中加入了消毒剂以保证余氯浓度，结果显示此时出水中卤代 DBPs 浓度和出水的发育毒性均低于传统方法。

在消毒剂投加方式方面，天然水体中存在多类耗氯物质，为保障自由氯的消毒效果，折点加氯工艺由此应运而生，多位研究者提出折点加氯对 DBPs 的影响不可忽视。纪瑶瑶等采用游离氯转氯胺消毒的顺序氯化消毒工艺处理微污染原水，研究反应时间、加氨转化时间、氨氮质量比和 pH 值对处理效果的影响，结果显示，在加氨转化时间为 30min、氯氮质量比为（5∶1）～（3∶1）、与消毒剂接触 24h 后，DCAN、TCNM 和 1,1,1-三氯丙酮的生成量分别减少了 72.08%、70.37% 和 82.61%。

7.2.3.3 末端控制

末端控制则是利用物理或化学方法去除一系列已生成的 DBPs。其中物理法主要包括加热法、膜滤法、吸附法等；化学法主要有氧化法、还原法。

（1）物理法

煮沸是降低饮用水中 DBPs 水平最简单的方法之一。在水的加热过程中，挥发性 DBPs 的浓度会因挥发作用而降低，而其他部分难挥发的 DBPs 也可通过水解或脱羧等反应被去除。研究显示，烧水可有效控制 THMs、HALs、HANs、HNMs 和 TOX，但加热过程中氯消毒饮用水中会持续生成 MCAA 和 DCAA，可能导致 HAAs 总浓度升高。

膜滤法可以有效截留部分污染物。反渗透（RO）、超滤（UF）和纳滤（NF）已被广泛用于去除水中痕量 DBPs。膜滤也是家庭净水处理中常见的一类工艺，其可通过尺寸筛分原理去除饮用水中的微生物。现如今，市面上家用净水器的处理工艺通常为前置三级滤芯作为预处理，随后连接膜滤装置进行深度处理。由于大多数已被识别的 DBPs 分子量较小（$< 0.5\times10^3$），UF、NF 以及 RO 可通过尺寸筛分及电荷排斥等机制去除一系列 DBPs。

吸附法不仅可用于控制 DBPs 前体物，而且用于直接去除 DBPs。活性炭已被证明可去除多种 DBPs，且对某些 DBPs 的去除率可高达 100%。Leuesque 等考察了活性炭家用净水装置对龙头水中 THMs 及 HAAs 的去除效果，结果发现对 THMs、HAAs 的去除率分别为 90%、70%。一些新材料（如纳米复合材料）也被证实可有效去除 DBPs。由于零价铁的比表面积大、表面反应性强且价格低廉，因此被广泛用于去除水中的多种污染物，如氯代烃、硝基苯、氯化苯酚、多氯联苯、重金属和阴离子。Xiao 等开发了零价铁 / 活性炭纳米复合材料（nZVI/AC），可通过协同作用去除 90% 的 THMs。石墨烯因其巨大的表面积而被视为负载无机纳米粒子的理想载体材料，Chen 等发现石墨烯 /FeO 纳米复合材料（G-nZVI）可以去除几乎 100% 的 TCNM。

（2）化学法

去除 DBPs 的氧化法主要有超声（US）和 AOPs。US 是利用空化气泡在破裂时产生的高温高压使水离解，随即产生的具有强氧化性的 • OH 可用于降解污染物。目前 US 对 DBPs 的研究主要集中于 THMs，由于 US 工艺噪声较大且能耗较高，在用于实际生产时可行性较低。研究显示，包括 UV/H_2O_2、UV/PS 和 UV/O_3 等 AOPs 对 DBPs 具有较好的去除效果。在利用这些基于 UV 的 AOPs 处理 DBPs 时，一方面 UV 可直接光解某些 DBPs，另一方面会发生•OH 或 $SO_4^{-}\cdot$主导的氧化反应（如使 C—Cl 或 C—C 键断裂）以及过氧离子的亲核攻击（如使氰基转变为酰胺基团）等过程。但 AOPs 处理会引入新的药剂，可能造成二次污染。

去除 DBPs 的还原法主要有零价铁（ZVI）及其衍生材料和工艺、亚硫酸盐处理、高级还原工艺（ARPs）等。近年来，零价铁对 DBPs 的还原降解作用受到了学者们的广泛关注。韩莹等探究了 CuO 催化 ZVI 对水中 *N*-亚硝基二甲胺（NDMA）的去除效果，研究发现反应 18h 后 NDMA 基本被去除。亚硫酸盐具有较强的还原能力，可使水中的 DBPs 发生还原脱卤反应。已有研究证明，亚硫酸盐可以还原 HANs、HNMs 和 HAMs 等 DBPs，但亚硫酸盐可能被氧化为硫酸盐，而当存在较高浓度硫酸盐时可能会导致饮用水产生明显的味道，甚至可能会腐蚀配水系统。ARPs 是利用 UV 活化还原性物质（亚硫酸盐和连二亚硫酸盐等），进而生成一系列还原性自由基用以降解污染物，常见的还原性自由基主要包括水合电子（e_{aq}^{-}）、氢原子（H）和亚硫酸根自由基（$SO_3^{-}\cdot$）等。研究证实，利用 ARPs 可以有效地处理饮用水中的卤代 DBPs，包括有机 DBPs（如 HAMs）和无机 DBPs（如溴酸盐）。

7.3 嗅味物质

7.3.1 来源及污染特征

嗅味物质是指人体的感觉器官（鼻、口和舌）所感知的令人讨厌或异常的气味。嗅味物质不但大大降低了饮用水的感官品质，对人的身体健康也产生了一定的影响。通常情况下，水中的嗅味物质具有极低的嗅味阈值，如土臭素（GSM）、二甲基异莰醇（2-MIB）的嗅阈值为 10ng/L，三氯苯甲醚类（TCAs）嗅阈值更为苛刻，低至 0.03ng/L，这意味着微量的嗅味物质即可导致水体呈现出明显的异味。除嗅阈值低外，嗅味物质还具有生物降解性差、脂溶性强等特点，易通过食物链等方式富集在生物体内。有研究报道，TCAs 致嗅物质对人类及水环境中的生物体具有一定的毒性效应（如生殖毒性、神经毒性、遗传毒性等），当其富集浓度达到一定程度时便会对人体健康及生物的生存造成严重威胁。

根据有关文献报道，嗅味物质在水中的浓度分布受季节影响较大，如 TCAs，夏季检出浓度较高，最高为 62.58ng/L，冬季检出浓度较低，最低为 7.47ng/L。从对我国 40 个重点城市 140 个水厂的嗅味物质调研结果来看，珠江、太湖、辽河、黄河、海河、巢湖等流域均存在不同程度的嗅味超标现象。水环境中嗅味化合物的存在，显著降低了水的饮用品质，严重时则导致饮用水用户投诉等事件。我国新颁布的《生活饮用水卫生标准》（GB 5749—2022）已把嗅味物质列入生活饮用水水质扩展指标，限值浓度为 0.00001mg/L。因此，水中嗅味物质污染的识别及如何采取应对措施的问题亟待解决。

嗅味物质产生的途径很多，从目前研究结果来看主要有水源、水厂工艺处理及管网水输配过程三个。水源阶段嗅味物质的产生主要有自然因素和人为因素。自然因素主要包括矿物质的溶解，水体中生物如藻类、放线菌等的代谢。人为因素主要是人类对大自然的活动导致的嗅味物质的产生，如化工企业等单位废水不经过处理直接排放，废水中含有的无机物、有机物及重金属等，无机硫化物存在于底泥会释放出难闻的臭鸡蛋气味，这些都对水环境造成了严重的伤害。水厂工艺处理阶段嗅味物质的产生途径主要包括处理工艺使用的水处理药剂及生成的消毒副产物等。管网水输配过程嗅味物质的产生途径主要有配水管材的使用、输配过程中的化学二次反应、外来污染的侵入等。嗅味物质的产生来源途径见图 7-11。

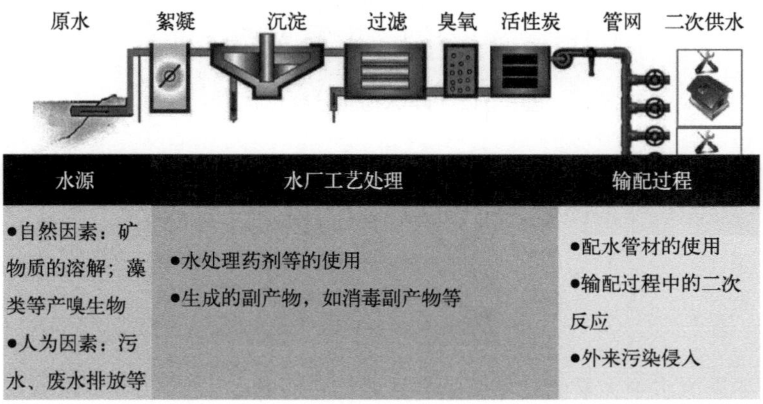

图 7-11 嗅味物质的产生来源途径

嗅味物质种类繁多，按照人的感官所体现出来的气味，一般可分为化学品味、土霉味、氯味、草味、腥臭味、芳香味、鱼腥味、药味等，每种气味又包含多种嗅味物质种类，嗅味轮状图见图 7-12。

土霉味是最广泛存在于饮用水中的一种嗅味，其致嗅味物质主要包括 GSM、2-MIB、2-异丙基-3-甲氧基吡嗪（IPMP）、2-异丁基-3-甲氧基吡嗪（IBMP）、2,4,6-三氯苯甲醚（2,4,6-TCA）等。这些嗅味物质的嗅阈值（OTC）极低，均为 ng 级，其中最常见的是 GSM 和 2-MIB，其在自然水体和饮用水中广泛存在，是从地表水获得的饮用水中主要的引起味道和气味的化合物，也是目前研究相对较多的土霉味物质。地表水中的 GSM 和 2-MIB 主要来自某些类型的蓝细菌的代谢和生物降解，这些蓝细菌通常在温度较高和充足营养物质存在下会大量繁殖。GSM 和 2-MIB 均属于萜类化合物，具有饱和环叔醇类结构，其化学结构式分别见图 7-13 和图 7-14。GSM 和 2-MIB 分别在 4 ～ 10ng/L 和 9 ～ 42ng/L 时，就可产生强烈的气味。

鱼腥味是由藻类生长代谢和衰亡腐败引起的，研究发现蓝藻、硅藻、金藻、甲藻、隐藻等能生成醛类和胺类等鱼腥味物质。鱼腥味物质的 OTC 值较低，在 μg/L 的量级便能产生嗅味。近年来对黄河沿岸城市进行的水质监测表明，庚醛、辛烯醛、癸二烯醛、庚二烯醛等是冬季原水中出现鱼腥味问题的嗅味物质。我国部分地区的春秋季节饮用水中会出现鱼腥味，

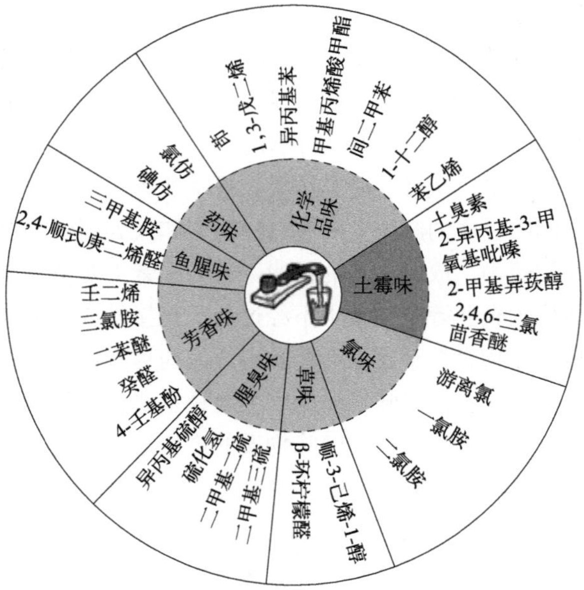

图 7-12　嗅味物质分类轮状图

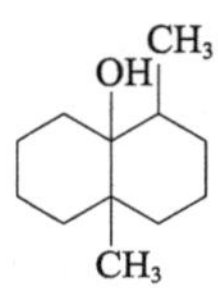

图 7-13　GSM 化学结构式

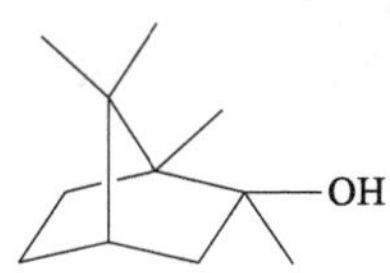

图 7-14　2-MIB 化学结构式

台湾南部地区冬季原水中大量的硅藻繁殖导致明显鱼腥味。

腥臭味是由含硫化合物引起的。由于含硫化合物具有低 OTC，所以其散发的腥臭味容易被察觉。常见的含硫化合物主要包括甲硫醇、二甲基硫（DMS）、二甲基二硫（DMDS）、二甲基三硫（DMTS）及其他二甲基多硫化合物等。这些含硫物质主要是微生物厌氧代谢的产物，可以促使腥臭味嗅味问题的产生。2007 年的无锡自来水危机事件和清华大学研究团队在广东东莞运河排洪期间的水源中均检测出了硫醇、硫醚类腐败味嗅味物质，导致了嗅味问题的发生。

化学品味、药味在环境中广泛存在，主要是由人类生产生活排放的生活污水和工业废水以各种方式进入天然水体后导致的。3-甲基酚（3-MP）、2,6-二氯苯酚（2,6-DCP）、吲哚（indole）、3-甲基吲哚（3-MI）、苯甲醛（BA）、乙苯（EB）和 2,4,6-TCA 等是常见的化学类嗅味物质。此外，一些水体突发性环境污染事故也是导致化学类嗅味事件的原因之一，其中的主要污染物是有毒有害的化学品和油类化合物等。

嗅味物质的芳香味主要包括水果、蔬菜、调料气味和令人讨厌的味道，如大蒜味等。这些嗅味物质主要由有色鞭毛藻和硅藻产生。

氯味是由于水厂工艺中投加过量的氯及氯代物产生的。主要由于很多领域在水处理过程中会采用次氯酸钠进行消毒，当次氯酸钠投加量过大时，会产生刺激性气味以及消毒副产物的生成，对人体产生负面作用。

具有草味、果香味等嗅味的物质一般包括 β-环柠檬醛、β-紫罗兰酮等，为藻类细胞中类胡萝卜素的降解产物。当水体中 β-环柠檬醛的浓度不同时，感官嗅觉会有很大差异，当其浓度小于 1μg/L 时为鲜草味，浓度值介于 2 ～ 20μg/L 时为干草木味，浓度值大于 20μg/L 时则为类烟草味。与 β-环柠檬醛相比，β-紫罗兰酮产生嗅味的阈值较低，仅为 7ng/L，文献显示β-紫罗兰酮的产生与浮游颤藻密切相关。

据《2017 年中国生态环境状况公报》，我国地表水总体呈现轻度污染，部分城市河段污染较重。长江、黄河、珠江等十大流域的 1617 个国考断面中，Ⅰ～Ⅲ类、Ⅳ～Ⅴ类和劣Ⅴ类水质断面比例分别为 71.8%，19.8%，8.4%；而在被监测营养状态的 112 个湖泊水库中，处于富营养状态的湖泊水库占 29.5%，其中轻度富营养和中度富营养的比例分别为 25.9% 和 3.6%。富营养化水体中，藻类生长繁殖严重，分泌释放异嗅异味物质，使饮用水藻源异嗅问题频繁暴发。在珠江三角洲地区的湖库水体中，各地级市湖库的嗅味物质平均浓度在 22.78 ～ 58.82ng/L 之间，其中 2-MIB、GSM 和 2,4,6-三氯苯甲醚是主要的嗅味物质，占嗅味物质总浓度的 80.18% ～ 100%。在太湖西岸近岸带区域的沉积物中二甲基二硫醚浓度最高达到 262.25ng/g，二甲基三硫醚浓度最高达到 50.90ng/g。其原因是藻类大量聚集死亡，沉积至湖泊底部，与黑臭底泥接触，产生硫醚类嗅味物质。

目前嗅味的污染已经遍布国内外，引起了世界范围内的广泛关注。近年来，许多科研机构对我国一些湖泊水体异味问题进行了大量的调查研究，发现几乎各大湖泊都存在嗅味问题：我国武汉东湖水体中 2-MIB 有时可高达 317ng/L，巢湖作为合肥市饮用水的主要水源之一，每年 6 ～ 10 月藻类遍布全湖，严重时湖面水藻厚度可达 15cm，藻类腐烂时产生的 GSM 和 2-MIB 是平时的几十倍。绥芬河市第一净水厂的原水来自天长山水库，由于自然污染，水库水产生了严重嗅味，并随水温升高而加重，到了每年的 7 ～ 8 月，GSM 的浓度能达到 100ng/L，即使经过水厂常规工艺处理后，烧开的水也依然无法饮用。金门地区荣湖水库和太湖水库中的 2-MIB 高达 135ng/L，即使经过某些现代工艺的处理后，依然高于国家规定的控制指标。除此之外，太湖、巢湖、滇池等的嗅味问题也不容小视。而在国外，日本的霞浦湖经过实地检测分析，GSM 高达 90ng/L，2-MIB 为 560ng/L，不良嗅味致使居民大量投诉，引起日本政府的高度重视。挪威的 Mjosa 湖因颤藻“水华”产生的 2-MIB，影响了 20 万居民的供水。加拿大 Laval 市的两个主要水厂的水源水因接纳了大量的致嗅物质（苯酚、氯胺、GSM、2-MIB、烃类）导致城市供水系统近乎瘫痪。

GSM 和 2-MIB 所引发的嗅味问题几乎遍及全世界，目前已发现有 22 种放线菌、15 种蓝藻、2 种真菌、1 种黏液性细菌能生成 GSM，甚至在含有土霉味的鱼肉中也能检测到 GSM，其在鱼肉中的嗅阈值为 0.6g/100g 鱼肉；2-MIB 由 16 种放线菌、几种链霉菌、4 种蓝藻产生，经过提纯发现它是一种白色的固体结晶。

GSM 和 2-MIB 在自然界的状态十分复杂。在水体环境中，嗅味的产率不但与微生物的数目有关，还受多种自然因素的影响。例如，在湖水的好氧温水层，土臭素的浓度仅为 50ng/L，但到了湖底的缺氧层其浓度却能高达 950ng/L。除此之外，光照、离子强度、流速等都会影响水中嗅味的产率。现在虽然有很多专家在实验条件下模拟自然环境的影响因素，但实验结果与自然界中的现象相差巨大，所以自然因素对嗅味产率的具体影响目前还没有统一的定论，需要进一步的研究和证实。

嗅味问题的特征及嗅味物质的浓度随季节变化而有不同。气温的升高有利于藻类的繁殖，藻类生长旺盛时期，2-MIB 和 GSM 的含量相应升高，使湖库出现土霉味嗅味问题。在低温时，鱼腥味嗅味问题经常发生。台湾省南部地区秋冬时饮用水中会出现鱼腥味，其中冬季水源水中鱼腥味 FPA 强度甚至高达 12（无法忍受的程度），主要是因为冬季水库中大量的硅藻繁殖所导致。鱼腥味嗅味污染事件在我国北方某些水库冬季低温时期也时有发生，2011 年内蒙古金海水库鱼腥味事件主要是由于锥囊藻的生长引起的，统计分析结果发现 2,4-庚二烯醛可能是其重要的代谢产物。

近年来，硫醚类嗅味物质在许多重要水体中被频繁检出，导致水体中出现强烈的恶臭，是腐臭味沼泽味的主要贡献者。例如，我国 2007 年太湖藻类暴发导致水体出现严重的恶臭味，是由硫醚类嗅味物质包括 DMDS、DMTS 等引起的，这些典型的硫醚类嗅味物质存在广泛，在多种水源中均有检出。根据一项全国性调查，我国约有 80% 的水源出现了嗅味物质导致的嗅味问题，其中以霉味土腥味和沼气腐臭味为主。硫醚已经成为导致我国水源发生嗅味事件的主要嗅味物质，在我国多个重要城市的原水中硫醚类嗅味物质引起的腐臭味沼泽味嗅味事件发生概率高达 42.3%，其最大检出浓度达到 60.9ng/L。硫醚类嗅味物质主要分布在我国东部沿海地区与南方地区的水源中，其贡献的嗅味强度显著，但是在我国东北等气温较低不利于藻类存活的地区，仍然发生了硫醚类嗅味物质引起的腐臭味沼泽味嗅味事件。在英格兰西北部的 Dee 河和西澳大利亚的 Perth 地区也检出了 DMDS 和 DMTS 等硫醚类嗅味物质，导致这些地区地下水水源呈现强烈的腐臭味沼泽味。随着气味识别和检测手段的不断发展，越来越多的硫醚类嗅味物质被列为潜在的腐臭味沼泽味致嗅物，例如异丙基硫醚、丁基硫醚、丁基二硫醚、二戊基二硫醚。特别是一些 DAS、DPS、DEDS 已经在天然水体被发现。此外，大量的证据表明在氧化和缺氧条件下生物和非生物过程都为硫醚类嗅味物质的释放提供了稳定的来源，其中包括硫醇的生物甲基化和聚合，硫醚类嗅味物质具有稳定的生物来源而导致其成为水厂需要长期应对的问题之一。随着由硫醚类嗅味物质引起的致嗅事件报道越来越多，硫醚类嗅味物质对世界各地的饮用水的质量产生了严重影响。当饮用水中出现难闻的气味时，水厂会因此收到大量投诉。硫醚类嗅味物质带来的感官刺激较为强烈，它相比 2-MIB 等土霉味嗅味物质引起的嗅味更令人讨厌和难以忍受。

对我国 31 个城市 98 个水厂原水及出厂水中 95 种嗅味物质的调研显示，有 75 种嗅味可被检测到，且原水中有 30 种嗅味物质的检出频率达到 30% 以上，19 种嗅味物质的检出频率在 50% 以上。在湖库型水库原水中，66 种嗅味物质被检测到且 22 种被经常检测到。在河流型水库原水中，67 种嗅味物质被检测到且 17 种嗅味物质被经常检测到。原水中检测到了 7 种醛类嗅味，其中以六醛、苯甲醛和壬醛为主（n.d. ～ 351ng/L，检出频率 > 40%）（n.d. 表示为未检测到），湖泊 / 水库水源水样本相对于河流水样本的浓度更高。另外，原水中检出了 8 种硫醚类嗅味物质，以二甲基二硫醚和二甲基三硫醚为主。二甲基二硫醚浓度为 n.d. ～ 714ng/L，检测频率为 86%；二甲基三硫醚浓度为 n.d. ～ 84.4ng/L，检测频率为 60%。原水中同时存在溶解性丙基醚，最高浓度为 27.2ng/L，检测频率约为 2.1%。麝香香料的检出频率较低，佳乐麝香浓度为 n.d. ～ 84.1ng/L，检出频率为 47%。麝香香料是一种常见的个人护理品添加剂，如肥皂、除臭剂和洗涤剂等均有添加。水中酚类化合物含量最高，其中以辛酚、对甲酚、邻硝基苯酚、2,6-二甲基苯酚和 2-氯苯酚为主（>20%），浓度范围为 n.d. ～ 545ng/L。酚类化合物作为一类化合物，广泛应用于家用产品和工业合成塑料、农药、杀虫剂和石油的中间体。氯酚和溴酚类化合物通常被描述为具有药品 / 酚类气味，一般在饮用水氯化过程中生成。还检测到包括吲哚、吡嗪和噻唑等含氮类的嗅味，吡嗪类嗅味物质的浓度为 n.d. ～ 62.2ng/L，吲哚类嗅味物质的浓度为 n.d. ～ 1025ng/L，检出频率为 21%。湖库型原水中吲哚类嗅味物质的平均浓度为 31.9ng/L，河流型原水中吲哚类嗅味物质的平均浓度为 1.2ng/L。吲哚物质与自然水体中的腐臭有密切关系，在无锡市 2007 年的饮用水腐臭事件中，吲哚和甲基吲哚被确定为腐臭的重要贡献者，其浓度范围为 μg/L ～ mg/L 级之间。在萜类和萜类化合物中，土霉味化合物 2-MIB 的检测浓度较高（n.d. ～ 251ng/L），湖泊 / 水库水源水中检测频率为 72%（n.d. ～ 148ng/L）。土臭素检测浓度＜ 11ng/L，检测频率＞ 50%。2-MIB 和 GSM 是由蓝细菌和放线菌产生的，其对饮用水中土霉素的贡献已被广泛报道。β-环柠檬醛在原水中平均浓度为 7.2ng/L，检测频率小于 40%。在微囊藻暴发和藻细胞破裂过程中，β-环柠檬醛被释放出来。1,8-桉叶油具有桉树樟脑的味道，浓度为 n.d. ～ 23.1ng/L，检测频率为 42%，其他萜类化合物检出率均低于 30%。同时水中也检测到了化学品类嗅味物质，包括 1,4-二氧五环、1,3-二氧五环、2-甲基-1,3-二氧五环（2MDL）、2-乙基-4-甲基-1,3-二氧五环、2-乙基-5,5-二甲基-1,3-二氧六环（2EDD）。其中，1,4-二氧六环、2-甲基-1,3-二氧五环（2MDL）、2-乙基-4-甲基-1,3-二氧五环检测频率最高，分别为 81%、22% 和 12%。虽然 2-乙基-5,5-二甲基-1,3-二氧六环是水中最常见的恶臭二噁烷，但其被检测到的频率较小。这些环状缩醛的浓度在河流型水源中相对较高，它们可能是树脂生产过程中的副产物，也曾发生过几次饮用水嗅味事件。检测到的化学 / 化粪池气味剂双（2-氯-1-甲基乙基）乙醚（DCIP）的平均浓度为 35.8ng/L，在原水中的检测频率是 42%，在河流型水源中的最大浓度是 1280ng/L。因 DCIP 是生产环氧丙烷和环氧氯丙烷的萃取剂，因此其常常在工业废水和河流中被检测到。几种苯环类的嗅味物质，包括乙苯、对二甲苯、1,4-二氯苯、林丹、联苯和 1-甲基萘也被检测到，浓度数量级为 ng/L。

7.3.2 筛检技术

7.3.2.1 前处理富集技术

（1）液液萃取

液液萃取是指两个完全不互溶或部分互溶的液相接触后，一个液相中的溶质经过物理或化学变化作用于另一个液相，或在两项中重新分配的过程。

由于嗅味物质一般是有机小分子物质，其在有机物中的溶解度远大于在水中的溶解度，通过嗅味物质在水中和在有机物中的溶解度不同，可用有机物将嗅味物质从水相萃取到有机相，这个过程就是液液萃取。通过液液萃取富集嗅味物质的一般方法是：移取一定体积的水溶液，加入氯化钠固体溶解以降低其在水中的溶解度，加入有机相，振荡萃取一定时间，等富集物质在两相中溶解平衡后，静置使两相分层，取有机相进行检测。

安娜等在做 IPMP 和 IBMP 的活性炭吸附实验时，取待测液 5mL，加入 0.02g 氯化钠溶解后，加入 1mL 正己烷作为萃取剂，振荡萃取 4min 后静置 4min，取上层正己烷溶液 1μL 进行测样。

液液萃取的优点是原理简单、操作方便。缺点是液液萃取步骤较多，且嗅味物质容易挥发，采用液液萃取对嗅味物质进行富集容易造成嗅味物质的损失。另外，液液萃取的物质浓度要求比较大，ng/L 级的浓度对于液液萃取来说太小，检出限达不到要求，可重复性也不高。

（2）顶空前处理

顶空进样原理就是将待测样品置入一密闭的容器中，通过加热升温使挥发性组分从样品基体中挥发出来，在气液（或气固）两相中达到平衡，直接抽取顶部气体进行色谱分析，从而检验样品中挥发性组分的成分和含量。

Jing Sun 等采用顶空前处理方法测定了水中的挥发性有机硫化嗅味物质甲硫醇、二甲基硫醚和二甲基二硫醚，标线范围为 0.5 ～ 500μg/L，线性系数均＞ 0.99，方法检出限分别为 0.08μg/L、0.12μg/L、0.21μg/L，方法精密度（RSD）为 2%，三种物质的加标回收率分别为 83%±4%，103%±4% 和 102%±3%。Feng 等采用顶空前处理方法测定了水中的挥发性有机硫化嗅味物质，对顶空条件（样品体积、离子浓度、振荡频率、顶空时间和温度）进行了优化，检出限和方法测定下限分别为 0.02 ～ 0.2μg/L 和 0.06 ～ 0.5μg/L，方法精密度（RSD）范围为 2.1%～ 6.5%，回收率范围为 90.0% ～ 114.0%，此方法可以用于原水、出厂水及管网水中硫化嗅味物质的检测，并用于实际样品分析。

使用顶空进样技术可以免除冗长烦琐的样品前处理过程，避免有机溶剂对分析造成的干扰、减少对色谱柱及进样口的污染。作为一种分析方法，顶空分析首先简单，它只取气体部分进行分析，大大减少了样品本身可能对分析的干扰或污染。其次，可以汽化后进样，顶空分析有不同模式，可以通过优化操作参数而适合于各种样品。再次，顶空分析的灵敏度能够满足法规的要求。最后，顶空进样可相对地减少用于溶解样品的沸点较高的溶剂的进样量，缩短分析时间，但对溶剂的纯度要求较高，尤其不能含有低沸点的杂质，否则会严重干扰测定。

（3）吹扫捕集

吹扫捕集是富集水中易挥发有机物常用的方法之一。其原理是向待测水样中不断通入惰性气体，吹脱出水样中的有机物，带到吸附剂或者冷凝瓶中富集，然后进行热解析脱附进入检测系统。

刘成等利用吹扫捕集方法对 2 个采样点的水样进行富集分析，并对河道黑臭源中有机物进行了富集和解析，选出典型的黑臭特征污染物为甲硫醚、二甲基二硫醚和甲基丙基二硫醚。刘波等采用吹扫捕集方法富集并测定了饮用水中的 30 种硫醚类嗅味物质，检出限达到了 0.01 ～ 0.03μg/L。朱帅等采用吹扫捕集预处理测定了水中的 2-MIB、GSM、2,4,6-三氯苯甲醚、β-环柠檬醛、2-异丙基-3-甲氧基吡嗪、2-异丁基-3-甲氧基吡嗪、β-紫罗兰酮和二甲基三硫醚 8 种典型嗅味物质，确定的最佳测定嗅味物质的条件为：样品中加入 NaCl 的质量浓度为 120g/L、样品吹扫温度为 40℃、吹扫时间为 20min、解析时间为 2min 和解析温度为 250 ℃ 等。方法检出限可以达到 0.4 ～ 1.7ng/L。

吹扫捕集与液液萃取相比最大的特点就是不需要使用有机溶剂，不会对环境造成二次污染，且需要的水样少，利于在线检测。但是，吹扫捕集需要在检测仪器上额外增加吹扫捕集装置，另外在用惰性气体对水样中的有机物进行吹脱的同时也会将水蒸气带出来，给检测仪器如非极性色谱柱带来损伤。

（4）固相微萃取

顶空固相微萃取是利用含有选择性吸附的纤维的萃取头固定在萃取水样的上空，通过吸附水样上空气相中的嗅味物质来进行富集，将富集后的萃取头插入进样口进行高温解析直接检测的方法，如图 7-15 所示。顶空固相微萃取的一般步骤是：向一定体积的水样中加入氯化钠后置于一定温度进行水浴，将萃取头固定于水浴中的水样上方进行顶空萃取，一定时间后取下萃取头，插入进行解析测样。

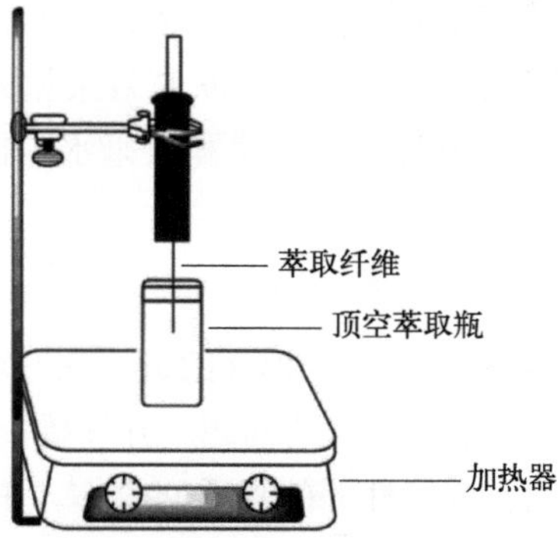

图 7-15　固相微萃取示意图

毛敏敏等自制了萃取瓶，对嗅味物质进行了顶空固相微萃取的条件优化，优化条件包括萃取时间、离子浓度、萃取温度、pH 值以及解吸时间等。通过实验对比，最后得到的优化条件为萃取时间 30min、氯化钠浓度 0.3g/mL、萃取温度 65℃、无需调节 pH 值、解吸时间为 2min。孙静等采用固相微萃取方法富集并测定了水源水中的 9 种嗅味物质（2-MIB、GSM、2-异丙基-3-甲氧基吡嗪、2-异丁基-3-甲氧基吡嗪、2-甲基苯并呋喃、2,4,6-三氯苯甲醚、反，反-2,4-庚二烯醛、β-环柠檬醛和 β-紫罗兰酮）。采用 2cm 的 50μm/30μm DVB/CAR/PDMS 萃取纤维，在 65℃下加热 30min，并于 GC 进样口解吸 3min。9 种嗅味物质在 1～200ng/L 范围内线性良好，方法检出限为 1.36～7.70ng/L，其中 8 种嗅味物质的检出限低于 3.3ng/L，对水源水的加标回收率为 57.7%～94.8%。同时测定了 3 个不同城市水源水样品中的嗅味物质浓度，9 种物质在水源水中均有检出。除太湖中所含的 2-MIB 外，其余水体中 2-MIB 及所有水体中的 GSM 均超过了《生活饮用水卫生标准》（GB 5749—2006）中所规定的限值。实验证明，微萃取可满足城市水源水中 9 种痕量嗅味物质的富集条件。

顶空固相微萃取与液液萃取相比同样具有不需要有机溶剂的优点，同时由于顶空以及萃取头的选择性吸附等特点，导致在萃取过程中不会将水蒸气带入，也就避免了吹扫捕集会将水蒸气带入检测仪器的弊端。但是与液液萃取和吹扫捕集一样，富集效率不可能达到 100%，部分待测物质会留在水相中，可以通过内标法进行修正，但是会降低方法的灵敏度。

（5）搅拌棒吸附萃取法

搅拌棒吸附萃取法（SBSE）是 Baltussen 等于 1999 年建立的一种新型样品预处理技术，该技术由固相微萃取技术发展而来，操作的基本流程是利用带有特定纤维涂层的搅拌棒将样品溶液进行搅拌，待样品中的目标物质吸附于特定纤维涂层后，再将目标化合物解吸至 GC-MS 进行分析测定。SBSE 操作简单、能萃取大体积溶液、无需外加有机溶剂、可避免竞争性吸附、灵敏度高、回收率好，且所萃取目标物质被搅拌棒中吸附材料固定的时长充足，给野外采样以及运输争取了较多时间。该方法关键在于搅拌棒的表面涂层，现广泛运用的商用涂层为 PDMS，但单一涂层 PDMS 极性成分萃取能力不足，有学者研制了一种新型固定相，通过改变涂层极性极大地改变了 PDMS 的萃取能力。也有报道称研发了多个整体材料用作涂层，此类材料多用于对水样中污染物的吸附萃取。

（6）闭环捕集

闭环捕集法是一种较为精确的嗅味检测方法，也是EPA测定饮用水中嗅味物质的标准检验方法，利用闭环捕集与仪器联用可检测水中极微量的挥发性有机物，但该方法对检测的条件控制要求很高，实际的检出限还和待测组分的吹脱效果相关。Mitjans等用闭环捕集-气相色谱质谱方法在欧洲不同国家的排放废水、河水和自来水中检测出了ppt级（10^{-9}）的芳香族化合物。

（7）开环捕集

开环捕集（OLSA）法对闭环捕集进行了提高改进，在开环捕集中用氮气替代循环空气，不但可以提高水浴温度，还解决了水分蒸发的问题。开环捕集法与闭环捕集法相比可以降低背景污染，有利于提高亲水性强、挥发性弱的物质回收率。王锐等使用OLSA-GC方法检测了冬季水库水中2-MIB和GSM浓度，得到方法的LOD为1.5ng/L，样品加标回收率（n=11）为99.8%～115%，RSD为4%～11.6%。

（8）液相微萃取（LLME）

LLME和SPME类似，也是一种将采样、萃取、富集和进样合而为一的样品前处理技术，将吸附剂由固体改为液体。Cortada等运用LLME方法测定了水中GSM和2-MIB2种嗅味物质，得出两者的LOD分别为2ng/L和9ng/L。

（9）固相萃取

固相萃取是20世纪80年代中期发展起来的一项样品前处理技术，由液固萃取柱和液相色谱技术相结合发展而来。其基于液固相色谱理论，将固定相（极性吸附剂、键合型吸附剂、离子交换剂等）填充于小型塑料管中，构成一次性小型色谱柱，将样品液用注射器注入小柱内，然后用适当的溶剂将被测物洗脱下来，其他干扰物则留在柱上，也可以将其近似地看作一种简单的色谱过程。其工作原理是基于水样中欲测组分与共存干扰组分在固相萃取剂上作用力强弱不同，使它们彼此分离，固相萃取剂一般是含C_{18}或C_8、氰基、氨基等基团的特殊填料。

本书作者等采用固相萃取前处理方法测定了水中的2-MIB、GSM、2,4,6-三氯苯甲醚、2,3,6-三氯苯甲醚、2,3,4-三氯苯甲醚、2-异丙基-3-甲氧基吡嗪、2-异丁基-3-甲氧基吡嗪、异氟尔酮、β-紫罗兰酮、β-环柠檬醛10种嗅味物质，10种嗅味物质方法检出限均达到了ng/L级别，精密度及回收率均较理想，可广泛用于富营养化水源水及其供水系统水中嗅味物质的监测和评价。

固相萃取技术能够有效避免传统液液萃取的诸多缺点，例如能够缩短样品的处理时间（尤其是采用自动化装置后）；能够处理50～100μL的小体积样品；所需溶剂量非常少，且对纯度要求不高；更重要的是SPE完全消除了LLE无法避免的界面乳化现象。固相萃取是近年来发展很快的样品前处理技术之一，因其操作高效、简便，应用极为广泛。

7.3.2.2 嗅味物质的识别与测定

对于水体中突发的异嗅异味事件，首要的难点不是如何控制和应对，而是对水体中嗅味物质的准确定性及定量检测，在嗅味事件发生的第一时间锁定污染物并确定浓度。在没有明确致嗅原因的情况下，即使再先进的应急处理措施、再完善的应急预案体系都可能是无的放矢。同时，自然状态下的味道是成百上千种化学物质的混合物，即使突发的异嗅问题，也可能是多种嗅味共同作用下的复合效应。如果仅对一种或几种挥发性有机物进行定量分析，不能反映出饮用水恶臭污染的整体状况。因此，需要科学、准确地识别致嗅源的种类和明确嗅味的强度等级或浓度才能更快速、有效地解决此类事件。目前常用的方法有感官分析法、酶联免疫法、仪器分析法。

（1）感官分析法

由于水中可导致嗅味的物质复杂多变，很难直接通过化学物质的检测分析及时发现嗅味问题，因而嗅味的感官评价在饮用水水质管理中仍具有重要意义。嗅味感官分析法是通过品尝、闻测等方法直接对水样进行检测，这种方法起源于品酒和食品行业的检测，该法快速方便且成本较低。当检测原水、出厂水以及水处理过程中臭味时，感官分析方法是有实用价值的。然而由于感官评价过程中会受个体差异、环境等多方面的影响，如何保证评价结果的有效性、合理性，以及如何根据评价的目标选择合理的感官方法，对于制水过程和行业管理均具有重要意义。

1）嗅味强度指标法

嗅味强度指标法（odor intensity index, OII）是一种应用较早的嗅味感官分析法。该方法是在一定温度下，用无嗅水将水样反复稀释一倍至刚好能感知气味的临界点时，由检测人员记下稀释次数的值，嗅味强度指标法对气味不进行描述。在反复稀释的过程中，水样中的致嗅物质易挥发，导致检测的数据可靠性降低，数据缺乏重现性。且该方法不能描述水样中嗅味的具体特征，可能会失去有用的信息。因此嗅味强度指标法指示意义十分有限。

2）嗅气和尝味法

GB 5750—2023《生活饮用水标准检验方法》采用此法。原水样的嗅和味测试步骤：取100mL 水样，置于 250mL 锥形瓶中，振摇后从瓶口嗅水的气味，用适当文字描述，并按六级记录其强度。与此同时，取少量水样放入口中，不要咽下，品尝水的味道，予以描述，并按六级记录强度（见表 7-2）。分析在通风良好、无异味的环境中进行，分析人员测试前30min 避免进食、喝饮料或吸烟，患感冒、过敏症者或有其他相关问题时不参加闻测。分析人员身体无异味，避免使用香皂、香水、修脸剂等化妆品，避免外来气味对实验的干扰。闻测高异嗅强度样品后休息 15min 以上继续进行分析，当分析人员出现嗅觉疲劳时停止实验，在无气味的房间进行休息。原水煮沸后的嗅和味：将上述锥形瓶内水样加热至开始沸腾，立即取下锥形瓶，稍冷后按上法嗅气和尝味，用适当的文字加以描述，并按六级记录其强度（见表 7-2）。

表 7-2　嗅和味的强度等级

等级	强度	说明
0	无	无任何嗅和味
1	微弱	一般饮用者甚难察觉，但嗅、味敏感者可以发觉
2	弱	一般饮用者刚能察觉
3	明显	已能明显察觉
4	强	已有很显著的嗅味
5	很强	有强烈的恶臭或异味

注：必要时用活性炭处理过的纯水作为无嗅对照水。

3）嗅阈值法

用无嗅水稀释水样，直至闻出最低可辨别嗅气的浓度（称嗅阈浓度），用其表示嗅的阈限。水样稀释到刚好闻出嗅味时的稀释倍数称为嗅阈值（thresholdo odor number, TON）。由于检验人员的嗅觉敏感度有差别，检验人员在过度工作中敏感性会减弱，甚至每天或一天之内也不一样，嗅味特征及产嗅物浓度的反应也因人而异，因此对于同一水样无绝对的嗅阈值。

采用 TON 进行分析时，需要选出一定数量（不少于 5 人，最好 10 人或更多）的检测人员，检测人员除遵守基本规则外，必须避免外来气味的刺激，如试验前不吃零食、不用香水、不化妆、不抽烟喝酒，应勤洗澡、勤更衣、保持身体健康，对检测水样嗅味不过敏、不厌烦。检测人员在试验过程中应经常休息，保持嗅觉灵敏。试验在无嗅室进行，维持水样的温度在（45±1）℃，所有检测人员在进行检测前 30min 不可进食及吸烟，并不可使用有气味的物质，以防干扰检测的可靠性。

吸取 2.8mL、12mL、50mL 和 200mL 水样分别置入 500mL 锥形瓶中，分别加入无嗅水使总体积为 200mL，水浴加热至（45±1）℃。检测人员在拿锥形瓶的时候手上不能沾有异味且不能触到锥形瓶瓶颈处。振荡锥形瓶 2 ～ 3s，去塞后，闻其嗅气，与无嗅水对比，记录下肯定闻测出的最低嗅味浓度。从获得的粗测结果，依据肯定闻测出最低嗅味的水样体积，按表 7-3 配制相应浓度的稀释体积。各瓶编以暗码，可插入两瓶或多瓶空白样，但不要放相同浓度的稀释样。首先闻测稀释后浓度最低的水样以避免对其他高浓度水样的嗅觉疲劳，闻测出嗅气的水样标记“+”，未闻测出的标记“−”。

嗅阈值的计算公式为：

$$\mathrm{TON}=(A+B)/N$$

式中 A——水样体积，mL；

B——无嗅水体积，mL。

检测人员检测到的水样稀释后嗅味结果记录如表 7-4 所示。

在取稀释后最低浓度时，能闻测到嗅味，如有必要可配制中间稀释水样，以得到更精确的嗅阈值。有时，水样浓度低的为“+”，高的反而为“−”，在这种情况下，以开始连续出现“+”的水样稀释倍数作为嗅阈值。当对水样进行小组检测的时候，采用几何平均值表示嗅阈值，TON 值越大，水中嗅味越大。

配制脱氯出厂水时，应先测定余氯浓度。脱氯采用新配的硫代硫酸钠溶液（3.5g $Na_2S_2O_3 \cdot 5H_2O$ 溶于 1000mL 水中，1mL 此溶液可除去 1mg 余氯）。配制无嗅水 1 瓶，作为对比，即在 500mL 锥形瓶中用量筒加入 200mL 无嗅水。嗅阈值会随温度的改变而变化，在报告中应注明检测水温。

TON 的分析结果常常是用来判断饮用水材料是否合格的主要标准之一。例如巴黎市的水控制和研究中心测试了数百种可能用于饮用水生产、储存的材料，TON 测试是拒绝使用某些材料的主要原因之一，在 TON 的初步测试中 50% 的材料已被排除。

TON 法设备简单、操作容易、检测范围广，适用于检测从几乎无嗅味的天然水到嗅阈值上千的工业废水。当有多名检测人员检测时，检测结果受个人影响小，检测结果在一定程度上具有实用价值。但是，TON 检测法难以准确划分嗅味的类型，同时在水样逐渐被稀释的过程中易损失易挥发物质，使得检测结果不够精确，且无法测定水样中低于嗅阈值的致嗅物质，该法逐渐被其他方法代替。

表 7-3　不同稀释程度对应的嗅阈值

水样体积 /mL	嗅阈值	水样体积 /mL	嗅阈值
200	1	12	17
140	1.4	8.3	24
100	2	5.7	35
70	3	4	50
50	4	2.8	70
35	6	2	100
25	8	1.4	140
17	12	1	200

表 7-4　某水样稀释后检测嗅味的结果

原水样体积 /mL	2	4	0	12	17	0	25	35
结果	−	−	−	−	+	−	+	+

4）嗅味层次分析法（flavor profile analysis, FPA）

FPA 最初应用于食品行业，1981 年开始被美国水行业采用。首先被美国南加利福尼亚应用。美国《水与废水标准检验法》第 17 版已将 FPA 作为标准法。该法由一个嗅味检测员小组来对水样的嗅味进行评价，最后将各个嗅味检测员的结果综合得出嗅觉种类和强度（以 0、2、4、6、8、10、12 七级来表征强度的大小，0 表示无味水样，2 ～ 12 则由非常弱到最强）的共识值。这种方法要求对嗅味检测员进行严格的筛选和系统的培训，经常用专门的有嗅物来校正其对嗅味的反应，因此能给出比较可靠的、有用的嗅味信息，并据此粗略推测水中大致的致嗅化合物。

FPA 法每组需要有 4 名以上的嗅味检测员，每个嗅味检测员都需经过特定而严格的训练课程，才能对异嗅味进行具有重现性的描述。培训内容包括嗅觉辨识测试、不同水样辨识、标准溶液练习、嗅味阈值测试、嗅味强度训练和嗅味强度进阶训练。

FPA 实验室建筑的外围要求有良好的自然环境，空气新鲜且无太浓的树木花草香味及其他异味，最好与交通干线、产生废气和烟尘等致嗅物质的污染源保持一定距离，以避免烟尘等对测试分析带来的不良后果。实验室内环境包括光照、空气、噪声、温度和湿度等，见表 7-5。

表 7-5　FPA 实验室内环境要求

项目	技术要求	对闻测的影响
光照	充足的阳光，反射率为 40% ～ 50%	可提高视觉功能和代谢功能；有平衡兴奋与镇静的作用，可提高情绪和工作效率
噪声	≤ 40dB	噪声超过 50dB 对休息有影响；超过 70dB 会干扰谈话，造成精神不集中，心烦意乱，影响闻测
温度	20 ～ 25℃	影响嗅味物质被人感觉到的程度
相对湿度	60%	湿度相当会使人感到心情放松，使各种器官处于最灵敏的状态

美国和日本的 FPA 测试分别分为 7 和 9 个等级。在澳大利亚也已经开展了运用 FPA 技术对其西部的饮用水进行评价鉴定，并发现澳大利亚普遍受溴化物污染严重的原水通过嗅味

检测小组检测出溴代甲烷和氯代甲烷的嗅阈值分别为 0.10mg/L 和 0.25mg/L。在法国，Piriou 等研究发现受训检测小组对氯和一氯胺的检测灵敏度是普通民众的 2 ～ 4 倍。

相比欧美成熟开展的 FPA，我国现阶段在感官检测技术的开展方面仍存在较大差距和不规范的地方。在我国也曾成功运用 FPA 鉴定出以二甲基三硫为主的硫醚类化合物是导致 2007 年太湖污染水质恶臭的主要原因。虽然近些年来在国内也相继报道这项技术的施行，但是由于受制于专业技能的培训条件、资金以及技术本身的缺陷（水体中的余氯会掩盖其他的嗅味）等因素，还有在国内也尚缺乏对嗅觉测试统计的合理详细数据报告，在这方面还需借鉴欧美国家的统计资料，使得在国内对这种方法鲜有进展。

与现行的六级描述法和 TON 法相比，FPA 法可对水中的不同嗅味种类进行分析，能达到定性及定量的程度；水样无需稀释，从而具有较好的重现性，操作简单易行，可为水厂实际运行提供更为可靠的感官分析手段。

（2）酶联免疫法

酶联免疫法（ELISA）是基于抗原-抗体反应原理建立的一种全新的检测分析方法，近年来在生命科学领域广泛应用，优点是具有较高的灵敏度，适用于特定物质的检测分析，且操作简便快速。但此法在运用于嗅味领域时也存在一些缺陷，嗅味化合物的分子量较小（一般不到 300），抗原物质不容易得到高效价的抗体，因此限制了多数嗅味物质分析方法的建立。Chung 等用樟脑（其结构与二甲基异莰醇结构相近）和牛血清蛋白生成配合物，获得多克隆抗体，成功建立了二甲基异莰醇的 ELISA 分析方法，但试验获得多克隆抗体效价较低，该方法对二甲基异莰醇的检出限也只有 1mg/L。

（3）仪器分析法

1）气相色谱法

气相色谱是以惰性气体作为流动相，利用试样中各组分在色谱柱中的气相和固定相间的分配系数不同，当汽化后的试样被载气带入色谱柱中运行时，组分就在其中的两相间进行反复多次的分配（吸附－脱附－放出），由于固定相对各种组分的吸附能力不同（即保存作用不同），因此各组分在色谱柱中的运行速度就不同，经过一定的柱长后便彼此分离，顺序离开色谱柱进入检测器，产生的离子流信号经放大后，在记录器上描绘出各组分的色谱峰。试样中各组分经色谱柱分离后，按先后次序经过检测器时，检测器就将流动相中各组分浓度变化转变为相应的电信号，由记录仪记录下的信号-时间曲线或信号-流动相体积曲线称为色谱流出曲线。

气相色谱一般用于分析气体样品或者易挥发的液体和固体（含可转化为易挥发物的物质），原则上沸点低于 500℃、热稳定性好的样品都可以用气相色谱法分离分析。嗅味物质分子量一般小于 500 且热稳定性好，因此可以采用气相色谱进行嗅味物质的鉴定及测定。

Brownlee 等采用己烷对水样进行萃取，并利用气相色谱（火焰离子检测器 FID）进行分析，结果发现该法对于弱极性的甲基萘的回收率较高，而对于溶解性较强的 GSM 和 2-MIB 的回收率较低，低于 60%，检出限大约为 20ng/L。向传修等采用固相微萃取-气相色谱-FID 方法分析了水中的 GSM、2-MIB、2-甲氧基-3-异丙基吡啶、2-甲氧基-3-异丁基吡嗪、2,4,6-三氯苯甲醚 5 种嗅味物质，优化后的方法萃取量高、分离度较好、利于样品分析，5 种嗅味物质的峰面积与浓度有较好的线性相关性，相关系数 R 均大于 0.87，精确度较高，RSD 在 0.10 ～ 0.27 之间，检测限均小于 50ng/L，且土臭素检测限为 0.4ng/L。张锡辉等采用顶空-固相微萃取-气相色谱方法测定了水中 5 种典型嗅味物质（GSM、2-MIB、2-甲氧基-3-异丙基吡啶、2-甲氧基-3-异丁基吡嗪和 2,4,6-三氯苯甲醚），在优化试验条件下对嗅味物质的测定结果显示 5 种嗅味物质的峰面积与其浓度有较好的相关性，其相关系数 >0.87，该方法对 5 种嗅味物质的检出限值较低，其中对土臭素的检出限为 0.4ng/L。Romerom 等利用闭环捕集以及 GC-FID 方法，发现该方法对低阈值的 GSM 和 2-MIB 检测效果较好，在水中二者检测范围分别为 10 ～ 400ng/L 和 15 ～ 400ng/L。

气相色谱可以准确地测定水中的嗅味物质，但限于仪器特点，其灵敏度较低，且定性功能弱于气相色谱-质谱法，对于多种嗅味物质的同时测定存在天然的弱势，不利于高通量分析。

2）气相色谱-质谱法

气相色谱-质谱仪是指将气相色谱仪和质谱仪联合起来使用的仪器。其基本原理是使经过色谱柱分离的试样中各组分在离子源中发生电离，生成不同质荷比的带正电荷的离子，经加速电场的作用形成离子束，进入质量分析器。在质量分析器中，再利用电场和磁场使发生相反速度的色散，将它们分别聚焦而得到质谱图，从而确定其质量。气相色谱-质谱仪对嗅味物质的检测反应灵敏，低浓度下仍具有较好的响应值。根据气相色谱-质谱仪及嗅味物质本身的特性，气相色谱-质谱法是目前测定水中嗅味物质最为常用的方法。

张力群等利用吹扫捕集-GC/MS 方法测定了水中 GSM、2-MIB、IPMP、IBMP、TCA、DMTS、b-Ionone 7 种典型嗅味物质，当浓度范围为 2.5 ～ 500ng/L 时，检测结果较为准确，7 种嗅味物质的检出限均小于 2.5ng/L。加标实验显示，当加标浓度为 20ng/L 和 100ng/L 时，回收率分别可达到 77% ～ 120% 和 91% ～ 109%。

冯桂学等采用固相萃取-气相色谱-质谱法测定了水中的二甲基异莰醇、土臭素、2,4,6-三氯苯甲醚、2,3,6-三氯苯甲醚、2,3,4-三氯苯甲醚、2-异丙基-3-甲氧基吡嗪、2-异丁基-3-甲氧基吡嗪、异氟尔酮、*β*-紫罗兰酮、*β*-环柠檬醛 10 种嗅味物质含量，并采用所建立的方法对济南市引黄水库进厂水及出厂水、山区水库进厂水及出厂水以及管网末梢水进行测定。在 5 份水样中，异佛尔酮均有检出，浓度范围为 0.005 ～ 0.01μg/L，二甲基异莰醇在引黄水库进厂水及出厂水、山区水库进厂水及出厂水中均有检出，浓度范围为 0.026 ～ 0.035μg/L，其余嗅味物质均未检出。

3）感官-GC（GC/MS）嗅味检测法

该方法是在 FPA 方法基础上发展起来的，将经过气相色谱后的部分样品分流到 FID 检测器，由检验人员来确定色谱峰和气味的对应关系，一般较多地应用于有机废水中嗅味物质的检测。Khiari 等采用感官-GC 方法测定了饮用水中的嗅味物质，浓缩水样方法为闭路溶出法，再对柱上喷射器毛细管气相系统出口处的废水进行嗅觉分析。采用同相平行的气相火焰电离检测器系统对感官-GC 进行监测。感官-GC 可以检测到一些单独成分的气味。在阈值气味浓度水平附近研究了感觉面板反应和感官-GC 程序之间的关系，数据表明感官-GC 并不总是与感觉面板评估相关。这可能是由于混合物中化学物质的浓度差异以及协同和拮抗作用造成的。对费城特拉华河上的巴克斯特水处理厂报道的两起味道和气味事件进行了调查。第一种是金属味的余味，第二种是饮用水中的黄瓜味。所研究的案例说明了使用 FPA、感官-GC 和 GC/MS 可了解样品中存在的嗅味化学性质。Yan 等采用感官-GC/MS 和 FPA 结合的方法检测了污水处理厂排出的废水，可以检出二甲基二硫醚、二甲基三硫醚、粪臭素和吲哚 4 种嗅味物质。

4）传感器分析法（电子鼻法）

传感器分析法是近年来随着生物电子学而发展起来的一门检测技术，利用生物传感器的原理可以实现实时、快速、自动地监测化学物质浓度。电子鼻在感觉反应和信息处理方面以一种简单的方式模仿了哺乳动物的嗅觉系统，主要根据气味来识别物质的类别和成分，仪器主要包含具有交叉敏感性的传感器阵列，以及能够识别单一或复合气味的模式识别系统。该方法最早是由英国的Persand和Dodd于1982年提出，并发表在Nature杂志上。电子鼻气体传感器阵列中的各单个传感器分别对环境中特定的可挥发性气味具有相对较高的特征响应，相当于彼此重叠的人的嗅觉感受细胞，因此电子鼻的测试结果可以用来表征被测样品气味的整体信息。电子鼻的实际应用由不同的操作组成，包括选择传感器阵列和调节电路、处理和信号采集硬件以及信号处理、数据训练和分析。关于传感器的选择，被选择的每个传感器应使电子鼻整体灵敏度最大化，传感器能够在针对不同的目标气味的时候提供不同的选择空间。选择完传感器之后，第一步是从每个传感器的动态响应中获取多个特征，对其进行验证并选择数据来表征所研究气味的主要特征。传感器的选择在很大程度上取决于应用。在获取数据后下一步需要对电子鼻数据进行预处理、特征提取、特征选择、分类、回归、聚类和验证。整个过程可以应用到统计模式识别、人工神经网络、化学计量学以及机器学习等多个方法。

为了对气味进行定性评估，电子鼻可以使用各种处理工具。主成分分析（PCA）是用来区分气味模式的常用方法之一。通过主成分分析，将具有n维的输入数据在新的维度空间中转换，每个维度（轴）彼此正交。新轴称为主成分，是输入数据的线性组合，彼此并且不相关。因此，可以从最大到最小方差递减地组织主成分，因此可以实现充分的计算。在图形上，第一个轴位于最大数据变化方向上，第二个轴与之垂直。然后，可以在主成分空间中表示所研究的变量，并在2D或3D图形中进行绘制。之后进一步来建立数据模型。线性判别分析（LDA）是可以用来区分数据组的另一种工具。这种监督分类方法的目的是从数据的线性组合中实现最佳的类别分离。此过程基于通过创建线性函数来最大限度地提高组间方差与组内方差的比率。因此，根据线性函数可以按类别对目标数据进行分类。

开发针对嗅味物质检测专用的传感器就需要研发能够对特定嗅味物质具有亲和性和特异选择性的材料，难度较大。引入电子鼻分析技术，通过仪器分析手段快速准确地判别异嗅等级，从而避免感官法中人为主观因素造成的不确定性。目前电子鼻技术被广泛应用于食品工业、医疗卫生、药品工业和环境检测等领域，在污水处理领域也有一定应用可行性。Andy等通过电子鼻技术对废水处理厂的6个不同的阶段收集的样品进行定性和定量的气味分析，引入两个特征向量表示污水厂收集到的混合气体的定量趋势，通过PCA和气味指纹区分不同嗅味的来源。最后通过动态稀释嗅觉仪，建立PLS回归模型预测气味浓度，结果表明被驯化后的电子鼻技术是表征废水厂气味的一种有前途且可行的工具。此外也可用于污水处理各单元的实时监测，比如污泥处理中药剂投加量的监测、生物过滤过程中正丁醇的释放监测等。Capelli等提出了一种具有3个电子鼻的系统，用于连续监测污水处理厂周围特定地点的环境气味。通过这种方法，可以确定污水处理厂设施中的主要嗅味源，并可以估计出嗅味对附近居民的影响。弗兰克等通过极坐标图中的传感器轮廓特征表示了下水道样本之间的质量差异。而Oztiirk等使用电子鼻输入信号的峰值来推断生物处理单元、沉淀池和进口单元样品之间的主要气味鉴别。

相对其他行业领域，环境领域尤其是饮用水环境，采用电子鼻技术起步较晚，主要因为饮用水中可挥发气体有机物含量较低，且致嗅物嗅阈值极低，相较而言电子鼻的检出限较高。实际环境的复杂性和固有差异性，也容易造成信号的离散。但国内外研究者也在发掘电子鼻在水质监测上的潜力，并初步显示出优势。Hogben 等采用电子鼻评价自来水中的嗅味，在实验室条件和现场条件均能准确识别 2-氯酚和 GSM，但检出限为 10mg/L，远高于嗅味物质的嗅阈值。电子鼻的检出限高，是其在饮用水水质监测中发展缓慢的一个重要原因。如何改进和优化浓缩富集的前处理技术，是研究的重点。Diz 等在 Environmental Science & Technology 期刊上发表了一篇论文，指出电子鼻技术能检测和区分水中的苯酚和主要的醇类。同时他们建立了苯酚和醇类的指纹图谱，对不同浓度下的苯酚和醇类信号进行了修正，确定了相关性。可见，即使是同种化合物，在不同浓度下的指纹图谱不单是信号强弱的线性差异，还会存在偏差。因此在电子鼻系统中建立指纹图谱和强度等级体系具有一定的难度。需要研究致嗅物与环境因素的相关性机制，提高致嗅物在电子鼻中的可识别性。Stuetz 等利用电子鼻对处理前后饮用水中的 GSM、2-MIB、2-氯苯酚等物质进行检测，结果表明电子鼻可以区分被污染和未污染的水样，并且还可以区分不同浓度和不同污染物的样品。散玉龙等基于电子鼻用于水中嗅味检测的优化方法，为特征嗅味物质选择敏感度较高的传感器并在雷达图上绘制传感器的信号，建立了 6 种常见嗅味物质（GSM、2-MIB、二甲基三硫醚、2,6-壬二烯酸、β-环柠檬醛和 2,4-庚二烯醛）的特征指纹图谱，建立了一套新的嗅味物质定性和定量的检测手段，该方法可以有效预测未知水样的嗅味类型。通过对水厂各工艺环节出水的电子鼻检测和水质检测，发现电子鼻信号与 TOC、浊度存在正相关关系，PLS 方法建立了用电子鼻检测的嗅味信号来表征 TOC 和浊度的多元线性关系，使得通过电子鼻测试来同时评价多个水质指标成为可能，大大节省了测试成本。Bastos 等开展了电子鼻检测饮用水中链霉菌的研究，通过水中不同浓度的土臭素为测试样本，根据微生物挥发性产物的差异识别链霉菌的不同分化阶段和不同的链霉菌种类。Shin 等也利用铜绿微囊藻代谢致嗅物的差异性，区分出产毒素的微囊藻和不产毒素的微囊藻，同时拟合了藻类 40 天成长周期的状况。Jeniffer 等通过电子鼻技术准确地预测了饮用水中大肠杆菌的菌落数。这些研究结果为该项目提出了又一新的思路：通过微生物、藻类代谢挥发性有机物的差异性，提前预测微生物、藻类等伴生污染团的生长趋势和暴发情况。

电子鼻在水体中嗅味的研究应用方面主要有两点不足：一是电子鼻应用的范围较小；二是电子鼻的检出限较高。基于此，方法中拟改进前处理技术，使电子鼻的检出限与致嗅物的嗅阈值相当，为电子鼻实际应用到水环境检测提供基础；研究致嗅物与环境因素的相关性机制，明确致嗅物的可识别性，从而建立致嗅物指纹图谱及强度等级体系；通过以上研究建立可行的未知水样混合嗅味的归趋路径，针对性提出相应污染物削减策略。此外电子鼻用于水中异嗅异味物质的检测具有较高的时效性和经济型，由于电子鼻快速、持续检测的特性，在实际应用场景中电子鼻可以在第一时间迅速地发现嗅味异常点并预警，这一点是目前所有用于嗅味检测的检测手段都无法做到的，往往水体的嗅味检测需要耗费大量的人力以及较为贵重且不便携带的仪器，而电子鼻的使用既节省了人力成本也避免了搭建严格的实验条件和购买大型仪器的费用。

7.3.3　控制与去除技术

原水中嗅味物质的频繁检出给人类饮用水安全问题带来了极大困扰，所以迫切需要探索出合理的处理技术来解决嗅味带来的问题。传统处理工艺无法完全去除水中的嗅味物质，研究表明混凝、沉淀和过滤等水厂常规的处理工艺对于大多数嗅味物质的去除效果并不理想。同时社会对优质清洁水的需求也在不断增长，这导致了更高效的水处理工艺的发展。为了使饮用水处理厂的出水水质达到安全饮用的标准，则需要增加预处理或深度处理工艺加强对嗅味物质的去除。目前我国水厂采用的控制嗅味的方法主要有常规处理、深度处理、活性炭吸附、生物处理和高级氧化等工艺。

7.3.3.1 常规处理工艺

目前，我国大部分水厂为常规处理工艺（混凝—沉淀—过滤—消毒），难以去除水中的嗅味物质。Kim 等研究认为，常规处理工艺对 GSM 等 5 种嗅味物质的去除率在 25% ～ 40% 之间，其中对 IPMP 的去除率最高为 41.3%，其次是 GSM 为 33.3%；原水中 GSM 和 2-MIB 浓度分别为 15.6ng/L 和 82ng/L，常规工艺对 GSM 与 2-MIB 的去除率分别为 11.5% 和 20.7%，出水浓度仍大于其嗅阈值。Watson 等研究发现，常规工艺对嗅味物质的去除率仅 50%，很难有效去除 GSM 和 2-MIB 等嗅味物质；高锰酸钾对 GSM 和 2-MIB 的去除能力有限，其去除率分别为 10% 和 25% 左右，与混凝联用去除率可提高 10%。可见，常规工艺对于嗅味物质的去除能力有限。

由于 GSM 和 2-MIB 的叔醇结构具有氧化抗性，氯、二氧化氯、高锰酸钾等常规氧化剂对于去除 GSM 和 2-MIB 基本是无效的。对于硫化嗅味物质的处理，高温加生物过滤的热氧化法已有应用，但存在着运行成本高、废水产生量大等缺点。此外，一些嗅味物质在饮用水的氧化和消毒过程中会形成副产物（TPs），并且它们的形成依赖于水中组分，例如，氯的使用可以形成氯酚，也可使游离的溴离子形成溴苯酚、三卤甲烷等副产物。

7.3.3.2 深度处理工艺

臭氧-生物活性炭（O_3-BAC）工艺通过将臭氧的氧化性能与活性炭的吸附和生物降解性能结合，可对水中难降解或难吸附有机物达到较好的去除效果。在藻类致嗅味物质的去除上，通过臭氧的强氧化作用将部分嗅味物质氧化分解，分解产物和未被氧化的嗅味物质再经生物活性炭的吸附和生物降解作用去除，同时可较长时间保持活性炭的能力，延长了活性炭的工作寿命。

混凝沉淀-臭氧-生物活性炭处理工艺，用于日本某水厂含 2-MIB 原水的处理，出水 2-MIB 浓度在 0 ～ 10ng/L 之间，去除率达 60% ～ 100%。臭氧-生物活性炭深度处理工艺可有效去除嗅味物质，提高有机物和消毒副产物的前体物的去除效果，改善出厂水的生物稳定性，近年来在我国开始大规模应用；但高溴离子条件下臭氧氧化存在溴酸盐超标风险，活性炭滤池存在微生物泄漏问题。

7.3.3.3 活性炭吸附工艺

粉末活性炭（PAC）和颗粒活性炭（GAC）吸附工艺，是目前少数成功应用到工程实例中的嗅味物质处理技术。活性炭对不同嗅味物质的吸附动力学，通常采用准一级动力学方程、准二级动力学方程、Weber-Morris 颗粒内扩散方程和 Elovich 方程 4 种模型进行拟合；吸附热力学一般采用 Langmuir 方程、Freundlich 方程、修正的 Freundlich 方程和 Temkin 方程 4 种模型拟合。

由于活性炭具有发达的孔隙结构、巨大的比表面积（500～1500m^2/g），而GSM和2-MIB等嗅味物质具有较好的疏水性，因此，可被活性炭有效吸附去除。PAC吸附即通过活性炭的吸附性能将水中的嗅味物质吸附到其表面，利用活性炭的吸附性能去除嗅味；而GAC主要是通过活性炭的物理吸附、生物吸附、微生物降解等多种机制的共同作用去除嗅味。

对于PAC吸附技术，原水中吸附效能受嗅味物质浓度和种类、PAC种类和投加量、接触时间NOM的含量和特性等因素的影响。水中的NOM对PAC吸附嗅味物质的性能影响较大，小分子的NOM会与嗅味物质形成吸附竞争，占据PAC的吸附表面，而大分子的NOM会吸附在PAC表面，堵塞其吸附通道，从而降低吸附效果。PAC投加量大会造成水厂运行成本升高，而PAC投加量低对嗅味去除率较低，出厂水嗅味不达标，也容易引起居民投诉。Cook等对PAC在澳大利亚4座给水厂去除嗅味的调查表明，控制出厂水GSM和2-MIB浓度在其嗅阈值以下，PAC所需最低投加量分别为20～30mg/L和40～50mg/L。

当水厂原水富营养化严重、嗅味物质长年高水平的情况下，采用PAC投加工艺显然不够经济，而GAC工艺虽然基建投资较大，但运行成本比PAC更低，对水中GSM和2-MIB等有良好的去除效果。由于NOM的存在，活性炭的吸附能力往往表现出减少的趋势，因而必须要对活性炭进行再生处理，这无疑会增加处理成本。

7.3.3.4　生物处理工艺

生物处理由于具有成本低、无化学物质添加等特点，在嗅味物质的去除方面具有一定优势，以生物滤池为主，有机物和氨的生物氧化作用降低了微生物繁殖所需的有效基质，从而减少嗅味；但应采用后续工艺控制生物处理后的微生物、颗粒物和微生物代谢物，目前已在美国、欧洲得到应用。

Lim等采用浸没式生物反应器处理韩国Daechung湖水时发现，当GSM进水为52ng/L时，出水为25～30.4ng/L，去除率为41.5%～51.9%，随着水力停留时间的增加，去除率略有增加，但仅用生物处理不能有效去除水中的嗅味。Terauchi等研究表明，生物滤池处理可去除水中的2-MIB等嗅味物质，当进水2-MIB浓度为110ng/L时，生物滤池对2-MIB的去除率为63.6%，但单独使用生物滤池难以保证出水达标。生物滤池对于嗅味去除，具有效果稳定、运行成本低等优点；但挂膜周期长，低温下处理效果差，而且需要新建构筑物，建设费用高，单纯生物滤池预处理难以达标，后续仍需投加PAC。

7.3.3.5　高级氧化工艺

常见高级氧化技术包括O_3/UV、O_3/H_2O_2、UV/H_2O_2、O_3/TiO_2、UV/TiO_2、O_3/H_2O_2/UV、Fe^{2+}/H_2O_2、UV/Fe^{3+}、Mn^{2+}/O_3、O_3/Ultrasounds等。

在高级氧化处理过程中，•OH无选择性地与有机物分子反应，主要攻击有机物分子的不饱和键或者对C—H键进行夺氢反应，特别是攻击有机物分子中π键、氨基、醚、硫醚和羧基的α位点，产生碳正离子，碳正离子与氧分子反应形成过氧自由基，过氧自由基断裂形成氧自由基，再继续断裂生成其他自由基及稳定的中间产物。

朱欢欢等进行了紫外高级氧化技术对2,3,6-三氯苯甲醚嗅味物质的去除效能研究、去除机理研究、综合毒性研究及实际应用研究。当UV辐射时间为2h、H_2O_2浓度为50mg/L时，UV/H_2O_2对2,3,6-TCA的去除率为97.9%。通过降解产物研究预测，UV/H_2O_2降解2,3,6-TCA

的机理，可能是2,3,6-TCA经脱甲基反应形成氯酚化合物2,3,6-三氯苯酚后，再进行进一步降解。UV/H_2O_2对2,3,6-TCA的去除效能图见图7-16，2,3,6-TCA在UV/H_2O_2氧化体系中的降解产物色谱图见图7-17。

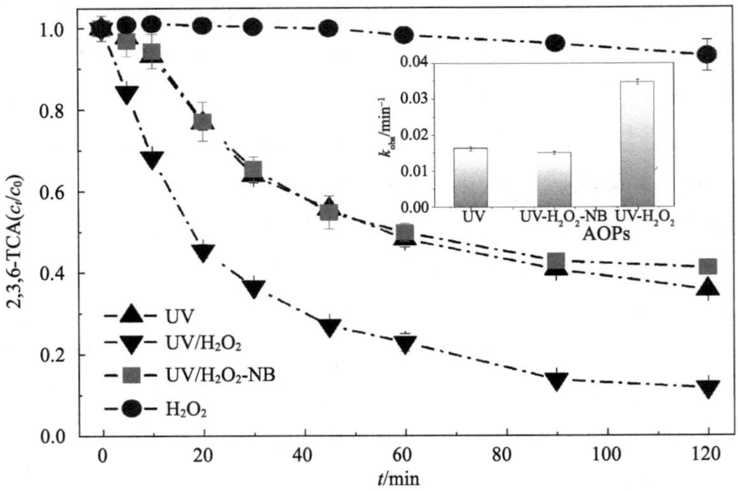

图7-16　UV/H_2O_2对2,3,6-TCA的去除效能

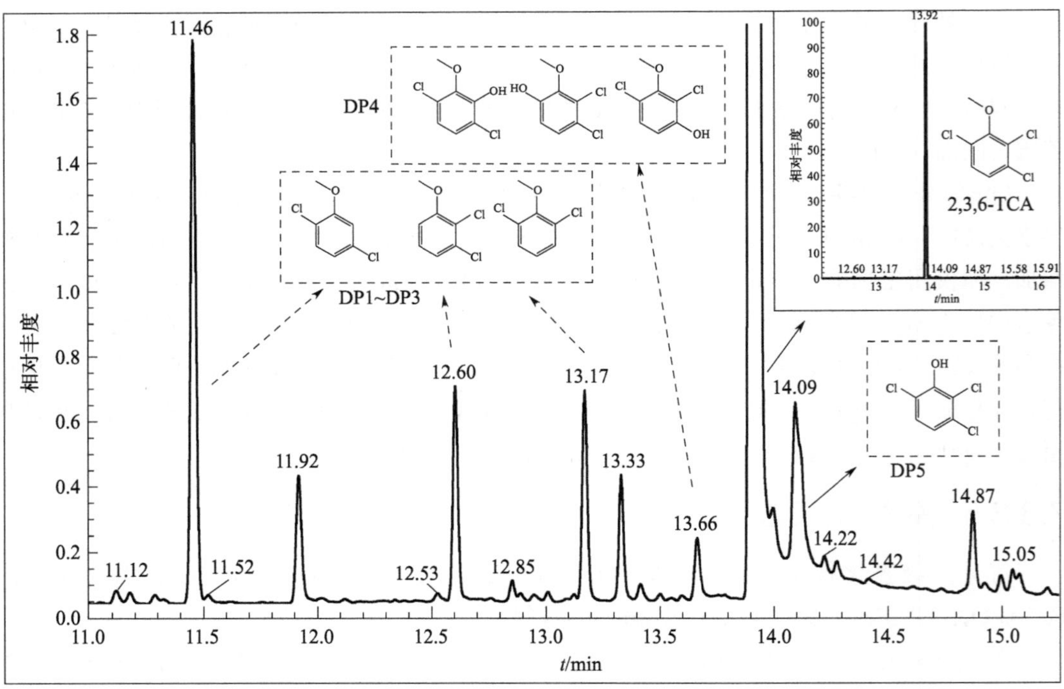

图7-17　2,3,6-TCA在UV/H_2O_2氧化体系中的降解产物色谱图

近年来，国内外专家学者一直致力于研究通过各种氧化技术和高级氧化技术去除水中的嗅味物质。高级氧化具有反应速度快和非选择性氧化的优点，可以同时处理多种污染物。此外，高级氧化与传统的物化处理过程相组合应用于水源水的处理是一种非常有应用前景的水处理技术方案，对于保障水质的后续稳定性和饮用水安全具有重要意义。

7.3.3.6 O_3/UV/H_2O_2 类 AOPs

国内外已开展了不同高级氧化技术对水中 GSM 和 2-MIB 降解的广泛研究。研究发现，在 O_3 氧化工艺中 O_3 与 H_2O_2 联合，能显著提高对水中 GSM 和 2-MIB 的去除效果。但 Atasi 等对 O_3/H_2O_2 联合去除 2-MIB 的研究发现，pH 值为 8 时，投加 H_2O_2 对提高 2-MIB 去除率的能力有限。Klausen 等对 UV/H_2O_2 处理不同水源的研究表明，UV/H_2O_2 可显著去除水中嗅味物质。UV/H_2O_2 对 GSM 和 2-MIB 氧化遵循准一级动力学方程，而对 2-MIB 氧化速率慢于 GSM，其原因是 2-MIB 具有更大位阻的化学结构；2-MIB 和 GSM 在纯水中氧化的速率常数 k 分别为 $5.14\times10^{-2}min^{-1}$ 和 $5.57\times10^{-2}min^{-1}$，在饮用水水源中的速率常数 k 分别为 $1.34\times10^{-2}min^{-1}$ 和 $1.88\times10^{-2}min^{-1}$。

而大多数研究报告考察的是如何去除这两种化合物，侧重于通过降解速率、矿化率和运行参数来评估高级氧化系统的性能，很少有研究数据用来解释高级氧化所涉及的反应机制和中间产物。关于 O_3 和相关氧化工艺（O_3/H_2O_2，UV/O_3，UV/O_3/H_2O_2）去除在超纯水以及不同的实际水体（湖水、河水、处理过的和未处理的排放废水）中所含 GSM 和 2-MIB 的研究已被广泛开展。对 O_3（或·OH）浓度和底物浓度两个因素而言，其反应动力学分别遵循二阶反应速率和一阶反应速率，GSM 氧化比 2-MIB 更快，有更高的速率常数。

研究不同处理参数的 O_3 实验结果表明，通过增加 O_3 投加量、降低 pH 值和温度、投加 H_2O_2，都可以增加对 2-MIB 和 GSM 氧化的效果。虽然去除效率随着 H_2O_2 的增加而显著提高，但是仍有必要细化嗅味去除所需要的 H_2O_2 和 O_3 的最佳比例。

关于水质对 2-MIB 和 GSM 氧化过程的影响尚存在分歧。有研究表明，GSM 和 2-MIB 在不同水质下的氧化和降解速率依次为：纯净水 > 原水 > 沉后水；这两种物质对原水的处理效果与沉后水相比超出预期，主要归因于生成了更多的·OH，引发了 O_3 与有机物的反应；但是，O_3 在纯水中的处理效率与原水相比略好（5% ～ 10%），这说明有机物对 O_3 的氧化过程影响并不明显。与此相反，有研究者认为高浓度的腐殖酸可对 O_3 降解 2-MIB 的效率引起显著抑制，上述趋势可能是由于 NOM 的浓度和性质相互竞争造成的；另一方面，低浓度的腐殖酸会使 2-MIB 的降解效率更高。低溶解度的有机碳（DOC）尤其是腐殖质能促进·OH 的形成，以及 O_3 与 NOM 的反应，而在 DOC 有较高浓度时消耗了更多的·OH。因为 2-MIB 主要由·OH 氧化，它的消耗将对 2-MIB 与 O_3 反应产生负面影响。

Qi 等通过研究鉴定了 O_3 处理 2-MIB 会产生副产物（TPs），其中异莰酮是主要的 TPs，将其进一步氧化，将会形成许多中间体，如醛（甲醛、乙醛、丙醛、丁醛、乙二醛和甲基乙二醛）、酮和羧酸。Li 等采用 O_3/H_2O_2 的实验研究了 2-MIB 的降解和 TPs 的产生；2-MIB 降解过程中产生的 TPs 通过气相色谱-质谱联用仪鉴定后，主要是双环的 TPs，如 4-羟基-1,7,7 三甲基双环 [2.2.1]庚-2-酮、1,7,7-三甲基双环 [2.2.1]庚-2,5-二酮、1,7,7-三甲基双环 [2.2.1]庚-2-酮，单环化合物，开环羧酸、醛和酮等化合物。然而，实验观察到形成的一些 TPs 有在水中造成其他嗅味的潜在可能性，需要后续添加 O_3、O_3/H_2O_2 处理。

Qi 等采用不同的氧化铝（γ-薄水铝石、γ-氧化铝和 α-氧化铝）催化 O_3 氧化 2-MIB，与直接 O_3 氧化对比实验表明，添加铝氧化物作催化剂对 2-MIB 的去除效率显著提高。2-MIB 在被 O_3 氧化及 O_3 催化降解时，都遵循准一级动力学反应，其包括两个阶段：初始阶段，称为瞬时 O_3 需求（IOD）阶段，其特征是 O_3 和 2-MIB 快速氧化反应；第二阶段，氧化反应相对较慢。根据 O_3 氧化的两阶段反应理论，2-MIB 去除效果的提高主要在 IOD 阶段，这是因为 O_3 分子转化为活性氧基团如·OH 就在此阶段；在第二阶段中，残留 O_3 分子氧化 2-MIB 的速率就比较缓慢了。该过程的效率依赖于 O_3、氧化铝和 2-MIB 的浓度等因素。据上述实验观察，O_3 及 O_3 催化氧化 2-MIB 的降解效率随 pH 值增加均有提升。·OH 基团和催化剂对 2-MIB 的不同吸附百分数，是影响不同铝氧化合物（γ-薄水铝石和 γ-氧化铝）之间催化活性的重要因素。γ-氧化铝通过催化 O_3 氧化加速产生·OH 来发挥作用，而 γ-薄水铝石催化 O_3 氧化则遵循了颗粒表面反应机制。在所有的 O_3 氧化类型中均有 TPs 形成，如甲醛、乙醛、丙醛、正丁醛、乙二醛和甲基乙二醛；γ-氧化铝 O_3 催化氧化降低了总醛生成量。

有研究发现，O_3 与 UV 的组合可以有效地提高整个过程的效率，当 O_3 被 UV 照射后，引发其分解并产生·OH 的过程。它的降解也遵循一级反应动力学，在原水中观察到的较慢降解过程证实了文献中报道的水质对反应影响显著的观点，同时在水中发生了对反应的竞争性和抑制性过程。

紫外辐射分为紫外区和真空紫外区两种类型，其中紫外区（UV）波长为 254nm，真空紫外区（VUV）波长为 185nm。研究人员考察了 UV/H_2O_2、UV/O_3、VUV/O_3 等不同 UV 照射的氧化对纯水和原水中 GSM 和 2-MIB 的处理效果。在 VUV 和 UV/H_2O_2 反应条件下，2-MIB 的反应速率比 GSM 低。2-MIB 和 GSM 与·OH 的反应速率常数分别为 8.20×10^9L/（mol·s）和 1.40×10^{10}L/（mol·s）。而在用 UV/O_3 处理 GSM 和 2-MIB 时，它们的降解常数之间并没有显著性的差异。相较于 UV/H_2O_2 工艺，即使在照射过程中使用高浓度的 H_2O_2（3.6mg/L）时，VUV、UV/O_3 在纯水中的氧化处理效率也超过前者；而在原水中较低的降解效率是由于 NOM 或碳酸氢盐具有捕捉·OH 的属性造成的。

国外已开展了 UV/H_2O_2 工艺处理 GSM 和 2-MIB 的广泛研究，并在不同水质中开展了小试与中试试验，来与直接 UV 光照进行比较，结果表明加入 H_2O_2 后 2-MIB 和 GSM 的去除效率显著提升。在这类反应过程中以·OH 为主，形成途径是通过 UV 照射 H_2O_2 裂解形成的；这两种物质的去除效率随着 H_2O_2 浓度以及 UV 剂量的增加而增加。此外，水质特性对降解效果影响也非常显著。

7.3.3.7 光芬顿类 AOPs

与一些基于 H_2O_2 降解 GSM 和 2-MIB 的同类反应相比，可见光或 UV 照射的光芬顿处理是一种很有前景的技术；它结合了高分解能力（反应时间 60min，降解程度高于 80%）、操作简便、成本低的优点；随着二氧化钛光催化剂的大量商业化合成，近来已有许多关于其在浆液或固定化反应器中用于去除 2-MIB 和 GSM 的研究，TiO_2 等固相催化剂能显著地提高 O_3 氧化对 2-MIB 及 GSM 的去除效果。研究表明，2-MIB 和 GSM 的降解遵循准一级反应动力学。降解实验证明，·OH 对整体降解效果影响最显著，在一定范围内增加催化剂和提高照射强度降解速度加快。还有实验观察到在重水（D_2O）溶剂中 GSM 的降解程度显著减少，这表明光催化过程中溶液的动力学效用受到了 D_2O 的同位素效应的影响。

在光催化处理 GSM 时产生的四种饱和、不饱和的化合物已由气相色谱技术确定，分别是 3,5-二甲基己-1-烯、2,4-二甲基戊-3-酮、2-甲基丙酸乙酯、2-庚醇，这意味着 GSM 的转化是通过在不同位置断键后再迅速进行开环反应形成的。另外，对于两种 2-MIB 的光催化降解产物 2-冰片烯阳离子自由基和环戊烯型分子已完成了对其结构的鉴定。

采用 UV、VUV 在超纯水和原水中通过直接光解 GSM 和 2-MIB 的研究结果表明，降解过程遵循准一级动力学，并由于水体中 NOM 的存在而使速率常数减小，与 2-MIB 的降解进行对比，GSM 有更高的速率常数。UV/VUV 光芬顿处理技术被认为是一种很有前景的去除技术，具有耗能低和使用周期长，同时兼具消毒作用等众多优点。

7.3.3.8 超声波类 AOPs

使用 640kHz 的超声波辐射 2-MIB 和 GSM 致使其快速降解的反应也遵循准一级反应动力学，GSM 与 2-MIB 相比具有挥发性更强、降解速率更快的性质，这也证明发生在气相和疏水界面区域的进程对降解至关重要。六种 TPs［2-甲基-2-冰片烯、2-亚甲基莰烷、1-甲基莰烯、莰酮、1,2-二甲基-4-（丙-1-烯-2-基）环己-1-烯和 1,2-二甲基-4-（丙-2-亚基）环己-1-烯］已被确认是超声诱导 2-MIB 通过脱氢、解离和结构重排过程得到的转化产物。

GSM 被超声诱导降解，形成（1*S*,4*αR*）-1,4-二甲基-1,2,3,4,4*α*,5,6,7-八氢萘和 (1*S*,4*αR*)-1,4*α*-二甲基-1,2,3,4,4*α*,5,6,7-八氢萘以及随后的脱氢得到相应的烯烃，另一个主要途径则包括开环并形成 (*S*)-2,3-二烯基-1,3-二甲基环己烯-1-甲醛。尽管有对 TPs 的鉴定数据，但是没有可以表明它们嗅味的特性信息，因此，目前还不清楚这些 TPs 物质是否会对水的感官质量带来影响。综上，嗅味物质的去除技术均有一定的局限性，对常规处理工艺水厂 PAC 吸附是一种有效的嗅味应急处理技术，但不同原水中的吸附效能及机理有待进一步研究；UV/H_2O_2 高级氧化是一种很有前景的应用技术，具有耗能低和使用周期长、无需新建构筑物，并兼具消毒作用等众多优点，但部分研究者认为UV/H_2O_2 降解 GSM 和 2-MIB 的降解链非常短，可能直接被矿化，与 O_3、O_3/H_2O_2、超声、TiO_2 光催化氧化等不同，AOPs 对 GSM 和 2-MIB 降解机理有差异，其降解机理、NOM 对降解效率影响及水质安全性等方面的研究有待进一步开展。

7.4 病原微生物

水体中存在种类繁多的微生物，其中大部分是无害且对水生态系统发挥正常功能必不可少的，但也存在可引发腹泻、肠胃炎、肺炎、伤寒等多种疾病的致病微生物，可能给大范围人群健康带来威胁。中国各大流域受到微生物污染的相关报道显示，完善及提高相关水质标准中的微生物指标对于控制水体微生物污染具有积极意义。中国《地表水环境质量标准》(GB 3838—2002）中仅有粪大肠菌群一项微生物指标。《生活饮用水卫生标准》（GB 5749—2022）97 项指标中，微生物指标有 5 项，分别为菌落总数、总大肠菌群、大肠埃希氏菌、贾第鞭毛虫、隐孢子虫。与美国、欧盟、WHO 等其他国家和地区的水质标准比较，从微生物指标数量方面判断，我国基本与国际接轨，某些指标值修订后更加严格，表明我国的饮用水卫生标准在不断完善。但是，现有标准中仍缺少病毒等微生物的控制指标。病原微生物引发的水质污染事件多为群体性事件，越来越多地受到社会关注。

7.4.1 污染特征

7.4.1.1 病原微生物的来源与分类

病原微生物是一类引起人类与动植物各种疾病的微生物，大多数水源性病原微生物通过人类和动物粪便污染进入供水系统，在水中以一定的数量存在，当其数量达到致病剂量时，进入生物体可以直接致病；还有少数病原微生物在水中存在数量不多，不直接对人类健康产生危害，进入供水管网后能够生长繁殖，最终对人类健康产生危害。饮用水中的病原微生物主要包括细菌、病毒、原生动物和寄生虫四大类。由致病性细菌、病毒和原生动物引起的传染性疾病是与饮用水有关的最常见、最普遍的健康风险。截至目前，已发现的水体病原微生物高达千余种，微生物可经饮食、呼吸、皮肤接触等途径感染人类，导致肠道、呼吸道疾病，甚至发生传染病。

（1）细菌

细菌是一类形状细短、结构简单、多以二分裂方式进行繁殖的原核生物，是在自然界分布最广、个体数量最多的有机体，大小通常以微米为计量单位。细菌能够引起机体产生疾病的性质，称为细菌的致病性或病原性。根据是否具有致病性，可将菌群分为致病菌和非致病菌两大类，但所谓非致病菌并不是绝对的概念。有一类菌群原属于宿主体内的正常菌群，与宿主之间、正常菌群之间，通过营养竞争、代谢产物的相互制约等因素，维持着良好的生存平衡，不会引起疾病的发生。当其集聚部位改变、机体抵抗力降低或菌群失调等情况下可引起宿主发病。水体中致病细菌引发疾病传播的事件最为常见，常见的致病细菌包括沙门氏菌、志贺氏菌、弯曲菌属、大肠杆菌、军团菌属、螺旋杆菌和弧菌等，可引发腹泻、神经系统疾病、出血性结肠炎、呼吸道疾病等。除了少部分细菌能够产生孢子外，大部分细菌在水体中存活的时间不长。

1）大肠埃希氏菌

大肠埃希氏菌俗称大肠杆菌，是人和动物肠道中正常菌群的主要成员，通常不会产生危害，而且还能合成维生素B和维生素K，产生大肠菌素。但在身体的其他部位，大肠杆菌可引起严重疾病，如泌尿系统感染、菌血症和脑膜炎。少数肠道病原菌株可引起急性腹泻。根据毒力因子的不同可将肠道致病大肠杆菌分为几种：肠出血性大肠埃希氏菌（EHEC）、肠产毒性大肠埃希氏菌（ETEC）、肠致病性大肠埃希氏菌（EPEC）、肠侵袭性大肠埃希氏菌（EIEC）、肠聚集性大肠埃希氏菌（EAEC）以及弥散性粘连大肠埃希氏菌（DAEC）。EHEC的某些血清型如大肠杆菌O157:H7可引起腹泻，EHEC菌株的感染力明显高于其他菌株。100个EHEC菌就可引起感染。ETEC感染的症状包括轻度水样大便、腹部绞痛、恶心和头痛。EPEC感染可引起婴儿严重慢性非出血性腹泻、呕吐和发热。EIEC可引起水样腹泻。肠致病性大肠杆菌是肠道微生物，人和动物是主要宿主。此外，EHEC感染还与食用生蔬菜如豆芽有关。大肠埃希氏菌致病性菌株在多种水环境中都可检测到。要通过人与人之间传播，与动物和食物接触以及饮用被污染的水也可导致感染。

2）军团菌

军团菌是革兰氏阴性、杆状、不形成芽孢的异养菌，其生长及原代分离培养需要L-半胱氨酸。军团菌广泛存在于各种水环境中，适宜温度为25～50℃，在25℃以上即可增殖。嗜肺军团菌是军团菌病的主要水源性病原体，主要引起肺部疾病。军团菌属是很多淡水环境如河流、溪水和蓄水池中的正常菌群，但数量相对较低。不过，在某些人造水环境中，该菌可大量存在，如与空调系统有关的水冷设备（冷却塔或蒸发冷凝器）、热水供应系统等。最常见的感染途径是吸入含此菌的气溶胶。污染的冷却塔、热水淋浴器、加湿器和水疗都可产生气溶胶。在某些与污染的水、食物和冰有关的病例中，误吸也是一种感染途径。该菌对消毒敏感，已证明一氯胺对杀灭该菌效果良好，可能与该消毒剂的稳定性以及对减少生物膜的强效有关。

3）铜绿假单胞菌

铜绿假单胞菌是假单胞菌科成员，为极化鞭毛的需氧革兰氏阴性杆菌。在适宜的培养基上生长时，可产生无荧光蓝色绿脓菌素。铜绿假单胞菌可产生催化酶和氧化酶，分解精氨酸产氨，并可利用柠檬酸盐作为唯一碳源。绿脓假单胞菌可引起多种感染，并易产生耐药性，主要定植在受损伤部位如烧伤和外科切口、患者的呼吸道以及眼部损伤部位，引发破坏性病变或败血症和脑膜炎，但对于没有任何易感因素的健康人群很少引起严重疾病。铜绿假单胞菌是常见的环境微生物，可见于粪便、土壤、水和污水中。该菌可在水环境以及与水接触的适宜的有机材料表面繁殖。在潮湿环境如洗涤槽、水槽、热水系统、淋浴器以及按摩池中都可分离到该菌。

4）肠球菌

肠球菌是粪链球菌的一个亚群，以单细胞、成对或短链形式出现。肠球菌属于兼性厌氧的革兰氏阳性菌，对氯化钠和碱性条件具有耐受性。肠球菌亚群包括粪肠球菌、屎肠球菌、耐久肠球菌和海氏肠球菌。肠球菌在被污水、人和动物排泄物污染的水环境中大量存在。因它们对粪便污染具相对特异性，可用作粪便污染的指示菌，但是从水中分离出的一些肠球菌偶尔也可从其他没有被粪便污染的介质如土壤中分离到。肠球菌群多数菌种不能在水中繁殖，但该菌群在水中存活的时间比大肠埃希氏菌（或耐热大肠杆菌）长，对干燥和氯的抵抗力更强。

5）产气荚膜梭状芽孢杆菌

产气荚膜梭状芽孢杆菌属于梭状芽孢杆菌属，为革兰氏阳性、厌氧、能够还原亚硫酸盐的细菌。由于可以产生芽孢，对不良的水环境条件如紫外线照射、温度、极端 pH 和诸如氯消毒过程等有很强的抵抗力。产气荚膜梭菌在大多数水体中不繁殖，而且是粪便污染的特异性指示菌。鉴于产气荚膜梭菌芽孢对消毒过程和其他不良环境条件有强抵抗力，该菌被建议作为检测处理后的饮用水供水系统中原虫的指示生物。

6）金黄色葡萄球菌

金黄色葡萄球菌是需氧或厌氧、无动力、不形成芽孢、催化酶和凝固酶阳性、革兰氏阳性球菌，通常呈葡萄串样不规则排列。金黄色葡萄球菌是人体内微生物菌群的常见菌，但该菌可通过在组织中繁殖并广泛播散的能力以及产生的胞外酶和毒素两种不同机制致病。金黄色葡萄球菌在组织中增殖可引起疮、皮肤感染、术后伤口感染、肠道感染、败血症、心内膜炎、骨髓炎以及肺炎。金黄色葡萄球菌在环境中比较常见，但主要见于动物的皮肤和黏膜。金黄色葡萄球菌可通过人与水环境如游泳池、按摩池和其他娱乐性水环境接触释放到环境中，饮用水供应系统中也能检测到。手接触是目前最常见的传播途径。不良卫生习惯可导致食品污染。虽然金黄色葡萄球菌对余氯的抵抗力较大肠杆菌略高，但是该菌在水中还是很容易通过传统的处理和消毒方式加以控制。

（2）病毒

病毒是一种个体微小、结构简单、只含一种核酸（DNA 或 RNA）、必须在活细胞内寄生并以复制方式增殖的非细胞型生物，大小通常以纳米为计量单位。与细菌最大的不同是，病毒是一类严格的活细胞内寄生类微生物，进入宿主的活细胞后，借助宿主细胞为其提供的原料、能量和酶等必要条件，以自我复制的方式进行增殖。病毒在水中能长时间以无生命的生物大分子状态存在，并保持其侵染活力，感染剂量通常较低。水体中的致病病毒包括 DNA 病毒（如腺病毒）和 RNA 病毒（如肠道病毒、诺如病毒、肝炎病毒、轮状病毒和星状病毒等），可引发人类发热、心脏病、肝炎、脑膜炎和呼吸道感染等疾病。此外，2003 年由冠状病毒 SARS CoV 引起的重症急性呼吸综合征和 2019 年由 2019-nCoV 引起的新型冠状病毒肺炎的部分患者的粪便中检测到了病毒，由此推测地表水环境有受冠状病毒污染的风险，水环境中的病毒普遍存在于各类地表水体中。此外，水环境中的病毒还具有存活时间久、感染风险大等特点。

1）腺病毒

腺病毒科分为哺乳动物腺病毒属（哺乳动物宿主）和禽腺病毒属（禽类动物宿主）两个属。腺病毒在自然界广泛存在，可感染鸟类、哺乳动物和两栖动物。腺病毒无包膜、含双链 DNA 基因组、衣壳呈二十面体对称、直径约 80nm，有独特纤维结构。人类腺病毒能引起各种感染和一系列临床症状，如感染胃肠道（肠胃炎）、呼吸道（急性呼吸道疾病、肺炎、咽结膜热）、尿道（子宫颈炎、尿道炎、出血性膀胱炎）和眼睛（流行性角膜结膜炎，又称“船坞眼”）。不同血清型的人类腺病毒引起不同的疾病。人类粪便中含有大量腺病毒，在污水、水源水和经过处理的饮用水中都有存在，且这种现象遍及世界。已发现人类腺病毒可以在原水和处理过的饮用水中大量存在。腺病毒不能用常规的细胞培养分离方法检测。有研究表明，在用 PCR 技术可检测到的所有病毒中，腺病毒在水里的发生率仅次于肠道病毒。人类腺病毒对某些水处理和消毒方法特别是紫外照射有较强抵抗力，所以备受重视。

2）肠道病毒

肠道病毒属是小 RNA 病毒科的成员之一，是已知的最小的病毒之一，无包膜，含单链 RNA 基因组，衣壳呈二十面体对称，直径 20 ～ 30nm，包括脊髓灰质炎病毒、柯萨奇病毒、艾柯病毒和肠道病毒。肠道病毒是引起人类感染的最常见病原体之一，引起的疾病多种多样，从轻度发烧到心肌炎、脑炎、脊髓灰质炎、疱疹性咽峡炎、手足口病和新生儿多器官衰竭。肠道病毒常常存在于下水道、水源和处理过的饮用水中。在很多食物中也容易检出肠道病毒。肠道病毒最主要的传播途径包括人与人之间的接触及吸入空气和呼出物中的病毒。肠道病毒经饮用水传播也可能是重要的途径。由于肠道病毒对消毒有强抵抗力，大肠杆菌不能作为判断饮用水中是否存在肠道病毒的可靠指标。

3）诺如病毒

诺如病毒，又称诺瓦克病毒，是人类杯状病毒科中诺如病毒属的原型代表株。它是一组形态相似、抗原性略有不同的病毒颗粒。诺如病毒感染性腹泻在全世界范围内均有流行，全年均可发生感染，感染对象主要是成人和学龄儿童，寒冷季节呈现高发。

4）轮状病毒

轮状病毒无包膜，含分节段的双链 RNA 基因组，衣壳呈二十面体对称，直径 50 ～ 60nm。衣壳被双层壳包裹，因外形似车轮，所以取名为轮状病毒。轮状病毒属和肝脑脊髓炎病毒属是轮状病毒科与人类感染相关的两个属。人轮状病毒是引起全世界新生儿死亡的一个重要的原因，可以感染小肠绒毛上的细胞，破坏钠离子和葡萄糖的运输。急性感染发病快，伴有严重的水样腹泻、发热、腹痛和呕吐，可发展成脱水和代谢性酸中毒，如果处理不当感染可导致死亡。生活污水和被人类粪便污染的环境中很可能含有大量的人轮状病毒。在污水、江河、湖泊和处理过的饮用水中都可检出人轮状病毒。人轮状病毒通过粪口途径传播。人与人之间的传播和吸入空气中的人轮状病毒或包含病毒的气溶胶比摄食污染的食物和水要严重得多。虽然饮用水摄入不是人轮状病毒传播的主要途径，但是饮用水中存在的人轮状病毒还是对人类健康构成风险。由于人轮状病毒对消毒有强抵抗力，大肠杆菌不能作为判断饮用水中是否存在人轮状病毒的可靠指标。

5）甲型肝炎病毒

甲型肝炎病毒是小 RNA 病毒科肝病毒属的唯一成员，用常规的细胞培养方法不能容易地培养和检测到甲型肝炎病毒。环境样品中的甲型肝炎病毒的确认主要是基于 PCR 技术。甲型肝炎病毒引起甲型肝炎，具有很高的感染性，且感染剂量低。和其他肠道性病毒类似，甲型肝炎病毒通过摄食进入胃肠道而感染上皮细胞，然后进入血液和肝脏，导致严重的肝细胞损伤。人与人之间的传染是最常见的传播途径，而污染的食物和水也是甲型肝炎病毒重要的传染源。由于甲型肝炎病毒对消毒有强抵抗力，大肠杆菌不能作为判断饮用水中是否存在甲型肝炎病毒的可靠指标。

6）戊型肝炎病毒

戊型肝炎病毒无包膜，含单链 RNA 基因组，衣壳呈二十面体对称，直径 27 ～ 34nm。戊型肝炎病毒不能用常规的细胞培养方法培养和检测。环境样品中的戊型肝炎病毒检测主要是基于 PCR 技术。戊型肝炎病毒引起肝炎，在很多方面类似于甲型肝炎。戊型肝炎病毒随感染患者粪便排出，在原水和处理过的污水中可检出病毒。污染的水与疾病的大暴发有关。戊型肝炎病毒与其他肠道病毒不同之处在于它是唯一可感染动物宿主的肠道病毒。已证实被污染的水是戊型肝炎病毒的一个来源。存在于饮用水中的戊型肝炎病毒可对健康构成重要风险。没有实验证据表明戊型肝炎病毒对消毒有抵抗力，但是经水传播而导致疾病暴发的资料提示戊型肝炎病毒和其他肠道病毒一样可能对消毒有抵抗力。由于戊型肝炎病毒可能对消毒有较强的抵抗力，大肠杆菌不能作为判断饮用水中是否存在戊型肝炎病毒的可靠指标。

（3）原生动物

原生动物是原生生物门中较接近动物的一类，又称原虫。由单细胞组成，异养生活，能够运动，部分物种介于植物和动物之间。原生动物作为一个完整的生物体，具有完成一切生命活性相应的器官。原生动物的大小为 1 ～ 100μm，水体中常见的致病原生动物主要包括隐孢子虫、贾第虫、痢疾阿米巴虫、麦地那龙线虫、血吸虫等，可引发腹泻等疾病。以隐孢子虫、贾第鞭毛虫为代表的致病性原生动物感染剂量低，氯耐受性强。原生动物能够通过产生卵囊增加其在环境中的存活率。对水环境中的病原真菌的研究相对较少，截至目前，在水体中发现的真菌的数目超过 400 种，仅发现其中 46 种真菌生物安全等级为 2 级（对个体有中低危险，对群体的危险度低），致病性真菌通常引发人类的皮肤问题。

1）贾第虫

贾第虫和隐孢子虫是一类寄生于人体和动物体内的肠道致病性寄生虫，会引起腹痛、腹泻和吸收不良等症状。贾第虫感染人体后以滋养体的形式存在，之后形成孢囊，随粪便排出体外。孢囊呈椭圆形，长度为 8 ～ 14μm，宽度为 7 ～ 10μm，内含 2 ～ 4 个核，一般位于囊体的一端。在环境中检测到的贾第虫为其孢囊，属于病原微生物的休眠体，能够抵御外界不良环境，并且能够耐受常规水处理中的氯消毒，因此在水环境中具有较长的存活时间和潜伏期。

2）隐孢子虫

隐孢子虫感染宿主后以卵囊形式排放于环境中。卵囊呈圆形或椭圆形，直径 4 ～ 8μm，成熟的卵囊内含 4 个裸露的月牙形子孢子。在环境中检测到的隐孢子虫为其卵囊，属于病原微生物的休眠体，能够抵御外界不良环境，并且能够耐受常规水处理中的氯消毒，因此在水环境中具有较长的存活时间和潜伏期。

3）毕氏肠微孢子虫

微孢子虫是专性单细胞胞内寄生虫，为单一种系。目前有超过 150 个属和 1400 个种，新的虫种还在一直出现，因此其分类十分庞杂。毕氏肠微孢子虫是微孢子虫的一个属，在至少 10 种感染人的微孢子虫属中毕氏肠微孢子虫在人体中的检出最为普遍，所以具有较之其他属更为重要的公共卫生意义，因此也更受关注。

4）血吸虫

寄生在脊椎动物血管内的吸虫称为血吸虫。一般吸虫为生物源性蠕虫，雌雄同体（如肝吸虫、肺吸虫）血吸虫（裂体吸虫）是发生在热带和亚热带地区的一种主要寄生虫，其传播过程是由感染的淡水螺释放出血吸虫的幼虫尾蚴，尾蚴再穿透皮肤使人感染。接触水体是主要的传播途径。常见的类型有日本血吸虫、曼氏血吸虫、埃及血吸虫、间插血吸虫等。血吸虫病是 WHO 重点防治的热带病之一，位居我国寄生虫病之首。

7.4.1.2 病原微生物的分布及污染特征

（1）致病菌

细菌类病原微生物除了在水体的水相中存在、存活或生长外，还可能会附着在水体中的底泥、石头等固相介质中，形成生物膜。生物膜对细菌具有保护作用，尤其是对非土著的肠道病原菌，肠道中的生存环境是无氧无光且营养丰富的，病原菌进入城市地表水体之后，原本适应生存的条件改变了，水中溶解氧浓度较高，营养物质浓度相对肠道环境大大降低，而且会受到阳光照射，所以大部分肠道病原菌是很难适应这样的地表水环境而正常繁殖生长的。因此，有些肠道病原菌已经进化出抵抗外界环境压力而存活甚至生长的机制，生活在生物膜中就是其中一个比较重要的策略，它们可能是主动形成生物膜或进入其他菌群聚集的生物膜，此外还进化出修复紫外照射损伤、耐受饥饿的能力等。聚集生活在生物膜中对肠道病原菌的保护作用体现在：a. 遮挡部分光线，减弱紫外照射；b. 生物膜内易形成缺氧或无氧微环境，更接近肠道环境；c. 生物膜中的胞外聚合物对外界压力有缓冲作用；d. 生物膜内与其他细菌联系更紧密，利于细菌间的合作，比如利用其他菌产生的中间产物进行代谢，或通过水平转移获得抗性基因等；e. 生活在水生植物根际上的生物膜，植物根尖、根部分叉处容易破损，可在局部提供更多营养。

1）污水中的致病菌

易鑫等对北京市 4 种不同污水处理系统中大肠杆菌、军团菌和沙门氏菌随工艺及四季的数量变化进行了追踪研究，以评估病原菌的去除效果及污水回用的健康风险。结果发现，大肠杆菌在夏季进水和出水中的浓度分别在 $10^7 \sim 10^8$copies/mL 和 10^5copies/mL 左右；G-A/O 系统对大肠杆菌的去除率最高，平均去除率达 99.88%。军团菌在 4 个污水处理系统中进水浓度为 $10^4 \sim 10^5$copies/mL，出水浓度约为 10^4copies/mL，其在剩余污泥样品中浓度较高，达到 $10^5 \sim 10^6$copies/mL。沙门氏菌进水浓度较低，为 $10^2 \sim 10^3$copies/mL，且其在多个工艺段样品中未检出。季节变化对于病原菌的去除具有较大影响。研究表明，大肠杆菌在各污水处理系统中均可检出，且其分布具有一定的季节性，夏季的进出水中浓度相对较高；而军团菌和沙门氏菌浓度在各工艺中并未呈现出明显的季节性变化。G-A/O 系统对 3 种细菌的整体去除效果最为稳定，去除率较高。大肠杆菌在污水处理厂的出水及剩余污泥中浓度仍然较高，此外，冬季出水中也能检测到沙门氏菌的存在，因此，污水处理厂的出水和污泥排放仍存在一定的生态和健康风险。

2）地表水中的致病菌

Nshimyimana 等研究了新加坡的城市水源水域和集水水域的情况，共检出 33（/39）个病原菌属，占总条带数的 6.3%，以及 29 种占总条带数 2.3% 的潜在病原菌种。主要的属有 *Acinetobacter*、*Arcobacter*、*Aeromonas*、*Pseudomonas*、*Clostridium*。Ibekwe 等研究了美国圣安娜河流域的情况，对支流水和底泥中的细菌病原菌多样性进行了分析，共检出了 36（/36）个病原菌属以及 16 种潜在病原菌种（相似度在 99% 以上），其中自然生态区域的样品中总丰度较低，而城市、农业区域总丰度相对较高。主要检出的属有 *Aeromonas*、*Clostridium*、*Bacillus*、*Pseudomonas*，主要检出的潜在种有 *Mycobacterium* spp.、*Clostridium* spp. 等。

在我国，有关地表水中（尤其是城市区域的）细菌病原菌的研究起步相对较晚。Liu 等利用 qPCR 方法研究了西安市 2 条河和 2 个湖水中 *Shigella dysenteriae*、*Vibrio cholerae*、*Salmonella typhimurium*、*E. coli* 的水平；Hong 等利用培养法研究了珠江三角洲 6 个水源水中的总大肠菌群数和粪大肠菌群数；Xiao 等利用 MPN 结合 PCR 的方法研究了万州市三峡库区中 *Salmonella*、肠出血性 *E. coli*；Li 等利用培养法调研了夹河入海口的大肠菌群数；Huang 等利用富集培养结合 PCR 的方法研究了台湾城镇溪流中 *Salmonell*a spp. 的季节变化规律，发现其在夏天检出率最高，可能与降雨和温度有关。Sun 等研究了南京城市区段长江中粪便细菌群落结构和丰度，同时分析了其中潜在病原菌种的情况，检出 22（/34）个病原菌属（0.42% ～ 3.85%），以及 19（/51）个病原菌种（0.18% ～ 1.2%）。主要检出的属包括 *Clostridium*、*Arcobacter*、*Pseudomonas* 和 *Escherichia-Shigella* 等，在 97% 比对标准下，主要检出的潜在种包括 *Arcobacter butzleri*、*Aeromonas veronii*、*Bordetella pertussis*、*Pseudomonas aeruginosa*。

侯丽媛等研究发现九龙江分布有 68 个潜在病原菌属，占序列总量的 6.1%。其中梭菌属（*Clostridium*）、分支杆菌属（*Mycobacterium*）和鞘氨醇单胞菌属（*Sphingomonas*）在所有样品中都有检出，且丰度最高，分别占病原菌属序列总量的 54. 5%、5.9% 和 5.6%。在种水平上，九龙江分布有 48 种病原菌，占序列总量的 0. 76%。其中 *Afipia felis*、*Mycobacterium asiaticum*、*Clostridium baratii*、*Brucella melitensis* 和 *Delftia tsuruhatensis* 是丰度最高的 5 种病原菌，分别占病原菌种序列总量的 48.9%、20.3%、8%、2.7% 和 1.7%。统计分析表明，九龙江水体中分布的病原菌种类数（属或种）显著高于沉积物中，且西溪水体检出的病原菌种类数（属或种）和丰度最高，说明九龙江水体尤其是西溪水体受病原菌污染的风险较高。此外，相关分析表明，九龙江水体中病原菌的种类数（属或种）和丰度与营养盐（氮、磷）有着显著的正相关关系，说明九龙江水体中分布的病原菌与沿岸的人类活动如养殖业、污水排放等密切相关。因此，为保证流域的公共卫生安全，需进一步加强污染源清理整顿工作，开展水环境病原菌的实时监测。

张崇淼等以西安市地表水为对象，对水源水、景观娱乐用水以及城市河流样品肠道病毒在各地表水体中都有检出，浓度大都在 10^3copies/L 以下。大肠埃希氏菌的含量在保护良好的水体和接纳城市污水的水体中有明显差别，伤寒沙门氏菌和志贺氏菌通常出现在受粪便污染较重的水体中。各种肠道病原微生物在城市地表水体中检出浓度的分布均符合对数正态分布规律。粪便污染指示菌与肠道病毒之间不存在显著的相关性，但却能在一定程度上反映典型肠道病原菌的存在情况。在大肠菌群或粪大肠菌群浓度为 10^4CFU/L 以上的样品中，伤寒沙门氏菌、志贺氏菌具有较高的阳性率。

3）饮用水中的致病菌

周昭彦等调查上海地区 14 所医院自来水中常见潜在病原菌的污染程度，并分析革兰氏阴性杆菌阳性检出率与供水系统特征的相关性。采用培养方法检测医院自来水水样中的丝状真菌、非结核分枝杆菌和革兰氏阴性杆菌。所有医院供水系统中均能分离到非结核分枝杆菌、丝状真菌和革兰氏阴性杆菌，84 份水样的检出率分别为 66.7%、50.6% 和 45.2%，仅少数水样中检出铜绿假单胞菌、嗜麦芽寡养单胞菌和曲霉菌属；革兰氏阴性杆菌阳性检出率与水管管龄、水龙头类型间存在相关性。

宋红梅等采集石家庄市自备井水、二次供水、出厂水、直饮水、医疗机构污水、游泳池水、景观水、集中空调系统冷凝水水样进行病原菌分离和鉴定。结果显示阴沟肠杆菌、铜绿假单胞菌、嗜水气单胞菌、弗氏柠檬酸杆菌、肺炎克雷伯菌、大肠埃希氏菌的检出率较高，依次为 24.0%(83/346)、22.8%(79/346)、15.3%(53/346)、13.3%(46/346)、12.1%(42/346)、12.1%（42/346）。水体环境中占优势的为条件致病菌，其在水域、季节上的分布存在差异。

（2）病毒

病原体广泛存在于环境之中，几乎任何水体都含有病原体，水环境中的病毒主要来自受病毒感染的人体，肠道病毒感染的人所排泄的每克粪便中可含有 10^{11} 个病毒颗粒，因此城市污水中含有大量的病原体，水体中的病毒污染主要来源是污水。和细菌不同，进入水体中的病毒不能继续繁殖，所以病毒总数在水环境中随时间而减少，稀释、凝结和沉淀是病毒在环境中减少的因素，而灭活则是病毒的蛋白质衣壳或核酸被破坏而死亡。影响水环境中病毒存活的因素非常多，主要可分为物理的、化学的和生物学因素三大类。大部分影响因素非常复杂，许多因素有直接的相互影响，细菌和藻类的活性直接影响病毒的存活，但它们又受到原生动物密度、捕食、pH 值、溶解氧、光和温度的影响。而光和温度可认为是关键因素，因为它们直接影响微生物群活性。病毒进入水体后自发地发生稀释、凝结和沉淀，但它们本身不是灭活因素，相反，吸附凝结和沉淀在悬浮颗粒上的病毒反而受到了保护，增加了其存活时间。进入环境中的病原体可以在不同的条件下存活相当长的时间，病毒在污水、自来水、土壤中可存活达数月之久。

由于目前病毒检测方法效率较低，这些结果应看作是最低值，排放至受纳水体（江、河、湖、海）的肠病毒量至少低估了 10 倍。污水排放后尽管被稀释了上千倍，但在各类地表水体中仍然可以检测到病毒。受纳水体（河、海）的病毒污染有以下几个特点：a. 污染源很多，来源各异，因此常称作扩散污染；b. 病毒能被水有效地长距离携带；c. 病毒常成群结团，或吸附于水中的固体物质上，其在水中的平均浓度不能用于预测感染剂量；d. 部分病毒凝聚成小团块，增加了水介质的不均匀性；e. 病毒在水中的分布是离散的，而不是均质的。

1）污水中的病毒

污水中病毒的种类和含量，与当地社会经济水平、生活卫生条件、疾病流行情况和病例数、带毒者数量以及疫苗使用等情况有关。同时，在不同季节，甚至同一天内不同时间，病毒含量也有所不同。病毒离开宿主细胞后能够存活一定时间，具体存活时间的长短与病毒种类和环境条件有关，包括温度、有机物和微生物，其中温度是病毒存活的关键影响因素。病毒在污水中一般会吸附在泥沙、黏土、矿物等悬浮固体表面，这些物质可以为病毒提供保护，使病毒具有一定的逆境抗性，从而延长其存活时间。如果这些固体沉淀下来，也可以成为去除病毒的一种机制。需要注意的是，当病毒颗粒形成聚合体可以提高其在不利环境因素下的存活概率，这也同时提醒污水厂要高度重视污水处理工程中的污泥无害化处理环节。

污水中的病毒浓度取决于受感染人数和受感染个人传播病毒的速度。大多数污水中病毒数据是关于肠道病毒和 qPCR 法测量的，污水厂进水中基因组浓度高达 10^8 ～ 10^9copies/L。受限于细胞培养技术和病毒提取方法，污水中病毒粒子数量的报道很少，只能由人体粪便或尿液样本中的病毒量大致推测。例如，诺如病毒在人类粪便样本中的基因组浓度可以达到 10^{10}copies/L，而在非疫情期间，该数值为 10^9copies/L。JCPyV 病毒和 BKPyV 病毒在人类尿液中的基因组浓度为 10^{10}copies/L，在污水中的浓度为 10^8copies/L。SARS 病毒在患者腹泻排泄物中的基因组浓度为 10^{10}copies/L，而患者尿液中的基因组浓度为 2.5×10^7copies /L。综合分析已有研究信息，疫情期间人类排泄物中病毒浓度可能提高 1 个数量级，而污水中病毒浓度比排泄物中低 1 ～ 2 个数量级。

原污水中病毒的含量非常高，据报道美国生活污水中病毒含量在 10 ～ 710PFU/L 之间，以色列海法市则为 6000 ～ 106000PFU/L，南非是 180 ～ 463500PFU/L，巴西某地原污水中检出的肠病毒数量为 0 ～ 3300PFU/L，西班牙某原污水中检出肠病毒数量为 267PFU/L，轮状病毒数量范围为 666 ～ 95000PFU/L，样品阳性率为 100%，英国某原污水中检出肠病毒数量为 57500PFU/L，样品阳性率为 80%，法国某原污水样品病毒阳性率为 60%，我国上海生活污水中病毒含量则为 320 ～ 17600PFU/L，月平均 6000 ～ 490000PFU/L，最高含量达到 2.1×10^7PFU/L。

张德友对北京地区 3 座污水处理厂及纳污水体轮状病毒污染情况调研结果显示，140 份水样中常规检测轮状病毒阳性结果 36 份，阳性率为 25.71%；实时荧光定量 RT-PCR 检测轮状病毒阳性结果有 43 份，阳性率为 30.71%。轮状病毒的检出主要集中在秋冬季，与北京地区婴幼儿腹泻暴发的季节特征一致。在 3 座污水处理厂及纳污水体水样中，病毒的检出主要集中在 1 月份的景观水体水样中，其他季节偶有检出。经二级处理后的污水中病毒浓度仍相当高，一些国家二级生物处理出水中病毒的定量分析数据结果显示病毒浓度平均值在 1 ～ 100PFU/L。

2）地表水中的病毒

各类地表水每天直接或间接地接纳大量的污水废物。同时，即使是经过处理的污水排放水中仍然含有一定量的病毒，世界各地几乎都从地表水中检出病毒，英国、法国以及我国河流、湖泊等病毒含量为 0.3 ～ 620PFU/L。总之，水中与其他类型的水体中的实际病毒含量和种类会比所列的浓度高和种类多，因为水中还含有其他的动、植物病毒，相比起来，人肠道内病毒仅占一小部分；同时水样浓缩过程又仅能浓集到对外界环境抗性较强的病毒，并且各种病毒所需的浓集条件也不尽相同，且也无法达到 100%；分离培养时，不同病毒对培养细胞的敏感性亦不同，一种水体病毒浓缩方法及动物细胞培养往往只对某些类型的病毒有效，而对其他病毒类型无效或效果不好。因此，即使在发达国家，在含有一定量余氯而细菌学指标合格的水环境中，也仍可以发现病毒甚至多种病毒高浓度存在。

郑耀通于 1998 ～ 2000 年间对闽江流域水体的 90 个水样调研结果发现，肠道内病毒阳性率 71.%，阳性水样平均病毒浓度 5.326PFU/L；植物病毒检出率 32.2%，阳性水样平均植物病毒浓度 0.3006PFU/L，其中三个污染控制断面的肠道内病毒阳性检出率及病毒浓度显著高于对照和削减断面，揭示闽江福州段水环境病毒污染水平同福州市内河生活污水排放有直接的关系，而大腹山引水内河冲污工程的实施显然又加剧了闽江病毒污染的程度，增加了饮用水的微生物学危险性。

3）饮用水中的病毒

世界各地饮用水的质量差异甚大。特别是农村和小镇，有时就用没有处理过的水饮用，但大城市一般均用处理过的水。然而目前的饮用水处理技术无法保证 100% 地去除原水中的病毒，这种状况在本来就原水污染严重且饮水处理技术相对落后的发展中国家则更为普遍和严重。自 1980 年以来，世界各国多次从饮水中发现肠道病毒。Guttman-Bass 总结了从自来水中分离到的病毒情况。国内张楚瑜在武汉某水厂自来水中检出柯萨奇病毒、腺病毒，并在同一水厂的自来水中一年四季均检出病毒且病毒浓度高达 50PFU/L。国内外已有许多报告提及，当水质达到饮用水标准（大肠杆菌、细菌总数、余氯等）时，仍不能保证无病毒。从自来水，中检出病毒甚多，其含量在 0.0167 ～ 1PFU/L。

（3）原生动物

1）污水中的分布及污染特征

污水是各类自然水体中水源性寄生虫分布相对较高的水体，其中基因型的分布也较为多样。世界范围内，隐孢子虫在污水中均有分布，例如中国、日本、美国、西班牙、突尼斯、英国、罗马尼亚等地的污水中均检测出隐孢子虫。由于隐孢子虫卵囊对常规的消毒方式具有很强的耐受性，而且在环境中可以存活很长时间，因此污水中隐孢子虫的卵囊分布比较普遍。污水中的隐孢子虫虫种除最常见的人隐孢子虫、微小隐孢子虫和安氏隐孢子虫外，还有犬隐孢子虫、猫隐孢子虫、鼠隐孢子虫、泛在隐孢子虫、火鸡隐孢子虫和贝氏隐孢子虫等。在美国和欧洲的一些发达国家中，污水中的隐孢子虫虫种以人隐孢子虫、微小隐孢子虫和安氏隐孢子虫为主。在西班牙的一项研究中，对 184 份污水水样进行 PCR 扩增，结果表明 65 份为阳性，其中微小隐孢子虫阳性样品有 25 份，占阳性样品总数的 38.5%，另外 8 份中也有微小隐孢子虫与其他基因型的混合污染。在芬兰的另一项针对污水的研究结果表明，36 份污水样品中检出的 6 份阳性样品中，5 份样品为微小隐孢子虫，占阳性样品总数的 83.3%。在美国的一项研究中，安氏隐孢子虫阳性的样品占阳性样品总数的 55.6%，而另一项在美国的研究表明 50 份阳性样品中安氏隐孢子虫阳性有 23 份，占阳性样品总数的 46%。人隐孢子虫与微小隐孢子虫的分布差异产生的原因可能是采样策略的差异。如果污水采样地点处于人群密集聚居的社区，一般其中的隐孢子虫以人隐孢子虫为主，但如果采样地点周围有动物存在时，污水中微小隐孢子虫的占比就相对较大。一些欧美发达国家的养牛产业较为发达，因此其污水中的安氏隐孢子虫基因型占比也会相对较大。亚洲国家，污水中的隐孢子虫虫种以人隐孢子虫为主。日本的一项针对污水中隐孢子虫卵囊的虫种鉴定的研究结果表明，在 107 份样品中，74 份为 PCR 阳性，阳性率为 69.2%，在其阳性样品中检出人隐孢子虫共计 38 份，占阳性样品总数的 51.4%。另一项日本相似的研究中，239 份样品中有 148 份为隐孢子虫 PCR 结果阳性，其中人隐孢子虫阳性的样品有 78 份，占阳性样品总数的 52.7%。

我国部分城市和地区的污水中，隐孢子虫的分布也较为广泛。上海部分地区的生活污水中隐孢子虫阳性率达 60% ～ 70%，哈尔滨部分地区的生活污水中隐孢子虫阳性率为 31.3%。从虫种和基因型的角度来说，我国一些城市的污水中隐孢子虫虫种与发展中国家的虫种分布相似，主要虫种为人隐孢子虫。例如，在两项独立进行的研究中人隐孢子虫阳性样品占所有隐孢子虫阳性样品数量的比例分别为 74.6%、39.2%。除人隐孢子虫外，在另外一些城市污水的研究中也发现了安氏隐孢子虫、微小隐孢子虫、泛在隐孢子虫、鼠隐孢子虫和火鸡隐孢子虫等虫种，但总体上看，我国污水中的隐孢子虫虫种还是以人隐孢子虫为主，这也说明我国的污水特点与大部分发展中国家类似，其中的隐孢子虫主要来源为人。

贾第虫在污水中的分布相对隐孢子虫更为广泛，在全世界均有分布。在大多数研究中，污水中的贾第虫阳性率要高于隐孢子虫阳性率。总体上，贾第虫在污水中的阳性率比较高，例如美国 55.3%、挪威 81.3%、西班牙 25.7%、突尼斯 66.7% 和芬兰 88.9% 等，意大利的一项研究中贾第虫的阳性率高达 100%，另一项针对法国某地的研究中贾第虫的阳性率也为 100%。污水中贾第虫的阳性率高，说明贾第虫不仅在环境中广泛分布，而且与人的关系较为密切，在人群中的感染率可能也较高，具有重要的公共卫生意义。与隐孢子虫的主要感染人的虫种人隐孢子虫和微小隐孢子虫的地域分布特征不同，贾第虫主要感染人的聚集体 A 和聚集体 B 在污水中的分布没有明显的地域特征。亚洲地区如中国、越南等相关研究中污水中贾第虫的检出率为 47% ～ 82%，欧洲部分国家的相关研究中污水中贾第虫的检出率为 25% ～ 100%，其他一些美洲和非洲国家的阳性率也大致在这个范围，并没有明显的差异。我国的一些针对污水中贾第虫分布的研究中，贾第虫的阳性率为 50% ～ 88%。

贾第虫的亚聚集体均以 AⅡ 为主。例如一项针对上海的污水处理厂的水质研究中，50 份水样有 44 份为贾第虫阳性，与我国其他一些地区的相关研究中贾第虫亚型分布的结果类似。例如一项针对我国上海、武汉、南京和青岛地区污水的研究结果表明，4 个城市的污水中的贾第虫阳性率分别为 94.5%、67.8%、97.2% 和 69.0%。结合隐孢子虫在我国污水中的分布，可以认为贾第虫在我国的城市污水中也有着稳定和广泛的传播。控制贾第虫在污水中的传播，对于提升居民生活质量、保障城市环境安全具有重要的公共卫生意义。我国对毕氏肠微孢子虫的研究相对较多。除以上所述的上海地区的污水研究外，还有一些对其他城市和地区污水的研究。在一项针对我国中部地区污水中的毕氏肠微孢子虫的研究中，108 份水样的阳性率为 42.6%。这些在污水中发现的基因型有只感染人的基因型和人兽共患型基因型，另外还有只感染动物的基因型，这也说明我国污水中的毕氏肠微孢子虫来源比较复杂，而且动物也是造成污水中毕氏肠微孢子虫出现的因素。另一项针对我国上海、武汉、南京和青岛四个城市污水的研究表明，污水中的毕氏肠微孢子虫分布较为广泛，在这 4 个城市中，毕氏肠微孢子虫的阳性率分别为 94.5%、62.1%、91.7%、99.0%，其中基因型 D 也是主要基因型，与郑州污水研究结果相似，说明毕氏肠微孢子虫在我国部分城市和地区中具有广泛而流行的传播，因此加强这些城市与地区污水中的水源性病原微生物监测，控制污水中水源性病原微生物的传播具有重要的公共卫生意义。

2）地表水（原水）中的分布及污染特征

隐孢子虫在河流与原水中也有分布，其中一些河流也是原水的取水源头。隐孢子虫在我国、罗马尼亚、加拿大、伊朗、美国、葡萄牙、比利时等国家的地表水（原水）中均有检出。河水和原水中隐孢子虫的虫种分布较为多样，即水样中检出的隐孢子虫虫种较多，而河水与原水中隐孢子虫的阳性率相对较高为 7.5% ～ 73.3%。河水与原水这些地表水中的主要虫种为安氏隐孢子虫和微小隐孢子虫。这也说明在自然环境中动物对环境水质的影响比较大。我国的一项针对三峡的水源性寄生虫的分布研究结果表明，57 份水样中，有 19 份为隐孢子虫阳性，其中主要的虫种是安氏隐孢子虫，7 份隐孢子虫阳性水样中的虫种检测为安氏隐孢子虫，占隐孢子虫阳性总数的 36.8%，此外，猪隐孢子虫的阳性数量仅次于安氏隐孢子虫，在 2 份隐孢子虫阳性中检出，占阳性数量总数的 10.5%。安氏隐孢子虫主要感染牛，而猪隐孢子虫主要感染猪，这两种虫种在三峡中的分布特点说明三峡周边的养殖动物对其水质造成了一定的污染，而且就隐孢子虫虫种来看，其主要来源就是猪和牛等养殖动物。

与隐孢子虫类似，贾第虫在地表水（原水）中也有着广泛的分布。贾第虫在地表水（原水）中的阳性率在 12.5% ～ 77.7%，总体上低于污水中贾第虫的阳性率。就阳性率来说，在芬兰、罗马尼亚、西班牙、马来西亚、泰国等国家中，发展中国家与发达国家之间并没有大的差异。这说明贾第虫的全球分布的特征，也说明在水环境中具有着广泛的分布。从基因型的角度来看，地表水（原水）中发现的贾第虫聚集体主要为 A、B 和 E。

毕氏肠微孢子虫在地表水（原水）中的研究相对较少。在美国的一项研究中，67 份地表水样品中，阳性为 39 份，其阳性率为 58.2%，基因型的检出说明在采样区域的毕氏肠微孢子虫来源于动物，证明了动物也是造成水源污染的因素之一。另一项我国黄浦江的研究也证明了这点，在 178 份黄浦江水样中，共检出 56 份阳性，其阳性率为 31.5%，其主要基因型为 Ebpc，在 56 份阳性样品中这种基因型检出 37 份。

黄成琛对黄浦江原水中水源性寄生虫的存在情况研究结果表明，2013 年、2014 年、2016 年黄浦江原水样品中隐孢子虫的阳性率分别为 53.8% 、13.9% 和 0%，毕氏肠微孢子虫的阳性率分别为 33.9%、27.8% 和 1.3%，而贾第虫的阳性率分别为 22.6%、13.9% 和 5.1%。上海地区的原水、生活污水和溢流污水中均存在人兽共患的水源性寄生虫病原，且溢流污水中这些病原的污染较为严重，具有一定的致病风险。

7.4.2 筛检技术

7.4.2.1 培养法

培养法检测对象主要是水环境中可培养病原微生物，多为细菌类。在人为控制条件下，为特定微生物创造适宜的生长繁殖条件，使之繁殖以达到可以检测的目的。目前生活饮用水卫生标准检验方法中的细菌类微生物检验方法主要以培养法为主，包括酶底物法、多管发酵法及滤膜法等。

（1）滤膜法

滤膜法，又称薄膜过滤法、膜过滤法、浓缩法，是以微孔滤膜截留液体样品中的微生物，并直接在滤膜上进行培养的微生物检验方法，在国内外环境监测、制药工业、食品工业、化妆品工业等领域得到了广泛的应用。滤膜法与其他微生物检验方法相比，具有适用范围广泛、不易受抑菌物质干扰的突出优点，被收载于 GB/T 8538—2016、GB/T 5750.12—2023、《中华人民共和国药典》（ChP）2010 年版等标准中。目前，滤膜法可用于总大肠菌群、大肠埃希氏菌、耐热大肠菌群、产气荚膜梭状芽孢杆菌、肠球菌、铜绿假单胞菌等多种细菌的检测，因大部分可培养微生物都可用滤膜法检测，其在环境监测领域应用最来越广泛。

滤膜法检测技术是以微孔滤膜截留液体样品中的微生物，并直接在滤膜上进行培养的微生物检验方法，适用范围更广、不易受抑菌物质干扰。采用适当的正压或负压，可以使大量的水或水溶液快速通过，但是膜的微小的孔径可以阻止细菌通过。残留在滤膜表面上的细菌随膜一起置于培养基上进行培养，膜上的毛细孔可以吸收营养液并将营养提供给细菌。培养后一个细菌长成一个菌落。所用的培养基是该细菌滤膜专用的培养基，含有与常规培养基不相同的成分。在使用选择性琼脂培养基时，由于培养基的组分不同其扩散率也不同，这会严重影响培养基的选择性，所以要测定选择性琼脂培养基的适用性。

微孔滤膜是利用高分子化学材料，致孔添加剂经特殊处理后涂抹在支撑层上制作而成。微孔滤膜的常见分类：

① 混合纤维素酯膜，又称混纤（WX）膜。由硝酸纤维和醋酸纤维素制成，适用于水溶液，不耐酸、碱、有机溶剂。微孔滤膜主要规格：直径从 13mm 至 300mm，孔径从 0.22μm 至 5μm。应用于医药工业、电子工业、食品、机械等行业的细菌和微粒过滤。

② F 膜，又称偏氟膜，由聚偏氟乙烯树脂制成，为疏水性滤膜，适用于有机溶剂及空气过滤，直径从 13mm 至 300mm，孔径从 0.22μm 至 1.2μm。应用于有机溶剂除微粒，提高试剂级别等。

③ Nylon（尼龙）膜，通用型，满足纯水样品和水 / 有机混合样品。

另外还有聚酯膜、玻璃纤维膜、测尘膜等，滤膜的孔径范围从 10nm 到 8μm 或更大，对大多数微生物分离和计数时使用的滤膜孔径为 0.43 ～ 0.47μm。少数直径很小的细菌需要直径为 0.2 ～ 0.22μm 的滤膜。

滤膜法检测主要用到的仪器耗材包括：薄膜过滤器、微孔滤膜、真空泵、培养皿（90mm×12mm）、无齿镊子、恒温培养箱及其他仪器。

（2）多管发酵法

多管发酵法是大肠菌群检测的经典方法，也是目前的国标方法。该方法技术要求相对较低、分析成本亦较低、得到结果较准确，但检测操作步骤烦琐，并需要验证试验，耗时长，分析测试人员较少或样品量较大时完成检测任务有较大的难度。

人的肠道中存在大肠杆菌（G–）、肠球菌（G–）和产气荚膜杆菌（G+）三大类细菌。由于大肠菌群的数量大，在体外存活时间与肠道致病菌相近，且检验方法比较简便，故被定为检验肠道致病菌的指示菌。

粪大肠菌群是总大肠菌群中的一部分，主要来自粪便。在 44.5℃温度下能生长并发酵乳糖产酸产气的大肠菌群称为粪大肠菌群。用提高培养温度的方法造成不利于来自自然环境的大肠菌群生长的条件，使培养出来的菌主要为来自粪便中的大肠菌群，从而更准确地反映出水质受粪便污染的情况。粪大肠菌群的测定可以用多管发酵法和滤膜法。

多管发酵法以最可能数（most probable number, MPN）来表示试验结果。实际上它是根据统计学理论估计水体中的大肠杆菌密度和卫生质量的一种方法，在我国现行国家标准中已被广泛应用。McCrady 在 1915 年率先发表了用 MPN 应用概率理论来估算微生物浓度的间接计数方法。这种检测技术结合了统计学和微生物学方法，将待测样品经系列梯度稀释并培养后，根据其未出现于生长容器的最低稀释度与出现于生长容器的最高稀释度，应用概率推算出待测样品中目标微生物的最可能数。

（3）酶底物法

基于传统检测方法的弊端，酶底物法应时而生。酶底物法（enzyme substrate technique）的检测原理是基于细菌的特定酶活性（例如 β-D-半乳糖苷酶和 β-D-葡萄糖醛酸苷酶）检测微生物（如大肠菌群等）的一种方法，因为其自身的特异性而广受研究者关注。目前酶底物法应用于水环境中总大肠菌群、耐热大肠菌群、大肠埃希氏菌、铜绿假单胞菌、肠球菌以及嗜肺军团菌等微生物的测定。其中酶底物法检测总大肠菌群、大肠埃希氏菌已经纳入《生活饮用水标准检验方法 第12 部分：微生物指标》（GB/T 5750.12—2023）以及环境行业标准 HJ 1001—2018，耐热大肠菌群酶底物检测法也在其中。

酶底物法检测所有耗材试剂均实现商品化，实验操作简便，无需确认试验，可同时检测水样中大肠菌群和大肠埃希氏菌。如果改变培养温度，还可用于耐热大肠菌群的检测。该方法检测周期短，18 ～ 24h 即可报告最终结果，大大节省了时间和人力。

酶底物法测定总大肠菌群、耐热大肠菌群的原理：在 37℃（44.5℃）温度条件下培养 24h，大肠菌群能产生 β-半乳糖苷酶分解 ONPG 使培养液呈黄色，检测水样中是否含有大肠菌群。统计阳性反应出现数量，通过查询 MPN 表，计算样品中的大肠菌群浓度。

酶底物法测定大肠埃希氏菌的原理：利用其产生 β-葡萄糖醛酸苷酶分解 MUG 使培养液在波长 366nm 紫外光下产生蓝色荧光，检测水样中是否含有大肠埃希氏菌。统计阳性反应出现数量，通过查询 MPN 表，计算样品中的大肠埃希氏菌浓度。

酶底物法测定肠球菌的原理：在 41℃温度条件下培养 24h，肠球菌能够产生 β-D-葡糖苷酶，将选择性培养基中荧光底物 4-甲基伞形酮-β-D-葡糖苷（4-MUG）分解，分解后的荧光底物在波长 366nm 紫外光下产生荧光，统计阳性反应出现数量，通过查询 MPN 表，计算样品中的肠球菌浓度。

酶底物法测定铜绿假单胞菌的原理：铜绿假单胞菌能够利用酶底物试剂中丰富的氨基酸、维生素以及其他丰富的营养物质快速生长和增殖，而且能够产生一种水解 Pseudalert 试剂中底物的酶，底物经酶水解后在紫外灯下产生蓝色的荧光，依此判定铜绿假单胞菌的存在；在波长 366nm 紫外灯下计数 36℃培养 24h 的定量盘产生荧光的孔数，通过相应的检索表得到样品中的铜绿假单胞菌的 MPN 值。

酶底物法测定嗜肺军团菌的原理：嗜肺军团菌利用酶底物试剂中丰富的氨基酸、维生素和其他营养成分迅速生长繁殖，同时会利用额外添加的酶底物反应生成一种棕色的指示物使溶液显褐色或者浑浊。恒温培养 7d 后，统计阳性反应出现数量，通过查询 MPN 表，计算样品中的嗜肺军团菌浓度。

7.4.2.2 分子生物学技术

不同的微生物具有不同的致病剂量，许多肠道病毒及原生动物只需 10 个及以下的感染颗粒或孢囊就会致病。对于水及污水中微生物多数需要人工分离、培养、鉴定，少数应用显微镜技术来检测，存在检测的准确度和精确度的局限性，是一项繁重、费时、费钱的工作。理想的检测方法应是快速灵敏、便宜、易于操作，能进行微生物数量的测定。针对这一问题，许多国家正在研究快速、准确的检测方法，其中分子生物学检测技术是具有发展前景的技术之一。

（1）聚合酶链反应技术

聚合酶链反应技术（PCR）是当今较为流行的新型分子检测方法。针对目的基因设计一对特异寡核苷酸引物，反应体系中加入 DNA 聚合酶和 4 种 dNTP，以目的基因为模板进行 DNA 体外扩增。由于反应进行多次循环，所以在短时间内扩增获得大量目的基因。PCR 及其衍生的多种方法已用于水体中微生物的检测。PCR 技术在近 20 年里发展迅速，从基因扩增到基因的克隆和改造以及遗传分析，可靠性逐步提高。Jbara 用 PCR 和传统法直接检测 75 例样本中的流感嗜血杆菌、脑膜炎奈瑟菌、肺炎链球菌，与传统方法相比，PCR 检测的特异度和灵敏度分别为 87.3% 和 100%。PCR 技术具有多种不同种类，如实时定量 PCR、多重 PCR、巢式 PCR、套式 PCR 和 ELISA PCR 等。近年来，随着各项技术的发展，应运而生的技术有荧光定量 PCR 技术、原位 PCR 技术、PCR-DGGE 等。

1988 年 Chamberian 等提出了多重 PCR 的概念，同一 PCR 反应体系里加上 2 对以上引物，可同时扩增出多个核酸片段，适合大量样本的分析与鉴定。

多重 PCR 具有：

① 高效性，在同一反应体系内可同时检出多种病原微生物，或对同一病原微生物的不同型别进行分型。

② 系统性，多重 PCR 很适宜于成组病原体的检测，如几种肝炎病毒同时感染，淋球菌、梅毒螺旋体、艾滋病病毒等多重性病病原体感染，需特殊培养的无芽孢厌氧菌感染，破伤风杆菌、炭疽杆菌、产气荚膜杆菌、鼠疫耶尔森菌等战伤感染细菌感染。

③ 经济简便性，多种病原体在同一反应管内同时被检出，节省试剂、节约费用、节省时间，为临床提供更快、更多、更准确的诊断信息。

Reyes 等用多重 PCR 从 90 例发热但培养阴性的儿童细菌性脑膜炎脑脊液样本中检测出了脑膜炎奈瑟球菌、肺炎链球菌、流感嗜血杆菌，特异度 100%，敏感度 89%。

实时荧光定量 PCR，在 PCR 反应体系中加入荧光基团，利用荧光信号积累实时监测整个 PCR 进程。其具有高度灵敏、高度特异、有效解决 PCR 污染问题、自动化程度高等特点。实时荧光定量 PCR 对性病病原体早期确诊、窗口期筛查、疗效检测、基因变异分析和预后评估等具有重要价值，为流行病学调查提供帮助。王娉等建立了多重实时荧光定量 PCR 反应体系，同一体系能同时快速检测出耐甲氧西林和产肠毒素 A 的金黄色葡萄球菌。荧光基团标记的特异性引物可准确反映病原体感染和药物疗效，特别适用于不可人工培养和难以培养的病原体如病毒、衣原体等感染的诊断。

PCR 方法已在致病性大肠杆菌的检测中有了比较深入而广泛的研究，取得了较好的应用成果。病原性大肠杆菌 O157:H7 可通过随机扩增多态性（RAPD）DNA 标记或实时荧光定量 PCR 等方法进行检测。Fitzmaurice 等利用实时定量 PCR 技术和逆转录 PCR 技术来定量检测大肠杆菌 O157:H7 的 *VT*1 和 *VT*2 毒素基因；Atlas 等使用 *lamB* 作为目标基因检测到 1 ～ 5 个目标基因 /mL；Fricker 等在 24h 内完成对 99 种不同的环境水样检测，取得了与标准方法 100% 吻合的检测结果。该方法已列为英国泰晤士河的例行检测项目。

宗祖胜等将 PCR 技术应用于检测饮用水中隐孢子虫、军团菌、金黄色葡萄球菌肠毒素 A 基因、病原体、大肠杆菌。Feachem 报告可检测到的病毒数量超过 10^3 ～ 10^4 粒子 /L；Green 和 Lewis 提纯和扩增水样中的病毒，检测的灵敏度提高到 1 个溶菌斑 /L。Le Guyader 等利用 PCR 技术在水样中进行甲肝病毒、星状病毒、轮状病毒、沙门氏菌、军团菌、弯曲杆菌检测；Turner 等成功地检测到甘氨酸脱羧酶基因，鉴定河流是否受到粪便的污染。PCR 技术通过样品中低含量的核酸模板实现对水中微生物的检测，无需分离、培养、鉴定水样中的微生物，大大地提高了检测效率和准确率，同时，可充分反映水样中病原微生物的种类及其多样性。

Yolanda 等采用 PCR 和荧光原位杂交技术（FISH）快速检测出弯曲杆菌。张洪军等利用 PCR-DGGE 与 FISH 技术对处理后的生活污水中的硝化菌群进行了分析。基于核酸序列的扩增技术（nucleic acid sequence based amplification, NASBA）是 RNA 体外扩增技术的一种，可不受双链 DNA 的污染，RNA 以指数形式扩增，具有更高的特异性和灵敏度，可用于水中病毒的检测。Jean 等利用多重 NASBA 技术检测甲型肝炎病毒（HAV）和人轮状病毒（HRV）。虽然 PCR 检测方法应用很广，但是该方法缺点是稳定性差，容易产生非特异性产物。首先，由于 DNA 检测无需使用活细胞，无法区分死、活细胞，无法准确判断微生物是否具有感染力；其次，由于 PCR 反应灵敏，任何抑制剂都会抑制 PCR 反应，任何污染都会造成假阳性结果。实时荧光定量 PCR 方法是对 PCR 方法的改进，可以极大地减少扩增阶段，目的基因扩增后可同时被荧光监测。荧光核酸探针（如分子信标）的发展为 PCR 方法提供新的机遇。分子信标利用多种荧光团的寡核苷酸探针，优点是较特异，即使一个核苷酸错配也不会增加荧光信号。其他特异的荧光寡核苷酸探针有 TaqMan 探针、荧光共振能量转移（FRET）和 Scorpion 等。实时荧光定量 PCR 比常规 PCR 可信性更高、特异性更好。Reischl 等利用实时荧光定量 PCR 方法检测了 *E. coli* 中的 *eae*、*hlyA*、*stx*1 和 *stx*2 基因。病毒和单一样本中多种目标生物的定量检测也可使用实时荧光定量方法。基于 PCR 检测方法检测水体病原微生物的报道见表 7-6。

表 7-6　基于 PCR 检测方法检测水体病原微生物

病原菌	水中存活时间	相对感染剂量	检测方法
E.coli	大于 1 年	高	PCR, Multiplex-PCR, RAPD-PCR, PFGE, RT-PCR, AFLP
V.cholerae	短	高	PCR, Multiplex-PCR, RT-PCR
P.aeruginosa	可繁殖	高	PCR, Multiplex-PCR, RFLP, Rep-PCR, PFGE, RT-PCR, AFLP
Salmonella sp.	中等	高	RFLP, Rep-PCR, PCR, RT-PCR, AFLP, Multiplex-PCR
Shigella sp.	短	高	Multiplex-PCR, nested-PCR, GFLP
Enteric viruses	长	低	PCR, RT-PCR, RFLP
E.histolytica	中等	低	PCR, pcrnested-PCR
Cryptosporidium	中等	低	RT-PCR, RFLP, RAPD

注：RAPD，随机扩增片段多态性 DNA；PFGE，脉冲场凝胶电泳；AFLP，扩增片段长度多态性；RFLP，限制性酶切片段长度多态性；GFLP，切割酶片段长度多态性。

国内外学者应用 PCR-DGGE 技术进行微生物的菌群落结构和功能、定量分析等方面的研究。赵传鹏等监测环境假单胞菌属细菌丰度；刘新春等分别对低温菌和常温菌接种的两套活性污泥系统中的微生物群落结构的动态变化进行了追踪；许玫英等分析处理含高浓度氨氮废水处理系统不同驯化时期的 4 个活性污泥样品氨氧化细菌的种类和氨氮加氧酶的活性；王峰等对城市污水化学-生物絮凝强化一级处理工艺与传统的完全混合式处理工艺反应池活性污泥样品微生物种群结构进行了对比研究；裘湛等对处理采油废水的水解酸化-缺氧法不同生物反应器中污泥样品进行研究；Rebecca 等进行贾第虫和隐孢子虫定量检测分析；Brooks 等对海水中的甲肝病毒进行了检测及定量分析；Rowan 等考察了不同反应器中的氨氧化细菌菌群的组成；Lapara 等研究了升高温度对废水好氧生物处理过程中细菌群落结构和功能的影响。Semenova 等采用 RAPD-PCR（random amplified polymorphic DNA-PCR，随机扩增多态性 DNA-PCR）方法研究了蠕虫种群之间的基因差别，结果显示不同种群之间存在巨大差异性，说明 PCR 方法用来检测、区分和识别水中蠕虫的可行性。采用 PCR 技术分析活性污泥中微生物种群的多样性，是了解活性污泥系统中微生物种群结构及其变化的有效手段。对于生活污水、造纸厂等高含碳的工业废水、食品厂等富含脂类物质的工业废水以及纺织厂工业废水，Nico 等运用 PCR-DGGE 技术分析处理这 4 种废水的活性污泥中微生物种群，该方法比较不同处理工艺活性污泥中的微生物结构，对工艺运行中微生物种群的监测、改进处理不同种类废水的活性污泥工艺具有重要的指导意义。陈维田等应用 EnviroAmp PCR 反向杂交法和半巢式 PCR 成功检测人工气溶胶化的军团菌，这些方法进一步用于检测空调系统冷却塔的水及由其产生的气溶胶中的军团菌。

（2）RPA 检测技术

PCR 检测方法的缺点是一些死细菌 DNA 和自由 DNA 会提高检测结果的假阳性率。解决方法是加入嵌入剂使之渗入无活性细胞内部，抑制 PCR 扩增。环境中 RNA 的量要低于 DNA，但 mRNA 检测也较为困难，而成熟的 rRNA 在无活性的细胞中相对稳定。微生物 rRNA 前体（pre-rRNA）是一种变种的 RNA，具有前导序列和尾巴序列，在 RNA 成熟之后通过酶切移除。pre-rRNA 具有系统发育的特性，可用于复杂样本的检测。在生长的细菌中，pre-rRNA 是总 rRNA 的重要组分，相对 mRNA 更容易检测。停止生长时，pre-rRNA 的合成也会停止，因此可用 pre-rRNA 来指示细菌的生理状态。Cangelosi 等研究发现比率 pre-rRNA 分析（rationmetric pre-rRNA analysis, RPA）方法与 PCR 检测 DNA 的方法相比，RPA 用于检测细菌在受到营养刺激后 pre-rRNA 的变化情况，从而检测水中活的病原菌。可以从无活性的细菌中分辨出活菌，减少了 PCR 检测中假阳性的干扰。同时，该方法也避免了由于试验过程中引入的 DNA 污染或由于 PCR 试剂造成的污染的影响。

（3）核酸杂交技术

具有一定互补序列的核苷酸单链在液相或固相中按碱基互补配对原则缔成异质双链的过程叫核酸杂交，其杂交双方是所使用探针和要检测的核酸。在病原微生物检测中核酸分子杂交主要包括膜上印迹杂交和核酸原位杂交两种。膜上印迹杂交是指将核酸从微生物细胞中分离出来，纯化后在体外结合到一定的固相支持物上，与存在于液相中标记的核酸探针进行杂交。核酸原位杂交是指标记的核酸探针直接与细胞或组织切片中的核酸进行杂交。探针还可以用荧光标记，在荧光显微镜或激光扫描共聚焦显微镜下即可鉴别病原体，还可显示在三维空间中的位置。核酸分子杂交检测技术与其他方法相比显著的优点是简便、敏感、快速、特异。Wong 等用荧光标记 2 个不同的寡核苷酸探针，从血液标本中检测出假单胞菌属和不动杆菌属的细菌，最低检测限为 10^3CFU/mL，特异度为 100%，检测时间不到 2h。寡核苷酸探针是针对病原体特异基因序列设计的，可以将待检测的病原体定位在不同的分类等级，如科、属、种、亚种。

（4）基因芯片检测技术

基因芯片检测水中病原微生物是生物技术检测法中的新突破，基因芯片（DNA chip）又称为 DNA 微阵列（DNA microarray）或 DNA 芯片，是生物芯片的一种。基因芯片是由核酸分子杂交技术发展延伸而来的。过微加工技术是将数以万计甚至百万计的基因探针即 DNA 片段有规律地排列成二维 DNA 探针阵列，固定到硅片、玻片等固态支持物上，每个点含单链的寡核苷酸片段，与待测组分进行杂交，通过检测荧光或其他标记物而分析反应结果，可在同一时间对大量样品进行高通量分析的技术。其测序原理与核酸杂交一样，但解决了传统核酸杂交技术操作繁杂、检测效率低、自动化程度不高的缺点。利用 DNA 芯片对水体中病原菌检测是将病原微生物的 DNA 序列置于 DNA 芯片上，用于识别水样中的病原微生物。芯片检测法使用特异 DNA，可同时检测多种不同的病原微生物，检测速度快是该方法的最大优势。芯片的类型可分为固定寡核苷酸探针和 PCR 扩展子两类。

基因芯片技术与多重 PCR 结合可以通过 PCR 对目的基因进行放大，通过基因芯片的荧光探针增加检测的灵敏性和特异性，使得两种检测技术的优势互补，已广泛应用于病原微生物的检测。将病原体特异性基因作为靶基因设计出引物与探针，进行多重 PCR 扩增，制备出寡核苷酸芯片，再对待测样本靶基因进行多重 PCR 扩增，将扩增产物与病原菌多重 PCR 基因芯片检测体系杂交，可根据杂交信号直观地判读样品中所含病原体的种类、型别、毒力、侵袭力，从而对病原体进行检测、鉴定和感染诊断上的应用，大大缩短了确诊所需要的时间，而且能检测出病原体是否耐药、对哪些抗生素耐药、对哪些抗生素敏感。Naas 等设计的基因芯片可以检测出铜绿假单胞菌、肠杆菌属、鲍氏菌属中各型 β-内酰胺酶类耐药基因。蔡挺等设计的基因芯片检测出大肠埃希氏菌、肺炎克雷伯菌、铜绿假单胞菌、鲍氏不动杆菌、阴沟肠杆菌对 17 种抗菌药物的耐药率。Batchelor 等开发的基因芯片可以检测出编码耐超广谱 β-内酰胺酶、磺胺类、四环素类、氨基糖苷类等 47 个耐药基因的大肠埃希氏菌和沙门氏菌。基因芯片技术同样还有些问题有待解决，如提高芯片的特异性和检测信号的敏感性、降低芯片的制作成本等，而且多数芯片都需要昂贵的检测仪器，这些问题使得基因芯片到目前主要局限于实验室研究而未能广泛应用于临床病原微生物的检测与鉴定。

基于 TaqMan 探针的实时定量 PCR 检测法的缺点是在一个单独的反应中只能检测 4 种商品化的荧光发色团，而使用 SYBR 绿色荧光进行溶解温度测定的方法对于检测多种目的产物不够精确。DNA 芯片的方法可克服上述 PCR 方法的不利因素。芯片的方法可在一个样本中同时检测多种不同的微生物，结果精确可靠。在芯片分析中，目标 DNA 荧光标记利用碱基互补配对原则识别探针。芯片上的探针均为病原微生物特异的序列，杂交产生的检测信号用于病原微生物的鉴定。寡核苷酸芯片可用于病原微生物的血清型、基因型等方面的检测，也可用于环境检测和基因表达谱分析。目前使用最广泛的目标探针分子是 16S rRNA 和 23S rRNA，二者也是最常见的用于菌株鉴定的分子标记，具有高度保守的种间特异性。16S ～ 23S rRNA 转录间隔区（ITS）是 16S 和 23S rRNA 之间的区域，它的长度和序列在菌株和种属间有相当大的不同，使它成为一种系统发育和近缘种间遗传分析的有力工具。Zhou 等利用寡核苷酸芯片检测 ITS 和 *gyrB* 基因的方法鉴定军团菌取得成功。芯片检测的最大优点是快速，可避免传统方法漫长等待感染水源检测结果的不利影响。但当溶解浓度低时，芯片的方法则不适用。DNA 芯片检测与 PCR 扩增结合的方法可以提高检测的灵敏度，PCR 将会增加样本中 DNA 浓度，更易于检测。在芯片杂交前，进行 PCR 扩增。此方法相对传统的培养方法更加快捷，因为对多种微生物的检测通常都是同时进行的。特别是在水源处于可能污染的情况下，尽快得到检测结果显得尤为重要，芯片检测法将极大地加快检测速度。

7.4.2.3　免疫学检测法

免疫学检测技术是应用免疫学理论而设计一系列测定抗原、抗体、免疫细胞及其分泌细胞因子的实验方法，其基本原理是利用抗原、抗体间能发生特异性免疫反应以检测病原。为了显示和观察这种抗原抗体反应，需要预先将某种标记物结合到抗体上，借标记物的荧光或酶的有色反应、放射性或高电子密度，在光镜或电镜下进行定性、定位或定量研究。各种形式的免疫分析方法如放射免疫分析（RIA）、酶免疫分析（EIA）、间接酶联免疫吸附（ELISA）、荧光免疫分析（FIA）、生物发光免疫分析（BIA）、化学发光免疫分析（CIA）等，直接检测微生物或通过间接检测微生物的成分及微生物代谢产物（如毒素）检出微生物。免疫学方法在食品病原微生物检测领域应用较多，在水环境检测领域应用较少。

（1）荧光抗体技术

荧光抗体技术是根据抗原抗体反应具有高度的特异性，把荧光素作为抗原标记物 , 在荧光显微镜下检查呈现荧光的特异性抗原抗体复合物及其存在部位。荧光抗体技术的主要特点是特异性强、速度快、灵敏度高，但也存在许多的缺点，如非特异染色问题难以完全解决、操作程序较烦琐、需要特殊的昂贵仪器（荧光显微镜）和染色标本不能长期保存等。用于快速检测病原菌的荧光抗体技术主要有直接法和间接法。直接法是在检测样品上直接滴加已知特异性荧光标记的抗血清，经洗涤后在荧光显微镜下观察结果。间接法是在检测样品上滴加已知的细菌特异性抗体，待作用后，经洗涤，再加入荧光标记的第二抗体。如市场上广泛应用的抗沙门氏菌荧光抗体和猪瘟荧光抗体。吕治林等报道的由美国同行所做的用炭疽杆菌细胞壁（CW-DFA）和荚膜抗原（CAP-DFA）特异的荧光标记的单克隆抗体，可快速鉴别炭疽杆菌。

（2）酶联免疫技术

酶联免疫技术是根据抗原-抗体的免疫反应与酶的高效催化作用原理有机结合，通过酶催化底物进而发生一系列的化学反应，使溶液呈现出颜色变化，通过肉眼或显微镜观察及分光光度计测定，从而显示抗原抗体特异性反应的存在。酶联免疫技术的应用大大提高了检测的敏感性和特异性，现已被广泛地应用于多种病原微生物的检测。根据抗原、抗体反应是否需要分离结合和游离酶标记物而分为均相和非均相两种类型。非均相法较常用，包括液相与固相两种免疫测定法。非均相酶固相免疫测定法即 ELISA，在目前应用最为广泛。Cryan 等在研究大肠埃希氏杆菌内毒素时，将 ELISA 法与 DNA 探针技术等进行比较，发现 ELISA 技术更灵敏、快速。此外，ELISA 法还可用于食品介导病毒检测。葛翠翠等使用双抗夹心 ELISA 检测食品中大肠杆菌 O157:H7，结果表明，该法稳定性、重复性良好，对纯培养菌液检出限为 105CFU/mL，具有良好的敏感性及特异性。杨静等用沙门氏菌特异性单克隆抗体 CB8 和 de7 建立直接检测沙门氏菌方法，即用被检样品直接包被 ELISA 板固定加酶标抗体作用一定时间，加入底物显色后终止反应。目前已成功应用于蛋品、鲜奶、肉制品中沙门氏菌检测，与传统方法相比，其敏感性和特异性均达到理想效果。窦勇等以副溶血弧菌 1.2164 作为抗原，免疫新西兰兔获得效价为 1.6105 的多克隆抗体，以此多克隆抗体作为一抗，山羊抗兔 IgG-HRP 作为酶标二抗，建立副溶血弧菌间接 ELISA 快速检测法。结果表明，此法在 6h 内即可检测出浓度为 10^4CFU/mL 的副溶血弧菌，且与其他菌株均无交叉反应。

（3）免疫印迹技术

免疫印迹技术又称转移印迹技术，是以生物物理学方法（凝胶电泳高效分离）与特异性免疫反应（固相免疫测定）相结合而建立的技术。其借助高分辨率 PAGE 电泳将混合蛋白质样品有效分离成许多蛋白区带，分离后蛋白质经电泳转移至固相支持物，通过与特异性抗体结合，即可定性或定量检测靶蛋白。免疫印迹技术综合 SDS-PAGE 的高分辨率及 ELISA 的高敏感性和高特异性，是一种有效的分析手段，目前应用于酵母和真菌检测。

（4）免疫色谱技术

免疫色谱技术将免疫学原理与色谱原理相结合，借助毛细管作用，样品在条状纤维制成的膜上泳动，其中待测物与膜上一定区域配体结合，通过酶促显色反应或直接使用着色标记物，在短时间内（20min 内）便可得到直观结果。免疫色谱按其原理可分为两类：一类以酶促反应显色为基础，以显色高度来定量；另一类则使用着色标记物，如乳胶颗粒、胶体硒、胶体金及脂质体等，色谱分离时标记物与待测物被相应配体捕获而浓集显色，以纤维膜上显色条有无或多少来定性或定量。目前在检验微生物时常用的是免疫胶体金技术。罗立新等选用柠檬酸钠改良法制备胶体金，测定其最适结合蛋白质浓度为 28μg/mL，构建免疫色谱检测试剂和检测方法，检测冷冻猪肉、牛奶、冰激凌及不同稀释度的产单核李斯特菌标准样品，灵敏度达 87.5%，具有良好的重现性。

（5）免疫磁珠分离技术

免疫磁珠分离技术是将免疫学反应的高度特异性与磁珠特有的磁响应性相结合的一种新免疫学技术。其基本原理是利用人工合成内含铁成分、可被磁铁磁力吸引、外有功能基团、可结合活性蛋白质（抗体）磁珠，作为抗体载体。当磁珠上抗体与相应微生物或特异性抗原物质结合后，则形成抗原-抗体-磁珠免疫复合物。这种复合物具有较高的磁响应性，在磁铁磁力作用下定向移动，使复合物与其他物质分离，从而达到分离、浓缩、纯化微生物或特异性抗原物质的目的。Skjerve 等用免疫磁珠分离技术从乳及乳制品、肉类和蔬菜中分离出沙门氏菌，其检测限为 10 ～ 20 个 /g 细菌。Tomoyasu 应用免疫磁珠分离技术从引起中毒的食物中成功分离出副溶血弧菌。张凡非等采用免疫磁珠法分离海水海泥和蛤肉中副溶血弧菌，将磁珠与副溶血弧菌免疫血清混合制备免疫磁珠，用于分离样品中细菌，分离出菌株接种平板并进行常规鉴定，结果此法较一般培养分离法极大提高检出率。

（6）酶联荧光免疫分析技术

酶联荧光免疫分析技术是在酶联免疫吸附分析基础上发展而成的一种快速检测微生物方法。其基本原理：首先将已知抗体吸附于固相载体，加入待测样本，样本中抗原与固相载体上抗体结合，然后酶标抗体再与样本中抗原结合；加入酶反应底物，底物被酶催化为带荧光产物，产物量与标本中受检物质量直接相关，然后根据荧光强度进行定性或定量分析。陈思强等评价自动酶联荧光免疫分析系统（VIDAS）检测冻肉中沙门氏菌灵敏度和特异性，使用 VIDAS 法和常规细菌培养法平行检测各种冻肉样品中沙门氏菌，以常规细菌培养法作参照，对 VIDAS 技术进行评价。结果在 155 份样品中，VIDAS 法检出沙门氏菌阳性 10 例，阴性 145 例；常规细菌培养法检测出 VIDAS 法阳性样本中 9 例呈阳性，其余 146 例皆为阴性。VIDAS 法用于冻肉沙门氏菌检测灵敏度为 100%、特异性为 99%。

（7）乳胶凝集试验

乳胶凝集试验是利用抗原、抗体特异性结合特点，加上人工大分子乳胶颗粒标记抗体，使之与待测抗原发生肉眼可见的凝集反应，以达到检测目标病原微生物或毒素的目的。此法可用于鉴定大肠杆菌 O157:H7 等。

7.4.2.4　流式细胞仪检测法

（1）技术原理

流式细胞仪是一种将待测颗粒（细菌或者哺乳动物细胞）维持在液流状态，然后依次单个通过激发光源（如 488nm）。待测颗粒由于自身的荧光特性或通过与染料物质相结合，在激光作用下显示出荧光特性和散射光特性（前散射光和侧散射光），从而与非生物颗粒区分。散射光主要提供细胞的物理特性（如颗粒尺寸），荧光特性提供生物特异性质。流式细胞仪技术的关键在于维持单个细胞依次通过激发光源，能分析出某个群落中单个细胞的性质，对群落的分析更加具体和个性化。待检测的细胞可以依靠自身的荧光特性进行测定（如叶绿素），也可以通过外加荧光物质的特异性与细胞结合达到检测的目的。实验结果以单参数的柱状图或双参数的散点图来表示。流式细胞仪可快速分析水样的细菌总数、细胞尺寸大小及表征细胞的生理特性（如细菌的活性和 DNA 含量等）（原理见图 7-18）。

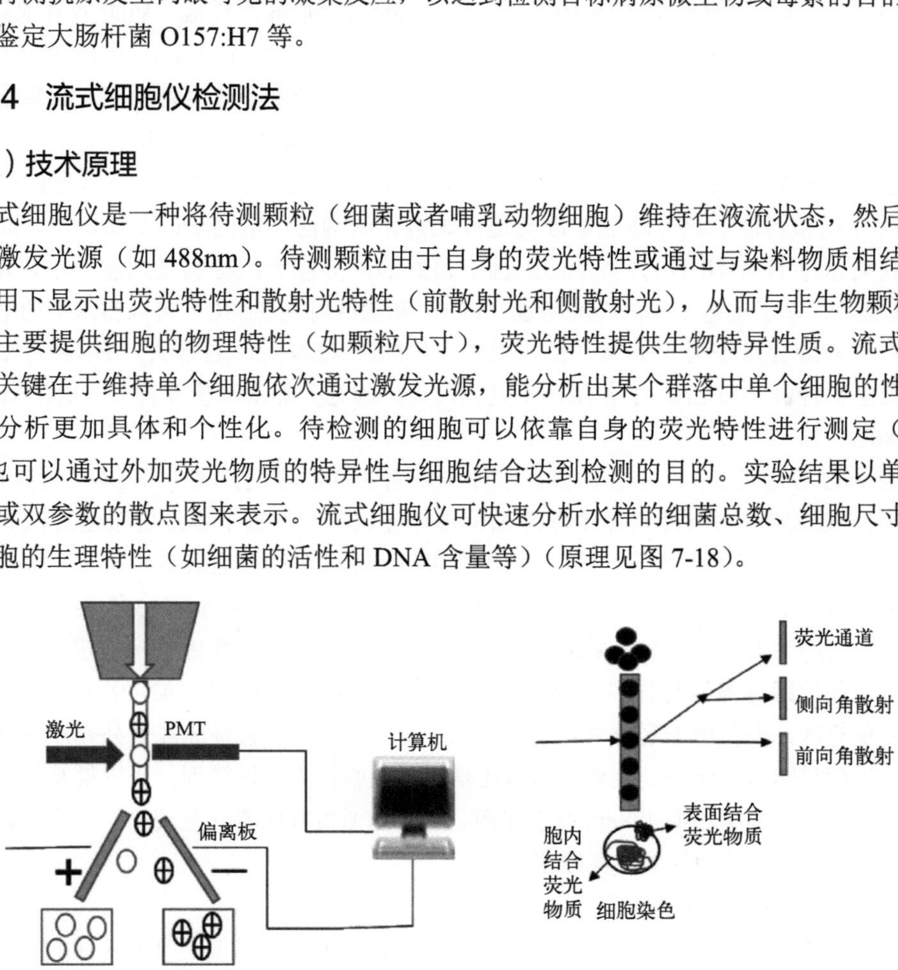

图 7-18　流式细胞仪技术原理简图

（2）技术应用

1）水中细菌的快速测定

流式细胞仪在水处理中最普遍的应用就是快速测定水中的细菌总数。通过染料（SYBR Green Ⅰ、SYTO-9 或 DAPI）与细菌 DNA 特异性结合，便可以与水中非生物颗粒区分，从而快速（约 10min）准确地测定出水中细菌的数量。该方法测定水中细菌的检测范围为 1×10^3 ～ 2×10^5cells/mL，当浓度超过该范围时需要进行稀释。Hammes 等采用该方法对瑞士饮用水进行调查，揭示了常规饮用水处理工艺对细菌的去除规律，出厂水细菌浓度约为 9×10^4cells/mL。Siebel 等对比了常规平板计数法与流式细胞仪的相关性，发现平板法的测定结果比流式细胞仪检测结果低约 2 个数量级且不存在任何相关性。水中多数微生物不能用传统平板法培养，Siebel 等发现自来水中的微生物仅有 0.001% ～ 2% 的细菌可以通过平板进行培养，所以平板计数法并不科学。传统平板计数至少需要 24h，而流式细胞仪计数仅需要 10min。所以，推荐该方法作为饮用水厂微生物指标的测定方法。一些病原菌会导致严重的水质安全问题，传统方法检测时间长且检测手段不够灵敏，因此对这一类特殊细菌的快速检测具有极其重要的意义。Füchslin 等采用免疫磁珠分离和荧光标记并结合流式细胞仪的方法成功检测了 *Legionella*，该方法将原来需要 10 天完成的检测缩短到 3h 内完成。Vital 等和 Keserue 等使用同样的方法分别成功地检测了水中的 *Vibrio cholerae*、*Escherichia coli* O157 和 *Giardia lamblia* Cysts。除对单个细胞分析外，流式细胞仪还能表征整个微生物群落。微生物群落的结构特性是所有单个细胞特性的组合。de Roy 等利用流式细胞仪首次分析了微生物群落的结构特性。该研究首先利用流式细胞仪检测整个群落的流式细胞图谱，然后通过模型来计算群落的变化和特性。该方法能够准确地反映群落结构随环境因子的变化情况。此外，流式细胞仪对水中具有不同物理特性的细菌有很好的区分能力，特别是细胞大小。用 SYBR Green Ⅰ染色，基于细胞不同的荧光特性（FL1）和侧散射光（SSC）可以将水中的细菌分成两大类：高核酸含量细菌（HNA）和低核酸含量细菌（LNA）。通常认为 HNA 是水中具有活性的微生物种群，而 LNA 的作用还不是太清楚。因为天然水体营养贫乏，LNA 比例高达 50% ～ 80%。

Robertson 等通过 DAPI 染色，根据水体中细菌的种群丰度、大小和 DNA 含量等特性，首次利用流式细胞仪对自然水体中浮游细菌进行计数，并给出了详细的染色方法和操作准则。随后，Monger 等采用了另一种比 DAPI 背景荧光和 CV 值低且计数准确性更高的紫外激发荧光染料 Hoechst 33342 用于计数细菌。尽管通过 DAPI 或 Hoechst 33342 染色后利用流式细胞仪计数的结果与荧光显微计数的结果具有很好的一致性，但是由于一些超微型光合自养原核细胞（如原绿球藻）与异养细菌的粒径大小和 DAPI/Hoechst 33342-DNA 蓝色荧光都具有很大的重叠区，而且用于区分异养细菌的原绿球藻叶绿素红色荧光在紫外光激发下非常微弱，并且持续时间短，无论是荧光显微镜还是流式细胞仪都难以辨别，所以很难将二者区分开来。只有通过添加第二个 488nm 激发光源，更好地激发叶绿素红色荧光，才能将自异养细胞区分开来，从而准确地计数异养细菌。

2）水中病毒颗粒的快速计数

水中病毒颗粒数为 1×10^4 ～ 1×10^8 个 /mL，是水中细菌数量的 10 ～ 100 倍。对病毒颗粒的快速检测将会进一步提高净水工艺的安全性。由于病毒颗粒太小，Porter 等指出几乎不可能利用传统的流式细胞仪进行检测。但是，随着一些高性能绿色荧光核酸染料如 SYBR Green Ⅰ、SYTO-13 和 TO-PRO-1 等的应用，流式细胞仪应用于浮游病毒的检测也成为可能。一些荧光染料在 488nm 激光激发下具有更高的量子产率，可发射更强的绿色荧光，大大提高了流式细胞仪的检测限。Marie 等通过 SYBR Green Ⅰ染色首次利用标准流式细胞仪成功地检测和计数了海洋中的浮游病毒，并且与透射电镜和荧光显微镜的计数结果具有很高的相关性。Brussaard 等发现大多数不同形态特征和基因大小的病毒都可利用流式细胞仪进行检测。结合 SYBR Green Ⅰ染色，流式细胞仪不仅可用于室内纯培养病毒样品检测，而且还被成功地应用于自然环境样品检测。Brussaard 使用流式细胞仪测定了水中的病毒颗粒，主要测试过程为水样先用 0.5% 的戊二醛固定 15 ～ 30min，然后在低温液氮下冷冻，并溶解到 pH 值为 8.0 的 Tris-EDTA 溶液中，再用 SYBR Green Ⅰ进行染色，最后用流式细胞仪测定。通过研究发现，饮用水处理工艺对病毒的去除效果较好，混凝和过滤对病毒颗粒的去除率分别为 58% ～ 81% 和 44% ～ 69%。Brussaard 等对比了流式细胞仪和荧光显微镜定量测定水中的病毒数量，发现这两种方法没有明显的区别，认为流式细胞仪定量检测是一种可靠、重现性好的快速计数水中病毒颗粒的方法。

张中耀等用流式细胞仪检测纳帕海高原湿地水样的浮游病毒与浮游细菌丰度，并对影响浮游病毒丰度的因素进行研究。研究发现，在季节分布上雨季浮游病毒和浮游细菌丰度高于旱季，在水平分布上原水样品的浮游病毒高于湿地水和淤泥水。旱季水样的浮游病毒丰度受到细菌丰度及叶绿素 a 浓度的影响较大；雨季水样的浮游病毒丰度受到水体 pH 值和温度的影响较大。纳帕海高原湿地的浮游病毒和浮游细菌是比较活跃的。浮游病毒丰度在不同季节、不同采样点受到细菌丰度和叶绿素 a 浓度等因素的不同影响。在旱季噬菌体而非噬藻体或浮游植物病毒是纳帕海高原湿地中浮游病毒的优势种群。

3）水中浮游植物的快速测定

浮游藻类细胞由于含有各种类型能够自发荧光的光合色素，如叶绿素 a，因而特别适用于流式细胞检测，而且根据叶绿素 a 红色荧光的存在与否，可直接将浮游藻类与其他无机颗粒或异养细胞区分开来。不同种类浮游藻类功能色素组成的不同主要表现在激发光谱和发射光谱的差异上。由于光源限制，一般利用发射光谱区分不同类型藻类。目前流式细胞仪中多采用 488nm 蓝光激光源，根据研究需要还可额外定制添加光源（如紫外激发光源）。一般在浮游藻类发射光谱中主要为叶绿素 a、藻红素和藻蓝素 3 种类型的荧光，荧光素较少，而类胡萝卜素和其他微量色素则可能由于光合作用的能量转换而没有被观察到。因此，在水体中叶绿素 a、藻红素和藻蓝素是主要的荧光来源。藻类细胞本身含有叶绿素和藻红蛋白等自发荧光物质，不需染色便可直接采用流式细胞仪进行测定。对于尺寸 <2μm 的藻细胞均可采用流式细胞仪进行很好的检测。Franklin 等使用流式细胞仪同时检测了 3 种海水藻类（*Micromonas pusilla*、*Phaeodactylum tricornutum* 和 *Heterocapsa niei*）和 3 种淡水藻类（*Microcystis aeruginosa*、*Pseudokirchneriella subcapitata* 和 *Trachelomonas* sp.）。该过程主要是通过藻细胞尺寸不同（散射光）和藻类具有不同的自发荧光物质（藻红蛋白和叶绿素）来检测和区分。

由于水体中较大粒径的浮游藻类浓度普遍较低，在相同的时间内通过检测区域的细胞数量少，有的甚至低于流式细胞仪的检测限，并且光谱特性同一性强，基本都因含叶绿素 a 而发射红色荧光，而这些藻类在普通光学显微镜下也容易辨认，因而其流式细胞应用受到限制。相反，相对大型藻类，超微型浮游植物由于细胞浓度高，足以达到流式细胞仪的检测范围，而且由于细胞体积小，形态特征不明显，普通显微观察难以辨认，故更适合于流式细胞分析，而目前流式细胞仪应用于浮游藻类研究也主要是针对超微藻。

（3）技术发展趋势

流式细胞仪在水处理中已经得到一定程度的应用和研究。作为一种新兴的研究技术，在线流式细胞仪的开发方面还有很大的研究空间，其将自动采集水样进行分析，降低操作强度。

另外，短期条件变化引起的群落变化有望通过流式细胞仪来快速检测。此外，流式细胞仪作为高效消毒方法的筛选和评价也是今后研究的重点内容；各种病原菌的特异性检测还有待进一步研究。目前，流式细胞仪在污水中的应用和开发还相对较少，具有很大的研究和发展空间。

7.4.2.5 三磷酸腺苷生物发光检测法

（1）技术原理

自然环境中大部分细菌会随外界条件改变进入“活的不可培养状态”，并且培养法检测中容易出现菌落蔓延现象，所以其准确性和真实性仍值得商榷。相比传统的培养法，流式细胞法可以分辨水样中的活性细菌和非活性细菌，并且更准确地了解水样中的实际微生物含量，但是仪器成本较高，在样品处理和荧光染料的选择方面也存在一定的局限性，不适用于现场实时监测。三磷酸腺苷（ATP）存在于所有生物体内（从微生物到高等动植物），ATP在细胞内主要作用是提供能量。三磷酸腺苷（ATP）生物发光技术是一种以生物发光反应为基础的快速检测技术，利用细菌 ATP 量与细菌数成正比这一原理推算出菌落总数。该方法通过提取微生物细胞 ATP，利用生物发光法测出 ATP 的含量后即可推算出样品中的含菌量，不需要培养过程，检测过程在 10min 以内可以完成。由于水的基质比较简单，同时对酶的活性影响比较小，所以目前该方法检测水中微生物的应用最为广泛。

（2）技术应用

王惠荣等在对传统的 ATP 检测方法进行优化的基础上，应用该方法对饮用水和再生水厂的活菌微生物含量进行检测，同时采用 FCM 和传统的 HPC 方法进行了验证。利用该方法对不同流域 17 座给水厂和 3 座再生水厂进出水中的活菌生物量进行了检测。研究结果表明，方法检测限为 0.001nmol/L，给水和再生水厂进出水中活菌 ATP（扣除胞外 ATP）浓度与 FCM 检测的活细胞数相关性良好（R^2=0.87），平均每个细胞活菌 ATP 浓度为 1.39×10^{-11}nmol/L。给水厂出水中活菌 ATP 占总 ATP 的 3% ～ 98%，其浓度均低于 0.05nmol/L，活细胞数均低于 9.47×10^5 个 /mL，与国内外瓶装水、饮水机出水和管网水中的活菌 ATP 浓度数量级相同。再生水厂出水中活菌 ATP 占总 ATP 的 22% ～ 92%，浓度均低于 1.16nmol/L，活细胞数均低于 2.34×10^8 个 /mL。

吴慧清等通过平板培养法和生物发光法对照检测桶装饮用水、直饮水和人工加菌后的瓶装饮用水中的细菌总数。研究发现，以不同培养基培养桶装饮用水、直饮水等饮用水中除了中温细菌外，还有一类在寡营养培养基上能生长的低温细菌。生物发光法用于这类水样的检测时，过 0.45μm 滤膜，能把水中绝大部分的细菌检测出来。含有大量低温细菌的水样，如某些桶装饮用水，由于低温细菌的干扰，发光法检测结果高于营养琼脂平板法的结果，对于人工加菌的瓶装水样这两种检测方法检出的结果基本一致，发光法用于饮用水中细菌总数检测时其结果基本上能反映饮用水中所含细菌总数的情况。ATP 生物发光法可以作为一种快速检测饮用水样中细菌总数的方法。李程思等利用 ATP 生物发光法检测饮用水中的微生物含量，采用微滤膜技术过滤富集水中的微生物，然后加入缓冲剂和发光剂检测荧光值，经过实验比较，孔径为 0.22μm 和 0.45μm 的膜截留细菌率相差不大，但 0.45μm 膜过滤速度远快于 0.22μm 膜。因此建议采用 0.45μm 孔径的膜。该方法操作简单，成本低，检测结果能够成功反映出水中微生物总数。

连英姿等运用 ATP 生物发光技术测菌落总数，与传统的平皿计数法的检测结果有良好的相关性（R^2>0.9）。ATP 生物发光技术具有准确、便利等优点，可望用于水中细菌的快速检测。从检测过程来看，前者的操作步骤简便，耗时短，15 ～ 20min 内就能完成，且仪器携带方便，可以及时对现场取样进行监测。而后者的操作步骤烦琐，耗时长，且受培养条件的限制，不能进行现场监测，对于水质的污染状况不能及时监测、及时处理。邱颖等的研究结果也证实了 ATP 生物发光法和平皿计数法检测结果的相关性。毛映丹等研究了 ATP 生物发光法和平皿计数法在不同类型水样中测试结果的一致性，研究发现丽娃河、银锄湖和苏州河三种水体测定结果显示两种方法差异较大，对于细菌含量较少的矿泉水和桶装水，受试剂和仪器灵敏度的限制未能检测出，而对矿泉水加一定浓度的细菌后，两种方法测定的结果比较吻合。认为 ATP 生物发光法对实验室菌种具有很好的应用价值，而对于复杂的包含多种微生物的样品，则需要进一步探索研究。

Delahaye 等对巴黎饮用水管网中的水进行生物发光检测以及 HPC-R_2A 分析，结果发现 lg（ATP）与 lg（HPC-R_2A/mL）之间呈线性关系。此外，结果表明处理后的地表水用作饮用水源与巴黎饮用水管网内的微生物水平有细微的变化。这与从水厂传输到管网的距离以及水库影响有关。相反地下水中就没有明显的变化。尽管温度和残余氯气有变化，但没有发现其他明显的影响，主要是因为可培养的微生物浓度低。Berney 等将流式细胞技术与生物发光法应用于家庭无氯自来水、未处理过的天然喷泉水和市售瓶装水这三种饮用水，评价它们的微生物活性。结果表明醋酶细胞比例、HNA 细菌比例和含量最能够代表水样中微生物群落的活性。这些评价水体微生物含量的方法都是可供选择的快速评价方法。

（3）技术发展趋势

该方法已被广泛应用于天然水体、饮用水中细菌总数的快速测定，经验证检测结果与传统的平板计数法有较好的相关性，且虫萤光素酶已通过基因工程生产，价格大幅度减低，目前国内已有市场化的测试试剂盒，大大简化了操作程序。随着相关仪器的小型化，ATP 生物发光技术作为一项快速、准确、方便的菌落总数检测技术，前景光明。

总结起来，ATP 生物发光技术的优点在于：

① 可现场确认污染状况并使其数值化；

② 在现场应急处理，提供快捷可靠的依据；

③ 使细菌检查的工作量大幅度减轻，实现简捷化、效率化；

④ 革兰氏阳性菌和革兰氏阴性菌都可以通过测定发光强度值确定细菌数量。

该技术在应用方面也存在一些问题：如对水中细菌数有一定的要求，对于微生物含量低的样本需进行浓缩处理；测试过程存在干扰因素，如操作及非细菌 ATP 对发光强度影响小，影响了方法的准确度和灵敏度，只能给出样品总体细菌水平，而不能说明是否存在病原菌等。

7.4.3　去除与灭活

7.4.3.1　物理分离消减

《生活饮用水卫生标准》（GB 5749—2006）颁布实施以来，我国规模化水厂的水处理工艺得到普遍提升，臭氧活性炭等深度处理工艺逐渐增多，膜处理工艺也开始得到应用。有专家将膜分离技术应用于饮用水中病原微生物的去除，将膜消毒划分为物理消毒的一种。膜处理技术是以压力为推动力的一种膜分离技术，通过不同孔径尺寸的膜，将水中微生物、颗粒物甚至是溶解盐从水中分离出去，基本不需要使用化学药剂，产水水质相对稳定，受进水波动影响较小。根据孔径的不同，膜可细分为反渗透（RO）膜、纳滤（NF）膜、超滤（UF）膜和微滤（MF）膜等，其中，微滤膜孔径最大，反渗透膜孔径最小，4 种膜与相应可截留物质的关系如图 7-19 所示。

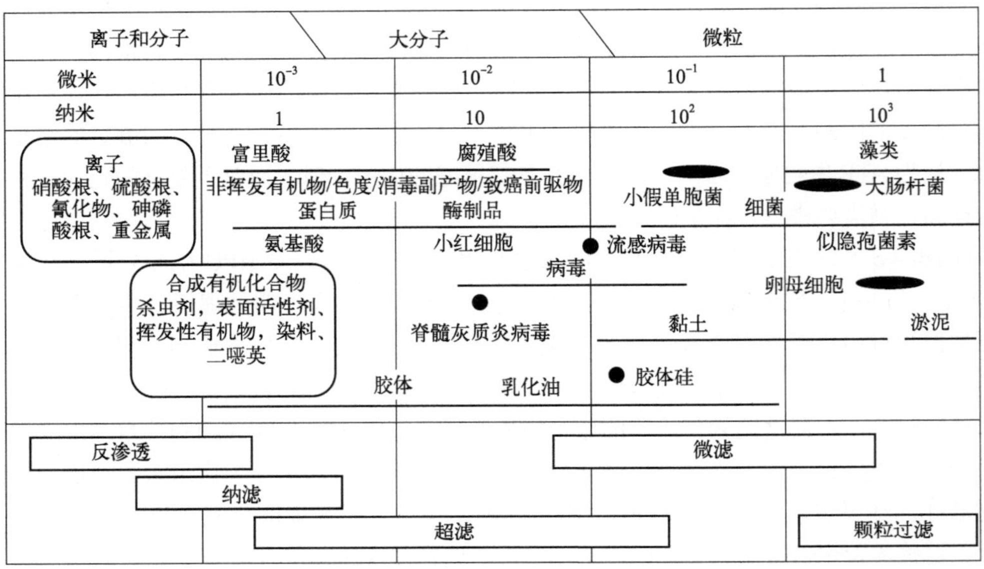

图 7-19　不同膜技术可截留的物质

膜过滤技术去除微生物的机理主要有 2 种：

① 机械筛分，通过膜截留比自身孔径大或与其孔径相当的微生物颗粒；在机械筛分截留中，多孔介质在微生物颗粒渗透时作为一层筛网，使比膜孔径大或与其相当的微生物颗粒被截留在膜表面，同时在膜表面形成滤饼并随着过滤的进行而逐渐加厚。因而机械筛分作用主要发生在膜表面，且与膜的孔径密切相关。许多尺寸较大的微生物（大多数细菌、原生动物胞囊、寄生虫卵等）都主要通过这种作用去除。例如，大肠杆菌就主要是以这种机械筛分作用形成滤饼去除的。

② 吸附截留，涉及到进入（穿过膜表面）和在膜内部基质中吸附沉积两个过程。当微生物穿过膜表面进入膜内部时，由于膜自身物理化学性质和静电引力的影响，使它们沉积在膜孔侧壁或膜内部基质上。被截留的微生物的尺寸原则上应大于膜孔径。因而这种截留作用主要发生在膜内部，并受到微生物颗粒物理化学性能、膜孔径与微生物大小的比率以及膜材料性质和组成的影响，许多尺寸较小的微生物（大部分病毒）都主要是通过这种作用去除的。例如，脊髓灰质炎病毒就主要是以这种吸附截留作用去除的。微生物被膜表面或膜内部吸附的作用力包括静电引力、疏水作用力、离子作用力和氢键作用力。其中离子作用力和氢键作用力在吸附过程中并不是很重要，而静电引力和疏水作用力是微生物被吸附的主要作用力。疏水性直接关系到微生物之间的相互作用（絮凝）与固体和液体的相互作用（吸附），从而影响去除效果。疏水性随溶液中电解质浓度的增大呈线性增加，随温度的降低而增加，但表

面活性物质会减小疏水作用。静电力直接与膜和微生物上所带的电荷有关。大多数微生物细胞的表面电荷为负，但这种表面电荷会因微生物群落中各种细菌类型的数量、生长环境、pH 值以及各种无机物浓度的不同而变化。据报道，微生物最有效的吸附发生在电性相反或带电量较少的膜位上。颗粒表面带电量的多少也会影响疏水性，表面电荷越多疏水性越差。一些处理措施（如调节 pH 值）可以改变表面电荷，进而改变疏水性，从而影响去除效果。

（1）膜过滤去除细菌

利用各种类型的膜可以不同程度地去除各种各样的细菌。检测饮用水中的细菌的方法是确定大肠杆菌数。Ironside 和 Sourirajan 研究证明了利用多孔醋酸纤维膜能完全去除大肠杆菌。他们还进一步验证了该技术能使产水达到饮用水水质标准。1957 年美国公共健康署和美国水工业协会已接受用膜过滤技术去除大肠杆菌。Siveka 研究利用反渗透（RO）可去除大部分细菌，其中进水大肠杆菌浓度为 1500 ～ 11000 个 /mL，而出水大肠杆菌浓度为少于 3 个 /mL。Jacangelo 的一项研究表明超滤（UF）膜在处理地表水时能有效去除各种颗粒，包括细菌。其中进水 HPC 细菌浓度为 4×10^3 ～ 4.5×10^3CFU/mL 之间（CFU 为菌落形成单位），而透过水 HPC 细菌浓度＜ 5CFU/mL。原水中大肠杆菌总数在 2.2×10^2 ～ 4.9×10^2CFU/mL 之间，而出水中未检测到大肠杆菌。Madsen 利用微滤（MF）膜组件去除大肠杆菌和乳酸杆菌，结果表明在正常运行条件下细菌总数下降了大约 10^8 个单位。在另一项测试中 Leahy 和 Sullivan 利用不同孔径的微滤（MF）膜进行去除假单胞菌实验。结果表明，对平均孔径为 0.22μm 的膜，进水细菌总数与透过水细菌总数的比率大约为 10^{10}；而对平均孔径为 0.45μm 的膜，该比率大约为 10^8。

（2）膜过滤去除病毒

利用各种类型的膜除了可以去除细菌外，还能够有效去除各种病毒。饮用水中病毒的平均浓度大约只有 10^{-8} 个 /L，然而原水中病毒的平均浓度高达 10^6 个 /L。如果直接用传统水处理工艺处理，病毒数量可下降到 10^{-3} ～ 10^{-1} 个 /L。Madsen 用微滤膜试验，结果表明病毒的去除在 10^5 ～ 10^7 个 /L 之间，认为膜过滤技术与传统水处理技术结合起来，将能去除病毒使之达到安全标准。病毒颗粒直径很小，大多介于 0.02 ～ 0.30μm。从孔径上看，微滤膜不足以去除病毒，但实际上微滤膜对病毒有一定的去除作用，这通常认为是由于膜表面形成的滤饼层的作用，但滤饼层是不稳定的，并容易通过反冲洗过程去掉，因此，实际上微滤并不适用于饮用水中病毒的去除。对于超滤技术目前仍存在争议，美国的 29 个州中只有 6 个州认可超滤对病毒的对数去除率可以达到 1lg 单位及以上，更多的州更倾向于采用混凝、沉淀、过滤、消毒等组合工艺对病毒进行控制；也有观点认为，超滤膜对病毒的截留远高于基于筛分原理的理论截留率，膜对病毒的分离过程不是简单的筛分过程，膜对病毒的吸附在膜的截留中具有重要地位，因此，超滤膜也被应用于病毒的去除或纯化。

Farahbakhsh 等评估微滤（最小孔径 0.2μm）对二级出水中 SC 噬菌体的去除率为 0.2 ～ 3.4lg 单位，并认为结垢的膜更有益于 SC 噬菌体的去除。Levine 等调查 6 家污水处理厂中过滤对病原微生物和指示性微生物的去除状况，发现肠道病毒、寄生虫的去除率分别为 0.3 ～ 0.8lg 单位、0.4 ～ 1.5lg 单位，指示性细菌（大肠菌群、肠球菌）和大肠杆菌噬菌体的去除率分别为 0.01 ～ 3.70lg 单位、0.3 ～ 1.1lg 单位；影响过滤处理效果的因素有滤池的设计、水力停留时间、水中的化学成分、反冲洗方式和二级处理效果等。Cooper 和 Straube 研究利用醋酸纤维素反渗透膜处理单元去除病毒。原水各种取样中的病毒浓度在 10^5 ～ 10^7PFU/gal（lgal=3.785L）之间，病毒的去除率为 100%。同时他们还研究了骨髓灰质炎病毒和大肠杆菌噬菌体的去除情况。尽管没有百分之百去除，但骨髓灰质炎病毒平均有 99.99999% 被去除，而大肠杆菌噬菌体平均有 99. 998848% 被去除。他们得出结论利用反渗透处理不需任何其他辅助设施便能有效去除病毒。纳滤技术和反渗透技术能够有效去除病毒，但因运行成本较高等原因，目前在水厂应用有限。需要注意的是，膜过滤过程对病毒没有持续控制能力，为确保饮用水输配过程安全有效，水处理过程需要配合消毒工艺的使用。微滤不适用于饮用水中病毒的去除，超滤对病毒的去除效果仍有争议。膜处理过程需要配合消毒工艺以确保饮用水输配过程的安全。认为微滤协同混凝预处理是去除饮用水中病毒和色度非常有效且很有潜力的技术。

（3）膜过滤去除其他病原微生物

一些病原微生物像蠕虫、原生动物、线虫、桡足目生物，只要有一个存活，便会引发疾病。因此，饮用水应该完全清除这些微生物。Madsen 建议使用膜过滤技术，因为这些微生物尺寸很大，以至于它们根本没有机会透过膜，唯一的危险可能来自膜的损坏。对原水中常见而且可能引发疾病的微生物像蓝氏贾第虫胞囊进行了研究。结果发现，原生动物胞囊尺寸范围为 3 ～ 14μm 的均能被膜过滤有效去除。此外，既然蓝氏贾第虫胞囊具有抗氯性，那么用膜过滤去除不失为一个好的解决办法。

制约膜分离技术在水处理中推广应用的一个重要原因是悬浮物、胶体、可溶性物质和微生物在膜表面吸附或沉积所造成的膜污染。膜污染导致膜通量的下降，增加膜组件更换和膜清洗的频率，从而增加膜系统的运行费用。膜分离技术还存在没有持续消毒能力的问题。因此，当膜分离技术应用于水处理时，如何防止管网中微生物的繁殖是需要解决的重要问题。与其他消毒工艺的优化组合，是解决这个问题的有效途径之一。各国政府对膜技术的研究与开发都非常重视，在饮用水处理这一领域，高通量、抗污染、低脱盐率、低压、低成本的分离膜是共同的发展方向。膜分离技术去除病原微生物具有较好的经济、社会和环境效益，已成为当今的研究热点。尽管膜技术还存在膜污染等问题，但随着膜制造技术的发展，膜的消毒效果会有所提高，消毒成本也会随之降低。

7.4.3.2 消毒技术灭活

饮用水的消毒是 20 世纪公共卫生领域的创举之一，是饮用水微生物安全风险控制的必要措施。常见的饮用水消毒技术包括投加化学消毒剂（如氯、氯胺、二氧化氯和臭氧等）、物理紫外线辐射等。美国环保署（US EPA）的《国家饮用水水质标准》规定，饮用水中病毒检出应为零；在实际的水处理中则参考世界卫生组织（WHO）绩效目标的限值方式，要求饮用水处理工艺对肠道病毒灭活率达到 4lg 单位（即 99.99%）。20 世纪饮用水消毒工艺的应用有效控制了水中致病微生物对人体的健康风险。

（1）氯消毒

氯消毒法是使用时间最早、使用范围最为广泛的消毒技术，始于 19 世纪初期，可十分有效地杀灭水中的细菌微生物，降低传染病的传播概率。迄今为止，我国大多数饮用水处理厂依然采用氯消毒作为主导的消毒技术。氯消毒法由进入水中的单质氯发生氧化还原反应，生成小于细菌的次氯酸分子，次氯酸在水中解离生成次氯酸根离子，吸附在带负电的细菌表面，通过细胞壁进入到细菌内部，利用次氯酸的氧化作用破坏细菌的酶系统，灭活细菌等微生物。

根据水厂运行经验，氯消毒接触时间为 30min 以上，自由性余氯为 0.3 ～ 0.4mg/L，能够完全杀灭肠道致病菌和钩端螺旋体；对于中性水体，钝化病毒所需的自由性余氯约为杀灭一般细菌的 2 ～ 20 倍，与病毒种类和水温有关。Gwy-Am Shina 等使用 RT-PCR 技术分析了氯消毒对诺如病毒的灭活效果，结果显示，诺如病毒对氯消毒的抵抗力弱，这与 Keswick 等的结果相反。苗婷婷等研究氯消毒对水中大肠杆菌的去除效果，原水中的大肠杆菌总数为 1.23×10^4 个 /L，氯（NaClO 溶液）投加量 10mg/L，接触时间 30min 时，对大肠杆菌灭活率达到 100%；Julia 等研究发现，不同剂量游离氯（8mg/L、16mg/L、30mg/L）对初级出水中大肠杆菌和粪肠球菌有很好的去除效果（>5lg 单位），灭活 MS2 噬菌体效果很差（0.2 ～ 1.0lg 单位），对脊髓灰质炎病毒的灭活效果（2.8lg 单位）高于 F-RNA 噬菌体。然而，氯在水中的作用是相当复杂的，它不仅可以起氧化反应，还可与水中天然存在的有机物起取代或加成反应生成具有有害作用的副产物（DBPs）。目前，已确定并且对人和动物有不利影响的副产物有三卤甲烷、卤代乙酸和高溴根离子。其中，三卤甲烷和卤代乙酸对人体有致癌和促癌作用。有研究者发现金属离子在安全使用范围内与氯的协同作用能提高病原微生物的去除率，同时降低氯的使用浓度，减少氯消毒副产物的危害，这为饮用水的氯化消毒提供了一种更为有效的方法。

游离氯（即由氯气水解形成的 HOCl 和 OCl^-）是当前广泛使用的消毒剂。USEPA 污染物候选名单（contaminant candidate list, CCL）中包括人类腺病毒 2 型、埃可病毒 1 型、柯萨奇病毒 B5 型和小鼠诺如病毒（作为人类诺如病毒的替代指标）等典型病毒。研究比较了游离氯对这 4 种病毒的灭活效果，发现在未经处理的地下水和经部分处理的地表水中氯消毒均对小鼠诺如病毒最有效，CT 值为 0.034mg・min/L，灭活率可达 3lg 单位（水温为 5℃，pH 值为 7 ～ 8）。其次是人类腺病毒 2 型和埃可病毒 1 型，而对柯萨奇病毒 B5 型消毒效果最弱，所需 CT 值为 2.3 ～ 7.9mg・min/L。研究发现小鼠诺如病毒以及腺病毒对游离氯高度敏感，游离氯对腺病毒 2 型实现 3lg 单位灭活的 CT 值为 0.023 ～ 0.027mg・min/L（pH 值为 7，温度为 4℃）。游离氯对病毒的灭活具有广谱、无选择性特征，在一定的 CT 条件下可有效灭活多种病毒。饮用水背景水质会显著影响游离氯的灭活效果，pH 值过高，会降低氯对病毒灭活的有效性。周美芝研究发现，水的 pH 值会影响氯消毒的消毒效果，且不能有效灭活隐孢子虫和贾第虫卵囊，抑制管网中的微生物二次生长。

当 pH>8 时，游离氯在水中形态以 OCl^-为主，其消毒效果弱于 HOCl。游离氯对病毒的灭活能力通常随温度的升高而增强，当温度从 5℃增加到 25℃时，氯对脊髓灰质炎病毒的灭活效果可提升 2 倍。此外，在饮用水输配系统中，维持一定的残余氯量是保证管网中微生物水质指标安全的必要条件。已有研究报道，管网中无氯时，供水节点诺如病毒感染风险显著提升。我国饮用水消毒中规定出厂水余氯量不小于 0.3mg/L，接触时间不小于 30min，可有效灭活水中绝大多数病毒。值得注意的是，游离氯消毒过程中存在生成三卤甲烷、卤乙酸等有害消毒副产物的风险，且游离氯的有效性很大程度上取决于背景水质的有机物、氨氮含量。为控制消毒副产物的生成，游离氯消毒时应严格控制氯的投加量；为提升游离氯对病毒的灭活效果，强化饮用水常规、深度处理工艺对背景有机物、氨氮的去除至关重要。

（2）氯胺消毒

氯胺（以一氯胺为主）由氯和氨反应生成。氯胺是在使用氯消毒处理氨氮含量较高的水质过程中单质氯和水中的氨类物质反应生成的中间产物，其中具备消毒作用的有一氯胺和二氯胺，均通过水解缓慢释放的次氯酸来灭活水中的致病微生物，消毒机理与氯和次氯酸相似，同样产生氯消毒副产物。Speight 等研究认为氯胺消毒也存在微生物的致突变性。氯胺的稳定性好，且生成的消毒副产物总量少，但是消毒杀菌作用较弱，单独使用时消毒效果并不理想，因此经常与高锰酸盐消毒、紫外消毒等方法联合使用，常在处理水流入市政管网前加入氯胺，利用其稳定持续消毒的特点，维持管网内的余氯量，保证管网内水质稳定性。

由于氯胺的氧化能力较弱，氯胺需要更长的接触时间才能达到与游离氯相同级别的对病原体的灭活作用，再加上氯胺比游离氯更稳定，在饮用水处理中常被用作二次消毒剂，来维持管网中的残余消毒剂量，减少消毒副产物的生成，控制生物膜的增长。Cromeans 等研究了一氯胺溶液在 5℃、pH=8 条件下对多种病毒的灭活效果，发现其对埃可病毒 1 型最有效，达到 3lg 单位灭活率的 CT 值为 18mg·min/L，其次是诺如病毒（CT 值为 78mg·min/L）和柯萨奇病毒 B3 型（CT 值为 330mg·min/L）。相比而言，一氯胺对这些病毒的灭活能力远低于游离氯，一氯胺灭活 4lg 单位埃可病毒和人类腺病毒的所需 CT 值均高于 1000mg·min/L。腺病毒易被游离氯灭活，但它对一氯胺的灭活有很强的抗性，灭活效率受一氯胺浓度及氨氮/氯的物质的量之比影响较小，随着 pH 值的增大和温度的降低而下降。此外，水体颗粒物、离子强度等水质条件也影响一氯胺的消毒效果。

（3）二氧化氯消毒

二氧化氯（ClO_2）是被世界卫生组织确定的一种安全高效强力杀菌剂，是国际上公认的氯系消毒剂中的最理想的更新替代产品。二氧化氯对微生物的灭活范围广、灭活能力强，除对一般的细菌有杀灭作用外，对大肠杆菌等异养菌，铁细菌、硫酸盐还原菌等自养菌，脊髓灰质炎病毒、肝炎病毒、贾第虫卵囊等也有很好的杀灭作用，并且消毒效果基本不受 pH 值的影响，不产生抗药性，持续杀菌能力较氯长 2 倍。通常认为二氧化氯消毒通过以下两方面实现：一是利用其强氧化性，能够穿过微生物的细胞壁氧化生物酶系统，抑制微生物生长发育繁殖；二是作用于蛋白质，使其分解成氨基酸等小分子物质，或使蛋白质沉降。但目前对二氧化氯作用于微生物的靶点仍存在争议。

1）致病菌灭活

金黄色葡萄球菌是一种典型的革兰氏阳性菌，对不良环境具有一定的抵抗能力，是医院获得性感染的最重要细菌之一。二氧化氯对金黄色葡萄球菌消毒效果弱于大肠杆菌，1.4mg/L×20min 二氧化氯可灭活 2lg 单位大肠杆菌，但 1.5mg/L×20min 二氧化氯只能灭活 1.7lg 单位金黄色葡萄球菌。但二氧化氯消毒对金黄色葡萄球菌仍十分有效，且在相同浓度时的消毒效果明显强于氯。绿脓杆菌是革兰氏阴性菌，也是一种自然界中广泛分布的条件致病菌，对抗菌药物具有耐药性。鸟型分枝杆菌是非结核性分枝杆菌中最常见的条件致病菌，可能引发肺部疾病。有研究发现，二氧化氯可有效灭活绿脓杆菌和鸟型分枝杆菌，分别在 1.0mg/L×30min 和 1.0mg/L×5.5min 剂量下实现 2.1lg 单位和 3lg 单位的灭活率。

张晓煜等试验研究发现在二氧化氯消毒的过程中大肠杆菌的细胞壁形态发生明显变化，

部分细菌细胞壁破裂，菌体细胞质内电解质流出，但是核酸结构没有发生明显改变。韦明肯等试验发现二氧化氯消毒过程中组成生物核酸结构中的核苷三磷酸含量明显降低，因此推测二氧化氯可能破坏了链接碱基对的共轭键。二氧化氯消毒具体作用对象和消毒机理值得更深入的研究分析。二氧化氯在水中扩散速度和渗透能力比氯更好，相同质量的二氧化氯、液氯和次氯酸消毒剂，二氧化氯消毒的效率更高，化学活性不依赖 pH 值，做预处理时可以减少水质的不良气味，抑制藻类和微生物的生长，去除部分铁锰，只生成微量的 THMs，同时可以氧化酚类物质。周磊认为，相比于氯消毒，二氧化氯消毒产生的副产物微不足道，可在饮用水消毒中广泛使用。郭一飞等发现二氧化氯可以杀死隐孢子虫和贾第虫卵囊。

2）病毒灭活

ClO_2 对耐一氯胺和紫外灭活的腺病毒具有高效的灭活效果，0.47mg/L 的 ClO_2 消毒 0.25min 即可实现腺病毒 40 型灭活效果 >4.2lg 单位（pH 值为 8，温度为 15℃）。Li 等报道了甲型肝炎病毒暴露于 7.5mg/L 的 ClO_2 10min 后，感染性完全丧失，抗原结构经 ClO_2 消毒 10min 后被完全破坏。对于轮状病毒的灭活，投加 0.1mg/L 的 ClO_2 60min 后可达到 4lg 单位的灭活效果（pH 值为 7.2，温度为 20℃），说明 ClO_2 的消毒效率优于游离氯消毒。根据模型得到 ClO_2 和氯消毒的相应 CT 值，分别为 1.21 ～ 2.47mg • min/L 和 5.55 ～ 5.59mg • min/L。水中 pH 值对 ClO_2 灭活病毒有重要影响。pH 值为 10 时 ClO_2 对脊髓灰质炎病毒的灭活效率比 pH 值为 6 时的效率更高。类似的结果在 ClO_2 灭活轮状病毒时也出现了，即随着 pH 值增加，病毒灭活率提高。有趣的是，这一结果与氯在不同 pH 值时灭活肠道病毒的效果相反。分析其原因，一方面高 pH 值增加了病毒对 ClO_2 攻击的敏感性，另一方面也可能是因为 ClO_2 在碱性溶液中的形态是灭活病毒的主要活性物种。

3）原生动物灭活

杨瑶等检测了二氧化氯对“红虫”的杀灭效果，随着二氧化氯浓度的增加其杀灭率也增大。当起始计算浓度为 8mg/L，二氧化氯溶液对“红虫”的杀灭率达 100%。二氧化氯消毒也产生副产物。二氧化氯加到水中后主要被还原成亚氯酸盐，而亚氯酸盐可引起溶血性贫血和人体高铁血红蛋白的增加。亚氯酸盐被国际癌症研究所确定为致癌物类。

（4）臭氧消毒

臭氧是目前已知的化学消毒剂中最为有效的一种消毒剂，适用 pH 值范围广，除了自身具有强氧化性（氧化还原电位为 2.07mV）这一特点以外，在碱性条件下，O_3 易生成羟基自由基和超氧自由基等自由基，这些自由基也可破坏病毒结构。臭氧（O_3）是一种强广谱氧化剂，对细菌、真菌及其孢子、病毒和原生动物都具有灭活活性。

1）致病菌灭活

臭氧可作用于细菌的蛋白质外壳和多糖，使蛋白质变性失活，改变细胞通透性。还可穿透细菌细胞壁，作用于生物酶系统，破坏核酸等遗传物质，同时能够灭活病毒、芽孢等，氧化分解大分子有机物，起到脱色的作用。低温条件下依然可以取得很好的消毒效果。臭氧与水混合后形成的臭氧水溶液具有很强的杀菌作用，它能够迅速广泛地杀灭多种微生物和致病菌，当其浓度达到 2mg/L 时，作用 1min，即可将大肠杆菌、金黄色葡萄球菌、细菌的芽孢、黑曲霉、酵母等微生物灭活。Smeets 等评估了几种消毒剂的计算方法，确定臭氧对病原微生物的消毒效能，结果显示连续流式搅拌反应器法更适于计算臭氧对大肠埃希氏菌、病毒和贾第虫等病原微生物的灭活效能。苗婷婷研究氯消毒和臭氧消毒对水中大肠杆菌的去除效果。结果显示：原水中的大肠杆菌总数为 1.23×10^4 个 /L，臭氧投加量为 5mg/L 时对大肠杆菌灭活率在 99.9% 以上。李洪敏等研究对比了臭氧对 4 种不同细菌的杀灭效果，当臭氧质量浓度在 0.92mg/L 时，臭氧对培养基上的金黄色葡萄球菌、大肠杆菌、白色念珠菌、结核杆菌的灭活率分别达到了 92%、95%、80%、94%；而以同样的臭氧质量浓度，对空气中的上述 4 种细菌经过 20min 熏蒸，灭活率分别达到 93%、93%、90%、96%，证明臭氧灭活法对空气中和物体表面的细菌均有很好的杀灭效果。

2）病毒灭活

臭氧杀灭无细胞结构的病毒则是通过破坏外部结构蛋白或者直接破坏其遗传物质来达到目的。有研究发现臭氧灭活水中多种病毒的有效性顺序为：Qβ 噬菌体 > 埃可病毒 ≈ MS2 噬菌体 >Φ174 噬菌体≈ T4 噬菌体 > 腺病毒 > 柯萨奇病毒 B5 型。柯萨奇病毒对臭氧的抗性最高，灭活率为 2lg 单位所需的 CT 值为 8×10^3mg·min/L，明显高于其他肠道病毒（如埃可病毒，CT 值为 1.9×10^{-3}mg·min/L）。MS2 噬菌体在臭氧消毒中失活速率常数受温度影响较小，pH 值为 6.5 时，温度上升 10℃，其失活速率常数仅增大了 1.2 倍。臭氧对脊髓灰质炎病毒 1 型也有较好的灭活效果，0.37mg/L 的臭氧在 5℃、pH 值为 7 的缓冲溶液中作用 10s，即可对脊髓灰质炎病毒 1 型的灭活率达到 3lg 单位。Wolf 等研究了臭氧对埃可病毒、腺病毒和柯萨奇病毒的灭活动力学，对这 3 种病毒的灭活 CT 值分别达到了 1.9×10^{-3}mg·min/L、4.1×10^{-3}mg·min/L、8.0×10^{-3}mg·min/L。

臭氧的稳定性易受 pH 值和温度等因素的影响。随着 pH 值的增加，臭氧水溶液的稳定性降低，造成了臭氧对轮状病毒的消毒效率在碱性 pH 值下降低。随着温度的升高，臭氧在水中溶解度降低且分解速率加快，但臭氧与反应物的作用速率增加。因此，在使用臭氧灭活水中病毒时，应考虑背景水质、温度等的影响。通常臭氧比游离氯对病毒的灭活效率更高，但需注意的是，臭氧在水中衰减迅速，且无持续的消毒效力。目前，臭氧-生物活性炭（biological activited carbon, BAC）工艺在我国大中型饮用水厂深度处理工艺中广泛应用，其臭氧投加量、接触时间控制在 0.5 ～ 3.0mg/L、10min 左右。深度处理工艺在去除微污染物、消毒副产物前驱物的同时对水中的病毒也有较好的灭活效果，但当前深度处理工艺对病毒迁移去除的研究较少，还有待进一步开展。

3）原生动物灭活

周美芝试验发现，臭氧杀死隐孢子虫的速度更快，同时可在 1min 内杀死约 90% 的隐孢子虫卵囊，且还原产物为氧气，可以提高水中的溶解氧含量。臭氧灭活细菌和病毒比灭活原生动物有更好的效果，主要是由于细菌和病毒对臭氧的敏感性要高于原生动物。臭氧及其分解产生的活性氧物种对不同病原体的灭活主要是通过前述的 3 种方式，臭氧的首要目标是破坏病原体的表面，臭氧与细胞包膜中不饱和脂质的双键反应导致微生物裂解，进而使细胞成分和遗传物质泄漏，原生动物、细菌和病毒结构的差异造成了三者对臭氧敏感性的差异，尤其是原生动物体表有一层连续的界膜，也即原生质膜，是造成其对臭氧敏感性低的主要原因。相比对臭氧的敏感性，病原体与臭氧的反应动力学速率也决定了其被臭氧灭活的效率。Hunt 等报道了大肠杆菌与臭氧反应的动力学常数是孢子虫的几千倍，因而，他们认为在饮用水杀菌系统中孢子虫更应该被关注。

臭氧扩散到微生物膜或者蛋白外壳表面与病原体快速反应，从而氧化降解膜及外壳结构，导致细胞质和壳内基质的流失。另外，穿透膜和外壳的臭氧及其生成的活性氧物种能进一步攻击遗传物质 DNA 或 RNA。

总结臭氧及产生的 ROS 灭活机理：

① 直接作用于细胞膜，致使细胞膜的通透性增加，细胞质反向渗透外流，从而使细胞失活。

② 作用于某些微生物（如细菌）的酶，主要机制在于能氧化分解细菌内部葡萄糖氧化酶，使酶失活，阻碍细菌的代谢。

③ 攻击遗传物质，如 DNA 或 RNA，使其失去遗传转录功能。在不同环境介质中，因为臭氧分解产生活性氧物种的差异，主要作用物种有所差异，如使用臭氧气体在气相中作用时，以臭氧分子直接攻击为主，而臭氧水作用于固相表面或液相中时臭氧分子和活性氧物种协同攻击病原体。

臭氧不仅能灭菌，而且能有效去除水体的色、嗅味以及溶解性铁、锰盐类和酚类。臭氧氧化能力很强，但也并非完美无缺。当原水中含有溴化物时，在臭氧的氧化作用下会形成对人体有害的溴酸盐。溴酸盐被国际癌症研究机构定为 2B 级（较高致癌可能性）的潜在致癌物。根据目前的研究，无论在副产物的生成量和毒性还是在出水的致突变性方面，臭氧都比氯气和二氧化氯理想。

（5）紫外消毒

紫外消毒属于物理消毒方法，相比化学消毒技术，不需投加任何药剂。紫外消毒法既不产生有机副产物，也不产生无机副产物，更安全地消灭微生物，且杀菌速度快、灭菌率高、易操作、管理和自动化程度高，是一种绿色的消毒方法。用波长在 200 ～ 275nm 范围内的紫外光照射微生物时，紫外光的光子能量可以使生物蛋白质变性失活，同时迅速破坏生物的核酸，阻碍微生物生长发育繁殖，来消灭水中致病菌。同时可以有效地杀死隐孢子虫和贾第虫卵囊。紫外消毒不改变饮用水中的物质成分和水的氧化还原性，因此不会腐蚀管道设备。但是紫外消毒不具备持续消毒的效果，往往与化学消毒法联合使用以保证处理后的水质稳定性。紫外线的消毒效果受处理水的浊度、水中离子强度、氨氮含量和紫外光照强度等因素影响。

1）致病菌灭活

嗜肺军团菌是一种典型的水传染病原菌，在自然水环境和人工水系统（例如给水系统、冷却水系统，医院、宾馆、疗养院、家庭的游泳池及温泉浴场）都发现过。自 1976 年在美国费城的退伍军人聚会上爆发军团病以来，水系统中的嗜肺军团菌也成为人们的关注重点。有文献报道嗜肺军团菌对氯有很强的抵抗力，持续的 2 ～ 6mg/L 的高投氯量和周期性的 20 ～ 50mg/L 冲击加氯才能抑制其在水系统中繁殖，但如此高的氯浓度势必会造成配水管道的严重腐蚀和具有潜在危害的 DBPs 的大量生成。加热也可以去除嗜肺军团菌，但作用是暂时的，经过一段时间后嗜肺军团菌会重新繁殖。UV 对嗜肺军团菌有较高的灭活能力。Liu 等研究了 UV 对医院的供水配水系统中嗜肺军团菌的灭活情况，研究涉及以下几个工艺条件：a. 无预处理的 UV 消毒；b. 加热冲洗＋加氯 +UV；c. 加热冲洗＋加氯＋过滤 +UV；d. 加热冲洗＋加氯＋过滤。工艺条件 c 和 d 相比较，去除军团菌的机理是 UV 辐射而不是过滤，但过滤可以减缓污垢在石英套管表面的积累。延长 UV 装置清洗周期（比较工艺条件 b 和 c），也可以去除军团菌。此外，由于管道内壁附着的生物膜及污垢层内和管道的死水区都存在军团菌的繁殖，而 UV 没有持续消毒能力，故工艺条件中虽然存在 UV 辐射，但消毒点仍然出现了存活的嗜肺军团菌，因此消毒前对给水管道进行加热冲洗和加氯消毒非常必要。污垢层既影响紫外线的穿透力，其内部也有存活的嗜肺军团菌，故预过滤也很有必要。在现有的配水系统中安装 UV 辐射装置简单方便、费用低，不影响水质和给水管道。工程中一般将 UV 辐射装置安装在取水点（水龙头、淋浴头）附近。为减少石英套管的清洗次数，可以考虑在 UV 装置前安装过滤器，以减少水中的杂质在石英套管表面的沉积。

枯草芽孢杆菌也是自然水体中常见的一种病原微生物，其孢子对消毒剂的抵抗力较强。Mamane-Gravtz 等比较了 UV 对实验室纯种枯草芽孢杆菌孢子（ATCC 6633）和水体中天然孢子的灭活效果，发现后者对 UV 的抵抗力远高于前者，原因可能有两个：一是纯种孢子具有均一的、相同的性质，而天然孢子则处在休眠、代谢等不同的生命阶段；二是水中颗粒对天然孢子的屏蔽作用。此外，UV 对天然孢子的灭活遵循一级化学反应动力学，且灭活速率常数与原水中的初始孢子浓度无关。

2）病毒灭活

目前，腺病毒被认为是对 UV 抵抗力最强的病毒，因此研究 UV 对腺病毒的灭活效果对 UV 在饮用水消毒中的应用具有重要的指导意义。值得注意的是，腺病毒对 UV 照射有较强的抵抗力，需 3 倍饮用水 UV 国标剂量（$120mJ/cm^2$）才能达到 3lg 单位灭活率，要达到 4lg 单位灭活率 UV 剂量应≥ $200mJ/cm^2$。在常用的饮用水 UV 消毒剂量下（$40mJ/cm^2$），除腺病毒外，绝大多数病毒均可达到 4lg 单位的去除率。Qin 等研究了 UV 对腺病毒、大肠杆菌噬菌体和脊髓灰质炎病毒的灭活情况，腺病毒对 UV 抵抗力明显高于其他病毒，EAd40 的耐 UV 能力分别是 EAd41、MS-2、PRD-1 和 Polio-1 的 1.2 倍、1.8 倍、4.1 倍和 5.6 倍。紫外线的 UVC 波段（波长 200 ～ 280nm）可通过辐射改变病毒染色体与衣壳灭活病毒。埃可病毒 1 型和 11 型、柯萨奇病毒 B3 型和 B5 型、脊髓灰质炎病毒 1 型被去除 3lg 单位时所需的 UV 剂量分别为 $25mJ/cm^2$、$20.5mJ/cm^2$、$24.5mJ/cm^2$、$27mJ/cm^2$ 和 $23mJ/cm^2$。甲肝肝炎病毒暴露于 $20mJ/cm^2$ 的 UV 剂量时，其灭活率可达到 3lg 单位。UV 可灭活浓缩血小板中的埃博拉病毒和中东呼吸综合征冠状病毒，$150mJ/cm^2$ UV 剂量下灭活率分别超过 4.5lg 单位和 3.7lg 单位。UV 消毒对 MS2、Φ174、Qβ 和 T7 等噬菌体也具有良好的灭活能力。有研究发现，病毒结构会影响 UV 消毒效率，与单链病毒相比，双链病毒对 UV 灭活的抗性更强，可能是由于当双链病毒在 UV 光照时只有一条链受到损伤，剩余未受损的链可作为宿主细胞酶修复的模板。消毒剂的灭活机制决定了各消毒剂的灭活作用位点与影响因素，但对于各消毒剂灭活机制的认识还非常有限。

已有研究考察了游离氯、ClO_2、UV 等消毒工艺灭活 MS2 噬菌体的机理，发现各种工艺对 MS2 噬菌体灭活机理各不相同。部分消毒剂灭活病毒的机制依赖于对特定病毒组分的修饰，导致不同病毒对灭活工艺的敏感性也大不相同。对于没有基因组修复机制的病毒（如单链 RNA 病毒），UV 是较为有效的灭活方法。这是由于蛋白和基因组的修饰都会导致病毒感染性的降低，但可修复病毒少量的突变可以抵制 UV 的灭活效果，因此，病毒更容易朝着耐 UV 灭活的方向进化。游离氯灭活病毒是一种非特异性的反应过程，可导致高水平的非特异性基因组和蛋白损伤，但须指出的是并不是所有的基因组和蛋白损伤都会使病毒失去活性。

紫外消毒存在不能解决消毒后在管网中再污染的问题，以及电耗较大等缺点。紫外线的消毒效果与紫外线对水透射能力有关。水中的悬浮物质、溶解有机物和水分子对紫外线都有吸收作用。在水中悬浮浓度高时，它的消毒效果不很理想。紫外消毒具有不添加化学试剂、无腐蚀性、操作方便、不产生消毒副产物等优点，是一种绿色、高效的消毒工艺。

3）贾第虫和隐孢子虫灭活

最近的一些研究表明，UV 能够达到对隐孢子虫较高的灭活水平。Zimmer 等的研究结果表明，即使在很低的 UV 剂量下（$1mJ/cm^2$ 和 $3mJ/cm^2$），低压汞灯和中压汞灯产生的紫外线对隐孢子虫的灭活效果也非常明显，UV 剂量为 $1mJ/cm^2$ 时，低压汞灯和中压汞灯对隐孢子虫的灭活率分别为 1.5lg 单位和 >3lg 单位；UV 剂量为 $3mJ/cm^2$ 时，低压汞灯和中压汞灯对隐孢子虫的灭活率没有区别，均为 >3lg 单位。Craik 等通过实验得出，无论是低压汞灯还是中压汞灯，其对隐孢子虫的灭活情况也没有明显的差别；但要达到 2lg 单位和 3lg 单位的灭活率，所需的 UV 剂量分别为 $10mJ/cm^2$ 和 $25mJ/cm^2$，约是前者的 10 倍。此外，Qian 等对实验数据的统计分析表明，8 ～ $14mJ/cm^2$ 的 UV 剂量即可达到 3lg 单位的灭活率，置信度为 95%。而相关的文献报道，加氯消毒对隐孢子虫的灭活并不十分有效：在 4 ～ 30℃范围内，pH 值为 6.0 时，要达到 2lg 单位的灭活率，氯的 CT 值（平均剩余浓度与接触时间之积）至少约为 1500mg • min/L。另外，UV 剂量低于 $25mJ/cm^2$ 时，隐孢子虫的对数灭活率随着 UV 剂量的增加而迅速增大；然而当 UV 剂量超过 $25mJ/cm^2$ 时，出现了“拖尾效应”，即对数灭活率的增长趋于平缓。Rochelle 等总结前人的研究成果，发现在一定的 UV 剂量范围内（$<10mJ/cm^2$），隐孢子虫的对数灭活率与 UV 剂量成正比。

不同剂量 UV 对贾第虫的灭活情况：UV 剂量为 $5mJ/cm^2$ 时，贾第虫卵囊的灭活率就超过了 2lg 单位，但 UV 剂量增加到 $25mJ/cm^2$ 时，其对数灭活率才接近 3lg 单位。另外，当 UV 低于 $8mJ/cm^2$ 时，贾第虫的对数灭活率与 UV 剂量呈明显的线性相关；但是当 UV 剂量超过 $8mJ/cm^2$ 后，贾第虫的对数灭活率也出现了“拖尾效应”，这一点与隐孢子虫卵囊的灭活率类似。Qian 等也对 UV 灭活贾第虫的实验结果进行了统计分析：12 ～ $20mJ/cm^2$ 的 UV 剂量可实现 3lg 单位 的灭活率，置信水平为 95%。造成拖尾效应的原因可能包括：a. 水样中卵囊的密度很大，因遮挡或混合不均匀致使部分卵囊未受到辐射；b. 因遗传或形态差异，亚卵囊群（sub-population of oocysts）对 UV 的抵抗力强；c. 水中的颗粒物或卵囊小群体的存在抵消了 UV 辐射。Emerick 等经过研究 UV 对分散的和与颗粒物缔合的大肠菌的灭活规律，提出了与实际情况相吻合的灭活公式，能够很好地解释滞后（或肩形）和拖尾效应。

（6）联合消毒剂

氯、二氧化氯、臭氧、紫外线等常规消毒剂去除饮用水中病原微生物经济有效，常规消毒剂仍然是现代饮用水处理工艺使用的主要消毒剂。但因其产生有害副产物等缺点已受到挑战。上述每种消毒技术都有其使用的局限性，为了充分发挥单一消毒技术的最大优势，通常把两种或两种以上的消毒手段联合起来使用，尽量避免单一技术的缺点。如游离氯和化合氯对灭活隐孢子虫卵囊的效果较差，而臭氧和二氧化氯比游离氯的效果好等，开始尝试各种消毒技术联合使用，提出了联合消毒剂的概念。目前，国内外很多饮用水处理厂已经采用联合消毒工艺对饮用水进行消毒。目前，联合消毒剂的研究主要是对臭氧-氯、二氧化氯-氯、氯-氯胺联合消毒灭活病原微生物的研究，针对其是否灭菌有协同作用、是否能降低单一消毒所产生的消毒副产物的量进行相关研究，并取得了肯定的结果，为进一步开发新型安全的饮用水消毒工艺提供了理论依据。

1）臭氧-氯联合应用

臭氧消毒基本不产生有机副产物，速度快，可有效灭活“两虫”（贾第虫、隐孢子虫）。使用臭氧消毒时应合理控制接触时间和臭氧浓度，避免生成溴酸盐化合物，以取得最佳的消毒效果。先加臭氧再加氯，保证了管网中有足够的剩余氯，可对多种微生物如隐孢子虫卵囊、鼠伤寒沙门氏菌、大肠杆菌噬菌体、脊髓灰质炎病毒等产生良好的灭活效果。臭氧-氯联用还可以补偿低温时臭氧效率的下降，例如，应用臭氧达到 1.6lg 单位灭活率，而后续游离氯当灭活率为 3lg 单位时，如水温为 1℃、10℃、22℃时，所需 CT 值分别为 3300mg • min/L、2000mg • min/L、1000mg • min/L。低温会增加氯的 CT 值，或在相同 CT 值时明显降低隐孢子虫卵囊的灭活效果。郑晓英等以城市污水处理厂二级出水为原水，对比了单独采用次氯酸钠、臭氧和联合使用时消毒后的处理水质，试验结果表明，当有效氯含量相同时，相比单一消毒技术，联合消毒技术可获得更高的大肠杆菌和粪大肠菌群的去除率，三氯甲烷的生成量降低了 36.67%，未检出一氯二溴甲烷。因此，在出水微生物指标相同时，相比单一消毒技术，组合消毒工艺对色度、微生物的去除率更高，次氯酸钠的投加量和消毒副产物的生成量更少。臭氧-氯联合消毒的协同作用存在多种假设，普遍接受的一个假设理论是由于臭氧的前期氧化作用，首先攻击微生物细胞的细胞壁，在造成细胞壁破坏的情况下，通过后期氯进一步渗透进细胞内部，损害核酸来达到灭活微生物的作用。

2）二氧化氯-氯/ 氯胺联合应用

二氧化氯活泼性好，反应速度快，生成副产物含量低，弥补氯和氯胺消毒不能杀灭“两虫”的劣势。二氧化氯-氯消毒剂联合应用保持了 ClO_2 和 Cl_2 各自的优点，而减少了各自的缺点，消毒效果优于或等于单一消毒剂，增强了饮用水的安全性。Son 和 Kim 等分别研究了用二氧化氯-氯的混合消毒剂和瞬时投加联合消毒剂对枯草芽孢杆菌的灭活作用，研究均表明联合消毒剂比氯单独作用时效果显著。且 Kim 等还发现，当颠倒投加顺序，即将氯作为一级消毒剂，后投加臭氧 / 二氧化氯 / 紫外线，发现只有二氧化氯作为二级消毒剂时才对枯草芽孢杆菌的灭活有协同作用。叶富守研究二氧化氯-氯的瞬时投加联合消毒剂消毒，得出联合消毒的 THMs 生成量都低于单独投加氯时的生成量。研究发现，氯 / 氯胺-二氧化氯联合消毒技术可明显降低处理成本，同样取得很好的处理效果，值得在实际工程中大力推广。利用氯 / 氯胺-二氧化氯联合消毒技术处理饮用水，发现相比单一的氯或氯胺消毒，联合消毒技术产生更少的或基本不产生消毒副产物，且消毒效率更高。据报道，如 H_2O_2/UV、H_2O_2/O_3/UV、H_2O_2/O_3、UV/TiO_2 等联合消毒剂也有较理想的消毒效果。Carnimeo 等在一年的中试试验中，采用 H_2O_2/UV 代替 ClO_2，结果表明 H_2O_2/UV 是一种理想的消毒方法，它不但可以阻止消毒副产物的生成，而且可以阻止微生物在水中再繁殖。

3）氯 / 氯胺-紫外线联合消毒法

紫外线光子能迅速降低水中的微生物含量，不产生任何消毒副产物，同样可有效灭活“两虫”，氯 / 氯胺-紫外线联合消毒法可明显降低能耗，延长设备的使用寿命，减少消毒副产物的生成，最大限度地发挥二者优势。王俭龙等采用氯-紫外线组合消毒技术对再生水处理过程中超滤水进行了消毒试验，结果表明，紫外线和氯消毒具有一定程度上的协同作用，且组合消毒技术的消毒效果大于单一两种技术的简单加和，在出水指标相同的条件下，组合消毒可明显降低有效氯的投加量，THMs 的含量为 15.19μg/L，相比单一氯消毒降低了 55.36%，远低于饮用水标准阈值。邹爽等用超声波 / 紫外线协同氯消毒处理砂滤水，试验发现，组合消毒技术可达到 100% 的微生物灭活率，在消毒效果相同时，组合技术可减少 18% 的次氯酸钠投加量，生成 DBPs 的总量减少了 44%，组合消毒技术真正实现了高效消毒和控制消毒副产物生成的两个目标的统一。李鑫玮等采用氯、紫外线、臭氧单独消毒和组合消毒技术对 MBR 出水进行消毒试验，结果表明，相比单一消毒技术，组合消毒技术效果更好，且可以明显降低 THMs 的生成量。相比紫外线和氯消毒，臭氧和氯组合消毒技术可以大幅度降低 THMs 的生成量，当有效氯的投加量为 4mg/L 时，THMs 的生成量可降低至 14.11μg/L，比单一氯消毒减少了 37.19%。

从我国当前的经济情况和氯的消毒特点看，氯消毒在一段时间内仍然占主导地位，因此优化消毒工艺控制氯消毒副产物含量，达到更好的处理效果，已成为目前重要的研究方向。

消毒是饮用水处理中的一个难题，也是关键所在。它与常规处理工艺相辅相成，所以在实际生产中，应结合不同水源水质以及经济条件，常规工艺与消毒技术互相配合，取长补短，以使饮用水中病原微生物的去除达到最好效果。近些年提出的联合消毒剂在去除病原微生物领域具有广阔的前景。联合消毒剂能有效灭活水体中的致病微生物，有效控制消毒副产物的生成。可延长或保证管网水中的消毒作用，比氯单独消毒的持续消毒能力强。该联合消毒工艺具有投资少、成本低、见效快的优点，可根据水源水具体情况采用不同的组合方式，在低成本的基础上提高饮用水水质。

参考文献

[1] Tang Y, Long X, Wu M, et al. Bibliometric review of research trends on disinfection by-products in drinking water during 1975-2018[J]. Separation and Purification Technology, 2020, 241:116741.

[2] Gunten U V. Ozonation of drinking water: part Ⅱ, disinfection and by-product formation in presence of bromide, iodide or chlorine[J]. Water Research, 2003, 37(7): 1469-1487.

[3] Bougeard C M M, Goslan E H, Jefferson B, et al. Comparison of the disinfection by-product formation potential of treated waters exposed to chlorine and monochloramine[J]. Water Research, 2010, 44(3): 729-740.

[4] Zhai H, He X, Zhang Y, et al. Disinfection byproduct formation in drinking water sources: a case study of Yuqiao reservoir[J]. Chemosphere, 2017, 181: 224-231.

[5] Al-Otoum F, Al-Ghouti M A, Ahmed T A, et al. Disinfection by-products of chlorine dioxide (chlorite, chlorate, and trihalomethanes): occurrence in drinking water in Qatar[J]. Chemosphere, 2016, 164: 649-656.

[6] Gan W, Huang H, Yang X, et al. Emerging investigators series: disinfection by-products in mixed chlorine dioxide and chlorine water treatment[J]. Environmental Science: Water Research & Technology, 2016, 2(5): 838-847.

[7] 赵玉丽，李杏放 . 饮用水消毒副产物：化学特征与毒性 [J]. 环境化学，2011, 30(1): 20-33.

[8] 楚文海，肖融，丁顺克，等 . 饮用水中的消毒副产物及其控制策略 [J]. 环境科学，2021, 42(11): 5059-5074.

[9] Zhou W, Lou L, Zhu L, et al. Formation and cytotoxicity of a new disinfection by-product (DBP) phenazine by chloramination of water containing diphenylamine[J]. Journal of Environmental Sciences, 2012, 24(7): 1217-1224.

[10] Lu T H, Su C C, Tang F C, et al. Chloroacetic acid triggers apoptosis in neuronal cells via a reactive oxygen species-induced endoplasmic reticulum stress signaling pathway[J]. Chemico-Biological Interactions, 2015, 225: 1-12.

[11] Plewa M J, Wagner E D, Jazwierska P, et al. Halonitromethane drinking water disinfection byproducts: chemical characterization and mammalian cell cytotoxicity and genotoxicity[J]. Environmental Science & Technology, 2004, 38(1): 62-68.

[12] Plewa M J, Muellner M G, Richardson S D, et al. Occurrence, synthesis, and mammalian cell cytotoxicity and genotoxicity of haloacetamides: an emerging class of nitrogenous drinking water disinfection byproducts[J]. Environ & Technology, 2008, 42(3): 955-961.

[13] 洪涵璐，赵伟，尹金宝．饮用水消毒副产物基因毒性与致癌性研究进展 [J]. 环境监控与预警，2020, 12(5): 36-48.

[14] Zhang S, Miao D, LI T, et al. Comparative cytotoxic and genotoxic potential of 13 drinking water disinfection by-products using a microplate-based cytotoxicity assay and a developed SOS/umu assay[J]. Mutagenesis, 2016, 31(1): 35-41.

[15] Wagner E D, Plewa M J. CHO cell cytotoxicity and genotoxicity analyses of disinfection by-products: an updated review[J]. Journal of Environmental Sciences, 2017, 58: 64-76.

[16] 夏影．卤代苯醌类消毒副产物的细胞毒性和遗传毒性研究 [D]. 南宁：广西医科大学，2018.

[17] Cantor K P, Hoover R, Hartge P, et al. Bladder cancer, drinking water source, and tap water consumption: a case-control study[J]. J Natl Cancer Inst, 1987, 79(6): 1269.

[18] Evlampidou I, Fontribera L, Rojasrueda D, et al. Trihalomethanes in drinking water and bladder cancer burden in the European Union[J]. Environmental Health Perspectives, 2020, 128(1): 017001.

[19] Cao W C, Zeng Q, Luo Y, et al. Blood biomarkers of late pregnancy exposure to trihalomethanes in drinking water and fetal growth measures and gestational age in a Chinese cohort[J]. Environmental Health Perspectives, 2016, 124(4): 536-541.

[20] Wu Q Y, Tang X, Huang H, et al. Antiestrogenic activity and related disinfection by-product formation induced by bromide during chlorine disinfection of sewage secondary effluent[J]. Journal of Hazardous Materials, 2014, 273: 280-286.

[21] Yang M, Zhang X. Comparative developmental toxicity of new aromatic halogenated DBPs in a chlorinated saline sewage effluent to the marine polychaete platynereis dumerilii[J]. Environmental Science & Technology, 2013, 47(19): 10868-10876.

[22] Yang M, Liu J, Zhang X, et al. Comparative toxicity of chlorinated saline and freshwater wastewater effluents to marine organisms[J]. Environmental Science & Technology, 2015, 49(24): 14475-14483.

[23] 肖融，楚文海．从“源头到龙头”的前体物全过程来源分析消毒副产物的源头控制 [J]. 给水排水，2020, 46(9): 9.

[24] Singer P C. Humic substances as precursors for potentially harmful disinfection by-products[J]. Water Science and Technology, 1999, 40(9): 25-30.

[25] Hua G, Reckhow D A. Characterization of disinfection byproduct precursors based on hydrophobicity and molecular size[J]. Environmental Science & Technology, 2007, 41(9): 3309-3315.

[26] Korotta-Gamage S M, Sathasivan A. A review: potential and challenges of biologically activated carbon to remove natural organic matter in drinking water purification process[J]. Chemosphere, 2017, 167: 120-138.

[27] Lin L, Xu B, Lin Y L, et al. A comparison of carbonaceous, nitrogenous and iodinated disinfection by-products formation potential in different dissolved organic fractions and their reduction in drinking water treatment processes[J]. Separation and Purification Technology, 2014, 133: 82-90.

[28] Gha B, Twn B, Hc C, et al. Formation of assimilable organic carbon (AOC) during drinking water disinfection: a microbiological prospect of disinfection byproducts[J]. Environment International, 2020, 135: 105389.

[29] Pan Y, Li H, Zhang X, et al. Characterization of natural organic matter in drinking water: sample preparation and analytical approaches[J]. Trends in Environmental Analytical Chemistry, 2016, 12: 23-30.

[30] Goslan E H, Seigle C, Purcell D, et al. Carbonaceous and nitrogenous disinfection by-product formation from algal organic matter[J]. Chemosphere, 2017, 170: 1-9.

[31] Fang J, Yang X, Ma J, et al. Characterization of algal organic matter and formation of DBPs from chlor (am) ination[J]. Water Research, 2010, 44(20): 5897-5906.

[32] Hua L C, Lai C H, Wang G S, et al. Algogenic organic matter derived DBPs: precursor characterization, formation, and future perspectives – a review[J]. Critical Reviews in Environmental Science and Technology, 2019:1-32.

[33] Bond T, Templeton M R, Graham N. Precursors of nitrogenous disinfection by-products in drinking water-a critical review and analysis[J]. Journal of Hazardous Materials, 2012, 235-236: 1-16.

[34] Zhou S, Shao Y, Gao N, et al. Characterization of algal organic matters of microcystis aeruginosa: biodegradability, DBP formation and membrane fouling potential[J]. Water Research, 2014, 52: 199-207.

[35] Hua L C, Chao S J, Huang C. Fluorescent and molecular weight dependence of THM and HAA formation from intracellular algogenic organic matter (IOM)[J]. Water Research, 2019, 148 (JAN.1): 231-238.

[36] Li L, Gao N, Deng Y, et al. Gharacterization of intracellular & extracellular algae organic matters (AOM) of microcystic aeruginosa and formation of AOM-associated disinfection byproducts and odor & taste compounds[J]. Water Research, 2012, 46(4): 1233-1240.

[37] Liu Y, Zhang Q, Hong Y, et al. Formation of disinfection byproducts from accumulated soluble products of oleaginous microalga after chlorination[J]. Frontiers of Environmental Science & Engineering, 2017, 11(6): 1.

[38] Mao Y, Wang X, Yang H, et al. Effects of ozonation on disinfection byproduct formation and speciation during subsequent chlorination[J]. Chemosphere, 2014, 117: 515-520.

[39] Kitis M, Karanfil T, Wigton A, et al. Probing reactivity of dissolved organic matter for disinfection by-product formation using XAD-8 resin adsorption and ultrafiltration fractionation[J]. Water Research, 2002, 36(15): 3834-3848.

[40] Pantelaki I, Voutsa D. Formation of iodinated THMs during chlorination of water and wastewater in the presence of different iodine sources[J]. Science of the Total Environment, 2018, 613: 389-397.

[41] Miao M, Liu J, Dou Y, et al. Effects of microplastics on DBPs formation under the chlorination of natural organic matters[J]. Chemosphere, 2022, 296: 134067.

[42] Ateia M, Kanan A, Karanfil T. Microplastics release precursors of chlorinated and brominated disinfection byproducts in water[J]. Chemosphere, 2020, 251: 126452.

[43] Zhong D, Yuan Y, Ma W, et al. Influences of pipe materials and hydraulic conditions on the process of trihalomethanes formation in water distribution network[J]. Desalination and Water treatment, 2012, 49 (1-3): 165-171.

[44] Boyce S D, Hornig J F. Reaction pathways of trihalomethane formation from the halogenation of dihydroxyaromatic model compounds for humic acid[J]. Environmental Science & Technology, 1983, 17(4): 202-211.

[45] Liu S, Li Z, Dong H, et al. Formation of iodo-trihalomethanes, iodo-acetic acids, and iodo-acetamides during chloramination of iodide-containing waters: factors influencing formation and reaction pathways[J]. Journal of Hazardous Materials, 2017, 321: 28-36.

[46] Guan C, Jiang J, Pang S, et al. Effect of iodide on transformation of phenolic compounds by nonradical activation of peroxydisulfate in the presence of carbon nanotube: kinetics, impacting factors, and formation of iodinated aromatic products[J]. Chemosphere, 2018, 208: 559-568.

[47] Zhang B, Xian Q, Gong T, et al. DBPs formation and genotoxicity during chlorination of pyrimidines and purines bases[J]. Chemical Engineering Journal, 2017, 307:884-890.

[48] Chu W, Li X, Gao N, et al. Peptide bonds affect the formation of haloacetamides, an emerging class of N-DBPs in drinking water: free amino acids versus oligopeptides[J]. Scientific Reports, 2015, 5(1): 14412.

[49] Zhang X L, Yang H W, Wang X M, et al. Trihalomethane hydrolysis in drinking water at elevated temperatures[J]. Water Research, 2015, 78: 18-27.

[50] Pan Y, Li W, Li A, et al. A new group of disinfection byproducts in drinking water: trihalo-hydroxy-cyclopentene-diones[J]. Environmental Science & Technology, 2016, 50(14): 7344-7352.

[51] Carter R A A, Liew D S, West N, et al. Simultaneous analysis of haloacetonitriles, haloacetamides and halonitromethanes in chlorinated waters by gas chromatography-mass spectrometry[J]. Chemosphere, 2019, 220: 314-323.

[52] Charrois J W A, Arend M W, Froese K L, et al. Detecting *N*-nitrosamines in drinking water at nanogram per liter levels using ammonia positive chemical ionization[J]. Environmental Science & Technology, 2004, 38(18): 4835-4841.

[53] Kimura S Y, Cuthbertson A A, Byer J D, et al. The DBP exposome: development of a new method to simultaneously quantify priority disinfection by-products and comprehensively identify unknowns[J]. Water Research, 2019, 148: 324-333.

[54] Nihemaiti M, Roux J L, Hoppe-Jones C, et al. Formation of haloacetonitriles, haloacetamides, and nitrogenous heterocyclic byproducts by chloramination of phenolic compounds[J]. Environmental Science & Technology, 2017,

51(1): 655-663.

[55] Yuli Z, Janna A, Xiufen L, et al. Occurrence and formation of chloro- and bromo-benzoquinones during drinking water disinfection[J]. Water Research, 2012, 46(14): 4351-4360.

[56] Chu W, Gao N, Yin D, et al. Trace determination of 13 haloacetamides in drinking water using liquid chromatography triple quadrupole mass spectrometry with atmospheric pressure chemical ionization[J]. Journal of Chromatography A, 2012, 1235: 178-181.

[57] Lu Y, Song Z M, Wang C, et al. Combination of high resolution mass spectrometry and a halogen extraction code to identify chlorinated disinfection byproducts formed from aromatic amino acids[J]. Water Research, 2021, 190: 116710.

[58] Tang Y, Ying X, Feng L, et al. Nontargeted identification of peptides and disinfection byproducts in water[J]. Journal of Environmental Sciences, 2016, 42: 259-266.

[59] Huang B, Rohrer J. Targeted quantitation mode comparison of haloacetic acids, bromate, and dalapon in drinking water using ion chromatography coupled to high-resolution (orbitrap) mass spectrometry[J]. Journal of Chromatography A, 2020, 1630: 461538.

[60] Negreira N, Regueiro J, Alda M L D, et al. Reactivity of vinca alkaloids during water chlorination processes: identification of their disinfection by-products by high-resolution quadrupole-orbitrap mass spectrometry[J]. Science of the Total Environment, 2016, 544: 635-644.

[61] 姚建花，邵国健，胡明友，等. 顶空加盐-气相色谱电子捕获检测器法测定饮用水中 11 种挥发性卤代消毒副产物 [J]. 预防医学，2020, 32(11): 1185-1188.

[62] 魏建荣，姜丽娟，韩志宇. 液-液萃取气相色谱法测定饮用水中消毒副产物检测方法的研究 [J]. 中国卫生检验杂志，2004, 14(5): 542-544.

[63] Cuthbertson A A, Liberatore H K, Kimura S Y, et al. Trace analysis of 61 emerging Br-, Cl-, and I-DBPs: new methods to achieve part-per-trillion quantification in drinking water[J]. Analytical Chemistry, 2020, 92(4): 3058-3068.

[64] 汤庆会，余沛芝，陆坤，等. 固相萃取-气相色谱串联质谱测定饮用水中 *N*-亚硝胺类消毒副产物 [J]. 净水技术，2018, 37(10): 28-32.

[65] 裴赛峰，金成龙，张昀. 固相微萃取气质联用同时测定饮用水中的卤乙腈、卤代硝基甲烷及含碘三卤甲烷消毒副产物 [J]. 中国卫生检验杂志，2019, 29(11): 1295-1299.

[66] 孙铭，古其会，张菊梅，等. 超高效液相色谱-三重四极杆质谱联用检测饮用水中 *N*-亚硝胺类消毒副产物 [J]. 食品科学，2022, 43(2): 310-315.

[67] 张晓艺，张秀尧，蔡欣欣，等. 超高效液相色谱-三重四极杆质谱联用同时测定饮用水 13 种 *N*-亚硝胺类消毒副产物 [J]. 预防医学，2021, 33(2): 212-216.

[68] Huang R, Wang W, Qian Y, et al. Ultra pressure liquid chromatography-negative electrospray ionization mass spectrometry determination of twelve halobenzoquinones at ng/L levels in drinking water[J]. Analytical Chemistry, 2013, 85(9): 4520-4529.

[69] Hu S, Gong T, Ma J, et al. Simultaneous determination of iodinated haloacetic acids and aromatic iodinated disinfection byproducts in waters with a new SPE-HPLC-MS/MS method[J]. Chemosphere, 2018, 198: 147-153.

[70] 刘丽菁，林麒，杨艳. 免试剂离子色谱法测定饮水消毒副产物二氯乙酸. 三氯乙酸 [J]. 中国卫生检验杂志，2013, 23(10): 2236-2237.

[71] 张彦鲁. 电导检测离子色谱法同时测定饮用水中 5 种消毒副产物 [J]. 广东化工，2016, 43(16): 188-189.

[72] Singer P C, Pyne R, Avs M, et al. Examining the impact of aquifer storage and recovery on DBRs[J]. Journal - American Water Works Association, 1993, 85(11): 85-94.

[73] Fang C, Yang X, Ding S, et al. Characterization of dissolved organic matter and its derived disinfection byproduct formation along the Yangtze River[J]. Environmental Science & Technology, 2021, 55(18): 12326-12336.

[74] Chu W H, Gao N Y, Templeton M R, et al. Comparison of inclined plate sedimentation and dissolved air flotation for the

minimisation of subsequent nitrogenous disinfection by-product formation[J]. Chemosphere, 2011, 83(5): 647-651.

[75] Tongchang P, Kumsuvan J, Phatthalung W N, et al. Reduction by enhanced coagulation of dissolved organic nitrogen as a precursor of *N*-nitrosodimethylamine[J]. Journal of Environmental Science and Health Part A, 2018, 53(6): 583-593.

[76] Ghanadi M, Kah M, Kookana R S, et al. Formation of disinfection by-products from microplastics, tire wear particles, and other polymer-based materials[J]. Water Research, 2022, 230: 119528.

[77] Chiu C A, Westerhoff P, Ghosh A. GAC removal of organic nitrogen and other DBP precursors[J]. Journal - American Water Works Association, 2012, 104(7): E406-E415.

[78] Cuthbertson A A, Kimura S Y, Liberatore H K, et al. Does granular activated carbon with chlorination produce safer drinking water? From disinfection byproducts and total organic halogen to calculated toxicity[J]. Environmental Science & Technology, 2019, 53(10): 5987-5999.

[79] Ike I A, Lee Y, Hur J. Impacts of advanced oxidation processes on disinfection byproducts from dissolved organic matter upon post-chlor (am) ination: a critical review[J]. Chemical Engineering Journal, 2019, 375: 121929.

[80] Srithep S, Phattarapattamawong S J C. Kinetic removal of haloacetonitrile precursors by photo-based advanced oxidation processes (UV/H_2O_2, UV/O_3, and UV/H_2O_2/O_3)[J]. Chemosphere, 2017, 176: 25-31.

[81] Ding S, Wang F, Chu W, et al. Using UV/H_2O_2 pre-oxidation combined with an optimised disinfection scenario to control CX_3R-type disinfection by-product formation[J]. Water Research, 2019, 167: 115096.

[82] Ding S, Chu W, Bond T, et al. Formation and estimated toxicity of trihalomethanes, haloacetonitriles, and haloacetamides from the chlor (am) ination of acetaminophen[J]. Journal of hazardous materials, 2018, 341: 112-119.

[83] Krasner S W, Mitch W A, Westerhoff P, et al. Formation and control of emerging C- and N-DBPs in drinking water[J]. Journal - American Water Works Association, 2012, 104(11): E582-E595.

[84] Liang L, Singer P C. Factors influencing the formation and relative distribution of haloacetic acids and trihalomethanes in drinking water[J]. Environmental Science & Technology, 2003, 37(13): 2920-2928.

[85] Ding S, Chu W, Krasner S W, et al. The stability of chlorinated, brominated, and iodinated haloacetamides in drinking water[J]. Water Research, 2018, 142: 490-500.

[86] Hua G H, Reckhow D A. DBP formation during chlorination and chloramination: effect of reaction time, pH, dosage, and temperature[J]. Journal-American Water Works Association, 2008, 100(8): 82-95.

[87] Canada H. Guidelines for Canadian drinking water quality summary table prepared by the Federal-Provincial-Territorial committee on drinking water of the Federal-Provincial-Territorial committee on health and the environment, March 2006, 2012.

[88] Li Y, Zhang X, Yang M, et al. Three-step effluent chlorination increases disinfection efficiency and reduces DBP formation and toxicity[J]. Chemosphere, 2017, 168: 1302-1308.

[89] Jiang J, Zhang X, Zhu X, et al. Removal of intermediate aromatic halogenated DBPs by activated carbon adsorption: a new approach to controlling halogenated DBPs in chlorinated drinking water[J]. Environmental Science & Technology, 2017, 51(6): 3435-3444.

[90] Jing J, Zhang X. A smart strategy for controlling disinfection byproducts by reversing the sequence of activated carbon adsorption and chlorine disinfection[J]. Sci Bull, 2018, 63: 1167-1169.

[91] 纪瑶瑶，赵梦，周丽，等 . 顺序氯化消毒对微污染原水消毒副产物控制研究 [J]. 水处理技术，2018, 44(2): 24-28.

[92] Xiao R, Duan Y, Chu W, et al. The effectiveness of household water treatment and safe storage in improving drinking water quality: a disinfection by-product (DBP) perspective[J]. Journal of Water Supply: Research and Technology-AQUA, 2020, 69(8): 785-806.

[93] Zazouli M A, Kalankesh L R. Removal of precursors and disinfection by-products (DBPs) by membrane filtration from water: a review[J]. Journal of Environmental Health Science and Engineering, 2017, 15: 1-10.

[94] Levesque S, Rodriguez M J, Serodes J, et al. Effects of indoor drinking water handling on trihalomethanes and haloacetic

acids[J]. Water Research, 2006, 40(15): 2921-2930.

[95] Chen H, Cao Y, Wei E, et al. Facile synthesis of graphene nano zero-valent iron composites and their efficient removal of trichloronitromethane from drinking water[J]. Chemosphere, 2016, 146: 32-39.

[96] Hou S, Ling L, Shang C, et al. Degradation kinetics and pathways of haloacetonitriles by the UV/persulfate process[J]. Chemical Engineering Journal, 2017, 320: 478-484.

[97] 李军，韩莹，王济禾，等 . 氧化铜催化零价铁还原水中亚硝基二甲胺 [J]. 中国环境科学，2017, 37(6): 2100-2105.

[98] Jean P C, David A R, et al. Destruction of chlorination byproducts with sulfite[J]. Environmental Science & Technology, 1989, 23(11): 1412-1419.

[99] 伏芝萱，郭迎庆，楚文海 . 紫外 / 亚硫酸钠还原降解三氯乙酰胺的效能 [J]. 环境科学，2019, 40(5) 2271-2277.

[100] Xiao Q, Yu S, Li L, et al. An overview of advanced reduction processes for bromate removal from drinking water: reducing agents, activation methods, applications and mechanisms[J]. Journal of Hazardous Materials, 2017, 324: 230-240.

[101] 安娜，谢茴茴，高乃云，等 . 粉末活性炭对水中嗅味物质 IPMP 和 TBMP 的吸附特性 [J]. 中南大学学报（自然科学版），2012, 43(9): 3718-3726.

[102] 刘成，胡湛波，郝晓明，等 . 吹扫捕集法测定南宁市竹排冲黑臭河道水体嗅味物质 [J]. 环境工程学报，2012, 6(5): 1744-1748.

[103] 刘波，朱铭洪 . 饮用水中 30 种硫醚类致嗅物的吹扫捕集-气相色谱-质谱联用同时测定法 [J]. 环境与健康杂志，2017, 34(10): 892-895.

[104] Mao M M, Zhang K J, Zhang T Q, et al. Research progress of typical taste and odor compounds produced by chlorination in drinking water[J]. Applied Mechanics and Materials, 2013, 316-317: 698-702.

[105] 孙静，王锐，尹大强 . 顶空固相微萃取-气质联用法同时测定城市水源水中的九种嗅味物质 [J]. 环境化学，2016, 35(2): 280-286.

[106] 朱帅，贾静，饶竹，等 . 吹扫捕集-气相色谱-质谱法联用测定水中典型的嗅味物质 [J]. 环境化学，2016, 35(10): 2127-2133.

[107] 冯桂学，刘莉，顿咪娜，等 . 固相萃取-气相色谱-质谱法测定水中 10 种嗅味物质的含量 [J]. 理化检验-化学分册，2017, 53(5): 502-506.

[108] Sun J, Hu S, Sharma K R, et al. An efficient method for measuring dissolved VOSCs in wastewater using GC-SCD with static headspace technique[J]. Water Research, 2014, 52: 208-217.

[109] Feng G X, Sun S H, Wang M Q, et al. Determination of four volatile organic sulfur compounds by automated headspace technique coupled with gas chromatography-mass spectrometry[J]. Journal of Water Supply: Research and Technology-AQUA, 2018, 67(5): 498-505.

[110] 曾小磊，蔡云龙，陈国光，等 . 臭味感官分析法在饮用水测定中的应用 [J]. 给水排水，2011, 37(3): 14-18.

[111] 杨一琼，蔡云龙，陈国光，等 . 臭味层次分析法（FPA）评价饮用水臭味的人为影响因素 [J]. 净水技术，2011, 30(4): 13-16.

[112] Chung S Y, Johnesy P B, Klesius P H. Development of an ELISA using polyclonal antibodies specific for 2-methylisobomeol[J]. Journal of Agricultural and Food Chemistry, 1990, 38(2): 410-415.

[113] 胡涛 . 饮用水嗅味问题及其分析方法研究进展 [J], 净水技术，2019, 38(s1) :11-14, 82.

[114] Brownlee B G, Gaminie L. A simple extraction procedure for moderately volatile taste and odor com pounds such as geosmin and 2-methylisoborneol-method and applications[J]. Water Sci Technol, 1988, 20: 91-97.

[115] 张锡辉，伍婧娉，王治军，等 . HS-SPME-GC 法测定水中典型嗅味物质 [J]. 中国给水排水，2007, 23(2): 78-82.

[116] 张力群，吴平，金铨，等 . 吹扫捕集-气相色谱-质谱联用法测定水中 7 种典型嗅味物质 [J]. 中国卫生检验杂志，2016, 26(1): 20-25.

[117] American Public Health Association. Standard methods for the examination of water and waste water[S]. USA, 1995: 2917-2921.

[118] 丁震 . 水体中藻源致嗅物质的辨识、分布与处理研究 [D]. 南京：东南大学，2017.

[119] Khiari D, Brenner L, Burlingame G A, et al. Sensory gas chromatography for evaluation of taste and odor events in drinking water[J]. Water Sci Technol, 1992, 25(2): 97-104.
[120] 张孝洪，吴小刚，张可佳，等．基于电子鼻技术检测水体异嗅等级的方法研究 [J]. 给水排水，2021, 47(10): 20-26.
[121] 散玉龙．基于电子鼻技术的水中嗅味指纹图谱方法的研究 [D]. 杭州：浙江大学，2021.
[122] 陈祎思．典型氧化技术对饮用水中化学类嗅味物质的控制效果及机制研究 [D]. 北京：北京建筑大学，2021.
[123] 孙丽丽．嘉兴地区异嗅异味识别及庚醛控制技术的研究 [D]. 杭州：浙江大学，2015.
[124] 廖宇．硫醚类嗅味物质的预氧化去除及粉末活性炭吸附效果和机制研究 [D]. 北京：北京建筑大学，2018.
[125] 任广林，孙昕，张垚臻，等．曝气吹脱除嗅的影响因素及模型建立 [J]. 环境科学与技术，2018, 41(2): 169-175.
[126] WHO. Guidelines for drinking-water quality[S]. 3rded. Geneva: World Health Organization Press, 2017.
[127] 高圣华，张晓，张岚．饮用水中病毒的健康危害与控制 [J]. 净水技术，2020, 39(3): 1-8.
[128] 文刚，王静怡，黄廷林，等．流式细胞仪在水处理中的应用现状与展望 [J]. 中国给水排水，2014, 30(18): 58-62.
[129] 赵仲麟，李淑英，李燕，等．水中病原微生物分子检测技术研究进展 [J]. 生物技术通报，2012 (1): 41-45.
[130] 李珂，张洪勋，余志晟，等．中国水环境微生物污染研究进展 [J]. 科技导报，2021, 39(15): 110-116.
[131] 闰志超，苑宏英，员建，等．消毒技术去除饮用水中病原微生物的研究进展 [J]. 四川环境，2009, 28(5): 75-78, 90.
[132] 蒋绍阶，石长恩，江志贤．膜过滤技术用于饮用水消毒可行性探讨 [J]. 重庆环境科学，2003, 25(4): 52-54, 45.
[133] 董慧峪，李凌菲，刘沛峰，等．饮用水消毒工艺对病毒的灭活 [J]. 环境工程学报，2020, 14(7): 1718-1727.
[134] 李亚峰，张子一．饮用水消毒技术现状及发展趋势 [J]. 建筑与预算，2019 (9): 62-69.
[135] 张光辉，孙迎雪，顾平，等．紫外线灭活水中病原微生物 [J]. 水处理技术，2006, 32(8): 5-8.
[136] 徐闯，巫寅虎，胡洪营，等．二氧化氯对不同微生物的灭活特性及其对群落结构特征的影响 [J]. 环境工程，2021, 39(10): 57-63.
[137] 黄成琛．上海原水、生活污水和溢流污水中三种常见水源性病原的污染情况 [D]. 上海：华东理工大学，2018.
[138] Ramo A, del Cacho E, Sanchez-Acedo C, et al. Occurrence and genetic diversity of *Cryptosporidium* and *Giardia* in urban wastewater treatment plants in north-eastern Spain[J]. Science of the Total Environment, 2017, 598: 628-638.
[139] Hanninen M L, Honnan A, Rimhanen-Finne R, et al. Monitoring of *Cryptosporidium* and *Giardia* in the Vantaa river basin, southern Finland[J]. International Journal of Hygiene and Environmental Health, 2005, 208(3): 163-171.
[140] Xiao L, Singh A, Limor J, et al. Molecular characterization of *Cryptosporidium oocysts* in samples of raw surface water and wastewater[J]. Applied and Environmental Microbiology, 2001, 67(3): 1097-1101.
[141] Hashimoto A, Sugimuto H, Morita S, et al. Genotyping of single *Cryptosporidium oocysts* in sewage by semineated PCR and direct sequencing[J]. Water Research, 2006, 40(13): 2527-2532.
[142] Hirata T, Hashimoto A. Genotyping of single *Cryptosporidium oocysts* isolated from sewage and river water[J]. Water Science and Technology, 2006, 54(3): 197-202.
[143] Liu A, Ji H, Wang E, et al. Molecular identification and distribution of *Cryptosporidium* and *Giardia* in raw urban wastewater in Harbin, China[J]. Parasitology Research, 2011, 109(3): 913-918.
[144] Cacciò S M, de Giacomo M, Aulicino F A, et al. *Giardia cysts* in wastewater treatment plants in Italy[J]. Applied and Environmental Microbiology, 2003, 69(6): 3393-3398.
[145] Sulaiman I M, Jiang J, Singh A, et al. Distribution of *Giardia duodenalis* genotypes and subgenotypes in raw urban wastewater in Milwaukee, Wisconsin[J]. Applied and Environmental Microbiology, 2004, 70(6): 3776-3780.
[146] Robertson L, Forberg T, Gjerde B, et al. *Giardia cysts* in sewage influent in Bergen, Norway 15-23 months after an extensive waterborne outbreak of giardiasis[J]. Applied and Environmental Microbiology, 2008, 104(4): 1147-1152.
[147] Ayed L B, Schijven J, Alouini Z, et al. Presence of parasitic protozoa and helminth in sewage and efficiency of sewage treatment in Tunisia[J]. Parasitology Research, 2009, 105(2): 393-406.
[148] Bertrand I, Schwartzbrod J. Detection and genotyping of *Giardia duodenalis* in wastewater: relation between assemblages and faecal contamination origin[J]. Water Research, 2007, 41(16): 3675-3682.

[149] Nguyen T T, Traub R, Pham P D, et al. Prevalence and molecular characterization of *Cryptosporidum* spp. and *Giardia* spp. in environmental samples in Hanam province, Vietnam[J]. Food and Waterborne Parasitology, 2016, 3: 13-20.

[150] Alson J, Amoros I, Cuesta G. LNA probes in a real-time taqman PCR assay for genotyping of *Giardia duodenalis* in wastewaters[J]. Journal of Applied Microbiology, 2010, 2018(5): 1564-1601.

[151] 沈燕，贾舒宇，李紫涵，等 . 水环境中致病菌分子生物学检测技术研究进展 [J]. 环境监控与预警，2020, 12(5): 1-13.

[152] 冀豪栋，孙丰宾，赖波，等 . 臭氧消毒研究进展及对新型冠状病毒的灭活启示 [J]. 工业水处理，2021, 41(11): 1-8.

[153] 云云，汪长中，吴璇 . 病原微生物检测技术进展 [J]. 安徽医药，2013, 17(3): 501-503.

[154] Farahbakhsh K, Smith D W. Removal of coliphages in secondary effluent by microfiltration - mechanisms of removal and impact of operating parameters[J]. Water Research，2004, 38(3): 585-592.

[155] Levine A D, Harwood V J, Farrah S R, et al. Pathogen and indicator organism reduction through secondary effluent filtration: implications for reclaimed water production[J]. Water Environment Research, 2008, 80(7): 596-608.

[156] Zhu H, Jia R, Sun S, et al. Elimination of trichloroanisoles by UV/H_2O_2: kinetics, degradation mechanism, water matrix effects and toxicity assessment[J]. Chemosphere, 2019, 230:258-267.

附 录

▲ 新污染物治理行动方案

▲ 重点管控新污染物清单（2023 年版）

▲《水质 嗅味物质的测定 固相萃取-气相色谱-质谱法》（DB37/T 4162—2020）

▲《水质 硫醚类物质的测定 顶空-气相色谱-质谱法》（DB37/T 4160—2020）

▲《水质 三卤甲烷生成势的测定 顶空-气相色谱法》（DB37/T 4147—2020）

▲ 新污染物生态环境监测标准体系表（2024 年版）

▲《新污染物筛查准确度评定技术指南 气相色谱-质谱法（试行）》

▲《新污染物筛查准确度评定技术指南 液相色谱-质谱法（试行）》

附录 1　新污染物治理行动方案

有毒有害化学物质的生产和使用是新污染物的主要来源。目前，国内外广泛关注的新污染物主要包括国际公约管控的持久性有机污染物、内分泌干扰物、抗生素等。为深入贯彻落实党中央、国务院决策部署，加强新污染物治理，切实保障生态环境安全和人民健康，制定本行动方案。

一、总体要求

（一）指导思想。以习近平新时代中国特色社会主义思想为指导，全面贯彻党的十九大和十九届历次全会精神，深入贯彻习近平生态文明思想，立足新发展阶段，完整、准确、全面贯彻新发展理念，构建新发展格局，推动高质量发展，以有效防范新污染物环境与健康风险为核心，以精准治污、科学治污、依法治污为工作方针，遵循全生命周期环境风险管理理念，统筹推进新污染物环境风险管理，实施调查评估、分类治理、全过程环境风险管控，加强制度和科技支撑保障，健全新污染物治理体系，促进以更高标准打好蓝天、碧水、净土保卫战，提升美丽中国、健康中国建设水平。

（二）工作原则。

——科学评估，精准施策。开展化学物质调查监测，科学评估环境风险，精准识别环境风险较大的新污染物，针对其产生环境风险的主要环节，采取源头禁限、过程减排、末端治理的全过程环境风险管控措施。

——标本兼治，系统推进。“十四五”期间，对一批重点管控新污染物开展专项治理。同时，系统构建新污染物治理长效机制，形成贯穿全过程、涵盖各类别、采取多举措的治理体系，统筹推动大气、水、土壤多环境介质协同治理。

——健全体系，提升能力。建立健全管理制度和技术体系，强化法治保障。建立跨部门协调机制，落实属地责任。强化科技支撑与基础能力建设，加强宣传引导，促进社会共治。

（三）主要目标。到 2025 年，完成高关注、高产（用）量的化学物质环境风险筛查，完成一批化学物质环境风险评估；动态发布重点管控新污染物清单；对重点管控新污染物实施禁止、限制、限排等环境风险管控措施。有毒有害化学物质环境风险管理法规制度体系和管理机制逐步建立健全，新污染物治理能力明显增强。

二、行动举措

（一）完善法规制度，建立健全新污染物治理体系。

1. 加强法律法规制度建设。研究制定有毒有害化学物质环境风险管理条例。建立健全化学物质环境信息调查、环境调查监测、环境风险评估、环境风险管控和新化学物质环境管理登记、有毒化学品进出口环境管理等制度。加强农药、兽药、药品、化妆品管理等相关制度与有毒有害化学物质环境风险管理相关制度的衔接。（生态环境部、农业农村部、市场监管总局、国家药监局等按职责分工负责）

2. 建立完善技术标准体系。建立化学物质环境风险评估与管控技术标准体系，制定修订化学物质环境风险评估、经济社会影响分析、危害特性测试方法等标准。完善新污染物环境监测技术体系。（生态环境部牵头，工业和信息化部、国家卫生健康委、市场监管总局等按职责分工负责）

3. 建立健全新污染物治理管理机制。建立生态环境部门牵头，发展改革、科技、工业和信息化、财政、住房城乡建设、农业农村、商务、卫生健康、海关、市场监管、药监等部门参加的新污染物治理跨部门协调机制，统筹推进新污染物治理工作。加强部门联合调查、联合执法、信息共享，加强法律、法规、制度、标准的协调衔接。按照国家统筹、省负总责、市县落实的原则，完善新污染物治理的管理机制，全面落实新污染物治理属地责任。成立新污染物治理专家委员会，强化新污染物治理技术支撑。（生态环境部牵头，国家发展改革委、科技部、工业和信息化部、财政部、住房城乡建设部、农业农村部、商务部、国家卫生健康委、海关总署、市场监管总局、国家药监局等按职责分工负责，地方各级人民政府负责落实。以下均需地方各级人民政府落实，不再列出）

（二）开展调查监测，评估新污染物环境风险状况。

4. 建立化学物质环境信息调查制度。开展化学物质基本信息调查，包括重点行业中重点化学物质生产使用的品种、数量、用途等信息。针对列入环境风险优先评估计划的化学物质，进一步开展有关生产、加工使用、环境排放数量及途径、危害特性等详细信息调查。2023 年年底前，完成首轮化学物质基本信息调查和首批环境风险优先评估化学物质详细信息调查。（生态环境部负责）

5. 建立新污染物环境调查监测制度。制定实施新污染物专项环境调查监测工作方案。依托现有生态环境监测网络，在重点地区、重点行业、典型工业园区开展新污染物环境调查监测试点。探索建立地下水新污染物环境调查、监测及健康风险评估技术方法。2025 年年底前，初步建立新污染物环境调查监测体系。（生态环境部负责）

6. 建立化学物质环境风险评估制度。研究制定化学物质环境风险筛查和评估方案，完善评估数据库，以高关注、高产（用）量、高环境检出率、分散式用途的化学物质为重点，开展环境与健康危害测试和风险筛查。动态制定化学物质环境风险优先评估计划和优先控制化学品名录。2022 年年底前，印发第一批化学物质环境风险优先评估计划。（生态环境部、国家卫生健康委等按职责分工负责）

7. 动态发布重点管控新污染物清单。针对列入优先控制化学品名录的化学物质以及抗生素、微塑料等其他重点新污染物，制定“一品一策”管控措施，开展管控措施的技术可行性和经济社会影响评估，识别优先控制化学品的主要环境排放源，适时制定修订相关行业排放标准，动态更新有毒有害大气污染物名录、有毒有害水污染物名录、重点控制的土壤有毒有害物质名录。动态发布重点管控新污染物清单及其禁止、限制、限排等环境风险管控措施。2022 年发布首批重点管控新污染物清单。鼓励有条件的地区在落实国家任务要求的基础上，参照国家标准和指南，先行开展化学物质环境信息调查、环境调查监测和环境风险评估，因地制宜制定本地区重点管控新污染物补充清单和管控方案，建立健全有关地方政策标准等。（生态环境部牵头，工业和信息化部、农业农村部、商务部、国家卫生健康委、海关总署、市场监管总局、国家药监局等按职责分工负责）

（三）严格源头管控，防范新污染物产生。

8. 全面落实新化学物质环境管理登记制度。严格执行《新化学物质环境管理登记办法》，落实企业新化学物质环境风险防控主体责任。加强新化学物质环境管理登记监督，建立健全新化学物质登记测试数据质量监管机制，对新化学物质登记测试数据质量进行现场核查并公开核查结果。建立国家和地方联动的监督执法机制，按照“双随机、一公开”原则，将新化学物质环境管理事项纳入环境执法年度工作计划，加大对违法企业的处罚力度。做好新化学物质和现有化学物质环境管理衔接，完善《中国现有化学物质名录》。（生态环境部负责）

9. 严格实施淘汰或限用措施。按照重点管控新污染物清单要求，禁止、限制重点管控新污染物的生产、加工使用和进出口。研究修订《产业结构调整指导目录》，对纳入《产业结构调整指导目录》淘汰类的工业化学品、农药、兽药、药品、化妆品等，未按期淘汰的，依法停止其产品登记或生产许可证核发。强化环境影响评价管理，严格涉新污染物建设项目准入管理。将禁止进出口的化学品纳入禁止进（出）口货物目录，加强进出口管控；将严格限制用途的化学品纳入《中国严格限制的有毒化学品名录》，强化进出口环境管理。依法严厉打击已淘汰持久性有机污染物的非法生产和加工使用。（国家发展改革委、工业和信息化部、生态环境部、农业农村部、商务部、海关总署、市场监管总局、国家药监局等按职责分工负责）

10. 加强产品中重点管控新污染物含量控制。对采取含量控制的重点管控新污染物，将含量控制要求纳入玩具、学生用品等相关产品的强制性国家标准并严格监督落实，减少产品消费过程中造成的新污染物环境排放。将重点管控新污染物限值和禁用要求纳入环境标志产品和绿色产品标准、认证、标识体系。在重要消费品环境标志认证中，对重点管控新污染物进行标识或提示。（工业和信息化部、生态环境部、农业农村部、市场监管总局等按职责分工负责）

（四）强化过程控制，减少新污染物排放。

11. 加强清洁生产和绿色制造。对使用有毒有害化学物质进行生产或者在生产过程中排放有毒有害化学物质的企业依法实施强制性清洁生产审核，全面推进清洁生产改造；企业应采取便于公众知晓的方式公布使用有毒有害原料的情况以及排放有毒有害化学物质的名称、浓度和数量等相关信息。推动将有毒有害化学物质的替代和排放控制要求纳入绿色产品、绿色园区、绿色工厂和绿色供应链等绿色制造标准体系。（国家发展改革委、工业和信息化部、生态环境部、住房城乡建设部、市场监管总局等按职责分工负责）

12. 规范抗生素类药品使用管理。研究抗菌药物环境危害性评估制度，在兽用抗菌药注册登记环节对新品种开展抗菌药物环境危害性评估。加强抗菌药物临床应用管理，严格落实零售药店凭处方销售处方药类抗菌药物。加强兽用抗菌药监督管理，实施兽用抗菌药使用减量化行动，推行凭兽医处方销售使用兽用抗菌药。（生态环境部、农业农村部、国家卫生健康委、国家药监局等按职责分工负责）

13. 强化农药使用管理。加强农药登记管理，健全农药登记后环境风险监测和再评价机制。严格管控具有环境持久性、生物累积性等特性的高毒高风险农药及助剂。2025年年底前，完成一批高毒高风险农药品种再评价。持续开展农药减量增效行动，鼓励发展高效低风险农药，稳步推进高毒高风险农药淘汰和替代。鼓励使用便于回收的大容量包装物，加强农药包装废弃物回收处理。（生态环境部、农业农村部等按职责分工负责）

（五）深化末端治理，降低新污染物环境风险。

14. 加强新污染物多环境介质协同治理。加强有毒有害大气污染物、水污染物环境治理，制定相关污染控制技术规范。排放重点管控新污染物的企事业单位应采取污染控制措施，达到相关污染物排放标准及环境质量目标要求；按照排污许可管理有关要求，依法申领排污许可证或填写排污登记表，并在其中载明执行的污染控制标准要求及采取的污染控制措施。排放重点管控新污染物的企事业单位和其他生产经营者应按照相关法律法规要求，对排放（污）口及其周边环境定期开展环境监测，评估环境风险，排查整治环境安全隐患，依法公开新污染物信息，采取措施防范环境风险。土壤污染重点监管单位应严格控制有毒有害物质排放，建立土壤污染隐患排查制度，防止有毒有害物质渗漏、流失、扬散。生产、加工使用或排放重点管控新污染物清单中所列化学物质的企事业单位应纳入重点排污单位。（生态环境部负责）

15. 强化含特定新污染物废物的收集利用处置。严格落实废药品、废农药以及抗生素生产过程中产生的废母液、废反应基和废培养基等废物的收集利用处置要求。研究制定含特定新污染物废物的检测方法、鉴定技术标准和利用处置污染控制技术规范。（生态环境部、农业农村部等按职责分工负责）

16. 开展新污染物治理试点工程。在长江、黄河等流域和重点饮用水水源地周边，重点河口、重点海湾、重点海水养殖区，京津冀、长三角、珠三角等区域，聚焦石化、涂料、纺织印染、橡胶、农药、医药等行业，选取一批重点企业和工业园区开展新污染物治理试点工程，形成一批有毒有害化学物质绿色替代、新污染物减排以及污水污泥、废液废渣中新污染物治理示范技术。鼓励有条件的地方制定激励政策，推动企业先行先试，减少新污染物的产生和排放。（工业和信息化部、生态环境部等按职责分工负责）

（六）加强能力建设，夯实新污染物治理基础。

17. 加大科技支撑力度。在国家科技计划中加强新污染物治理科技攻关，开展有毒有害化学物质环境风险评估与管控关键技术研究；加强新污染物相关新理论和新技术等研究，提升创新能力；加强抗生素、微塑料等生态环境危害机理研究。整合现有资源，重组环境领域全国重点实验室，开展新污染物相关研究。（科技部、生态环境部、国家卫生健康委等按职责分工负责）

18. 加强基础能力建设。加强国家和地方新污染物治理的监督、执法和监测能力建设。加强国家和区域（流域、海域）化学物质环境风险评估和新污染物环境监测技术支撑保障能力。建设国家化学物质环境风险管理信息系统，构建化学物质计算毒理与暴露预测平台。培育一批符合良好实验室规范的化学物质危害测试实验室。加强相关专业人才队伍建设和专项培训。（生态环境部、国家卫生健康委等部门按职责分工负责）

三、保障措施

（一）加强组织领导。坚持党对新污染物治理工作的全面领导。地方各级人民政府要加强对新污染物治理的组织领导，各省级人民政府是组织实施本行动方案的主体，于 2022 年年底前组织制定本地区新污染物治理工作方案，细化分解目标任务，明确部门分工，抓好工作落实。国务院各有关部门要加强分工协作，共同做好新污染物治理工作，2025 年对本行动方案实施情况进行评估。将新污染物治理中存在的突出生态环境问题纳入中央生态环境保护督察。（生态环境部牵头，有关部门按职责分工负责）

（二）强化监管执法。督促企业落实主体责任，严格落实国家和地方新污染物治理要求。加强重点管控新污染物排放执法监测和重点区域环境监测。对涉重点管控新污染物企事业单位依法开展现场检查，加大对未按规定落实环境风险管控措施企业的监督执法力度。加强对禁止或限制类有毒有害化学物质及其相关产品生产、加工使用、进出口的监督执法。（生态环境部、农业农村部、海关总署、市场监管总局等按职责分工负责）

（三）拓宽资金投入渠道。鼓励社会资本进入新污染物治理领域，引导金融机构加大对新污染物治理的信贷支持力度。新污染物治理按规定享受税收优惠政策。（财政部、生态环境部、税务总局、银保监会等按职责分工负责）

（四）加强宣传引导。加强法律法规政策宣传解读。开展新污染物治理科普宣传教育，引导公众科学认识新污染物环境风险，树立绿色消费理念。鼓励公众通过多种渠道举报涉新污染物环境违法犯罪行为，充分发挥社会舆论监督作用。积极参与化学品国际环境公约和国际化学品环境管理行动，在全球环境治理中发挥积极作用。（生态环境部牵头，有关部门按职责分工负责）

附录 2 重点管控新污染物清单（2023 年版）

（2022 年 12 月 29 日生态环境部、工业和信息化部、农业农村部、商务部、海关总署、国家市场监督管理总局令第 28 号公布，自 2023 年 3 月 1 日起施行）

第一条 根据《中华人民共和国环境保护法》《中共中央国务院关于深入打好污染防治攻坚战的意见》以及国务院办公厅印发的《新污染物治理行动方案》等相关法律法规和规范性文件，制定本清单。

第二条 新污染物主要来源于有毒有害化学物质的生产和使用。

本清单根据有毒有害化学物质的环境风险，结合监管实际，经过技术可行性和经济社会影响评估后确定。

第三条 对列入本清单的新污染物，应当按照国家有关规定采取禁止、限制、限排等环境风险管控措施。

第四条 各级生态环境、工业和信息化、农业农村、商务、市场监督管理等部门以及海关，应当按照职责分工依法加强对新污染物的管控、治理。

第五条 本清单根据实际情况实行动态调整。

第六条 本清单自 2023 年 3 月 1 日起施行。

附表

重点管控新污染物清单

编号	新污染物名称	CAS 号	主要环境风险管控措施
一	全氟辛基磺酸及其盐类和全氟辛基磺酰氟（PFOS 类）	例如： 1763-23-1 307-35-7 2795-39-3 29457-72-5 29081-56-9 70225-14-8 56773-42-3 251099-16-8	1. 禁止生产。 2. 禁止加工使用（以下用途除外）。 （1）用于生产灭火泡沫药剂（该用途的豁免期至 2023 年 12 月 31 日止）。 3. 将 PFOS 类用于生产灭火泡沫药剂的企业，应当依法实施强制性清洁生产审核。 4. 进口或出口全氟辛基磺酸及其盐类和全氟辛基磺酰氟，应办理有毒化学品进（出）口环境管理放行通知单。自 2024 年 1 月 1 日起，禁止进出口。 5. 已禁止使用的，或者所有者申报废弃的，或者有关部门依法收缴或接收且需要销毁的全氟辛基磺酸及其盐类和全氟辛基磺酰氟，根据国家危险废物名录或者危险废物鉴别标准判定属于危险废物的，应当按照危险废物实施环境管理。 6. 土壤污染重点监管单位中涉及 PFOS 类生产或使用的企业，应当依法建立土壤污染隐患排查制度，保证持续有效防止有毒有害物质渗漏、流失、扬散。

续表

编号	新污染物名称	CAS 号	主要环境风险管控措施
二	全氟辛酸及其盐类和相关化合物[1]（PFOA 类）	—	1. 禁止新建全氟辛酸生产装置。 2. 禁止生产、加工使用（以下用途除外）。 （1）半导体制造中的光刻或蚀刻工艺； （2）用于胶卷的摄影涂料； （3）保护工人免受危险液体造成的健康和安全风险影响的拒油拒水纺织品； （4）侵入性和可植入的医疗装置； （5）使用全氟碘辛烷生产全氟溴辛烷，用于药品生产目的； （6）为生产高性能耐腐蚀气体过滤膜、水过滤膜和医疗用布膜，工业废热交换器设备，以及能防止挥发性有机化合物和 PM2.5 颗粒泄漏的工业密封剂等产品而制造聚四氟乙烯（PTFE）和聚偏氟乙烯（PVDF）； （7）制造用于生产输电用高压电线电缆的聚全氟乙丙烯（FEP）。 3. 将 PFOA 类用于上述用途生产的企业，应当依法实施强制性清洁生产审核。 4. 进口或出口 PFOA 类，被纳入中国严格限制的有毒化学品名录的，应办理有毒化学品进（出）口环境管理放行通知单。 5. 已禁止使用的，或者所有者申报废弃的，或者有关部门依法收缴或接收且需要销毁的全氟辛酸及其盐类和相关化合物，根据国家危险废物名录或者危险废物鉴别标准判定属于危险废物的，应当按照危险废物实施环境管理。 6. 土壤污染重点监管单位中涉及 PFOA 类生产或使用的企业，应当依法建立土壤污染隐患排查制度，保证持续有效防止有毒有害物质渗漏、流失、扬散。
三	十溴二苯醚	1163-19-5	1. 禁止生产或加工使用（以下用途除外）。 （1）需具备阻燃特点的纺织产品（不包括服装和玩具）； （2）塑料外壳的添加剂及用于家用取暖电器、熨斗、风扇、浸入式加热器的部件，包含或直接接触电器零件，或需要遵守阻燃标准，按该零件重量算密度低于 10%； （3）用于建筑绝缘的聚氨酯泡沫塑料； （4）以上三类用途的豁免期至 2023 年 12 月 31 日止。 2. 将十溴二苯醚用于上述用途生产的企业，应当依法实施强制性清洁生产审核。 3. 进口或出口十溴二苯醚，被纳入中国严格限制的有毒化学品名录的，应办理有毒化学品进（出）口环境管理放行通知单。自 2024 年 1 月 1 日起，禁止进出口。 4. 已禁止使用的，或者所有者申报废弃的，或者有关部门依法收缴或接收且需要销毁的十溴二苯醚，根据国家危险废物名录或者危险废物鉴别标准判定属于危险废物的，应当按照危险废物实施环境管理。 5. 土壤污染重点监管单位中涉及十溴二苯醚生产或使用的企业，应当依法建立土壤污染隐患排查制度，保证持续有效防止有毒有害物质渗漏、流失、扬散。

续表

编号	新污染物名称	CAS 号	主要环境风险管控措施
四	短链氯化石蜡[2]	例如： 85535-84-8 68920-70-7 71011-12-6 85536-22-7 85681-73-8 108171-26-2	1. 禁止生产或加工使用（以下用途除外）。 （1）在天然及合成橡胶工业中生产传送带时使用的添加剂； （2）采矿业和林业使用的橡胶输送带的备件； （3）皮革业，尤其是为皮革加脂； （4）润滑油添加剂，尤其用于汽车、发电机和风能设施的发动机以及油气勘探钻井和生产柴油的炼油厂； （5）户外装饰灯管； （6）防水和阻燃油漆； （7）粘合剂； （8）金属加工； （9）柔性聚氯乙烯的第二增塑剂（但不得用于玩具及儿童产品中的加工使用）； （10）以上九类用途的豁免期至 2023 年 12 月 31 日止。 2. 将短链氯化石蜡用于上述用途生产的企业，应当依法实施强制性清洁生产审核。 3. 进口或出口短链氯化石蜡，应办理有毒化学品进（出）口环境管理放行通知单。自 2024 年 1 月 1 日起，禁止进出口。 4. 已禁止使用的，或者所有者申报废弃的，或者有关部门依法收缴或接收且需要销毁的短链氯化石蜡，根据国家危险废物名录或者危险废物鉴别标准判定属于危险废物的，应当按照危险废物实施环境管理。 5. 土壤污染重点监管单位中涉及短链氯化石蜡生产或使用的企业，应当依法建立土壤污染隐患排查制度，保证持续有效防止有毒有害物质渗漏、流失、扬散。
五	六氯丁二烯	87-68-3	1. 禁止生产、加工使用、进出口。 2. 依据《石油化学工业污染物排放标准》（GB 31571），对涉六氯丁二烯的相关企业，实施达标排放。 3. 已禁止使用的，或者所有者申报废弃的，或者有关部门依法收缴或接收且需要销毁的六氯丁二烯，根据国家危险废物名录或者危险废物鉴别标准判定属于危险废物的，应当按照危险废物实施环境管理。严格落实化工生产过程中含六氯丁二烯的重馏分、高沸点釜底残余物等危险废物管理要求。 4. 土壤污染重点监管单位中涉及六氯丁二烯生产或使用的企业，应当依法建立土壤污染隐患排查制度，保证持续有效防止有毒有害物质渗漏、流失、扬散。
六	五氯苯酚及其盐类和酯类	87-86-5 131-52-2 27735-64-4 3772-94-9 1825-21-4	1. 禁止生产、加工使用、进出口。 2. 已禁止使用的，或者所有者申报废弃的，或者有关部门依法收缴或接收且需要销毁的五氯苯酚及其盐类和酯类，根据国家危险废物名录或者危险废物鉴别标准判定属于危险废物的，应当按照危险废物实施环境管理。 3. 土壤污染重点监管单位中涉及五氯苯酚及其盐类和酯类生产或使用的企业，应当依法建立土壤污染隐患排查制度，保证持续有效防止有毒有害物质渗漏、流失、扬散。
七	三氯杀螨醇	115-32-2 10606-46-9	1. 禁止生产、加工使用、进出口。 2. 已禁止使用的，或者所有者申报废弃的，或者有关部门依法收缴或接收且需要销毁的三氯杀螨醇，根据国家危险废物名录或者危险废物鉴别标准判定属于危险废物的，应当按照危险废物实施环境管理。

续表

编号	新污染物名称	CAS 号	主要环境风险管控措施
八	全氟己基磺酸及其盐类和其相关化合物[3]（PFHxS 类）	—	1. 禁止生产、加工使用、进出口。 2. 已禁止使用的，或者所有者申报废弃的，或者有关部门依法收缴或接收且需要销毁的全氟己基磺酸及其盐类和其相关化合物，根据国家危险废物名录或者危险废物鉴别标准判定属于危险废物的，应当按照危险废物实施环境管理。
九	得克隆及其顺式异构体和反式异构体	13560-89-9 135821-03-3 135821-74-8	1. 自 2024 年 1 月 1 日起，禁止生产、加工使用、进出口。 2. 已禁止使用的，或者所有者申报废弃的，或者有关部门依法收缴或接收且需要销毁的得克隆及其顺式异构体和反式异构体，根据国家危险废物名录或者危险废物鉴别标准判定属于危险废物的，应当按照危险废物实施环境管理。
十	二氯甲烷	75-09-2	1. 禁止生产含有二氯甲烷的脱漆剂。 2. 依据化妆品安全技术规范，禁止将二氯甲烷用作化妆品组分。 3. 依据《清洗剂挥发性有机化合物含量限值》（GB 38508），水基清洗剂、半水基清洗剂、有机溶剂清洗剂中二氯甲烷、三氯甲烷、三氯乙烯、四氯乙烯含量总和分别不得超过 0.5%、2%、20%。 4. 依据《石油化学工业污染物排放标准》（GB 31571）、《合成树脂工业污染物排放标准》（GB 31572）、《化学合成类制药工业水污染物排放标准》（GB 21904）等二氯甲烷排放管控要求，实施达标排放。 5. 依据《中华人民共和国大气污染防治法》，相关企业事业单位应当按照国家有关规定建设环境风险预警体系，对排放口和周边环境进行定期监测，评估环境风险，排查环境安全隐患，并采取有效措施防范环境风险。 6. 依据《中华人民共和国水污染防治法》，相关企业事业单位应当对排污口和周边环境进行监测，评估环境风险，排查环境安全隐患，并公开有毒有害水污染物信息，采取有效措施防范环境风险。 7. 土壤污染重点监管单位中涉及二氯甲烷生产或使用的企业，应当依法建立土壤污染隐患排查制度，保证持续有效防止有毒有害物质渗漏、流失、扬散。 8. 严格执行土壤污染风险管控标准，识别和管控有关的土壤环境风险。
十一	三氯甲烷	67-66-3	1. 禁止生产含有三氯甲烷的脱漆剂。 2. 依据《清洗剂挥发性有机化合物含量限值》（GB 38508），水基清洗剂、半水基清洗剂、有机溶剂清洗剂中二氯甲烷、三氯甲烷、三氯乙烯、四氯乙烯含量总和分别不得超过 0.5%、2%、20%。 3. 依据《石油化学工业污染物排放标准》（GB 31571）等三氯甲烷排放管控要求，实施达标排放。 4. 依据《中华人民共和国大气污染防治法》，相关企业事业单位应当按照国家有关规定建设环境风险预警体系，对排放口和周边环境进行定期监测，评估环境风险，排查环境安全隐患，并采取有效措施防范环境风险。 5. 依据《中华人民共和国水污染防治法》，相关企业事业单位应当对排污口和周边环境进行监测，评估环境风险，排查环境安全隐患，并公开有毒有害水污染物信息，采取有效措施防范环境风险。 6. 土壤污染重点监管单位中涉及三氯甲烷生产或使用的企业，应当依法建立土壤污染隐患排查制度，保证持续有效防止有毒有害物质渗漏、流失、扬散。

续表

编号	新污染物名称		CAS 号	主要环境风险管控措施
十二	壬基酚		25154-52-3 84852-15-3	1. 禁止使用壬基酚作为助剂生产农药产品。 2. 禁止使用壬基酚生产壬基酚聚氧乙烯醚。 3. 依据化妆品安全技术规范，禁止将壬基酚用作化妆品组分。
十三	抗生素		—	1. 严格落实零售药店凭处方销售处方药类抗菌药物，推行凭兽医处方销售使用兽用抗菌药物。 2. 抗生素生产过程中产生的抗生素菌渣，根据国家危险废物名录或者危险废物鉴别标准，判定属于危险废物的，应当按照危险废物实施环境管理。 3. 严格落实《发酵类制药工业水污染物排放标准》（GB 21903）、《化学合成类制药工业水污染物排放标准》（GB 21904）相关排放管控要求。
十四	已淘汰类	六溴环十二烷	25637-99-4 3194-55-6 134237-50-6 134237-51-7 134237-52-8	1. 禁止生产、加工使用、进出口。 2. 已禁止使用的，或者所有者申报废弃的，或者有关部门依法收缴或接收且需要销毁的已淘汰类新污染物，根据国家危险废物名录或者危险废物鉴别标准判定属于危险废物的，应当按照危险废物实施环境管理。 3. 已纳入土壤污染风险管控标准的，严格执行土壤污染风险管控标准，识别和管控有关的土壤环境风险。
		氯丹	57-74-9	
		灭蚁灵	2385-85-5	
		六氯苯	118-74-1	
		滴滴涕	50-29-3	
		α-六氯环己烷	319-84-6	
		β-六氯环己烷	319-85-7	
		林丹	58-89-9	
		硫丹原药及其相关异构体	115-29-7 959-98-8 33213-65-9 1031-07-8	
		多氯联苯	—	

注：1. PFOA 类是指：（i）全氟辛酸（335-67-1），包括其任何支链异构体；（ii）全氟辛酸盐类；（iii）全氟辛酸相关化合物，即会降解为全氟辛酸的任何物质，包括含有直链或支链全氟基团且以其中（C_7F_{15}）C 部分作为结构要素之一的任何物质（包括盐类和聚合物）。下列化合物不列为全氟辛酸相关化合物：（i）C_8F_{17}—X，其中 X= F, Cl, Br；（ii）$CF_3[CF_2]_n$—R' 涵盖的含氟聚合物，其中 R' = 任何基团，n>16；（iii）具有≥ 8 个全氟化碳原子的全氟烷基羧酸和膦酸（包括其盐类、脂类、卤化物和酸酐）；（iv）具有≥ 9 个全氟化碳原子的全氟烷烃磺酸（包括其盐类、脂类、卤化物和酸酐）；（v）全氟辛基磺酸及其盐类和全氟辛基磺酰氟。

2. 短链氯化石蜡是指链长 C_{10} 至 C_{13} 的直链氯化碳氢化合物，且氯含量按重量计超过 48%，其在混合物中的浓度按重量计大于或等于 1%。

3. PFHxS 类是指：（i）全氟己基磺酸（355-46-4），包括支链异构体；（ii）全氟己基磺酸盐类；（iii）全氟己基磺酸相关化合物，是结构成分中含有 $C_6F_{13}SO_2$—且可能降解为全氟己基磺酸的任何物质。

4. 已淘汰类新污染物的定义范围与《关于持久性有机污染物的斯德哥尔摩公约》中相应化学物质的定义范围一致。

5. CAS 号，即化学文摘社（Chemical Abstracts Service，缩写为 CAS）登记号。

6. 用于实验室规模的研究或用作参照标准的化学物质不适用于上述有关禁止或限制生产、加工使用或进出口的要求。除非另有规定，在产品和物品中作为无意痕量污染物出现的化学物质不适用于本清单。

7. 未标注期限的条目为国家已明令执行或立即执行。上述主要环境风险管控措施中未作规定、但国家另有其他要求的，从其规定。

8. 加工使用是指利用化学物质进行的生产经营等活动，不包括贸易、仓储、运输等活动和使用含化学物质的物品的活动。

附录 3 《水质 嗅味物质的测定 固相萃取-气相色谱-质谱法》(DB37/T 4162—2020)

警告：本方法所使用的试剂和标准溶液均有一定的毒性，对健康具有潜在的危害，应尽量避免与这些化学品的直接接触。操作时应按规定要求佩戴防护器具，样品前处理过程应在通风橱中进行。

1 范围

本标准规定了测定生活饮用水及其水源水中嗅味物质的固相萃取-气相色谱-质谱法。

本标准适用于生活饮用水及其水源水中 2-异丙基-3-甲氧基吡嗪、2-异丁基-3-甲氧基吡嗪、2-甲基异莰醇、2,4,6-三氯苯甲醚、土臭素的测定。

取水样体积 1L，富集倍数为 500 倍时，本标准测定的 2-异丙基-3-甲氧基吡嗪、2-异丁基-3-甲氧基吡嗪、2-甲基异莰醇、2,4,6-三氯苯甲醚、土臭素的方法检出限分别为 0.0024μg/L、0.0021μg/L、0.0027μg/L、0.0018μg/L、0.0021μg/L，测定下限分别为 0.0096μg/L、0.0084μg/L、0.0108μg/L、0.0072μg/L、0.0064μg/L。

2 规范性引用文件

下列文件对于本文件的应用是必不可少的。凡是注日期的引用文件，仅所注日期的版本适用于本文件。凡是不注日期的引用文件，其最新版本（包括所有的修改单）适用于本文件。

GB/T 5750.2—2006 生活饮用水标准检验方法 水样的采集与保存

GB/T 5750.3—2006 生活饮用水标准检验方法 水质分析质量控制

GB/T 33087 仪器分析用高纯水规格及试验方法

HJ/T 91 地表水和污水监测技术规范

HJ/T 164 地下水环境监测技术规范

3 方法原理

本方法采用固相萃取柱对水中的嗅味物质进行浓缩富集，用洗脱液洗脱保留在固相萃取柱上的嗅味物质，然后用气相色谱-质谱仪对固相萃取后的洗脱液进行定性和定量分析。

4 试剂和材料

4.1 固相萃取柱：HLB（6mL，200mg）或其他等效固相萃取柱。

4.2 高纯水：水质满足 GB/T 33087 的要求。

4.3 甲醇：色谱纯。

4.4 二氯甲烷：色谱纯。

4.5 无水硫酸钠：分析纯。于 400℃下灼烧 4 h，冷却后装入磨口玻璃瓶中，置于干燥器中保存。

4.6 嗅味物质标准溶液：2,4,6-三氯苯甲醚、2-异丙基-3-甲氧基吡嗪、2-异丁基-3-甲氧基吡嗪、2-甲基异莰醇、土臭素，ρ=100mg/L，溶剂为甲醇，有证标准物质。

4.7 嗅味物质标准使用液：ρ=1.0mg/L，移取 100μL 标准溶液（4.6）至 10mL 容量瓶中，用甲醇定容。4℃以下冷藏避光保存。

4.8 氦气：纯度≥ 99.999%。

4.9 微量注射器：100μL 和 1000μL。

5 仪器和设备

5.1 气相色谱-质谱仪：配电子轰击离子源。

5.2 毛细管色谱柱：HP-5MS（30m×0.25mm×0.25μm）或其它等效色谱柱。

5.3 固相萃取装置。

6 样品

6.1 样品的采集与保存

按照 HJ/T 91 和 HJ/T 164 的相关规定采集样品。样品采集于棕色玻璃瓶中，采样时取水至满瓶，不留气泡。

按照 GB/T 5750.2—2006 的相关规定保存样品。样品采集后在 4℃下冷藏保存。

6.2 试样制备

6.2.1 活化：依次用 5mL 二氯甲烷（4.4）、5mL 甲醇（4.3）及 5mL 高纯水（4.2）对固相萃取柱（4.1）进行活化。

6.2.2 萃取：取 1L 水样，以 5mL/min ～ 10mL/min 流速通过活化的固相萃取柱，完成固相萃取富集。

6.2.3 淋洗：用 5mL 高纯水（4.2）以 10mL/min 流速淋洗固相萃取柱，去除吸附在固相萃取柱上的部分杂质，淋洗完成后用氮气吹干。

6.2.4 洗脱：用 2mL 二氯甲烷（4.4）以 2mL/min 流速洗脱吸附在固相萃取柱上的待测组分，洗脱液收集于收集管中，准确定容洗脱液至 2.0mL，混匀，备用。若洗脱液中残存有水分，加入无水硫酸钠（4.5）脱水干燥。

6.3 空白试样制备

用高纯水（4.2）代替样品，按照与试样制备（6.2）相同的步骤制备空白试样。

7 分析步骤

7.1 色谱条件

进样口温度：250℃。

进样量：1μL，不分流进样。

载气流速：1.0mL/min。

柱温：50℃保持 1 min，8℃ /min 升至 180℃保持 3 min。

传输线温度：280℃。

7.2 质谱条件

离子源：电子轰击离子源。

离子源温度：230℃。

定量方式：选择离子扫描（SIM），定量离子及参考离子见表 1。

7.3 校准曲线的绘制

7.3.1 本方法使用外标法定量。

7.3.2 校准系列的配制。取 6 个 10mL 容量瓶，用微量注射器（4.9）依次准确加入 50μL、100μL、200μL、400μL、600μL、800μL 嗅味物质标准使用液（4.7），用二氯甲烷定容，配制的 5 种嗅味物质的混合标准系列浓度分别为：5.0μg/L、10μg/L、20μg/L、40μg/L、

表 1 嗅味物质定量离子及参考离子

嗅味物质	CAS 号	定量离子 m/z	参考离子 m/z
2-异丙基-3-甲氧基吡嗪	25773-40-4	137	124，152
2-异丁基-3-甲氧基吡嗪	24683-00-9	124	151，94
2-甲基异莰醇	2371-42-8	95	108，135
2,4,6-三氯苯甲醚	87-40-1	195	167，97
土臭素	19700-21-1	112	126，95

60μg/L、80μg/L。按照浓度由低到高顺序，依次上机测定。以色谱峰面积为纵坐标，以质量浓度为横坐标，绘制校准曲线。

7.4 试样测定

7.4.1 采用自动进样器进样，进样量为 1μL。

7.4.2 将 6.2 处理后的试样上机测定。

7.4.3 嗅味物质的标准色谱图见图 1 所示。

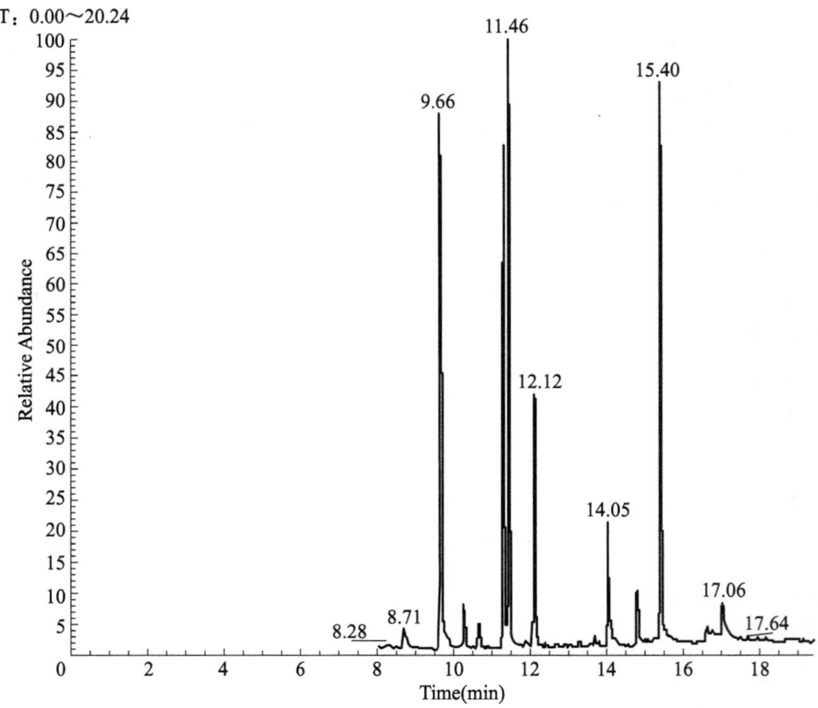

图 1 5 种嗅味物质的标准色谱图

7.5 空白试样测定

按照与试样测定（7.4）相同的步骤进行空白试样（6.3）的测定。

8 结果计算与表示

8.1 定性结果

以样品的保留时间和参考离子的相对强度定性。在相同实验条件下，样品中待测物质的保留时间与标准溶液的保留时间偏差在 ±3% 之内，参考离子相对强度允差在 ±30% 以内。

8.2 定量结果

根据嗅味物质的定量离子（m/z）色谱峰的峰面积进行定量分析。

8.3 结果计算

根据嗅味物质色谱峰的峰面积从校准曲线上查出浓缩后样品中嗅味物质的质量浓度，再计算出水样中嗅味物质的质量浓度。水样中嗅味物质的质量浓度计算见式（1）：

$$\rho_i = \frac{\rho_0 \times V_t}{V_s} \tag{1}$$

式中 ρ_i——水样中嗅味物质质量浓度，单位为微克每升（μg/L）；

ρ_0——从校准曲线上查出的试样中嗅味物质质量浓度，单位为微克每升（μg/L）；

V_t——固相萃取洗脱液浓缩后定容体积，单位为毫升（mL）；

V_s——水样体积，单位为毫升（mL）。

8.4 结果表示

测定结果位数的保留与测定下限一致，最多保留三位有效数字。

9 精密度和准确度

9.1 精密度

4 家实验室分别对高纯水、水源水、出厂水及管网水进行了加标实验，5 种嗅味物质的加标浓度分别为 0.01μg/L、0.03μg/L、0.08μg/L。2-异丙基-3-甲氧基吡嗪的相对标准偏差为 0.6% ～ 12%；2-异丁基-3-甲氧基吡嗪的相对标准偏差为 0.5% ～ 12%；2-甲基异莰醇的相对标准偏差为 0.6% ～ 12%；2,4,6- 三氯苯甲醚的相对标准偏差为 0.5% ～ 19%；土臭素的相对标准偏差为 0.7% ～ 17%。

9.2 准确度

4 家实验室分别对高纯水、水源水、出厂水及管网水进行了加标实验，5 种嗅味物质的加标浓度分别为 0.01μg/L、0.03μg/L、0.08μg/L。2-异丙基-3-甲氧基吡嗪的回收率为 75.0% ～ 123%；2-异丁基 -3-甲氧基吡嗪的回收率为 63.0% ～ 127%；2-甲基异莰醇的回收率为 61.0% ～ 142%；2,4,6-三氯苯甲醚的回收率为 61.0% ～ 126%；土臭素的回收率为 61.0% ～ 135%。

10 质量保证和质量控制

10.1 空白试验

每批次样品应做空白试验，测定结果不能超过方法的检出限。

10.2 校准曲线

分析样品之前，应建立能够覆盖样品浓度范围的至少 6 个浓度点的校准曲线，曲线的相关系数 r^2 应大于 0.995。

10.3 平行样

平行双样测定结果的相对偏差满足 GB/T 5750.3—2006 的要求。

附录 4 《水质 硫醚类物质的测定 顶空-气相色谱-质谱法》(DB37/T 4160—2020)

警告：实验中使用的溶剂和试剂均具有一定的毒性，对健康具有潜在的危害，应尽量避免与这些化学品的直接接触。样品制备过程应在通风橱中进行，操作时应按规定要求佩戴防护器具，避免接触皮肤和衣物。

1 范围

本标准规定了测定生活饮用水及其水源水中硫醚类物质的顶空-气相色谱-质谱法。

本标准适用于生活饮用水及其水源水中的二甲基硫醚、二乙基硫醚、二甲基二硫醚、二甲基三硫醚的测定。

本标准中二甲基硫醚（DMS）、二乙基硫醚（DES）、二甲基二硫醚（DMDS）、二甲基三硫醚（DMTS）的方法检出限分别为 0.3μg/L、0.25μg/L、0.20μg/L、0.15μg/L，测定下限均为 1.2μg/L。

2 规范性引用文件

下列文件对于本文件的应用是必不可少的。凡是注日期的引用文件，仅所注日期的版本适用于本文件。凡是不注日期的引用文件，其最新版本（包括所有的修改单）适用于本文件。

GB/T 5750.3—2006 生活饮用水标准检验方法 水质分析质量控制

GB/T 32465 化学分析方法验证确认和内部质量控制要求

GB/T 33087 仪器分析用高纯水规格及试验方法

HJ/T 91 地表水和污水监测技术规范

HJ/T 164 地下水环境监测技术规范

3 方法原理

在一定的温度条件下，顶空瓶内样品中硫醚类物质逸入液面上部空间的气体中，在气液两相之间达到动态平衡，此时硫醚类物质在气相中的浓度和它在液相中的浓度成正比，气相中的硫醚类物质经气相色谱分离，用质谱仪进行检测。方法采用与标准物质保留时间和特征离子比较进行定性，外标法定量。

4 试剂和材料

4.1 高纯水：水质符合 GB/T 33087 的要求。

4.2 甲醇：色谱纯。

4.3 抗坏血酸：分析纯。

4.4 氦气：纯度≥ 99.999%。

4.5 硫醚类物质标准溶液：二甲基硫醚（溶剂甲醇，ρ=1 000mg/L），二甲基二硫醚（溶剂甲醇，ρ=1000mg/L），二乙基硫醚（溶剂甲苯，ρ=2000mg/L），二甲基三硫醚（溶剂甲醇，ρ=1000mg/L），有证标准物质。

4.6 硫醚类物质标准使用液：ρ=1.0mg/L。分别准确移取标准溶液（4.5）10μL 二甲基硫醚、10μL 二甲基二硫醚、10μL 二甲基三硫醚、5μL 二乙基硫醚标准溶液至 10mL 容量瓶中，用甲醇定容。4℃以下冷藏避光保存，待用。

5　仪器和设备

5.1　气相色谱-质谱仪：配有顶空自动进样器及电子轰击离子源。

5.2　毛细管色谱柱：Rxi-5Sil（30m×0.25mm×0.25μm）或其他等效色谱柱。

5.3　采样瓶：40mL 棕色螺口玻璃瓶，具聚四氟乙烯内衬的硅橡胶垫，或其他同类采样瓶。

5.4　顶空瓶：20mL。

5.5　微量注射器：50μL 和 1000μL。

6　样品

6.1　样品采集与保存

按照 HJ/T 91 和 HJ/T 164 的相关规定采集样品。用采样瓶（5.3）采集样品。若水样中存在余氯，加入 25mg 抗坏血酸（4.3）去除余氯。若样品不能及时分析，应避光于 4℃以下冷藏，密封保存，24 h 内完成测定。

6.2　试样制备

取 10mL 样品于 20mL 样品瓶中，拧紧瓶盖，待测。

6.3　空白试样制备

用高纯水（4.1）代替样品，按照与试样制备（6.2）相同的步骤制备空白试样。

7　分析步骤

7.1　仪器条件

7.1.1　顶空条件

加热平衡温度：80℃；取样针温度：150℃；传输线温度：150℃；加热平衡时间：20min；加压平衡时间：2min。

7.1.2　色谱条件

升温程序：40℃保持 2min，以 15℃/min 升至 200℃，保持 2min。

载气：氦气（4.4）。

柱流量：2mL/min。

进样方式：分流进样，分流比为 50∶1。

7.1.3　质谱条件

离子化能量：70eV；离子源温度：230℃；接口温度：280℃；定性方式：全扫描，质量数范围：50amu ～ 650amu；定量方式：选择离子扫描，定量离子及参考离子见表 1。

表 1　4 种硫醚类物质定量离子及参考离子

硫醚类物质	CAS 号	定量离子 m/z	参考离子 m/z
二甲基硫醚	75-18-3	62	47，45
二乙基硫醚	352-93-2	75	90，61
二甲基二硫醚	624-92-0	94	79，45
二甲基三硫醚	3658-80-8	126	111，79

7.2　校准曲线的绘制

7.2.1　本方法使用外标法定量。

7.2.2　校准系列溶液配制：用微量注射器（5.5）分别准确移取标准使用液（4.6）12μL、50μL、100μL、200μL、400μL、600μL 到 10mL 容量瓶中，用高纯水定容至刻度，配制成 4 种硫醚的校准系列浓度分别为：1.2μg/L、5.0μg/L、10.0μg/L、20.0μg/L、40.0μg/L、60.0μg/L，转移到 20mL 顶空瓶中，按照浓度从低到高的顺序，依次上机测定。

7.3　试样测定

7.3.1　采用自动进样器进样，进样量为 1mL。

7.3.2　按照与测定校准系列相同步骤（7.2.2）进行试样（6.2）测定。

7.3.3　4 种硫醚的标准色谱图及选择离子色谱图见图 1。

7.4　空白试样测定

按照与试样测定（7.3）相同步骤进行空白试样（6.3）的测定。

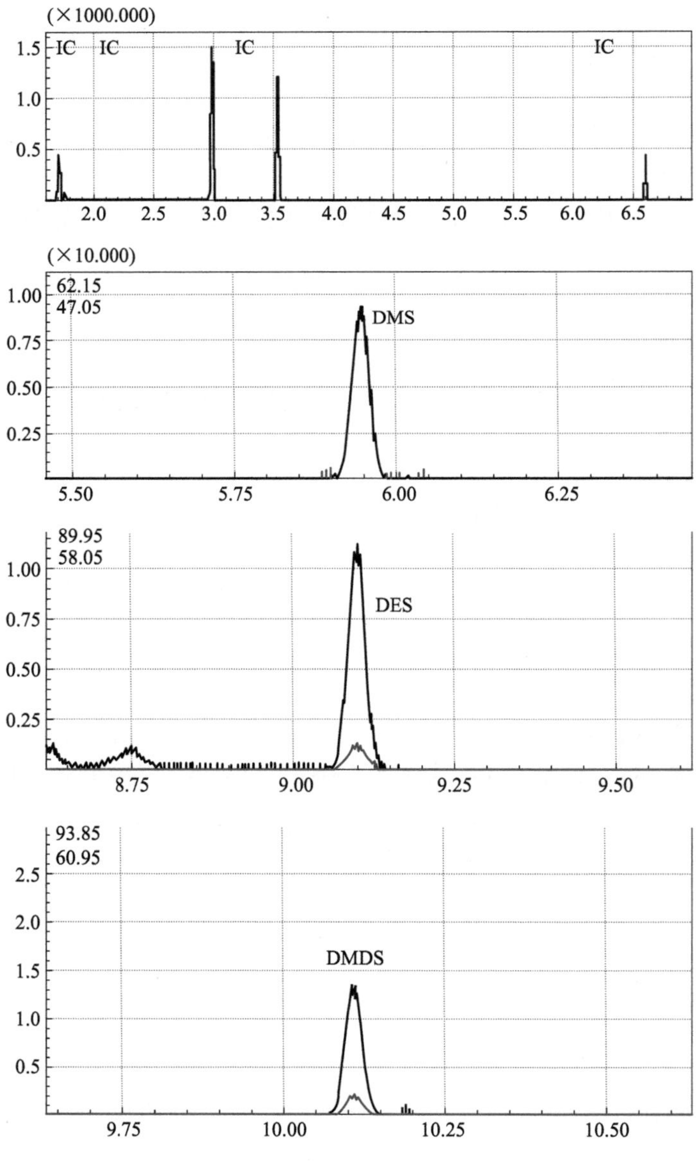

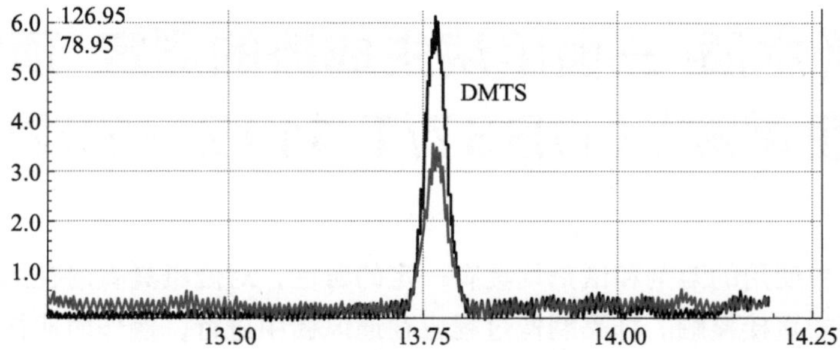

图 1 4 种硫醚类物质的标准色谱图及选择离子扫描色谱图

8 结果计算与表示

8.1 定性结果

根据样品中目标化合物的保留时间和特征离子进行定性。

8.2 定量结果

采用外标法定量，根据样品中目标化合物中定量离子色谱峰的峰面积，通过校准曲线定量。

8.3 结果表示

测定结果位数的保留与测定下限一致，最多保留三位有效数字。

9 精密度与准确度

9.1 精密度

4 家实验室分别对高纯水、水源水、出厂水及管网水进行加标实验，4 种硫醚的加标浓度分别为 5μg/L、20μg/L、50μg/L。二甲基硫醚的实验室内相对标准偏差分别为 1.2% ～ 11%，实验室间相对标准偏差范围 4.6% ～ 13%。二乙基硫醚的实验室内相对标准偏差分别为 1.1% ～ 7.2%，实验室间相对标准偏差范围 5.4% ～ 11%。二甲基二硫醚的实验室内相对标准偏差分别为 1.2% ～ 7.2%，实验室间相对标准偏差范围 8.7% ～ 14%。二甲基三硫醚的实验室内相对标准偏差分别为 1.4% ～ 9.7%，实验室间相对标准偏差范围 5.0% ～ 11%。

9.2 准确度

4 家实验室分别对高纯水、水源水、出厂水及管网水进行加标实验，4 种硫醚的加标浓度分别为 5μg/L、20μg/L、50μg/L。二甲基硫醚、二乙基硫醚、二甲基二硫醚和二甲基三硫醚的回收率分别为 77.3% ～ 120%、77.7% ～ 105%、81.4% ～ 105% 和 80.5% ～ 103%。

10 质量保证和质量控制

10.1 空白试验

每批次样品应做空白试验，测定结果不能超过方法的检出限。

10.2 校准曲线

校准曲线绘制应与批样测定同时进行；校准曲线的相关系数 r^2 一般应大于或等于 0.995。

10.3 平行样

平行双样测定结果相对偏差应符合 GB/T 5750.3—2006 规定。

10.4 基体加标

基体加标回收率范围满足 GB/T 32465 中的相关要求。

附录 5 《水质 三卤甲烷生成势的测定 顶空-气相色谱法》(DB37/T 4147—2020)

警告：实验中使用的溶剂和试剂均具有一定的毒性，对健康具有潜在的危害，应尽量避免与这些化学品的直接接触。样品制备过程应在通风橱中进行，操作时应按规定要求佩戴防护器具，避免接触皮肤和衣物。

1 范围

本标准规定了测定生活饮用水水处理各工艺段及其水源水中三卤甲烷生成势的气相色谱法。

本标准适用于生活饮用水水处理各工艺段及其水源水中三卤甲烷生成势的测定。

本标准规定测定的三卤甲烷生成势以生成三卤甲烷的量表示。方法的检出限分别为：三氯甲烷 0.00009mg/L，二氯一溴甲烷 0.00003mg/L，一氯二溴甲烷 0.00004mg/L，三溴甲烷 0.00022mg/L。测定下限分别为：三氯甲烷 0.0004mg/L，二氯一溴甲烷 0.0002mg/L，一氯二溴甲烷 0.0002mg/L，三溴甲烷 0.001mg/L。

2 规范性引用文件

下列文件对于本文件的应用是必不可少的。凡是注日期的引用文件，仅所注日期的版本适用于本文件。凡是不注日期的引用文件，其最新版本（包括所有的修改单）适用于本文件。

GB/T 5750.2—2006 生活饮用水标准检验方法 水样的采集与保存

GB/T 5750.3—2006 生活饮用水标准检验方法 水质分析质量控制

GB/T 33087 仪器分析用高纯水规格及试验方法

3 方法原理

三卤甲烷生成势是指在保证加氯量足够的条件下，与氯反应足够长的时间后，水样中所能产生的三卤甲烷的最大量。水样中投加足够量的氯，在充分长的时间内让三卤甲烷前体物反应生成三卤甲烷，用顶空-气相色谱法检测生成三卤甲烷的量并用来表征三卤甲烷生成势。

4 试剂和材料

4.1 氮气：纯度≥ 99.999%。

4.2 高纯水：符合 GB/T 33087 要求。

4.3 氢氧化钠：分析纯。

4.4 无水磷酸二氢钾：分析纯。

4.5 甲醇：色谱纯。

4.6 抗坏血酸：分析纯。

4.7 盐酸：ρ=1.19g/mL，分析纯。

4.8 次氯酸钠：有效氯≥ 10%。

4.9 三氯甲烷标准溶液：ρ=1000mg/L，溶剂为甲醇，有证标准物质。

4.10 二氯一溴甲烷标准溶液：ρ=2000mg/L，溶剂为甲醇，有证标准物质。

4.11 一氯二溴甲烷标准溶液：ρ=2000mg/L，溶剂为甲醇，有证标准物质。

4.12 三溴甲烷标准溶液：ρ=2000mg/L，溶剂为甲醇，有证标准物质。

4.13　三卤甲烷标准贮备液：ρ（三氯甲烷）= 4.0mg/L、ρ（二氯一溴甲烷）= 2.0mg/L、ρ（一氯二溴甲烷）= 2.0mg/L、ρ（三溴甲烷）= 10mg/L。分别准确移取三氯甲烷标准溶液（4.9）40μL、二氯一溴甲烷标准溶液（4.10）10μL、一氯二溴甲烷标准溶液（4.11）10μL、三溴甲烷标准溶液（4.12）50μL 于 10mL 容量瓶中，甲醇定容至刻度，混匀。

4.14　三卤甲烷标准使用液：ρ（三氯甲烷）= 0.4mg/L、ρ（二氯一溴甲烷）= 0.2mg/L、ρ（一氯二溴甲烷）= 0.2mg/L、ρ（三溴甲烷）= 1.0mg/L。准确移取三卤甲烷标准贮备液（4.13）1mL 于 10mL 容量瓶中，甲醇定容至刻度，混匀。

4.15　氢氧化钠溶液（40g/L）：称取 20g 氢氧化钠（4.3），用高纯水溶解，并稀释定容至 500mL。

4.16　盐酸溶液（1+9）：将盐酸（4.7）缓缓加到高纯水（4.2）中，配制体积比为 1∶9 的盐酸溶液。

4.17　磷酸盐缓冲液：溶解 68.1g 无水磷酸二氢钾（4.4）和 11.7g 氢氧化钠（4.3）于高纯水中，并定容至 1L。4℃以下冷藏保存。

4.18　次氯酸钠溶液：含有效氯 5g/L，用次氯酸钠（4.8）加高纯水稀释，现用现配。

5　仪器与设备

5.1　气相色谱仪：配电子捕获检测器。

5.2　色谱柱：HP-5（30m×320μm×0.25μm）或其它等效色谱柱。

5.3　顶空进样器。

5.4　顶空采样瓶：60mL（配带有聚四氟乙烯硅胶垫和塑料螺旋帽密封），使用前在 120℃烘烤 2h。

5.5　顶空瓶：20mL，使用前在 120℃烘烤 2h。

5.6　顶空瓶密封盖：配 20mL 顶空瓶，一次性使用。

5.7　容量瓶：10mL 和 100mL。

5.8　微量注射器：100μL、500μL 和 1000μL。

5.9　移液器：10mL。

5.10　余氯比色仪。

5.11　恒温培养箱。

6　样品

6.1　样品采集与保存

样品采集与保存按照 GB/T 5750.2—2006 相关规定。水样采集后应送回实验室尽快分析，如不能及时分析，可在 4℃以下冷藏保存，三卤甲烷本底样品 24h 内完成测定，三卤甲烷生成势 7d 内完成测定。样品存放区域无有机物干扰。

6.2　试样制备

分别取 60mL 水样至两个顶空采样瓶（5.4）中，为瓶 I 和瓶 II。

瓶 I 为本底水样，采样时先加 0.3 g ～ 0.5 g 抗坏血酸（4.6）于顶空瓶中。用移液器（5.9）移取瓶 I 的水样 10mL 于 20mL 顶空瓶（5.5）中，待测。

瓶 II 中加入 60μL 磷酸盐缓冲液（4.17），用氢氧化钠溶液（4.15）或盐酸溶液（4.16）调节 pH=8.0±0.2，加入 80μL 次氯酸钠溶液（4.18），放于恒温培养箱（5.11）内 20℃避光反应 24 h 后，用余氯比色仪（5.10）测定余氯浓度应为（1.0±0.4）mg/L，加入抗坏血酸（4.6）

终止反应。若余氯不在此范围内，重新实验。用移液器（5.9）移取瓶Ⅱ中的水样10mL于20mL顶空瓶（5.5）中，待测。

6.3 空白试样制备

用高纯水（4.2）代替样品，按照与试样制备（6.2）相同步骤制备空白试样。

7 分析步骤

7.1 仪器条件

7.1.1 顶空进样器条件

加热器温度：60℃。

定量环温度：70℃。

传输线温度：80℃。

加热时间：20min。

7.1.2 色谱分析条件

进样量：1.0mL。

进样方式：分流，分流比为20∶1。

进样口温度：200℃。

检测器温度：300℃。

柱温程序：35℃保持5min，然后以1℃/min升到50℃。

柱流量：1.0mL/min。

尾吹流量：20mL/min。

隔垫吹扫流量：3.0mL/min。

7.2 校准曲线的绘制

取6个100mL容量瓶，分别加入适量高纯水，再加入三卤甲烷标准使用液（4.14）100μL、200μL、400μL、600μL、800μL和1000μL至6个容量瓶，用高纯水定容至刻线，配制成三卤甲烷的混合标准系列，三氯甲烷浓度为0.0004mg/L、0.0008mg/L、0.0016mg/L、0.0024mg/L、0.0032mg/L和0.0040mg/L；二氯一溴甲烷浓度为0.0002mg/L、0.0004mg/L、0.0008mg/L、0.0012mg/L、0.0016mg/L和0.0020mg/L；一氯二溴甲烷浓度为0.0002mg/L、0.0004mg/L、0.0008mg/L、0.0012mg/L、0.0016mg/L和0.0020mg/L；三溴甲烷浓度为0.001mg/L、0.002mg/L、0.004mg/L、0.006mg/L、0.008mg/L和0.010mg/L。分别移取10mL混合标准系列溶液至顶空瓶（5.5）中，按照浓度从小到大的顺序依次测定，以三卤甲烷的质量浓度为横坐标，以峰面积为纵坐标，绘制校准曲线。

7.3 标准样品谱图

三卤甲烷的标准样品谱图见图1。

7.4 样品测定

按照与校准曲线的绘制（7.2）相同步骤进行试样（6.2）的测定。

7.5 空白试样测定

按照与校准曲线的绘制（7.2）相同步骤进行空白试样（6.3）的测定。

8 结果计算与表示

8.1 定性分析

以样品的保留时间定性，保留时间相对偏差 ±3% 之内。

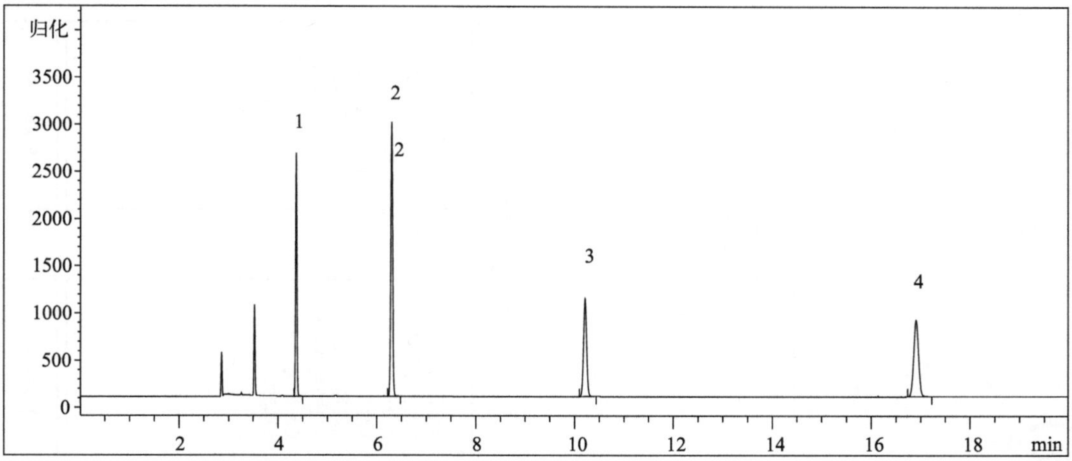

说明：
1——三氯甲烷；
2——二氯一溴甲烷；
3——一氯二溴甲烷；
4——三溴甲烷。

图 1　三卤甲烷标准色谱图

8.2　定量分析

根据各组分的峰面积，通过校准曲线确定试样（6.2）中各组分含量。

8.3　结果计算

三卤甲烷生成势为加氯反应 24 h 后的浓度与样品本底浓度的差值，按公式（1）计算：

$$\rho=\rho_1-\rho_0 \tag{1}$$

式中　ρ——样品三卤甲烷生成势的质量浓度，单位为毫克每升（mg/L）；

ρ_0——样品本底三卤甲烷的质量浓度，单位为毫克每升（mg/L）；

ρ_1——样品加氯反应 24h 后三卤甲烷的质量浓度，单位为毫克每升（mg/L）。

8.4　结果表示

测定结果位数的保留与测定下限一致，最多保留三位有效数字。

9　精密度

5 家实验室分别对地表水进行了三卤甲烷生成势的测定，实验室内相对标准偏差范围为 0.36% ～ 9.5%。

4 家实验室分别对地下水进行了三卤甲烷生成势的测定，实验室内相对标准偏差范围为 3.8% ～ 16%。

10　质量保证和质量控制

10.1　校准曲线

校准曲线绘制应与批样测定同时进行；校准曲线的相关系数 r^2 一般应大于或等于 0.995。

10.2　空白试验

每批次样品应做空白试验，测定结果不能超过方法的检出限。

10.3　平行样

平行样测定结果相对偏差应符合 GB/T 5750.3—2006 的规定。

附录 6　新污染物生态环境监测标准体系表（2024 年版）

新污染物生态环境监测标准体系框架图

备注：

1.《体系表》中主要新污染物指标对标《新污染物治理行动方案》要求，涵盖了国际公约《关于持久性有机污染物的斯德哥尔摩公约》以及我国当前《重点管控新污染物清单（2023 年版）》中所列持久性有机污染物、内分泌干扰物、抗生素等，同时也包含了微塑料等其他重点新污染物。未来将根据国际公约和管控清单更新情况进行指标增减。

2. 因目前新污染物自动和便携监测仪器尚未发展成熟，暂不考虑仪器及系统技术要求类标准，因此，标准类型主要有生态环境监测技术规范（以下简称技术规范）、生态环境监测分析方法标准（以下简称分析方法标准）和生态环境标准样品（以下简称标准样品）三类。《体系表》所列标准项目与已有现行生态环境监测标准保持衔接，互为补充，不重复、不矛盾。技术规范类标准项目为新污染物环境监测技术指南、高分辨质谱筛查技术指南等。分析方法标准项目涉及的监测介质主要为水和废水、环境空气和废气、土壤和沉积物、固体废物，其中，对于水溶性较弱的指标，暂不考虑水和废水监测介质，对于挥发性较弱的指标，暂不考虑环境空气和废气监测介质。标准样品主要配套分析方法标准。

新污染物生态环境监测标准体系项目表

序号	指标	标准类型及标准项目名称	状态	备注
技术规范				
1	—	新污染物环境监测技术指南	拟制订	
2		环境新污染物高分辨质谱筛查技术指南	拟制订	
3	微塑料	海洋微塑料监测技术规范	在研	
4		地表水和地下水微塑料监测技术规范	拟制订	
5		土壤微塑料监测技术规范	拟制订	
分析方法标准				
6	全氟化合物	水质 全/多氟化合物的测定 高效液相色谱-三重四极杆质谱法	拟制订	预研究项目
7		水质 全氟烷基磺酸和全氟烷基羧酸及其盐类和相关化合物的测定 液相色谱-三重四极杆质谱法	拟制订	
8		水质 全氟辛基磺酸和全氟辛酸及其盐类的测定 同位素稀释/液相色谱-三重四极杆质谱法（HJ 1333—2023）	已发布	
9		水质 全氟烷基磺酰氟的测定 液相色谱-三重四极杆质谱法	拟制订	预研究项目
10		土壤和沉积物 全氟烷基磺酸和全氟烷基羧酸及其盐类和相关化合物的测定 液相色谱-三重四极杆质谱法	拟制订	
11		土壤和沉积物 全氟辛基磺酸和全氟辛酸及其盐类的测定 同位素稀释/液相色谱-三重四极杆质谱法（HJ 1334—2023）	已发布	
12		土壤和沉积物 全氟辛基磺酰氟的测定 液相色谱-三重四极杆质谱法	拟制订	
13		环境空气和废气 全氟烷基磺酸和全氟烷基羧酸及其盐类和相关化合物的测定 液相色谱-三重四极杆质谱法	拟制订	
14		环境空气和废气 全氟辛基磺酰氟的测定 液相色谱-三重四极杆质谱法	拟制订	
15		固体废物 全氟烷基磺酸和全氟烷基羧酸及其盐类和相关化合物的测定 液相色谱-三重四极杆质谱法	拟制订	
16		固体废物 全氟辛基磺酰氟的测定 液相色谱-三重四极杆质谱法	拟制订	
17	抗生素	水质 18种磺胺类抗生素和甲氧苄氨嘧啶的测定 高效液相色谱-三重四极杆质谱法	在研	
18		水质 17种氟喹诺酮类抗生素的测定 高效液相色谱-三重四极杆质谱法	在研	
19		水质 抗生素的测定 液相色谱-三重四极杆质谱法	拟制订	
20		水质 大环内酯类和林可酰胺类抗生素的测定 液相色谱-三重四极杆质谱法	拟制订	
21		水质 氯霉素类抗生素的测定 液相色谱-三重四极杆质谱法	拟制订	
22		水质 四环素类抗生素的测定 液相色谱-三重四极杆质谱法	拟制订	
23		水质 氨基糖苷类抗生素的测定 液相色谱-三重四极杆质谱法	拟制订	
24		水质 β-内酰胺类抗生素的测定 液相色谱-三重四极杆质谱法	拟制订	

续表

序号	指标	标准类型及标准项目名称	状态	备注
25	抗生素	土壤和沉积物 抗生素的测定 液相色谱-三重四极杆质谱法	拟制订	
26		土壤和沉积物 磺胺类抗生素的测定 液相色谱-三重四极杆质谱法	拟制订	
27		土壤和沉积物 氟喹诺酮类抗生素的测定 液相色谱-三重四极杆质谱法	拟制订	
28		土壤和沉积物 大环内酯类和林可酰胺类抗生素的测定 液相色谱-三重四极杆质谱法	拟制订	
29		土壤和沉积物 氯霉素类抗生素的测定 液相色谱-三重四极杆质谱法	拟制订	
30		土壤和沉积物 四环素类抗生素的测定 液相色谱-三重四极杆质谱法	拟制订	
31		土壤和沉积物 氨基糖苷类抗生素的测定 液相色谱-三重四极杆质谱法	拟制订	
32		土壤和沉积物 β- 内酰胺类抗生素的测定 液相色谱-三重四极杆质谱法	拟制订	
33		固体废物 抗生素的测定 液相色谱-三重四极杆质谱法	拟制订	
34		固体废物 磺胺类抗生素的测定 液相色谱-三重四极杆质谱法	拟制订	
35		固体废物 氟喹诺酮类抗生素的测定 液相色谱-三重四极杆质谱法	拟制订	
36		固体废物 大环内酯类和林可酰胺类抗生素的测定 液相色谱-三重四极杆质谱法	拟制订	
37		固体废物 氯霉素类抗生素的测定 液相色谱-三重四极杆质谱法	拟制订	
38		固体废物 四环素类抗生素的测定 液相色谱-三重四极杆质谱法	拟制订	
39		固体废物 氨基糖苷类抗生素的测定 液相色谱-三重四极杆质谱法	拟制订	
40		固体废物 β-内酰胺类抗生素的测定 液相色谱-三重四极杆质谱法	拟制订	
41	壬基酚	水质 9 种烷基酚类化合物和双酚 A 的测定 固相萃取 / 高效液相色谱法（HJ 1192—2021）	已发布	
42		水质 烷基酚类化合物和双酚 A 的测定 液相色谱-三重四极杆质谱法	拟制订	
43		水质 烷基酚和双酚 A 的测定 气相色谱-质谱法	在研	
44		土壤和沉积物 烷基酚类化合物和双酚 A 的测定 液相色谱-三重四极杆质谱法	拟制订	
45		固体废物 烷基酚类化合物和双酚 A 的测定 液相色谱-三重四极杆质谱法	拟制订	

续表

序号	指标	标准类型及标准项目名称	状态	备注
46	微塑料	水质 微塑料的测定 傅立叶变换显微红外光谱法	拟制订	
47		水质 聚乙烯等 5 种树脂类微塑料的测定 热裂解-热脱附 / 气相色谱-质谱法	拟制订	预研究项目
48		水质 微塑料的测定 显微拉曼光谱法	拟制订	
49		土壤 微塑料的测定 傅立叶变换显微红外光谱法	拟制订	预研究项目
50		土壤和沉积物 树脂类微塑料的测定 热裂解-热脱附 / 气相色谱-质谱法	拟制订	
51	二氯甲烷 三氯甲烷 六氯丁二烯	水质 挥发性有机物的测定 吹扫捕集 / 气相色谱-质谱法（HJ 639—2012）	已发布	
52		水质 挥发性有机物的测定 顶空 / 气相色谱-质谱法（HJ 810—2016）	已发布	
53		土壤和沉积物 挥发性有机物的测定 吹扫捕集 / 气相色谱-质谱法（HJ 605—2011）	已发布	
54		土壤和沉积物 挥发性有机物的测定 顶空 / 气相色谱法（HJ 741—2015）	已发布	
55		环境空气 65 种挥发性有机物的测定 罐采样 / 气相色谱-质谱法（HJ 759—2023）	已发布	
56		环境空气 挥发性有机物的测定 吸附管采样-热脱附 / 气相色谱-质谱法（HJ 644—2013）	已发布	
57		固定污染源废气 挥发性有机物的测定 固相吸附-热脱附 / 气相色谱-质谱法（HJ 734—2014）	已发布	
58		固体废物 挥发性有机物的测定 顶空 / 气相色谱-质谱法（HJ 643—2013）	已发布	
59	二噁英类	水质 二噁英类的测定 同位素稀释高分辨气相色谱-高分辨质谱法（修订 HJ 77.1—2008）	在研	
60		土壤和沉积物 二噁英类的测定 同位素稀释高分辨气相色谱-高分辨质谱法（修订 HJ 77.4—2008）	在研	
61		土壤和沉积物 二噁英的测定 同位素稀释气相色谱串联质谱法	在研	
62		土壤、沉积物 二噁英类的测定 同位素稀释 / 高分辨气相色谱-低分辨质谱法（HJ 650—2013）	已发布	
63		环境空气和废气 二噁英类的测定 同位素稀释高分辨气相色谱-高分辨质谱法（修订 HJ 77.2—2008）	在研	
64		固体废物 二噁英类的测定 同位素稀释高分辨气相色谱-高分辨质谱法（修订 HJ 77.3—2008）	在研	
65		固体废物 二噁英类的测定 同位素稀释气相色谱串联质谱法	在研	

续表

序号	指标	标准类型及标准项目名称	状态	备注
66	六溴联苯	水质 六溴联苯的测定 同位素稀释高分辨气相色谱-高分辨质谱法	拟制订	
67		土壤和沉积物 20种多溴联苯的测定 气相色谱-高分辨质谱法（HJ 1243—2022）	已发布	
68		土壤和沉积物 六溴联苯的测定 同位素稀释高分辨气相色谱-高分辨质谱法	拟制订	
69		环境空气和废气 六溴联苯的测定 同位素稀释高分辨气相色谱-高分辨质谱法	拟制订	
70		固体废物 六溴联苯的测定 同位素稀释高分辨气相色谱-高分辨质谱法	拟制订	
71	多氯萘	土壤和沉积物 多氯萘的测定 气相色谱-三重四极杆质谱法	拟制订	
72		环境空气和废气 多氯萘的测定 气相色谱-三重四极杆质谱法	在研	
73		固体废物 多氯萘的测定 气相色谱-三重四极杆质谱法	拟制订	
74	紫外线吸收剂（UV-328）	水质 8种紫外线吸收剂的测定 气相色谱-质谱法	拟制订	预研究项目
75		水质 紫外线吸收剂UV-328的测定 液相色谱-三重四极杆质谱法	拟制订	
76		土壤和沉积物 紫外线吸收剂UV-328的测定 气相色谱-质谱法	拟制订	
77		土壤和沉积物 紫外线吸收剂UV-328的测定 液相色谱-三重四极杆质谱法	拟制订	
78	十溴二苯醚、六溴二苯醚和七溴二苯醚、四溴二苯醚和五溴二苯醚	水质 多溴二苯醚的测定 气相色谱-质谱法（HJ 909—2017）	已发布	
79		水质 多溴二苯醚的测定 高分辨气相色谱-高分辨质谱法	拟制订	
80		土壤和沉积物 多溴二苯醚的测定 气相色谱-质谱法（HJ 952—2018）	已发布	
81		土壤和沉积物 多溴二苯醚的测定 同位素稀释高分辨气相色谱-高分辨质谱法	拟制订	
82		环境空气 26种多溴二苯醚的测定 高分辨气相色谱-高分辨质谱法（HJ 1270—2022）	已发布	
83		固定污染源废气 26种多溴二苯醚的测定 同位素稀释高分辨气相色谱-高分辨质谱法	拟制订	
84		固体废物 多溴二苯醚的测定 同位素稀释高分辨气相色谱-高分辨质谱法	拟制订	

续表

序号	指标	标准类型及标准项目名称	状态	备注
85	多氯联苯	水质 多氯联苯的测定 气相色谱-质谱法（修订 HJ 715—2014）	拟制订	预研究项目
86		水质 多氯联苯的测定 同位素稀释高分辨气相色谱-高分辨质谱法	拟制订	
87		土壤和沉积物 多氯联苯的测定 气相色谱-质谱法（HJ 743—2015）	已发布	
88		土壤和沉积物 多氯联苯的测定 同位素稀释高分辨气相色谱-高分辨质谱法	拟制订	
89		环境空气 多氯联苯的测定 气相色谱法（HJ 903—2017）	已发布	
90		环境空气 多氯联苯混合物的测定 气相色谱法（HJ 904—2017）	已发布	
91		环境空气 多氯联苯的测定 气相色谱-质谱法（修订 HJ 902—2017）	拟制订	增加固定污染源废气介质
92		环境空气和废气 多氯联苯的测定 同位素稀释高分辨气相色谱-高分辨质谱法	拟制订	
93		固定污染源废气 共平面多氯联苯的测定 同位素稀释高分辨气相色谱-高分辨质谱法	在研	
94		固体废物 多氯联苯的测定 气相色谱-质谱法（HJ 891—2017）	已发布	
95		固体废物 多氯联苯混合物的测定 气相色谱法	在研	
96		固体废物 多氯联苯的测定 同位素稀释高分辨气相色谱-高分辨质谱法	拟制订	
97	六溴环十二烷	水质 六溴环十二烷和四溴双酚 A 的测定 液相色谱-三重四极杆质谱法	在研	
98		土壤和沉积物 六溴环十二烷和四溴双酚 A 的测定 液相色谱-三重四极杆质谱法	在研	
99		固定污染源废气 六溴环十二烷的测定 液相色谱-三重四极杆质谱法	拟制订	
100		环境空气 六溴环十二烷和四溴双酚 A 的测定 同位素稀释液相色谱-三重四极杆质谱法	在研	
101		固体废物 六溴环十二烷的测定 液相色谱-三重四极杆质谱法	拟制订	
102	短链氯化石蜡	水质 短链氯化石蜡的测定 气相色谱-高分辨质谱法	拟制订	
103		水质 短链氯化石蜡的测定 液相色谱-高分辨质谱法	拟制订	
104		土壤和沉积物 短链氯化石蜡的测定 气相色谱-高分辨质谱法	拟制订	
105		土壤和沉积物 短链氯化石蜡的测定 液相色谱-高分辨质谱法	拟制订	
106		土壤和沉积物 短链氯化石蜡的测定 电子捕获负化学源低分辨质谱法	在研	
107		环境空气和废气 短链氯化石蜡的测定 气相色谱-高分辨质谱法	拟制订	
108		环境空气和废气 短链氯化石蜡的测定 液相色谱-高分辨质谱法	拟制订	
109		固体废物 短链氯化石蜡的测定 液相色谱-高分辨质谱法	拟制订	

续表

序号	指标	标准类型及标准项目名称	状态	备注
110	五氯苯酚及其盐类和酯类	水质 2,4-二氯酚、2,4,6-三氯酚、五氯酚和双酚A的测定 高效液相色谱-三重四极杆质谱法	在研	
111		水质 五氯酚的测定 气相色谱法（HJ 591—2010）	已发布	
112		水质 酚类化合物的测定 液液萃取/气相色谱法（HJ 676—2013）	已发布	
113		水质 酚类化合物的测定 气相色谱-质谱法（HJ 744—2015）	已发布	
114		水质 五氯苯酚及其盐类和酯类的测定 高效液相色谱-三重四极杆质谱法	拟制订	
115		土壤和沉积物 五氯苯酚及其盐类和酯类的测定 高效液相色谱-三重四极杆质谱法	拟制订	
116		土壤和沉积物 酚类化合物的测定 气相色谱法（HJ 703—2014）	已发布	
117		土壤和沉积物 半挥发性有机物的测定 气相色谱-质谱法（HJ 834-2017）	已发布	
118		固体废物 五氯苯酚及其盐类和酯类的测定 高效液相色谱-三重四极杆质谱法	拟制订	
119	三氯杀螨醇	水质 三氯杀螨醇的测定 气相色谱-质谱法	拟制订	
120		水质 有机氯农药和氯苯类化合物的测定 气相色谱-质谱法（HJ 699-2014）	已发布	
121		土壤和沉积物 三氯杀螨醇的测定 气相色谱-质谱法	拟制订	
122		环境空气 三氯杀螨醇的测定 气相色谱-质谱法	拟制订	
123		固体废物 三氯杀螨醇的测定 气相色谱-质谱法	拟制订	
124	得克隆	水质 得克隆的测定 液液萃取/气相色谱-质谱法	拟制订	预研究项目
125		水质 得克隆的测定 气相色谱-三重四极杆质谱法	拟制订	
126		土壤和沉积物 得克隆的测定 气相色谱-质谱法	拟制订	预研究项目
127		土壤和沉积物 得克隆的测定 气相色谱-三重四极杆质谱法	拟制订	
128		环境空气和废气 得克隆的测定 气相色谱-三重四极杆质谱法	拟制订	
129		固体废物 得克隆的测定 气相色谱-三重四极杆质谱法	拟制订	
130	毒杀芬	水质 指示性毒杀芬的测定 气相色谱-三重四极杆质谱法	拟制订	
131		土壤和沉积物 毒杀芬的测定 气相色谱-三重四极杆质谱法（HJ 1290—2023）	已发布	
132		环境空气 指示性毒杀芬的测定 气相色谱-质谱法（HJ 852—2017）	已发布	
133		固体废物 指示性毒杀芬的测定 气相色谱-三重四极杆质谱法	拟制订	

续表

序号	指标	标准类型及标准项目名称	状态	备注
134	艾氏剂、氯丹、十氯酮、狄氏剂、异狄氏剂、七氯五氯苯、六氯代苯、α-六氯环己烷、β-六氯环己烷、林丹、灭蚁灵、硫丹原药及其相关异构体、甲氧滴滴涕、滴滴涕	水质 有机氯农药和氯苯类化合物的测定 气相色谱-质谱法（HJ 699—2014）	已发布	
135		土壤和沉积物 有机氯农药的测定 气相色谱法（HJ 921—2017）	已发布	
136		土壤和沉积物 有机氯农药的测定 气相色谱-质谱法（HJ 835—2017）	已发布	
137		环境空气 有机氯农药的测定 气相色谱-质谱法（HJ 900—2017）	已发布	
138		环境空气 有机氯农药的测定 气相色谱法（HJ 901—2017）	已发布	
139		环境空气 有机氯农药的测定 高分辨气相色谱-高分辨质谱法（HJ 1224-2021）	已发布	
140		固体废物 有机氯农药的测定 气相色谱-质谱法（HJ 912—2017）	已发布	
标准样品				
141	全氟化合物	水质 11 种全氟烷基化合物标准样品	拟制订	预研究项目
142		甲醇中全氟辛基羧酸和全氟辛基磺酸混合溶液标准样品	拟制订	
143		沉积物中全氟化合物标准样品	拟制订	
144		甲醇中全氟化合物混合溶液标准样品	拟制订	
145	抗生素	甲醇中 17 种氟喹诺酮类抗生素混合溶液标准样品	拟制订	
146		甲醇中 18 种磺胺类抗生素混合溶液标准样品	拟制订	
147		沉积物中抗生素标准样品	拟制订	
148	壬基酚	乙腈中 9 种烷基酚和双酚 A 混合溶液标准样品	拟制订	
149	微塑料	微塑料标准样品	拟制订	
150	二噁英类	飞灰中二噁英类标准样品	拟制订	
151	六溴联苯	异辛烷中 2,2′,4,4′,5,5′-六溴联苯（BB-153）溶液标准样品（GSB 07-3836-2021）	已发布	
152	十溴二苯醚、六溴二苯醚和七溴二苯醚、四溴二苯醚和五溴二苯醚	土壤中多溴二苯醚标准样品（GSB 07-4133-2023）	已发布	
153		异辛烷中 2,2′,4,4′-四溴二苯醚（BDE47）溶液标准样品（GSB 07-4128-2023）	已发布	
154		异辛烷中多溴二苯醚混合溶液标准样品	拟制订	
155		异辛烷中十溴二苯醚溶液标准样品	在研	
156	多氯联苯	正己烷中 2,2′,4,5,5′-五氯联苯分析校准用标准样品（PCB 101）（GSB 07-3268-2015）	已发布	
157		正己烷中 2,2′,3,4,4′,5′-六氯联苯分析校准用标准样品（PCB 138）（GSB 07-3269-2015）	已发布	
158		正己烷中 3,3′,4,4′,5-五氯联苯分析校准用标准样品（PCB 126）（GSB 07-3476-2018）	已发布	
159		正己烷中 3,3′,4,4′,5,5′-六氯联苯分析校准用标准样品（PCB 169）（GSB 07-3477-2018）	已发布	
160		异辛烷中 7 种指示性多氯联苯混合溶液标准样品（GSB 07-3837-2021）	已发布	

续表

序号	指标	标准类型及标准项目名称	状态	备注
161	多氯联苯	异辛烷中 2,3,3′,4,4′,5- 六氯联苯（PCB 156）溶液标准样品（GSB 07-4127-2023）	已发布	
162		异辛烷中 2,3,3′,4,4′,5′-六氯联苯（PCB 157）分析校准标准样品（GSB 07-3897-2021）	已发布	
163		异辛烷中 2,3′,4,4′,5,5′-六氯联苯（PCB 167）分析校准标准样品（GSB 07-3898-2021）	已发布	
164		异辛烷中 2,3,3′,4,4′,5,5′-七氯联苯（PCB 189）分析校准标准样品（GSB 07-3899-2021）	已发布	
165		异辛烷中 12 种共平面多氯联苯混合溶液标准样品	拟制订	
166		甲苯 / 正己烷中十氯联苯和四氯间二甲苯混合溶液标准样品	拟制订	
167	六溴环十二烷	六溴环十二烷溶液标准样品	拟制订	
168	五氯苯酚及其盐类和酯类	甲醇中五氯苯酚标准样品（GSB 07-1039-2019）	已发布	
169		甲醇中 3 种酚类混合溶液标准样品（2,4-二氯苯酚、2,4,6-三氯苯酚、五氯酚）（GSB 07-4124-2023）	已发布	
170	三氯杀螨醇	三氯杀螨醇溶液标准样品	拟制订	

备注：1. 现阶段体系项目表共包括 170 项新污染物生态环境监测标准，编制状态分为已发布、在研和拟制订三种。其中，已发布实施且现行有效的 49 项，目前在研正在制修订的 19 项，下一步计划制修订的拟制订标准 102 项。

2.《体系表》作为新污染物生态环境监测标准化工作的顶层设计，具有基础性和引领性作用，指导未来 3 年相关行业标准和团体标准等各类生态环境监测标准预研究工作，技术文件的制订研究也可参照本《体系表》。鼓励包括监测机构、高等院校、科研院所等在内的各方力量参与新污染物生态环境监测标准制修订。在标准制修订及实施过程中，我部将根据形势发展和管理需求，不断修订《体系表》，对过时、老旧的标准予以更新，将管理急需的标准纳入体系。对不在《体系表》内但确有必要制订的，经研究论证也可按程序立项制订。

3. 根据标准预研究工作情况，标准立项时和制修订过程中可对名称进行适当调整。

附录 7 《新污染物筛查准确度评定技术指南 气相色谱-质谱法（试行）》

1. 适用范围

本文件适用于指导生态环境领域新污染物筛查技术，适用于基于气相色谱串联质谱技术筛查新污染物准确度评定的质量控制工作。本文件不涉及样品采集方法、前处理技术、分析方法（如色谱柱选择、升温程序等）等其他环节，仅用于评价基于质谱数据开展化合物定性的准确度并明确相关质量控制方法。

本文件中，低分辨质谱（LRMS）指单四极杆质谱（MS）、串联四极杆质谱（MS/MS）等；高分辨质谱（HRMS）指飞行时间高分辨质谱（TOFMS）、静电场轨道阱高分辨质谱（Orbitrap MS）等。

2. 规范性引用文件

本文件引用了下列文件或其中的条款。凡是注明日期的引用文件，仅注日期的版本适用于本文件。凡是未注日期的引用文件，其最新版本（包括所有的修改单）适用于本文件。

欧盟 导则 2002/657/EC 执行理事会指令 96/23/EC 关于分析方法的性能和结果的补充说明 Commission Decision of implementing Council Directive 96/23/EC concerning the performance of analytical methods and the interpretation of results

SANTE 11312/2021 欧盟卫生和食品安全总局 导则 食品和饲料中农残分析质量控制和方法验证 Analytical quality control and method validation procedures for pesticide residues analysis in food and feed

3. 术语和定义

下列术语和定义适用于本技术要求。

3.1

非靶向筛查技术 non-targeted screening

在没有目标物参考信息的条件下对化合物进行分析筛查的技术。

3.2

疑似筛查技术 suspect screening

针对可能存在的疑似物进行分析，利用疑似物的化学式、质谱信息以及保留时间来对某些特定的化合物进行筛查。

4. 常用定性方法

4.1 标准品确认

在相同色谱条件下，通过比较未知物与标准品的保留时间及离子丰度比，确定未知物结构。标准品推荐使用国家有证标准物质、具有计量溯源性或不确定度的标准物质或其他高纯物质。若标准品难以获取，也可使用纯度满足要求的化学品用于定性确认。

4.2 离子数量与离子丰度比

通过规定匹配的碎片离子数量及其与标准品的相对离子丰度比偏差，辅助确定化合物结构信息。

4.3 同位素峰识别

利用同位素峰判断化合物中是否含有某种元素，通过测定同位素峰和分子离子峰的丰度比辅助判断化合物的分子式。

4.4 质量准确度限定（仅用于 HRMS）

通过限定离子的测量值和理论值的偏差（ppm），增加化合物定性依据。

4.5 保留指数定性

保留指数可用于不同色谱条件下化合物的准确定性识别（公式（1））。在使用保留指数定性时，宜利用已知组分验证商业谱库或相关文献提供的保留指数的准确度。利用保留指数结合谱库检索匹配相似度，初步确定化合物结构。若化合物无保留指数，可利用相关软件预测保留指数用于化合物定性。

$$RI_x = 100 \times z + 100 \times \frac{RT_x - RT_z}{RT_{z+1} - RT_z} \quad (1)$$

Z，化合物中碳原子的个数；

RI_x，化合物 x 的保留指数（x 在正构烷烃 z 和 z+1 之间馏出）；

RT_z，碳数为 z 的正构烷烃的保留时间；

RT_{z+1}，碳数为 z+1 的正构烷烃的保留时间；

RT_x，化合物 x 的保留时间。

4.6 质谱数据库匹配

通过离子质谱峰信息检索相似的质谱图，根据匹配分数高低筛选化合物，匹配分数因计算软件不同而有所差异，各相关实验室可根据定性需求设定符合要求的匹配度阈值。

除检索谱库外，可通过质谱预测算法，推断化合物可能的质谱图信息。不同数据库间化合物种类存在差异，可检索多个数据库获得较为准确全面的定性信息。

5. 准确度评定分级

根据化合物色谱质谱定性信息确定准确度分级（图 1）。化合物具有可重复检测的质谱图及丰度、碎片离子信息和保留时间为等级 3；根据谱库检索确定可能的结构为等级 2；利用标准品的色谱和质谱特征最终确定化合物结构（除保留时间相同的同分异构体外），此类是化合物筛查定性的最高级别，即等级 1。等级 3 到等级 1 准确度依次递增。

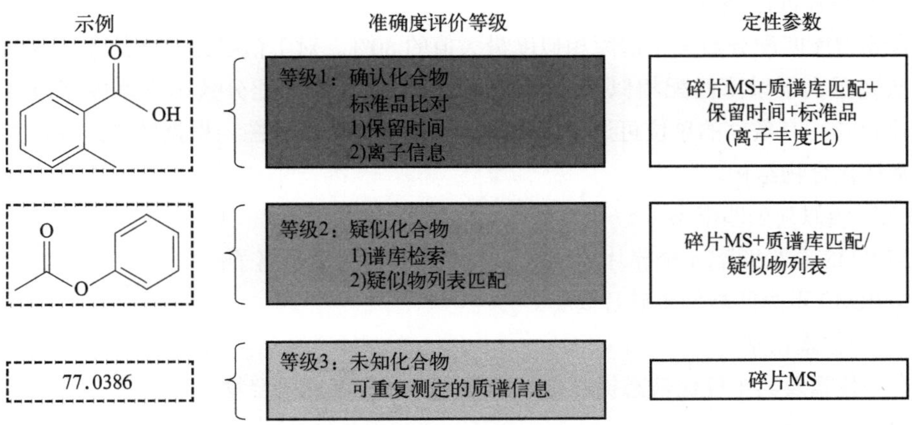

图 1 GC-LRMS/HRMS 筛查定性化合物准确度分级评价

5.1 等级 3 未知化合物（Unknown feature）

具有可重复测量的质谱图、离子丰度、碎片离子信息和保留时间；

5.2 等级 2 疑似化合物（Probable compounds）

5.2.1 GC-LRMS 疑似化合物判定标准

5.2.1.1 信噪比 S/N ≥ 3。

5.2.1.2 因不同厂商谱库检索相似度算法不同，各实验室可根据筛查目标确定合适的匹配阈值。

推荐待定性化合物谱库匹配分数大于谱库相似度最大值的 80%。对于信噪比较低的化合物谱库匹配分数可放宽至大于谱库匹配相似度最大值的 60%，并参考保留指数定性。例如，若软件计算匹配相似度最大值为 1000，则匹配分数大于 800 的化合物可判定为疑似化合物。

5.2.2 GC-HRMS 疑似化合物判定标准

5.2.2.1 选择疑似筛查技术路线时判定标准

5.2.2.1.1 信噪比 S/N ≥ 3。

5.2.2.1.2 碎片离子质量偏差≤ 10ppm；当 m/z ＜ 200 时，其绝对偏差应＜ 1mDa。

5.2.2.1.3 至少两个离子满足 5.2.2.1.1 和 5.2.2.1.2 条件。

5.2.2.1.4 参照自建库或商业库的保留时间或保留指数定性。

5.2.2.2 选择非靶向筛查技术路线时判定标准

5.2.2.2.1 信噪比 S/N ≥ 3。

5.2.2.2.2 碎片离子质量偏差≤ 10ppm ；当 m/z ＜ 200 时，其绝对偏差应＜ 1mDa。

5.2.2.2.3 因不同厂商谱库检索相似度算法不同，各实验室可根据筛查目标确定合适的匹配阈值。推荐待定性化合物谱库匹配分数大于谱库相似度最大值的 80%。对于信噪比较低的化合物谱库匹配分数可放宽至大于谱库匹配相似度最大值的 60%，并参考保留指数定性。

5.3 等级 1 确认化合物（Confirmed compounds）

5.3.1 质量准确度限定（仅限 HRMS）

质量偏差≤ 5ppm ；当 m/z ＜ 200 时，其绝对偏差应＜ 1mDa ；若样本基质干扰复杂，可根据筛查目标限定质量偏差≤ 10ppm。

5.3.2 谱库或疑似列表匹配条件

5.3.2.1 谱库匹配条件

化合物谱库匹配分数大于谱库相似度最大值的 80%。对于信噪比较低的化合物谱库匹配分数可放宽至大于谱库匹配相似度最大值的 60%。对谱库匹配分数小于谱库相似度最大值 60% 的化合物，有条件的单位可进一步解析该类化合物的质谱图，根据解谱结果可直接购买标准品确认化合物结构。

5.3.2.2 疑似列表匹配条件

GC-LRMS 至少匹配 4 个碎片离子或一个母离子和两个子离子；

GC-HRMS 至少匹配两个碎片离子。

5.3.3 同位素识别

结合同位素及其丰度比信息提高定性准确度（如含卤素化合物）。

5.3.4 标准品确认

利用 LRMS 确认化合物结构，待定性化合物的保留时间与标准品的保留时间偏差推荐在

±0.1min 以内。全扫描或选择离子扫描（Scan/SIM）数据采集方法须选择基峰离子和其他 3 个强度高于 10% 的碎片离子计算标品与化合物的相对离子丰度比偏差。若采用多反应离子扫描（MRM）数据采集方法须选择 1 个母离子和至少 2 个子离子计算离子丰度比偏差。相对离子丰度比偏差还需满足表 1 要求。

利用 HRMS 确认化合物结构，待定性化合物的保留时间与标准品的保留时间偏差推荐在 ±0.1min 以内，建议参考全扫描偏差要求进行化合物筛选。

表 1　相对离子丰度比的允许最大相对偏差

离子丰度比	Scan/SIM 最大允许相对偏差	MRM 最大允许相对偏差
≥ 50%	±10%	±20%
20% ~ 50%	±15%	±25%
10% ~ 20%	±20%	±30%
≤ 10%	±50%	±50%

6. 筛查技术路线

6.1 GC-LRMS 筛查技术路线

基于 GC-LRMS 开展新污染物筛查适用于污染场地未知化合物的初步筛查及应急监测场景下未知化合物的初步筛选，样品中待定性化合物浓度较高，技术路线如图 2。

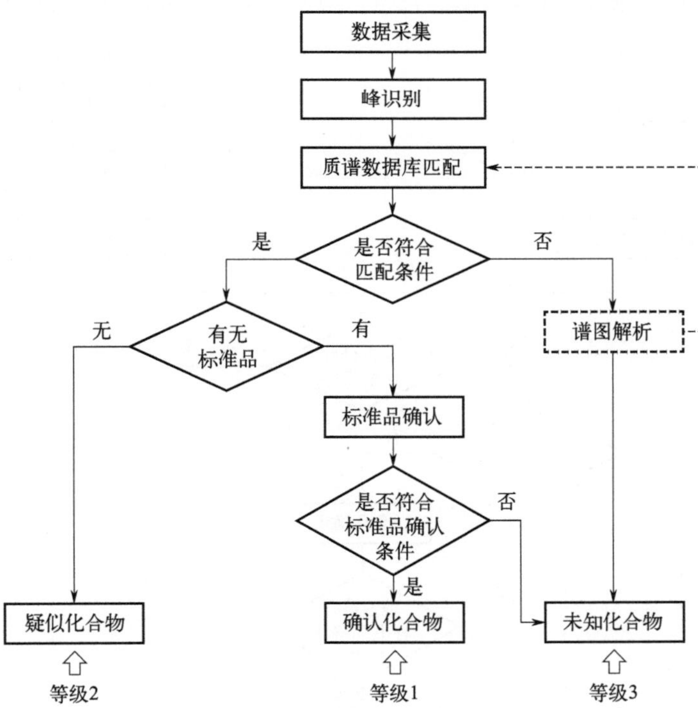

图 2　GC-LRMS 筛查技术路线

6.1.1 数据采集

通过合适的数据采集模式（如全扫描模式）进行数据采集。

6.1.2 峰识别

扣除背景干扰。对信噪比大于等于 3（S/N ≥ 3）的色谱峰进行谱库检索。各实验室亦可根据研究目标确定信噪比阈值。

6.1.3 谱库检索

开展化合物匹配分数筛选，有条件的单位建议采用化学电离源识别分子离子峰或根据匹配化合物理论碎裂信息进一步验证匹配结果。满足 5.3.1 和 5.3.2 条件，对匹配分数排序前 3 的化合物，按顺序购买标准品进行结构确认。亦可根据匹配结果结合其可能具有的环境风险或健康毒性优先购买标准品确认结构。

未检索到的色谱峰，通过软件进行谱图解析（解卷积）后，再按照上述步骤进行谱库检索。

6.1.4 标准品确认

标准品与待定性化合物的筛查分析方法保持一致，保留时间须保持不同分析批次间的稳定性，推荐标准品与待定性化合物同批次进样分析，或加入内标校正保留时间。建议标准品浓度与样品中目标物浓度相近。推荐将标准品添加至与样品相似的基质中进行实验。标准品确认条件参照 5.3.4。

6.2 GC-HRMS 筛查技术路线

基于 GC-HRMS 筛查技术主要分为疑似筛查与非靶向筛查两类（图 3）。疑似筛查受到疑似化合物列表限制，适用于各地已有新污染物管控清单，根据清单自建数据库或商业数据库开展快速筛查，确认后再建立准确定量方法进行监测；非靶向筛查无筛查范围限制，但受限于前处理方法、色谱条件、数据筛选方法等，适用于未知化合物的广谱筛选。

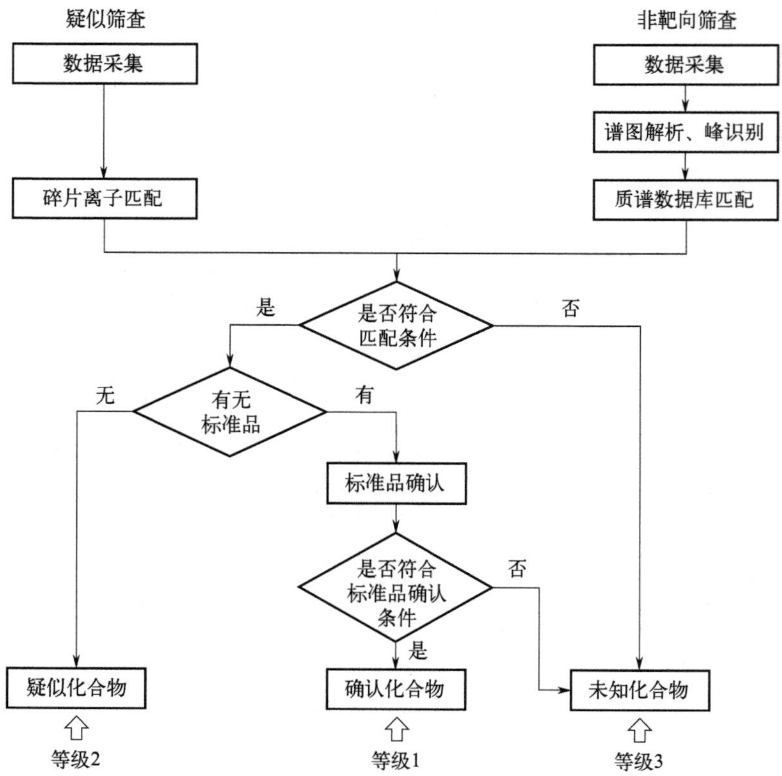

图 3　GC-HRMS 筛查技术路线

6.2.1 疑似筛查

6.2.1.1 自建质谱数据库

根据筛查范围及目的，自行建立质谱数据库。自建质谱数据库应包括化合物名称、化学式、CAS 号、主要碎片离子的精确质量数及其丰度比信息、保留时间等。

6.2.1.2 数据采集

参照 6.1.1 采集数据。

6.2.1.3 碎片离子匹配

扣除背景干扰。筛选 S/N ≥ 3 的色谱峰，限定碎片离子的质量准确度，结合同位素及其丰度比信息，将其碎片离子与疑似化合物列表中碎片离子信息匹配，满足 5.3.1 和 5.3.2 条件的化合物可购买标准品进行结构确认。

6.2.1.4 标准品确认

标准品与待定性化合物的筛查分析方法保持一致，保留时间须保持不同分析批次间的稳定性，推荐标准品与待定性化合物同批次进样分析，或加入内标校正保留时间。建议标准品浓度与样品中目标物浓度相近。推荐将标准品添加至与样品相似的基质中进行实验。标准品确认条件参照 5.3.4。

6.2.2 非靶向筛查

6.2.2.1 数据采集

参照 6.1.1 采集数据。

6.2.2.2 谱图解析、峰识别

扣除背景干扰，解析全谱图，对信噪比大于等于 3（S/N ≥ 3）的色谱峰进行谱库检索。各实验室亦可根据研究目标确定信噪比阈值。

6.2.2.3 质谱数据库匹配

根据质量准确度和谱库匹配分数筛选化合物，满足 5.3.1 和 5.3.2 条件的化合物可购买标准品确认。

6.2.2.4 标准品确认

标准品与待定性化合物的筛查分析方法保持一致，保留时间须保持不同分析批次间的稳定性，推荐标准品与待定性化合物同批次进样分析，或加入内标校正保留时间。建议标准品浓度与样品中目标物浓度相近。推荐将标准品添加至与样品相似的基质中进行实验。标准品确认条件参照 5.3.4。

7. 质量保证和质量控制

7.1 质量轴校正

基于质谱技术（特别是高分辨质谱）开展筛查前建议参考标准方法进行质量轴校正，以确保化合物质量数测定准确。在分析前或分析过程中进行调谐，优化质谱参数使分辨率、质量准确度和灵敏度满足要求。建议在分析过程中根据筛查需求定期进行重新校准。

7.2 空白样品要求

在样品采集、运输、储存、制备、提取和分析过程中可能会引入杂质干扰，宜在样品筛查全过程加入空白对照实验，提高定性准确度。若样品中化合物丰度高于空白样品中化合物丰度的 3 倍，则保留该化合物，反之则剔除。对于背景信号色谱峰峰形异常（如：基线背景、柱流失等）的色谱峰可直接扣除。

7.3 质量控制

7.3.1 混合样本质控

均匀混合所有样品制成混合样本，推荐每 10 个样品或每批次（≤ 10 个）样品应至少测定一个混合样本。混合样本中化合物峰面积相对偏差与保留时间偏差应根据筛查需求提出质控要求，推荐峰面积的相对偏差应在 ±20% 以内，保留时间偏差应不超过 0.2min。

7.3.2 混合标准品质控

混合多种标准品配制混合标准品。建议综合考虑精确质量数、极性、离子化效率等选择多类标准品，以覆盖样品中待定性化合物的理化性质范围。每 10 个样品或每批次（≤ 10 个）样品应至少测定一个混合标品。混合标品中标准品的峰面积相对偏差与保留时间偏差应根据筛查需求提出质控要求，推荐峰面积的相对偏差应在 ±20% 以内，保留时间偏差应不超过 0.1min。

7.3.3 内标质控

样品中采用氘代物或 ^{13}C 标记的有机物作为内标。内标的峰面积相对偏差与保留时间应根据筛查需求提出质控要求，推荐内标的保留时间偏差不超过 0.1min，质谱峰面积的相对偏差在 ±20% 以内。

7.4 能力验证

为保证筛查定性化合物的准确度，开展筛查工作的相关机构宜视情况定期开展能力验证。

附录 8 《新污染物筛查准确度评定技术指南 液相色谱-质谱法（试行）》

1. 适用范围

本文件适用于指导生态环境领域新污染物筛查技术，适用于基于液相色谱串联质谱技术筛查新污染物准确度评定的质量控制工作。本文件不涉及样品采集方法、前处理技术、分析方法（如色谱柱选择、洗脱溶剂等）等其他环节，仅用于评价基于质谱数据开展化合物定性的准确度并明确相关质量控制方法。

本文件中，低分辨质谱（LRMS）指单四极杆质谱（MS）、串联四极杆质谱（MS/MS）等；高分辨质谱（HRMS）指飞行时间高分辨质谱（TOF MS）、静电场轨道阱高分辨质谱（Orbitrap MS）等。

2. 规范性引用文件

本文件引用了下列文件或其中的条款。凡是注明日期的引用文件，仅注日期的版本适用于本文件。凡是未注日期的引用文件，其最新版本（包括所有的修改单）适用于本文件。

中华人民共和国农业农村部公告第 312 号 饲料中风险物质的筛查与确认导则 液相色谱-高分辨质谱法（LC-HRMS）

欧盟卫生和食品安全总局 导则 SANTE 11312/2021 食品和饲料中农残分析质量控制和方法验证 Analytical quality control and method validation procedures for pesticide residues analysis in food and feed

欧盟 导则 2002/657/EC 执行理事会指令 96/23/EC 关于分析方法的性能和结果的补充说明 Commission Decision of implementing Council Directive 96/23/EC concerning the performance of analytical methods and the interpretation of results

美国食品药品监督管理局 建议书 食品和兽药项目 利用精确质量数鉴定化合物准则 Acceptance Criteria for Confirmation of Identity of Chemical Residues using Exact Mass Data for the FDA Foods and Veterinary Medicine Program

3. 术语和定义

下列术语和定义适用于本技术要求。

3.1

非靶向筛查技术　non-target screening

在没有目标物参考信息的条件下对化合物进行分析筛查的技术。

3.2

疑似筛查技术　suspect screening

针对可能存在的疑似物进行分析，利用疑似物的化学式、质谱信息以及保留时间来对某些特定的化合物进行筛查。

4. 常用定性方法

4.1 标准品确认

在相同色谱条件下，通过比较未知物与标准品的保留时间以及离子丰度比，确定未知物结构。标准品推荐使用国家有证标准物质、具有计量溯源性或不确定度的标准物质或其他高纯物质。若标准品难以获取，也可使用纯度满足要求的化学品用于定性确认。

4.2 离子数量与离子丰度比

通过规定匹配的离子数量（母离子、子离子）及其与标准品的相对离子丰度比偏差，准确定性化合物结构信息。

4.3 同位素峰识别

利用同位素峰判断化合物中是否含有某种元素，通过测定同位素峰和分子离子峰的丰度比辅助判断化合物的分子式。

4.4 质量准确度限定（仅用于 HRMS）

通过限定离子的测量值和理论值的偏差（ppm），增加化合物定性依据。

4.5 数据库匹配（仅用于 HRMS）

通过离子质谱峰信息检索相似的质谱图，根据匹配分数高低筛选化合物。匹配分数因计算软件不同而有所差异，各相关实验室可根据定性需求设定符合要求的匹配度阈值。

除检索谱库外，可通过质谱预测算法，推断化合物可能的质谱图信息。不同数据库间化合物种类存在差异，可检索多个数据库获得较为准确全面的定性信息。

5. 准确度评定分级

根据化合物色谱质谱定性信息确定准确度分级（图 1）。可根据一级谱库检索、二级质谱碎裂信息等识别同系物类别或官能团信息，初步确定化合物结构，此类定性级别划为等级 3；根据二级谱库检索结果或疑似物列表匹配结果识别可能的结构或同分异构体为等级 2；利用标准品的色谱和质谱特征最终确定化合物结构（除保留时间相同的同分异构体外），此类是化合物筛查定性的最高等级即等级 1。等级 3 到等级 1 准确度依次递增。

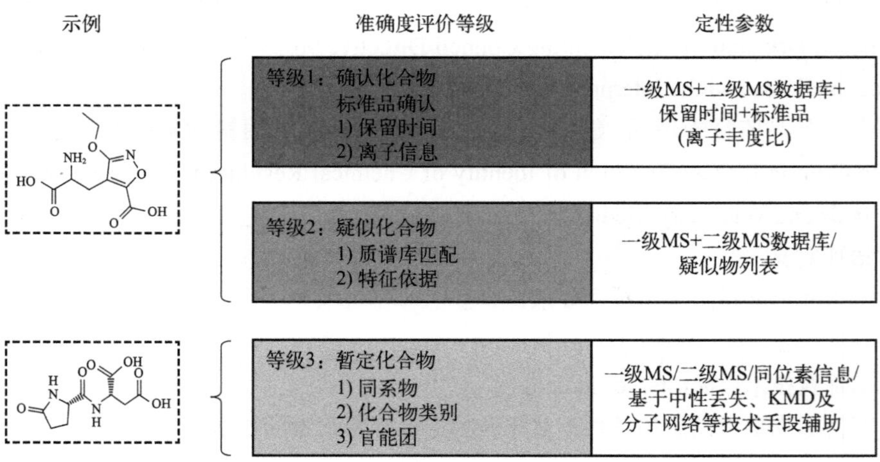

图 1　基于 LC-LRMS/HRMS 筛查定性化合物准确度分级评价

5.1 等级 3 暂定化合物（Tentative compounds）

通过技术手段辅助识别化合物的同系物、类别或官能团等信息（附录 A）。

5.1.1 公共数据库匹配

根据分子式通过公用数据库初步拟定化合物结构列表。

5.1.2 Kendrick 质量亏损技术（KMD）

利用 Kendrick 质量亏损技术通过化合物的精确质量数与整数质量数的差值特征识别同系物。

5.1.3 分子网络技术

通过分子网络技术根据二级质谱图的相似度识别同系物或类似物。

5.1.4 中性丢失技术

通过中性丢失扫描识别特征碎片离子，通过特征碎裂规律初步识别化合物类别或官能团信息，如全氟化合物等。

5.2 等级 2 疑似化合物（Probable compounds）

5.2.1 LC-LRMS（LC-MS/MS）疑似化合物判定标准

5.2.1.1 信噪比 S/N ≥ 3。

5.2.1.2 匹配一个母离子和至少 2 个子离子。

5.2.2 LC-HRMS 疑似化合物判定标准

5.2.2.1 选择疑似筛查技术路线时判定标准

5.2.2.1.1 信噪比 S/N ≥ 3。

5.2.2.1.2 一级母离子质量偏差≤ 10ppm，二级子离子质量偏差≤ 20ppm，当 m/z<200 时，绝对偏差 <1mDa。

5.2.2.1.3 参照自建库或商业库的保留时间或保留指数定性。

5.2.2.2 选择非靶向筛查技术路线时判定标准

5.2.2.2.1 信噪比 S/N ≥ 3。

5.2.2.2.2 一级母离子质量偏差≤ 10ppm，结合同位素信息提高定性准确度。

5.2.2.2.3 因不同厂商谱库检索相似度算法不同，各实验室可根据筛查目标确定合适的匹配阈值。推荐筛选化合物的二级谱库匹配分数大于谱库相似度最大值的 60%。例如，谱库相似度最大相值为 1000，则需筛选二级谱库匹配分数大于 600 的化合物。

5.3 等级 1 确认化合物（Confirmed compounds）

5.3.1 离子匹配条件（仅限 HRMS）

一级母离子质量偏差≤ 5ppm，二级子离子质量偏差≤ 10ppm；当 m/z<200 时，绝对偏差 <1mDa。至少 1 个母离子和 1 个子离子满足上述匹配条件。

5.3.2 同位素识别

同位素丰度比辅助定性，推荐同位素丰度比偏差不超过 5%。

5.3.3 标准品确认

标准品与待定性化合物保留时间偏差推荐在 ±0.2min 以内，或在 ±2.5% 且不超过 0.5min。

标准品与待定性化合物离子丰度比满足表 1 要求。

表 1 相对离子丰度比的最大允许偏差

离子丰度比	≥ 50%	20% ～ 50%	10% ～ 20%	≤ 10%
最大允许相对偏差	±20%	±25%	±30%	±50%

注：基于高分辨质谱确认化合物时需同时满足条件 5.3，若基于低分辨质谱确认化合物时需条件 5.3.3 即可。

6. 筛查技术路线

6.1 LC-LRMS 筛查技术路线

采用 LC-LRMS 开展筛查，缺乏商业谱库，因此宜选择串接质谱技术（LC-MS/MS），可利用文献报道的多反应监测离子扫描（MRM）方法进行疑似筛查。

6.2 LC-HRMS 筛查技术路线

基于 LC-HRMS 筛查技术主要分为疑似筛查与非靶向筛查两类，根据筛查目标选择筛查技术路线，可先开展疑似筛查，若不在疑似物列表内则进行非靶向筛查；亦可直接开展非靶向筛查（图 2）。

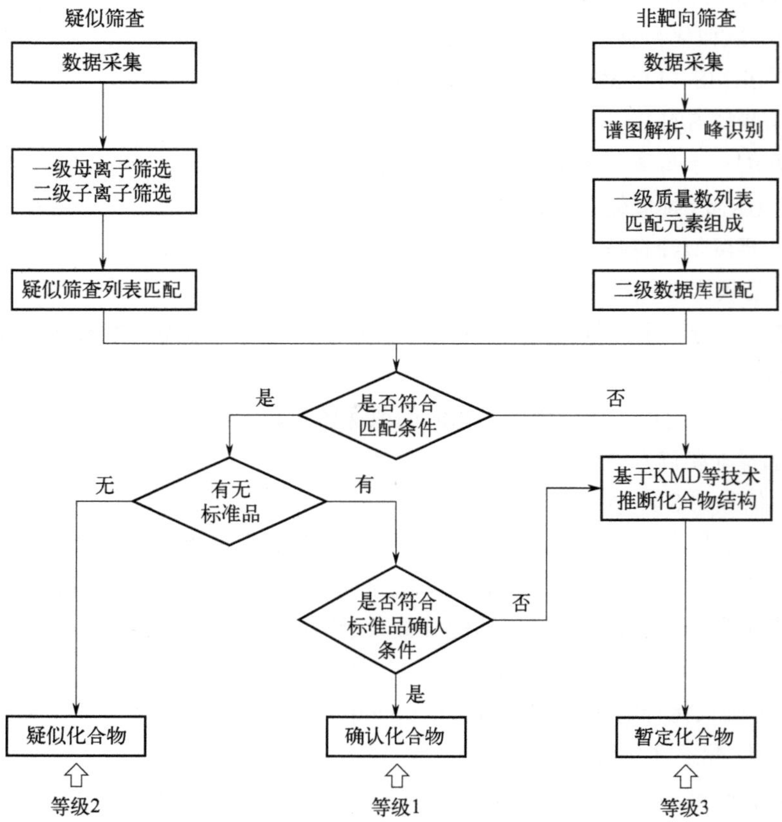

图 2　基于 LC-HRMS 疑似筛查与非靶向筛查技术路线

6.2.1 疑似筛查

疑似筛查化合物受疑似化合物列表的限制，适用于各地已有新污染物管控清单，根据清单自建数据库或商业数据库开展快速筛查，确认化合物后再建立准确定量方法进行环境监测。技术路线如图 2 所示。

6.2.1.1 自建质谱数据库

根据筛查范围及目的，自行建立质谱数据库。自建质谱数据库应包括化合物名称、化学式、CAS 号、主要母离子（分子离子、质子化离子 / 去质子化离子或加合离子）的精确质量数及离子化方式、对应的特征碎片离子的精确质量数及其丰度信息、保留时间等。

6.2.1.2 数据采集

通过合适的数据采集模式进行数据采集，扣除背景干扰，筛选信噪比大于等于 3（$S/N \geq 3$）的色谱峰。各实验室亦可根据研究目标确定信噪比阈值。

6.2.1.3 一级母离子和二级子离子提取条件

按照母离子质量偏差≤ 10ppm，二级子离子偏差≤ 20ppm 提取符合条件的色谱（质谱）峰。

6.2.1.4 疑似筛查列表比对

将提取到的色谱（质谱）峰与自建谱库或商业谱库中的化合物信息匹配。至少有两个离子，推荐一个母离子和至少一个子离子满足 5.2.2.1.2 的要求，表明与列表中化合物匹配。匹配成功，则按照 5.3 要求判断是否符合确认化合物的条件。筛选出符合条件的疑似化合物购买标准品进行标准品确认。若不符合疑似筛查列表匹配条件，则可开展非靶向筛查。

6.2.1.5 标准品确认

标准品与待定性化合物的筛查分析方法保持一致，保留时间须保持不同分析批次间的稳定性，推荐标准品与待定性化合物同批次进样分析，或加入内标校正保留时间。建议标准品浓度与样品中目标物浓度相近。推荐将标准品添加至与样品相似的基质中进行实验。标准品确认条件参照 5.3.3。

6.2.2 非靶向筛查

非靶向筛查技术受到前处理方法、色谱条件、数据筛选方法（数据库范围等）等的限制，适用于未知化合物的广谱筛选（图 2）。

6.2.2.1 数据采集

通过合适的数据采集模式进行数据采集，扣除背景干扰。

6.2.2.2 谱图解析、峰识别

可通过软件进行谱图解析，筛选信噪比 S/N ≥ 3 的色谱峰。

6.2.2.3 一级质量数提取条件

按照母离子质量偏差≤ 10ppm 提取符合条件的色谱（质谱）峰。确认提取后的一级母离子的精确质量数，限定元素组成，符合分子式构成原则，结合同位素信息确定化合物的分子式。

6.2.2.4 二级数据库比对

二级数据库匹配满足谱库匹配得分等筛选条件后，可判定为疑似化合物。按照 5.3 要求筛选出符合条件的化合物进行标准品确认。

6.2.2.5 标准品确认

标准品与待定性化合物的筛查分析方法保持一致，保留时间须保持不同分析批次间的稳定性，推荐标准品与待定性化合物同批次进样分析，或加入内标校正保留时间。建议标准品浓度与样品中目标物浓度相近。推荐将标准品添加至与样品相似的基质中进行实验。标准品确认条件参照 5.3.3。

7. 质量保证和质量控制

7.1 质量轴校正

基于质谱技术（特别是高分辨质谱）开展筛查前建议参考标准方法进行质量轴校正，以确保化合物质量数测定准确。在分析前或分析过程中进行调谐，优化质谱参数使分辨率、质量准确度和灵敏度满足要求。建议在分析过程中根据筛查需求定期进行重新校准。

7.2 空白样品要求

在样品采集、运输、储存、制备、提取和分析过程中可能会引入杂质干扰，宜在样品筛查全过程加入空白对照实验，提高定性准确度。若样品中化合物丰度高于空白样品中化合物丰度的 3 倍，则保留该化合物，反之则剔除。对于背景信号色谱峰峰形异常（如：基线背景、柱流失等）的色谱峰可直接扣除。

7.3 质量控制

7.3.1 混合样本质控

均匀混合所有样品制成混合样本，推荐每 10 个样品或每批次（≤ 10 个）样品应至少测定一个混合样本。混合样本中化合物峰面积相对偏差与保留时间偏差应根据筛查需求提出质控要求，推荐峰面积的相对偏差应在 ±20% 以内，保留时间偏差应不超过 0.5min。

7.3.2 混合标准品质控

混合多种标准品配制混合标准品。建议综合考虑精确质量数、极性、离子化效率等选择多类标准品，以覆盖样品中待定性化合物的理化性质范围。每 10 个样品或每批次（≤ 10 个）样品应至少测定一个混合标品。混合标品中标准品的峰面积相对偏差与保留时间偏差应根据筛查需求提出质控要求，推荐峰面积的相对偏差应在 ±20% 以内，保留时间偏差应不超过 0.2min。

7.3.3 内标质控

样品中采用氘代物或 ^{13}C 标记的有机物作为内标。内标的峰面积相对偏差与保留时间应根据筛查需求提出质控要求，推荐内标的保留时间偏差不超过 0.2min，质谱峰面积的相对偏差在 ±20% 以内。

7.4 能力验证

为保证筛查定性化合物的准确度，开展筛查工作的相关机构宜视情况定期开展能力验证。

附录 A　其他推荐的定性方法

（资料性附录）

A.1 Kendrick 质量亏损（KMD）

利用 Kenderick 质量亏损（Kenderick mass defect，KMD）对化合物同系物进行分析。

各元素的精确质量与其 IUPAC 整数质量（Normal Mass，NM）之间的差异被称为质量亏损（mass defect，MD）。KMD 图需先将有机物实际测得的 IUPAC 质量（measured mass）转换成 Kendrick mass（KM）（公式（A.1）），KMD 即为 NM 与 KM 差值（公式（A.2））。

$$\text{KM(series)=IUPAC mass}_{\text{measured}}\times\left(\frac{\text{Nominal mass of series}}{\text{Exact mass of series}}\right) \tag{A.1}$$

$$\text{KMD=NM}-\text{KM(series)} \tag{A.2}$$

在 KMD 图中，具有相同核心结构，不同数量重复单元的同系列有机物分布在同一条水平线上。根据研究需要，公式（A.1）（A.2）中 series 可以为 CH_2（14.01565Da）、CO_2（43.98983Da）、CF_2（49.99681Da）、−H/+Cl（33.96103Da）、−H/+Br（77.91051Da）等。

例：Yu 等基于 HPLC-QTOF-MS 利用 CF2 质量亏损单元筛选同系物，结合 EPA CompTox 数据库非靶标筛查了大气颗粒物中的全氟和多氟化合物（PFASs）。

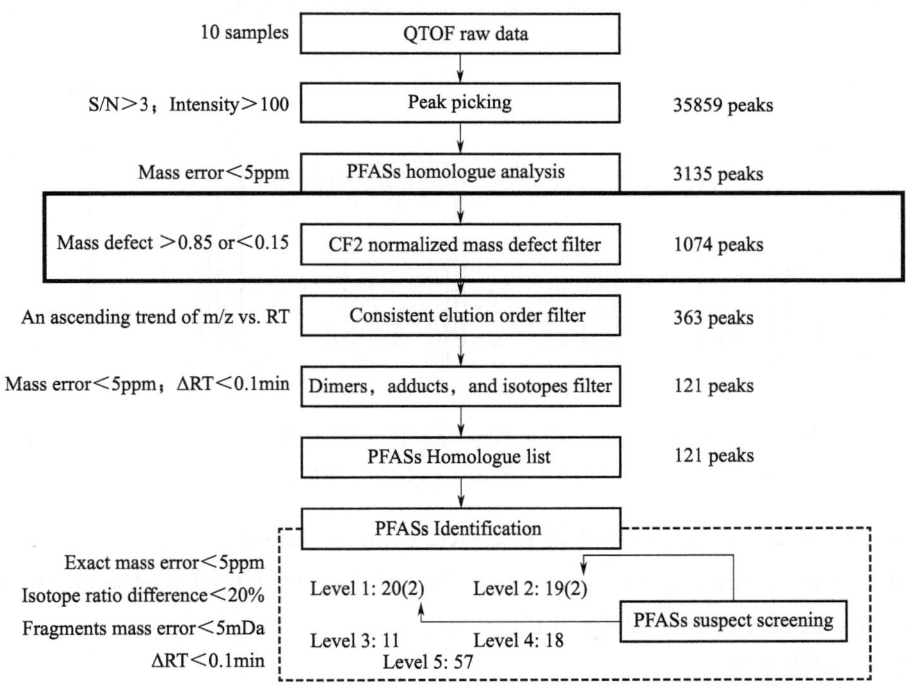

图 A.1　PFAS 同系物分析和疑似物筛选工作流程

参考文献：Yu Nanyang, Guo Huiwei, Jin Ling, etal. Non-target and suspect screening of per- and polyfluoroalkyl substances in airborne particulate matter in China[J]. Environmental Science & Technology, 2018, 52: 8205-8214

A.2 中性丢失

中性丢失指在串联质谱中将 MS1 和 MS2 进行全扫描，二者始终保持一定固定的质量差，仅在碰撞池中丢失的中性部分满足这个固定质量差的离子才能被检测到。中性丢失扫描可用来识别某一类具有相同官能团的化合物。例如，监测 NO2 的丢失（m/z=46）可用于识别亚硝酸盐类化合物。

例：有研究利用傅里叶变换离子回旋共振质谱仪（FT-ICRMS）识别大气中水溶性有机物，通过比较母离子和子离子识别中性丢失表明最常见的中性损失是 CO_2（54%）、H_2O（43%）和 CH_3OH（40%）。根据中性丢失识别出化合物可能为有机硝酸盐、有机硫酸盐和硝基有机硫酸盐等。

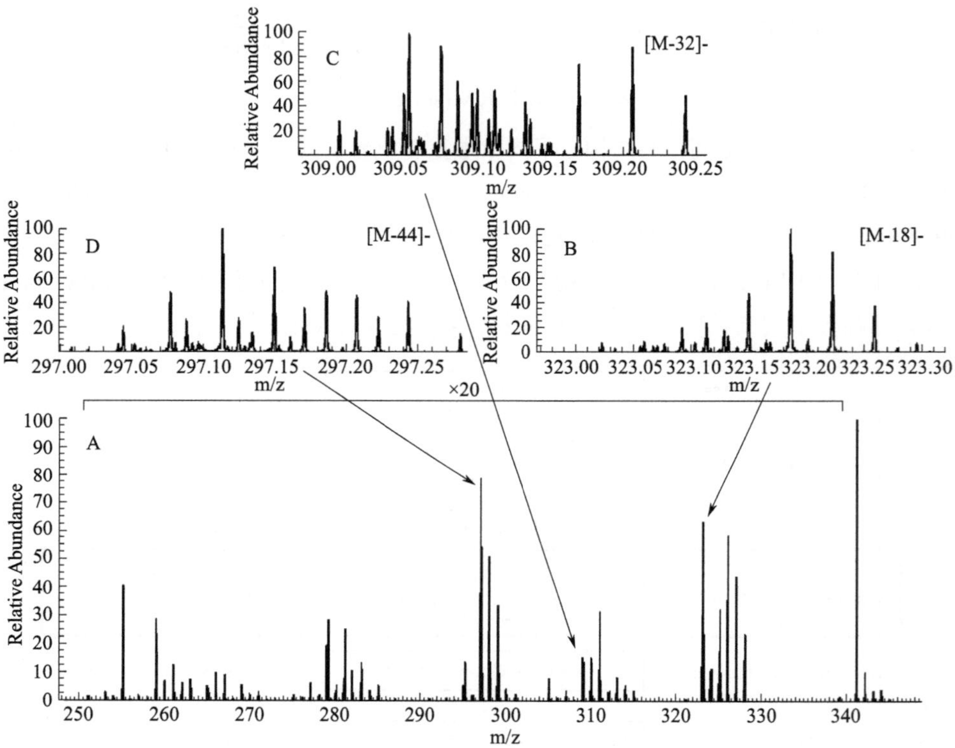

图 A.2　母离子（339<m/z<345）碰撞诱导解离后的产物质谱，中性丢失为 H_2O（18Da）、CH_3OH（32Da）和 CO_2（44Da）

参考文献：Jeffrey P. LeClair, Jeffrey L. Collett, Lynn R. Mazzoleni Fragmentation Analysis of Water-Soluble Atmospheric Organic Matter Using Ultrahigh-Resolution FT-ICR Mass Spectrometry[J]. Environmental Science & Technology, 2012, 46, 4312-4322.

A.3 分子网络技术

结构相同或相近的化合物在同一条件下可产生相同或相似的二级质谱碎片，反之亦然。按照一定算法将 LC-MS/MS 图谱中的每张二级质谱图进行比对，并计算各图谱的相似度，以余弦值（0 ～ 1）表示，相似度越高，则余弦值越大。根据计算所得余弦值的大小，可将相似度较高的图谱分别聚集成簇，而相似度较低的图谱单独成簇，最终可将所有二级质谱图整合成为一张可视化的分子网络图。通过比对待定性化合物和已知化合物的二级质谱数据识别已知化合物的同系物或类似物。

例：有文献利用分子网络技术（如图 A.3b）将 10051 个分子特征聚类为 1064 个类别中，从而推断出结构相似性，再基于计算机预测识别第一候选结构。

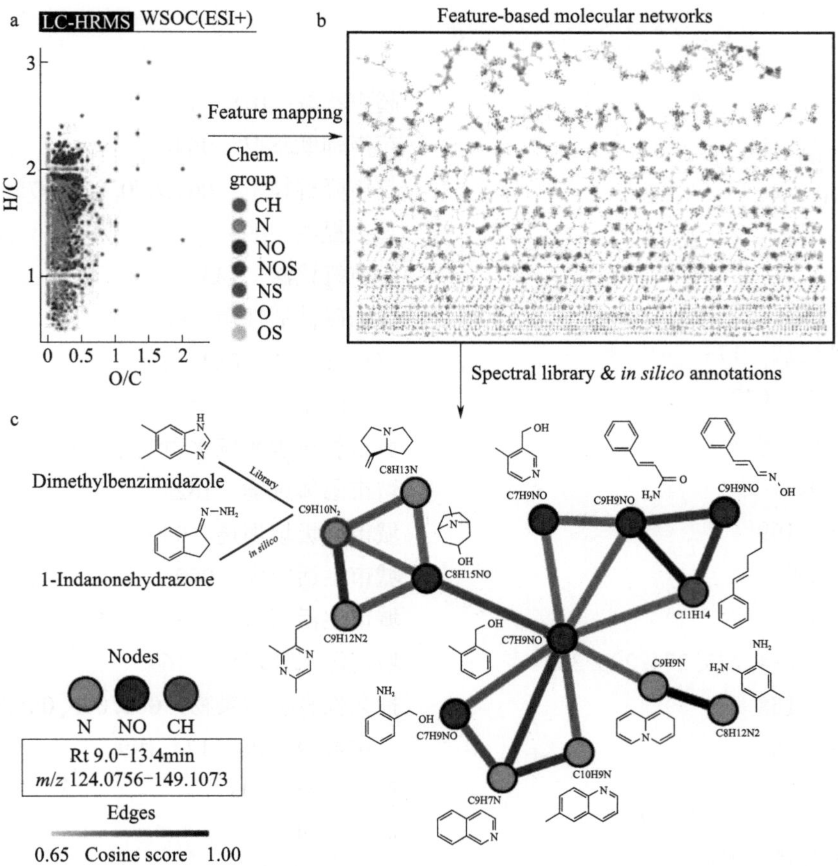

图 A.3 $PM_{2.5}$ 复合提取物分子表征

参考文献：Stefano Papazian, Lisa A. D’Agostino, Ioannis Sadiktsis et al, Nontarget mass spectrometry and in silico molecular characterization of air pollution from the Indian subcontinent[J]. Communications earth&environment, 2022, 3: 35.

索 引

D

E

F

G

K

L

M

N

P

Q

X

Y

Z

其他

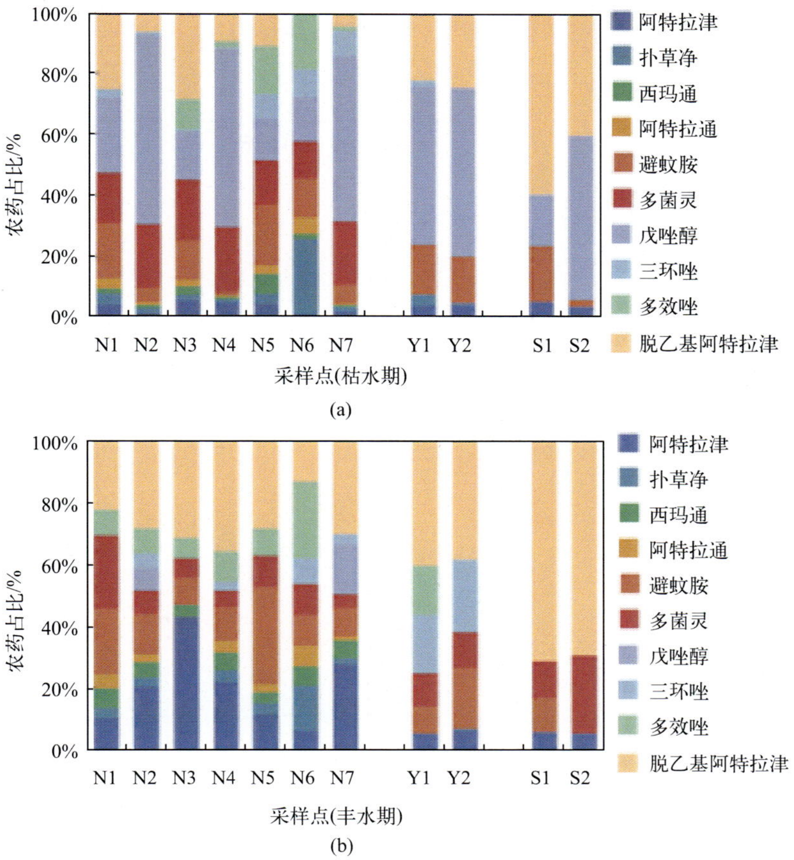

图 2-2 山东地区不同采样点地表水中农药的种类与占比

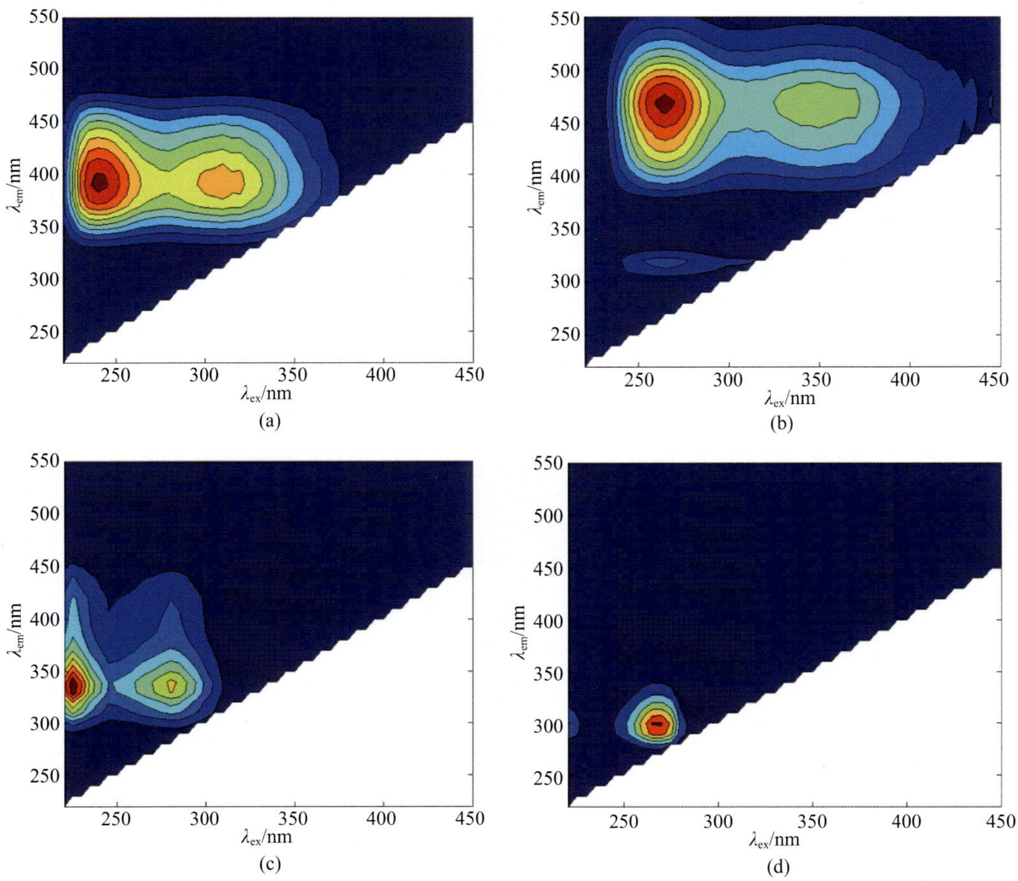

图 2-7 溶解性有机物四种荧光组分三维荧光图谱

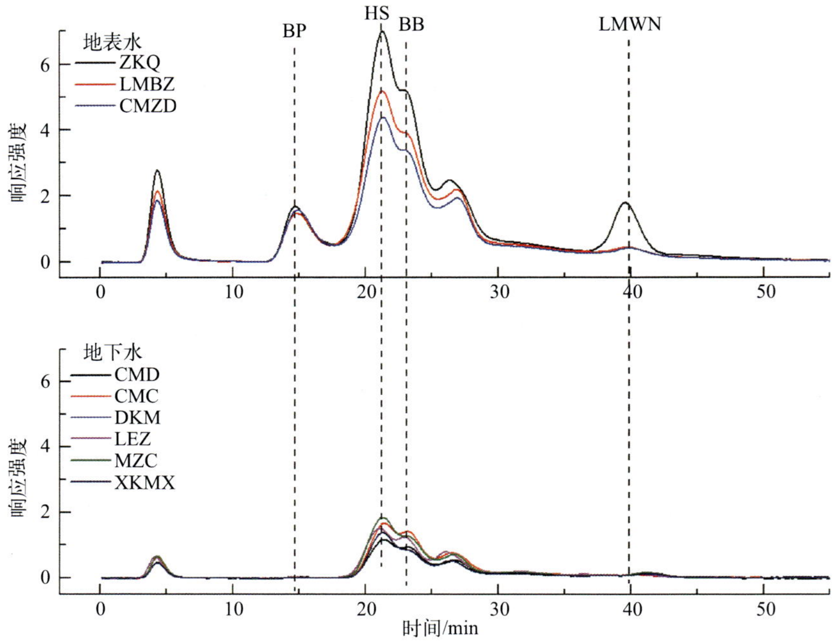

图 2-8　济南玉符河补源区地表水和地下水 LC-OCD 的色谱图

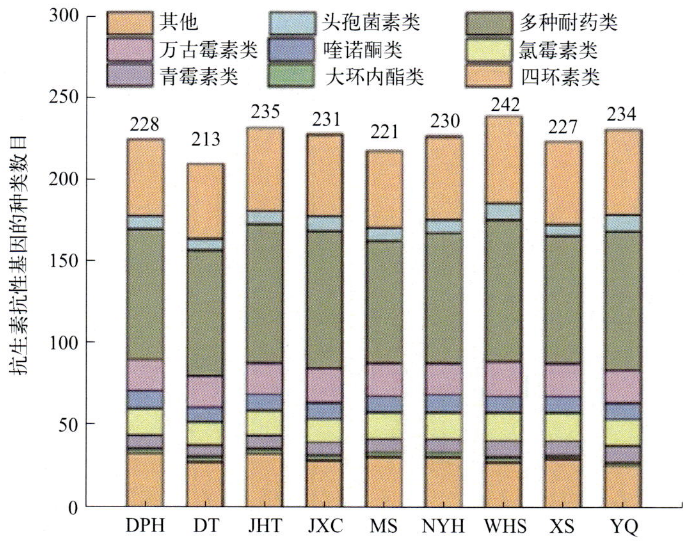

图 5-3　9 座湖库 ARGs 种类和亚种的检出及组成情况

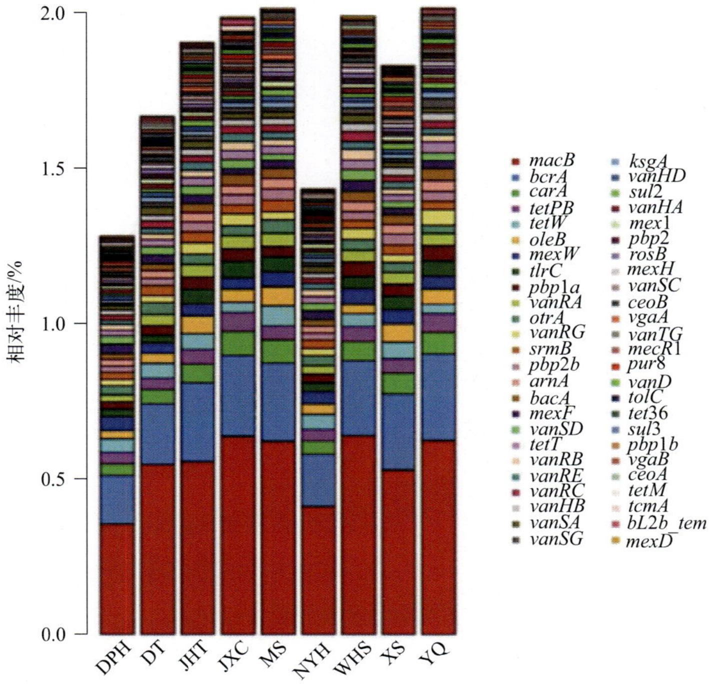

图 5-4　9 座湖库中基于亚种的 ARGs 组成及相对丰度

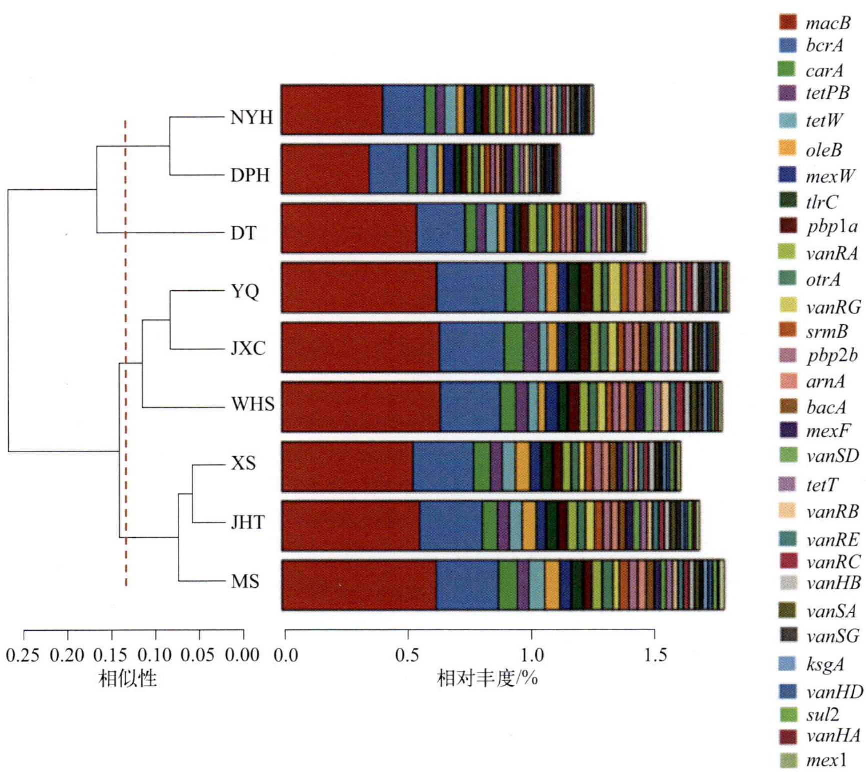

图 5-5　ARGs 的分层聚类分析直方图结果

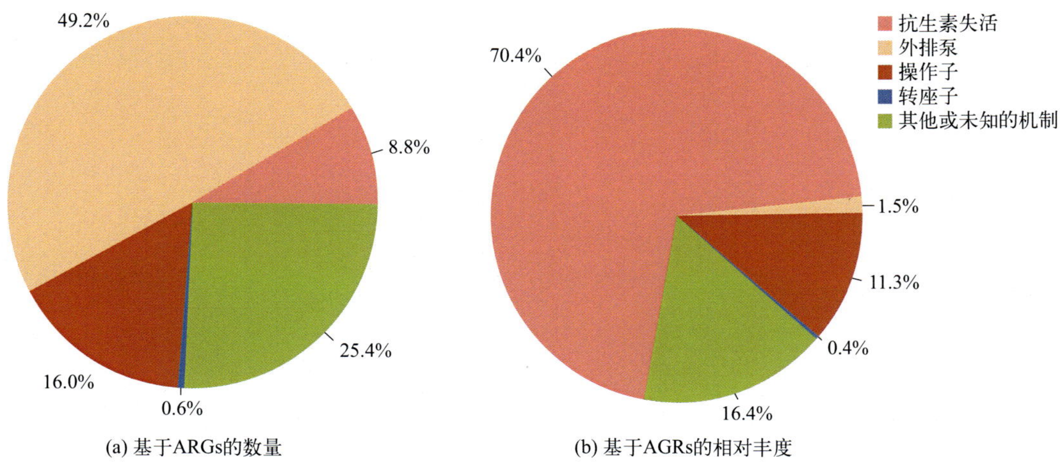

图 5-6　9 座湖库水源中 AGRs 的主要抗性机制